Min. #	Min. Elapse	CAMERA Food & Ept.	[ACTION] Talk
26 min		Table set with: Dish of boiled potatoes with parsley; Red wine; Green salad; French bread	[ACTION[Moving to dining area & table set-up

Talk: Here is our beef stew, smelling wonderfully and already to eat. We shall serve it right from the casserole -- you saw it arranged on a platter in the opening shot. In France, they usually serve Boeuf Bourguignon with boiled potatoes and French bread. A red wine, it should not be an old and fancy wine, but a good, solid, youngish wine, like a Beaujolais, or California Mountain Red is perfect. A plain tossed green salad goes nicely, but go easy on the vinegar -- use mostly oil -- too much vinegar and you kill the taste of the wine. We8ll be having salads later on in the series.

[ACTION] Moving back to counter

There. We've just done the most famous of all Brench stews, Boeuf Bourguignon. Does that seem very difficult -- No. And you've just learned the technqieus for making any kind of a stew of this type -- lamb, veal, chicken -- such as coq au vin. Theimportant thing is to remember the proper way to sauté, dry your meat, have your fat hot, anddon't crowd your pan. You remember that the proportions for the braising liquid aren't important, you get your good flavor from your wine, your stock, and your boiling down to concentrate -- and you thicken with a flour and butter paste.

Next week we are going to do two wonderful soups -- French onion soup gratiné and Soupe au Pistou, or a meal-in-a-dish vegetable soup with a cheese, garlic and basil sauce -- a great dish. Delicious.

?

If [illegible] write this station, enclosing a stamped and self-adressed enveolope, ~~mmm~~ we'll send you the recipe for Boeuf Bourguignon. I'll be looking for you next week and until then, this is Julia Child, your French Chef. Bon Appetit.

III

RWR

BOEUF BOURGUIGNON

Show #1 2/11

Production #1 1 W 1/23 AM

~~[illegible]~~

Min. #	Min Elapse	CAMERA Food & Equipment	[ACTION] Talk
		OPENING SHOT Food & ~~Equip~~ Eqpt. Platter with rice ring Casser~~ll~~ole of Beef Stew Slotted Spoon Big Spoon Parsley Sprigs 2 sets of serving spoons	[ACTION: Arranging beef stew on platter] Talk: Boeuf Bourguignon! One of the best beef stews devised by man.
	30 sec. credits	CAMERA: CREDITS	[ACTDON: Finish arranging stew on platter No Talk
		INTRODUCTION	[ACTION: Talk Talk: ~~Welcome to The French Chef, and~~ the first program of our series. (I'm Julia Child,) and this is what we are going to do -- ~~Boeuf Bourguignon~~ -- beef stew in red wine with braised onions and mushrooms. It is a perfectly delicious dish. Serve it with rice, as we do here, or with buttered noodles or boiled potatoes, and a king couldn't ask for a better dinner. And the nice thing about it is that you can cook it when you want to, even 2 or 3 days ahead of time -- it is often even better when you've cooked it ahead because the flavors blend themselves ~~more~~ intimately together. (Recipes) [ACTION: Moving platter of stew to side, so it can be removed.] Talk: In this program, as in all the others you will see, I'm going to put a great deal of emphasis on technique -- or the hows and whys of French cooking. Once you understand why you do something and exactly how to go about it, you can apply that technique to any type of cooking, as cooking is only a series of how to's, and they are the same in any language.
		~~Glass of water to drink~~	
		wine in Food & Eqpt. Not Seen: Beef in oven Braised onions Available, ready-cooked Blanced bacon Cut mushrooms Peeled onions On Counter Beef ~~Bacon chunk~~ Onions Mushrooms Wine in qt. measure (continued)	[ACTION: Return to counter and point out ingredient Talk: Boeuf Bourguignon show a good half dozen of the basic cooking techniques. How to sauté meat in hot fat so it browns without losing its juices. All meats and chicken are sauteed in exactly the same way. Then how to braise meat in wine. Then how to make a wonderful brown sauce for a stew.... ~~Hmmm~~ Beef, lamb, or chicken -- Coq au Vin sauce is just the same as Beef Bourguignon sauce. How to braise little white onions --(these can be used as a plain vegetable, go wonderfully with turke or chicken, too, or you can cream them.) How to saute mushrooms.

spot

context is all

SPOT 12
茱莉雅的好時光：烹飪巨人茱莉雅·柴爾德傳記
DEARIE: The Remarkable Life of Julia Child

作者：Bob Spitz（包伯 · 史比茲）
譯者：洪慧芳
特約編輯：簡淑媛
責任編輯：冼懿穎
封面設計：顏一立
美術編輯：Beatniks
校對：簡淑媛

法律顧問：全理法律事務所董安丹律師
出版者：英屬蓋曼群島商網路與書股份有限公司台灣分公司
發行：大塊文化出版股份有限公司
台北市 10550 南京東路四段 25 號 11 樓
www.locuspublishing.com
TEL：(02)8712-3898　　FAX：(02)8712-3897
讀者服務專線：0800-006689
郵撥帳號：18955675　　戶名：大塊文化出版股份有限公司

總經銷：大和書報圖書股份有限公司
地址：新北市新莊區五工五路 2 號
TEL：(02)8990-2588　FAX：(02)2290-1658
製版：瑞豐實業股份有限公司

初版一刷：2014 年 11 月
定價：新台幣 580 元
ISBN： 978-986-6841-58-3

Printed in Taiwan

國家圖書館出版品預行編目 (CIP) 資料

茱莉雅的好時光 / 包伯 . 史比茲（Bob Spitz）著 ; 洪慧芳譯 .
-- 初版 . -- 臺北市 : 網路與書出版 : 大塊文化發行 , 2014.11
576 面 ; 17*23 公分 . --（Spot ; 12）
譯自 : Dearie : the remarkable life of Julia Child
ISBN 978-986-6841-58-3 (平裝)

1. 柴爾德（Child, Julia） 2. 傳記　3. 烹飪　4. 法國

427.12　　103019791

◆ DEARIE ◆

The Remarkable life of Julia Child

茱莉雅的好時光

烹飪巨人茱莉雅．柴爾德傳記

Bob Spitz 包伯．史比茲——著

洪慧芳——譯

CONTENTS

1951 年 7 月，緬因州，羅袍斯點（Lopaus Point）。圖片鳴謝：The Schlesinger Library, Radcliffe Institute, Harvard University.

謹獻給我母親（最早迷上《法國大廚》的忠實觀眾），以及所有放棄焗烤鍋，
轉而追隨茱莉雅指導的所有母親。

保羅在《法國大廚》的拍攝現場伺候茱莉雅這位明星。 圖片鳴謝：The Schlesinger Library, Radcliffe Institute, Harvard University.

序言

麻州波士頓，一九六二年二月。

「親親，我上杜哈莫教授（Duhamel）的節目需要一台電板爐。」

羅斯．莫拉許（Russ Morash）和波士頓公共電視台（WGBH－TV）的志工群共用一間臨時辦公室。他在辦公室接到這通電話時，嚇了一跳，原因倒不是因為電話裡傳來奇怪的要求，而是比那個要求還要奇怪的聲音。那是他從未聽過的音質——詭異的氣音，外加橫跨兩個八度音階的抑揚頓挫。這是女人的聲音嗎？他心想，是啊，是介於女星塔露拉．班克海（Tallulah Bankhead）和伸縮笛之間的聲音。

向來直來直往的莫拉許試圖解讀這位來電者的動機：「妳想要……什麼？」

「電板爐啊，親親，這樣我才可以煎蛋卷。」

他心想，這也太妙了吧。電板爐！蛋卷！這女人是想表演什麼絕技？莫拉許在電視台任職即將屆滿四年，這時他聽過的怪事已經夠多了，但是那些都是你預期在波士頓教育電視台會聽到的日常怪事，例如交響樂隊的首席豎笛手臨時需要更換簧片、《科學記者》在節目彩排時燒杯爆裂等突發的考驗，但是電板爐……還有煎蛋……

「我還是頭一遭聽到這種要求。」莫拉許告訴來電者，「不過，等米菲．古哈特（Miffy Goodhart）進辦公室，我會轉告她。」

二十七歲的莫拉許知道商業電視節目享有很大的優勢。二次大戰結束以來，商業電視台就吸引了渴望娛樂節目的龐大觀眾，創意人士亟欲滿足這個慾求不滿的族群。但教育電視台，尤其是WGBH—TV，則是截然不同的類別。教育電視台從一開始就是廣播界裡姥姥不疼、舅舅不愛的拖油瓶，它成立沒幾年，未來的發展也沒什麼實質的藍圖可言。「我們的作法有點像是走一步算一步。」莫拉許如此描述這個開播不到六年的實驗，「我們對想製作什麼節目，有極大的自由。」儘管如此，WGBH的節目實在毫無誘人之處，觀眾少得可憐。沒多少觀眾會收看第一夫人愛蓮娜・羅斯福（Eleanor Roosevelt）和一群學者辯論，週五晚間播出由當地名人「爵士神父」諾曼・奧康納（Norman J. O'Connor）主持，介紹波士頓樂壇人物，觀眾也寥寥無幾；其他節目更是乏善可陳，絲毫無法吸引觀眾對多元的知識產生興趣。WGBH的節目是透過羅威爾機構授權給波士頓的文教機構：博物館、圖書館，以及哈佛大學、麻省理工學院、塔夫茨大學、波士頓學院、波士頓大學、布蘭戴斯大學等十一所大學。這些教育單位擁有絕佳的資源。羅威爾機構的每個成員都會提供支持、財務支援和其他的資助，只要有會員說：「我們有一位很棒的教授，來播放他的課程吧。」就足以開播新節目了。

艾伯・杜哈莫教授（Albert Duhamel）的節目就是這樣來的，他是波士頓學院的知名教授，不僅是愛書人，也喜愛作家。他的個性溫文儒雅，個頭高大魁梧，偏好穿著哈里斯毛料的西裝，深愛和作家談論作品。杜哈莫自己也是作家，他的《修辭學：原理和用法》（*Rhetoric: Principles and Usage*）是大專院校的暢銷書，他主持的《讀書樂》（*People are Reading*）更是WGBH週四晚間節目的台柱。

《讀書樂》是《清新氣息》（*Fresh Air*）和《查理羅斯秀》（*Charlie Rose*）這類節目的先驅，但在那個年代，預算主要是看主持人自己的口袋深度而定，書籍是借用主持人的私人藏書，那年代還沒有出版商會贊助作者巡迴打書的風氣，教育電視台是用最陽春的模式營運。由於電視台窮得要命，沒錢支付通告費，更別說是補助車馬費了，來上節目的作家大多來自波士頓地區。為了更容易吸引來賓前來，他們通常都是在大學任教的同事，例如知名的經濟學家或量子物理學家。所以套句WGBH員工的說法，「那節目枯燥得像乾巴巴的土司。」不過，電視台已經有計畫為節目挹注一些活力了。

莫拉許很熟悉《讀書樂》的靜態模式，他知道那節目無論再怎麼乏味，都對大眾有益。首先，那是波士頓唯一的書評節目，它比「晨間節目」每週五天推介作者還早出現，那年代還沒有其他的管道讓作家打書。此外，電視台附近的鄰居（亦即大學城裡的居民）都熱愛閱讀。這群熱愛閱讀的小眾也就成為《讀書樂》的忠實觀眾，只要有書籍剛好符合他們的喜好，就會形成話題。

莫拉許想像，剛剛打電話來的那位來賓，可能正好為節目帶來意想不到的火花。

當天稍後，他遇到古哈特時，對她說：「古哈特，本週來了一個特別來賓，是一位女士，名叫茱莉雅·柴爾德，她說她需要一個電板爐，那就麻煩妳了，多謝。她說自己會帶其他的材料來上節目，她要做——聽好囉！——蛋卷。」

古哈特對於最後提到的細節一點也不驚訝。身為《讀書樂》的助理製作人，她為了幫節目改頭換面，已經策劃好一陣子了。這個節目需要增添魅力，吸引想從學術圈外獲得更多樂趣的觀眾，讓收視群變得更寬廣、更年輕、更投入。她認為，節目中談論適量的政治、科學、文學主題是可行的，「不過，我想讓氣氛輕鬆一點，營造全然不同的感覺。」她回憶道。

古哈特聽聞茱莉雅·柴爾德這號人物以及她那本「超新穎的食譜」已經有一段時間了。事實上，《精通法式料理藝術》（*Mastering the Art of French Cooking*）在波士頓的劍橋一帶掀起好一陣話題，為食物帶來前所未有的全新視野。讀者一旦聽聞某個東西如此不同凡響，那可要小心了！什麼都阻止不了這股風潮的蔓延。這群所謂的「劍橋人」，都覺得自己博學多聞，是有點放蕩不羈又略帶叛逆氣息的白人菁英族群。只要你能吸引他們其中一些人的挑剔眼光，其他的劍橋人肯定都會馬上跟進並響應。

古哈特邀請茱莉雅來上《讀書樂》，就是希望能借用那股力量。那一整週，古哈特一直殷殷期盼著週四晚間節目的播出，幾乎快等不及了。那女人的聲音有種說不出的特質，肯定會讓一些知識分子為之驚豔。古哈特從第一次和茱莉雅通電話開始，就有一股直覺。那聲音充滿活力、火花，傳達出更豐富的特質。她也說不出那魔力究竟是什麼，是精神嗎？精力嗎？不，不止如此，而是一種帶點淘氣的生活樂趣。「請茱莉雅上電視當場煎蛋卷，似乎完全沒讓她驚慌失措。」古哈特回憶道。

「親親，那會很有趣！」茱莉雅高聲說，「我們可以教導教授一點東西，看我的！」

古哈特不知道的是，樂趣在茱莉雅的世界裡占了多大的成分。樂趣是茱莉雅的世界賴以運轉的軸心，不僅在日後重新塑造了美國飲食，也徹底顛覆了美國人的生活方式。茱莉雅第一次登上電視時，正值大眾渴望娛樂的一九六〇年代，那時大眾還不講究樂趣與食物的完美結合。多數的家庭流行使用果凍模型、冷凍蔬菜、焗烤鮪魚麵條。一般家庭只會隨便烹飪一些基本料理，史旺森（Swanson）冷凍食品在超市裡賣得嚇嚇叫，菜單上沒有看起來精心料理又有趣的東西。只要了解這些要素是如何交集在一起的，就會明白美國迅速發展的歷史為什麼會在那個關鍵的轉折點上，把茱莉雅一舉推升為廚神以及備受大眾愛戴的文化象徵。她是不折不扣的六〇年代巨星，就像美國前第一夫人賈桂琳（Jackie Onassis）或主播華特．克朗凱（Walter Cronkite）那樣，憑藉自身的人格特質讓他們的影響力顯得更加龐大。但是，茱莉雅不像其他在意大眾眼光的名人，她總是很勇於展現幽默。烹飪對她來說是一大樂趣，樂趣也是她在每道食譜中添加的神祕要素，她希望每個人都能樂在其中。這項特質從她年少時期就很明顯。「我從小就愛耍寶，」茱莉雅回憶起歡樂的童年，她先天就愛搞笑，「有點鬼靈精。」她在史密斯學院的室友回憶茱莉雅求學期間因為可媲美學業表現的調皮個性，「幾乎玩瘋了。」茱莉雅在偶爾才寫的日記裡也坦言，她愛玩「無傷大雅的惡作劇」。不過，她花了很久的時間（事實上是花了大半輩子），才把這項行為變成獨到的個人特質。想要熟悉廚藝，無論是法式廚藝或是其他的料理，首先必須破解過程中的神祕，毫無所懼，勇敢地一頭栽入其中。當然，技巧不可或缺，但你必須從中發掘樂趣才行。少了樂趣，就缺乏回饋。茱莉雅那難掩鋒芒的才情，是自發、坦率、機智的組合，那也是她的烹飪熱情之所以能創造出空前成就的原因。她不僅把樂趣帶入美國家庭主婦視同終身苦役的現代廚務中，更藉此機會把午間公共電視一舉推升為眾所矚目的焦點。

在一九六二年，沒人料到茱莉雅竟然會對他們的生活產生如此遠大的影響，莫拉許沒想到（他和妻子瑪麗安在往後的三十五年，與茱莉雅有密不可分的關係），WGBH的管理高層也沒想到（拜茱莉雅所賜，WGBH後來變成媒體巨擘，不僅是全球最具影響力的文教節目製作公司，也是茱莉雅崛起的平台）。當年，你光看那個地方，就可以感受到教育電視台的單調乏味。現場布景陽春得可憐，只有兩張皮椅、一張茶几、一株假的蔓綠絨，如此而已。缺乏創意的工作人員以陳悶呆板的模式運作。兩位學者一起談書的節目很難炒熱氣氛。

在節目開始以前，攝影棚內有些混亂。《讀書樂》的攝影師心想，他剛剛似乎聽錯了任務，導播說等一下的節目有現場示範，不可能啊！這個節目向來不用準備就上場了，幾乎不花心思，薪酬就輕鬆入袋。他們從不彩排，所以攝影師幾乎不需要做什麼，每週都是如此：由主持人和來賓對談，時間不到半小時。由於兩人都不會移動，攝影師只要把鏡頭固定好以後，就可以坐下來休息了。容易極了。

但是今天突然變了，輕鬆的差事不一樣了。來賓真的要在現場示範，而且還是在書評節目上！他們不先彩排，而是直接上場。攝影機的掌鏡肯定很麻煩，從今天的來賓一進場就可以明顯看出來。

茱莉雅．柴爾德不是一般的劍橋家庭主婦，她高大無比，跟籃球員比爾．羅素（Bill Russell）一樣高大，是那種一走進來就感覺會填滿整個房間的人。而且整個人看起來更是氣勢難擋：她穿著寬鬆的上衣和百褶裙，走動時身體擺動的姿態，彷彿世上沒有任何東西能攔得住她似的。她的皮膚白皙，髮色黃褐，年過五十，腰圍雖不纖細，但曲線明顯，手臂線條分明，可見經常使力。從側面看她，可以瞥見中年婦女常見的身材走樣：軀體發福，雙腳壯碩，導致整體對稱失衡。再加上一米九的身高，體態感覺近乎失控。有那種體格的女性，多半行進時略顯笨拙遲緩，但是茱莉雅舉手投足之間，有一種貴族般的泰然自若，踏實而優雅，洋溢著一種明顯的自信。她的過人體格彷彿是她能使用的利器，就像汽車銷售員的笑容那樣，她不願讓自己的體格變成不公平的優勢。

無論攝影師得知節目將有現場示範時，內心有多焦慮，那都比不上茱莉雅一出場時帶給他的震撼。茱莉雅的出現顯然讓他目瞪口呆，她手上拿的器具也令人印象深刻。茱莉雅站在攝影棚的中間，一整排燈光的底下，雙手抓著爐心、長柄鍋和一袋滿滿的食材，一副準備就緒的樣子。往後幾年，茱莉雅在電視台廚房裡準備就緒的沉穩模樣，成了美國烹飪的經典形象。不過，在一九六二年，那模樣顯得相當突兀。在那個年代，烹飪就像性愛，是在家裡私底下做的事——有些人可能還會說，對此沒什麼熱情可言。很少人會對烹飪的過程投注心思。在電視上以精心準備的食材和專業廚具烹調美食，根本聞所未聞，更別說是思慮欠周了。攝影師一看到茱莉雅，就馬上聯想到她在鏡頭前莽莽撞撞、大動鍋鏟的模樣，旁邊站著困惑不解的主持人，不僅對烹飪毫無興趣，對她的著作更沒評論。當茱莉雅終於扯開嗓子，顫聲和抖音像連珠砲似的脫口而出時，那模樣更是近乎搞笑。

古哈特不顧攝影棚內的騷動，試圖安撫這位來賓。她知道茱莉雅不曾面對鏡頭，沒有什麼比叫電視新手一邊和主持人對話、一邊烹飪，更讓人驚慌失措的了。受訪和烹飪是兩種截然不同的動作，就像摸頭和揉肚子一樣，完全是兩碼事。更糟的是，這是現場直播的節目，所以他們等於是在毫無備案下就直接上場，出錯率極高。為了安撫茱莉雅，以免她太緊張，古哈特趁空檔時為她解說他們的所在位置，那地方是臨時拼湊出來的。

幾個月前，WGBH原本落腳於麻省理工學院的校園內，一個由溜冰場改建為電視中心的地方，裡面設備先進，搭配華美的硬木地板。電視台裡的每個人，包括製作人員與全體員工，個個都是老菸槍，抽菸抽到不慎釀成大火，燒毀了那個地方，也燒光了裡面的一切設備，只剩下一台靠得住的行動工具：累計里程約七百萬哩的「旅途」（Trailways）老巴士。幸虧還有那輛巴士，他們才能繼續用許多借來的設備製播節目。其中一個借用的地方，就是他們當時正在準備的攝影棚：波士頓大學天主教中心（Boston University Catholic Center），那也是波士頓教區晨禱的地方。《讀書樂》的工作人員只隨意推開那裡的宗教物品，眼尖的觀眾仍可看到外露的橫樑上刻著該中心的座右銘：憑此印記，汝等必勝（*hoc signo vinces*）。不過，除此之外，整個布景在電視魔力的轉變下，看起來就像在舒適書房的一隅。茱莉雅對於四周好奇打探的神職人員充滿疑惑，古哈特向她保證他們不會礙事，「除了谷欣樞機主教（Cardinal Cushing）以外。」她扮鬼臉提醒茱莉雅，「小心點，他喜歡尾隨別人上樓，妳懂我的意思。」

茱莉雅在意外走紅以前，就懂得照顧自己。「她的身體異常健壯，」一九四四年她的先生保羅在寫給弟弟的信裡提到，「……看起來不容易受驚嚇，所以遇到困難時情緒穩定，不會歇斯底里。」碰到「厄運」時，她會匯聚個性中堅韌的特質，直到「我可以感受到整個人凝聚在一起，振作起來」，她說這要歸功於從小培養的堅強自我形象。名廚雅克．貝潘（Jacques Pépin）說茱莉雅是他認識最有雅量的人，但要是提起保護自己，「她跟釘子一樣牢固，就像拳擊手那樣謹慎地戴上手套，不可能挨上一拳。」

不過，她從來不需要出場激戰。對茱莉雅來說，戰鬥從來就不是以身體對抗，而是先天的叛逆個性。她討厭循規蹈矩，拒絕墨守陳規，覺得那跟發臭的蘿蔔一樣討厭。她終其一生都在反抗體制以突破束縛，違抗大家對她的一切期許，尤其是她與生俱來的特權。茱莉雅在加州南部的安穩環境中成長，那裡是陽光普照的樂園，特權就像教育或新鮮空氣一樣，是與生俱來的權利。一九二〇年代的帕莎蒂納（Pasadena）不僅安逸，也是華麗的好萊塢外景場地。那裡風光明媚，機會處處，充斥著富麗堂皇的豪宅、茂密的柑橘園、豪華的鄉村俱樂部。財富是住在這個頂級地帶的入門票，茱莉雅的家族就有負擔得起如此奢華生活環境的財力。不過，飛黃騰達和享受特權並非茱莉雅的目標。茱莉雅出生於傳統的共和黨世家，家族有深遠的新英格蘭淵源，她是三名子女中的老大。她逃避變成「藝文愛好者」和「社交名媛」的命運，後來從史密斯學院畢業後，也堅決放棄無可避免的婚姻軌道，執意另尋更有意義的目標。她憑著自尊和無限的樂觀，自行開創了職業生涯，最後的成果遠遠超乎她自己或任何人的想像。試想，一九四二年，一個三十歲的女人，這輩子往東移動的距離最遠只到紐約，竟然有膽量橫越大半個地球，到東南亞加入間諜組織，之後又加入鄙視女性的法國大師所開設的全男性烹飪課程。

茱莉雅拒絕循規蹈矩，她的DNA裡沒有一絲循規蹈矩的成分。她毫無畏懼地鑽研從未有人破解的專業領域，至少從來沒有人像她那樣引起大眾的共鳴。她決心對只會焗烤鮪魚麵條和俄式酸奶牛肉的美國家庭主婦，傳授法式料理廚藝。她說這是「帶法式料理下凡來」，讓它進入尋常百姓的家中。要一個高大、平凡又沒名氣的中年婦女，透過當時只有蓋兒．史通（Gale Storm）、洛麗泰．揚（Loretta Young）等女星使用的電視媒體，把法式料理推廣給群眾，這個任務一點都沒嚇到茱莉雅。鬼才會在乎那些規矩咧！茱莉雅在毫無計畫或預謀下，創造出極具魅力的獨到個人特質。她有時候親切無比，馬上和人打成一片，就好像來訪的和藹姑媽那樣。在半小時的節目中，她的個性讓大家留下了深刻的印象，不僅是因為她有明顯的親和力（她的個性隨和、有趣、舉止真實、不做作、時而慌張，時而笨拙、偶爾調皮，偶爾自嘲），也因為她的個性展現絲毫不受意識型態的牽累。大家以前從來沒看過如此可親的人物，但電視改變了一切。「她生動的表達方式充滿了感染力，」莫拉許表示，「她不是裝出來的，而是真情流露。」茱莉雅詳細指導烹飪的方式，就像老友相聚的感覺一樣。她打電話訂購一箱梨子時，會說：「親親，我是茱莉雅，我需要一些梨子，我相信你一定有一些好梨！」那種充滿感染力的親切感，透過鏡頭充分展現在螢幕前。她上過節目以後，大家開始談論食物，不再只是把食物當成填飽肚子的東西，而是愉悅的來源。她激發大家對食物的興趣和瞭解，讓大家對不同的美食體驗更加好奇。革命總是由不墨守陳規的人啟動的，茱莉雅掀起了精彩的飲食革命，不僅影響了美國這個國家的行為模式，也改變了美國人日常生活的方式。

攝影棚裡沒有任何徵兆預示著上述的巨變，茱莉雅就只是一副老神在在、公事公辦的樣子，把裝備一一擺放在桌上。她那一派輕鬆的模樣，看似完全沒排練過，但她其實已經練過好幾次了，整個星期她都在為裝備的擺放及示範的方式苦惱。她在安妮塔．哈比（Anita Hubby，史密斯學院的同學，就住在這附近）的廚房裡排練了數次；也在保羅的利眼監督下，在自家的廚房裡排練了幾次。茱莉雅發現，示範需要專心，講解並不容易。做十份或十五份蛋卷以後，可以確定整個流程，但攝影機一旦開始運轉，你永遠不知道會發生什麼事。

況且，有些突發狀況是攝影棚裡獨有的。攝影師一看到茱莉雅就忍不住驚呼：「這要我怎麼幫那女人打光？」他狐疑地繞著茱莉雅打轉，像在市集裡評估牲口似的。在一般的攝影棚裡，攝影機理想上是停放在視線的水平。但是，萬一拍攝的對象高達一米八八（茱莉雅的實際身高是一米九，她一輩子都習慣少報幾吋），天花板的高度是二米四，燈具從天花板往下延伸四十五公分，那你需要變魔術，才不會把燈具也一起拍進去。攝影鏡頭只要往上或往下傾斜，都會裁切掉部分的畫面。鏡頭往後拉，畫面就沒那麼有趣了。攝影師原本想請茱莉雅乾脆坐下來錄影，但是那樣一來，她就無法示範了。「我猜你從來沒跟暴龍合作過。」茱莉雅開玩笑地說。她自己想辦法解決了問題，把爐心放在一疊大開本的精裝書上，墊高鍋子幾吋，讓整個活動的範圍感覺更加緊湊。攝影師從觀景窗看出去，對工作人員打出準備就緒的暗號。

杜哈莫教授被冷落在一旁，一臉不知所措。邀請這位來賓來上節目並非他的主意，這點倒是確定的。《讀書樂》是探討卓越思想的節目，理論和學說是一貫探討的內容。他對烹飪毫無興趣，但是製作單位裡的女性同仁堅持要做這集節目，她們堅持非做不可。她們還提醒他，這不是他一個人的節目。烹飪是她們的特殊嗜好，她們也趁機告訴他，未來也會做運動相關的節目。

幸好，杜哈莫是完美的主持人。他一拿起《精通法式料理藝術》，就以連串適合用來介紹電影明星的形容詞來介紹茱莉雅，介紹完後，就把鎂光燈讓給了這位看起來和藹可親的來賓。不過，他笑歪的嘴角也洩漏了他內心的擔憂：這女人究竟會變出什麼花樣？

年輕的助理製作人古哈特的心裡也掛念著同樣的問題，她和其他的女性夥伴一起站在攝影棚的側邊，她們都是劍橋一帶的富太太，定期到電視台當志工。她們對這集節目在意的程度，比任何人所想的還多。茱莉雅的出現是一大突破，對壟斷學術界的男人幫來說是一股反擊勢力。古哈特用單手就可以數完上過節目的女來賓人數，她們都是女強人那一型，在深奧的學術領域裡擁有高人一等的學位。茱莉雅則不一樣，她是來烹飪的！而且是在電視上，這肯定是史上頭一遭！

茱莉雅那高頭大馬的體型從珍貴的皮椅上起身時，現場出現片刻的尷尬。她拿出小銅碗和打蛋器，直接看著鏡頭，以情人般的親密口吻說：「我覺得來煎個蛋卷不錯……」但是她的話聽在杜哈莫教授和其他觀眾的耳裡，彷彿是在說：「我覺得來製造核分裂不錯……」對他們的優異大腦來說，煎蛋卷的流程就是那麼高深莫測。「蛋卷是如此美味，做起來又是那麼容易。」她以單手把兩顆蛋打進碗裡，開始卯起來打蛋。

接著她介紹那只堅固的黑緣蛋卷鍋。蛋卷鍋！在波士頓的任何商店裡，應該是買不到蛋卷鍋的，但是茱莉雅告訴觀眾，他們需要用這種鍋子才行。還有奶油，高脂柔滑的奶油，不是實驗室合成的人工奶油。她忘情地說，蛋卷吃進嘴裡一定要有讓人興奮的感覺，聽起來好像在講口交似的。

攝影師緩緩地把鏡頭往前移，特寫茱莉雅那爪子般的手，那時鏡頭要是帶到杜哈莫的臉，你會看到他臉上滿是困惑。「用那個小爐子做就行了嗎？」他不禁發問。

「喔，對啊！而且美味極了，你等著瞧。」

奶油塊觸及熱鍋時劈啪作響，接著蛋汁滑入鍋底後，聲音靜了下來，音樂家稱之為「漸弱」。「這一切都發生得很快，」茱莉雅屏息地說，「只要三十秒或更短。」

但是此刻，攝影棚裡的每個人，包括主持人和所有的工作人員，都看得目瞪口呆。

茱莉雅突然俐落地抓住熱鍋的長柄，開始前後搖晃鍋子，彷彿有一股看不見的力量在跟她搶鍋子似的。那晃動的能量讓她全身也明顯地震顫了起來。當時茱莉雅像發條玩具般轉動的討喜模樣，在往後的四十年，將會深植在數百萬觀眾的腦海中；不過當晚在無預警下上演這個畫面，大夥兒見狀都嚇壞了。站在攝影棚側邊的古哈特頓時屏住了呼吸，一臉驚恐地看著眼前的狀況。

「茱莉雅那件寬鬆白襯衫的領子是敞開的，」她回憶道，「她煎那蛋卷時，碩大的乳房也跟著猛烈地搖晃了起來，一直搖！一直搖！她一邊煎著蛋卷，一邊聊她的書……同時看著攝影機……不時大笑……跟旁邊的杜哈莫對話……攪拌食材……然後翻動……同時洋溢著得意洋洋的神采。我當時心想，那些鈕釦肯定會繃開來，到時候怎麼辦？」

沒錯，到時候怎麼辦。現場直播的節目沒有什麼是注定好的，萬一出現突發狀況或一時爆粗口，或是胸部突然抖露出來，並沒有緊急的補救措施，只能像古哈特那樣屏住呼吸祈禱。在那瞬間，古哈特透過眩目的燈光，瞥見WGBH的未來就靠茱莉雅的胸部撐起來了。

最後，沒有發生任何讓人心臟病發的突發狀況。不按牌理出牌的茱莉雅做了一場出乎意料的精彩演出。她的蛋卷完美極了，濃郁柔滑，堪稱雞蛋料理界的傑作。儘管當時只有黑白電視，那些在家收看節目的觀眾很難不流口水。你幾乎可以透過螢幕聞到濃郁的奶蛋香。連杜哈莫都不禁盛讚，入口的感覺的確令人興奮。他在茱莉雅的堅持下，百般不願意地從她的叉子咬了一口蛋卷，臉部表情慢慢地亮了起來，就像小孩子第一次嚐到巧克力的風味一樣，整個人為之一振，嘴裡滿口的蛋卷。這時茱莉雅笑容滿面地低頭看著他說：「喏……你看吧，」她嚶嚶低語，「就像我之前說的：美味極了！」

隔天早上電視台的電話響起，觀眾紛紛來電詢問，那個叫茱莉雅．柴爾德的女人何時再上節目。電話雖然不是被打爆，但已經足以引起製作人的注意。當年對電視台來說，想要衡量觀眾的收視反應仍屬於黑暗時代，還沒有方法可以收集科學的數據，沒有尼爾森收視調查，也沒有前天的收視率數字可以參考。觀眾的反應如何，完全是根據管理高層從高爾夫球場或朋友圈聽來的狀況加以評估。他們會把聽來的數據，乘上他們想乘的任何數字。所以，如果電視台接到二十通電話（那對《讀書樂》來說已經很多了），他們會說：「觀眾反應熱烈。」

隔天早上莫拉許來上班時，古哈特告訴他：「觀眾反應熱烈。」她興匆匆地把茱莉雅．柴爾德的表演一五一十地告訴莫拉許，「她的充沛活力和鏡頭前的完美表現，完全超乎我的想像。」莫拉許一聽，並未馬上相信。「我對烹飪節目毫無興趣，」他回憶，「當時我二十七歲，週薪八十三美元，新婚不久，我太太也在上班，她每次去聚餐派對都是帶臘腸豆類燉鍋。烹飪對我來說，就像用原始的北歐語朗讀挪威詩歌一樣，一點都不重要。」況且，他光是執導《科學記者》，就已經忙得不可開交了，那個節目是介紹麻省理工學院的卓越人才，需要他全力投入。但是古哈特可沒那麼容易回絕，「我們來看看能不能跟她合作點什麼，」她懇求，「莫拉許，你覺得呢？」

古哈特不等莫拉許回答，早就打電話給鮑勃．拉森（Bob Larson）了。拉森是ＷＧＢＨ的節目經理，他錯過了茱莉雅的表演，但已經聽聞那集的效果有多好了。古哈特告訴他，那一集有磁帶。「真的，你一定要看看。」她說，「你一定要看杜哈莫那一集。」

你不得不佩服古哈特的積極，她想要強迫推銷自己的意見時，總是鍥而不捨。她需要闖過好幾關，拉森還只是第一關而已，她也打了電話給電視台的經理大衛・戴維斯（Dave Davis）以及電視台的台長亨利・摩根索三世（Henry Morgenthau III，他也是古哈特先生的堂哥），大肆吹捧茱莉雅。另外，她也旋即去拜訪茱莉雅，趁著喝咖啡的時候，謝謝她的精彩表演，並藉機先打好關係。古哈特還記得茱莉雅下了節目以後的興奮神情，可以明顯看出她的腎上腺素正在飆升。「茱莉雅整個心花怒放，開心極了，」古哈特回憶道，「我告訴她：『我覺得我們會再請妳來上節目。』」

三月，WGBH已經無法對自己或挑剔的觀眾否認一個事實：茱莉雅不只令人好奇而已，這個女人還有吸引觀眾的獨到特質。但是眼前仍有很多問題尚未解決。她能夠每週表演半個小時嗎？她有讓《讀書樂》節目爆紅的影響力和群眾魅力嗎？真的有觀眾在乎烹飪嗎？上次的轟動會再次上演嗎？這些問題和相關問題的答案歸結到底，是一個明顯的事實：WGBH亟需一個熱門的節目，迫切的需要！沒有必看的節目（也就是沒有實質增加忠實的收視觀眾群），那麼WGBH的捐款就不會增加，也就沒有擴張的資金。大家不太可能為了看物理學教授討論弦論，或教育人士指導學齡前兒童做藝術與勞作專案而付錢。但是……難道大家就想看烹飪嗎？

烹飪是茱莉雅的世界賴以運轉的軸心。食材、餐點，以及樂趣與卓越的追求，都令她眼花繚亂，醉心不已，她從沒遇過讓她如此神魂顛倒的東西，即使是身為帕莎蒂納的名門後裔，或中情局的工作人員，那些樂趣都比不上烹飪。烹飪意味著她可以跳脫規矩的束縛，走出一成不變的生活，尤其是擺脫二十世紀中葉大眾對家庭主婦的普遍預期。茱莉雅決心站在她個人世界的中心，以跳脫陳規的方式表達自我。當典型的家庭主婦不是她的宿命，家務無法侷限她的發展。茱莉雅從烹飪中發現了人生的真正目的，也從那目的中發現了更大的意義。

茱莉雅追求解放和自我實現的故事，和戰後美國女性面臨的掙扎正好相互呼應，並非巧合。那年代的女性可獲得的機會很少，天分也不受重視。受過良好教育的家庭主婦對傳統的角色感到無聊及受限，家務的單調乏味，以及母職、完美啦啦隊員、完美女主人、完美情人、完美妻子等等要求都令女性倍感束縛，那些責任阻礙了世世代代的女性追求其他的夢想和渴望。那年代的家庭生活充斥著不滿，很多女性覺得個人創意與智慧難以發揮，個人的渴望和外界對她們的預期之間存在著落差。這一切早就需要徹底改變了。在那個時點，大眾對於女性地位的假設即將改變，茱莉雅雖然看起來像個和藹可親的姑媽，但她正是引領女性顛覆陳規的革命者之一。女權運動的創始人貝蒂．傅瑞丹（Betty Friedan）寫了一本改變後代的名著《女性迷思》（*The Feminine Mystique*），出版的時間只比《精通法式料理藝術》晚了八天，那並非偶然。就像記者羅拉．夏皮洛（Laura Shapiro）所說的：「主婦閱讀《女性迷思》和收看《法國大廚》的原因是一樣的，她們已經等候多時，飢渴許久了。」

茱莉雅的飢渴更是眾所周知的現象。她的胃口奇佳，毫無設限，不僅食慾旺盛，對改變的風潮也充滿了強烈的慾望。沒有什麼比絕妙點子、新鮮體驗、精彩挑戰、不可能的任務更令她興致盎然的了。有鑑於此，她出道的時機可說是再恰當不過了，因為茱莉雅是從一九六〇年代開始嶄露頭角，那時不僅女性的角色開始經歷巨變，其他的文化典範也開始轉移。藝術、政治、時尚、價值都突破了日常生活的狹隘觀念。茱莉雅身為打破陳規的提倡者，亟欲顛覆傳統的規範。她和其他忙著推翻傳統壁壘的文化游擊分子一起揭竿而起，例如安迪．沃荷（Andy Warhol）、藍尼．布魯斯（Lenny Bruce）、巴布．狄倫（Bob Dylan）、休．海夫納（Hugh Hefner）、菲利普．羅斯（Philip Roth）、金恩博士（Martin Luther King Jr.）、海倫．葛利．布朗（Helen Gurley Brown）、艾倫．金斯堡（Allen Ginsburg）、披頭四，以及甘迺迪家族：他們的成熟洗鍊與年輕活力帶動了風潮，引領美國人跨出自己的文化，追尋靈感。「甘迺迪家族進駐白宮以後，大家對法式料理非常感興趣，」茱莉雅說，「我剛好恭逢其盛，實在很幸運。」

其實，茱莉雅在美國成為推動烹飪的主力，原因和運氣無關。她之所以能達到登峰造極的地位，和她最初學習烹飪技巧的方式是一樣的。除了為了滿足她無盡的求知慾以外，她的成長過程絲毫看不出對食物的興趣，更別說是烹飪了。「小時候我對鍋碗瓢盆毫無興趣，」茱莉雅回憶道，「從來沒有人鼓勵我烹煮食物，我也覺得沒有必要。」她開始涉獵廚藝不是因為純然的天分，而是因為渴望充分投入熱愛的事物。在她卓越又悠久的職業生涯中，她接連投入了多項興趣，樂在其中，並為她的忠實粉絲端出了完美的成果。她最初的成就給了她更多的自由，讓她更加暢所欲言，隨心所欲（多數人有一點成就時，可能會更加謹言慎行，她正好相反）。「她想到什麼就說什麼，無論多有爭議性或迴響如何，」貝潘說，「她就像輿論裡的一股清流，大家都喜歡她，因為她說真心話。」

不過，就像多數封閉的家族有明爭暗鬥、鉤心鬥角、嫉妒吃味一樣，烹飪界也有一些人覺得茱莉雅直來直往、快言快語的個性讓人難以接受。她的坦率常掀起新的爭議和新的挑戰，而那些紛擾往往是因為她的盛名建立在脆弱的基礎上：她不是出於正統的門派，既不是法國人，也不是大廚，至少不算傳統科班出身的。但是最後，她還是收服了那些懷疑者，就像她收服各地的烹飪新手那樣，讓大家都對她刮目相看，接受她輕鬆學習重要技藝的方式，不再笑話她，而是尊敬她，尊敬她的研究與技巧，最後也尊敬她的廚藝。

一九六二年四月的某天，莫拉許出現在劍橋爾凡街一〇三號的門口。那棟房子在住滿名人的街上比較不起眼，知名的經濟學家高伯瑞（John Kenneth Galbraith）和知名的歷史學家亞瑟．施萊辛格（Arthur Schlesinger）就住在附近，不少哈佛頂尖學者的住家也都在那一帶。莫拉許敲了敲半開的門，他想必和其他的外地人一樣，對於這個修剪整齊的鄰里如此坦然地展現富足的生活，以及促使他造訪此地的怪異情境感到驚訝。顯然，他在這裡顯得格格不入。莫拉許從小在清寒家庭長大，屬於波士頓的藍領階級（他說自己是「苦幹實幹的普通人」），有強烈的職業道德感，他從來不覺得自己擁有什麼權利。對莫拉許來說，劍橋地區是文人雅士的高級住宅區，是一般人來見識名流生活的地方。

顯然，莫拉許並不是自願前來的，他的老闆拉森在攝影棚裡逮到他，說ＷＧＢＨ考慮和茱莉雅合作做點東西，並問他：「你覺得呢？」這是個意味深長、別有用心的問題。如果拉森已經介入了，那表示此事已經醞釀許久，已有其他有權有勢的朋友熱情地提出意見。那句「你覺得呢？」其實不是問句，而是在尋求附和。在其他的情況下，莫拉許可能會馬上否決，因為他對烹飪節目根本沒興趣。對他來說，食物是必需品，如此而已。燒烤牛肉塊煮到全熟變成灰色，搭配黏稠的肉汁、嚼不爛的蔬菜，以及義大利瑞士僑民酒莊（Italian Swiss Colony）產的葡萄酒。至於，法式料理？天啊！莫拉許在ＷＧＢＨ曾做過一個可笑的任務：執導《法語樂》（*En Français*）節目，那節目是教小學生說法語。莫拉許不需要提醒拉森，「沒有人比他更沒潛力學法語」。總之，他根本不適合那份工作。他大可說服拉森，說他自己能力不足，但他沒那麼說，而是虛應了幾句。

「目前我們沒有攝影棚，所以我們必須去其他的地方借場地，」莫拉許抱怨，「況且，我需要知道我們有哪些支援，你會給我哪些資源，而且這個叫茱莉雅．柴爾德的女人，我需要見見她，看她是什麼樣的人物。」

拉森安排他們在爾凡街一〇三號見面。後續的幾個月，莫拉許又到那裡好幾趟，他深受這位令人敬畏的人物所吸引（大膽無畏、抱負不凡、極度自信的女性），「她洋溢著熱情活力，她的聲音、態度、熱情、智慧和魅力都令人著迷」。

每次遇到抗拒法式料理的懷疑者時，茱莉雅的個人魅力總是可以讓人心悅誠服。她以過人的親和力，把她對美食的熱情傳給了各地的男男女女，從鄉間最孤獨角落的爐灶，到熱鬧大都會的廚房，從農舍和郊區建築，到紐約的公園大道和加州的比佛利山，以及介於這些地點之間的任何地方。最終，烹飪變成一種凝聚這些極端的方式，滋養他們的心靈，讓他們感覺到愛。

溝通是茱莉雅的成功關鍵。她卓越的地方在於，無論觀眾對烹飪或飲食是否有興趣，她都有本事清晰地說明食物的體驗，讓人產生認同。莫拉許踏進茱莉雅的廚房不到二十年後，他的妻子瑪麗安也從原本只會做臘腸豆類燉鍋的主婦，變成備受肯定的廚藝大師，有自己的電視節目及食譜，還在麻州的南塔克特（Nantucket）開了一間餐廳，提供她的創意美食。在茱莉雅進入瑪麗安的人生以前，沒有人比她更欠缺廚藝。無數的女性也都有類似的故事，她們當然沒有自己的食譜、電視節目和餐廳，但她們也在茱莉雅真摯、直率的指導與鼓勵下，發現了自己在烹飪方面的天賦。

茱莉雅激勵了美國人，也永遠改變了美國人，儘管當初大家都沒料到這股力量的到來。

1

樂土

茱莉雅旅居錫蘭、昆明、劍橋、巴黎、奧斯陸，或暫時落腳於世界的任何地方時，偶爾會閉上眼睛，深呼吸，徜徉在腦中優美的家鄉景致裡。她憑著魔法般的本能，想像柔和的光束灑落在淡藍色的空中，山峰的稜線像是用削尖的鉛筆勾勒出來的一樣，巧手打造的洋房座落於以樹木命名的林道邊，黑鸝在常綠樹上高唱著多變的旋律，還有玫瑰，爭奇鬥豔的玫瑰，像紅毯般在家家戶戶的庭院及大街小巷裡延伸，開遍了峽谷和乾涸的河川底部，雖然高雅，但也「帶點奔放」。茱莉雅六十年後在半個地球外的西西里回憶過往時說道：「那是一片樂土，是你能想像最適合成長的地方。」那蒼翠繁茂的魅力景觀，讓整個城市充滿了活力，彷彿一直等待著機會宣布它擁有這片樂土似的。這裡有豐饒、純淨的山谷，清爽的空氣，古老的山丘，是大自然的恩賜。帕莎蒂納不是為追求財富及熱愛日光浴的移民所打造的市鎮，而是在山脈沿海的山腳下，由教區與牧場群集而成的繁華地方。這裡的理想氣候吸引了「想要享受人生」又注意健康的人士常駐於此。豐饒的土地，搭配著豐富的天然資源（果園、高聳的橡樹林、沖積流域、茂密的植物、幅員遼闊），往外銜接起塵土飛揚的梯狀土丘和蔥蘢綠地，使帕莎蒂納彷如沙漠中的綠洲。

茱莉雅常說帕莎蒂納是「十足的加州」，其實不然。帕莎蒂納不像鄰近的加州城市，不是從金礦、車站、俯瞰海灘的沙丘發展出來的，而是一群不滿的中西部人民（例如從印第安納波利斯），為了擺脫冰天雪地的平原，找尋溫暖的氣候而遷徙至此。他們的西進計畫引起了親友的廣大迴響，有一百多個家庭加入所謂的「印第安納移民團」。他們於一八七三年派出先遣小隊到加州，尋找五萬畝的可耕地。對留守印第安納州的人來說，一開始那個任務聽起來很多餘。任何熟悉加州搶地風潮的人都知道，加州的土地根本是「要多少有多少」。西部很大，跟他們的夢想一樣龐大。但是在一個又一個山谷間找了一個月後，探索隊愈來愈失望。聖塔阿尼塔（Santa Anita）太貴，聖地牙哥太過譽，安那罕（Anaheim）太多沙，聖費爾南多（San Fernando）太乾旱，聖伯納蒂諾（San Bernardino）太炎熱，洛杉磯太……太多缺點了，他們覺得夢想開始幻滅。

一八四六年，茱莉雅的祖父約翰．麥威廉斯（John McWilliams）往西部淘金和追夢時，也經歷了同樣的失落。他來自伊利諾州的草原，當他落腳於加州，明白鄉野的現實狀況時，情緒相當低落。這裡的峽谷、蕁麻、蚊子、乾涸的深谷，足以折磨一個人的心靈。還有那高溫！天啊，一位蒼白的印第安納人抱怨：「臉和鼻子都曬到脫皮了，一週要換皮兩次。」

幸好，印第安納先遣小隊的皮都很厚，這些人忍受過冰天雪地的寒冬，又在豔陽高照的加州山區上下跋涉（「乘驛車趕了一百二十哩的險路」，還有無盡的徒步行走，走到快崩潰了），不肯讓夢想就此破滅。他們進一步往北部跋涉，接著往東，越過聖蓋博谷（San Gabriel Valley），進入南加州最秀麗的一帶，那地方在他們的眼裡就像伊甸園一樣。他們其實是站在綿延的聖帕斯夸爾谷農場（San Pasquale Valley Ranch）上，位於古老教區土地的西北角。那裡令人心曠神怡，猶如沙漠中的綠洲，有綿延的山景、茂盛的台地，綠意盎然的樹木和植物。空氣比較乾爽溫暖，比洛杉磯更有益健康。天空更為清朗，是比較深的藍色。這裡不缺木材，峽谷邊有高大的橡樹林，占地約五百畝，適合放牧。這裡也有豐沛的供水，「岩石間湧出的水，清涼甘甜」，還有龐大的地下儲水，取之不盡。不僅如此，山上的雪水穿過樹木茂密的山坡和峭壁而下，沖蝕數百年的岩床，創造出巨大的阿羅約峽谷（Arroyo Seco），注定要來灌溉山谷。

這些印第安納人知道，有水的地方就有肥沃的土壤。這群人和家庭將依賴土地維生，這也是牧場環境及沃土吸引他們關注的原因。他們遠眺著地平線，看著它預示著理想的成長環境及無限的前景。每一畝土地都令他們大開眼界，任何人都可以輕易想像未來的收益。事實上，那收益非常多，他們移居帕莎蒂納才兩年，全體的移民就成功栽種了上萬棵柳橙樹和檸檬樹、幾千棵落葉果樹、無數的橄欖樹、十五萬株葡萄藤。還有堅果，堅果似乎是從土壤中大量猛爆出來的，有杏仁、榛子、栗子、白胡桃、胡桃、核桃、山核桃、山毛櫸等等。

這裡遠遠超乎他們的想像，原本他們的目標是找個比較舒適的地方居住，一個讓簡樸的農家可以耕種與自給自足的地方。或許，再加上幾間教堂和一所學校就可以解決移民的問題了。

結果他們得到的，卻是超乎想像的富饒天堂。

帕莎蒂納成長的速度比國債還快，一八八六年該市成立以來，不到五年就從毫無朝氣的農村，變成活力十足的度假勝地。全美各地的遊客和投機者都湧進這個邊陲小鎮，擠爆了這個地方。房屋如雨後春筍般湧現，不只有加州風格的洋房而已，而是像宮殿般的豪宅，沿著相鄰的街道排排站。旅館一一開幕，不是普通的旅社，而是像聖西美（San Simeon）或聖納度（Xanadu）之類富麗堂皇的度假名勝。連鐵路也標出了這一站，不只是蜿蜒路線上讓人短暫停留的小站而已，而是南太平洋和聖塔菲等路線上的大站。這裡的房地產價值飆漲，不僅是反映全美各地房市漸漲的趨勢，而是像在蘇富比競標印象派的畫作那樣，大幅地飆升。原本以一畝六美元賣給印第安納首批移民的土地，到了一八七六年已經飆漲至一千美元。根據該市鎮的歷史記錄，從十畝土地分割出來的一小塊地，當年就賣了三萬六千美元。每個街角幾乎都開了銀行，劇院的生意興隆，台車的線路倍增，市內開始出現商業區，報社不只一家，而是有三家日報，報導持續挑戰該市極限的驚人發展，所以帕莎蒂納已經變成不折不扣的新興城市了。

城市的蓬勃發展吸引了流動人口前來，美國最富裕的流動人口都來這裡沐浴陽光，沿著橙園大道（Orange Grove Avenue）打造冬季的避寒豪宅。聖路易斯的啤酒大亨阿道夫・布施（Adolphus Busch），明尼蘇達州的美國鋼鐵公司創辦人修列・梅里特（Hulett Merritt），在芝加哥擁有蘭德—麥納利集團（Rand-McNally）的出版商安德魯・麥納利（Andrew McNally）都來了，擁有全球知名臥鋪車廂的喬治・普爾曼（George Pullman），以及不久即將創立芝加哥小熊隊的口香糖大亨威廉・瑞格理（William Wrigley），紐約的鋼琴製造家史坦威一家（Steinways）、標準石油公司的拉蒙・范登堡・哈克尼斯（Lamon Vandenburg Harkness），其妻掌管利格特—邁爾斯菸草公司（Liggett-Myers）財務的約翰・奎文斯（John S. Cravens）也陸續前來。他們還沒打開行李，芝加哥的馬歇爾・菲爾德（Marshall Field）和洛克菲勒家族的大約翰和小約翰也來了。不只如此，全美各地的金融家和實業家都紛紛湧進這個印第安納人最早進駐的移民地，每年來此停留三、四個月（他們鮮少待得更久）。一九一三年，一位記者計算，橙園大道上共有五十二位超級富豪比鄰而居，幾個頂級街區合稱為「百萬富豪宅邸」。一夕間，原本只有一小群有結核病先驅進駐的小帕莎蒂納，變成了全然不同的樂土：美國最富裕的城市。

一九〇八年當麥威廉斯家族搬來這裡時，這裡會發亮的東西都已經價值翻倍、更勝黃金了。富豪們把財富挹注到都市開發計畫中，將帕莎蒂納的自然美景換上了奢華高調的外觀。一九〇三年在卡內基和其他慈善家的慷慨贈與下，威爾遜山（Mount Wilson）上建立了太陽能天文台，俯瞰全市。一九〇六年，占地三十林區的超大型樹林樂園「布施花園」（Busch Gardens）變成吸引遊客來漫步及驚嘆的熱門景點。城市美化的理念以精緻的古典建築風格來妝點公共建築。公園、泳池、露天廣場蓬勃發展。每年這裡還會舉辦「玫瑰花車遊行」，以彰顯城市的富足安康。企業冒險進取的精神，取代了當初創造出帕莎蒂納的開拓與安樂精神。這個城市的守衛者堅守著建築師威理斯・波克（Willis Polk）的信條：「要讓城市充滿魅力，就讓它繁榮起來。」的確！科羅拉多街和珍珠街的商業區已經推出許多鉅額的融資案，商會的成立也是為了促進城市的經濟。街車「紅車快線」（Red

Car express）沿著大湖大道（Lake Avenue）蜿蜒，以載送帕莎蒂納的富豪直接前往洛杉磯的金融區。

帕莎蒂納的蓬勃經濟對約翰．麥威廉斯這樣的人充滿了吸引力。他就像來自印第安納州的先人一樣，早在一八四九年受到西方淘金熱及一夕致富的誘惑，從伊利諾州的葛瑞格斯村（Griggsville）前來。每個困在孤立的農場上、長時間忙於農務的十六歲少年，當年都感染了那股狂熱。每天看到報紙報導又有人挖到新金礦，那誘惑實在讓人難以抵擋。年少的約翰．麥威廉斯並沒有別的資源，他告訴父親詹姆斯，他「要是不去加州……就只能等死」，但在木材場工作的父親很嚴厲，堅決不讓他去加州。不過，一八四九年四月九日，約翰還是跟著兩位學校的朋友及堂兄艾伯納一起離鄉，他們在馬車上裝滿了補給品（培根、咖啡、奎寧、淘金盤、上膛的槍枝、屠刀），加入美國有史以來最大的遷徙熱潮。當時共有八千多人西遷，人稱他們是「阿爾戈英雄」（Argonauts），是西進的先驅、夢想家和未來的移民。

約翰的父親很擔心兒子，而且有很合理的理由：約翰的母親和兄長都死於肺結核，在這種可能家族傳染的疾病陰影下，約翰也算半個病人。他骨瘦如柴，身高一米八五，體重才五十五公斤，家鄉的同伴都叫他「瘦竹竿」。有些體格是他兩倍的成年男子，在大西進的途中不幸過世。事實上，他們在抵達密蘇里州以前，一路都遇上暴風雪，動物群狂奔而過也很常見。在漫長的乾旱下，長途跋涉又缺水，搞得他們昏頭轉向。但是後來奇怪的事情發生在這群堅定的年輕夢想家身上，跋涉半年後，他們於十月抵達加州，約翰反而因為吃多了「肥培根」而胖了十三公斤，身體處於最佳狀態，正好可以開始淘金。

約翰去了老沙斯塔（Old Shasta），加入內華達山脈上積滿淤泥的營地。他在那裡找到的東西，呼應了普蘭提斯．馬福德（Prentice Mulford，另一位來自東部的淘金少年）的話：「他們說在加州找到黃金的故事都是真的。」他們說得沒錯，淘金客在這裡找到新礦脈的機率高得驚人，年輕的約翰也不例外。家鄉的一位老師教他使用淘金搖動槽和格篩（兩種用來篩濾砂礫的自製工具），約翰回憶：「我們第一天試用，就撈到約一百美元。」

他們舉目所及，整個山脈的兩側，以及北方、南方、西方綿延不絕的景致，都是可能蘊藏黃金的地方。像約翰那樣獨立的淘金者，可能在獨立自主的夢想及致富的前景驅動下，永遠在那個山脈上探礦。不過，那樣做也需要勇氣，因為那裡沒有任何文明設施，惡劣的天候對心靈來說是極大的考驗：漫長的雨季有大風大雨不斷地吹打，接著是充滿惡臭的溫熱月份，成群的蚊子讓人根本無法入睡，夜晚還有成群的土狼伺機劫掠營地。約翰在那惡劣髒汙的山脊上苦撐了四年，收穫頗為豐碩，他經常寄送黃金回伊利諾州的老家，事實上他寄了很多，多到那些大金條還傳給了麥威廉斯家族未來的世世代代。

但當他返鄉時，那些黃金顯然還不足以讓他獲得鄉親的歡迎。

一八五二年一月底，約翰出現在葛瑞格斯村附近的小農村德懷特（Dwight），他的弟弟大衛如今在那裡小有成就。大衛在那裡開了一家店，名叫麥賈行（McWilliams and Judd），專賣農具，又剛好有村裡唯一的保險箱。所以，當地的農民收到錢，需要安全的地方存放現金時，大衛就把他的保險箱變成德懷特銀行。約翰很快就發現，那裡沒有他發展的地方，他只待了一段時間，娶了心上人——美麗的瑪麗·黛娜（Mary Dana）——就加入伊利諾州的志願步兵團，從軍去了。

從軍不久，約翰就參與了南北戰爭，在薛爾曼將軍領軍穿越喬治亞州時擔任軍需官。一份少量出版的回憶錄裡寫滿了他的功績：「他是個勇敢無懼的漢子。」他的重姪孫艾力克斯·麥威廉斯（Alex McWilliams）說，「淘金潮和戰爭讓他變得堅不可摧。」

一八六五年，當他回到德懷特時，世局的變遷只讓他變得更加堅韌。麥威廉斯家族流傳下來的故事指出，當時大衛假裝認不出約翰，以免他來瓜分家產。約翰見狀，心一橫，毅然離開了德懷特，轉往離德懷特僅八哩的奧德爾（Odell）。他在那裡置產，開設自己的銀行，和弟弟競爭。奧德爾比德懷特還小，頂多只有七、八百人，卻是利文斯頓（Livingston）縣最大的穀物運輸區。奧德爾銀行成了當地的重要支柱，不僅是社交中心，也是商業據點。約翰根據人際關係的疏密，以個人的資金放款給當地的事業。在此同時，他也開始大量收購奧德爾境內的農地，那些土地至今仍為其家族所有。

艾力克斯說：「約翰是很精明的生意人。」他的弟弟大衛也是，「他們都很審慎認真，堅定果斷。擁有的土地都傳給了後代，鮮少出脫」。

久而久之，兩兄弟都「摸熟了土地」，對土地的敏銳嗅覺就像天性一樣。約翰在這方面尤其務實，他會根據西部淘金的經驗，來評估礦藏的價值。土地是你可以觸摸、以手指篩檢的東西，他們幾乎完全靠土地做生意，不像芝加哥的同業是交易無形的資產，例如信貸和抵押貸款。約翰就這樣默默地拓展事業，在許多地方持續買地。例如，在阿肯色州德威特（DeWitt）東邊的白河上買了許多稻田，並在那裡建造了家族農場；在靠近貝克斯菲爾德（Bakersfield）的阿爾文（Arvin）買了一小塊地，後來在那裡發現石油；買了一些原本看似毫無價值的房地產，如今變成棕櫚泉（Palm Springs）；買了一些地下室，後來政府簽約租用，拿來儲放燃料。在密西西比河流域的開發中，他也扮演幕後推手，「據說南北戰爭後，南方各州重建的期間，他在那裡發了大財」。

在這些交易中，都可以看到一個明顯不變的特質：個性。個性讓他們的王國不受惡意的影響，抱負和精明從來不損及家族的聲譽。一位目前仍住在德懷特的重姪孫女表示，麥威廉斯兄弟可說是「典型的正派君子——正經拘謹、沉默寡言、都是社群裡的重視支柱」。她記得這兩系宗親在定義麥威廉斯家族時，有個共通的說法：簡樸忠實。這對兄弟是不折不扣的地方鄉紳，當地的「重要人物」，主要的銀行家和大地主，活躍於衛理公會和社群服務，也是當地圖書館、醫院和學校的主要捐助者。

約翰的兒子（也叫約翰）也承襲了服務的傳統與個性，他在自願或命運使然下，繼承了父業。約翰．麥威廉斯二世就是茱莉雅的父親，一位觀察者表示，他從小就被培育為紳士，「跟他老爸像一個模子印出來的一樣」，個性審慎務實，非常講究紀律。

小約翰生於一八八〇年，從身體的特徵來看，他從一開始無疑就是「十足的麥家人」。在平坦不毛的鄉間，他的個頭相當顯眼。身材高䠷細瘦，有運動健將的優雅自然步態，雖然下巴戽斗（茱莉雅遺傳了他的下巴），但是帥氣不減。他有麥威廉斯家族的優越感和威嚴感，但他的威嚴感並非與生俱來的，而是在父親的調教下培養出來的。他年少時期及大部分的成年時期，都跟在父親的身邊。老約翰年紀大了以後，變得冷漠固執，對兒子鮮少展現明顯的關愛。他們的父子關係是有計畫的事業，主要的目的是拓展家族利益。一位親戚回憶道：「他們覺得自己有無盡的義務，不能讓家族失望，必須持盈保泰，沒有鬆懈的空間。」

小約翰的父親雖然嚴苛，但他也知道兒子需要獨立。畢竟，他自己是獨立在加州和喬治亞州闖出一片天的。所以，一八九五年，小約翰十五歲時，就被送到芝加哥北方的貴族男校森林湖學院就讀（在當地，那個年紀的少年大多已投入農務）。到外地求學是父親幫他規劃的部分人生藍圖，他將在那個學校裡就讀兩年，接著轉往普林斯頓大學，學習一些人文學科，再回老家。

在普林斯頓，小約翰展現他在奧德爾培養的紀律。他治學認真，一切以課業為重，選讀了古典歷史和當代政治，也修了網球和高爾夫球等運動。雖然不是校園裡的風雲人物，但他被選為副班長，並考慮爭取擔任學生會長。不過，小約翰還是很重視學業，他把學業視為培養自己的機會，以便帶著更廣闊的視野返鄉。有一點是確定的：他毫不鬼混，週末不跟酒肉朋友到女校遊樂。有些普林斯頓的男學生會藉機攀上小明星，或穿梭於紐約的社交場合廣結人脈，以利未來的職業生涯發展。約翰的同學搶著擠進最好的企業工作，但他不急著在大學中出類拔萃，因為他的未來早就訂好了，他已經從精通世道的父親身上學到了需要的一切。對麥威廉斯家族的事業來說，只有一項主權，一種經商的方式，一套為人處事、安身立命的方法。

要說小約翰是父親的縮小版，那又對他後來的成就給予太少肯定了，不過他固執的個性倒是跟他老爸一樣，冷漠孤傲的性格更是明顯的家傳。「他再怎麼說都不是一個和藹可親的人，」孫女帕蒂．麥威廉斯說，「他沒有幽默感，毫無親和力可言。」

銀行與金融很適合他的個性，因為那很務實，實事求是。完善決策的流程不能感情用事，純粹只看數字，那正好是約翰習慣的領域。除此之外，他並沒有迫切追逐功成名就的必要。一九〇一年，從普林斯頓畢業後，約翰滿意地回到家鄉，從基層做起，在父親的銀行裡擔任櫃檯人員助理。那不是光鮮亮麗的工作，但是讓他在社群裡小有知名度，有機會累積大家的肯定和信賴。

他知道，知名度就像存在銀行裡的錢，他人的信賴與肯定也是如此。一九〇七年，他已經獲得這三項要素，變成奧德爾禁酒黨的參議員，他也首度獨立買地，在中央谷地南部的加州克恩縣（Kern）買了四千六百畝地。那一帶的農業蓬勃，鑽井工程也已經展開，後來挖到了石油。

但是，奧德爾和西部相比，魅力還是有限。中西部的生活扎實穩定，但是成長就像當地往四面八方綿延數百哩的平原一樣扁平（當地人覺得「比煎餅還平」）。這裡對麥威廉斯家族這樣的投機者來說潛力有限，他們的事業發展已經到了極限。一九〇八年，老約翰已經回到加州，這次是永遠定居下來，他在加州的地產投資讓他日益富裕。這位老練的探勘者再次挖到了珍寶——從貝克斯菲爾德到帕莎蒂納的豐富地產。他在這裡擁有的土地，幾乎跟整個奧德爾的面積一樣大。一九〇九年，他在帕莎蒂納最迅速發展的時期，成立了麥威廉斯地產公司。

每個人都以為小約翰會跟進投入，即使不是馬上，也會在打理好個人的事務後迅速跟進。「他第一眼看到加州時，就愛上這裡了。」他媳婦回憶道。小約翰決心轉往西部發展，但父親阻止他倉促退出任何計畫，麥威廉斯家族對奧德爾村的居民有義務，老約翰一心想幫當地的人渡過難關。在此同時，小約翰也升任奧德爾銀行的總裁，獲得父親的額外獎勵，包括阿肯色州的田地。

西部雖然令小約翰神往，但是還比不上家鄉的另一個魅力。一九〇三年，他去芝加哥造訪普林斯頓的同學亞歷克斯·史密斯（Alex Smith），有人介紹他認識茱莉雅和陶樂西·韋斯頓兩姊妹，她們都是史密斯學院的校友，皆為崇尚自由、有主見的女性。茱莉雅‧卡洛琳‧韋斯頓（Julia Carolyn Weston）人稱卡洛（Caro），尤其令約翰傾心。卡洛臉頰紅潤，有一頭蓬鬆不羈的紅髮，常梳成髮髻或編成麻花辮，身材高䠷醒目，但不粗壯，而是高雅出眾。她比妹妹更有活力，更動人，有一張迷人的小嘴，淡藍色的眼珠，眼睛像月牙般微彎，慧黠中帶點憂鬱的氣息。兩姊妹的個性都不害羞，卡洛更是外向，她可以在任何地點吸引眾人的目光。大家常以「活潑」來形容她的本性，還有「俏皮」和「獨立」，不過她獨立的個性令小約翰頗傷腦筋。

卡洛和妹妹陶樂西都靜不下來，大學畢業後，她們就在全美各地跑來跑去，加入可輕鬆交友的聯誼活動。她們憑著姓氏的優勢，在紐約、芝加哥、艾爾帕索、丹佛、聖塔巴巴拉等地，加入跟她們身家背景相仿的社交圈。韋斯頓的姓氏讓她們無往不利，那是全國知名的豪門與生俱來的特權，不像麥威廉斯家族是從小城起家。

韋斯頓家族是世代相傳的上流貴族，淵源遠溯及五月花號，或甚至更早以前。卡洛的母親茱莉雅‧克拉克‧米切爾（Julia Clark Mitchell）是普麗希雅‧艾爾登（Priscilla Alden）和宜斯皮潤斯‧米切爾（Experience Mitchell）的後裔，一六二三年他們在普里茅斯殖民地（Plymouth Colony）定居下來，培養出許多知名的後代，例如普利茅斯殖民地的總督威廉‧布萊德浮（William Bradford），詩人威廉‧卡倫‧布萊恩特（William Cullen Bryant），法官奧利弗‧溫德爾‧霍姆斯（Oliver Wendell Holmes）。卡洛的貴族血統比任何人都純，不過她的父親拜倫‧柯蒂斯‧韋斯頓（Byron Curtis Weston）是憑個人的實力贏得大家的敬重。

拜倫的祖先也和普里茅斯殖民地有很深的淵源，他的叔公艾德蒙幫忙建立了殖民地。拜倫是雷納司‧克萊恩（Zenas Crane）的姪子，精緻造紙術幾乎可以說是克萊恩發明的。拜倫在克萊恩的後院（麻州修沙通尼克河邊的道爾頓）開了一家公司跟克萊恩競爭，以高級棉來印製書籍、帳冊和筆記本，後來變成全球知名的企業。克萊恩紙業公司（Crane Paper Company）和拜倫‧韋斯頓紙業（Byron Weston Paper）爭搶每個大客戶，包括為美國政府印製美鈔。美鈔印製生意後來由克萊恩紙業搶到，韋斯頓紙業則是印一些中國的紙鈔。這兩個家族的後代都說：「克萊恩和韋斯頓家族討厭彼此。」但實際上他們都採取同樣的緩和策略，偶爾會結識和通婚，不過雙方的關係就像羅密歐和茱麗葉背後的兩個家族一樣。他們偶爾也會社交，不過兩家族各自住在不同的市區，韋斯頓住東區，所謂的「中心」；克萊恩是住西區或「平坦區」，所謂的「克萊恩城」。他們上的教堂不一樣，死後也葬在不同的墓園裡。兩家世仇聯姻的親戚約翰．基特里奇（John Kittredge）指出：「你要是參加克萊恩家族的活動，在韋斯頓家族裡就不受歡迎。」這兩個家族都深信自己在道德上的優越感，這情況在家族長輩的身上更是明顯，他們的明爭暗鬥影響了在地生活的許多面向。拜倫．韋斯頓尤其容易記恨在心，要是零售商投奔克萊恩陣營，他就讓外人填補空缺，讓叛徒知道他再也沒有機會回來了。

拜倫雖然容易記恨，但是人緣還不錯，被選為麻州的副州長，而且不只一次，而是連續三任（克萊恩家族也不遑多讓地指出，他們曾任州長）。拜倫擔任副州長期間，妻子迅速生了十個孩子，卡洛排行第七，跟母親最像，個性固執，聰明伶俐，重視獨立，充滿搞怪的幽默感，深愛冒險。她是柏克夏縣裡第一位拿到駕照的女性，她在泥土路上駕車奔馳的方式，彷彿誰都攔不住她似的。她是直言不諱的女權主義者，那個年代代表個人主義與獨立自主的詞彙都可以拿來形容她。她也很有運動細胞，網球打得極好，高爾夫球也會一些，這對約翰．麥威廉姆斯來說都很有魅力。事實上，他們兩人在求學時期，都是學校的籃球隊員。約翰對這位活力十足的新英格蘭女子一見傾心，喜歡她的一切，偏偏她沒時間談情說愛。

卡洛在史密斯學院升大二時，愈來愈焦躁不安，開始追尋自我，那時患有高血壓的父親突然中風去世。三年後，她母親也因腎衰竭而身故，照顧三名弟妹（唐納、陶樂西、菲利浦）的責任便落在卡洛的身上。她在日記裡沉重地寫道：「我們都成了孤兒。」顯示他們的生活出現了巨變。總之，命運的轉折把卡洛牽制在家務上，扼殺了她未來獨立的計畫，更別說是談情說愛那麼膚淺的事了。她的世界本來毫不設限，如今則只侷限在麻州的道爾頓，她默默地接受了這樣的命運安排。不過，身兼母職也讓她獲得了經驗和回饋，一位欽佩她的親戚回憶道：「她是名意志堅強的女子，以能突破一切障礙的信念來因應各種挑戰。」但是家庭變成卡洛的絆腳石，阻礙她發揮過人的實力。

一九〇三年夏季，陶樂西咳嗽不止，感到異常疲累，後來診斷出罹患肺結核，於是卡洛開始走訪各地尋找療法，整整找了八年，走訪一家又一家的水療中心，希望能療癒陶樂西的肺臟。乾燥、清新的空氣是不可或缺的，但是那樣一來，她們姊妹倆就必須不斷地搬來搬去。只要季節一變，她們就需要打包搬遷，搬遷流浪的生活對欠缺勇氣，或沒有決心戰勝病魔或克服萬難的人來說，可能令人喪志。不過，這種帶著行李四處遷徙的生活，從來不會讓卡洛感到不便，她可能也不願老是窩在麻州的道爾頓。道爾頓是個商業小鎮，充滿了商業思維。無論你是韋斯頓家族或克萊恩家族，造紙就是每個人的生活重心。卡洛在大學時見識過外面的世界，知道道爾頓外的世界更加寬廣。「她厭倦了道爾頓的景象。」她的表孫女費拉回憶道，「陶樂西罹患肺結核雖然遺憾，但這正好讓她有機會離開。」無論遷徙有多麼不便，那種四處遊走的方式也助長了韋斯頓姊妹的社會地位，她們憑著新英格蘭的自然美貌和優雅氣質，在常春藤盟校的俱樂部圈子裡，成了備受歡迎的常客。在聖塔巴巴拉和科羅拉多泉市（兩姊妹暫時落腳的地方），卡洛不費吹灰之力，就打進了當地緊密交織的社交圈。她和陶樂西在多種社交舞會上，都是炙手可熱的名媛。至於那些總是吸引特定族群的網球和高爾夫球比賽，就更不用說了。

小約翰．麥威廉斯總是盡可能參與她們的活動，但要跟上她們的腳步不僅累人，也令人沮喪。他就這樣尾隨著韋斯頓姊妹長達七年，從芝加哥往西到科羅拉多州，接著又往更南方及西方走。只要一有空檔，兩姊妹走到哪，他就跟到哪。卡洛一開始就言明，陶樂西的健康是她的優先考量，任何事情——無論是愛情或婚姻——都無法阻礙她的目標。她沒有直接拒絕約翰，只是讓他明白實際的狀況，除此這點遺憾以外，他們還滿習慣這種專一、但有點距離的關係。

對約翰來說，這個求愛過程很像在打消耗戰。卡洛似乎不想很快就定下來，又或者她根本沒興趣定下來。

陶樂西的健康真的是理由嗎？還是藉口？他也無法確定。無論是理由或是藉口，前景看來都令他感到不安。一九一〇年，即將邁入三十歲的約翰愈來愈焦躁不安。到了這個年紀，多數的朋友都已經成家、養兒育女了，但卡洛只給他含糊的暗示而已。此外，他想獨立創業，離開奧德爾的小鎮生活，到西部更大的平台發展，也遭到父親的勸阻。

一年後，意想不到的事件發展，把約翰一舉拉出了日益深陷的絕境。那年夏天，陶樂西和來自德州的銀行世家、在科羅拉多泉市工作的耶魯畢業生瑋柏．漢明（Wilber Hemming）訂婚了。儘管陶樂西的病情日益嚴重，她仍打算在隔年的六月出嫁。當時三十三歲的卡洛幾乎是當下就決定自己也該結婚了，小約翰．麥威廉斯正是她的首選，她和約翰一樣，都想住在「金色西岸」，在不必越洋下盡量遠離道爾頓。他們打算「和國家一起成長」，約翰在普林斯頓大學第十次同學會的紀念冊裡曾經如此打趣地寫道。

總之，卡洛不是開玩笑的，陶樂西的訂婚通知才剛發出去，一九一一年一月二十一日她就和約翰結婚了。那是一場喜氣洋洋的盛大婚禮，規模更是西部罕見，尤其卡洛又是出自美國最顯赫的名門望族之一。賓客遠從波士頓、紐約、芝加哥等地前來，擠滿了科羅拉多泉市的聖斯德望聖公會教堂，友人齊讚約翰和卡洛是「金童玉女，佳偶天成」。你可以想像這對高眺優雅、笑容滿面、活力充沛的新婚夫妻，在親友的歡呼與喝采下，緩緩地走過教堂的走道時，那身影有多麼醒目動人。有人說，他們的結合是「百世流芳」——也許那只是隨口暗指他倆的年紀都大了。

老約翰．麥威廉斯並未出席婚禮，但是他送上一個比他們預期還要珍貴的賀禮。那有點像是光榮退役的證書——他終於祝福約翰離開奧德爾，也祝福這對新婚夫妻遷居到他現在住的地方：帕莎蒂納。雖然多年後卡洛是帶著微笑描述這段「公公贈禮」的故事，但事實上，那頂多只是好壞參半的發展。老約翰堅持這對新婚夫妻必須跟他同住，小約翰必須和他共事，未來的任何計畫都必須徵詢他的意見，這一切要求對卡洛亟欲追求的獨立自主，都是嚴重的打擊。卡洛駕馭得住小約翰的保守個性，但老約翰就很難伺候了。據說，老約翰光是凝視著你，都可以嚇得你魂飛魄散。每次有老約翰在場，卡洛都是兢兢業業的。

卡洛面對公公時，總是畢恭畢敬，但她總覺得他們兩人之間有一種緊繃的關係，感覺像競爭一樣——他們都在競爭兒子／丈夫的關注。即使是用餐和服飾之類的瑣事，老約翰只要揚起眉毛，就足以讓小約翰乖乖聽話。事實上，有一次小約翰要出門時，老約翰要求他去換襯衫，雖然那件襯衫是卡洛剛剛幫他挑選的。有些時候，老約翰連餐點中的細節都要管，細到連某道菜裡加了多少鹽巴都有意見。新娘入門以後，幾乎沒什麼自主權，他們父子倆整天都在一起忙著土地交易，卡洛只能隨意做做家務。晚上一起用餐時，氣氛也很僵，單調乏味。她很努力融入這種常態，但是不可否認，這一切都讓新婚夫妻的婚姻備受考驗。

不過，約翰一直鼓勵她，為她加油打氣，也承諾未來會讓她過更好的日子。茱莉雅聽過他父親努力維繫婚姻的故事，她說父親是個「好人」。早年，小約翰剛到帕莎蒂納時，是很不一樣的人，那時「和國家一起成長」愈看愈像是天賜良機。小約翰的個性是從容的中西部風格，亦即個性保守，固執理念，帕莎蒂納感覺像是為他量身打造的地方。相較之下，距離帕莎蒂納十哩、勞斯萊斯到處跑的洛杉磯則正好相反，那裡的感覺比較隨興。帕莎蒂納也有務實的一面，不像洛杉磯那樣熱鬧放縱，沒有霓虹燈或喧鬧聲。在遠離那些頹廢的力量下，約翰和卡洛在帕莎蒂納找到跟他們同類的朋友：挑剔的鄉村俱樂部會員。他們的時髦玩樂和消遣活動，在菁英與非菁英之間創造出一個定義明確的族群。「那是很棒的社交場所。」茱莉雅的弟妹喬·麥威廉斯（Jo McWilliams）回憶道（喬是帕莎蒂納的本地人）。約翰和卡洛把握那個場合的一切機會，融入從東岸到當地短暫生活的富二代圈，加入頂級的山谷狩獵俱樂部（Valley Hunt Club），該俱樂部舉辦的週日晚宴和年度主題派對（例如酋長歡樂會），讓他們有地方可以騎馬、射擊、打網球和游泳。

山谷狩獵俱樂部也讓他們加入一個小圈圈，使他們步步高升的地位又進一步向上了。一位博學的觀察家指出，那個圈子是「加州菁英裡的菁英」。那些人可不是普通的財閥，據說「搬遷到南加州的富人，除非有錢可以揮霍至少二十年，否則不會搬到帕莎蒂納。」而且，帕莎蒂納人要有錢到花不完，才會加入山谷狩獵俱樂部。約翰剛好符合那裡的標準——他出身名門，有正派的道德觀，財力雄厚，妻子又出身豪門世家，而且卡洛已經籠絡了那群人的心。那裡有很多來自東岸的熟悉面孔，例如史密斯學院和衛斯理學院畢業的名媛及紐約的社交名流。約翰和卡洛時常參與高級晚宴，閒聊家族的狀況，雖然他們尚未養兒育女。

不過，一九一二年八月以後，情況就變了。麥威廉斯父子打算進一步往西搬遷，搬到南歐幾里得大道上最近落成的房子，那裡寬廣許多，有花園和棕櫚樹，還可以眺望遼闊的山景。但是卡洛覺得她和約翰應該獨自住，也許住得更靠近市區一點，讓她離開婆家，擁有多一點的隱私。喜歡社交與歡樂的卡洛覺得她需要自己的空間，讓她在沒有公公的監督下，經營自己的家，自在地表達意見，任意地犯錯，放輕鬆，喘口氣。對於搬遷計畫，卡洛提出了所有合理的異議，但是約翰說服她，搬遷對他的未來——他們的未來——有益，而且只是暫時的，只要住到他在社群裡的地位變得更穩固就行了。

所以他們的計畫是：一起搬到南歐幾里得大道，約翰和卡洛可以獨享豪宅的側廂，臥房外有陽台可以俯瞰山茶花。那是氣派的三樓豪宅，但不像附近鄰居流行的豪宅風格、瑞士木屋風格、法式莊園風格，或哥德式的石砌風格，老約翰請人把豪宅建成類似他童年的中西部農場：有明亮挑高的房間、後樓梯，以及環繞式的門廊（在溫暖的午後，家人可以輕易拉搖椅來此啜飲冰茶）。最後，他又臨時增設了僕人住宿區，比主要的住宅低兩階。新屋的整體設計極其出色，連卡洛也不得不承認，那個地方符合他們的需求。

但是，當卡洛發現自己懷孕時，再完美的計畫都趕不上變化。大家都知道老約翰對小孩子特別不耐，麥威廉斯家族的信條是：「看得到，聽不到。」嬰兒的啼哭尖叫聲更是無法接受。當然，老約翰沒明講出來，但他建議，也許約翰和卡洛留在道富街的舊房子對每個人都好，至少先待一陣子，直到「每個人」都安定下來。

麥威廉斯一家，帕莎蒂納，1922年。圖片鳴謝：The Collection of Patricia McWilliams

於是，那變成新的計畫：老約翰在卡洛臨盆以前，搬到南歐幾里得大道的新家，約翰和卡洛獨自留在舊家，全家人在每週日的晚上六點齊聚一堂，共進晚餐——這個計畫讓每個人都為之竊喜。至於修改那計畫的細節，後來從未充分討論。

不過，有一點是確定的：在小約翰的家裡，從此生活不再一成不變。

2

走自己的路

就在茱莉雅出生的前幾天，律師克拉倫斯·丹諾（Clarence Darrow）涉嫌賄賂陪審團的案子在洛杉磯開庭審判，引起所有南加州的密切關注，這時《帕莎蒂納晚報》（*Pasadena Evening Post*）出現一個新的專欄，時機上似乎很湊巧，那專欄的主題是「帕莎蒂納家庭主婦的實用餐點」，鼓勵該市的年輕主婦從一份菜單中挑選菜色，每天烹煮三頓主餐。那份菜單裡包含一些家常菜（例如小麥糊、烤馬鈴薯配雞蛋、烤肋排、切片番茄沙拉）和當日的特殊食譜。專欄第一篇文章的寫法，大概只有家政課的老師愛看，也許稱為「以罐頭食品精通料理藝術」還比較貼切。

「一大早開一罐鮭魚罐頭，把魚倒出來，切成薄片，丟除魚皮和魚骨。」那文章開篇如此寫道。當天稍後，讀者可以想見在帕莎蒂納的高溫下，那鮭魚不知已經放著爛多久了，那道食譜才教人加入多種配料，其中包括「兩茶匙的泡打粉，足夠的過篩麵粉，以製作厚麵糊。」然後再把整個混合物倒入「裝了半鍋滾燙熱油的熱鍋中……像煎厚厚的煎餅一樣」。

套句茱莉雅可能面無表情說的話：「就這樣！」

顯然，此時的美國正等待某人來介紹他們更好的食物。茱莉雅·卡洛琳·麥威廉斯就在此刻降臨了這個世界。卡洛經過一番分娩的折騰後，在帕莎蒂納醫院產下茱莉雅。她出生時的體重沒什麼特別，七磅八盎司，看不出來日後會如此高大。她的命名也沒什麼爭議，卡洛想過以妹妹的名字將她命名為陶樂西．狄恩（Dorothy Deane），不過後來還是照了原計畫：如果是女孩，就按她自己的名字來命名；如果是男孩，就是在歷代「約翰．麥威廉斯」之後再多一個約翰。

茱莉雅的父母都為她感到相當興奮，約翰一邊喊：「她跟她媽媽簡直是一個模子印出來的。」一邊發送包裝上印著「是女寶寶！」的雪茄，給他遇到的每個人。其實，茱莉雅的頭髮一開始是淺棕色，不像卡洛的頭髮那麼紅，嘴巴也不像卡洛的那麼小巧。她有母親的蘋果臉，敏銳的雙眼，但五官和寬下巴比較像貴氣的老爸。再過幾年，她最特別的特徵才會出現：聲音，那高亢的顫音完全遺傳自母親的娘家。他們稱之為「高鳴」，是聲帶太長的結果，讓聲音多了一種滑稽的效果。卡洛有那種聲音，她的兄弟姊妹都有。但是傳到茱莉雅以後，最後成為一種獨一無二的文化品牌，像NBC電視台的招牌配樂或巴布．狄倫的沙啞咆哮一樣特別。

在茱莉雅出生幾週後，有一本收錄大量新食譜的書籍出版了，號稱「最近幾年美國廚房內的進步」。作者芬妮．法默（Fannie Farmer）出過好幾本了不起的食譜，《烹飪新書》（*A New Book of Cookery*）是那一系列的最

茱莉雅的學生時期，1928 年在凱瑟琳布蘭森學校。圖片鳴謝：The Collection of Patricia McWilliams

後一炮，但這本和二十世紀初盛行的料理科學運動（該運動帶來了加工起司、切片白麵包、速食馬鈴薯泥）截然不同，是回歸傳統的食物料理方式。法默小姐的八百六十道新食譜是依賴廚藝烹飪食物，而非化學。她的烹飪過程注重分析與精確（這兩項特質跟科學有關），但最終是「美味的」。法默相當出名，一心致力於改革，她不畏批評（有人批評這本食譜裡的醬汁太油膩、太浪費了），不再只談普通的菜色，而是開始把焦點放在比較有創意的異國料理上，例如西班牙羊排、摩洛哥雞肉、俄羅斯雞蛋料理、巴伐利亞小牛肉。

後來，法默這番遠見對茱莉雅的一生產生了很大的影響。不過，在當時，直到茱莉雅離家去讀大學以前，茱莉雅的眼界只限於封閉的南加州。對一個年輕女孩來說，那裡是她後來盛讚的天堂：寬敞的住家位於豪宅區，阿羅約峽谷是天然的遊樂場，他們家的濱海別墅位於附近的聖馬洛（San Malo），這些地方之間的每個點盡是天堂，跟任何的美食盛宴一樣美好，令人心滿意足。

而且沒有人的童年比茱莉雅過得更愜意，她是在充滿關愛的家庭、充滿希望的社群裡成長。她出生的那兩年，卡洛和約翰對她極盡溺愛，卡洛對她的依戀尤其令人動容。在一張茱莉雅六週大的正式照片中，卡洛凝視茱莉雅的眼神是如此的溫柔多情，茱莉雅倚靠著蕾絲枕頭，盯著相機的鏡頭，小手緊抓著前面有荷葉邊、旁邊是泡泡袖的白色蕾絲罩衫。在照片的旁邊，有人以草體寫著「小公主」三字。茱莉雅還小時，母親在慵懶的午後都會讀故事給她聽。茱莉雅的房間角落有一個木製書櫃，上面塞滿了經常翻閱的熱門童書，例如博伊德．史密斯（E. Boyd Smith）的《雀斑》（*Freckles*），凱特．道格拉斯．威金（Kate Douglas Wiggen）的《凱麗媽媽的小雞》（*Mother Cary's Chickens*）、碧雅翠絲．波特（Beatrix Potter）的經典《彼得兔》（*Tales of Peter Rabbit*）和《托德先生的故事》（The Tales of Mr. Tod），愛麗絲．考德威爾（Alice Caldwell）的《椰菜夫人》（*Mrs. Wiggs of the Cabbage Patch*），當然還有安徒生的童話故事。茱莉雅總是蜷縮在客廳的沙發上，聚精會神地聆聽母親用各種偽裝的聲音來敍述這些故事，聽著聽著，茱莉雅就進入夢鄉了。

這種教養方式聽起來挺悠閒的，不過茱莉雅是個精力異常充沛的孩子，每次一溜煙就不見人影，躲到屋子的角落探索新鮮事物，或是整個人趴在低矮的桌子底下，害她母親常在屋子裡跑來跑去，緊張地呼喚她的名字。由於寬大的雙扇玻璃門大多是敞開的，卡洛特別擔心茱莉雅遊蕩到戶外，穿過花園，到車水馬龍的街上。「我們哪天真的該裝個柵欄。」她惱怒地感嘆，後來她也真的裝了，用小型的伸縮柵欄隔住房間的出口。

那樣做也許可以限制茱莉雅的行動範圍，卻不足以避免她惹上麻煩。「我把自己反鎖在浴室裡，他們請消防隊來，才把我救出來。」茱莉雅回憶道。隨著年紀的增長，她愈來愈好動，惹上的麻煩也愈來愈多。

住在幾個街區外的鄰居，會看到家門前的人行道邊坐著一個小身影，對著路過的馬車丟石頭，或是對著敞篷車丟球。約翰的嚴格父親聽說孫女會這樣惡作劇時，要求卡洛教訓孩子，但是卡洛總是莫可奈何地說：「拜託，她年紀還小。」除了嘆息以外，卡洛總是不忍斥責茱莉雅一聲。

隨著家中人口的增加，生活也明顯複雜了起來。一九一四年八月全家到聖塔巴巴拉度假時，約翰三世誕生了。麥威廉斯一家就像許多帕莎蒂納的家庭一樣，會到附近的沙灘避暑，以躲避內地的炎熱。卡洛開始陣痛時，他們正借住在約翰的妹妹貝希家，他們沒有馬上開車走陡峭的沿海公路回家，而是當場自然接生。

有了兩個小孩以後，卡洛和約翰搬到幾條街外的玉蘭大道邊，住比較大的房子，這下他們終於有自己的房子了！不過，他們並未完全擺脫約翰的專制父親，其實他就住在同一個街區，還挺方便的（或說，挺麻煩的）。茱莉雅常穿過後院，直達祖父的家，儘管她後來說：「他嚇死我了。」吸引茱莉雅去祖父家的，當然不是祖父暴躁的個性，而是廚房的窗檯邊總是放了一盤甜甜圈。對一個「老是喊餓」的女孩來說，油炸麵糰圈灑上糖粉及些微的肉荳蔻，是擋不住的誘惑。那是祖母拿手的中西部美食之一，茱莉雅百吃不膩，她總是拿起一個甜甜圈，貼近鼻子，深深吸一口那甜滋滋的香氣後，才大咬一口。天啊，真是人間美味，而且她總是肚子餓。

即便是那麼小的年紀，茱莉雅的腦子裡老是想著食物。

但是，去哪兒找呢？玉蘭大道上沒有，那是肯定的。他們搬到新家以後，卡洛幾乎不做晚飯了，即使難得做一次，也是一成不變。「她只會烤餅乾和烤乳酪土司。」茱莉雅回憶道。有時也有鱈魚球，炸得很硬，再浸入濃稠的白醬中。那種東西對困在新英格蘭捕鯨船上的漂流者來說可能「很美味」，但完全無法滿足永遠喊餓的小孩。幸好，卡洛雇了一個廚子來做菜，一個來自山谷地區的黑人婦女，廚藝還不錯，她主要是煮《波士頓烹飪學校食譜》（*The Boston Cooking School Cook Book*）上那些肉類配馬鈴薯的家常菜。

反正茱莉雅餓壞時，就會直接到祖父母家。茱莉雅形容麥威廉斯奶奶是個「溫和寡言嬌小的老婦人，灰髮梳成髮髻，廚藝絕佳」。祖母從小在中西部的平原區成長，最好的食材就在家門口，烹飪有如她的第二語言，現煎蛋卷、多汁烤肉、鄉村燉菜、自製餡餅、手做冰淇淋都是她的拿手美食。還有雞肉——光是那兩個字就足以讓茱莉雅流口水——「那是我吃過最棒的烤雞肉了。」茱莉雅即使日後曾在最好的法國小餐館中吃過雞肉，多年後她還是會如此盛讚。當然，麥威廉斯奶奶還有一個獨門的看家本領：她是跟在家族的法國廚師身邊學烹飪的。你想想，一八〇〇年代末期在美國中西部的家裡竟然有個法國廚師，在美國中西部夢想法國，是多麼遙不可及的事，更何況還在你身邊煮菜，喔，真是不得了！

不過，在茱莉雅的老爸身邊，沒人敢承認自己跟法國有任何關係。約翰不知打從什麼時候開始，就覺得法國是一種威脅。他從來沒清楚說過是什麼威脅，但他有一長串討厭的東西。他說，法國人是知識分子，愛裝模作樣又愛賣弄藝術修養。總之，說到底，他就是討厭法國風，他覺得那樣說就足以證明他的論點有理了。約翰根本就不相信法國的任何東西，對他來說，比裝模作樣的知識分子更討厭的是，裝模作樣的法國知識分子。這是他在餐桌上最愛大講特講的話題。

自從搬到西部以後，約翰就變得固執己見。他不信任政府，或至少不信任任何觀點先進的政治人物。他也不信任外國及知識分子，還有猶太人。這些還只是他討厭的一部分而已。「外公對於他的偏見向來直言不諱。」

費拉·卡森斯（Phila Cousins）回憶道，「他常大肆發表右翼言論，嚇壞我外婆卡洛了，但是每個人都知道，別跟他爭辯比較好。」

幸好，他的憤世嫉俗從未感染年紀還小的茱莉雅。小時候，她對父親的黨派觀點「毫無興趣」。此外，每次一談到政治，約翰從來不拉孩子一起討論，孩子的角色就是保持沉默、乖乖聆聽而已——傾聽與學習。茱莉雅是後來自己有主見以後，才刻意疏離父親的偏見和狹隘觀點。「我的生活方式始終和老爸格格不入，」茱莉雅說，「我後來開了《法國大廚》節目時，我們的關係更是降到了冰點。」

所幸，她的政治觀點還要很久以後才會形成。總之，光是她家附近就有太多的事物等著她探索，她喜歡在鄰里間遊蕩，從街頭晃到橙園大道上的果園，撿一些掉落的果子，大快朵頤一番。等她稍大一些後，她開始騎著三輪車滿街跑，不顧滿街的馬車、手推車和汽車。在路上很容易看到茱莉雅的身影，因為她總是特別高䠷。滿四歲以後，她的身體開始抽高，手臂細長，頂著一頭蓬鬆的亂髮，明顯比同齡的孩子高大，她在孩子群裡的行為也因此特別引人注目。

那年代，大家預期少女乖巧矜持，但是茱莉雅跟脫韁野馬沒什麼兩樣。她母親在日記裡寫道，她「總是帶頭搗蛋」——率先提議冒險或惡作劇，帶著大家打頭陣。更驚人的是，她主要是和年紀比她大的孩子玩（不分男女），大家都跟著她起鬨。說服大家照著她的計畫進行很容易，她「總是帶頭搗蛋」，而且不僅如此，她什麼事都要搶第一。如果大家要演一場戲，她就搶著當主角。每次大家打賭什麼挑戰，她一定會參加，而且非贏不可。

茱莉雅開始上學以後，她獨立自主的精神開始顯現。一般入學的年紀是五歲，但她的父母本來就不打算送孩子到公立學校就讀，覺得公立學校不符合他們的標準。距離加州街幾個街區的加菲爾學校（Garfield School）是為多元的學生設計（有些學生住在百萬富豪宅邸，有些學生的父母是墨西哥勞工），偏重紀律，而非教學。當年剛成立的阿羅約峽谷學校是專為阿羅約峽谷的家庭開辦的，還不知道風評如何。茱莉雅是到附近的蒙特梭利學校就讀，那裡強調實作，讓孩子親眼見證、感受與動手，而不是像多數的幼稚園那樣做一些想像的玩樂。茱莉雅很快就熟悉了學校用來訓練手眼協調的活動，例如把圓柱敲進圓洞裡，把方柱敲進方洞裡；組合容器，讓它們彼此相接；按順序排列字母木塊等等。「我三歲就開始做手工了，」茱莉雅回憶道，「我們學按鈴，學音階，還有在相框旁邊黏釦子。」有一些練習是為了強調優雅的動作和良好的姿勢，習字帖是為了加強孩子的感知動作技巧。精確控制和手指靈巧，這些都是日後做菜時切絲、切丁、切片的先決條件。儘管茱莉雅都是照著自己的步調做事，但她也學會了遵守規則和聆聽指示，這也是日後完成食譜的先決條件。

當然，茱莉雅小時候都沒想到這些。一九一七年，她的注意力全放在家人身上，因為那年春天家裡即將多一人。卡洛又懷孕了，她誓言：「這是最後一胎了！」茱莉雅也全心祈禱老天給她一個妹妹。她的弟弟約翰，雖然可以接受，但跟她肯定不同調。約翰異常安靜，心不在焉，近乎孤僻。她的父母刻意不去多談他的問題，以掩飾他們的失望，但私底下他們說約翰似乎有點「遲緩」，難以專注於簡單的概念，似乎搞不清楚生活。他是個可愛的男孩，有燦爛的笑容，但「不知怎的，好像某條線路不太對勁」。講話常顛三倒四，做起事來笨手笨腳，很容易分心。小時候茱莉雅只覺得弟弟笨笨呆呆的，直到成年以後，約翰才知道自己有「嚴重的誦讀障礙」。「家族裡的男孩都有誦讀困難。」他的外甥女費拉說，「那是遺傳，兩條染色體挨在一起。」卡洛應該已經看出那症狀了，因為他的弟弟唐納也是那樣。不過她覺得，約翰的狀況還是別小題大作比較好，尤其又有一個孩子即將出世了。

總之，茱莉雅如願以償。一九一七年四月十七日卡洛產下一女，這女孩的名字早就確定了。兩個月前，卡洛二十三歲的妹妹陶樂西昏倒在先生的懷裡，當場就斷了氣，結核病的病魔終究還是奪走了她的性命。所以，女嬰取名為陶樂西・狄恩・麥威廉斯（Dorothy Deane McWilliams），以紀念她妹妹。不過，家人從來不叫她陶樂西，而是叫她「小陶」。

儘管兩姊妹有點年齡差距，但茱莉雅對這個小妹感到特別驕傲。小陶仍在襁褓中，所以茱莉雅覺得自己有義務照顧她，以避免妹妹惹上麻煩。她總是帶著小陶到處跑，足跡遠至正橡大道，穿過樹林，甚至進入家人禁止她涉足的峽谷。她給予小陶渴望的關注，不過兩姊妹的四歲差距最後還是產生了一些隔閡。

當他們一家人搬到更大的新房子時（南帕莎蒂納大道一二〇七號），手足之間的競爭就開始了。那棟寬敞的兩層樓建築位於那條街上最好的地段，占地兩畝，有一大片草坪，精緻的花園，柳橙與酪梨樹林，還有一個紅土網球場。卡洛和朋友每天清晨送先生上班以後，幾乎都會在這裡打幾盤網球。茱莉雅多年後提到，她「非常愛那棟房子」，說那是「快樂、溫馨、充滿愛」的地方。那裡有迷人的鵝卵石外觀，寬大的屋簷，環繞的門廊，以及俯瞰庭園的凸窗，那棟房子代表著他們家在社群裡蒸蒸日上的地位。她父親在短短的時間內，就在當地闖出了一片天，成為該市的一大富豪。連串獲利豐厚的投資和土地交易，讓他晉升至金字塔的頂端，並在圈內獲得足夠的尊重和影響力。那棟房子更增添了他已經顯著的地位。他和卡洛可以在那裡風光地宴請賓客，不過他的守財奴個性有時讓人覺得有些掃興。

這次搬家對茱莉雅來說算是美夢成真，她在二樓終於有自己的房間了。房間裡採光充足，還有足夠的內建櫥櫃，可以收納她的各種絨毛動物。更重要的是，她馬上就和對街霍爾家的孩子成了朋友。查理．霍爾（Charlie Hall）跟茱莉雅同班，他的妹妹蓓比他小一歲，但充滿魅力。蓓比．霍爾（Babe Hall）是個小鬼靈精，老是想要打破規矩，小小年紀就很有說服力，擅長說服別人跟她一起調皮搗蛋。她們有時會一起偷抽菸或惡作劇，甚至拿走不屬於她們、但是任人取用的東西，例如豪華飯店裡沒人管的水果，或是去附近的許多建築工地偷拿東西。不久，茱莉雅和蓓比就變成形影不離的朋友，還組成麥霍幫（McHall），那幫成員來來去去，但是兩個女孩心情好時，就會讓查理及約翰加入，還有同一條街上喜歡跟她們一起起鬨的玩伴。

從一九一八年到一九二一年的夏天，茱莉雅和蓓比都在鄰里間恣意妄為，藐視權威，鬧得不可開交。她們兩人常騎著單車，籃子裡裝滿了線圈、火柴、剪刀、釘子等等可以拿到手的小玩意兒，到處惡作劇。遇到她們的人，都知道她們又在調皮搗蛋了，尤其茱莉雅愛惡作劇的名聲更是遠播。「她總是帶頭搗蛋，是始作俑者，」朋友凱伊·布拉德利（Gay Bradley）說，「所有的活動都是繞著茱莉雅打轉，她是精力充沛的搗蛋鬼。」

那些惡作劇大多無傷大雅。例如，某天下午，茱莉雅和蓓比爬到鄰居車庫的屋頂，對著快速開過弗蒙特街的車子丟泥巴。她們的命中率很低，搞得滿地泥濘。不過，偶爾她們會打中車子，就會發出響亮的潑濺聲，接著是輪胎的緊急煞車聲，她們見狀會迅速趴下，以免被發現，同時努力抑止笑聲。茱莉雅覺得那只是開開玩笑，很好玩，後來一位氣急敗壞的駕駛折返回來，悄悄爬到她們身後，蓓比發現時，嚇得從屋頂跳下來，迅速翻過籬笆逃跑，留下茱莉雅在現場。那個駕駛抓住了茱莉雅的腳踝，威脅要報警處理，茱莉雅當場落淚，也許是淚水讓那個人分了心，茱莉雅後來設法掙脫逃走了。

有時候她們的惡作劇是有破壞性的。例如，茱莉雅和蓓比到鄰居的空屋裡拆下吊燈，加以分解，藏在屋主找不到的地方。或是趁聖塔菲火車駛過哥倫比亞街天橋底下時，從天橋上丟石塊砸車廂。

不過，她的惡作劇也常惹禍上身。有一次，茱莉雅和蓓比去勘察某間空屋時，決定深入探索裡面的房間。房間的門都鎖住了，但這也阻止不了她們，她們之前發現二樓有一扇窗子開著，所以她們費力沿著屋簷下的金屬簷槽行走，直到雙腳足以甩進窗內的位置。到這裡一切看似順利，但是後來茱莉雅的手指被銳利的金屬絲鉤住，掛在那裡動彈不得，她拚命掙脫，後來一躍而下，扯破了指甲到關節的皮膚。還有一次，在建築工地徘徊時，她把自己塞進新屋的煙囪裡，結果卡在裡面動彈不得，最後需要破壞一點煙囪才能把她救出來。

她有無限的好奇心，以至於她老是想打破規則。只要是她不該去的地方、不該做的事情，對她來說都是無窮的誘惑，難以抗拒。沒人知道用查理·霍爾的名字去郵購噴膠槍是誰的餿主意，但是那個詭計一看就跟茱莉雅脫不了關係。抽菸也是一樣的道理，抽菸是她們兩個女孩最喜歡的消遣。「她們應該沒什麼東西是不敢抽的。」

查理回憶道。她們一開始是抽菸斗，茱莉雅把那支菸斗藏在後院的雪茄盒裡。後來，他們是從蓓比的父親那裡偷雪茄，茱莉雅的父親也有雪茄，她們會偷雪茄到橡樹上的臨時瞭望台抽。不過，她們比較喜歡從父親書房的音樂盒偷香菸，她們會先把一張紙塞進盒蓋和扣環之間的縫隙，以免音樂作響。

就連全家出遊度假時，茱莉雅也是我行我素。麥威廉斯一家每年到海邊度假時，總會發生一些騷動或爭執。某次爭執是為了家裡的狗，那是一隻很敏感的萬能梗犬，名叫紅瑞克，牠很喜歡搞破壞又管不住。父親嚴格禁止茱莉雅帶狗一起去度假，她想盡辦法想讓父親改變念頭，但父親說什麼都不肯讓步。他說帶狗出去是不必要的麻煩，但是那也無法阻止茱莉雅，她直接把紅瑞克藏在車子後座的洗衣籃裡，等到車子駛離洛杉磯二十哩後，才把狗放出來。

沙灘對茱莉雅來說是一大解放，她可以在那裡盡情地宣洩無限的活力，做更多無害的活動。對她來說，沒有什麼比去海邊旅行更「神奇」的事了，她可以在海邊游泳，攀登沙丘，光著腳丫沿著沙道散步。「我覺得聖塔巴巴拉是世界上最美的地方。」即使日後繞著地球跑了數十年，她還是經常如此描述童年的夏日時光。每年六月，她和家人，連同家裡的女傭和小陶的保姆，都像帕莎蒂納的其他家庭一樣，開車沿著顛簸的濱海公路北上，前往沙灘，像朝聖一樣。他們的車子穿過當地人所謂的偏僻地區，經過惠蒂爾市綿延數哩的農田，一路開向海岸，攀上多岩的山路，越過山林，接著往濕地俯衝。那段路程感覺漫無盡頭似的，只不過是去聖塔巴巴拉，卻像費盡千辛萬苦的跋涉。不過，對茱莉雅來說，那是抵達另一個天堂。

那裡就像《綠野仙踪》裡的奧茲國，從鄉野間乍現，超凡脫俗。那海灣的水是碧藍色的，像她母親花園裡遍布的鳶尾花一樣藍。海灣緊靠著突出地表的嶙峋岩壁，濕滑的岩壁上覆蓋著藤壺。遙遠的山脈尖頂穿過了薄霧，帶有鹹味的氣息撫慰著遊客的感官，滲入了每個毛孔，就像抹上令人為之一振的香膏一樣。那無與倫比的海灘，搭配著天鵝絨般的粉紅細沙，是讓年輕的想像力盡情馳騁的遊樂場，這些都是茱莉雅一輩子永難忘懷的印象。

有好幾個夏天，麥威廉斯一家都住在美麗的蒙特西托園（Montecito Park），那裡有「小帕莎蒂納」之稱，是個純樸的灰色鵝卵石別墅社區，周邊圍著濕軟的竹林，在這裡偶爾會看到幾個來自同社區的熟悉面孔，茱莉雅在學校認識的朋友大多會在某些時間出現於此。這裡的週末特別令人興奮，沙灘上有幾個專門讓人闔家同樂的社交聚會，讓大家有機會天天野餐，夜幕低垂以後再把活動轉移到室內。當地的餐飲都很隨興，烤臘腸的炊煙裊裊，直入雲霄。「週日中午在當地外出用餐時，我們會去美麗華飯店，那裡有一個圓形的大餐廳，」茱莉雅回憶道，「他們在用餐的中間會送上冰沙，深深吸引了我。」不過，像那樣拘謹的場合很少。在那裡度假時，大多是在陽光、海浪、沙灘間渡過。卡洛每天都會帶孩子去游泳，全身包得緊緊的，做好全面的防曬。「我母親穿著黑色的泳衣和黑色的絲襪。」茱莉雅回憶道。他們一家人要不是在沙灘上，就是在附設兒童遊戲場的市區大泳池裡待一整個下午，那裡有年輕的教練帶小孩子玩遊戲及做工藝。

那裡確實很神奇，是完美的度假聖地。茱莉雅喜愛在那裡悠閒幾個月的慵懶時光，即使父母在每年七月初會送她和堂妹去艾索里多（Asoleado）牧場參加幾週的夏令營，但她還是喜歡去蒙特西托園度假。夏令營比她習慣的地方更有紀律，「女孩都穿及膝襪和膝蓋以上的彈力褲」。可以想見，茱莉雅只記得當時的食物，她說：「那個夏令營是由兩個廚藝很棒的廚師經營的，每週日都有煎餅比賽，看誰吃得多。」聰明的人當然會賭來自帕莎蒂納這個異常高大的女孩獲勝。不過，一九二七年，當計畫宣布要夷平蒙特西托園以興建比特摩飯店（Biltmore Hotel）時，約翰和卡洛決定搬到離海岸更近的地方。

結果他們搬到一個更神奇的地方。聖馬洛是怡景潟湖口（Buena Vista Lagoon）的細長海灘，那裡是一九二八年由帕莎蒂納建築師凱尼恩・啟斯（Kenyon Keith）打造的專屬聖地。可笑的是，那是仿造布列塔尼海岸外的某個漁村小島建造的，以迪士尼化的法國諾曼第風，建造一模一樣的濱海別墅。有傾斜的屋頂和木瓦，搭配紅磚煙囪和動物形狀的風向標。啟斯把那些別墅賣給一群精挑細選過的朋友，個個都是知名的業界大老，來自洛杉磯和帕莎蒂納的傳統名門世家。他們都熱切地簽下嚴格保密條款（聖馬洛發生的事情都不准傳出去），直到今天依舊如此。所以錢德勒（Chandler）、德黑尼（Doheney）、賽普韋達（Sepulveda）之類的貴族名門，在這個二十八畝的自然海濱及鬱鬱蔥蔥的花園裡保有絕對的隱私。在狀似薑餅屋的寬敞俱樂部會所裡，會員在鋪著亞麻布的桌邊打牌。在鋪著鵝卵石的露台上，有數不盡的雞尾酒會，桌上擺滿了沒貼標記的禁酒時代烈酒。每週五晚上，由私人司機駕駛的私家轎車，在戒備森嚴的入口大排長龍，等著進入，車上載著在洛杉磯為旗下帝國日理萬機一週而疲累不堪的大老闆。

茱莉雅一家人就住在那個大門的附近，不過當地人都把他們當成自己人，歡迎他們進入聖馬洛裡的任何地方。「那年代大家都彼此相識。」茱莉雅的女性朋友凱蒂·奈文斯（Katie Nevins）[1]回憶道，她是那裡的常客，「孩子們整天都在海灘上，或是去史盧（Slew）揚帆。」史盧是個充滿半鹹水的內灣，灣水流向大海。「我們可以四處遊蕩，只有一個地方除外：社群東端的鐵軌。那鐵軌經過我們這裡，直通聖塔巴巴拉。」但是可想而知，「茱莉雅一有機會，就會去鐵軌上玩耍」。

她也常跑到史盧一帶，躲到高大的蘆葦叢後方，折斷竹莖，做成臨時的菸斗，塞進一小撮菸草或玉米鬚。「許多聖馬洛的孩子都是跟著茱莉雅學抽菸的。」凱蒂說。

諷刺的是，他們無法從茱莉雅身上學會烹飪。每年夏天，茱莉雅、凱蒂，和另一位名叫貝麗·鮑德溫（Berry Baldwin）的朋友會搶占麥威廉斯家的廚房數次，她們想用當地的草莓自製果醬，但是「沒人知道怎麼做」。凱蒂說，「尤其擔任首領的茱莉雅更是完全不懂，每次都搞得一塌糊塗，她也不知道如何烹飪，不過她真的努力試過了。」

那個廚房裡常出現各種實驗失敗的作品，例如，焗烤鍋烤壞的東西，質地和破壞力跟飛毛腿飛彈差不多；三明治也做得不三不四。茱莉雅根本是廚房的恐怖分子，「缺乏天分或任何技巧」。

不過，她的食量大得驚人，她熱愛食物，簡直愛死了。「她可以把食物一掃而空。」一位鄰里的朋友說，她還記得自己以又敬又畏的眼神，看到茱莉雅在家中狼吞虎嚥的樣子，吃得津津有味，一點都不在意盤子上究竟裝了什麼。對這個愈來愈高大的女孩來說，反正食物是不可或缺的，愈多愈好。茱莉雅九歲時，「已經比玩伴高出一個頭」。十幾歲時，她有如鶴立雞群。「我長得很快，衣服好像一夜間就不能穿了。」她回憶那段尷尬的年代，彷彿店裡都沒有適合她那種高個兒的成衣，「我總是比最大號的衣服還大一號」。

在班上，永遠是最高大的孩子也很尷尬。在學校裡，她也常鶴立雞群。看學生的照片時，你總是可以一眼找到她。她都是站在最後一排，通常是站在男孩之間，多數男孩的頭頂都只到她的耳垂下方，你不可能看走眼的。不過，她的身高從來不是大家取笑或排擠的原因。茱莉雅讀理工學院裡的附設小學，吸引了一群死忠的朋友，他們對於她可以把壘球扔得跟男孩一樣好，或是輕易把籃球送進籃框裡，都深感佩服。說到運動，茱莉雅先天就很有運動細胞。理工學院附小的同學貝蒂．帕克（Betty Parker）形容茱莉雅像個男人婆，「她比較像男孩，而不是女孩」。但是茱莉雅的個性中有堅毅和自信的一面，讓她可以輕易在女性化和男人婆的身分之間切換。茱莉雅有時會親自為表演或唱詩班縫製服裝。她也像多數的女孩一樣，渴望在學校的戲劇裡扮演「美麗的公主」，儘管大家不選她。那些愛玩洋娃娃及學芭蕾的秀氣女孩也跟茱莉雅很親近，她們和茱莉雅親近的程度，就像其他志同道合的朋友一樣。

但茱莉雅不是秀氣的女孩，完全不是。每天早上上學以前，她會先到對街霍爾家的後門找查理，然後跟著查理一起飆著單車，在車陣中穿來穿去，前往理工學院的附小上學。茱莉雅在街上騎車的樣子很瘋狂，跟不要命的瘋子沒什麼兩樣。那年代，路上沒有任何限制，沒有紅綠燈，也沒有交通規則，每個街角都潛伏著危險。儘管她行走時可能體型過於高大，但她騎單車時卻異常敏捷，常常愈騎愈瘋狂，抓在車子後面就是一例。每次一時興起，茱莉雅和查理就會把單車騎到巴士或卡車的後面，緊抓著車子的擋泥板，跟著車子飛馳滑行，直到目的地才放手。膽子比較大時，他們甚至會在不同的卡車之間切換位置，不顧一切安危，在車陣中滑來滑去。

她唯一謹守紀律的時候，是在父母的要求下，每週跟著社區的小孩一起上舞蹈課，從四年級一直上到九年級。在峽景飯店（Vista del Arroyo Hotel）燈光柔和的舞廳裡，二十幾個男孩和女孩忍受著塔維斯老太太的指導，塔維斯太太灌輸他們維多利亞時代的刻板禮儀。服裝規定很嚴格，男孩必須穿西裝，打領帶，梳油頭；女孩必須穿禮服，戴白手套，著黑色的漆皮皮鞋。課堂上一再強調的重點都是禮儀，禮儀，禮儀。

茱莉雅在禮儀方面學得很快，凱蒂說：「她有相當得體的一面。」她先天就很懂得應對進退，那幾乎就像韋斯頓和麥威廉斯家族傳承下來的貴族氣息。有人邀她跳舞時，她會客氣地行屈膝禮，和舞伴之間維持相互尊重的距離，跳完舞後也會謝謝對方一起同樂。這個女孩會拉在車子後面飆速回家、抽雪茄、帶頭做各種惡作劇，但是在必要的時刻，她也會自然地「施展魅力」。她雖然人高馬大，但是動作意外地靈巧，不久就學會方塊步，狐步和華爾滋則花了較多的時間才熟悉。茱莉雅會跳舞，事實上，她也愛跳舞，只不過鮮少舞伴能帶她轉圈。多數男孩（基本上他們去上舞蹈課已經是被逼的）都怕跟班上最高的女孩配成一對跳舞。他們閃避茱莉雅的眼神，不然就是肢體僵硬，不苟言笑，面無表情地跟她跳舞，視線停留在比她的鎖骨稍低的地方。一位不情願的舞伴抱怨：「她擋到燈光了。」一個可憐的傻瓜甚至坦言，他躲在廁所裡，直到回家的時間到了才出來。

男孩和女孩都討厭那門舞蹈課，他們晚上都躺在床上思考有什麼方法可以蹺課。不過，茱莉雅生活圈裡的孩子，大多命中注定過這種無憂無慮的生活，周遭充滿了冒險活動及藏匿處所。他們探索阿羅約峽谷的溝壑和洞穴，在那裡每個童年的幻想似乎都鮮活了起來。從一處名叫「地獄之門」的懸崖峭壁，茱莉雅可以眺望整個聖蓋博谷，一路往西看到洛杉磯，綿延數哩的肥沃良田正迅速地開墾延伸。又或者，她可以看到峽谷的多沙地區，有建築工人開著挖土機猛挖著盆地的泥土，那裡是後來興建玫瑰盃體育場（Rose Bowl）的地方。帕莎蒂納一年到頭都是大熱天，家家戶戶的後院幾乎都有游泳池，這種天氣需要在自家的游泳池或是到公立娛樂中心「溪澗泳池」（Brookside Plunge）浸泡一下，溪澗泳池「限制白人女性每週只能去一天」。那裡還可以釣魚，或是搭纜車去洛韋山天文台（Mount Lowe Observatory）。偶爾，茱莉雅會跟著卡洛去洛杉磯，茱莉雅覺得「那是二〇年代令人興奮的樂事」。

令人興奮是洛杉磯的獨特魅力，不過對茱莉雅來說，「帕莎蒂納應有盡有」。她可以一一列出這個城市吸引她的一切優點，就只有一個明顯的例外：食物。在茱莉雅為帕莎蒂納定義的時代精神中，食物並不在裡頭。她每一餐都吃得津津有味，但其實對當地的食物沒多大的興趣。「我們家連續請了幾位廚師，他們會做很多典型的美國食物。」她回憶道。反正什麼東西放在她面前，她都會吃，通常他們的餐桌上都是醬料太多的腰臀肉，煮到她老爸堅持的「暗灰色」。

餐廳的食物幾乎乏善可陳。喬．麥威廉斯（Jo McWilliams）說：「帕莎蒂納鮮少家庭出外用餐。事實上，美國的餐廳業已迅速崩解，主要是因為禁酒令讓高級餐廳在整個一九二〇年代都難以經營下去。不過，帕莎蒂納更是明顯的美食沙漠。除了豪華飯店裡一定有高檔的食物以外，當地最流行的餐廳是咖啡館、自動販賣式的餐館、自助餐廳和簡餐店，反映了節儉持家與居家烹飪融合的潮流。茱莉雅回憶：「你可以買到不錯的熱狗或火腿起司三明治。」還有一些全美販售的品牌所推出的食物，例如亨氏番茄醬（Heinz ketchup）、可口可樂、康寶的罐頭湯、博登乳品公司（Borden）的保久乳。當地唯一提供精緻美食的是弗朗索瓦法國餐廳（François's French Restaurant），那是一家位於科羅拉多街上的小餐館，說它的食物有多美味或有多法國都令人懷疑。餐廳的老闆弗朗索瓦．吉亞梅堤（François Giametti）明明是義大利人，他的菜單混合了烤肉和紅醬義大利麵，他說餐廳與法國的關聯是源自於「我們知名的法國沙拉醬」。

不過，那樣就足以讓約翰遠離那家餐廳了，因為他對任何跟法國有關的東西（或是任何歐陸的東西）都相當鄙視。一九二六年十月，茱莉雅滿十四歲又幾個月後，約翰和卡洛破例帶她去外國用餐。在禁酒令嚴禁飲酒下，他們從聖地牙哥前往美墨邊界南部的蒂華納（Tijuana）喝酒，那裡的街頭都是嘲笑禁酒令的美國人。蒂華納本來就是以縱慾享樂聞名，只要花五十分，甚至更少的錢，就能享受各種娛樂，但是自從實施禁酒令後，這裡變成想要放肆狂歡的洛杉磯夜遊者前來的地方。蒂華納到處都有派對，酒吧和餐廳都擠滿了客人，這裡的酒類供應就像格蘭德河（Rio Grande）那樣豐沛。

在約翰的堅持下，他們迴避了賭場和夜總會，直接前往革命大道上的凱撒餐廳。兩年前的七月四日，廚房食材嚴重不足，廚師凱撒．卡丁尼（Caesar Cardini）急中生智，用儲藏室裡僅剩的食材，發明一道晚餐沙拉（誰聽過「晚餐沙拉」這道菜？）。他突發奇想，在餐桌邊混合材料，展現類似魔術師現場表演的手藝：切開一株蘿蔓萵苣，攤在盤上，淋上濃郁香醇的帕馬森乳酪醬，放進幾片番茄，灑上一些蒜泥增添風味。順道一提，那道菜是要你用手一片片拿起來吃的！這種新吃法馬上掀起客人的熱烈迴響，吸引許多好萊塢的明星紛紛來這裡點凱撒沙拉。

約翰和卡洛對終於有機會到凱撒餐廳用餐，都非常興奮。「我父母當然點了沙拉，」茱莉雅回憶道，「凱撒親自推著一大台餐車到桌邊，把蘿蔓萵苣扔進大木盆裡。」對一個胃口奇好的十四歲孩子來說，整個料理過程當然讓她印象深刻。五十年後，茱莉雅還記得那個酷炫巧妙的料理過程。「我看到他在那株蘿蔓萵苣上打了兩顆蛋，開始攪拌，蛋汁混合綠色蔬菜時，開始轉為濃稠狀。」太奢侈了吧！「一份沙拉用兩顆蛋？還有蒜香麵包丁和帕馬森乳酪粉？」他製作那沙拉醬的方式令人難忘，不過真正讓茱莉雅忘不了的是，她父親竟然吃了沙拉。她說：「在那之前，他覺得沙拉是外國的東西，可能是來自布爾什維克之類的，總之就是懦弱者吃的東西。」

如果說有任何東西比異國風情、外國人、布爾什維克更令約翰討厭的，那肯定是懦弱了。當然，法國人就是不可原諒的懦弱者，還有藝術家也是他討厭的！他覺得各種藝術家都是染色體有問題。約翰懷疑，任何人要是不像他那樣坦白正直，就是有行為偏差。自從遷居加州以後，他變得愈來愈右派及暴躁了，他是死硬派的逆向思維者，而且每年的立場愈來愈偏激。有人反駁他的觀點時，他就爭得面紅耳赤。他的觀點總是以固定不變的方式表達，他鄙視伍德羅．威爾遜（Woodrow Wilson）和國際聯盟，抨擊任何抱持親工會立場的人。他覺得共產主義分子、左傾分子和顛覆分子都威脅了美國的穩定。黑人和墨西哥人浪費社會資源，猶太人是可鄙的，不值得尊重。真正的男子漢（亦即像他一樣的人）是經商的，保守投資，喝波本威士忌，支持共和黨。至於其他人——外國人、布爾什維克、猶太人、懦弱者——都該死。

約翰的辯論令茱莉雅相當困惑。茱莉雅崇拜父親，父親在她的心中有英雄般的地位。她佩服父親在商業圈獲得的地位和成就，以及過人的聲望和貴族的氣息。約翰的個頭高大壯碩，肩膀寬厚，雙眼冰藍，堅韌不拔的個性和高大的身型讓他顯得格外出眾，他擅長逼迫他人接受他的意念。身為創業家，他行事精明，一絲不苟，習慣以精心設計的行動來瓦解誹謗者。每個人都覺得他充滿魅力，不過在家裡，約翰是暴君，要求無條件的尊重。他要求家人注意他說的每個字句；他在工作時，大家必須保持安靜；對他絕對服從。他不苟言笑，對孩子很嚴厲，尤其是茱莉雅。茱莉雅覺得要取悅父親很難。「我父親對茱莉雅太嚴了，因為她是長女。」小陶回憶道，「他有時候相當可怕。」尤其他覺得女兒應該端莊穩重。在用餐會話時，茱莉雅可能滔滔不絕，講得手舞足蹈，約翰只要在她的方向揚起眉毛，或不屑地咳一聲，或陷入沉默，茱莉雅馬上就閉嘴了。在那些情況下，茱莉雅非閉嘴不可，以取悅父親。經過屢次的失望後，她才學會如此因應，那過程也預示了他們父女之間無盡的感情摩擦。

茱莉雅免不了會把她的失望發洩在小陶身上。小陶身為家中的幼女，享盡了一切的特權，讓茱莉雅覺得很不是滋味，逐漸心生怨恨，並以殘酷和報復的方式展現。小陶的女兒費拉說，小陶「很容易就成了她發洩的目標」。她很容易受到驚嚇，「即使年紀還小，也很容易被刺激，所以茱莉雅會把握各種機會刺激她。每次小陶在外頭玩完，想要進家門時，茱莉雅就把前門鎖起來。之後，茱莉雅讓小陶進門時，又會假裝不認識她」。她會低頭質問小陶：「妳是誰啊？妳要找誰？」看著小陶困惑不解，愈來愈心慌，茱莉雅會說：「我要去報警了。」經過幾次以後，小陶才學會怎麼應付這種惡作劇，但是茱莉雅的計策也精進了，招數愈來愈多。她最愛使用的一招，就是質疑小陶的身世，費拉說：「茱莉雅會告訴我媽，她是收養的。」這個精心設計的騙局持續了好幾個月，茱莉雅當然覺得很好笑，但是小陶快被她搞瘋了。

茱莉雅的各種惡作劇中，又以網球場上的競爭最令小陶頭痛。她們會輪流在後院的紅土球場上畫粉筆線，但是無論小陶把球擊到哪裡，茱莉雅都會說出界了。球明明打進了發球區，茱莉雅偏偏要喊：「出界！」反擊的球落在底線內，茱莉雅也會大叫：「出界！」小陶不服氣地跺腳抗議，像偵探一樣指著紅土上畫線的證據，茱莉雅總是滿不在乎地聳肩回應：「出界！」

卡洛很睿智，不會偏袒任何人，她的作法是讓兩個女孩自己去釐清差異。養育三個孩子不容易，她光是注意他們的身體均衡發展就已經夠累了。他們的鼻子就是一例，卡洛認為揉孩子的鼻子，可以讓鼻子靈敏、變小一點。所以每天下午，在固定的時間，茱莉雅、約翰、小陶的鼻子都會接受按摩。他們的肚子也是一例，每個孩子每天都要吃一茶匙討厭的魚肝油，「以維持均衡的成長」。茱莉雅記得吃魚肝油好像在「服毒」一樣，她會「屏住呼吸，發抖喝下，又要避免噎到」。

還有他們的肺部也很重要，新鮮空氣是讓人永保青春的靈藥，帕莎蒂納的市民對新鮮空氣尤其上癮。到處都有文章鼓吹一些建議（後來變成所謂的「新世紀」建議），有些人是照單全收，逐字遵守。帕莎蒂納出現很多江湖術士、算命仙、神祕大師、「電子振動」的傳播者，這些人都促成當地普遍追求健康的熱潮。一位當地的史學家寫道：「當時的醫學專家倡導每個人都要到戶外生活，或至少到戶外睡覺，不只呼吸道有問題的患者應該如此。」所以，幾乎家家戶戶的外圍都有歇息的門廊，可以放幾張床，麥威廉斯一家也不例外。約翰堅持孩子到外面睡覺，「一年三百六十五天，風雨無阻」。

茱莉雅老是說她沒睡飽，也許在門廊睡覺干擾了她的安寧或加重了過敏，她和妹妹小時候都為幾種過敏所苦。她們也常爭吵，晚上捲起門廊的格板，仰望燦爛的夜空時，兩個女孩就開始鬥嘴，刺激對方，直到其中一人哭出來為止（通常是小陶）。那是典型的手足之爭，年紀較大又充滿自信的茱莉雅，只要一有機會，就會欺負小陶，刺激小陶，不過都不是很極端，不會造成永久的傷害。小陶的女兒費拉堅稱：「她們之間還是有不少手足之情。」但是就像她說的，她母親很容易成為目標，茱莉雅又很擅長擊中靶心。

一九二七年，茱莉雅的父母決定把她送到寄宿學校就讀，欺負妹妹的日子突然就此結束了。父母這樣做，絕對不是為了懲罰她欺負小陶，也不是因為她對理工學院附設學校毫無興趣，那裡的課程本來就只到九年級而已。卡洛和約翰都看得出來，茱莉雅跟那年紀的女孩一樣快樂專注。也許個性上比較調皮，但不需要額外的紀律約束。他們之所以送她去寄宿學校，只是遵循韋斯頓家族的傳統罷了。卡洛和她的姊妹奈麗和露易絲都是就讀麻州北安普頓的卡彭女校（Ms. Capen's School）。他們家族認為，寄宿學校可以增廣女孩的視野，包括培養重要的氣質和魅力。

所以，他們挑選凱瑟琳布蘭森學校（Katherine Branson School，簡稱KBS）似乎不合邏輯。凱瑟琳布蘭森學校位於加州羅斯（舊金山的北方十五哩），是個類似帕莎蒂納的小鎮，恬靜、富裕而保守，他們預期茱莉雅應該會很快適應那裡。但他們要是做了充分的實地查訪，就會發現這所學校其實不屑培養氣質與魅力，就像蔑視社交派對一樣。這所學校創立於一九二〇年，著重古典研究，「認為每位有足夠智慧的年輕人都應該接受大學教育」。那個年代有很多私立寄宿學校是新娘補習班，KBS並不是，他們的目標是培養學生升上知名大學，他們認為KBS代表「knowledge before sex」（知識比性愛重要）。不過，校長指出，培養學生升大學不是他們唯一的目標，她寫道：「我們希望女孩不僅學會獨立思考，還要自律自重，重視精神與心靈，對自我和學校抱持高度的期許。」

一九二七年，茱莉雅入學時，KBS還不是很完整的學校。宿舍（名為「居留館」）只能住八名寄宿生（外觀是米色粉刷的教堂結構，內部是採用深色的木質裝潢，有寬敞的客廳），而且是建在老舊乳牛場的陡坡，站在陽台上可以眺望一片林地和田野，似乎把校園和外界隔絕開來。但是居留館同時也是餐廳和圖書館，另兩棟建築（「橡木館」和「階梯館」）則是改建成狹窄的教室。健身房和游泳池都還在興建中，除此之外，幾乎沒有其他的教學大樓。

不過，「那裡仍是很棒、很神奇的地方」，茱莉雅回憶道，那是讓家境優渥的少女成長及充分發展的地方。校園裡有網球場、湖泊、足球場，可以讓學生做多種不同的運動。還有一個樹林圓形露天劇場（稱為「幽谷」），是排練戲劇的天然布景。不過，從入學一開始，很多富家女就遇上了文化衝擊。註冊那天，父母都離開以後，她們穿著新衣，戴著新帽，和陌生的同學一起在陌生的環境中，這是她們第一次受到打擊。凱瑟琳布蘭森學校不是收留玩票者的地方，這裡不是用來呵護或溺愛小公主的。學校有嚴格的校規和制服，對學術成績也有一定的要求，沒有人可以享有特殊的待遇。對很多女孩來說，她們第一次遇到這種情況：離鄉背井，又受到嚴肅女校長的管教。不過，對另一些像茱莉雅那樣的女孩來說，倒是沒什麼好擔心的。

茱莉雅因應規則的方式，就像她日後因應素食者的方式一樣：假裝它們不存在。規範或陌生的情境都嚇不了她，她根本不為所動。她對新環境感到相當習慣，連宿舍不夠住時，她都主動表示願意和同班的堂妹唐娜先分別住在古怪的小屋裡。說到調適，茱莉雅向來很冷靜面對，她的同學說，那是因為「她在家裡完全缺乏自我意識，總是隨遇而安」。她自然而然就照著自己的步調行事。

儘管校園裡有很多的規則讓大家抱怨連連，但茱莉雅很快就融入了校內的社交結構。《聖經》就是一例，學校規定每個學生都要帶《聖經》上學，每週日早上都要帶《聖經》去聖約翰聖公會教堂做禮拜。茱莉雅從少女時期，對宗教的態度就已經很直率。「她覺得宗教是腐敗的。」一位熟悉她理念的家族成員這麼說。茱莉雅的父母是長老會教徒，但不是很虔誠。茱莉雅十歲時，他們就不再經常上教會了。茱莉雅對於學校龜毛的要求也直言不諱，「我討厭上教堂的規定」，包括晨禱、用餐前禱告，以及睡前的晚禱。

她也討厭學校的制服，許多不同的場合都有規定穿著的服裝。有件事是確定的，學校的校訓「真理是美好的，美好是真理」並不適用於制服上。布蘭森女士對衣著一點都不講究，毫無時尚感。每年學期開始前，她都會去舊金山的斯伯丁服飾（Spalding's）下單，為女孩買兩套按季節替換的制服。夏天的制服是藍白格子布，很像咖啡店女服務生的服裝，搭配斯伯丁的樂福鞋或牛津鞋。冬天則是換成「天藍軟呢服」。一九二六年的校友回憶：「有一件無法禦寒的裙子，還有一件短外套，搭配前面開口很怪的圓領。」還有藍色或紅色的毛衣。女孩用餐時是穿不同的洋裝：白色雙縐褶的連身短裙，搭配垂袖，或是知名的凱瑟琳布蘭森藍色連身裙（她們稱之為「法國藍」），校園裡的每個裝飾都是採用那個顏色。另外，還有校隊的運動服、藍色軟帽和蘇格蘭圓扁帽（穿羊毛衫時配戴，學生覺得戴鬆垮的帽子很醜）、籃球比賽的運動服（鬆垮的黑色緞面燈籠長褲），以及白色水手服搭配黑色的棉質褲襪（每次都引來批評）。

至少，用餐規則對茱莉雅來說不是困擾。校方要求學生吃光盤子裡的所有東西，無論喜不喜歡。不過，不討喜的菜色還真多，校廚的廚藝平庸單調，更糟的是，他們也毫不在乎。但是對茱莉雅來說，食物是能量的來源，她仍持續抽高，完全不挑食。黏稠的米布丁、牛肝、沙丁魚，她都可以接受。她從來沒用過其他女孩對付討厭食物的計策：她們會把討厭的食物塞進嘴裡，然後衝到洗手間吐掉。

茱莉雅大多時候都是典型的KBS女孩，她全心投入第一學期，加入籃球隊當中鋒，參與幾齣戲劇的演出，參加時事講座，偶爾會去舊金山接受文化的洗禮（兩、三個女孩會一起去逛街）。一九八九年她告訴《紐約時報》：「週六，我和朋友會搽上馬查貝利王子牌（Prince Matchabelli）的櫻桃紅唇膏，去舊金山一趟，也去享用朝鮮薊和肉桂烤麵包。」除了課業以外，似乎沒有什麼阻止得了茱莉雅。

「我不是任何人所想的哪種模範生。」她坦言。學校的課業很繁重，除了每天上傳統的學科以外，還強調拉丁文和法文的學習。茱莉雅「痛恨拉丁文」，那是由嚴格的校長親自授課，「她要求完美，通常未達完美不肯罷休」。至於法文，有人可能會覺得她自然而然就學會了。但是，她的老師貝給（Bègue）小姐說，並沒有！她覺得那要怪茱莉雅「蘇格蘭血統的爆氣子音」，但真正的原因可能是缺乏興趣。「我忙著在校園裡社交，」茱莉雅回想起當年，毫無一絲懊悔，「那時有太多美好的事物讓我分心了，至於學業方面，我只求過關就好。」

父母對茱莉雅乏善可陳的成績單似乎也不以為意，反正家裡也不期待她往學術界發展，畢竟，女兒的角色就是將來當個賢妻良母。聖誕假期時，第一學期結束了，茱莉雅回家度假，約翰和卡洛把她當成貴客般禮遇。成績平庸並不影響她返鄉的興致，但是後來發生了一件意外，讓一切都變了樣。

麻煩的第一個跡象，是出現在一九二七年十二月八日的下午，卡洛急忙撥電話給朋友貝蒂．史蒂文斯（Betty Stevens）。史蒂文斯和麥威廉斯兩家人的關係密切，法朗西斯．史蒂文斯（Francis Stevens）同時擔任帕莎蒂納第一國民銀行和第一信託儲蓄銀行的副總裁，約翰的個人事業大多是由他處理，他也是約翰長年的高爾夫球伴及最信賴的朋友。茱莉雅和他們的女兒凱洛從小就玩在一起，小約翰也和他們的小兒子喬治從小就是玩伴。他們兩家人有很多的活動都會一起慶祝，事實上，約翰出售道富街的房子時，就是法朗西斯買下來的。他們也一起渡過不少艱難的時刻，例如，喬治被退學時，卡洛花時間安慰貝蒂，完全不過問實際的原因（同性戀事件）。幾個月前，史蒂文斯家需要更多的安慰和鼓勵，因為在密西根大學讀得有聲有色的小法朗西斯，開車撞上電線桿，顱底骨折，傷及大腦。

不過，這次發生的狀況更嚴重。那天早上，法朗西斯．史蒂文斯約八點去上班，在公司準備收銀機時，還和收銀員閒聊了一下，看起來心情不錯，儘管當時他已經把遺囑寫好了。一小時後，他開車去加菲爾學校接喬治。他們坐在車內聊了幾分鐘，接著就把車開走了，沒人知道開去哪裡，但應該是去隱密的地方，因為九點十五分他往喬治的太陽穴開了一槍，將他擊斃。幾分鐘後，他把車子開至拉斯恩西納斯（Las Encinas），那是一家豪華的療養院，他的兒子小法朗西斯在那裡的私人平房裡休養。他們一起在附近悠閒地散步，一直走到後面的網球場，法朗西斯在那裡殺了次子。隨後，他把槍管塞進自己的嘴裡，自我了斷。

可想而知，茱莉雅的家人都悲痛欲絕，沒人料到竟然會發生這種事，連和法蘭西斯分享一切私密的約翰都沒想到。發生悲劇的那天早上，甚至還有一封手寫信跟遺囑放在一起，屬名是要給約翰的，信中向所有的繼承者保證，家族財富都妥善保存著。約翰對於這樁難以理解的悲劇及摯友的死亡感到悲痛萬分，為什麼會做出那樣令人費解的事呢？這要叫他如何看待自家的情況？

那樁慘劇對茱莉雅造成了深遠的影響，衝擊的效果複雜而混亂。那是她第一次接觸悲劇，第一次有不愉快的經驗撼動了她既安全又完美的世界。喬治的死亡尤其令她感到不安。喬治的年紀和她的弟弟一樣大，他們有相似的特徵（至少茱莉雅這麼認為）。大家形容喬治遲緩、古怪，甚至「弱智」，這些當然都是用來掩飾他真實本性的委婉說法。那時，「同性戀」這個詞還沒出現，至少在帕莎蒂納這個社會菁英聚集的地方還沒出現。即使茱莉雅當時聽到那個詞，她也不懂那是什麼意思。但是遲緩……古怪……她無意間聽到父母說，他們的兒子也是異常遲緩，事實上，他們正討論要不要把他送到洛斯阿拉莫斯牧場學校（Los Alamos Ranch School）。那所學校採用嚴格的新兵訓練模式，位於新墨西哥州荒野間的孤立高地上，專門以「紀律」來對付「難搞」的男孩。兩個男孩之間的相似度令茱莉雅感到煩憂，她原本個性開朗活潑，但是那整個假期裡，她陷入莫名的沉默與長考，覺得前景似乎遙不可及。她的父母開始對此產生警戒心，他們討論要不要暫時把茱莉雅留在家裡，先不要回住宿學校。不過，茱莉雅最終自己走出了沉默，她堅持在假期結束後返回KBS上課，跟著堂妹一起回學校。那段路程相當漫長曲折，需要搭火車、渡輪和轎車，在回校的漫漫長路中，她逐漸恢復原來的個性，但是之後再也沒提起帕莎蒂納那樁悲劇。多年後，茱莉雅最親近的好友回憶，她如何永遠維持一副若無其事的樣子，如何用眼神來迴避太私密的問題。有些議題，私密的議題，她會直接拒絕談論。在她的高三年刊中，有一篇文章名為〈真情告白〉，那是她最貼近質疑自己似乎是「情感機器」的文字，她寫道：「切記，X光會顯露出我心如鐵！」

茱莉雅內心最深處的感受一向是個禁區，也許連她自己都不敢駐足，她把那些感受拋諸腦後，繼續往前邁進。

她在KBS的朋友除了提到她偶爾會陷入沉默以外，都沒有多說什麼。

茱莉雅在寄宿學校裡表現出眾，成為校園的風雲人物，並獲選為學生自治會的主席及籃球隊的隊長。外向的她也加入宿舍女孩組成的精彩劇團（Fantastics），她們每年會上演兩、三齣戲，例如《仲夏夜之夢》演得一大糊塗，堪稱一絕。她也獲選為登山社的社長，她們走了一整年的泥土路，最後終於完成登上泰馬派山（Mt. Tamalpais）頂峰的目標。五月的第一週，平日的課程全部取消了，大家在校園前面的草坪演戲，茱莉雅通常會搶占肥缺，而不是搶當主角（那只適合天真的少女演出，茱莉雅不是那一型）。所謂的肥缺，是那種可以搶盡鋒頭的角色。「我通常是演魚之類的東西，」她回憶道，「從來不是演美麗的公主。」男人似乎也是她經常扮演的角色，飾演吞劍人邁克是特別難忘的經驗。她在《香盒居》（*Pomander Walk*）中飾演浪蕩子，和女主角談情說愛，當她靠過去親吻女主角時，觀眾都捧腹大笑。

除了禱告以外，沒有什麼事情是茱莉雅不願嘗試的，任何事情都澆不熄她的企圖心。她的膽量過人，也因此成為校長最喜愛的學生之一。儘管茱莉雅的成績「中上」（校長向來吝於讚美），但校長喜愛茱莉雅的「開朗……純真」。茱莉雅值得稱讚的優點很多。不過，校長要是發現茱莉雅和住在校園對面的一位日校學生經常擅自開叔叔的酒櫃，調馬丁尼來喝，她可能就不會那麼看好茱莉雅了。一九三〇年六月，畢業典禮在一棵巨大的杉木下舉行，茱莉雅榮獲一等校友的獎盃。

校長對著笑容滿面的觀眾說，茱莉雅「走自己的路」，她「務實，健全發展，又有過人的智慧」，沒有什麼能阻止她追求她想要的目標。

但茱莉雅究竟想要什麼，連她自己都覺得那是個謎。

註解

1 譯註：婚後改名為徐瓦曾巴赫（Katherine（〔Nevins〕Schwarzenbach）。

3 含苞待放

茱莉雅不安地研讀史密斯學院的註冊表。在課程偏好的空白底下，有一題令她為之一愣。那個標題寫著「職業選擇」，底下的空白足以寫半張履歷了。註冊時需要填寫許多表格，大多表格只要求制式的資訊，但是這一題特別麻煩。她左右兩邊的女孩都在振筆疾書，列了一些了不起的職業，例如小兒科醫生、營養師、口譯員、律師、編舞家、歷史學家等等。史密斯的校友以目標崇高著稱，鮮少大專院校鼓勵女性充分追求卓越，脫穎而出，爭取跟男人一樣的工作。史密斯從來不給學生設限，它的創校宗旨就是「全面發展女性天賦，提供女性追求實用、幸福、榮耀的工具」。

努力追求那目標（創新突破及設立新標準）的年輕女性，都是意志堅定的女性。一九三四年入學的學生大多內心堅毅，博學多聞，好學不倦。但是茱莉雅的心思是分散的，她沒什麼目標或特殊動力，不太像個學生。多年後，茱莉雅覺得她進入史密斯學院時，不過是個「不知天高地厚的少女」，尚未成熟，完全沒準備好面對大學生活，她總結：「像我那樣的人根本不該被嚴肅的學校錄取。」對茱莉雅來說，課業只是她在史密斯學院的附帶任務，她到史密斯的真正目的是在一個良好的環境中成長。

至於職業選擇？那跟大一的課程一樣，都不是她大腦考慮的重點。於是，她提起筆，在空白處填寫：「職業未定，最好是結婚。」

茱莉雅為什麼會來這裡？所有的證據都顯示，這是早就注定好的。茱莉雅說：「我去念史密斯學院是老早就注定好的事。」一九〇〇年卡洛進入史密斯學院就讀，那時女性念大學「是相當大膽的事」，接受高等教育的女性不到女性人口的百分之二。從此以後，卡洛就把大學經驗視為她的身分核心，永遠以史密斯的校友自居。她也夢想茱莉雅將來能進史密斯，茱莉雅說：「我出生那天，就已經進史密斯了。」

與令她心碎的湯姆．強斯頓合影，紐約，1936 年。圖片鳴謝：The Collection of Carol McWilliams Gibson

地點也是一個因素，史密斯學院位於美東，在麻州的北安普頓，離韋斯頓家族的大本營道爾頓很近。韋斯頓家族可以就近關照茱莉雅，茱莉雅也可以就近追蹤韋斯頓家族的近況。卡洛仍握有父親造紙事業的股權，目前事業是由她的弟弟菲利浦負責經營，但是菲利浦受到悍妻的嚴密監控。茱莉雅的舅媽希奧多拉（Theodora）掌控了韋斯頓王國的帳冊，生性好鬥、善變又愛罵人，但她很關注韋斯頓家族和集體的聲望。無論茱莉雅喜不喜歡，當學校放假時，若是剛好不適合返回帕莎蒂納，韋斯頓家園都很歡迎她。她是卡洛的使者（她的耳目），關注著拜倫韋斯頓紙業的演變。

如果說茱莉雅進入史密斯像她講的那樣是「命中注定」，那她在學校的轉變並不順利。有一些因素讓她感到不安，缺乏安全感。儘管她已經在加州讀過貴族寄宿學校，應該對周遭的環境很熟悉了，但是史密斯對她來說是全然不同的狀況。茱莉雅坦言，在凱瑟琳布蘭森學校，她「從來不是優秀的學生，沒什麼政治意識，幾乎不看報紙」。她能力測試的成績頂多只算普通。現在進了史密斯，她遇到非常重視教育的女性，她們注重學業，見多識廣，茱莉雅覺得她們是「真正的學者」，她也覺得這裡的教職員「都非常聰明」。在KBS打混四年後，她怎麼比得上這種水準呢？她會不會像三分之一的史密斯學生那樣，課業落後，因成績不佳而遭到退學？她獨自橫越大半個美國來這裡求學，沒有人可以依靠，這輩子第一次有了恐懼的感覺。

幸好，卡洛聯絡了一位她以前在史密斯的同學，同學剛好也有一個女兒當年進入史密斯就學，她建議讓兩個女孩大一同住，彼此照料。瑪麗·凱斯（Mary Case）頂著一頭黑髮，外表嚴肅，皮膚白皙，因為她高中都埋首苦讀。史密斯校方覺得能招到瑪麗這樣優異的學生簡直是賺到了，校方覺得她前景無限，完全符合史密斯學院的形象。她非常聰明伶俐，紀律嚴謹，志向遠大。事實上，瑪麗的一切特質都和茱莉雅那無憂無慮的個性相反，連體型也截然不同，根本就是天差地別，瑪麗（綽號凱西）身材矮胖，七十二公斤，圓滾滾的，「吃太多巧克力聖代」。茱莉雅先天高頭大馬，這時她已經睡不下宿舍裡一般尺寸的床鋪。儘管兩人截然不同，但茱莉雅說：

「我們一拍即合。」

更重要的是，瑪麗在這個讓茱莉雅覺得很突兀的環境裡相當自在。她不僅有史密斯學院的思維，還有史密斯學院的招牌樣貌：名牌的圓領麻花針織毛衣，粉色系的花呢裙子，從高檔百貨公司購買的駝毛大衣，珍珠項鍊，棕白相間的斯伯丁牛津鞋。「我根本沒有那些東西，」茱莉雅說，「我就是一副邋遢樣。」史密斯是七姊妹聯校（Seven Sisters）之一，這裡的學生展現的外型總是無懈可擊，茱莉雅那一身花格布和蕾絲的打扮過於美西，不像美東女孩那麼時髦。茱莉雅感到很沮喪，覺得自己格格不入，她非常渴望融入環境。十一月底，那種格格不入的感覺已經令她難以忍受。「我母親終於在感恩節來到東部，」茱莉雅回憶道，「我哭倒在她的肩上，我們一起去紐約，買了斯伯丁牛津鞋、毛衣、珍珠項鍊，後來我終於融入學校了。」

她是融入了，但依舊不太投入，學校的課程並無法引起茱莉雅的興趣，大一必修的課程包括英文、健康教育、歷史、動物學、法文、義大利文等。茱莉雅對課業漫不經心，她只會讀推理小說，參加派對，課業只求及格過關。在此同時，瑪麗則是天天熬夜苦讀，挑燈夜戰。她倆位於哈伯德宿舍（Hubbard）角落的房間，因此形成兩個截然不同的區塊。不過，這樣的差異並不足以隔離她們，茱莉雅的滑稽古怪總是逗得瑪麗哈哈大笑，她說：「我從來沒遇過那麼有趣的室友。」自從跟茱莉雅住在一起後，瑪麗愈來愈無法專心讀書。她們常「笑得東倒西歪」，到最後她們只好去大廳找來一條消防繩，掛在房間的中央，把床單披在上面當屏風，避免看到彼此。

瑪麗專心K書的時候，茱莉雅則是沉浸在多采多姿的課外活動中，例如加入史密斯的籃球隊打中鋒（她母親也曾是籃球隊的出色球員），演戲（大多是由未來打算去百老匯發展的英語系學生創作的輕鬆笑鬧劇）。茱莉雅熱愛舞台，喜歡迷人的舞台效果，她充分地表達自己，雖然表現的方式有點誇張。她有那方面的天分，總是以獨特的抑揚頓挫來陳述台詞。茱莉雅在台上大步移動，盡情展現怪腔怪調時，朋友都笑得很開心，她們沒料到多年後那會變成她的拿手絕活。對當時看過她表演的人來說，大家似乎都看不出來茱莉雅將來有什麼螢幕吸引力。外向活潑的個性讓她在史密斯相當受歡迎，但沒人想過她以後會大紅大紫。「她平時還滿穩重的，但偶爾有些瘋狂。」哈伯德宿舍的女舍監在茱莉雅的機密檔案中寫道。

對將來放眼職場的年輕女子來說，這種行為意味著不確定性。不過，女舍監要是知道RCA和西屋（Westinghouse）這兩家公司正在討論一種新的媒體，將來就靠這種穩重但偶爾瘋狂的人物蓬勃發展時，她可能會改變對茱莉雅的看法。當時他們還不知道怎麼運用那種媒體，不過已經稱它為電視了。

茱莉雅對未來沒有那樣的遠景，她完全活在當下，在史密斯校園裡橫衝直撞，課業只求及格就好。「我沒全心投入課業，」她回憶道，「火力沒有全開。」其實她只開小火而已，大一的平均成績是乙下。隔年，她的火力又更弱了，成績只勉強達到丙。表面上，她是個散漫的學生，學業總是隨便應付，成績只到及格邊緣，但是她從來沒擔心過自己差點被當。「茱莉雅幾乎什麼事情都不擔心。」瑪麗說，她大二已經沒和茱莉雅同宿舍了。瑪麗的成績和體重在昔日室友的相伴下大受影響，「我不能整晚和茱莉雅玩樂，又希望繼續求學」。

值得注意的是，茱莉雅從來沒想過見不好就收，休學返家。在當年，休學對年輕女子來說並不罕見。斷然休學，而不是繼續勉強求學，也許可以讓她更早達成其他方面的成就。但是，那樣做肯定會讓她在家裡失寵，尤其是傷透她母親的心。

事實上，卡洛的健康狀況也令人擔憂。兩年前（一九二九年），茱莉雅的母親在聖塔巴巴拉度假時突然中風，那時她才四十九歲，仍然跟孩子一樣充滿活力，但是容易緊張及情緒化的性格，終究還是影響了她的健康。韋斯頓家族的先天遺傳帶給她不少傷害。「道爾頓近親聯姻的狀況極其普遍。」一位親戚提出如此籠統的結論。也許是那個因素吧，也許韋斯頓家族堅持長子繼承制終究害了自己，但是似乎還有其他的因素。他們有好幾個世代都深受先天性高血壓的影響，尤其是卡洛的父母，兩人都是英年早逝；卡洛的九個兄弟姊妹也是如此，很多都是體弱多病或早夭。卡洛看似幸運，她似乎避免了類似的命運。她喜愛歡樂，充滿活力，總是洋溢著熱情。她的兒子約翰覺得她簡直像台「發電機」，沒人料到她的健康隨時都有可能出狀況。當卡洛覺得疲累時，她總是不以為意，說那只是一時的精疲力竭或潮熱現象。不過，這次中風就沒那樣的藉口了。中風導致她的半邊臉永遠癱垂了下來，另外還有其他不易察覺的症狀，例如偶爾身體不穩，顫抖的反射動作，以及輕微的迷失方向。親近她的朋友都看得出來，「她逐漸衰弱」。

對茱莉雅來說，從史密斯休學從來都不是選項，這點她比誰都清楚，卡洛絕對不可能答應的。「那樣做會把我媽氣死。」茱莉雅堅稱。

茱莉雅坦言，她泰然接受那個命中注定的學生角色，「只投入足以及格的心力」。大三的時候，因為主修的歷史課程要求不嚴，她的成績稍有進步。但是，即使是不經意的觀察者都看得出來，茱莉雅根本是副修派對玩樂。一年到頭，她大多沉浸在各種校園活動中，把學業擱在一邊，精力都投注到別處。週末有社交活動和表演，還有委員會籌辦這些活動。她也忙著在史密斯的幽默月刊《閒談者》（*The Tatler*）裡開專欄賺稿費。同學記得以前看到茱莉雅和瑪麗以及其他的朋友在校園裡招搖而行，以「民間警察」自居，亦即糾察小隊，把其他人趕離草坪，她常自顧自地打籃球，完全不理會反對者的抱怨，茱莉雅說：「她們對我那麼霸道，都很生氣。」

「大學時代發生很多事情，」茱莉雅回憶道，「當然還有安默斯特學院（Amherst）和哈佛大學，以及其他的學校就在附近。」你往任何方向去，都會感染別校的歡樂氣息。達特茅斯學院（Dartmouth）的狂歡節是茱莉雅的最愛，她從來沒錯過。普林斯頓大學的狡猾男人也是，他們會偷襲史密斯學院，彷彿把史密斯學院當成後宮似的。每年，史密斯和安默斯特會一起上演一齣聯合音樂劇，最後常演變成喝酒狂歡派對。「如果你去紐哈芬市看比賽，」茱莉雅回憶道，「每個人都喝得酩酊大醉。」

「茱莉雅頗愛喝酒，」一位同學回憶道，她在大學的最後兩年，親眼看過茱莉雅酒醉的滑稽模樣。「即便在禁酒令實施期間，她就是有辦法取得琴酒。」又或者，她知道哪裡可以拿到酒。有幾個私下偷賣酒的商人都是惡名昭彰的人物，在北安普頓及附近地區專門供酒給學生市場。多數學生把他們視為牛鬼蛇神，嚇得半死，茱莉雅卻從來不覺得害怕。地下酒吧也是如此，那些都是惡名昭彰的場所，但是茱莉雅都不以為意。有一次她聽說霍利奥克（Holyoke）附近有一間那樣的地下酒吧，還帶頭去考察那家店的潛力。「那是位於倉庫的頂樓，」茱莉雅回憶道，「每個人都對我們很好，我們每種酒都喝了一瓶，然後開車回家，多數人事後都覺得身體很難受，但是那經驗令人興奮。」又有一次，茱莉雅狂飲一晚後，醉得在哈伯德宿舍的大廳裡爬來爬去，碰巧遇到了瑪麗。

茱莉雅狂歡作樂的能力無人能及，她高頭大馬，酒量驚人，有無限的活力挑戰權威的極限。茱莉雅總是有辦法製造一點騷動，她有無限的好奇心，任何經驗都來者不拒。在毫無自律及人生目標下，她根本天不怕地不怕。

或許，茱莉雅唯一沒參與狂歡的夜晚是一九三二年十一月八日，那晚史密斯的學生慶祝羅斯福在選戰中獲得壓倒性的勝利。革新進步主義在史密斯的校園裡有很深的淵源，民主黨的理念在此蓬勃發展，她們把羅斯福視為「主耶穌再來」。儘管史密斯學院的學生大多出身富裕與權貴之家，但是這裡的學生都有前瞻的思想，氣度寬宏，大家普遍支持羅斯福的動態社會宣言。不過，茱莉雅堅持支持胡佛，她來自支持共和黨的傳統家庭，家人覺得對共和黨忠誠就是一種愛國的表現。親朋好友都知道，茱莉雅的父親痛恨羅斯福。「他還說過羅斯福是他們那個階層的叛徒。」更糟的是，羅斯福最受到鄙視的，就是他的知識分子身分。對約翰來說，那是最狡猾的一種背叛。「事實上，聰明才智和共產主義是相輔相成的。」茱莉雅說，「如果妳是斐陶斐榮譽學會（Phi Beta Kappa）的一員，妳肯定是左傾分子。」

茱莉雅不需要擔心被冠上那種名號，反正她也進不了斐陶斐榮譽學會，不會被當成左傾分子——至少在史密斯學院裡不會，暫時還不會。

總之，茱莉雅的大學生活平凡無奇。她總是說，她放眼將來能「成為卓越的女性小說家」，但是幾乎沒有什麼證據顯示她努力朝著那個目標邁進。儘管她有機會師從回憶錄和小說作品都備受推崇的瑪莉．艾倫．切斯（Mary Ellen Chase），茱莉雅還是浪費了培養寫作技巧的機會。「我刻意沒上任何寫作課。」她說，這一切歸因於一個「虛幻」的愚昧想法：要先真正活過，才懂得如何寫作。她寫過最接近創作的東西，是一齣駭人聽聞的戲劇，以帕莎蒂納的史蒂文斯謀殺案為基礎所寫的。除此之外，茱莉雅在史密斯並沒有做任何事情以培養她的文學抱負。

她對學校課程的興致，就像面對校規一樣意興闌珊。歷史激發了她的興趣，但頂多只是拿來當主修罷了。她修習較多的音樂課程，研究聽力訓練及和聲，也上了四年的鋼琴課以拓展性格。史密斯學院的學生按規定都必須熟悉兩種外國語，未來要是有機會到海外就業，會很有幫助。許多同學都想到海外就業，那也是少數雇用聰慧女性的工作（部分原因在於她們是負責祕書工作及比較專業的職務）。一九三〇年到一九三三年，茱莉雅學了法文和義大利文，但兩者都還不到流利的地步，尤其她的法文很破，那似乎應驗了當初KBS學校老師對她的預言，她「無法辨識法語中發音的細微差異」。練習義大利語的動詞變化幾年後，她沒有變得更流利，反而覺得更挫敗了。

隨著畢業即將到來，多數的大四學生忙著確立未來的方向。許多人利用人脈，安排到紐約面試的機會（不過茱莉雅的班上有很多人報名上凱瑟琳吉布斯學校〔Katherine Gibbs〕的祕書課），還有很多人宣布她們打算和男友結婚的計畫。茱莉雅則是像局外人一樣旁觀，彷彿事不關己。期中考結束後，距離畢業典禮不到半年，她才開始因為自己缺乏計畫而著急了起來。「我只求上帝能讓我專精某個領域，而不是什麼都會一點，但樣樣平庸。」她對母親哀嘆。

史密斯學院的教育提供了無限的前景、知性的氣息、傑出的教職員、充分的學術自由，但是一九三四年茱莉雅畢業時，幾乎沒什麼值得展現的成就，她並未善用史密斯學院提供的豐富資源。近四十年後，她表示：「如今回顧過往，我會說：『很可惜！』就這樣。」基於某種原因，她的興趣從來沒被喚醒。她從來不覺得有什麼挑戰性，也從來不挑戰自我。一位同學把那種狀況歸因於「極度缺乏成熟」。連茱莉雅都責怪自己的觀點太幼稚，當時她並未預期那些教育在未來還派得上用場，她覺得教育是用來培養個性的，而不是為了打造職業生涯，尤其對她那種成長背景的女性來說更是如此。茱莉雅認為這種思維是「階級意識造成的」，大家預期她那種家世背景的女孩不必工作。「妳應該返回家鄉，」她說，「過社交生活。」

哈伯德宿舍的輔導員吉爾克萊斯特（Gilchrist）女士對茱莉雅也有類似的看法。她讚美茱莉雅的活力及展現的校風，但是對她的未來也不免感到擔憂。在茱莉雅畢業以前，吉爾克萊斯特女士填寫了一份評估表，她寫道，「她在慈善活動或社會服務方面應該會做得不錯。」但是未預期她做什麼了不起的大事。她又寫道，茱莉雅「家境富裕，應該不需要工作」。

茱莉雅拿到史密斯學院的文憑後，已經準備好悠閒地過生活。《帕莎蒂納星新聞》（*Pasadena Star News*）的專欄寫道，「她畢業後會回到這裡，和家人一起在聖馬洛的濱海別墅避暑。」除了享受陽光和歡樂以外，對茱莉雅的近期計畫隻字未提。她是回歸先天注定的生活型態：社交名媛。沒人比她更適合那個角色，或是像她那樣應付自如了。她比家人所想的還會辦派對（她母親說她辦了「連串的派對」），例如一場四十人參與的化裝舞會，熱鬧到差點把房子拆了。下午，她到阿罕布拉市（Alhambra）的豪華米威克鄉村俱樂部（Midwick Country Club）玩樂，她父親是俱樂部的會長，好萊塢的名流都喜歡到那裡的馬場玩玩，通常他們會打一、兩場高爾夫球，再比賽網球。要不然，她就是開著老舊的福特汽車在城裡橫衝直撞，她為那輛車取了一個暱稱：尤拉麗（Eulalie），那輛車的排氣管總是大排廢氣，讓路人避之唯恐不及。

卡洛在盛夏期間向來是女兒的守護神，為了幫茱莉雅排遣大量的空閒時間，她試了很多的計策，以免茱莉雅惹禍上身，例如送她去看電影，尤其是去科羅拉多大道上的斯特蘭德戲院（Strand），那裡仍是由全女性的樂團提供伴奏。卡洛也鼓勵茱莉雅加入青年聯盟，他們的行善專案可以幫她提升社群裡的能見度。另外，卡洛也把茱莉雅的零用錢提升到每月一百美元，讓她可以去帕莎蒂納劇場欣賞首演，那裡有一群年輕的演員正展開職業生涯，例如亨利．芳達（Henry Fonda）、埃莉諾．帕克（Eleanor Parker）、譚納．安德魯絲（Dana Andrews）、威廉．霍頓（William Holden）。茱莉雅由於空閒的時間太多了，每天都在帕莎蒂納漫無目的地遊走。她告訴史密斯校友專刊，她「這個冬天在上德文課和音樂課，也在診所裡照顧小孩」。但是那都只是她自己的妄想。畢業後的那幾個月，她幾乎沒什麼成就可言，到了一九三五年的秋季，連卡洛都失去耐心了。由於茱莉雅日益焦躁不安（在屋子裡晃來晃去，一下子彈琴，一下子讀推理小說），看來需要採取別種方法才行。也許是出國，或是換個環境。

在卡洛的鼓勵下，茱莉雅陪母親和妹妹一起開車越野旅行，順便送小陶去上大學。小陶也是從KBS畢業，但是她不去讀史密斯，而是進佛蒙特州的本寧頓學院（Bennington），那裡離道爾頓有幾小時的車程，她們送小陶進宿舍以後，就一起去道爾頓。茱莉雅經過多次的抗議後，最後還是同意留在麻州的希奧多拉舅媽家，到匹茲菲爾德（Pittsfield）的派克商校（Packard Commercial School）上基本的祕書課程。可以想見，當時茱莉雅的內心有多麼不滿，她全身上下滿是難以駕馭的能量，根本不想上那些毫無想像力又沉悶的課程。宣傳手冊裡的課程說明無聊透了，例如歸檔、速記、打字、文書管理……難道在七姊妹聯校裡接受四年的教育，就是為了上這種課程？

茱莉雅漫不經心地上祕書學校的課程，但是她頂多只能忍受一個月。那課程提供的選擇實在太黯淡了，但是不上那課程的未來更加淒涼。不過，十月，茱莉雅終於逮到機會解脫。多虧史密斯學院職業介紹處的努力，她在紐約市的高級家具公司史隆（W. & J. Sloane）找到基層的工作，擔任助理。她的工作內容包括祕書的職責、撰寫新聞稿、安排攝影，以及上司指派的一切任務，週薪是十八美元，那只夠支付她在紐約市的部分生活費。不過，她不想因為薪水低而放棄這個難得的機會。家裡每月給她的零用錢可以幫她支應其他的開銷。在經濟大蕭條時期，年輕女孩一個月有一百美元，就可以在紐約市過得很闊綽了。食物和住宿之類的必需品都便宜得要命，找合適的住宿地點一點都不難，當時紐約市到處都有空屋，有上百萬紐約人失業，領政府的救濟金。茱莉雅透過她信賴的史密斯學院資源，找到兩位也在零售業工作的應屆畢業生，一起在皇后區大橋（Queensboro Bridge）附近租屋，那棟赤褐色砂石建築位於東五十九街和第一大道的交角，月租八十美元。

對茱莉雅來說，她到目前為止唯一的工作經驗，是在母親的網球場上以粉筆畫線，所以史隆公司的工作令她耳目一新。她的上司是廣告經理，整天交派任務給她，讓她忙個不停，例如為大量的裝飾藝術品寫文案，從古董立地鐘到貝克臥室家具組等等，不一而足。那是愉快的日常工作，壓力不大，但足以吸引她投入。完成廣告任務的空檔，她也會到賣場幫忙。在寫給史密斯學院職業介紹處的信中，她熱切地寫道：「我學到很多賣場管理和室內裝修的事宜，事實上，我開心極了。」

在此同時，曼哈頓讓這位來自美西的女孩大開了眼界。「我愛死紐約和這裡的一切了。」她回憶道，坦言住在紐約就像小孩子進入糖果店一樣。令人眼花繚亂的紐約生活正適合茱莉雅，她喜歡大家忙碌互動的樣子，那對她飢渴的心靈來說，不只是一種滋養而已。「我在那裡生活時，盡可能地把握當地的優勢。」一開始，她在街頭到處閒逛，興奮極了，享受那種融入群眾的簡單幸福感。在史密斯學院，茱莉雅不只是最高的女性，而是鶴立雞群，高得有點詭異。但是在紐約，她的高度一點也不罕見，置身在摩天大樓之間，她感覺到自己的渺小。

那些建築以及周遭熙來攘往的人群，幫她更客觀地看待紐約。在這個缺乏人情味的地方，茱莉雅有現成的朋友可以依靠。「我的朋友大多到紐約工作了。」她回憶那些獨立自主的朋友。大學的同學在零售和廣告業裡找到工作，有些人一心想在業界闖出名堂。史密斯學院的校友情報相當靈通，知道誰剛到紐約，所以要適應曼哈頓的生活不是很難。這裡有很多人可以結伴過夜生活，戲院和歌劇是茱莉雅最愛的消遣。紐約的美食是當地的一大特色，卻沒有特別吸引她。對茱莉雅來說，食物比較像是必需品，而不是縱情享受。Delmonico's或Luchow's之類知名餐廳的美食光環並未吸引她去朝聖。一九三〇年代中期，很多餐廳只要花一美元左右，就可以享用不錯的餐點。當時茱莉雅在意的是能不能吃飽，而不是食物的精緻度或定義，所以她去了很多平價餐廳。在Huyler's、Chock Full o' Nuts、或Childs等等連鎖餐廳的櫃檯，常可看到她的身影，這些餐廳都是提供一般的食物。如果茱莉雅想吃好一點，她會走較遠的路，經過五十七街到卡內基音樂廳西邊的Schraft's餐廳，那裡的哥倫布廳有空調，比較時髦。

對她來說，找到有趣的工作比食物還要重要。茱莉雅不曾放棄撰寫小說，她不斷地投稿《紐約客》的「城中話題」專欄和書評，想找機會擠進《紐約客》工作。可惜，那些稿子充斥著陳腔濫調，一一遭到制式的回絕。她到《時代》雜誌及《新聞週刊》應徵也沒成功，《新聞週刊》找她面試了，但是她在打字測驗那關就遭到淘汰。

至少，她在史隆公司寫的文案（大多是目錄文案和新產品的新聞稿）不受外界的批評。茱莉雅的文筆不像幽默作家瑟伯（Thurber）那樣幽默犀利，但她的散文多半洋溢著熱情。「當你卯足全力準備派對，想盡辦法製作精緻美味的三明治時，遇到非得窺探每個三明治是使用什麼食材的賓客，把三明治的精緻外型弄得亂七八糟時，那實在令人沮喪。」她在描寫一種名叫三明治指標的小玩意兒，「你可以把外型和圖案都很精美的木籤插在三明治的盤子上，例如蛋頭先生代表裡面有雞蛋，老鼠在籠裡的圖案代表乳酪，狗、船、豬的圖案分別代表肉、魚、火腿，這點子還不賴」。這種文字不可能吸引《紐約客》的關注，但茱莉雅仍算是文字工作者，藉此培養了將來派得上用場的見解與風格。

她也開始在紐約發展出活躍的社交生活。紐約市每個週末幾乎都有派對和晚會，那些大多是常春藤盟校的校友聯誼的場子，茱莉雅通常會受邀參與一、兩場。但是每次隻身前往實在很無趣。即將滿二十三歲的前夕，茱莉雅對於自己幾乎沒有異性交往的經驗感到苦惱。「我太高大了，很難交到男友。」她感嘆，「所以嬌小漂亮的女孩經歷過的一些事，我都沒碰過。」男友和戀愛對她來說都是未知領域，大學時代約會的次數少之又少，沒有一個對象是認真的，精挑細選男人的機會更是稀少。很多史密斯學院的同學都有認真交往的對象或結婚了，雖然她聲稱這方面沒什麼同儕壓力，但她顯然渴望有交往的對象及親密關係。

一九三六年秋天，小陶來紐約市造訪茱莉雅一週，茱莉雅帶她去華爾道夫飯店（Waldorf-Astoria）參加一場派對。那派對也是常春藤盟校的聚會，聚集了上流社會的校友，都是她在類似活動上看過的熟悉面孔。其中一個人的臉龐引起了她的注意，茱莉雅在一些史密斯學院的派對上認識了湯姆．強斯頓（Tom Johnston），他和普林斯頓大學的同學常把握機會參與史密斯學院的派對。強斯頓是出名的派對玩家，跟茱莉雅一樣高大健壯，個性外放，是學校的足球和拳擊校隊。茱莉雅深受其過人魅力和自信風采所吸引，覺得他「非常誘人，思想奔放」，跟她一樣特立獨行。強斯頓希望在廣告業發展，和另一位普林斯頓的同學安迪．休伊特（Andy Hewitt）來紐約的廣告公司找工作。後來休伊特自己開了廣告公司休伊特．奧格威．班森．美瑟公司1。

當晚酒過幾巡後，茱莉雅和小陶起哄，要強斯頓坐上木板，讓她們抬著他在派對中遊走，彷彿波斯王子出巡一樣，麥威廉斯姊妹很擅長這種不尷尬的胡鬧把戲。茱莉雅喜歡這種放肆歡樂的場景，小陶在本寧頓學院主修戲劇系，姊妹倆根本是如出一轍。「她們是一對興致高昂的姊妹花。」一位熟識回憶道，強斯頓顯然也很欣賞她們的勇氣。

不久，強斯頓和茱莉雅開始一起在紐約市閒晃，一起參加派對或是沿著第五大道逛書店。他倆湊成一對的感覺很新鮮，即便是以紐約的標準來看都非比尋常，感覺像一對高聳的雙子星大廈，洋溢著上流氣息，又有文學抱負。茱莉雅在日記中寫道，強斯頓「對梅爾維爾（Melville）瞭若指掌」，他對好書的喜愛深深吸引了茱莉雅。強斯頓對幻想文學更是熱衷，對於公海冒險和異國風情的故事特別入迷。他倆關係的深厚程度不得而知，但證據顯示兩人之間的情愫並不平衡，據說茱莉雅是單方面「深陷」情網。強斯頓的一切都令她開心得不得了，無論他對茱莉雅是否也有如此強烈的愛意，茱莉雅感覺到他對自己的關注，也因此有生以來第一次有了戀愛的感覺——愛情終於來了！無論如何，肌膚之親似乎是有可能的，茱莉雅說感覺自己「發情了」，渴望有進一步的接觸。

不過，兩人還沒走到那一步，戀情就戛然而止。茱莉雅誤以為原因是強斯頓經常面臨的「經濟壓力」。「他的手頭不是很闊綽，不像其他普林斯頓的同學那樣，」他兒子吉姆說，「但他跟他們一樣，過著高調的生活，渴望他們的生活方式。」錢不夠始終是個揮之不去的問題。那可能對他有點影響，但不是讓他們感情告吹的原因。事實上，茱莉雅一直不知道，湯姆其實劈腿好幾個月，和茱莉雅交往的同時，也和大茱莉雅幾屆、現居底特律的史密斯畢業生薏琪．麥馬倫（Izzy McMullen）維持遠距戀情。最後，就像一切欺瞞一樣，真相終於曝光。一九三六年九月六日，茱莉雅收到分手信，突如其來的打擊令她悲痛欲絕，她完全沒料到會發生這種事。一時之間，所有的心碎症狀都出現在她身上：她吃不下，難以呼吸，心如刀割。強斯頓甚至不敢面對面親口告訴她，他已經飛往底特律，以免茱莉雅找到他。

茱莉雅說自己「被甩」了，這件事對她的自尊造成了嚴重的打擊。茱莉雅的身高向來是她建立自我認知的基礎，但如今她形容自己「大而無當」，被拋棄這件事扭曲了她的自我形象。那段期間，她在日記中以修正主義的口吻寫道：「我一直努力想要變成美女。」不管是誰說什麼話，都無法安撫她受創的自尊。茱莉雅沮喪地窩在沙發上好幾天，甚至好幾週，就像維奧萊塔（Violetta）在《茶花女》裡擺出的痛苦姿態。親朋好友則是輪番譴責強斯頓，詛咒他一生不幸[2]。

有陣子，茱莉雅連續閱讀了不少探討超然存在的書籍和《波希米亞人》（*la vie de bohème*），暫時忘卻了心痛和強斯頓。朋友帶她去夜店散心，希望她慢慢回到社交圈。有人幫她安排了幾場無心搭理的約會，後來都草草結束。茱莉雅就是忘不了強斯頓，她貿然寫了一封信給他，傾訴不朽的愛意。這樣做又讓她重新燃起了希望，她期待能收到一些鼓勵或復合，那短暫的等待讓茱莉雅好不容易又提振了起來，她花了幾週重建受創的自我形象，重新定義對戀情的想法，尤其是婚姻。她在日記裡寫道，她希望找到一個男人可以帶給她智慧上的成長，個性冷靜穩健，鼓舞人心，令人滿足，但也要「有樂趣，相知相惜」。儘管這應該是她的改版新宣言，但茱莉雅顯然還是一心想著強斯頓，他具備一切的條件。不過，一九三七年年初，她好不容易等到強斯頓的回信，竟然是他在元旦已婚的消息。

茱莉雅再次悲痛欲絕，彷彿強斯頓讓她心碎兩次一樣。她從那消息回神後，滿腔怒火地打開日記，匆匆地寫了幾封信件的草稿，指控強斯頓欺瞞她。他的行為已經觸怒了她，「欺騙」、「誤導」、「愚弄」、「欺瞞」等字眼都出現了，這一切都指向同一件事：背叛。愚蠢至極！茱莉雅從未受過這樣的對待，每份草稿的詛咒愈來愈深。不過，最後她還是回信祝福他們白頭偕老。

她的感情生活像個爛攤子，她的工作也好不到哪兒去。雖然茱莉雅在史隆公司獲得不錯的調薪（變成週薪三十美元），考績也讓她有機會迅速升遷，但她對這個原本就枯燥的工作很不滿。有件事是確定的：她對廣告毫無興趣。對這個人生講究樂趣的年輕女子來說，那份工作一點也無法激發她的熱情，她找不到地方發揮個人魅力。她渴望做讓她入迷、激發熱情的美好事物。儘管她的自信受創，但茱莉雅在內心深處還是相信，自己是「獨一無二」的，有「獨特的天賦」，「注定不同凡響」。史隆的工作還算愉悅，但永遠不會有特別的發展。一九三七年四月，她終於想通了，提出辭呈。

「我不想在商業界發展！」她宣稱。茱莉雅還是夢想著文藝生活，仍希望擠進《紐約客》當編輯，但是那夢想和希望似乎遙不可及。她的表姊幫她介紹一份慈善工作，為《週六評論》（*Saturday Review*）雜誌寫書評，評論舍伍德・安德森（Sherwood Anderson）的著作《困惑美國》（*Puzzled America*）。結果她沒寫完，失去了從事自由寫稿的機會。看來她是不可能在出版業找到任何工作了，至於在紐約改頭換面重新來過，她「實在沒那個精力」。

三月（就在強斯頓正式宣布婚訊的兩個月後，以及她正式從史隆離職的幾週前），茱莉雅亟欲回到帕莎蒂納。她說，她「厭倦了夜店」和紐約的喧囂，對一成不變的生活感到厭煩，她想要別的，想要更多其他的東西。這裡太令人沮喪了，她跟不上這裡的步調，無法競爭。五月，她需要回加州參加朋友的婚禮，她心想，那會是結束，她不會再回紐約了，她在日記裡寫道：「含苞待放的茱莉雅。」她仍在等待自己綻放的時候。

註解

1 譯註：Hewitt, Ogilvy, Benson & Mather, Inc，和奧美廣告的奧格威合創，亦即奧美廣告的前身。

2 原註：強斯頓的婚姻確實是以悲劇收場，兩年後，他的妻子自殺了。

4 不過是蝴蝶罷了

茱莉雅回到加州的最初幾週，她逕自在加州的豔陽下放鬆，在聖馬洛的別墅和帕莎蒂納的自家豪宅之間遊走。她父親在海邊的懸崖上蓋了一間新的都鐸風別墅。回到家鄉令她興奮，回到美西令她放心，她說：「這裡的生活感覺沒那麼複雜。」茱莉雅對帕莎蒂納的依戀從未消失，她愛這裡慵懶、悠閒的生活型態，清新乾爽的空氣，還有那有閒階級獨享的特權。

家鄉依舊是她記憶裡的天堂，她開著那輛搖搖晃晃的老爺車尤拉麗，行駛在橫貫威爾遜山的山路上，不時停下來欣賞這日益擴大的城市全景，如今整個城市已一路延伸到洛杉磯盆地，可以說，時代進步在這番景致中留下了印記。不過，儘管帕莎蒂納依舊美麗動人，充滿驚人的財富，但是茱莉雅發現，一九三七年她回來這裡時，她幾乎快認不得這個城市了。她離開的那段日子裡，整個城市全面開放，飯店與旅遊業暴增以因應大量的需求。加州理工學院擴建的速度比兜蘚蔓延得還快，通往洛杉磯的高速公路已快完工了（那也是西海岸的第一條），威爾遜山山頂新建的帕洛馬天文台（Palomar telescope）成為觀星的首選，第一縷淡淡的煙霧有如摩斯密碼般，印在遠山上，揭示著變化即將來臨。

離鄉四年後，茱莉雅渴望和以前的老友再續前緣，她主動聯繫了一些仍住在帕莎蒂納的朋友。但是，之前茱莉雅努力拓展職業生涯時，他們都紛紛成家立業，各有自己的寧靜生活及關心的事物。眼看著社交失衡的狀況日益嚴重，茱莉雅的不安全感又迅速出現了。她覺得自己和其他人的差距愈來愈大，那年夏天她和老友的關係還算愉悅，但不是很自在。

那情況讓她內心原有的糾結感又更強烈了——她和強斯頓的戀情告吹，而且她似乎無法著眼於未來。這兩大遺憾持續在帕莎蒂納糾纏著她。「我真的不知道該何去何從，」她回憶道，「我覺得很沮喪，低落了好一陣子。」強斯頓對她的遺棄，再加上事業和感情方面出現日益強烈的挫折感，讓茱莉雅陷入異常的不安狀態。「那是我唯一記得我特別失落無助的時候。」

1920 年代末期，在加州聖馬洛的海灘。圖片鳴謝：The Collection of Carol McWilliams Gibson

卡洛竭盡所能地鼓勵她，以提振她消沉的情緒。多年來，她力勸孩子盡情地發揮自我，「抬頭挺胸，成為人上人！」她總是在他們鬆懈之際如此敦促著。不過，現在她是用比較同情的口吻來安撫茱莉雅的挫敗，努力發揮她身為人母的技巧，鼓勵女兒振作起來。卡洛的用心雖然是出於善意，卻少了她一貫的活力。那年春天，尤其是茱莉雅待在紐約的最後幾週，卡洛的健康開始惡化。中風和高血壓已經造成有形與無形的傷害，六十歲的她雖然看起來比孩子的身體硬朗，但是重要的器官已經悄悄地衰頹。卡洛對茱莉雅謊稱，長期的病症是「消化不良」。至於面色枯黃和痛苦表情，她是以「有點感冒」一語帶過。經常虛弱無力及不時覺得噁心想吐，似乎呼應了那些說法，但是茱莉雅也看得出來母親的狀況比感冒還要嚴重。

那年春天，麥威廉斯家多次陷入焦慮狀態。卡洛的貧血、頭暈、噁心、呼吸急促等現象愈來愈嚴重，臉部和眼睛的黃疸也突然惡化，嚇得約翰迅速把她送到拉霍亞（La Jolla）做緊急的腎臟治療。七月初，當卡洛的體溫飆升、血壓驟降時，約翰又迅速叫救護車，把她送到聖地亞哥。那兩次，卡羅都是平安無事地返家，但親近她的人都知道她的狀況正在惡化。即便如此，茱莉雅還是以樂觀的態度看待這一切。七月十日，在寫給小陶的信中，她刻意輕描淡寫母親的病情，甚至宣稱卡洛「絕對好轉了」。事實上，卡洛的醫生，以及茱莉雅和約翰想必都知道，卡洛罹患尿毒症，腎臟正逐漸衰竭，危險的毒素正在毒害她的生命器官，幾乎沒有辦法可以阻止血液受到汙染。儘管多年來卡洛遠離道爾頓的近親聯姻範圍，努力當賢妻良母，在她熱愛的這片加州綠洲裡蓬勃發展（精力上和財力上皆然），但她終究還是躲不了「韋斯頓的詛咒」。據說她的父母、三個姊姊和兩個兄長都是這樣喪生的。一九三七年七月二十一日，早上約十點，卡洛的心臟終於停了。

母親臨終時，茱莉雅隨侍在側。她還有很多的記憶、很多的事情想跟母親傾訴，內心滿是愧疚。「我其實可以對她更好，可以多陪陪她。」茱莉雅心想。母親的辭世令她極度的悲傷，尤其這又是緊接在她失戀之後。她從未停止失去強斯頓的哀傷，如今又失去了摯愛的親人。

她的弟弟和妹妹在數天後返家奔喪，小陶是從新罕布夏州趕回來，她正在當地參加夏日劇團的演出，約翰是在道爾頓的拜倫韋斯頓紙業實習。對他們父子來說，這是一次不安的團聚。茱莉雅的父親一直期望小約翰能夠跟隨他的腳步，到普林斯頓念大學，之後接掌家業。但是有誦讀困難的小約翰無法因應多數的挑戰，在校持續留級，到後來跟小陶唸同一年級，這也難怪普林斯頓沒錄取他。「約翰對普林斯頓相當憤怒，因為他捐了不少錢，」一位近親說，「而且他又是大學的代表，幫忙在西岸面試未來的學生。」家裡曾經討論過把小約翰送到阿肯色州去經營家族的稻田，但他的未婚妻喬「讓這個計畫破局了」。喬覺得道爾頓比較適合小約翰，他的個性溫和，能力低落其實是大家對他的誤解，造紙事業也許可以讓他發展出不錯的職業生涯。總之，他在父親無情的眼中，是個失敗者，他怎麼做都無法讓老人家滿意。

不過，此刻他們都暫時擱下歧見，卡洛的辭世對他們父子倆來說都是一大衝擊。「父親比任何人受創還深。」喬·麥威廉斯說，「他深愛著妻子，卡洛讓他保有一定程度的和善。隨著卡洛的辭世，那僅存的一點溫和也跟著消失了。」他的內心出現難以彌補的空虛，心靈為之崩潰。喪禮是在家裡的客廳舉行，儀式簡單，未對外公開，他頂多只能承受那樣的告別。即便在那樣私密的會場上，他看起來還是很虛弱，兩肩頹垂地站在孩子之間（「三人共五．五米」，卡洛喜歡這樣形容三個孩子）。這個曾經高大魁梧的男人，原本的目光令人畏懼，如今則因悲傷而暗沉。

現在照顧父親的責任全落到茱莉雅的身上，小陶和約翰都住在美東，喪禮結束後就會離開帕莎蒂納。不過，小陶看起來有些猶豫。她在本寧頓學院正要升大三，她提議休學一個學期在家裡幫忙，但是茱莉雅不肯答應。她知道妹妹需要和家人保持一點距離，需要離家獨立成長，開創自己的人生。茱莉雅和小陶之間向來有些摩擦，除了一般姊妹常見的爭執以外，還有一點吃味。姊妹之間保持一點距離，讓她們都有足夠的喘息空間，過得也比較自在。事實上，她們住得愈遠，反而更加親近。她們現在都喜歡彼此的遠距陪伴，如果又恢復住在一起，可能會打破那樣的和諧。此外，茱莉雅從未停止爭取父親的認同。單獨和父親相處，讓她有機會重新證明自己。

不管茱莉雅和父親是否親近，她的父親都是一個很難伺候的人，多年來他的死硬個性也變得愈來愈難搞定。固執、愛唱反調、褊狹、龜毛、不合作——這些批評用來形容他都很貼切。他的性格極度保守。「比匈奴王阿提拉還要右傾。」茱莉雅多年後喜歡如此形容她的父親，而且那段期間茱莉雅自己的立場逐漸左傾，她的政治立場總是氣得老爸發飆。「他痛恨東岸的自由派。」孫女瑞秋說。現在連女兒都投奔敵營，把他氣得半死。有件事是肯定的：茱莉的老爸是脾氣暴躁的老人，他們父女之間鮮少有共通點，一致認同的事情少之又少。

他們唯一喜歡一起做的事，是打一、兩場高爾夫球，茱莉雅把陪父親打球當成一種治療。卡洛過世後的那幾週，他們經常一起打球，在乾熱的夏天裡，穿梭在米威克鄉村俱樂部的球道之間。約翰在這裡和同是財閥及退休富豪的同輩相處，覺得很自在。他逐漸融入他們的圈子，跟他們連成一氣，不過，他對於個人事業還是三緘其口，極度保密，沒有成立公司實體、沒有董事會、也沒有任何股東需要報備。事實上，他很自豪他不需要對任何人負責，自創遊戲規則的人都瞭解箇中的美好。他融入他們的同時，也創造了一個平行宇宙，與他們的成就和財富相互抗衡。

約翰在帕莎蒂納已經形成一股沉靜的勢力。他的私人投資組合裡，都是一些精明穩健又保守的投資標的，為他帶來非常可觀的股息。他的人脈很廣，橫跨整個龐大又多元的社群，並擔任理工學院的校董，以及圖書館和醫院的董事。一九三四年，他因成就卓越，同時獲選為當地同業公會和商會的會長，那些頭銜讓他對市政有了更大的影響力。他有獨到的生意眼光，近乎執著的自制力，再加上極端的政治立場，吸引了同樣具有強烈道德優越感的遠見家和超級經紀人。

博斯韋爾（J.G. Boswell）就是約翰廣泛投資下的受惠者，他在帕莎蒂納是麥威廉斯家的鄰居，後來在聖塔巴巴拉也是他們的鄰居。博斯韋爾原本打算憑其大量的土地擁有權及政治影響力，在聖華金河谷（San Joaquin Valley）打造規模與型態前所未見的農業企業。不過，為了達成計畫，他需要當地稀有的水資源，並規避當地的法規以取得用水。後來他發現，約翰是博斯韋爾農場（Boswell Farms）的主要投資者之一。他知道如何和監督這些資源的複雜部門斡旋，必要時也知道如何對法律上的障礙施壓，以保障自己的商業利益。

「我外祖父幫博斯韋爾取得了他想要的資源，從外地引水進入中央河谷。」費拉說。他們在密西西比河以西最大的淡水湖土拉爾湖（Tulare Lake）築堤建壩，用那裡的水在六百平方哩的盆地裡栽種棉花。「他們就像一個排外的幫派，他是極右派男士俱樂部葛羅夫（Grove）的一員，裡面都是一些有權有勢的人物，關起門來磋商水資源的供給。」

茱莉雅不太注意父親參與博斯韋爾事業的狀況，不過她還是難以接受父親的理念和政治立場，無法理解父親為何對於進步如此排斥。他反對興建帕莎蒂納高速公路，反對社會保障制度、女權、種族平等、最低工資，任何和社會改革有一丁點關係的事物，他都反對。這時，茱莉雅已經逐漸培養出自己的強烈見解和觀點，她的看法幾乎和老爸武斷的信念完全不同。只要討論這些議題，他們父女倆就一定會掀起情緒化的激辯。有些夜晚一起用餐時，她父親還氣到起身離去，不願忍受茱莉雅的觀念。麥威廉斯家不容許有任何異議，也沒有相互尊重的概念，只有老爸說的才是對的，其餘免談。

自從和父親獨居以後，茱莉雅對父親產生了全新的觀點。「他是個奇怪、但也很妙的人，」茱莉雅寫道，「個性上不太圓融，也不願屈就，所以不容易相處。」她實在不懂為什麼有人那麼「機智幽默」卻那麼難相處。不過，茱莉雅對於父親難搞的個性也有一番解釋：「他不願對人生屈服，覺得人生應該冷靜，精心規劃，而且挺單調乏味的。」

總之，茱莉雅會努力讓他們父女倆和平共處，沒必要打亂好不容易才建立的太平狀態。由於這段期間茱莉雅不可能就業，她一整年大多是住在父親位於山坡路上的豪宅。除了打打高爾夫和網球以外，她幾乎沒負擔什麼責任。他們家裡也住了一個管家和一個廚師，園丁、洗衣婦和裁縫師一週會來兩、三次。對才喪母不久又對未來迷惘的年輕富家女來說，這其實是很完美的環境。工作不是她的優先要務，至少暫時還不是。史密斯學院的校友會寄給茱莉雅兩個很有吸引力的就業機會：紐約的哈考特布雷斯出版社（Harcourt, Brace）和巴黎的里德霍爾出版社（Reid Hall），但是她都沒興趣，即使有興趣，也欠缺回應的動力。夏季結束時，茱莉雅和父親一起生活的模式已經變成悠閒的常態，雙方都無意打破那樣的模式。

不久，茱莉雅感覺到生活懶散所產生的拖沓感，她的旺盛活力在沉潛幾個月後覺得備受壓抑。為了排解時間，她接了一份兼職的工作，為一本名叫《海岸》（*Coast*）的新雜誌撰寫專欄。在史隆公司撰寫廣告文案時，她已練就了活潑詼諧的筆觸，如今寫起時尚服飾的文章，她更是盡情發揮。在一九三八年一月號的文章中，她寫道：「關於滑雪的穿著，我想用百分之兩百的堅定口吻告訴你，千萬別把自己打扮成要命的聖誕樹。」那些文章完全跟文學扯不上邊，但至少寫專欄幫她排解無聊，又不至於干擾她悠閒的生活。「我只想打高爾夫球，彈鋼琴，沉潛，看看人，避暑，在這裡生活。」她在日記裡寫道。她發現自己「不過是蝴蝶罷了」，而且是那種四處交際的花蝴蝶。

後續一年，她建立了一個扎實的社交圈，由年紀相仿、地位相當的其他花蝴蝶組成，她們穿梭於不同的鄉村俱樂部之間，過著美好的生活。「茱莉雅跟著一群有趣的上流名媛到處跑。」終身好友喬·達芙（Jo Duff）回憶，「至少有三、四群，裡面的成員也會互換。她們都家境富裕，充滿魅力，辦了很多派對。」那些女子都是帕莎蒂納的當地人，從小就跟茱莉雅很熟，包括凱伊·布拉德利、瑪米·梵倫泰（Mamie Valentine）、貝蒂·沃什本（Betty Washburn）、凱蒂·蓋茲（Katy Gates）。她們對當地的男人都很冷漠，比較偏愛「來自紐約聖保羅的樂天派男子團體，他們會對彼此開犀利的玩笑」。這些名媛都屬於帕莎蒂納名流群集的山谷狩獵俱樂部，那個俱樂部以曾經拒絕約翰·羅斯福加入而自豪，理由是他是羅斯福總統的兒子。當然，約翰·羅斯福即使能加入茱莉雅常去打高爾夫的安納代爾鄉村俱樂部（Annandale Country Club），也不會受到歡迎，因為那裡有人在疑似民主黨支持者的儲物櫃上，貼上「共產主義者，快退出！」的標示。但話又說回來，另一個朋友說：「只要是有頭有臉的大人物，都屬於米威克鄉村俱樂部」。那裡的會員也都是帕莎蒂納和洛杉磯的名流，例如電影明星戴洛·薩奴克（Darryl Zanuck）、威爾·羅傑斯（Will Rogers）、華德·迪士尼（Walt Disney）、發行《洛杉磯時報》的錢德勒家族。多數下午，茱莉雅常帶幾位朋友造訪米威克俱樂部的殖民風會所，那是她們享受特權的大本營。她們坐在高台的長椅上，俯瞰著修剪整齊的馬球場，盡情地享用馬丁尼，一杯接一杯。

茱莉雅喜歡高調的環境，身處在喜歡騎馬打獵的業界大老之間，面對他們的氣勢，她也覺得很自在。她以興奮的口吻說道：「我希望身邊有很多可以給我刺激，讓我覺得興奮、聰明、有魅力的人，我也希望成為他們的一分子。」那是典型的茱莉雅宣言：清晰，實際，挑剔，而且多半遙不可及。鄉村俱樂部的生活，就像史隆公司的工作一樣，讓茱莉雅在毫無威脅感的環境中沉潛與等待良機，迴避人生停滯不前的不安，也遠離那些充滿抱負、正在開創未來的朋友。但是，這無法提供她渴望的生活方式——同時擁有迷人的職業，知識的饗宴，能言善道又有魅力的情人。儘管茱莉雅誓言擁有這一切，但她反而把自己和外界隔離開來。

至少金錢不是問題，茱莉雅不是拜金的女孩。父親會記得給她零用金，無論她需要多少。此外，一九三八年年底，她也繼承了母親的部分遺產，而且金額頗為可觀。「介於十萬到二十萬美元之間，」費拉說，「還有許多ＩＢＭ的股票。」突然間，茱莉雅變成小富婆，錢多到花不完，那種財力雄厚的程度只有帕莎蒂納的人才懂。她沒有到處炫富或是鋪張揮霍，不過那些錢讓她有足夠的資金，和那群上流名媛玩在一起。

她父親位於聖馬洛的房子，是少數讓茱莉雅感到放鬆的地方，她經常在那裡招待絡繹不絕的賓客（包括一些常客，以及幾位白天在沙灘上閒晃、晚上開始放肆狂歡的年輕享樂家）。其中一位常客是哈里森·錢德勒（Harrison Chandler），他是她在米威克俱樂部認識的史丹佛畢業生，他父親經營加州最有影響力的報社。錢德勒在高級的鄉村俱樂部裡看起來相當體面，但是他缺乏茱莉雅對男性的一切要求：機智、體健、口才、活力。

茱莉雅覺得他「人還不錯」，但「有點呆板」，這番評論聽起來乏善可陳。不過，他的家世背景倒是無可挑剔（當然，完美仍有限度）。「錢德勒家族的其他成員並不覺得他特別聰明，」撰寫錢德勒家族史的作者丹尼斯·麥杜格（Dennis McDougal）說，「總之，在角逐家族事業的掌控權方面，他從來不是熱門的人選。」不過，他看起來很莊重體面，最重要的是，「他對茱莉雅相當著迷」。

但是要說錢德勒和茱莉雅之間曾有什麼認真交往的關係，那又言過其實了。錢德勒總是跟在茱莉雅的身邊，跟她是同一夥的，也會對她大獻殷勤。朋友都看得出來他看上茱莉雅了，沒多久，他對茱莉雅的明顯興趣就轉為深深的迷戀。在社交場合上，錢德勒常想辦法讓他們配成一對。「大家很容易把他們視為一對，」奈文斯回憶道，「他就像哈巴狗一樣跟在她身邊，黏到近乎可笑。」他的窮追不捨常讓茱莉雅覺得有必要和他保持一點距離。茱莉雅會迴避一些錢德勒一定會出現的場合，錢德勒請茱莉雅去《洛杉磯時報》工作，她也婉拒了。茱莉雅以實際的方式，避免讓錢德勒覺得她有意交往。

但是，那樣做並未讓錢德勒死心。茱莉雅自己都說了，他人還不錯，體面又有禮。天曉得，錢德勒將來肯定會有一番成就，是個值得交往的好對象。茱莉雅的父親對他相當滿意，也毫不掩飾他對錢德勒的認可。約翰本身和錢德勒家族的一些成員很熟，也認同他們廣為人知的政治偏見。他一再鼓勵茱莉雅給錢德勒一個機會。不過，茱莉雅愈是跟他在一起，就對他愈沒興趣。錢德勒缺乏活力，反正就是欠缺一種她也說不上來的特質。偶爾跟錢德勒在一起無妨，但是她很懷疑自己有可能愛上他。

有很長一段時間，茱莉雅擔心自己再也遇不到喜歡的人。她的身高似乎嚇跑了所有適合的男士，不然為什麼她明明在很多方面都比朋友好，但朋友大多訂婚或結婚了，只有她孤獨一人呢？她推論，應該是高大的女人把男人嚇跑了吧，一米九的身高讓男人覺得壓力很大。小陶的身高是一米九五，她也有同樣的困擾，而且情況更糟。「她覺得自己是怪胎，」她女兒費拉說，「那對她的信心造成嚴重的打擊，大家常誤以為她是男人，因為她實在太高了，又常穿長褲。」茱莉雅也碰到一樣的情況，她其實很傷心，只是她不太願意承認。那問題令她困惑不解，也傷了她的自尊。不過，卡洛過世後，她做了一些深刻的內省，開始對未來有了全新的見解。幾個月的獨處，讓她瞭解到自我接納和知足常樂的重要。她不再為外表而糾結，不再把人生的不順遂怪到外表上，她學會處之泰然，尤其是身高方面。「感謝老天，我終於克服了對單身的恐懼和蔑視。」她在日記裡寫道，「我對自己的樣子很滿足，也覺得自己比很多已婚女性優異許多，我一定可以做我想做的任何事情！」她其實不需要很多跟婚姻有關的東西，不過她也坦言：「有性生活應該不錯。」

另外，她覺得，有個更有挑戰性的工作也不錯。她兼職幫《海岸》雜誌寫稿幾個月後，終於準備好面對正職的工作了。

在史隆公司的前老闆佛斯特（A.W. Forester）的推薦下，茱莉雅應徵史隆公司西岸辦公室的職位，公司的行政類工作大多已經移至西岸的辦公室了。那份工作在她已經熟悉的產業裡是不錯的機會，雖然那表示她必須在交通巔峰時刻開車翻山越嶺才能到洛杉磯上班。不過，生活步調的改變對她來說是好的，家裡的常態已經愈來愈枯燥乏味，令她坐立不安，亟欲到外頭闖闖看。一九三九年九月，茱莉雅又回到史隆公司上班，這次是在公司的比佛利山分店，她瞭解這裡的客群品味。這份工作的職責也比以前在紐約提升許多，她需要管理公司的公關部和廣告部，薪水也大幅調漲了，變成月薪兩百美元，是以前薪資的兩倍。

但是，幾乎從一開始，茱莉雅就忙得不可開交。

她的職務繁重，也很複雜。她不僅需要規劃當地的廣告宣傳活動，還要負責執行，也就是說，她必須負責找美術設計、排版印刷、廣告文案、以及和媒體協調一切任務的人員。更重要的是，她還要負責監督整家店的櫥窗陳設和賣場展示。茱莉雅加入公司以後，完全沒接受員工訓練，也沒有適應期，公司認為她應該早就熟悉一切了。她可能是在面試時，讓史隆公司的高層留下那樣的印象。又或者，她自己以為紐約的經驗就足以應付這裡的多數任務了。唉，這下子她只好全靠自己摸索了。

她自己也知道問題所在。「要承擔那麼多的職責，需要對商業、採購和市場有更深入的瞭解，以及更豐富的廣告經驗，那些都遠比我當時懂的還多。」茱莉雅在後來的自我評估中如此坦言。不過，接受這些挑戰依舊讓她十分興奮，那證明了她確實可以做她想做的任何事情。她在複雜的廣告世界裡，真的設法撐過好一陣子，逐漸熟悉「辦公室和人事的運作」。這一路發展下來，一直都很順利，算是運氣還不錯。不過，茱莉雅即使運氣再好，再怎麼機靈應變，缺乏經驗的問題遲早還是讓她付出了代價。

那一刻是發生在一九四〇年的春季，史隆公司正在做年度的宣傳活動。茱莉雅幫一場家具特賣會準備了廣告文案，即將刊登在各大報上。廣告的下方是小字的附屬細則，定義特賣會的規定，都是一些制式的文字，她以前處理過至少六、七遍了。茱莉雅核准了廣告設計，並送去排版。在此同時，總部修改了一、兩處措辭，把最終的版本送到她桌上。改稿其實是很單純的事情，印刷商可以馬上更換廣告，不會造成延遲。茱莉雅明明聰明得很，卻決定那些改變不重要，不需要麻煩，反正也沒人會注意到，她擅自決定不更改廣告就刊登了。

不幸，紐約總部的高層發現了，為此勃然大怒。等他們息怒後，第一件事就是懲處茱莉雅。

「我被開除了，」她寫道，「我並不訝異。」他們沒溫和地指責她，或是再給她一次機會，因為茱莉雅不是失誤或失察，而是違抗上級的命令，就那麼簡單。那行為就足以構成立刻解雇的條件。

茱莉雅不久前才剛找回自信，如今又再度陷入低潮，回到原點，回到父親的房子，她看不出自己的未來有什麼前景。所有浪費的時間、錯誤的開始，逐漸累積，變成壓垮她的壓力。她覺得這些年來的努力都是白搭，都是在「瓦解浩然正氣」。就在茱莉雅年滿二十八歲的前幾週，她的挫折和幻滅感日益明顯，她開始產生嚴重的自我懷疑。「我在學以及剛畢業的那段時間，覺得自己有特殊的天分。」她自責地寫道，「覺得我應該會有一番成就，與眾不同。我只是還沒開竅而已，我可以感覺到自己的潛力。如今，那一切都消失了，很遺憾，我只是平凡人。」

回到帕莎蒂納不到兩年，茱莉雅再次陷入當初她離開紐約時，亟欲掙脫的不安和不滿狀態，日子過得渾渾噩噩。白天她會去青年聯盟做點義工，他們的行善專案裡包含製作一本食譜，裡面收錄很多黏稠蘑菇濃湯的作法，那些都是她日後當上名廚以後努力避免的菜色。她把精力留給青年聯盟排演的戲劇，他們是以戲劇的手法詮釋兒童經典故事，茱莉雅也常加入演出。朋友記得她「飛過市立體育館的舞台」，是真的吊鋼絲飛過，「她高亢的聲音讓觀眾捧腹大笑」。為了填補長夜的孤寂，她又回到喧鬧的帕莎蒂納派對圈，那個圈子在她缺席的那段日子裡，似乎又變得更壯大熱鬧了。另外，新的高速公路竣工後，她比以前更常出現在洛杉磯，就好像走訪後門的鄰居一樣頻繁。現在，不管茱莉雅去哪裡，都會撞見錢德勒，無論是鄉村俱樂部、聖馬洛，以及他們常去的週末度假場所瑪提利哈牧場（Rancho Matilija）。瑪提利哈牧場是歐海（Ojai）附近開發的社區，那裡提供「盡情暢飲」助興以及多種遊戲。茱莉雅對錢德勒的態度並未改變，他確實帥氣又多金，可能這輩子都會一帆風順，但他就是欠缺魅力，所以他們一直擦不出火花。不過，他的陪伴還是滿足了茱莉雅對親密關係的需求，同時也證明了她確實是有魅力的。

茱莉雅和錢德勒之間的意見紛歧，是對戰爭的看法。所有的跡象都顯示，美國將會投入當時讓歐洲分崩離析及戰火大舉擴散的危機。羅斯福總統在演講中如此暗示，從他的外交手段也可以如此見得。一九四〇年春季，德國入侵北歐和荷比盧後，羅斯福簽訂第一個和平草約，同時監督美軍迅速建設軍事基地。參戰的優缺點成了美國人的談話主題。

截至一九四〇年，茱莉雅仍未確立她的政治立場。長久以來，她一直附和父親的主張，直到從史密斯學院畢業後，她才有一套自己的見解。她待在北安普頓的期間，政治立場突然左傾。她在教授和同學的耳濡目染下，瞭解到羅斯福推行的新政以及社會正義的推廣。「談到進步改革，她總是很敢言。」朋友兼鄰居奈文斯回憶道。茱莉雅閒暇時會熟讀沃特·李普曼（Walter Lippman）的專欄，模仿那些專欄作家的論點。「茱莉雅很喜歡談政治，那給她極大的滿足感，有種鬼點的喜悅，尤其是在共和黨居多的帕莎蒂納，她的政治理念跟多數人正好相反。」

有個人對此特別感冒，那就是錢德勒。他們家族對羅斯福的憎恨，幾乎就像信教一樣。《洛杉磯時報》在政治方面以極端保守出名，錢德勒的政治立場是極度右傾，麥杜格指出：「他是極度的保守派。」《特權之子》（*Privileged Son*）是麥杜格描述錢德勒家族王國的傳記文學，他在書中指出：「他是洛杉磯林肯俱樂部裡的重要人物……在加州俱樂部或更私密的日落俱樂部裡，他花很多時間談論政治。」總之，他和茱莉雅在政治立場上是完全對立的。

不過，政治立場不同，並不影響他對茱莉雅的傾心。一九四〇年八月底，錢德勒和親朋好友在沙灘上渡過愉快的週末後，忐忑不安地向茱莉雅求婚，那一刻想必正好是求婚的完美情境：美麗的夏日黃昏，海浪輕拍著沙灘，鄰居討論著是否到戶外烤肉。情境看似完美，但結果一點也不完美，茱莉雅覺得異常尷尬，搞砸了現場氣氛。「我跟他一樣尷尬，完全不知道該怎麼回應。」她回憶道。也許她完全沒料到錢德勒會跟她求婚，又或者，更有可能的是，她覺得這是一場誤會。當場她只能支支吾吾，顧左右而言他。在此同時，她也趁機對他提出一些問題。他願意住在帕莎蒂納嗎？他對小孩有什麼看法？（茱莉雅告訴他，她想生三個或四個。）錢德勒的回答也許令她滿意，但是她對他並沒有同樣的愛意。

茱莉雅需要時間思考，評估自己的感受，考慮一切因素和影響。一方面，婚姻可以一舉回應她當前面臨的所有問題：關於未來、穩定、金錢、地位等等。但另一方面，她現在毫無戀愛的感覺。一方面，對方是來自錢德勒家族，那是洛杉磯的豪門世家，她父親也相當贊成。但另一方面，她對他毫無愛意。一方面，錢德勒欣賞她的真實本色——好奇、重視樂趣、直言不諱、有點古怪。但另一方面，她根本不愛他。這該怎麼辦？該如何是好呢？

茱莉雅在日記裡寫道：「我覺得我可能會屈服。」但是當她被逼急了，她又展現出強烈的自制力。即使她是朋友圈中唯一未婚的女子，也沒必要倉促做那麼重大的決定。她拒絕衝動行事，或是受到親朋好友的影響（雖然她很好奇小陶會怎麼想）。即使父親一再懇求，她還是無動於衷。「他清楚表達了意見，」喬·麥威廉斯回憶道，「他希望茱莉雅能嫁給錢德勒，不斷在旁邊敲邊鼓。我想，他一直指望這樁婚事能夠確定。」

根據各方的說法，錢德勒並未給予茱莉雅過度的壓力。他倆似乎都願意繼續維持這種隨興的關係，先不改變兩人關係的性質，至少暫時先不變。此外，茱莉雅此時正要邁出另一條改變人生的道路。

一九四一年九月，茱莉雅百無聊賴，幾經思考後，她加入了美國紅十字會的帕莎蒂納分會，自願到當地的辦事處幫忙，主要是做一些簡單枯燥的工作，例如打字、複印、歸檔等等，鮮少有機會善用她的才華，基本上她只是一個辦事員。她連續做這項常務好幾個月，從未中斷。不過，一九四一年十二月七日，日軍偷襲珍珠港以後，一切都變了。

茱莉雅就像各地數百萬的美國人一樣，美國的參戰激起她行動響應的熱情，吸引她加入動員全美力量的全民統一陣線。後續的幾週，隨著新聞持續報導「國力與使命的展現……讓全美民眾和全球各地戰場上的勇士以及民眾彼此之間產生了共同的理念」，茱莉雅開始思考如何貢獻所長。新年過後的那幾週，她決定了自己該扮演的角色。

在加州，尤其是沿岸的社群，大家擔心敵軍入侵的焦慮逐漸升高。驚人的是，那裡幾乎沒有安全防護可以保障近一千兩百哩長的海岸線。那整條暴露的海岸線上，還座落著戰略性煉油廠和重要的飛機製造廠，包括洛杉磯的道格拉斯公司（Douglas）和洛克希德公司（Lockheed），以及聖地亞哥的聯合公司（Consolidated）。萬一美國本土遭到攻擊，美軍指揮官推論，敵軍無疑會從西岸進攻，美國的邊界面對神風特攻隊或戰鬥潛艇都無力抵抗。一九四二年，大眾的恐懼氣氛高張，「入侵熱」就像目擊敵軍蹤跡的謠言一樣迅速散播，促成航空警報處（Aircraft Warning Service，簡稱AWS）的成立，由志願的平民擔任監視敵機動態的民防人員。一旦有人偵測到敵軍的蹤影，消息就馬上傳到過濾中心，讓軍方採取適當的行動。

當年三月，茱莉雅和鄰居來到洛杉磯的市中心。她們前往花街上一棟不起眼的高樓報到，那裡是祕密的情報和過濾中心，負責處理AWS觀察站傳來的資料。她們兩人一起加入青年自願團，幫忙追蹤加州海岸邊進進出出的航運。「我們坐在無窗的昏暗房間裡，前面有一張定位圖，攤放在一張超大的平桌上。」奈文斯回憶道，她說她是被茱莉雅「招募」加入的，「無線電會通報我們有航運進來了，我們會移動小點，排出它的路線。」軍事人員從高台監督行動，研判那些不停移動的動態，把相關的細節傳給現場的作業人員。

這不是為了安撫當地人的無謂軍事遊戲。就在兩週前的二月二十三日，在羅斯福某次發表爐邊談話的時候，一艘日本潛艇突然從聖塔巴巴拉的北部水面冒出來，往潮汐煉油廠發射三枚砲彈。在情報和過濾中心負責追蹤動態的人員知道風險所在，他們迅速投入調查並認真看待那件事。

「茱莉雅很愛那份工作。」奈文斯回憶道，「她喜愛那份工作的機密性，以及它和國防的關係，甚至和我們家庭的關係。那是戰爭時刻，是相當刺激的工作。」刺激又嚴苛，混合了細節和密謀。「我們值班的時間很長，八小時輪一班，通常是在半夜。我們知道外海每艘大船、小船、鯨魚或浮木的位置。只要一有異狀，現場就馬上動起來，立即行動。」

對茱莉雅來說，那份工作是她初次嘗試情報工作。她喜歡那種「參與核心」的感覺，結合了她對政治和世界局勢的興趣，也激起她埋沒已久的目標意識。三十歲的她終於設法做了有意義的事，現在她渴望在更大的舞台上做這件事——也許是到華盛頓特區，她有很多的朋友最近都到那裡落腳了，或是加入戰場的勤務，參與實際的行動。照顧父親的義務感相當強烈，也有必要，但是小陶已經決定搬回家一陣子，讓茱莉雅去探索其他的選項。至於錢德勒，那個決定就簡單多了。一九四二年四月十日，她正式拒絕了他的求婚，她不想嫁給他，至少不是在現在的情境下。「我希望能維持這樣的立場。」她在日記裡總結，「沒有愛的婚姻是一種罪過，婚姻雖然令人嚮往，但我覺得必須找適合的對象。我知道我想要什麼，我要的是相知相惜的伴侶，有興趣，備受敬重，有生活樂趣的人。不然的話，答案永遠是不。」

錢德勒雖然無法讓茱莉雅傾心，但他給了茱莉雅衷心的建議。如果她決心在戰爭中扮演更重要的角色，他建議她辭去那份志願的工作，去參加公務員的考試。戰爭使所有的政府機構都有人手不足的問題，亟需身心健全的女性加入。茱莉雅覺得那個建議很有道理，遂於一九四二年六月參加考試，但是公務員的工作聽起來太簡單了，茱莉雅渴望做更有挑戰性、更需要巧思及投入行動的工作。加入海軍有特殊的吸引力，所以她申請加入女性的附屬團體：婦女志願緊急服務隊（Women Accepted for Voluntary Emergency Service，簡稱 Waves）。另外，她也申請加入陸軍婦女隊（Women's Army Corps，簡稱 WACs）。

在此同時，幾位朋友鼓勵她前往華盛頓特區，「那裡才是行動核心」。已經跟著擔任海軍策略家的夫婿派駐該地的凱蒂．蓋茲這麼說。珍妮．麥貝恩（Janie McBain）的先生也被軍方派到義大利了，她提議茱莉雅先來華盛頓，跟她一起住。既然戰爭不會那麼快降臨帕莎蒂納，那又何必待在家裡等候海軍的通知呢，她大可去華盛頓等候消息。此外，茱莉雅的父親也開始對她施壓，要求她重新考慮錢德勒的求婚，茱莉雅不管走到哪裡，錢德勒依舊隨處可見。茱莉雅覺得，帕莎蒂納有太多只在乎一己私利的人，他們都跟她的父親及錢德勒有共謀，她總結：「換個環境對我會有很大的幫助。」

至於當時茱莉雅究竟預期未來會如何，並不是那麼清楚。不過，迎接她的新世界即將改變她的人生。

5 保密者

茱莉雅走出華盛頓的聯合車站，步入熙來攘往的人群時，這個城市想必帶給她極大的撫慰。從車站的階梯往前望去，大理石紀念碑的輪廓高掛在聯邦建築的上頭，那稜線明顯地倚著夏日的藍天。下方車水馬龍的喧囂聲，彷彿是嘈雜的攤販在宣告首都進入新世代似的。街上滿是最近為了因應戰爭才來到此地的公務員。華盛頓特區在茱莉雅的眼中「像是縮小版的紐約」，但一樣重要，充滿活力。每個人似乎都在趕路，正要去參與重要的事物。即使茱莉雅的內心有任何難以招架的感覺或不安，外表上也完全看不出來。這裡感覺生氣勃勃——充滿非凡時代、非凡人物的氣息——她急切地想要融入其中。

週末到友人麥貝恩的家裡借宿之後，茱莉雅搬進加州街一間簡陋的短租公寓。那裡只有一個房間，裡面附著不搭調的家具，從油漆斑駁剝落的窗戶可以望向對街紅磚建築的後面。她希望這裡只是暫時的棲身地，讓她在接到婦女志願緊急服務隊的錄取消息之前，先有個暫住的地方。之後，她可能就被派到海軍基地去執行勤務了。當時，被軍方徵召入伍的朋友，都已經進駐佛羅里達州的香蕉河（Banana River）、堪薩斯州的奧拉西（Olathe）、夏威夷珍珠港等地。雖然他們永遠不會登上任何實際的船艦，頂多只是在港口刷洗甲板就離開，但還是有很多有意義的工作可以做，例如照顧信鴿、準備降落傘、在塔台值班、刷洗飛機等等。

但是，那些工作都不適合茱莉雅。她的申請最後收到的答覆是「自動取消資格」，原因是身體考量，所有的申請者都必須符合一些條件，茱莉雅事前看過那些條件，以為自己符合所有的標準，尤其是健康和體型方面。她一直以為只有太矮的女性（低於一五二公分）才不能服役，但是她填寫身高的地方（一八五公分）被匿名者圈了起來。「我太高了。」她告訴以前幫她寫傳記的人，填一八五公分都已經太高了，更何況她實際上是一九〇公分。

儘管申請遭拒，茱莉雅還是繼續待在華盛頓。她之所以來這裡，就是決心為戰爭貢獻所長。她決心「見證行動」，即使是做沒那麼刺激的工作，她還是要做，直到有更刺激的工作出現為止。華盛頓裡，每個政府單位都急於補人，例如戰爭研究服務處、民防局、經濟作戰部、國防研究委員會、外敵控制單位、效能控管中心等等，

社交花蝴蝶，帕莎蒂納，1939 年。圖片鳴謝：The Collection of Carol McWilliams Gibson

這類有的沒的官樣職稱不計其數，只有官僚才能解讀那些單位是什麼意思。茱莉雅甚至沒聽過多數單位的名稱，也不知道他們是做什麼，或那些單位是由誰掌管的。通常負責管理那些單位的高層身分也一樣隱密，這些單位都是最近才撥款成立的，目前正全力招募人手。不過，競爭還是相當激烈，有數千位年輕、受過良好教育、抱負不凡的短期應徵者競爭這些職缺，但鮮少人比三十歲的茱莉雅更足智多謀。

她積極地四處應徵，進出奇怪的建築，遊走在奇怪的走廊之間，穿梭於奇怪的處室，排隊等候，遞送履歷，填寫表格，表達理念。最後，在一九四二年八月二十四日，茱莉雅收到錄取通知：擔任國務院戰訊新聞處（Office of War Information，簡稱ＯＷＩ）研究單位的資深打字員。ＯＷＩ是當年六月才成立的，但已經開始散播大量的戰爭文宣——在歐洲大量發送海報，通知市民提防外國間諜，製作廣播節目（包括《這是我們的敵人》和《山姆大叔》），透過美國之音（Voice of America）對國外宣傳愛國主義。研究單位是ＯＷＩ內部的資料庫，精確情報局（Office of Facts and Figures）和政府報告局（Office of Government Reports）的前身。茱莉雅無法說服古怪的局長接見她，但局長的助手是諾伯．卡斯卡特（Noble Cathcart），他就是當初請茱莉雅為《週六評論》雜誌寫書評的編輯，他也碰巧娶了茱莉雅的表妹哈麗葉。這份工作比較適合茱莉雅的能力，事實上，大家都覺得那是不可能出錯的工作，茱莉雅的任務是翻閱大量的報紙和官方文件，找出提及政府官員的任何東西，然後在一張三乘以五吋的卡片上，打上他或她的名字及職銜，那真的很簡單。不過，兩個月內打了一萬張卡片以後（以任何標準來看，那都是相當驚人的產出），茱莉雅真的受夠了。

茱莉雅雖然疲累，但並不氣餒，她繼續找不會消耗體力或不會把她當成機器看待的工作。最好是能進入情報單位，那種單位需要有洞悉力又聰明的人才。情報單位的任務令她著迷：間諜活動、戰爭文宣、顛覆、偽造、破壞，甚至謀殺等等，那些都是她在小說裡看到的東西。有幾個單位符合這個理想，都是隸屬於人力過剩的國務院。茱莉雅已經熟悉了多數的單位，她認真地做了實務調查，裡面有很多的職務可能符合她的標準，也有許多職務上的重疊，不過有個單位的名稱一再跳出來，吸引了她的目光：戰略事務局（Office of Strategic Services，簡稱OSS）。

茱莉雅認識一些在OSS工作的人，都像她一樣是名校畢業生，一心想到海外貼近戰況，所以才來華盛頓，被情治單位吸收。OSS裡的工作很多元，從研究、分析到深入敵後從事祕密行動都有，需要精明、足智多謀、主動積極的人，先天還要有點特立獨行的特質。OSS最早招募的對象是教授；許多教授加入以後，又吸引他們最聰明的門生前來。受過良好教育的女性特別符合局長的要求，局長對理想人選的形容是「介於史密斯的畢業生、包爾斯經紀公司（Powers）的模特兒、凱瑟琳吉布斯祕書學校的祕書之間」。茱莉雅想必知道她符合其中兩項，有可能三項都過關。而且，她又是出生傳統的豪門世家，那也有助於錄取，因為他們認為家境富裕的人比較不會接受賄賂。

OSS不是為了戰爭而設立的，而是一九四一年六月珍珠港事件發生前的六個月就成立了。當時羅斯福總統下令他長期的法律顧問，也是一次大戰的授勳老將威廉・鄧諾文（William Donovan）成立美國第一個情報收集機構。美國向來對國家安全很滿意，如今看來美國參與二戰幾乎是勢在必行，「以軍事行動以外的方法，讓敵方照我們的意念行動」對於總統的戰勝目標來說非常重要，更攸關美國的福祉。

人稱「狂野比爾」的鄧諾文，是負責成立這個單位的最佳人選。有人形容他是「臉色紅潤、面帶微笑的紳士，聲音有如三葉草的葉子般輕柔……但是挨他一拳則像遭到騾子狠踢一腳」。他是不屈不撓的勇士，一九一七年曾追捕墨西哥革命軍的領導人龐丘・維拉（Pancho Villa）。一次大戰時，領導戰鬥六十九步兵團經歷了幾場最血腥的戰役，因此獲頒榮譽勳章。在一次和二次大戰期間，他在華爾街蓬勃發展，成為呼風喚雨的律師，不過他始終都參與全球事務。

羅斯福授予鄧諾文所謂的「全權委任」，允許鄧諾文無條件使用他位於E街海軍醫院校區中央大樓地下室的辦公室（一二二室），做任何他覺得合適的事。間諜活動需要全權自由處理「敏感」的事務。因此，鄧諾文無須應付羈絆多數聯邦計畫的繁文縟節，直接對總統負責。事實上，他可能是唯一擁有這種權力的人。這表示他可以在OSS裡安插極其忠心的人員，絕對服從又完美無瑕的精明傢伙，那些人都只需要效忠鄧諾文就夠了。

「他吸引頂尖的律師和全美最優秀的公務員加入，這些人又帶進他們底下最聰明、個性最相契的人才。」高階外交官費雪．豪伊（Fisher Howe）回憶道，他也曾使用一二二室，「OSS裡無疑充滿了意氣相投、受過良好教育的人才，他們都喜歡在一起共事，都受到這位魅力十足的領導人所激勵。」事實上，豪伊說，他們是如此的氣味相投，看不慣的局外人還戲稱OSS是「社交局」（Oh So Social）的縮寫，「每個人都對他們又羨又嫉，但也有些貶抑」。

對外人來說，OSS感覺是一群菁英，是個大而不當、不事生產的政府單位，雇用了兩萬一千名以上的文人雅士。反對者都動不了這種單位一根寒毛，尤其它是在體制外運作，「幾乎不採用標準作業程序」，又有「高達上億美元無須憑證的預算」。軍方抨擊它懶散的紀律，官僚無法洞悉它非政治化的階層。聯邦調查局的局長強．艾德格．胡佛（J. Edgar Hoover）之類的反對者都鄙視萬能的鄧諾文，無產階級的胡佛厭惡鄧諾文的子弟兵，認為他們都是「業餘的花花公子」。此外，OSS的信條是不分宗派的，他們開放接納各種門派，包括共產主義的同情者、馬克思主義的愛好者、右翼的極端分子、左派的理想主義者，加入OSS只要簽署保密誓言就行了。「OSS就像常春藤聯盟的兄弟會，」豪伊說，「茱莉雅在那裡找到志同道合的夥伴是必然的。」

事實上，OSS對茱莉雅來說是最完美的選擇。一九四二年十二月十四日，她上班的第一天就知道了。她穿著醒目的新豹紋皮草，在E街大樓內邁著大步行走時，對未來的一切充滿了期待。她有一些朋友是從OSS成立之初就在裡面工作，他們把那個理想的工作環境描述得相當樂觀。OSS裡「有一群非常聰明的女子從事間諜活動，她們不是為了錢而工作，而是為了從事祕密行動的快感」。茱莉雅加入時，OSS正好進入全面運作的緊湊狀態。「踏進那裡，可以感受到辦公室充滿了刺激，」她回憶道，「那是個特別的地方，充滿特別的人，做特別的工作——是絕對機密的工作。」

乍看之下，她的工作不是很光鮮亮麗。她被指派為局長的初級研究助理，主要是幫局長整理該局「祕密情報」部門、人事、加碼訊息的大量檔案，以及詳述作戰計畫的文件。大多時候，鄧諾文不在辦公室裡，他忙著栽培祕密特工以及和將軍們合作。茱莉雅可以在無壓力下，跟著鄧諾文手下那群「精明又有魅力的女孩」一起工作。那份工作大多是一些呆板的例行任務，就是不斷地整理與歸檔，歸檔與整理。但是能成為團隊的一員，已經讓茱莉雅很滿足了。「我的打字技巧幫了很大的忙，我也習慣辦公的程序，」她回憶道，「而且我也挺負責的。」那些特質都對她有利。也許更大的福利是同事對她的影響——「這裡有很多有趣的人」——他們的智慧和想像力令她非常著迷。「那是我第一次接觸到十足的學者專家。」茱莉雅回憶道，尤其是研究與分析部門的那些專家，他們評估用來策劃顛覆行動的祕密材料。她喜歡聽他們以專業術語，熱烈地篩選與討論變數，儘管她大多聽不懂。茱莉雅雖然受過菁英教育，她對自己的學識還是有些自卑，她說：「我有點像是平凡的傳統中產階級婦女，不是高級的知識分子。」在他們的旁邊，她感覺到自己的渺小和不成熟，但是她渴望精進自己，期待這種刺激，她第一次覺得身邊的事物可以徹底改變她，重新塑造她。

她也願意努力工作，每週工作六天，因為這裡的工作攸關許多重要的事物。一九四二年底，OSS特務為了找出敵軍的軍火庫、軍需品的臨時囤放處、工業設施，以及供給路線，都潛伏在歐洲的各大城市，以及東南亞各地。特務就靠各種資訊的傳遞來建功（即使是最小、最不起眼的情報），每天都有大量的資訊傳進OSS。OSS不僅要逐字分析資訊的內容，還要分門別類、建檔和整理，接著再傳到適合的辦公室給如何運用那些資訊的軍事專家。

多數的機密情報都會經過茱莉雅的手中，當她打開滿是灰塵的包裹，篩檢那些有咖啡漬的報告時，會看到需要辨識的代碼名稱，需要標記起來的句子，需要立即反應的字眼，需要研讀的照片，需要搜尋名字和聯絡人的截取電文，還有圖表、地圖和圖解——處理那些內容需要對美國的情報運作有一定的瞭解。那份工作辛苦又複雜，往往令人費解。不過，茱莉雅沒多久就熟悉了辦公室裡錯綜複雜的運作。

更值得注意的是，由於茱莉雅以前毫無任何成就的跡象，工作上沒有，紀律上沒有，探索潛力方面也沒有，在此之前，茱莉雅曾感嘆：「我從來沒有任何才華。」這主要是因為她也沒什麼機會動腦。但是做這份工作時，情況改變了。茱莉雅幾乎在一夜間，從自稱外行變成認真的公務員，以不錯的膽識管理工作的截止期限及監督人事。她在密不透風的辦公室裡長時間加班，幫忙指引四十幾位同事因應官僚體系。OSS的工作變成她轉型的經驗，後來茱莉雅稱那段期間是「我的成長期」。

一九四三年年初，她的勤奮努力獲得了回報。茱莉雅獲得升遷，先是升任鄧諾文辦公室的專員，最後又升為資深專員，負責監督局長旗下的行政支援人員。顯然，她的人生運勢正在上揚，她確切掌握了自己的人生。華盛頓令她「好奇，又覺得有趣」。獨立生活的感覺「似乎很開化」，比她預期的還好。這裡有很多跟她同齡的人做著重要的事，她過著活躍的社交生活（儘管尚未有深交的對象），這裡的圈子融合了受過高等教育的同儕以及來自普羅階級的菁英。就連最近剛從國務院不同單位結識的朋友，也常跑來參加數不盡的派對。沒錯，在茱莉雅那段成長的歲月裡，OSS的確是不折不扣的社交局。

而且，成長還沒結束呢。

年中，茱莉雅轉到新部門，開始加入比較有機會親自動手的政府作戰實驗性計畫。當時政府迫切需要緊急救援裝備科（Emergency Rescue Equipment Section，簡稱ERES）研發東西。他們的任務是訓練墜海的飛行員求生，隨著戰火繼續在亞洲和太平洋戰區蔓延開來，愈來愈多的飛行員都有那樣的風險，ERES的工作可說是分秒必爭。他們不必擔心用來救援和復原的傳統裝備，例如照明彈、漂浮筏、潛水衣、發信器等等。那些都已經可以使用了，短期內也很充足。他們預期的問題是，萬一飛行員受困在偏遠地區，無法取得援助或食物的狀況。

ＯＳＳ鼓勵大家做另類思考，以新奇的方式來解決這個看似簡單、但攸關生死的問題，由於ＥＲＥＳ的資金是由ＯＳＳ提供，那些實驗常由「古怪的設計者」負責，性質有點瘋狂。茱莉雅幾乎是一加入ＥＲＥＳ，就想出一些古怪的方法。她和一位同事被派去市場買魚，為什麼？因為研究人員想測試士兵在海上失蹤後，能不能把魚的液體擠進嘴裡，藉此得到水分維生。所以，茱莉雅把她的部門稱為「擠魚單位」，雖然他們的智囊團也研究救援工作中比較基本的東西，例如研發防鯊劑、防護衣、救援包。

茱莉雅在ＥＲＥＳ服務期間，認識了不少人，傑克．摩爾（Jack Moore）就是其一。摩爾是個才華洋溢的插畫家，戰爭爆發後不久，他就離開藝術學校，加入軍方服役。他為國務院研究分析底下的簡報單位，繪製地圖和其他圖表。儘管工作輕鬆，他正在等待海外任務的派遣，很可能是去印度，因為他的老闆保羅．柴爾德（Paul Child）先過去印度成立分部了，目的是服務東南亞司令部的盟軍最高統帥蒙巴頓勳爵（Lord Mountbatten）。摩爾期待能換個環境，等不及盡快派駐當地，以便更接近戰場，但仍待在比較安全的地方。摩爾對海外工作的幻想也吸引了茱莉雅，摩爾的描述讓海外工作聽起來好像充滿異國風情的冒險，而不是軍事任務。對一位畢生為了追求心靈成長、個人滿足、女性身分認同，而不斷追尋有意義事物的女子來說，能有機會到海外旅行不僅誘人，也很有正面意義。目前為止還缺乏冒險進取心的茱莉雅，海外任務更不啻是一大解藥。

巧合的是，ＯＳＳ正要在東南亞設立新基地，以協助緬甸附近的戰事運作。「他們開始派人到海外。」茱莉雅回憶道，例如研究人員、口譯員、糧食補給者、行政人員等等，以便在安置重要的人員以前，先讓情報單位開始運作。茱莉雅在摩爾的鼓吹下，向高層表達了想要派駐海外的意願。

派駐海外，如此徹底的工作轉換，可能會擴展她的世界，讓整個生活都生動起來。她在華盛頓的狀況，至少在工作方面，似乎已經遇到了瓶頸。「我就只是做一些文書工作。」她坦言自己在ＯＳＳ工作三年的狀況。她知道晉升的機會很渺茫，即使有，也很緩慢。「我不熟悉官腔，也沒受過間諜訓練，我的歷史背景更是淺薄。」你看茱莉雅的履歷時，看不出她有任何特殊的專長。在OSS擔任行政助理，即使再次升遷，只是職稱比較亮眼和加薪罷了（當然，加薪還是多多益善）。但是說到底，茱莉雅只是在做文書工作。

她需要突破枷鎖。離開這裡，前往海外，可能是不錯的第一步。歐洲的職缺仍是最搶手的選擇，對沒什麼專業背景的人來說，也是合理的選擇，但是茱莉雅看不到歐洲有什麼職缺，比較好的工作都超出她的能力所及。況且，歐洲也不是那麼有異國風情，不是那麼冷僻的地方，很多朋友都去歐洲度假過了。「我知道我以後有時間會去歐洲，」茱莉雅推論，「所以我申請外派到遠東地區。」

茱莉雅從一開始就以為自己會被派到印度。一九四三年八月，OSS在印度設立前哨，目的是收集情報，表面上是幫助解放緬甸，範圍遍及整個孟加拉灣。掌控緬甸的目的其實是作為軍事緩衝，以便「維持通往中國的門路」，所以在那個繁忙混亂的前線，有很多的事情需要做。不過，在此同時，還有一項附帶的任務是追蹤另一個重大利益：OSS的觀察員將有絕佳的機會，為美國政府提供印度民族獨立運動的最新消息。英國的殖民勢力已經進入最後的痛苦掙扎，如今在英國的政治和社會都陷入動盪下，英屬印度的政權搖搖欲墜，再加上太平洋戰區的戰火肆虐，情況可能進一步破壞整個印度的局勢。

一九四四年二月二十六日，茱莉雅搭軍用火車離開華盛頓，前往加州，那是她繞過大半的地球、前往新工作報到的第一段旅程。對茱莉雅來說，目前為止她唯一的出國經驗，是到美墨邊界的蒂華納享用凱薩沙拉。如今想到可以深入充滿香料和瑜伽士的國度，茱莉雅就覺得非常興奮。她知道這會是「畢生難得的經驗」。那表示「不管有多大的艱難，都要面對一切新的經驗」。茱莉雅已經準備好了。

一開始的火車西行就是連串的嚴格考驗，一路上只有三名女子跟一群士兵搭乘。不久就出現一大群愛慕者，覺得這幾個女子很稀奇，充滿了誘惑。她們三人經常遭到搭訕，不算是騷擾，而是無盡的糾纏。即便如此，茱莉雅倒是挺喜歡受到關注的感覺。她喜歡男人，覺得在形形色色的男人之間很自在（尤其是陽剛又帥氣男人）。至於她與這群分遣隊的互動性質，我們不是很清楚，茱莉雅只在寫給父親的信中提到「帥哥多到看不完」，可見她一生都對異性很感興趣。她的反應跟旅伴艾莉·西里（Ellie Thiry）和科拉·杜波娃（Cora DuBois）正好相反。艾莉對於車內男女人數的異常失衡，感到有點難以招架。科拉是女同性戀，根本對男人無感。不過，她們三人都毫無意外地熬過了那趟旅程。

接著是水上的考驗。一九四四年三月九日，完成近似新兵訓練營的行前受訓後（包括儀式、簡報、求生訓練），茱莉雅從加州的威明頓（Wilmington）登上馬里波薩輪（SS Mariposa）。這艘船原本是夏威夷群島的豪華遊輪，但珍珠港事變後即轉為軍用。他們將在海上航行一個月，以迂迴的走法偷偷橫渡太平洋，因為日軍潛艇已經在太平洋擊沉了九艘類似的運兵船。上船後，那趟旅程對茱莉雅來說，有如之前那趟奇妙火車之旅的擴充版，這次是九名女子同行，而有三千多位男性愛慕者，大多是美國大兵，所以船上變得極其喧鬧。在刷洗光亮的甲板上以及匆促改造的營房裡，數千位興奮的士兵，不分單身或已婚，包圍著這一小群女子，對她們「嚎叫或吹口哨」，至於一些言語上的調戲，那就更不用說了。茱莉雅說，那是「很奇妙的經驗」，不過沒什麼事情嚇得了她或是她無法因應的。儘管如此，還是有一些女性不像茱莉雅那樣應付自如。即使她們希望偷偷地融入環境中，隱於無形，以避免男性的推拉，但她們很快就發現無處可躲。「茱莉雅開始散播謠言，說我們是傳教士，這有助於遏制男性的衝動。」一位女乘客在啟程兩天後，於日記中如此寫道。但是男人沒那麼好騙，所以她們只能躲在船艙裡，九名女子共住一間，那裡面是全然不同的世界，兩面牆邊各排了三層的疊床，衣服和行李四處散落，擁擠不堪，就像他們即將前往的目的地加爾各答一樣。

茱莉雅發現，在那狹隘的空間裡，根本無處思考，船艙不適合坐不住或好奇的人久留（她偏偏就是坐不住又非常好奇），她也不適合窩在隱密的地方（有些女性為了保有隱私，選擇這麼做）。茱莉雅在船上四處與其他的文官交流，其中有很多是從事公職的菁英，例如語言學家、外交人員、學者、記者、人類學家、攝影師、經濟學家、製圖家、歷史學家、亞洲專家，尤其是印度文化的專家。他們開始自成一個獨立的知識圈，彼此交換經驗，討論他們各自感興趣的領域，忘卻了在戰時橫渡大洋的危險。

這群人和帕莎蒂納鄉村俱樂部的成員相去甚遠，甚至跟史密斯學院那群一心想婚的派對族群也極其不同。他們對時事、藝術、文化的瞭解，遠比茱莉雅平常來往對象的狹隘認知還要深入許多。茱莉雅對那些事物從來不感興趣，但是他們討論的一切以及看待事情的方式，令她著迷。那些人對她大腦的刺激，都不是私立學校或常春藤聯校所能給她的。茱莉雅開始對精神生活產生興趣，不過是在社交的情境中，而不是在學術的情境中。如果有人在黑板前面滔滔不絕地講述印度文化，那會讓她打瞌睡，但是換成在海軍船上，大家圍成一桌交流，那就完全不同了！也許她先天就有潛力欣賞更廣闊的世界，她本來就很外向，熱愛社交。

身處在這些聰明人之間，茱莉雅的不安全感很快又出現了。這群人表達自我的方式，突顯出她的缺點。「我有什麼樣的腦袋？」她在夾雜著擔憂的船上日記中如此寫道。她適合做什麼呢？未來何去何從？在一頁又一頁的反思中，她原有的信念突然間又受到詳細的檢視：她的政治立場、宗教信仰、兩性觀點、成長經歷，尤其是潛力方面，頓時都陷入不確定的混亂。彷彿立足點被踢了一腳，重心失去平衡，不是站在陸地上，而是站在太平洋中央，周邊環繞著「世界思想家」，朝著不知名的地方前進——在這種地方開始質疑自己的存在，真是再糟糕不過了。

不過，她本來就覺得自己在知識上有所不足，她相當欽佩這群聰明的知識分子，他們的出現讓她開始重新評估和修正自己的長期信念。幸好，這番翔實的評估並未讓茱莉雅崩潰，她不是受到質疑就被擊垮的人，而是從挑戰和不斷變化的情境中，累積更多的能量。她的清晰思考是直接、認真的，她仍有許多的潛力尚未發揮，以後會以多種形式展現，她永遠是大器晚成那一型。她坦言：「我這輩子必須一直逼著自己跟上腳步，努力爭取一席之地。」有趣的是，她日後真正渴望的地位是在烹飪界，而不是在辦公室或是任何領導頭銜。

三月後續的那幾天，一直到四月初，有整整兩週的時間，日復一日放眼望去只看得到陽光和滿天的星斗，茱莉雅盡情地向這些聰明的船伴請益學習，追蹤他們的熱烈交流，剖析他們的觀點。人類學家特別吸引她，她愈來愈喜歡他們對人際關係和社會的論點，尤其是一位高頭大馬、帶著時髦英國腔的男士，他是OSS心理作戰部的員工，負責規劃心理戰。格雷戈里．貝特森（Gregory Bateson）曾和妻子瑪格麗特．米德（Margaret Mead）去過新幾內亞和峇里島，他們夫妻倆在那裡研究外人對本土文化的影響。他的經歷和能力，以及針對開發中社會所闡述的觀點，都令茱莉雅著迷。她記得他們之間的談話令她耳目一新，讓她第一次認識到民族性格和遺傳學之類的概念。茱莉雅反覆地思索那些想法，並寫進日記中，想盡量增添一點自己的看法和意見。某次對話完後，三十一歲的茱莉雅最後得出以下的結論：這些年來她根本是隨波逐流，過著「放空」的生活。她發現：「我的大學生涯或之前的工作經驗完全一無是處。」於是，當下她決定要好好培養自己的大腦。

不過，在馬里波薩輪接近印度的海岸時，任何轉型都還需要先等一等。這艘運兵船已經在海上航行三十一天了，大家對於登上印度領土的期待和焦慮都已經達到了巔峰，距離岸邊還有幾哩時，就已經有傳言指出登陸的命令不斷改變。事實上，他們臨時又更改路線，從加爾各答轉往孟買，隨著輪船逐漸接近岸邊，準備入港停泊，船上的每個人都擠到頂端甲板眺望遠景。孟買，原始又現代，豐饒又貧窮。茱莉雅興奮地眺望整個三角洲，她「可以看見與聞到霧靄」，片片濃密的灰白煙霧籠罩著城市，宛如一勺勺的麥片粥。那景象就連見聞廣博的旅行家都為之震懾。岸邊的景致擁擠不堪，海岸邊停滿了大量的船隊，蜿蜒的山路邊插著無數火柴棒似的木板。還有人潮，一大群深膚色和淺膚色的人在岸邊辛苦地工作，擁擠地穿梭在人陣中。茱莉雅抓著甲板周邊的護欄驚呼：「天啊，我是到了什麼地方？」

船上的乘客陸續踩著踏板下船，走進混亂的孟買，大家都感受到明顯的文化衝擊。豪伊幾個月前就已經抵達當地，他回憶「那種震撼感，就像被大錘打到一樣」，是一種刺激超載的狀況，他說：「骯髒、悶熱、惡臭、令人昏頭轉向，不管走到哪裡，都覺得驚心動魄。」一九四四年四月九日復活節的週日，茱莉雅開始探索這個城市的奧祕。後續的十八天，直到接收新的命令以前，她都沉浸在這個興奮的體驗中，盡可能地四處觀光、吃喝玩樂、打高爾夫球，再多吃一些，她甚至還走了一趟孟買惡名昭彰的紅燈區。這裡感覺就像個大劇院，是她從未體驗過的學習經驗。不是所有的派對同伴都跟她一樣熱衷這裡，「我幾乎沒遇到喜歡印度的人。」她在孟買的日記中如此寫道，但她一如既往，勇敢地寫道：「但我願意！」

不過，她接到指令時，失望極了。看來她無法留在印度，當地的局勢變得太動盪，難以預測，所以監督東南亞指揮所（South East Asia Command，簡稱SEAC）並擔任OSS顧問的蒙巴頓勳爵決定，把總部從新德里遷到錫蘭（如今的斯里蘭卡）。茱莉雅收到的文件上印著新的目的地：四月二十五日到可倫坡報到。

錫蘭和印度截然不同，這裡平靜，溫和，芬芳，文明，是個遠離戰火的熱帶天堂。錫蘭長期以來是大家嚮往的「工作與玩樂仙境」，為在當地設立情報室的美國人提供了安全的避風港。這個情報室是由蒙巴頓勳爵指揮，主要目的是支援SEAC目前在暹羅的行動。暹羅位於日軍穿梭於印尼和中國之間的關鍵位置，也是盟軍集體反抗勢力的所在地。OSS在高風險的間諜計畫中，把特務和裝置安放在叢林的隱匿處，讓他們從那裡發送報告，告知部隊的位置和轟炸的目標。日軍確切駐紮在哪裡？哪些當地人在幫助他們？茱莉雅就是負責傳輸這些報告。身為文書處的負責人，她知道最機密的情報，有權決定還有誰可以知道那些資訊。

幸運的是，總部並不是設在熱鬧的港市可倫坡（那裡熱鬧的程度不輸給馬賽或紐沃克），而是設在七十五哩外的內陸城市康提（Kandy），坐落在風景秀麗的山區頂端。她和同事從可倫坡搭上老火車的那一刻起，就進入了另一個世界。當火車經過棕櫚園、茶園、野生灌木和茂密叢林，越過山澗，穿過石灰岩峭壁時，窗外的景色令人驚豔。遠方巍然屹立的是亞當峰（Adam's Peak），據說佛陀曾經行經於此。兩小時後，他們抵達康提，那裡的風景又更秀麗了。整個城市「就像香格里拉」，茱莉雅心想，彷彿是童話中才有的地方，難怪這裡是古代僧伽羅國王的據點。茱莉雅的眼睛開始適應這個陽光普照的景致時，她看到這個城市的周圍種滿了濃密的椰子樹和木瓜樹，梯田上方的山麓上有幾座佛教寺廟，到處可見栽種新奇植物的田地。猴子在屋頂上的樹枝間嬉鬧，「僧侶穿著亮澄色的袈裟，頂著光頭」在蜿蜒的細巷中穿梭，令人陶醉的肉桂花香瀰漫在空氣中。在這個海拔逾五百一十八米的地方，空氣比海岸邊稀薄且乾燥，但茱莉雅深愛這種氣候，覺得皮膚在這種狀態下摸起來最完美。蒙巴頓勳爵認為康提「可能是世界上最美的地方」，茱莉雅面對眼前的一切，也不得不同意他的看法。

既然在戰爭的經費方面，錢不是問題，OSS連忙在當地營造了舒服的生活型態，那種舒適度只有在國內的鄉村俱樂部才看得到。「蒙巴頓勳爵的總部變成高雅奢華的代名詞，」一位目擊者在戰爭紀錄中評論，「梳理整齊的工作人員，搭著專人駕駛的閃亮豪華轎車來上班，其中有很多高官，他們的辦公室散布在鬱鬱蔥蔥的熱帶花園裡。」這裡的衣著隨興，鮮少正式的打扮。OSS跟多數服務軍方的單位不同，它位於美麗的人工湖畔，坐落在南達娜茶園（Nandana）的殖民莊園中。一位官員形容，那裡的設施「幾乎就像夏季的西方大學」。園區本身像個整齊的綠地，中間縱橫交錯著步道。文職人員在棕櫚茅草覆蓋的小屋裡（或稱bashas）工作，那種建築正適合營造舒適的錯覺。在露天的官員俱樂部可以眺望湖水，公用的食堂只有幾步之遙。除了偶爾會出現蠍子和眼鏡蛇以外，那個地方感覺就像家裡一樣。「有點簡樸，但是通風，一點也不華麗。」茱莉雅回憶道。總之，她覺得這裡的生活充滿了「鄉野的恬靜風情」。

要是她的工作也那麼愉悅就好了。茱莉雅發現，所謂的文書處，不過就是「整理檔案」的委婉說法罷了，那也是當初她在華盛頓痛恨的「卑微」工作。在康提，這種工作也一樣枯燥乏味，她覺得無聊透頂，她只需要上班兩天就搞清楚真相了。

至於茱莉雅後來是如何設法因應這一切的，我們不得而知，但她決心盡量善用這個無聊的情境。有一件事是肯定的：她的幽默感派上了用場。送到她桌上的東西，她都有辦法開點玩笑，尤其假公文更是她慣用的玩笑伎倆。她用官樣的文字撰寫備忘錄，詳述顯然是惡搞的規則修定，然後再發送給各處室的負責人（例如，新的檔案系統是按最後一個單字的首字字母來分類），或是發送命令警告收件人，檔案櫃要是滿了，檔案將永久封存在地下室裡。各處室的負責人都必須讀過這些文件並簽字，每次茱莉雅看到文件簽字送回時，都覺得很好笑。其他的惡作劇則是她對付所有繁文縟節的方式。「如果你不把我們需要的報告送來文書處，」他警告一位在美國的同事，「我會在下一個寄給華盛頓的包裹中，放進發癢粉和致命的細菌，改變所有的數字，把文件都翻譯成僧伽羅文，並摧毀英文版。」

總之，十月時，茱莉雅已經讓文書處順利運作了。「我們收發的文件愈來愈多。」她向華盛頓的總部報告，「九月華盛頓收到的三百六十五個包裹中，約有六百份文件需要登錄，編入交叉索引，傳閱並歸檔。這個數字還不包括我們從戰地收到的軍事行動與情報資料。」進一步的說明顯示，她有參與機密工作的高階許可權，「針對目前的每個主題，我們都準備了主卡，也就是說，我們部門的人員必須完全熟悉實際的狀況。例如，祕密情報的卡片上有所有特務的名稱、招募的新員，以及他們的各種代稱」。

一位探員曾說：「茱莉雅是保密者。」她知道所有的臥底特務，他們的所在位置，以及正在為OSS做什麼。更妙的是，特務的任務指示都會經過文書處的機密過濾系統。茱莉雅終其一生都堅稱她只是檔案管理員，但是豪伊說：「才怪，那些檔案根本主宰了整個事務局，裡面有所有的作戰行動和敏感情報，必須非常小心地處理，那些東西都是完全委託給茱莉雅負責。」以茱莉雅對專業地位的標準來看，她不是間諜，不過OSS把她歸為資深文職情報官，亦即保密者。

那份工作需要機靈應變和準確行事，不過錫蘭的生活一點也不繁重累人。「OSS裡的每個人都過著精彩的社交生活，」豪伊說，「大家志趣相投，都非常親近。」在那個遙遠的前哨，大家常聚在一起用餐，儘管美國人大多不敢去康提的餐廳，因為當地菜單上也供應貓肉。不過，夜生活提供了不錯的消遣。「美國官員俱樂部裡，每週都有兩次電影欣賞會和舞會。」茱莉雅回憶道，「在月光下漫步，週日有野餐、高爾夫球、網球、游泳，或是週末去一趟可倫坡，活動很多，就看你有多積極地邀約其他的異性。」

至於茱莉雅多積極地邀約別人，我們不得而知，那段描述已經從她的日記中移除了。她曾暗戀幾個對象，但沒有採取行動，也有幾段一時的純友誼關係。她在康提再續前緣的朋友中，有兩人是她不久前才認識的：摩爾和貝特森。摩爾的辦公室就在茱莉雅辦公室的對面，中間隔著庭院，他是在研究分析處的視覺呈現單位（Visual Presentation，簡稱VP）工作，負責為作戰室提供地圖和圖表。貝特森則是常和茱莉雅一起喝酒的酒伴，他的淵博學識令茱莉雅著迷。他們常一起在棕櫚林的空地下野餐，「那裡的景觀令人讚嘆，可以一路遠眺大海」。一九四四年的春天，他們可能也跟著其他人去了可倫坡或亭可馬里（Trincomalee）。不過，五月初，這群朋友出遊時，開始出現耐人尋味的變化，那兩位男士開始邀請另一位他們都認識的朋友一起加入。短短幾週的時間，保羅．柴爾德就讓這個四人行的小組變成了雙人行。

5

保羅

所謂雙人行，兩人成雙，「二」這個數字對保羅來說再重要不過了。從他出生開始，二的威力就深植在他的身上，彷彿是DNA的獨特組成。

根據家族的記錄，一九〇二年的某個冷冽冬日，凌晨兩點多，保羅在紐澤西州的蒙克萊爾（Montclair）誕生。之後大家總是記得保羅是先出生的，兩分鐘後孿生弟弟羅伯才跟著出生。襁褓中的新生兒躺在醫院的育嬰室裡，被家人與好奇的工作人員包圍著，一小群人站在乾淨的走廊上，倚著房間的玻璃，開心地輪流看著這兩位柴爾德男孩，走廊間不時傳來同樣的驚呼聲：一模一樣！根本分不出哪個是哥哥，哪個是弟弟。不過，儘管保羅和弟弟長得一樣，聲音也一樣，但他們的心底是全然不同的兩個人——這也是導致他們一輩子糾結難解的議題。

對柴爾德一家來說，生活已經夠複雜了。保羅的父母必須設法因應忙亂的時間表，又要兼顧家庭的完整。每週，保羅的父親查理．崔伯勒．柴爾德（Charles Tripler Child）離開他們位於克萊蒙特大道的上下層住家，辛苦搭六小時的車到華盛頓特區，在史密森尼天文台擔任台長。他的妻子則是充分展現新英格蘭的韌性，在丈夫經常不在家的時候，一肩扛起家務。這是非常勞心費神的工作，她並不快樂。

柏莎．庫欣．柴爾德（Bertha Cushing Child）為家庭而「放棄了自己的靈魂」，至少她自己常這麼覺得。她是

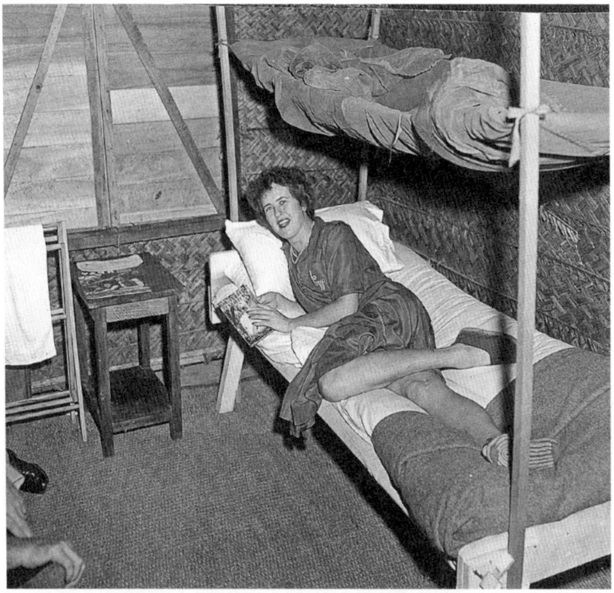

茱莉雅在錫蘭的康提，她有一雙令保羅著迷的美腿。1944年7月19日。圖片鳴謝：The Schlesinger Library, Radcliffe Institute, Harvard University.

巡迴傳教牧師的女兒，青春時期，前景無限，才貌雙全，和一般大眾對牧師女兒的印象正好相反。小時候，柏莎對基督信仰的虔誠跟父親一樣，但是漸漸地，她把抱負轉向更世俗的追求。她欣羨波士頓的名流雅士，也在他們的周邊成長，她渴望像他們一樣過著高雅的生活，生活裡充滿音樂與文化、名流社交聚會與晚宴。不過，她身邊的男人似乎更有可能搞砸那些計畫。她的父親每年有大半的時間，在新英格蘭的偏遠地區遊走，對需要救助的頑固社群傳教，柏莎和兄弟姊妹必須自理乏味的家務。如今她的先生也經常不在家，留她一個人在郊區照顧一整個家子，但是她從未放棄對不同世界的渴望。

柏莎的狀況不是一直都那麼淒涼。查理的職業生涯有好一段時間穩定地上揚，其影響所及深入了社會的各個層面。所以，柏莎把目標放在更高雅的生活型態上，她那樣做也有很合理的理由。電力的發明是當時新興的科技潮流，查理正好跟上那股潮流，準備在進入二十世紀以後大放異彩。說到科學界的頂尖人物，除了愛迪生以外，可能沒有人比查理更博學、更有創意、更有遠見了。二十歲以前，他就已經從約翰霍普金斯大學拿到物理、化學、數學的學位，還會說流利的德語、義大利語和希臘語。一八八八年，他設計與監督建造十二條電氣化的鐵路系統，並在托萊多、紐沃克和紐約率先安裝使用蓄電池的牽引線。接著，他自己創業，製造供電所，自己研發多數的設備。後來，他加入史密森尼天文台，領導紅外線太陽光譜的實驗，從頭開始製作天文台內的太空時代工具。閒暇時，他也編輯《電氣評論》（*Electrical Review*），出版該領域最卓越的著作《電力解析》（*The How and Why of Electricity*）。

維持職業生涯的蓬勃發展，需要卯足全力投入，所以查理幾乎沒有時間陪伴渴望獲得文化與社交刺激的妻子。「他是個幹勁十足的人。」他的姪孫女瑞秋說，他習慣隔絕外在的一切（各種人事物），專心地投入研究。他錯過了女兒瑪麗的大部分童年，忙著在維吉尼亞州的里奇蒙，為一家超現代的電話公司開通複雜的電路。不過，當這對雙胞胎男孩誕生時，柏莎想必也感覺到她先生的專業好奇心被激發了。查理對嬰兒的發育產生了強烈的興趣，深受這對兄弟的吸引，或許那是因為孿生子是如此的相似，而不是因為身為父親的關係。雙胞胎的特質令人難以抗拒，對科學家來說充滿了吸引力。保羅和羅伯無意間滿足了父親喜愛探究的好奇心。

不過，當大家都很開心查理花更多的時間陪伴家人時，突然間，在毫無預警下，他就過世了：三十五歲英年早逝。正式發布的死因是「同時感染瘧疾和傷寒」，但是那顯然是官方說法。我為這本書進行多次採訪時，幾位受訪者匿名透露了更多的訊息。一位家族裡的目擊者表示，查理是死於甲狀腺素中毒。另一位家族成員堅稱，他是死於「蘭姆酒飲用過量」。還有另一位透露：「他是死於梅毒。」查理的姪孫女艾瑞卡．普魯東（Erica Prud'homme）認為，死因是多種症狀的組合。「總之，他突然過世，令大家相當震撼，非常神祕。」

不只神祕，也衍生了悲慘的影響。柏莎必須獨自扶養三名幼子，雙胞胎才六個月大，他們完全沒有任何的財務支援。查理生前一味投入電力研究時，紐澤西州的家裡幾乎是一貧如洗。

一九〇二年夏季，柏莎把家人遷移到比較有文化前景的地方。她在麻州的牛頓市找了一間公寓，那裡離波士頓夠近，可以就近接觸藝術，追求她的夢想。在一九〇二到一九一六年間，他們一家人經常遷徙，住過布魯克林、衛斯理、伍斯特、劍橋等地，甚至也住過波士頓市區。只要柏莎覺得她有可能擠進正確的圈子，她就舉家遷往那個地方。她很容易就融入藝術和文化的社交圈，再加上她有出色的新英格蘭美貌及自然的魅力，很快就成了波士頓社交圈的常客。

「他們的生活變得非常狹隘。」一位和柴爾德家族有血緣關係的姪女這麼說。柏莎的個性「難懂，類似舞蹈家伊莎朵拉·鄧肯（Isadora Duncan），非常波西米亞化，大家都覺得很難產生共鳴」。她後來也成為神智學（Theosophy）的弟子，那奇怪的學派根源於東方的神祕主義，主張透過多種靈性的層級和大自然的神力來追求進化。這讓她疏離了社交圈以外的一切，她的家庭無疑也受到這種異常生活方式的衝擊。瑪麗的暱稱是米達（Meeda），長大後變得任性孤僻；雙胞胎男孩因為特殊，變得特別相互依賴。在缺乏父親的影響下，他們依靠自己的資源，以自己發明的方法來體驗這個世界。他們相互支持，個性上彼此互補。保羅的個性保守內向，有些認識他的人甚至會說他有點「陰沉」，羅伯（現在改名為查理，跟父親同名）的個性隨和，熱愛社交。不過，他們都培養出強烈的獨立性格。即使年紀還小，當他們的母親專心投入藝術的領域時，常丟下他們彼此相依。

所以，保羅和查理變得形影不離，幾乎難以辨認。一位親戚說，他們會模仿彼此，「就像一個人的兩半」。大家都叫他們雙胞胎，他們是以單一的實體共同存在。不過，保羅的影子感覺比較大，因為他是兄長。「不管他走到哪裡，」瑞秋·柴爾德說，「即使是到附近，離弟弟查理兩步，查理也會大喊：『別走！』」在成長的過程中，查理什麼事都會聽保羅的意見，保羅也會給予查理渴望的關注。

他們深愛著彼此，這點是可以確定的，但是他們也爭得很凶。他們都學了柔道，這點幾乎沒必要特別提起。「他們會把彼此打得鼻青眼腫，」查理的兒子喬恩說，「我父親的耳朵被打到變形，就是保羅打的，他當然也不甘示弱，打傷了保羅的眼睛。」他這樣講，讓那起事故聽起來好像是故意的，不過大家都知道那純粹是意外。

根據家族流傳的故事，某天下午玩耍時，他們在家裡鬧著玩。查理不小心跌到了，撞上保羅，保羅當時正好手持著針靠近臉部。接下來確切發生了什麼，不是很清楚，總之，那支針刺傷了保羅的左眼，也因此永遠傷害了他的視力。後來，在另一個場合中，他們扮演亞瑟王的故事，查理的額頭上多了一處斧頭傷。不過，即使在玩樂或爭論，或不管做什麼事，他們始終都像一個人的兩半。

他們在自己的混亂世界裡自得其樂，但柏莎還是會指引他們往她想要的上流文化發展。從他們很小的時候，柏莎就喜歡以她那高調的形象來塑造這對兄弟，無論是智慧上或外型上都是如此。她一有機會就會讀書給他們聽，不只唸童書，也會唸前衛的詩歌、散文、評論和哲學。她讓他們兄弟倆留長髮，衣著上也是穿匹配的《小公子》（*Little Lord Fauntleroy*）服裝。一位姪女說：「他們的母親是把他們當成一對來培養，也當成一對來炫耀，因為他們長得很可愛。」柏莎注意到兩個兒子都愛畫畫和唱歌，只要看到他們有任何的藝術天分，就讓他們去上私人指導的課程，積極培養他們，例如歌唱課、音樂課、繪畫課、語言課。別擔心柏莎沒錢讓孩子上那麼奢侈的課程，因為她有美貌和魅力，無論走到哪裡，都可以吸引有趣的人，她因此累積了一群「金主」來贊助她的夢想，而且他們也願意聽命於她，幫她支付兒子的培訓費用。

這些課程大多是普通的訓練，但他們的身體也為此付出了代價。兩兄弟總是乖乖地緊抱著樂器，穿過波士頓公園去上課。老師的音樂教室離他們家很近，但是橫越公園的那片綠地，就像橫越地雷區一樣危險。愛爾蘭裔的流氓像哨兵一樣，巡邏那片草皮。兩兄弟穿著高貴的衣服，在他們的眼中是最好的攻擊對象。保羅會提高警覺，睜大眼睛注意四周的動態，先自己走一段路，走到某個戰略點時就大喊：「小查，快跑！」這對雙胞胎的速度很快，動作敏捷，通常都可以躲避攻擊，但是有時沒躲成，就會被流氓狠狠地教訓一頓。

「那不重要，」保羅後來描述當時的經驗時寫道，「因為我們有才華，那是無可否認的。」他們的母親也注意到了。柏莎亟欲炫耀孩子的才藝，同時貼補家計，便和孩子組成一個樂團，名為「柴爾德夫人與小孩」（Mrs.

Child & the Children）。那是經典的鋼琴三重奏，由米達擔任鍵盤手，保羅拉小提琴，查理拉大提琴。柏莎「有美妙的歌喉又充滿魅力」，她以美聲唱法，演唱聖歌和詠嘆調，展現新穎的合奏曲。「他們在新英格蘭地區巡迴表演，」瑞秋說，「只要能找到表演機會，就會在不錯的場地演出，例如婦女團體、婚禮、茶館，當然還有一些人的家裡。波士頓社群給了他們充分的表演機會。」

柏莎先天就習慣鎂光燈的追逐，她顯然也有很好的歌喉吸引大家。連《紐約時報》都稱她是「知名的波士頓女低音」。除了有一副訓練有素的嗓音以外，她也有出色的外型、過人的魅力，那些中年多金的金主們當然都注意到這些優點了。其中有一位對她特別著迷，還保證讓她在渴望的圈子裡獲得一席之地。愛德華．費林（Edward Filene）是費林時尚女裝店的總經理兼總裁，也是波士頓社交圈的名人。他認識柏莎時已經五十幾歲，至少表面上具備了柏莎對男性的一切要求：財力雄厚、溫文儒雅、人脈亨通，而且未婚。他們成了戀人，以當年的說法，柏莎算是被他包養的女人。費林雖不慷慨，但他確保了柏莎衣食無缺，也相當照顧這對雙胞胎。他可能「小氣……難搞……討厭……考慮欠周……不安」，或有傳記作家描寫他的其他特質，但是他很喜歡小孩，也喜歡跟小孩在一起，「因為跟小孩和跟成人應對的感覺永遠不一樣」。

為了爭取費林叔叔的青睞，兩兄弟公平競爭。從一開始，保羅和查理（即使未說出口）都瞭解他們是在同一條不確定的道路上，他們都在賭費林叔叔可能資助他們不確定的未來。他們日後成為藝術家的才華正在萌芽，潛力無可否認。保羅擅長掌握氣氛與情調，他的畫作精美，充分捕捉了景觀的表現力。查理沒那麼感性，比較務實（他的兒子喬恩說那叫「馬虎」），對插圖有比較明顯的天分。他們兄弟倆一起開發天分，在藝術的各個面向培養出不凡的成果。兩個男孩都會畫畫，拍攝精彩的照片，寫詩，演奏古典音樂，在書面和對話上都能完美地表達自我。不需要天才也看得出來他們確實很有天分，投資他們的未來，肯定可以獲得絕佳的回報。

不過，儘管他們表面上很相似，個性的對比卻讓費林有了不平衡的資助落差。保羅個性害羞、冷靜、悲觀、講求精確，這些特質有時候讓他顯得高傲，自以為是，尤其和查理的活潑特質相比，更是明顯。兩兄弟相較起來，查理有如清新的空氣，「永遠樂觀」、活潑、不按牌理出牌、坦率，總是可以炒熱現場氣氛。

費林想必也是這樣評估他們的。不過，當他答應資助查理去哈佛大學學畫，卻沒打算資助保羅時，那決定還是很殘酷。無論費林是基於什麼原因拒絕資助保羅，保羅都非常失落，整個人變得意志消沉，缺乏自信。他覺得自己才是家中「真正的藝術家」，真正的知識分子，是兩兄弟中比較有潛力的。他比查理精明，比查理聰慧，也更專注冷靜。但是查理在學校比較出鋒頭，保羅提到：「他的成績比我好，在業餘的戲劇演出方面，也比我會背台詞。」而且，查理的個性比較討喜、喜歡社交、與人為善，保羅的孤僻個性讓人難以接近。

無論是出於怨恨或嫉妒，還是防禦性的反彈，後續幾年保羅努力地培養自己，同時想辦法擺脫查理，那些努力後來證實都對他有益，只不過那也打破了他們的相互依賴，保羅也因此付出了代價。他產生「一種自卑感，覺得一切很不公平」，這種心態迫使他以過度補償和挑釁的心態來證明自己，那也因此永遠改變了他和查理的關係。他向治療師解釋：「我一方面愛他，但另一方面也恨他。」

總之，他們還是青少年的時候，查理上了大學，而且是讀哈佛，保羅則是去上班。他向一位傳記作者吹噓，他「十六歲時加入加拿大的陸軍」，但他那樣說只是為了營造神祕感。其實，他「輾轉換了好幾個不重要的工作」，先是在零售業打工，後續的二十年在紐約、新英格蘭、歐洲等地闖蕩。他的履歷表看起來都很零碎，例如曾在加州挖溝渠，在劍橋從事家具復刻，在從新斯科細亞航向百慕達的三桅帆船上指導培訓課程，在紐約的廣告公司裡擔任攝影師，在巴黎為美國教會處理彩繪玻璃的生產，在義大利的阿索洛當富家子弟的家庭教師，在法國多爾多涅省的公立學校教書，在新英格蘭的私立學校任教兩個學期。如果說有人完全把握了人生提供的各種機會，卻沒累積出什麼成就，保羅．柴爾德就是那樣的人。

保羅在康乃狄克州艾凡市的蔭山學校（Shady Hill School）教導藝術與法文時，人生突然脫離了他原本為自己規劃的路徑。那是一所強調回歸自然的先進學校，他有一個學生名叫羅伯．伍茲．甘迺迪（Robert Woods Kennedy）。柴爾德一家和甘迺迪一家在波士頓是朋友，兩家人斷斷續續往來了多年，保羅特別迷戀羅伯的母親伊迪絲（Edith），她是多才多藝的作家、畫家和音樂家，比保羅大十歲。不久前，他才在巴黎遇到她，當時伊迪絲是去巴黎散心，以排解離婚的傷痛以及後來和愛爾蘭作家尚恩．奧法萊恩（Seàn Ó Faoláin）分手的情傷。她的兒子到蔭山學校就讀時，她再次和保羅重逢，不久他倆成了一對戀人。

伊迪絲有波士頓名流的舉止和性格（極其講究又有極度的社會優越感），但是跟她很熟的人都知道，她其實一點也不高傲。

「她很酷，個性犀利，自給自足，極其獨立，」她的孫子鄧肯說，「她的品味無可挑剔，藝術和品味對她來說是一切成就的終極標準。不過，更重要的是，她極具魅力。」那魅力深深吸引了保羅。在那個女性不亟欲展現過人智慧的年代，伊迪絲並未掩飾她的慧黠和才華，她就像平日往來的朋友那樣聰明。而且她往來的對象都是世界頂尖的人物，她非常迷戀莫扎特的音樂，但也欣賞現代音樂，先是在巴黎跟音樂家娜迪亞．布朗熱（Nadia Boulanger）學會欣賞現代音樂，後來又跟美國的作曲家朋友艾略特．卡特（Elliot Carter）學習。梅．薩頓（May Sarton）很喜愛伊迪絲，在詩歌和故事中廣泛地描寫她。伊迪絲也喜歡犀利的對談，並積極地推廣，熱情地參與。她常和一些哈佛大學的重要人物一起辦社交聚會，例如，知名的史學家和文學評論家馬蒂森（F.O. Matthiessen）、現代主義的學者哈利．雷文（Harry Levin）、以及被艾弗雷德．卡靜（Alfred Kazin）稱為「美國思想史大師」的培利．米勒（Perry Miller）。伊迪絲經常在家裡舉辦活動，和這些聰明人士交流，而這些知識分子正是保羅渴望獲得啟發的對象。

起初，保羅似乎覺得自己深度不夠，比不上這些人。伊迪絲在藝術創作方面比較有經驗，觀念與表達方式都比較圓融，認識較多學術界的高級知識分子，交流時也都能堅持自己的立場。保羅主要是靠自學，又遊蕩多年。但是他有很大的潛力，學得也快。他可能沒上過哈佛，卻是頂尖的學生，能吸收與詮釋宏大與詳盡的概念。他眼前就像個大總匯，等著他吸收，朗誦、閱讀、演講、展覽、辯論，資訊和知識都相當豐富，有如國王的饗宴！他倘徉在這個毫無高牆的大學中，盡情地吸收，欲罷不能，那些交流以前所未有的方式豐富了他的心靈，而且又是跟著一位「讓人更熱愛人生」的女人。更熱愛人生！他發現，伊迪絲的世界就是他這輩子一直在追尋的烏托邦，一個充滿智慧、優雅、見解、探索的世界。

還有愛！保羅深愛著伊迪絲。他無疑熱愛她的世界，但是他更愛伊迪絲。他們的熱情洶湧澎湃，保羅從不掩飾他的感情，他完全敞開了心扉，坦蕩地展現對伊迪絲的無限愛戀。當肢體無法完全表達時，他更訴諸於文字，為伊迪絲創作十四行詩。以下是一九三八年他為伊迪絲寫的一首詩：

如果泥沼可以滋養金花，
蝴蝶可像織布上的折花般成長，
雪做的鑽石在凜冽的寒風中閃閃發光，
我想也許我會知道，讓妳在其他女子消逝的地方漫步的奇蹟。

一般男人可能只會把那種感受壓抑在心裡，但保羅很習慣展現他比較柔和浪漫的一面，而且伊迪絲也讓他盡情地展現。他們一起在劍橋的謝巴德街租了一間舒適的小屋，租金約二十美元，一同打造了充滿音樂、藝術和愛的生活。保羅對伊迪絲的三個兒子（愛德蒙、菲茲羅伊、羅伯）都相當關愛，他一輩子都跟他們維持深厚的關係。他和伊迪絲之間唯一缺少的是婚姻，但伊迪絲拒絕討論。有個年紀比自己小很多的愛人是一回事，嫁給他又是另一回事了，她完全不想討論。難道婚姻是不必要的形式嗎？伊迪絲把答案指向她的前夫亞瑟，據說婚姻讓他從「一個極其圓融的靈魂」變成「毫無人性的任務分派者」。她不想再經歷同樣的狀況了，保羅可以理解那番道理，他也不需要靠婚姻擁有伊迪絲。她已經給了他承諾和她的心，這樣對他來說就已經夠好了。

他倆是天作之合。

有一段時間，保羅和伊迪絲擁有他們需要的一切，並讓謝巴德街上的住家充滿了賓客和愛。伊迪絲為雜誌撰寫短篇小說並繪畫，保羅在康乃狄克州哈特福（Hartford）西方的艾凡古農場中學（Avon Old Farms School）找到更好的教職。他們也跟查理一起越野旅行，伊迪絲教保羅瞭解美食，那種他在法國吃得津津有味的食物。他們在新罕布夏州的新波士頓避暑，「那裡像個充滿文藝氣息的宇宙」，住了許多同樣有創作興趣的音樂家、畫家和作家。

事實上，保羅的藝術造詣進步很多，他開始覺得自己還有未發掘的新潛力。他缺少正規的訓練，但是信心一點也不輸人，他的作品品質在各方面也都有大幅的進步。一位觀察家總結，保羅的畫作「相當優異」，看起來有很多原始的藝術潛力等著開發。他的攝影「構圖巧妙，拍得優美」，獲得的讚譽比繪畫更高。攝影對保羅的魅力，就像宇宙對科學家的吸引力一樣強烈。他透徹地研究攝影，結合了科技與藝術、主題與技術、編排與自發。他在巴黎就已經開始使用反光相機了，並在巴黎結識了愛德華·史泰欽（Edward Steichen）和亨利·卡蒂亞·布列松（Henri Cartier-Bresson）。保羅從這兩位攝影大師學到透視的祕密，並學會如何運用構圖來捕捉活力和情感的表現。他後來完全沉浸在攝影中，近乎痴迷。

不過，儘管保羅培養出那麼多的熱情，技巧也令人驚豔，但他始終只把藝術當成嗜好而已。無論伊迪絲再怎麼鼓勵他，無論朋友對他的精彩作品給予多少的讚美，他都拒絕把這些技能拿來謀生，他無法公開地展示作品，他沒有信心、也沒有勇氣因應外界的批評。這實在很遺憾，因為就等於放棄了像伊迪絲或查理那樣讓生涯大躍進的機會。

查理則是一直畫畫，靠著畫插畫和肖像畫收取了鉅額的費用。「我父親很擅長畫肖像。」查理的女兒瑞秋說。他二十幾歲時獲得古根漢獎學金去巴黎習畫，成功發展出蓬勃的職業生涯。他接到不少頗具前景的委託案，其一是來自姊姊米達的大學室友費德瑞卡．博伊兒（Fredericka Boyles，暱稱費瑞狄〔Freddie〕）。她是個好學的紅髮美女，就讀倫敦政經學院的商學系，個性穩重務實，又是石油事業的繼承人，這些特質正好很適合查理。她的務實令查理感到踏實，她的多金則為查理提供了自由，至少在金錢方面是自由的，不再有壓力，查理在見面不久後就和費瑞狄就結婚了。

另一方面，保羅則是單身又懷才不遇。伊迪絲堅持不嫁給他，他在艾凡中學的工作則是繼續困擾著他。與之前待的學校相較之下，他喜歡在艾凡中學教書，但教學有礙其藝術發展，只能當業餘的嗜好，又或者這只是個方便的藉口。總之，保羅放棄了以往的夢想：透過藝術創作來養活自己。他無法發展出有意義的藝術生涯，生活重心變成以學生為主。學生「喜愛」他，也「崇拜」他。當然，伊迪絲也是他的生活重心，她「寵溺」他，「讓他們的關係變得更深厚與豐富」。

但是一九四二年的春天，他們的關係開始生變。不是突然或不小心的，而是持續的，莫可奈何的，保羅只能無奈地看之發生。伊迪絲對文化和知識有無限的渴望，她竭盡所能想要擁有一切，這也對她的健康造成了明顯的影響。她常連續幾週醒來後就忙著因應大量的藝術案子，只剩一點精力照顧家庭。她到處參加社交聚會、音樂會、展覽、演講和表演，彷佛有心魔在鞭策著她。無論她多麼拚命，多麼沉浸其中，還是有股隱約的力量，慢慢地侵蝕她難以壓抑的熱情。

無論保羅知不知道伊迪絲有心臟病的病史，他都能看出來那樣瘋狂工作所衍生的效果。她很容易疲累，面容憔悴枯槁，呼吸變得吃力，嚴重到「像離開水的魚一樣喘氣」，連旁人聽起來都感到痛苦。一九四二年六月，伊迪絲的病情加重。保羅在寫給弟媳的信中提到：「她無法閱讀，無法聽音樂，就只能躺在床上受苦。」醫生診斷是水腫壓到肺部，每隔幾天就要抽水。更糟的是，也許她的心臟並沒有輸送足夠的血液到器官，她開始產生幻覺，保羅形容那就像「醒來的噩夢」。看來她頂多只能繼續臥床半年，以獲得充足的休息，恢復氣力。

保羅竭盡所能地讓伊迪絲感到舒適，在「劍橋那個可怕的夏天」，他不分晝夜地悉心照顧她，從未離開她的房間。為了避免她心煩意亂，保羅甚至開始畫起機器圖，在臥室角落的搖晃牌桌上，草擬教科書，然後拿給伊迪絲看，讓她提出精闢的評論。但是這樣一來，她呼吸困難和幻覺的現象又變得更嚴重了。在伊迪絲的力勸下，保羅去了賓州的蘭伯維爾（Lumberville）一趟，查理和費瑞狄剛在那裡買了一間房子。能夠離開一下並再次見到查理，那感覺還不錯，也可以幫他充電，讓他回去以後更有精力照顧伊迪絲。保羅確實需要一些喘息的空間，但他也擔心伊迪絲。不過，伊迪絲以很有說服力的方式向他保證，他不在的那段期間，她會沒事的。

八月初，瑞秋記得她望向窗外，看到父親和保羅坐在車庫邊的家庭房車上。「看起來很詭異，」瑞秋回憶道，「我看到保羅好像哭了，我想出去看是怎麼回事。」但母親制止了她，說保羅「有個很要好的朋友叫伊迪絲，她過世了」。查理當時正對保羅傳達那個噩耗。

可想而知，保羅悲痛欲絕，整個人崩潰了。伊迪絲才五十歲，就這樣走了，他的內心充滿了空虛，是那種從未經歷過的空虛和心痛。伊迪絲是他各方面的最愛。「我想我這輩子再也不會有那樣的伴侶了，」他寫道，「她能欣賞最新的爵士樂和貝多芬四重奏，可以深情地談論寫作的藝術，廚藝高超又深諳美食，擅長巧妙地應對整屋子的名流雅士，喜愛摔跤比賽，也愛賞花，瞭解人心的變幻莫測和深度，可以做到完全客觀，有無限的勇氣和精力，充分地掌握自我，機智過人，見解犀利但不失體貼……她擁有最好的人性特質，猶如寶庫一般。」

保羅悼念著伊迪絲，他覺得像他們那樣的愛戀關係一生只有一次，所以對他來說，愛情已經結束了。再也沒有任何女人可以比得上伊迪絲的標準，就像他自己的藝術再也無法燃起任何火花一樣。經過十年的美好愛戀，如今任何東西跟伊迪絲比起來，都顯得明顯不如。

兩年後，他的看法並沒有多大的改變。當他遇見茱莉雅時，他也沒把茱莉雅放在眼裡。

儘管伊迪絲一直在保羅的腦海中盤旋，戰爭爆發剛好讓他有機會分心。當時，每個身強體壯的男子都挺身而出，貢獻所長，柴爾德兄弟也不例外。他們「基於滿腔的愛國心」，迅速前往華盛頓，一起住在一間散發著惡臭的地下室公寓，他們開始規劃後續的計畫。保羅和查理都不急著行動，但他們都想從軍，儘管他們都知道自己的年齡已經太大了。不過，他們還是想辦法尋找合適的文職，查理先出擊，他去找哈佛的老友保羅·倪澤（Paul Nitze），倪澤幫他安插到國家計畫協會（National Planning Association），那是讓企業、勞工、農業和學術界的領導人一起解決國家大事的論壇。保羅因為眼睛曾經受傷，無法參與嚴苛的體能工作，欣然地加入OSS。

一九四二年十二月，保羅在OSS的視覺呈現單位（VP）工作，那份工作似乎是專為他的才華量身打造的。VP是由一小群「創意的怪咖」組成，包括導演約翰·福特（John Ford）、編劇巴德·舒伯格（Budd Shulberg）和蓋森·卡寧（Garson Kanin）、建築師埃羅·沙里寧、記者西奧多·懷特（Theodore White），他們為這場原本殘酷的戰爭增添了想像力和藝術性。他們不是製造武器，也不上戰場，而是繪製地圖、圖表、圖解，為手冊繪製插圖，在生產的初期設計「超級祕密的戰爭裝置」。查理的專業是來自大學洗禮過的天分，保羅則全靠未受教育的本能。他先天擅長技術和精簡，也有過人的審美眼光，能看出科班藝術家忽略的細節。可以想見，保羅在視覺呈現單位裡發展順遂，在那裡過了相當充實的一年，為各個政府單位繪圖，也為戰時的教學影片繪製動畫。

他和查理都在華盛頓蓬勃發展，那裡有知識分子和藝術家組成的社群，他們從共同的流離身分中獲得了更多的力量。當時整個學術界似乎都涉入戰爭，還有一些頂尖的文化界名人也參與了，例如作家、記者、導演、畫家、廣播人、出版者，那裡猶如匯集所有能言善道精明人士的大熔爐。這些人亟欲在他們參與的戰務範圍外發表意見，相互交流。柴爾德兄弟幾乎每晚都會參與熱烈的社交活動，例如晚宴或大使館的晚會、交誼活動、知識分子的交流會。他們的對話都很充實精彩，從保羅在華盛頓期間所寫的一篇日記，就可以看到他們夜間對話的例子：「這突顯了我們前幾天討論的概念……背景和關係如何塑造道德結構。」也許這些內容有點打高空，但是保羅很喜歡這種交流。

週末是自由的。每週五下午，保羅和查理會搭上前往賓州巴克斯縣的火車北上，回到查理位於蘭伯維爾的住家，以紓緩疲憊的大腦。費瑞狄會做菜撫慰他們的胃，兩兄弟則是利用時間畫畫與閱讀，他們也常為了某些瑣碎的哲學觀點而爭論不休。兩兄弟的關係還是很緊繃，他們仍有許多雙胞胎相關的差異需要化解。

在華盛頓，他們已經認真往前邁出第一步了，他們一起去找知名的占星家珍．芭特曼（Jane Bartlemen）。芭特曼做了連串「精準無比的預測」，呼應了他們內心的不安。其中有一點讓保羅覺得神準無比。幾個月前，一九四三年的夏天，芭特曼告訴他，很快就會出現一個新機會，「那是完全出乎意料的絕佳機會，跟祕密任務有關，需要經歷漫長的旅程到遠東地區」。總之，她跟保羅保證：「那會完全改變你的人生。」

保羅剛聽完她的預測時，原本覺得她只是純粹猜測，就是算命仙看水晶球瞎掰罷了。但是一九四三年十一月五日，他發現預言應驗了。當天稍早，他接到鄧諾文局長的電話，問他願不願意去新德里，擔任ＯＳＳ服務蒙巴頓勳爵的代表。蒙巴頓勳爵——最高統帥！保羅簡直不敢相信自己的耳朵。沒有人對世界大戰的重要性比蒙巴頓還大了，他馬上回想起芭特曼的預測。「這可能就是她說的機會，我不敢置信地喘氣，對事情的發展感到錯愕。」

本來保羅已經快遺忘芭特曼了，但是隔天一大早，他已經坐進她的辦公室，心想「她能不能針對他的緊張預期，再做進一步的開示」。芭特曼一如既往，給了他各種的安慰。是的，當然，他會獲得那份工作，工作性質極度機密，他會結識許多難得的朋友，過程中會遇到種種難關，但是不用擔心，這裡頭有冒險、刺激和大量的收穫。她之所以知道這些，是因為他正進入美好的行星位置。「順道一提，約莫一年後，你會陷入瘋狂的熱戀。」

保羅很聰明，他當然知道「這些都不會發生」，他打從一開始就知道，芭特曼只是預言者，隨口說說，但是……約莫一年後，你會陷入瘋狂的熱戀。「那倒是值得付出。」保羅最後推論。

保羅連忙收拾行李，他亟欲離開華盛頓，亟欲前往海外，亟欲在他和查理之間拉開一點距離。他渴望冒險，忘卻過往，展開人生的新頁。至於談情說愛方面，就沒那麼急了。感覺機會很渺茫，尤其伊迪絲的回憶仍盤旋在他的腦中，不是那麼快就能忘記的。不過，他還是很好奇，愛情是強大無比的神藥，如果愛情真的來了，真的像芭特曼說的那樣，他會勇敢地面對，「正眼看著她」。

不過，為此，他需要先準備一個矮凳子才行。

茱莉雅和保羅閱讀食譜的校對稿。圖片鳴謝：The Julia Child Foundation for Gastronomy and the Culinary Arts

7 深藏不露

儘管東南亞的戰況加劇，錫蘭身為盟軍指揮官的關注焦點，又是對抗日軍的關鍵要地，卻依舊是個平靜的綠洲。它的存在幾乎是因為大家一時的忽視而「脫離了現實」。正如一位當初派駐康提的人士所寫：「每個人對戰爭都有學術興趣，卻又覺得這裡的生活太愉悅了，不想為此大費周章。」在這個OSS的前哨，有很多令人分心的事物。大夥兒到處觀光，社交聯誼、談情說愛，除此之外，幾乎沒什麼時間注意戰爭。不過，對茱莉雅來說，一九四四年的春季和夏季特別辛苦，她在文書處的工作量超載，有太多的機密資訊需要處理，有時她似乎是整個東南亞司令部唯一的管道。她的上班時間很長，職務辛苦，除了有令人麻木的日常瑣事以外，她幾乎每晚加班，連週日也上半天班，不斷把資料歸檔，文書工作似乎永遠也做不完。「為什麼我來這裡做文書？」她在日記裡抱怨，「我痛恨這份工作。」

儘管如此，茱莉雅之所以來這裡，後來也很喜歡這裡的經驗，是因為那些一起共事的夥伴。他們令她著迷，她希望自己也能跟他們一樣聰明、先進、有主見、具想像力、冒險進取、機智敏銳。他們思想奔放，好勝心切，但是相互激勵，所以一個人探究的問題可以激發其他人深思回應。而且，她在康提遇到的人都那麼優異！教授、工程師、藝術家、人類學家、鳥類學家、生物學家、密碼學家，你能想到的各種學者都有！茱莉雅喜歡他們接觸人生、表達自我的方式，以及他們的見解和觀點。她亟欲滿足強烈的求知慾，努力吸收他們所說的一切，就像酒鬼看到酒一樣，一飲而盡。「我像個愛玩的女子在找光似的。」她開玩笑地說。但那番說法也透露出幾分的坦率。

事實上，當她第一次見到保羅時，那個光幾乎稱不上是個亮點。「那不像閃電霹到穀倉著火那樣。」保羅回憶他們一九四四年五月見面的情況。他和茱莉雅都沒有當場來電的感覺，茱莉雅第一次在康提遇到保羅時，她寫道：「我覺得他一點也不帥。」對她來說，保羅的年紀太大了，那時已經四十二歲，又禿頭，個子也矮，還留著「難看的金鬍子，鼻子也大得不好看」。保羅對茱莉雅的第一印象更糟，但是當月稍後，某個濕熱的週日下午，茱莉雅和保羅以及一小群朋友，擠進一輛滿是泥濆的吉普車北上，穿過叢林小徑，前往丹布拉（Dambulla）探索古老的石窟寺廟。他們漫步在迂迴的道路上，參觀五座保存良好的寺廟，茱莉雅和其他人都對那個地方留下了深刻的印象。豐富的工藝展現，令人眼花繚亂的壁畫和雕像，都令茱莉雅大為驚豔——光是佛像就有一百五十尊以上。當下她的反應是嘆為觀止，一再地驚呼與讚嘆。那樣的熱情，儘管毫無修飾，卻吸引了保羅。後來，七月初，保羅在寫給查理的信中提到她，可見他對她的好奇：「她有種隨興、但帶點瘋狂的幽默感。」不過，茱莉雅並沒有把他迷得神魂顛倒，那好感比較像是互相的。

茱莉雅向來「很有趣……在康提，她總是團體中最好相處的人」。相反的，有些人認為保羅很難搞。他注重精確，毫不妥協，「有點自以為無所不知」，他的肢體語言總是散發著一種「我最正確」的感覺，往往讓人覺得傲慢或專橫。他的外貌獨特，舉止帶有正直的權威感以及為人師長的存疑態度。他鄙視優柔寡斷，要求完美，毫不掩飾他對能力不足者的不滿。和康提其他同事的「青春期困惑」相比，他覺得「我是這裡少數真正成熟的人」，那些同事「四十歲了還逃避責任，為了沒必要的事物歇斯底里」，普遍缺乏常識。

他覺得自己有教養，世故老練，舉手投足也是那樣裝模作樣。他有一種氣質，一種優越感，大家剛認識他時都會感受到，所以他與人互動的關係總是帶有一點緊繃。不過，他確實很有魅力，也充滿才情，浪漫過人，對飲食和生活極其講究。女人令他著迷，美食也是，他對女人和美食有同樣感性的推崇。他使用的語言、講話的方式，以及盡情談論的多元主題，聽在茱莉雅那門外漢的耳裡，有如天籟。他對於自己擅長及感興趣的主題，總是能夠清楚地表達看法，充滿知性，評論字字珠璣。保羅沒上過大學，但是博學多聞的程度令人讚嘆，他也擅長以引人入勝的方式來表達他學到的東西。聆聽他的談話令茱莉雅興奮，不僅是因為他所說的內容很新鮮、發人省思而已，也因為他充分展現了內涵。

一開始，他們的互動很隨興，就只是一般的朋友。他們會跟幾位OSS的朋友一起野餐、聽音樂會或共進晚餐。他們都是一群人一起出遊，不是兩人一對，表面上也看不出他們有任何情愫。事實上，保羅當時對很多女人都有意思，包括一位英國官員的妻子，只不過他都沒有出擊，可能是因為自我壓抑或不願主動。他仍為伊迪絲的過世感到悲痛，不過他也慢慢地走出那種自我放逐的狀態。「我現在最想要、渴望、需要的，是一位親密、聰明、體貼的異性伴侶。」他在寫給查理的信中如此坦言。

茱莉雅的名字並未出現在他的願望清單中，不過她顯然已經進駐他腦後方的某一處了。七月，保羅寄了一張茱莉雅的模糊照片給查理（他常在信中貼一些插圖），並在信中提到茱莉雅修長的美腿。照片中的茱莉雅橫躺在搖晃的木床上，她的特大號身材是明顯的焦點，整個人看起來相當亮眼，穿著印花的棉質洋裝，脖子上戴著珍珠項鍊，上了唇彩，也擦了指甲油。一隻手肘撐起身子，表情溫柔嬌俏——茱莉雅說那是她「期待縱慾的樣子」——那模樣似乎有點害羞地顯示她有意願參與。不過，重點是那雙長腿！長到似乎沒極限似的，那肯定讓人留下了深刻的印象，因為六個月後，保羅依舊對那雙腿念念不忘。在另一封從康提發送的信件中，保羅如此形容她：「她有雙美腿，非常高䠷，三十一歲，親和力十足。不過，相對於實際的年齡，她有點女孩般的氣息。」

茱莉雅的興趣也開始蓬勃發展了起來。某個「美好的週日」，保羅邀請朋友跟他去拍攝一群大象走過棕櫚成列的山脊。那次出遊後，茱莉雅覺得自己愛上他了。「我開始覺得保羅很有吸引力。」她說，同時也哀嘆他的興趣似乎在別處。在她看來，保羅想要的女人是「見多識廣的波西米亞型」。她根本完全相反，她是青年聯盟和常春藤盟校的老成員，這些身分對茱莉雅來說開始變得無關緊要，對保羅那樣的人來說肯定更是如此。她在學識方面有些自卑，鮮少肯定自己的吸引力。她覺得自己欠缺魅力和端莊的舉止，怎能期待對方注意到她呢？當晚她在日記裡寫道：「希望我能陷入熱戀，也希望那位深具魅力的人愛上我。」

也許保羅的占星師注意到他倆的星象正逐漸相吸，但是保羅和茱莉雅都沒注意到。至少，此刻戰火開始在他們的周邊蔓延之際，兩人都沒注意到。

一九四四年年底，中國的戰況重新升溫，看來全新的戰略不可或缺。盟軍亟需下猛藥，好讓中國繼續參戰，以抵銷美方布局在中國大陸受到的威脅。為此，保羅在工作上承受了極大的壓力，「每天工作十四到十六小時」，為蒙巴頓的美國參謀長艾伯特·魏德邁將軍（Albert Wedemeyer）建立戰情室，包括反間諜、破壞裝置、空投補給、傘兵部隊活動等等所使用的專業圖示。茱莉雅幾乎天天都會見到保羅，但是他們都忙著自己的工作，無暇應對。

然而，他們的關係已經開始出現了變化。查理是第一個發現保羅對茱莉雅有興趣的人，雖然那興趣又帶點矛盾和否認的意味。保羅寫了一封長信給查理，裡面拉拉雜雜地談了很多事情，其中多次提到茱莉雅，說她是那個來自帕莎蒂納的長腿女孩，「親切又機靈」，他們一有機會就會一起渡過美好時光。「我想她會嫁給我，」他調皮地說，「但是在我看來，她不是我的真命天女。」然而，他覺得她「非常可愛，很好相處」。他欣賞她的熱情，尤其是對音樂和食物方面，但他也質疑她的成熟度，「缺乏見聞，思想馬虎，情緒狂放，思想傳統」，而且截至目前為止「人生幾乎沒遇過什麼挑戰」。那對保羅那樣世故又有學識涵養的人來說，有如致命傷。他內心好為人師的特質覺得茱莉雅有無限的潛力，但可能需要大費周章才有辦法開發那些潛力，「培養、塑造和灌輸」的工程太浩大了。還有性愛——性愛又是個全然不同的問題了。茱莉雅的處女身分特別缺乏吸引力，他感覺到茱莉雅的矛盾感：她對性愛又期待，又怕受傷害。「我知道怎麼解決，」保羅對查理吹噓，「但是要保羅大師冒險嘗試，那犧牲太大了。」

目前保羅大師還是比較樂於和多名異性同時交往。他和幾位女性仍經常在一起，那些都是OSS的同事，都是朋友（茱莉雅也在其中），他們經常一起去看電影或一起用餐。他們兩人幾乎沒有機會發展出感情，但是一九四四年的秋季，當康提四周的局勢日益緊繃時，茱莉雅都密切注意著保羅。

十月十九日，蒙巴頓迅速召開幾場高階會議後，傳出約瑟夫．史迪威將軍（Joseph Stilwell）因為與蔣中正的關係決裂，而從中國被召回的消息。保羅的老闆魏德邁將軍將接替他的位置，擔任參謀長。這個人事異動的消息在康提的辦公室之間傳了開來，掀起連串的震撼。許多人員將因此打包行李，從這個熱帶天堂轉調到中國的戰時首都重慶工作。那是個偏遠的省級城市，史迪威覺得那裡「亂得一塌糊塗」。第一位轉調當地的高階人士是茱莉雅的老闆理查．赫普納（Richard Heppner），他馬上招募保羅負責當地的要職。一九四五年一月，過了懷舊的新年慶典後，保羅「收到兩小時的臨時通知」就離開錫蘭，飛往重慶，去為魏德邁設立戰情室（主要是依循他當初在康提成功打造的模式）。這一切實在發生得太快，茱莉雅幾乎沒時間跟他道別。

對茱莉雅來說，保羅這次突然離去，幾乎就像九年前強斯頓拒絕她一樣令她心碎。在錫蘭生活近十個月，茱莉雅以連續的溫柔攻勢，不斷地想辦法，想要贏得保羅的心。最近她才剛覺得情況有些進展而已，他們變得比較親近，會對彼此傾吐祕密，有聊不完的話題。不止一次，原本只是禮貌的親吻變成了熱吻。保羅對女人的標準通常很嚴苛。但他有一些特質讓茱莉雅愈來愈欣賞——自信、專業、教養、性格。保羅就是那種永遠令她著迷的男人，但是，中國？重慶？現在他們相隔著喜馬拉雅山，有如分隔在兩個世界裡，看來這段感情注定沒望了。

在出國近一年後，茱莉雅突然內心又漂泊了起來。她喜歡OSS的經驗，但如今她喜歡的這個團隊開始分崩離析，大家各奔東西。留在康提的熟悉面孔很少，新來的人員都比較年輕獨立，當初讓她蓬勃發展的革命情誼已經不見了。

茱莉雅老早就對重複的工作感到不滿，她申請轉調職位。有陣子，看起來她可能會被調到加爾各答，也有一些傳言指出（茱莉雅稱之為「計畫」），祕密情報部有職缺。當間諜！終於，那是她一直幻想從事的夢幻工作。可惜，那職缺釋出得太晚了。茱莉雅認為：「等我搞懂中國，戰爭可能已經結束。」不過，她還是覺得可以到當地做很多事情，即使不是當間諜，也可以做行政工作。於是，一九四五年的春天，茱莉雅轉調到OSS位於昆明的前進基地，那是位於重慶南方四百哩的地方。

中國將會是新的冒險。沒錯，她還是會深陷在文書處理，埋首於大量堆積的文件中，但是那裡的異地風光，陌生的感覺，可以大幅抒解工作上的單調乏味。不過，前往那裡又是全然不同的問題了。一九四五年三月十五日，茱莉雅跟著一群康提的轉職人員，從加爾各答飛到昆明，那條路線有個暱稱是「渡過難關」，聽起來像遊樂園裡乘坐的遊樂項目，但實際上一點也不是，簡直跟玩命沒什麼兩樣，那是飛越海拔四千五百七十米的喜馬拉雅山支脈、航程約五百五十哩的冒險，「亂流強到足以拆解整架飛機」。「你可以往下看，就會看到飛機的扭曲殘骸，那些都是中途失事的飛機。」豪伊回憶道。戰爭的最初四年，共有四百多人失蹤，所以飛行員認為那是「全世界最危險的飛行航線」。

儘管飛越那個難關如此危險，似乎沒有人事先告訴茱莉雅這件事。在詭譎的三小時飛行中，她似乎渾然不覺得危險。「我們一整路都遇上風暴。」貝蒂．麥金托許（Betty McIntosh）回憶道，她和茱莉雅面對面坐在擁擠的折疊式座椅上。那架飛機很破舊，是不增壓的道格拉斯C-54運輸機，乘客必須穿上毛皮大衣，戴上氧氣面罩。貝蒂說：「大家在機上都在祈禱，你可以看到每個人臉上的恐懼，尤其是降落時，沒人知道那究竟是要著陸了，還是要墜機了。」

那架飛機後來遇上了氣穴，在西山突然俯衝，朝地面驟降，還出現可怕的降壓。機艙內的燈光全熄了，黑暗中不斷傳出喘氣聲，更糟的是，還有幾個人捂著嘴尖叫，也有人哭了。在混亂中，貝蒂記得她看了一下對面的茱莉雅，「她竟然冷靜地看書，其他人都在等死了」。名廚貝潘後來開玩笑說，茱莉雅的血管裡是流著鮮奶油，但當時貝蒂覺得茱莉雅的血管裡應該是流著冰水。「她異常的鎮靜，」貝蒂說，「我很意外有人能鎮靜到那種地步。」

茱莉雅覺得中國很奇怪，但也異常熟悉，感覺比較正式。在她的眼中，那裡像受創的美景覆蓋著高低起伏的景觀，古文明的驕傲在此留下了難以磨滅的印記。雨水沖刷的土地上有乾紅土的裂隙，空氣中有股超自然的靜止感。這裡的氣候和植被可能一開始讓人想起帕莎蒂納，但茱莉雅的眼力相當敏銳，她看得出自然的微妙區別，她可以看到雲朵包著城市四周嵌在石壁上的寺廟。此外，在馬鬃嶺山腳下的肥沃盆地上，條紋處處，彷如中國書法家的揮毫之作。

昆明是有城牆的古城，戰略地位重要，城裡隨處可見以前身為旅遊目的地的遺跡，別名春城。在日本入侵以前，這裡因位於滇越鐵路的終點，又是通往滇緬公路的路口，成為法國殖民者的度假勝地。如今這個地理優勢反而為本地帶來「不祥和陰鬱」，讓昆明失去了活力。戰爭剝奪了這個城市的尊嚴，中國人靠苦力為生，結滿泥塊的村莊幾乎難以為繼，執政的基礎架構顯然充滿了腐敗。

ＯＳＳ的總部是設在城外，由高聳的圍牆包圍著。茱莉雅報到後，幾天之內就設好文書處，並讓它順利運作，而且這次的規模超大，她的底下有十名工作人員。由於茱莉雅熟悉流程，再加上當地臨近戰場，更需要講求精確，運作更加井然有序及系統化。昆明不是康提，至少這點是明確的，這裡一點都不像錫蘭那麼悠閒或偏遠。在中國，戰火就在盟軍的大門口。到處都是日本人，即使他們沒有實際的敵意，也可以感受到他們的存在。盟軍的作戰行動，以前是在遙遠的地方部署，現在則是直接從總部詳細發布。

茱莉雅的責任變得更複雜了。除了處理所有加密的情報以外（從華盛頓發來的急件、所有ＯＳＳ特務的所在位置、敵軍的位置等等），她也負責分配「祕密貨幣」（亦即「戰用鴉片」）給間諜。每項措施和戰略都會經過昆明的文書處。因此，她有權判斷誰有權限看哪些資訊，那是非常敏感的決策，對一個幾年前才因不稱職而遭到家具公司解雇的女子來說，那算是不錯的工作。

撇開機密不談，茱莉雅還是痛恨那份工作。她討厭枯燥乏味，覺得那是缺乏想像力的文職工作，文書處的同事也很「沉悶，緩慢，遲鈍」。她的社交生活也可以用同樣的字眼來形容，自從抵達昆明後，她的娛樂就只剩下無盡的雞尾酒會，或是和無聊男子隨著同樣粗糙錄音的音樂起舞（例如〈I'll Be Seeing You〉、〈Lili Marlene〉、〈Don't Sit Under the Apple Tree〉等曲目）。

茱莉雅的OSS冒險已經失去了活力。

不過，四月，意外的局勢轉變扭轉了她的萎靡不振。戰情室從重慶遷到昆明，戰情室的設計總監保羅也來了。

和保羅再次重逢，讓茱莉雅的精神為之一振。保羅的機靈和智慧讓她的生活恢復了活力，而且還有擦出戀情的可能。對茱莉雅來說，重拾往日在錫蘭的互動，恢復對保羅的欣賞，一起聯歡和交談，再容易不過了。保羅很健談，茱莉雅又是最捧場的聆聽者，兩人似乎都很渴望彼此的陪伴，尤其是在這個時候。保羅「非常喜歡她」，他在寫給弟弟的信中如此寫道，不過只是那種「很要好的朋友」。撇開親切、幽默、聰明不談，她「跟他心中的『完美女人』概念相比，還是有落差」。

他在重慶的時候也想念茱莉雅，不過那段期間，他顯然也發展了一、兩段風流韻事，茱莉雅也很清楚。「那裡有很多充滿魅力的女人。」她坦言，那也是無可避免的，畢竟「他愛女人」。一月的時候，他追求茱莉雅的朋友羅希·富蘭（Rosie Frame），羅希是個年輕的OSS特務，古靈精怪，甚至會說十一種中國方言。保羅覺得她「有趣又活潑……身材誘人」，但他們之間只是「熱情的友誼」。保羅和珍·佛斯特（Jane Foster）的關係也是如此，珍是「放蕩不羈的波西米亞風」，他只是偶爾會跟她眉來眼去。儘管有這些調情的機會，保羅對於追求完美伴侶這件事感到愈來愈失望，他不禁納悶：「我何時才會遇到一個才貌兼具，有個性，見多識廣又感性的成熟女性？」

當時他萬萬沒想到，那人就在他眼前。茱莉雅和保羅都知道他們遇到難得的人，卻無法完全擄獲對方的心。茱莉雅常被拿來和伊迪絲相比，相當吃虧。「可惡，像那樣的人有如鳳毛麟角。」一九四五年初保羅對查理如此哀嘆，所以他承認自己「對其他女人來說，根本胃口被寵壞了」。茱莉雅愈想要符合他的標準，愈顯出自己的不足。她要麼就是用高亢滑稽的顫音，誇張地表達自己，要麼就是隨口胡扯一些東西，洩漏她無知的世界觀。不止一次，保羅嘲笑她的輕率言論。據保羅說，茱莉雅曾脫口說出：「我實在不懂，為什麼印度人不直接把英國人趕走！」不僅如此，她還說：「我不明白印度人到底看上甘地那個小老頭哪一點！」

沒錯，茱莉雅常想到什麼就講什麼，但保羅也是如此，他也是心直口快，自以為是，尤其是批評他人的時候。顯然，他對茱莉雅的肯定還不夠，她不是伊迪絲，至少這點是肯定的，怎麼比都不像伊迪絲那麼有深度或圓融。但是茱莉雅就像璞玉一般深藏不露，她的個性好奇、開明、有活力，即使不算智慧過人，但挺機靈的，性格也足以炒熱整個場子。她毫無架子，不像保羅的一些朋友那麼做作。她也許還沒有鑑賞力，也許還不算知識分子，也許還不是某種藝術的權威，但她有很多的潛力，儘管保羅對她的評估很狹隘。幾個月交心下來，他們的心似乎相距甚遠。

正巧，食物拉近了他倆的距離。

首先，茱莉說：「軍隊的伙食很可怕，就只是米飯、馬鈴薯、罐頭番茄和水牛肉。」她和保羅根本吃不下去。他們甚至聘請了當地的中國廚師烹煮，也難以明顯地改善伙食，食物糟到難以下嚥。幸好，他們啟用了備援計畫。「中國菜美味極了，」茱莉雅說，「我們都盡量到外頭用餐。」

昆明是雲南料理之都，傳統的雲南美食口味偏重，調味大膽。在那些隱身於小巷的餐廳裡，茱莉雅和保羅品嚐了過橋米線之類的美食——濃郁的熱湯上，覆蓋著一層油膜，把米線和一盤雞肉薄片和蔬菜放入湯中川燙即可食用。他們也發現汽鍋雞（調味好的雞肉，放在中央有蒸汽噴口的陶鍋裡燉煮），還有隨處可見的葉包料理，例如芭蕉葉蒸魚、竹笙鴨肉。比較大膽的人會點雲南獨有的珍饈，例如蛇肉、果子狸，甚至黑熊。

中國菜對茱莉雅來說是前所未有的全新體驗，食材和香料都非常特別。她喜歡那些奇妙的料理過程，以及多元的新口感、新口味和新組合，完全超乎了一切想像。每道菜都是美妙的驚喜，對茱莉雅那麼愛吃的年輕女子來說，很難想像這些經驗對她有多大的吸引力，也不知道中國菜和她以前吃過的東西有多大的差異。用餐本身就是一種無限的探索，當地的餐廳大多吵雜混亂：切肉刀切個不停，炒鍋——作響，湯鍋滾滾冒泡，窗外傳來人力車的卡答聲，服務生隔著滿室的喧囂，對著廚師大喊客人的點菜，連在地的中國客人也加入其中。「大快朵頤時，豪爽地發出啜食聲。」茱莉雅回憶道。

在這個神祕的新環境裡，保羅是她的嚮導。在記者朋友西奧多．懷特（Theodore White）和合眾國際社的特派員艾爾．拉文霍（Al Ravenholt）的指導下，保羅知道怎麼應付餐廳裡的場景。那兩位朋友早在戰爭開始以前，就已經待在中國了。而且保羅是筷子界的高手，他還教茱莉雅怎麼熟練地使用筷子。

一九四五年四月和五月，隨著戰火達到最後的高峰，保羅和茱莉雅共享了無數的餐點，從中國菜與彼此的身上獲得了很多的樂趣。他們圍著滿桌的食物，分享個人最私密的往事細節，如此過了數小時、數晚、數週。所有的話題都和盤托出，推心置腹，例如茱莉雅父親的頑固態度、雙胞胎兄弟的競爭心結、強斯頓的背叛、伊迪絲的死亡、他倆在中年面臨的類似困境——和平時期找不到合適的工作，沒有伴侶，以及形形色色的個人苦痛等等。「我感到失落。」保羅如此坦言，茱莉雅當然也有共鳴。保羅認為「人生不斷老調重彈的議題之一，就是如何做到魚與熊掌兼得」，他們爭論這個議題，自問有沒有可能「花一半的時間賺錢，花另一半的時間培養智慧和藝術？」茱莉雅也反覆思考同樣的問題，既然她養成了追求刺激的人生品味，戰爭結束返鄉後，她還有辦法精進自己嗎？漸漸地，他們發現對方就是相知相惜的知己，不僅瞭解彼此的情況，也瞭解對方的感受。

當保羅和茱莉雅都被調到重慶，設立另一個戰情室和文書處時，兩人的默契持續地發展。重慶是個「非常刺激的地方」，是自由中國的臨時首都，建在看似崎嶇的百丘上，長江流經市中心。一九三九年起，這個城市就糟到日軍砲火的無情轟炸，只留下炸毀的斷壁頹垣和滿地的髒汙和汙染。不過，悲慘的景況依舊難掩它的天然美景。保羅和茱莉雅抵達重慶時，梅花正大開。含羞草的濃郁香氣，讓溫暖厚重的空氣顯得更加濃厚。「這個破敗淩亂的城市……人口超量十倍。」保羅在給朋友的信中如此寫道。空氣中「彷彿有種能量過激」的感覺，一種令他費解的二元性。走在街上可以感受到四海一家的氣息，但也會看到「布滿青苔的千年寶塔孤立在霧中」，而中國的特質就處於這些極端之間的某處。

茱莉雅在不拘形式下，在重慶又重新設好文書處。要說這次和之前有什麼區別，在管理那些該死的檔案十一個月後，她更明白自己的人生軌跡。她的工作方式確實有一些訣竅，需要訣竅再加上本能與實踐。過去，她對計畫的施行總有很多的顧慮：她願意負起責任嗎？願意的話，她會認真看待那件事或自己嗎？但是OSS永遠改變了她。她不再是「社交花蝴蝶」，她對自己的潛力有了全新的看法。她能夠和這麼聰明的男人成為好友，就足以證明她正朝著某個重要的方向邁進。

當然，保羅也開始認真看待她了。在重慶，他們的友誼迅速加溫。社交生活快速地運轉，所以他們經常見面。平常跳跳舞，參加雞尾酒會；週末則是到郊外走走，走訪溫泉度假村、參觀寺廟、漫步於稻田間，沿著雲霧繚繞的群山遊走。但是，他們總是跟著一群朋友集體出遊，關係一直是柏拉圖式的純友誼。沒錯，保羅確實認真看待茱莉雅了，但那只是表面上而已，沒有證據顯示更深的情感反應。

食物似乎是他們共同的催情素。要是他們能一起去中國餐館用餐，也許春捲和排骨可能重新點燃他們之間的火花，尤其在重慶，嗆辣的川菜點燃了大家對烹飪的熱情。戰爭期間，重慶成為國民黨的總部，來自中國各地的菁英齊聚於此，把家裡的廚師和家傳的祕密食譜都帶來了。在這期間，重慶成了南北各路美食的大熔爐。但是令保羅和茱莉雅沮喪的是，由於重慶爆發霍亂，高層下令大家不准進出餐館，任何的熱情都需要自己創造，無法再指望食物來催情了。

但是熱量的創造需要燃燒，需要某種化學反應。即使他們之間真的有什麼東西在醞釀，茱莉雅也難以衡量。她感覺到保羅不願意再更進一步，或是更衷心地投入。儘管他們很速配，但他們顯然就只是好朋友而已。她在日記裡對他們的關係做了最佳的註解，她說這是「友好的熱情和陪伴」，如果他頂多只能做到這樣，目前還可以接受。無論保羅投入多少感情，茱莉雅都沉浸在其中。由於她太久沒有認真交往的異性對象了，她從保羅的關懷中找到一直得不到的關注。

也許時間久了會發展出更有意義的關係。不過，八月六日，OSS搬回昆明後，傳來了影響所有時間表的消息：美國在廣島投下了原子彈。八月九日，第二顆原子彈投下長崎。日本於八月十四日投降。昆明的反應異常的壓抑，甚至有幾分的疏離。不同的震撼彈讓這裡的美國人都沉默了，戰爭結束就表示這個單位也即將結束，接下來每個人會發生什麼事？很多人將會返鄉，恢復日常的生活，但是對有些人來說（例如茱莉雅），那是難以想像的倒退。戰爭已經完全改變她了，她報效國家時，變成全然不同的人，是任務的一部分、社群的一部分。回到家鄉以後，她要做什麼？

兩天前，茱莉雅才剛滿三十三歲，多數的朋友在那個年紀都已經結婚生子了。美國沒有家人等著她回去，沒有先生、沒有工作、沒有屬於自己的地方，慶祝這個生日感覺近乎殘酷。事實上，這次的生日草草過了。不過，八月十五日，保羅把他寫的十四行詩送給茱莉雅以茲留念。可以想見茱莉雅讀這首華麗的詩篇時有何反應：

秋天的溫暖有如茱莉雅的臉龐，
充滿自然的恩賜，自然的風華。
夏天的火熱有如她的懷抱，
她的火熱最後融化了我的凍土。
豐饒、甦醒的園地比比皆是，
有新葉的光澤，微笑的花朵。
地上所有豐富的生命，
群起湧現以響應她的魔力。
甜美的友誼有如收成的週期，
由播種轉為開花結果，
在秋天的溫暖中成長，
證明了土壤的豐饒，以及人類的獲益。
我把這豐饒交給妳，
那是給夏天的獻禮，也是給熱情的妳。

保羅突然拋出這個曲線球。對一個性格原本就矛盾的人來說，這首詩充滿了浪漫的意象。無論茱莉雅如何解讀這些精心雕琢的字句──「溫暖有如茱莉雅的臉龐……火熱有如她的懷抱……她的魔力……熱情的妳」──那潛藏的訊息再明確不過了。「甜蜜的友誼」已經「開花結果」，保羅肯定是墜入愛河了。

無論茱莉雅是否馬上察覺，保羅已經坦然面對自己的感情。隔天，在寫給查理的信中，保羅有一整段都在寫茱莉雅的優點，他坦承，相處久了以後，他「變得非常喜歡她」。他說，茱莉雅也許不是他的理想伴侶、夢中情人，但她很「體貼、溫暖、有趣、令人疼愛」。

有了這番新的熱情以後，保羅竭盡所能地把握他們最後能在一起的每一刻。他帶著茱莉雅去「狂吃」雲南美食，走訪「八或十家不同的餐廳」，在老茶園的陽台上為她朗讀海明威的短篇小說。「其中一篇跟性愛有關。」一位朋友回憶道——那是好為人師的授業。

儘管茱莉雅獲得如此熱切的關注，她依然苦惱他們的關係是否可行。她還是不相信自己有魅力吸引那麼迷人的男子，或是他的陌生世界。「我不是他的真命天女，因為我不是知識分子。」她在日記裡崩潰坦言。她如何能期待更多？他倆各自的人生道路上都有太多的障礙，他也不是唯一有點疑慮的人。保羅確實喜歡她的陪伴，他們的確「無所不聊」，不分政治、哲學、文學、性愛、情感，沒有什麼是禁忌話題，但是說到底，他對茱莉雅「還不到熱情難擋」的程度，他「似乎缺乏男性的動力」。換句話說，他從未主動出擊，那對她的未來前景來說並不是個好兆頭。

其他的同事似乎在回美國以前都已經配對好了。跟茱莉雅一起派駐當地的女性，都在亞洲工作期間找到了愛人或先生。她們在回國以後的幾個月，紛紛舉辦了婚禮，每個人的狀態都不斷地變動。

茱莉雅和保羅可能只確定了他們的友誼，不過種種的跡象顯示，他們也討論了未來。保羅的情況正迅速地改變，他寫信告訴弟弟：「一切都在變動，一天變動十幾次。」十月十二日，他的視覺呈現單位被遷往北京，因為美軍想在共產黨有時間進入當地以前，收復中國的各大城市。他正忙著為被送進戰俘營的「人道主義隊」繪製地圖。茱莉雅的亞洲之行已經結束了，十月十六日她前往加爾各答，接著就回美國。至於確切回到美國的哪裡，她也不知道，但她和保羅似乎有可能都在華盛頓落腳。他們暫時約定，一起去賓州和保羅的弟弟及弟媳共度感恩節。但是之後呢？——那就很難說了。

一切都在變動，一天變動十幾次。在那種不確定、不穩定的世界裡，不可能認真做出改變人生的決定，每一刻都有可能發生任何事情。

十月七日，在所剩時間不多下，保羅和茱莉雅在他們最愛的昆明餐廳豪泰府（Ho-Teh-Foo）裡享用了告別晚餐。為了滿足他們對中國菜的大胃口，他們這次卯起來點餐，點的菜多到可以餵飽整個OSS部門了。

小桌上擺滿了各種熱騰騰的菜色，例如炸春捲、白菜炒雲南火腿、金針菇配開胃的甜菜根、熱騰騰的北京烤鴨鋪在粉絲上、加肉的蛋花湯等等，那是一場名副其實的盛宴，令人難忘。現場的氣氛歡樂，但有點強顏歡笑的感覺，因為他們的心底都知道，這也可能是他們的最後一面了。他們暫訂的計畫雖然樂觀，但無法應付命運的急轉彎。很多在那種特殊的環境、激烈的情況下擦出的愛情火花，一回到平凡的世界後，都難以維持下去。烽火中的愛情是非比尋常的。「那是奇怪的生活，脫離了現實。」茱莉雅回憶道。天曉得他們返鄉後對彼此會有什麼感覺？況且，這個時候也不急著決定任何事情。「當時我們的年紀都已經不小了，也成熟了。」保羅回憶道，「所以我們都照著自己的計畫行事，也就是說，結束戰爭後，看回歸成一般老百姓是什麼樣子。」他們都認為，見見彼此的親友會更好，之後再決定兩人之間的魔力是否還在。

沒多久那魔力就發威了。保羅抵達北京兩天後，突然有了頓悟，也因此重新定義了他的人生。他坐在新的辦公室裡，「一棟富麗堂皇的老宅邸」，周邊有三座大花園和一座老柿園，往樹梢望去可以看到紫禁城的玫瑰色城牆，紫禁城的廣場異常冷清。那建築讓他充滿了「孤獨君王的懷舊感」，喚起他對那份擱下的愛情也有的類似感覺。

從康提到重慶，再到昆明，原本在他內心中翻攪的一切疑慮，開始像「藍煙穿過永恆的地平線」般消散。他的內心頓時一片清朗，讓他看清了一切。他馬上拿起紙筆，開始寫信：「親愛的茱莉雅，」他振筆疾書，「這樣說可能很老套，但我真希望妳也在這裡。我希望妳也來這裡欣賞這些奇景，我非常渴望妳的陪伴。親愛的茱莉雅，為什麼妳不在這裡牽著我的手，一起規劃美食和樂趣呢！」他簽字：「愛妳，保羅。」並馬上把信寄出。

那封信經過一個多月才到茱莉雅的手中，她到華盛頓完成退役手續時收到那封信。茱莉雅為了職業和男人尋尋覓覓多年，如今雖然又再度失業了，但現在她知道，她終於找到真命天子了。

8

慶幸還活著

沙漠山島（Mount Desert Island）上豔陽高照，茱莉雅和保羅開著她那輛破舊的老別克，沿著緬因州的一〇二線公路行駛，他們已經整整開了一天的車。這是近四千哩旅程的最後一段，一九四六年七月初，亦即一個月前，他們從帕莎蒂納出發，展開這趟橫越美國的旅程（也許可以稱為「茱莉雅和保羅認識彼此之旅」），目的是去認識他們各自的親友，更重要的是，讓兩人更認識彼此。

從中國返鄉後的半年間，茱莉雅和保羅的感情急速加溫，從微溫進入熱騰騰的狀態。儘管兩人分隔兩地——茱莉雅返回加州的老家，保羅則待在華盛頓特區——他們都鼓起勇氣，誠實地表達心意，盡情地書寫情書，洋洋灑灑地傾訴無限的深情，有些字句甚至火熱到足以讓郵差的手著火。他們本來只是試探性地交流彼此的消息，茱莉雅考慮去好萊塢找工作，保羅似乎是往比較平凡的方向發展：到國務院上班。他們交換其他朋友的消息，不過就在這些閒聊的字句之間，兩人的感情開始加溫。「你究竟是對我做了什麼，」茱莉雅揶揄保羅，「我怎麼會一直想著你？」保羅馬上順水推舟：「妳是我幻想生活中的主角啊。」他推薦茱莉雅閱讀《北迴歸線》（*Tropic of Cancer*）和薩德侯爵（de Sade）的著作。

最後，在一九四六年二月十日的信中，茱莉雅終於認真地表達了自己的想法，信件一開頭寫道：「最親愛

茱莉雅和保羅的婚宴，1946 年 9 月 1 日。圖片鳴謝：The Collection of Patricia McWilliams

的，」接著她開始描述保羅寄來的一張照片，那是保羅的蛋彩畫，描繪著熟悉的中國景色，「我喜歡你的風格……我喜歡樹木堅挺的熱情。」然後，倏然地，她投下震撼彈：「我愛你。」她把那句話塞進那裡。事實上，要不是她在那句話底下畫線好幾次，保羅可能還真的會漏看，不經意地瞄過。我愛你，一點也不含糊。

這樣做會不會太過了？會不會把保羅嚇跑？可以想見茱莉雅在收到保羅的回信前都屏息以待。保羅的回應就跟她的一樣坦然奔放。「我想見妳，摸妳，吻妳，跟妳談天說地，陪妳享用美食……品嚐妳，也許吧。我有『茱莉雅需求』。」除了那個不確定的「也許吧」，他的立場也無庸置疑，兩人的關係開始轉趨火熱。

而且愈來愈熱。「我覺得我只是為了想見你、擁抱你、品嚐你而存在。」茱莉雅回應。保羅建議她搬到華盛頓，為他下廚。「我們可以品嚐彼此。」他說。

顯然他們滿心都是對彼此的渴望。

他們急需採取緊急措施，來滿足那樣強烈的慾望。於是，他們決定七月四日國慶後的某個時點，保羅搭火車到帕莎蒂納。除了基本的撫摸、親吻、交談、品嚐以外，茱莉雅也希望他能見見父親和小陶。之後——亦即，如果還有之後的話——他們將一起展開橫越美國之旅，中途順道拜訪彼此的朋友，最後的終點是緬因州，查理和費瑞狄的湖濱住宅。這趟旅行將會是讓友誼更進一步的終極測試，他們希望能進展到更認真交往的階段。當他們抵達緬因時，顯然原有的任何疑惑都已經煙消雲散了。

時點也正好適合關鍵的實驗。當時茱莉雅和保羅的人生都處於懸而未決的狀態，都不滿意自己的角色。他們從戰場上除役返鄉時，都對未來沒有特定的計畫。對茱莉雅來說，帕莎蒂納就只是個休息站，如此而已。她覺得家鄉跟她向來的記憶差不多，「舒適宜人，但不適合我」。但是到了一九四六年夏季，她仍不知道要在哪裡落腳。「華盛頓和政府這兩個選項一直都在，兩個我也都很喜歡。」她向保羅如此透露。但是她厭惡祕書工作，像文書處那樣沒什麼前景的工作也不在她的考慮之內。

不幸的是，保羅的狀況也好不到哪兒去。他獲得在北京的燕京大學任教的機會，但是中國那邊的情況日益險惡，不宜久留。於是，他返鄉，回到華盛頓特區，但是對他來說，連「家」的概念都沒什麼實質的意義了。何處是家？在對他沒多大意義的城市裡，那間租來的地下室公寓嗎？他在那裡沒有根，沒有朋友，沒有任何支援系統。他能做什麼呢？教書或是當攝影師？他四十四歲了，疏離世界已久。「我應該找人脈，看能做點什麼，」他在中國時這麼想，「但我脫離圈子太久了。」他的意思是生活千篇一律，脫離了主流。他沒有工作可言，也沒有家庭，除了弟弟以外。儘管他見多識廣，「有多項難得的天賦」，但他沒把天賦轉變成實用、有價值的職業，至少目前為止還沒有，但是他已經四十四歲了！想到這裡，他不禁再次感到惱怒。

茱莉雅可以明顯看出保羅的失落「如果你可以找到利基點，我覺得你也會找到人生。」她說，竭盡所能地安慰他。但是這番鼓勵還是很難說服保羅，事實上，他倆的人生分別走到了不同的十字路口。三十四歲的茱莉雅終於「破繭而出」，蓬勃發展，之前的新體驗讓她整個人脫胎換骨，她忙著吸收都來不及。從戰場返鄉後，她開始投入人生再造計畫，大量吸收可以擴充其世界的東西。「我開始讀《宇宙哲學的眼光》（*The Cosmological Eye*），也讀一些基本心理學，因為我知道的很少。」她返鄉不久時這麼說。她已經看了一疊有關語義學的書，包括早川（S.I. Hayakawa）寫的《語言與人生》（*Language in Thought and Action*）。在中國時，保羅曾推薦她這本書。在讀書之餘，她也會詳讀《華盛頓日報》、《紐約時報》、《洛杉磯時報》等三份日報，以瞭解政治局勢，她覺得當時的政治局勢正迅速從右傾轉向左傾，有太多的資訊需要吸收。「啊，人生！」她嘆息，「我們真能學習怎麼生活嗎？」

有了保羅，未來就有人教她怎麼過生活了，但是就在她找到自己之際，這個人也正好對未來感到茫然。不過，他們抵達緬因時，茱莉雅知道自己的命運確定了。這趟美東之行的一切，一如她的期望，而且超出許多。她和保羅分隔九個月後，一見面就濃情蜜意，難分難捨，後續一個月的旅程幾乎都是那樣。他們天天膩在一起，即使所處的情境難以忍受──大熱天擠在狹窄的老爺車裡，吃路邊餐廳平淡無奇的餐點，悶熱的夜晚住廉價破爛的汽車旅館──但一切都很完美，完美極了。他們天南地北無所不談，把沿途的美景盡收眼底，他們也做愛，經常做，也狂熱地做，毫無矜持（原本保羅預期茱莉雅在性愛方面有所顧忌而放不開）。「她熱愛生活，以及生活中的一切現象。」他如此告訴查理。此外，他又墜入愛河了，有了茱莉雅，一切都很完美，完美極了。

他們沿途拜訪的朋友都給予他們熱情的肯定，每個人都很看好他們；除了茱莉雅的老爸以外，在他的眼裡，保羅完完全全就是他鄙視的一切，但這番看法本身就是一種肯定。這些年來，茱莉雅已經認真地拉開她和父親的距離，實體上也好，理念上也好，但現在她面臨一個額外的難題。小陶從一九四一年起跟父親同住，處理家務，照顧父親的起居。茱莉雅覺得小陶因此變得「守舊陳腐」，她覺得「妹妹需要出去放縱一下」，每個人也都認同她的看法。她的看法後來終於獲得共鳴，小陶宣布她要前往紐約，尋找劇場方面的工作。她不在的時候，她覺得「應該有人跟老爸同住」，「有人」當然是指茱莉雅。

約翰這時已六十五歲，並沒有因為年紀大了而在態度上軟化幾分。茱莉雅說，他還是「充滿活力和魅力」，但是性格上愈來愈固執、褊狹、暴躁、專橫。他的右派立場令茱莉雅特別難以接受，尤其他最近支持一位野心勃勃的年輕律師，名叫理查．尼克森（Richard Nixon），他才剛把對手海倫．嘉哈根．道格拉斯（Helen Gahagan Douglas）抹黑成共產主義的支持者，藉此贏得了國會的席次。約翰已經變成加州蒙地里約（Monte Rio）波希米亞俱樂部的一員，那是一個專為有權有勢的保守派大老所成立的祕密會所，成員都穿著連帽長袍，參與異教般的儀式。說到「共和黨態度」，約翰可說是死忠分子，也對他的女兒造成很大的壓力。嫁給小約翰的喬說：「茱莉雅和父親幾乎對任何事情都有歧見，」那段時間喬經常看到他們，「他們吵得不可開交，不管是談什麼議題，都會吵起來。」與其說他們很有主見，不如說是各執一詞，互不相讓。茱莉雅回憶，他們誰也不肯讓誰一些，「到最後，我們連天氣都可以意見不同」。

可以想見，茱莉雅要是留在帕莎蒂納照顧老爸，無法脫身，那會有什麼結果。家裡肯定會出人命吧，保羅勸她多為自己和他想想，別做傻事。保羅聽過一些關於約翰的行為、謾罵和憤怒的駭人故事，還有他拒絕尊重茱莉雅或其他人意見的例子。有茱莉雅的老爸在一旁緊盯著他們，他倆的關係很難再更進一步，保羅也不想忍受那種情況。此外，保羅認為和家長一起住在家裡也有反效果，那就像青春期的延伸，他受不了。

突然間，茱莉雅發現自己面臨無法妥協的立場。她要是放下父親，可能會失去父親的愛。但是，她要是不拋下父親，則可能失去保羅。

幸好，命運之神出面解圍，喬說：「菲拉．歐．梅芬尼（Philadelphia O' Melveny）是個可愛的女人，就住在城內，她的孩子都跟我們一起上學。」菲拉氣質高雅，性格開朗，當時五十歲，是個充滿魅力又多金的寡婦，吸引了茱莉雅老爸的目光。事實上，他們已經穩定交往兩年，這時突然衝動決定要結婚了。茱莉雅說，他們兩人可說是最速配不過了。「我覺得他們相處得非常融洽，有同樣的朋友圈，喜歡同樣的東西。他們結婚讓我卸下了心中的大石頭，我實在不想丟下他一個人。」

更棒的是，保羅來到帕莎蒂納時，她老爸已經結婚了，所以保羅和茱莉雅可以輕鬆地離開帕莎蒂納，毫無掛念。茱莉雅覺得和父親相隔三千哩後，他們父女倆的關係變得更和睦了。

從鎮上的道路爬坡走到查理和費瑞狄住的地方非常辛苦，要不是茱莉雅和保羅的身體狀況都很好，那石徑可能是更大的挑戰。不過，他們拖著購物袋和行李，沿著小路大搖大擺地走，像興高采烈的孩子正要前往夏令營一樣。他們周遭的緬因森林充滿了恬靜的鄉野風情，空氣清爽，帶著海水的清新味道。帶狀的樹影跟著微風搖曳，小道兩邊排列著高大的松樹，形成一長列的隧道。透過那個隧道，茱莉雅可以隱約看到片段暗藍色的海水在下方延伸，有如生動的地圖。大西洋的浪濤不可能衡量，但你可以聽到它強而有力的聲響，潮汐的力量。

那聲音是伴隨茱莉雅此次造訪的完美配樂。有近兩年的時間，她老是聽保羅談論查理、查理、查理，保羅天天寫長信給他，還堅持OSS裡的每個人回到美國本土，一定要去找他弟弟（很多人的確這麼做了）。保羅每次談話時，幾乎都會提到查理，那頻率之高，有時令人感到困擾和反常。不過，茱莉雅倒是覺得很有趣。不，說有趣還不足以表達她內心的感受，她非常好奇這個保羅的分身究竟是什麼樣子。

那屋子裡的氣氛也一樣興奮，柴爾德一家人（查理、費瑞狄、他們的女兒艾瑞卡和瑞秋，兒子喬恩）已經等候他倆大駕光臨一整個上午了。每個人都看過保羅在信中形容這個即將光臨的客人是「好樣的女人」。他的上一封信寫得意外坦率，大讚茱莉雅的優點，就好像某人的母親在寫推薦詞，或守靈時發表的悼詞。「她的性情直接單純……身體異常強健，非常健康……個性堅定可靠……有活潑的幽默感，談笑時興致高昂……她對男性充滿坦率的熱情……」保羅寫得渾然忘我，對她如痴如醉，「她深具魅力和溫暖……在任何地方都很鎮定自在……她實話實說……我覺得任何時候跟她對話都很有趣愉快，我深愛著她」。

我深愛著她。

最後一句，讓他們每個人都愣住了。「我們常在信中看到茱莉雅的描述，」當時十四歲的艾瑞卡回憶道，「但是那些信中也提到很多其他的女人，保羅每次都會報告他的交友近況：『這個女人胸部很美，那個女人有美腿，這個愛八卦，那個很美麗。』多年來他一直在面試伴侶，但是……愛！我們一直以為他會打光棍一輩子，這次他竟然要帶女人回家來見我們，那簡直不得了了。」

瑞秋當時十二歲，看到他們從林中走了過來。「他們看起來很開心，」她回憶道，「我已經很久沒看到保羅那麼開心了。他看起好像很驕傲，挺著胸膛，彷彿帶著獎盃回家似的。」

他們事前就被告知茱莉雅很高，但沒人想過她究竟有多高。當時瑞秋也有個子太高的問題，她已經可以站著低頭看她父親。「但是茱莉雅更高！非常高，是我見過最高的女人。而且她的腳丫子很大，她以一種渾然不在乎的方式移動，我記得當時心想：『高也沒關係嘛。』」

查理一家人都衝出去迎接他們，他們還不是很確定該對這個女人抱著什麼預期。「我們已經聽說她在傳統的環境中成長，來自共和黨的大家族。」瑞秋說，「我們一家人都是波希米亞風格，思想前衛，住在林間的小屋裡，後院堆著木材，泥土無處不在。」他們都展現出最好的行為——大概只維持一分鐘，茱莉雅馬上就籠絡了他們的心。「我第一眼看到她，就喜歡她了。」當時六歲的喬恩回憶道，「她的個性很特別，有獨特的生活情趣。

她很有意思，也很好笑，一到我們家，馬上成為我們的一分子。」

後續的十天，茱莉雅就沉浸在柴爾德一家人的真摯關愛中，以及這棟看似不合時宜的房子裡。她從一開始就決心讓這家人都喜歡她。愛保羅也愛的人事物是必要的，而這次，保羅算是派給她一個比較容易達成的任務。茱莉雅和費瑞狄更是一拍即合。「我母親需要有人來幫忙化解我父親那暴躁專制的性格。」瑞秋說，「茱莉雅活力充沛，重視實證，完全沒有新英格蘭地區的陰沉個性。」費瑞狄的外貌優雅動人，有一雙淡褐色的雙眼，一頭亮紅色的秀髮，態度保守，但非常積極地維持家庭的平衡。那一家人的個性都很衝動，正值青春期的女兒特別敏感，但查理一如大家所說的，需要特別傷腦筋應付。「他很愛社交，」艾瑞卡回憶道，「非常聰明，很有涵養，但也非常孩子氣，整個世界必須繞著他運轉。」朋友都說查理「很自我中心，自大」，但依舊令人著迷，因為他樂於讓人嘲笑，覺得那很好玩，大家也就不介意他的傲慢和虛榮。在茱莉雅的眼中，查理「跟保羅一模一樣，外貌和說話的語調一樣，有同樣的肢體語言，卻是完全不同的人」。保羅多了一點穩重，那是查理缺乏的。查理從未吃過苦，一向獲得寵愛。保羅畫畫時展現了極大的克制，查理則是縱情揮灑。茱莉雅喜歡查理的熱情，但也會小心留意他多變的情緒，那情緒往往來得突然，力道也猛。

查理在屋內大步走動時，洋溢著一種明顯的自豪感，他對屋內的一切設計和投入的苦心感到驕傲。那棟房子「非常陽春」，只有一個房間，是原木結構，後廊兼做睡房。房子前方有無與倫比的天然美景：馬蹄狀的原始海岸和壯麗的大西洋。查理有「梭羅情節」[1]，一九三九年偶然發現這個地方。這裡是比海面高出十呎的海棚，位於稱為羅袍斯點的美麗海岬上。隔年夏天，他把全家人都遷來這裡，安置在帳棚裡，他和保羅開始清理土地，挖地基，搭建房子的基本架構。「我們都參與了，」艾瑞卡回憶道，「我們去砍樹，剝掉樹皮，接著把木頭鋸成一定的長度。三餐都是在沙灘的大木板上吃三明治。」

一九四六年八月，茱莉雅抵達這裡時，這間房子又添加了一些東西。原木牆除了以麻絮填縫以外，並未裝飾。

前方下廚區有個大煤爐，客廳有座用艾瑞卡和瑞秋拖來的石塊所砌成的大壁爐。除此之外，這裡沒電、沒冰箱、沒衛浴設施。牛奶和雞蛋是放在小架子上，有自然的微風吹涼；水是從附近的泉水提取過來。「我們有一套系統。」喬恩回憶道，「每個人都有兩個水桶，水是在爐子上加熱。需要上廁所時，就帶著一卷衛生紙到海邊。」

即使這裡沒有自來水也沒電，茱莉雅從一開始就很喜歡那棟房子。住在林中，過原始生活，那個概念呼應了她的浪漫情懷。她喜歡那棟房子給人的溫馨感，大家同睡一房，一起圍著大桌共享查理烹調的餐點，就著煤油燈的柔美燈光閱讀。她喜歡那棟房子散發的能量，以及保羅在那裡的感覺。「她喜歡那房子，因為她愛冒險。」瑞秋說，「其實我們住在羅袍斯都是這樣過日子。」

費瑞狄邀請茱莉雅一起烹調餐點，不過這位新客人顯然只是蹩腳的副主廚。費瑞狄需要教她一些最基本的任務，例如切菜和切雞肉。「那時我們家都知道保羅的女友不會做菜。」喬恩說，「我們開玩笑說：『她只要煮水，就會燒開水了。』」

在羅袍斯的廚房，茱莉雅笨手笨腳的，毫無廚藝可言，但是她對烹飪的瞭解其實比表現出來的還多。她住在帕莎蒂納時，報名了比佛利山莊瑪麗．希爾（Mary Hill）和艾琳．拉克利夫（Irene Radcliffe）兩位英國女性經營的山崖烹飪學校（Hillcliff School of Cookery）。那是典型的廚藝入門課，結合一般技能與動手烹調。值得稱道的是，這所學校不提供家政課那種只會教速食料理及省時小偏方、毫無創意的課程。這所學校的課程表中，沒有罐頭湯鍋或果凍沙拉。一九四〇年中期的招生簡章中寫道：「使用最新鮮的食材，傳授傳統的烹飪技巧。」

茱莉雅決心烹飪，而且決心把它學好。保羅熱愛美食，她很渴望能迎合他的喜好，那表示她需要培養技巧，才能達到他的嚴苛標準。那不是苦差事。「我確實很愛烹飪。」那年稍早前的夏天，她如此坦言。但是說到廚藝，茱莉雅不是天生的廚子，她不像某些女人好像生下來就很會煮那樣，隨便拼湊幾樣東西就能端出好菜。對她來說，烹飪需要合理的步驟說明，例如衡量食材、燒開水、拌勻、煮至全熟等等。但是茱莉雅很快就發現，不是完全照著食譜，就能做出美味的佳餚。

她最初的幾次實驗都是十足的災難，例如舒芙蕾的重量和質地做得像牛腩一樣，一盤腦髓被她卯起來攪拌成爛糊狀。還有一次，朋友帶了幾隻鴨子給她，她忘了在鴨皮上刺幾個孔，鴨子就在爐子裡爆炸了。她製作醬汁時也好不到哪兒去，茱莉雅說，「只要懂訣竅，法式伯那西醬汁（béarnaise）非常簡單。」但你要是不懂訣竅，隨興創作的話，像茱莉雅以豬油取代奶油，醬汁可能會變成一坨油塊。她在廚房裡胡亂摸索時，總是帶有一點無厘頭又滿不在乎的感覺。

而且，你找不到任何廚房新手像茱莉雅那樣滿不在乎的。

早在茱莉雅以廚神之姿出現在美國家家戶戶的電視上以前，她那獨特的下廚風格在近二十年前就已經成形了。她和費瑞狄在烹飪上培養出輕鬆的默契，那種熱情洋溢的下廚風格，後來也變成她的獨到特色。她們烹飪時，會一邊說笑一邊喝酒，互相交流精彩的故事。萬一食材不小心掉到地上，費瑞狄就叫茱莉雅把髒汙拍除，丟進鍋內。她們一起做費瑞狄以前住在法國時學到的料理。「我母親教茱莉雅怎麼煮紅酒燉雞，」艾瑞卡回憶道，「她則是教我母親如何放鬆，玩得開心。」

費瑞狄從茱莉雅那「無厘頭又滿不在乎」的感覺中，消除了無厘頭的成分，幫茱莉雅掌握了烹飪的訣竅。

待在羅袍斯點的那些日子，直到涼意提早來臨緬因的夏末（那兩週每天的溫度都會下降兩、三度），茱莉雅和保羅充分融入了這個溫馨迷人的家庭。他們也主動參與日常的瑣事，在沙灘上準備野餐，在孩子就寢前生動地講述戰爭時期中國一片混亂的故事。茱莉雅馬上就以她令人難以抗拒的熱情，贏得了大家的喜愛，變成女孩們最愛的伯母（她們稱她為「茱茱伯母」）。「我們都覺得她很迷人，」艾瑞卡說，「而且樂於耍寶。」再怎麼調皮搗蛋，她都覺得無所謂。瑞秋和茱莉雅開始用海岸邊的海草和垂花蠍尾蕉，幫彼此做滑稽的帽子。茱莉雅常學卓別林的默劇表演，假裝失去重心，在布滿青苔的岩石上滑到，搞笑地跌入水裡。她也對喬恩關愛有加，茱莉雅耐心地讓喬恩對著她的耳朵吹玩具喇叭，喬恩才肯乖乖地坐著讓人理髮。「她不只帶有一點令人意外的驚奇而已。」查理在回憶錄中如此寫道。他那樣說還太低估茱莉雅了。

茱莉雅在羅袍斯點住了十天，那十天讓柴爾德一家人看到了前所未見的保羅。保羅變成了不一樣的人，觀點也不同了。他不再沉思擔憂，抑鬱不滿，而是胸有成竹，充滿希望。小孩子也注意到他們兄弟倆比較少爆發衝突，沒有以前那種破壞和氣的緊繃感。保羅的一舉一動似乎都變得比以前光明、樂觀了。「看到保羅重新展露歡顏，那感覺很棒。」艾瑞卡說，「我們很喜歡看到他和茱莉雅親吻與擁抱，他們都很開放，不扭捏。他以前和伊迪絲在一起時，從來沒有那樣，所以我們當然都覺得那是茱莉雅的功勞。」

他們在保羅的身旁企盼已久，現在他們又企盼更多了，也許是出現一個跡象，顯示保羅和茱莉雅肯定會步入禮堂之類的。「我們都滿心期待。」瑞秋回憶道。要是那個開放式的小屋還有隔間，他們肯定會經常關起門來偷偷談論。現在，他們乾脆把那些期待滿滿地展露在臉上。

茱莉雅和保羅不久就滿足了他們的期待。

他們造訪緬因州的最後一天早晨，用完早餐後就離開小屋，並交代他們會回來吃午餐。保羅每次來這裡，一定會去圍著海灘的岩棚散步。「他喜歡到外面看風景。」瑞秋回憶道。他帶著茱莉雅坐在峭壁邊，畫著壯麗的自然景觀，那是以前冰川化成淡水沖刷鬆軟海岸而成的。他們可以看到遠方的布魯維爾（Blueville）村莊，像沒人發現的大陸一樣人煙稀少。戰前，查理曾去該處師從一位哈佛教授。從那之後，那裡幾乎沒什麼改變。大自然在這個小海灣上施加了咒語，以免遊客湧入。海浪沖刷的岩石上，總是有一長排海鷗站哨兵，偶爾有幾隻脫隊，撲進水裡抓魚。至於頭頂上方，燕鷗像風箏一樣飄著，在微風的吹拂下看似靜止不動。這裡是為靈感量身打造的地方，是思索未來的理想場所。

茱莉雅完全認同保羅對這片土地的愛戀。對這兩個一年前還覺得人生空虛絕望的人來說，他們的人生終於走到一個甜美的境地。「戰爭讓他們兩人大大地敞開心扉，」艾瑞卡說，「現在他們把內心獻給了彼此。」當天，他們肯定也明白了這番道理。多年的不安、沮喪、嚮往和不滿——就像馬修．阿諾德（Matthew Arnold）說的「追求完美」那樣——已經變成過眼雲煙。

午餐時，他們等候交談的空檔。最後，保羅舉杯，意味深長地凝視著茱莉雅，宣布：「我們要結婚了，而且是馬上。」

全家響起了熱情的歡呼。

費瑞狄等大家紛紛恭喜完後，開心地鼓掌，身子往前傾，伸過半個桌面說：「我們以為你永遠不會說出來呢！」

保羅說他們要馬上結婚，那不是開玩笑的。這段暫時擱下工作和人生的假期，所剩的時間已經不多了。他和茱莉雅把婚期訂在一九四六年九月一日，也就是說剩下不到一個月的時間，但他們還有很多事情需要準備。唯一確定的細節是地點：賓州蘭伯維爾市查理和費瑞狄家的花園（暱稱「紅鼻頭」）。保羅在他們家的樓上有間自己的房間，除了在劍橋和伊迪絲同住的房子以外，那裡是他唯一稱為家的地方。茱莉雅完全贊成那地點，不過程序上有個棘手的家庭問題。她的父親覺得他有責任辦那場婚禮，地點當然是在帕莎蒂納，而且是在他的地盤上：他自己經營的鄉村俱樂部。他已經朝之展開第一步了，開始列出他想邀請的達官顯要名單。

保羅一聽，當然是反對。帕莎蒂納和茱莉雅的父親都代表著他鄙視的一切。而且，茱莉雅的老爸早就明確表示他討厭保羅了——藝術家、知識分子、法國料理的愛好者、自由派。打從一開始，約翰就反對他們的婚事，他覺得茱莉雅嫁給《洛杉磯時報》的繼承人可以過得更好，那個人的政治立場也跟他比較相似。一九四六年二月，茱莉雅再次拒絕了錢德勒，並清楚告訴他不要再提此事了。她這麼做當然不討父親的歡心，她老爸光是想到要和保羅分享女兒，就已經很生氣了，現在連婚禮都不讓他辦，更是忍無可忍，這簡直是大不敬又獨立的行為（獨立是他討厭的另一項特質）。小陶表示，那件事「讓茱莉雅和保羅一開始就激怒了老爸」，但那不是他們最後一次採到彼此的地雷。

他們的婚禮將是很私密的活動，只有親人和一小群朋友參與。茱莉雅的家人都承諾會參加，他父親和菲拉會從加州搭機前來，小陶會從紐約開車過來，小約翰會偕同妻子喬從麻州來參加。保羅的親戚，除了查理以外，都明顯缺席了。他的母親柏莎在戰爭期間辭世，姐姐米達有酗酒問題，遠走他鄉，「在歐洲閒蕩，男人一個接一個換」。除了查理和費瑞狄以外，保羅以前在巴黎和康乃狄格州的大家族親友也來了一小群。

最後，一切終於都底定了。唯一剩下的細節是取得結婚證書，茱莉雅和保羅一直拖到最後一刻才取得。八月三十日週五，婚禮的兩天前，他們開車到道爾斯城（Doylestown）的市政廳，填寫必要的文件。他們到那裡才知道，賓州的法律規定他們需要先驗血，那倒是無妨，但是驗血結果要等五到七天才能拿到。無論保羅再怎麼爭取，登記處都不肯讓步，堅稱法律必須遵守。看來他們無法照原訂計畫在週日完婚了。

這下子，要怎麼告訴每位賓客呢？大家都已經從遠地紛紛趕來了，每個人週一都必須返回工作崗位。老爸當然會覺得他們兩個蠢透了。以這種方式展開婚姻生活也未免太另類了吧。

在無計可施下，他們向查理和費瑞狄求助。他們打了幾通電話請一些位高權重的朋友幫忙都無效，最後他們提議了一個更好的方案：儀式照樣舉行，使用空白的證書，等驗血結果出來，幾天後就能拿到簽好的結婚證書了。這個計畫似乎可行，但是治安官不願通融。最後，查理發現，他們離紐澤西州才兩哩而已，那裡結婚不需要驗血，他們的朋友席摩一家（Seymour）住在斯托克頓，就隔著德拉瓦河而已。如果他們願意的話，可以到紐澤西那邊舉行儀式，再回蘭伯維爾市舉辦婚宴。

大家都很滿意這個新的安排，所以週六下午，在一切似乎塵埃落定後，茱莉雅和保羅驅車離開蘭伯維爾市，前往紐約市，她父親在豪華大河俱樂部裡幫他們辦了一場彩排婚宴。那天的天氣很好，車程不會太久，只要開上主要幹道，頂多兩小時就到了。他們開出市區幾哩後，道路變成三線道，他們減速以便切換車道時，保羅從後視鏡瞥見一台大卡車從後方開來了，而且開得很快，太快了！直接朝他們急速衝來。他們也不知道卡車的煞車是否失靈了，在沒有路肩的擁擠路段上又無處可閃，保羅把方向盤猛力一轉，試圖閃開卡車的衝撞，但是已經太遲了。卡車撞上駕駛那一側，把整輛車壓折成手風琴狀。那年代還沒有安全帶，所以汽車就像一個裝著人的移動房間。保羅整個人猛力撞上了方向盤，茱莉雅最後只記得她「撞上擋風玻璃，被拋出車門外」。幸好，她伸開的胳膊止住了身體的跌落，避免頭部受到更嚴重的撞擊。不過，「我還是昏過去了，滿身是血。」她事後回憶道。

一對路過的夫妻救起茱莉雅和保羅，迅速把他們送到最近的醫院。X光檢查顯示，保羅的肋骨沒斷，但茱莉雅的傷勢比較嚴重。醫生從她的手臂費心地取出玻璃碎片，她的臉部一邊有撕裂傷，頭部需要縫針。他們兩個人的狀況都很慘，但是「慶幸還活著」。保羅需要拄著拐杖走路，新娘則是全身白色——白色繃帶和白色三角帶。這時決定延緩婚禮似乎再合理不過了。

但是，茱莉雅說什麼也不肯延後，受點傷還不足以阻止她嫁給保羅。隔天中午，在陽光普照下，約二十幾位賓客齊聚在惠特尼·諾斯·席摩（Whitney North Seymour）[2]家中碧草如茵的後院裡。這是一場明顯隨興的活動，沒有禮服，沒有伴娘，也沒唱任何的聖歌。茱莉雅直接挽著保羅的手，賓客說她整個人「洋溢著無限的活力」。她穿著時髦的白色圓點棕色洋裝，踩著高跟鞋，長腿顯得更加修長了。要不是左邊的額頭還貼著繃帶，沒有人會知道她剛從鬼門關回來。

在那個簡短的儀式中，喬恩牽著母親的手，他記得他環顧四周，看到「超高」的人群。席摩一家人本來就高，但跟麥威廉斯一家比起來又矮了一截。他瞠目結舌地看著小陶和小約翰，他們就站在姊姊的後面。「茱莉雅很高，」喬恩說，「但是這些人都很高，真的很巨大。」小約翰的身高是一九三公分，在法國參戰受傷以後就停止長高了。小陶一九五公分，對當時六歲的喬恩來說相當「巨大」。相較之下，保羅看起來近乎滑稽。他只有一七五公分，還拄著拐杖，不過這是令他高傲的一天。從這天起，茱莉雅．麥威廉斯就變成茱莉雅．柴爾德，保羅臉上的表情好像他超過兩百公分似的。

註解

1 譯註：美國湖畔詩人梭羅著有《湖濱散記》散文集。

2 原註：席摩在一九三一到一九三三年間擔任副檢察長，後來尼克森執政時，他擔任總統的法律顧問，那職位肯定會讓茱莉雅的父親相當滿意。

皇冠餐廳（La Couronne）的菜單：魯昂（Rouen）那一餐，1948 年 11 月 3 日。

9

吃遍巴黎

她還沒看到就先聞到了。那瞬間，有一種她從未體驗過的香甜——也許是奶油，但是更濃郁，像奶油炸彈，有種煙燻的焦味。片刻之後，出現了大海的味道——可能是在煎煮的鹹水魚上灑了些許的白酒。等等！有一絲淡淡的檸檬味飄了出來……現在沒有了。這些香味合起來的效果令人難以抵擋。幾秒後，一名服務生把一個橢圓大盤送上桌來，所有的香味像煙火一樣瞬間齊發，撲鼻而來。不過，那香氣和眼前的東西形成了鮮明的對比，擺盤極其簡單：盤子上有一條魚，灑了香菜。從側邊的特定斜角往內看，魚的周邊圍著一圈熔金狀的液體。除此之外，沒什麼特殊的地方，看不出那撲鼻的香氣是怎麼來的。她俯身，深深吸氣，感覺一股狂喜瀰漫了整個肺部，陣陣香氣撲鼻而來，開始交疊凝聚。奶油讓新鮮的鹹水魚顯得更加豐富，醬汁加了些許的白酒後，那豐富感又多了幾分香甜的清新。每種成分都影響了整體的表現。

茱莉雅盯著那盤魚一、兩分鐘，有種難以言喻的感覺在內心翻騰著，但究竟是什麼呢？在迫不及待的心情催促下，她拿起叉子。

一頓餐點即將改變她的人生。

二次大戰之前，走訪歐洲對多數的美國人來說仍是一項奢侈，法國料理在好萊塢電影的傳播下，以一種完美的形象存在著。在米高梅或派拉蒙電影公司塑造的法式小餐館裡，總是有一位態度高傲的男子，戴著貝雷帽，操著偽裝的法國口音，為自大的法國客人送上蝸牛、青蛙腿或可麗餅，客人端詳著盤子，讚嘆幾聲「喔啦啦」。真正去過道地巴黎餐館的遊客（例如茱莉雅的老爸），常對餐廳的菜單不知所措，上面印的都不是他們印象中熟悉的東西。他們常提起法語點餐的夢魇，「鴨子，鴨子！鴨—子！就是呱，呱！你是聽不懂法語嗎？」

一九四八年十一月三日，茱莉雅享用的那頓午餐，跟一般無知美國遊客的典型經驗不同。她不需要死盯著菜單，解讀一堆看不懂的菜名：Pigeonneau Cocotte Forestière、Ris de Veau Clamart、Ecrevisses Bordelaise、Canetons à la Houennaise ou Lapérouse le demi。茱莉雅說，保羅「會說流利的法語」，他輕鬆地瀏覽菜單上的菜色，並叫茱莉雅放心，上面有太多美味可選了。那是他十八年來第一次重返法國，這幾年身處在美食沙漠中，如今能再次品嚐到這種精心料理的美味，讓他充滿了期待與雀躍。在錫蘭認識茱莉雅開始，他就一再對茱莉雅讚頌法國料理的美味。他以迷人的方式詳盡地描述他和伊迪絲，或是與查理、母親、朋友分享的那些餐點，回憶每道菜的種種，彷彿是在欣賞藝術品似的，茱莉雅從未遇過任何人對食物如此的推崇。他滔滔不絕講述美食的方式近乎「荒謬」，但是他對美食的熱情，那激昂奔放的回憶，令人難以忽視。保羅對美食的態度，有一種令人陶醉卻又難以捉摸的感覺，茱莉雅很想要熟悉、掌握其中精髓。保羅所謂的「法國料理體驗」，對她來說充滿了無限魅力，如今期待已久的一刻終於來臨了。

「美麗的法國！」（La belle France!）保羅可以沒日沒夜地大談法國——它的豐富魅力，以及重返當地的衝動。但是一九四八年稍早的時候，那感覺始終是個白日夢。他和茱莉雅新婚的頭兩年，一直住在華盛頓，過著類似被政府機構保護的生活。戰爭把他們隔離在日益高漲的焦慮之外，他們的人生似乎都停擺了。三十五歲的茱莉雅找不到確切的領域可以回歸，沒有東西可以滿足她強烈的求知慾。戰爭的經驗幫她打開了眼界（保羅對她的影響就更不用說了），讓她獲得大量的啟發，但是，這些啟發怎麼應用呢？她亟欲做點有用的東西、重要的東西，但是有意義的工作都不需要她受過的那些訓練。不過，就業市場倒是對檔案文書人員的需求量很大，國務院正大量招募有大學學歷的女性，做各種行政工作。情報機構會很樂意聘請茱莉雅去管理像文書處那樣的部門，但她已經堅決表態，不想再做任何祕書工作了。「以前在文書處時，有時候真的做到很想抓狂尖叫。」她回憶道。她說那工作乏味單調，「一模一樣的該死東西，一再重複，沒完沒了」。再怎麼飢不擇食，她都不想再走回頭路了，況且，她又不是那麼急切想要工作。保羅在國務院當文官，薪水還不差，她又有母親的遺產，對他們的生活來說是不錯的補貼。

在此同時，她對於柴爾德太太這個身分也很滿意，還有很多事情可以幫她打發時間，例如整理家務及招待新朋友等等。在查理的協助下（查理也在國務院的文化事務部工作），他們在喬治城的威斯康辛大道上，找到一間古樸的十九世紀房子，有八間房，需要大量的修繕。保羅和查理做了迅速的翻修，茱莉雅則是在房間裡擺滿了他們多元的收藏，那是他倆加起來共八十年歲月所累積的東西：她的衣服和書籍，保羅的相機和畫作，以及數以千計的相片。「那是個小巧可愛的地方，剛好夠一對夫婦居住。」茱莉雅回憶道，「房間很小，但很舒適。客廳有個壁爐，我們經常使用。」廚房裡沒什麼東西，畢竟那時茱莉雅還不太會下廚，但她還是盡量善用那個地方，加裝釘板，掛起鍋碗瓢盆，「爐子上方的架子也擺了二十五本食譜」。

在保羅的鼓勵下，茱莉雅努力地烹飪晚餐，她投入很多的心血，但做出來的晚餐大多不盡理想。「我們剛結婚時，我不太會煮菜。」她告訴以前幫她作傳的作家。她每天的菜色是從多種來源拼湊而來的，例如《家庭圈》（*Family Circle*）和《仕女居家期刊》（*Ladies' Home Journal*）之類的女性雜誌，以及那個年代不可或缺的食譜《美食家》（*Gourmet*）和《烹飪樂趣》（*Joy of Cooking*）。不過，即使有這些輔助，那些食譜對茱莉雅來說還是太難了。「我做了一些花哨的東西。」她回憶道，想要迎合保羅挑剔的味蕾。照著那些複雜的食譜做，需要忙一整天，即使她都照做了，做出來的東西卻從來不像食譜描述的美味。做美食需要的廚藝，遠遠超出了她的能力。「我們常拖到晚上十點才吃晚餐，因為我需要烹煮那麼久。」

茱莉挑選簡單的食譜時，情況比較好一些，但那也不保證做出來的東西就像食譜寫的那樣。她的烤雞烤得一大糊塗，乍看之下，照著食譜做似乎不可能出錯：把雞放入烤箱，啟動烤箱，轉眼間，雞就烤好了，但是食譜寫得並不精確。「我把雞放入烤箱二十分鐘，走出廚房，回來時發現已經焦了。」另一道令人費解的食譜，是她為派對準備的牛心，結果牛心沒上桌就先進垃圾桶了。

保羅安慰茱莉雅，她的廚藝終究會進步的，但是所有的證據都顯示，情況不可能迅速好轉。「我覺得我沒救了，」多年後她回憶道，「做什麼都不對，我很喜歡待在廚房裡，但我真的覺得自己沒有做菜的天分。」

那一年後續的日子裡，茱莉雅跟著費瑞狄學烹飪。費瑞狄住在三十五街，走幾個街區就到了。費瑞狄每天都會教茱莉雅一些東西，培養她的廚藝，同時換得茱莉雅的陪伴。她們從最基本開始做起，例如切菜和醃肉，接著慢慢做一些簡單的醬汁，煮一些只要幾個步驟就能完成的菜色。結果證明，簡單的東西果然最美味，單純的食譜完全沒必要多餘的潤飾。萬一做出來的醬汁太稀或太淡了，費瑞狄會教茱莉雅怎麼簡單改進。當肉屑或魚肉黏鍋時，費瑞狄也會示範用一點高湯或葡萄酒洗鍋（deglaze）的妙方。大多時候，她們都不看食譜烹飪，費瑞狄全憑本能和感覺做菜。茱莉雅試過令人費解的高難度食譜後，再接觸這種比較容易的廚藝，想必相當興奮。只要把一些新鮮的食材放入鍋中，就能煮出滿意的菜餚。

法國美食評論家肯農斯基（Curnonsky）主張，烹飪的最高境界是簡單——「藝術的簡單，效果的單純與自然，值得想盡方法去追求。」費瑞狄可以憑著單純與自然的想像，煮出一手好菜，一開始就能預期煮出來會是什麼樣子，但茱莉雅的烹煮過程還是很凌亂。食譜對她來說還是太難了，那些步驟跳得太快，食材做出來的東西似乎永遠都跟她預期的不一樣，烹煮出來的結果都不像雜誌上的成品圖。她在做菜時，每拌一次，整道菜的感覺就不同了；稍微改變一下火候，濃稠度就變了；有時候是整個搞砸，非得重做不可。一位大學朋友去喬治城的家中拜訪過她，她還記得茱莉雅當時的失落感。「她用鱈魚做海鮮雜燴湯，結果做成一團黏糊狀。魚肉在過度攪拌及烹煮下，整個都散了，她顯然不知道自己在做什麼。」當年，茱莉雅在廚房裡搞砸了很多東西，但是她不會就此認輸。確實，她的技巧笨拙，她的創意比較適合用在文件歸檔上，而不是拿來片魚。對她來說，任何「單純」和「自然」都還有好幾光年那麼遠，但是烹飪本來就是一項挑戰。費瑞狄安慰她，信心會慢慢培養出來。茱莉雅還沒習慣烹飪，但烹飪令她興致盎然。

茱莉雅對於婚姻裡的娛樂比較應付自如。她和保羅在華盛頓結交了很多朋友，他們位於威斯康辛大道上的房子變成社交聚會的樞紐。「保羅喜歡精彩的對話。」茱莉雅說。晚上他常找健談的名人來家裡對談，讓華盛頓的知識分子和藝術家一起參與迷人的聚會。形形色色的人物常進出他們家門，例如人稱「情報分析之父」的夏門．肯特（Sherman Kent）、國際策略大師保羅．尼采（Paul Nitze），還有阿契博得．麥克列許（Archibald MacLeish）、約翰．福特（John Ford）、史都華．艾爾索普（Stewart Alsop）、巴德．舒爾伯格（Budd Schulberg）、埃羅．沙里寧等藝術家。茱莉雅有很多史密斯學院的同學也來參加聚會，查理和費瑞狄的學界朋友也來了。「在我們家可以聽到最精彩的討論，」茱莉雅說，「每晚對我都是教育。」

對保羅來說，那樣的教育是婚姻的基石。他渴望獲得伊迪絲曾給他的激勵，他需要另一位「智慧相當」的伴侶，那變成他一心一意追求的目標。茱莉雅這時仍在進化中。「她尚未成型。」後來那幾年跟他們夫妻倆變得很親近的史密斯校友帕特．普拉特（Pat Pratt）說，「保羅決心打造一個成熟的茱莉雅，把她變得更練達、更高雅。」保羅比茱莉雅大十歲，茱莉雅覺得他無所不知，但是他在面對茱莉雅的時候，從來不會擺出優越的姿態，「他總是建議她精進自己的方法，以及她能接受和適應的點子」。例如，聆聽尼采的談話，可以瞭解歐洲的戰後重建如何影響美國的金融穩定；從沙里寧的談話中，可以瞭解如何重塑不確定的未來。幫助茱莉雅成長變成保羅的興趣，但他也知道茱莉雅有很多方面可以培養。他喜歡她的熱情洋溢、過人的幽默感、直來直往的個性，而他也告訴茱莉雅，他不喜歡她性格中「有點歇斯底里」的特質。茱莉雅坦言，她讀的哲學家或散文家的作品不多，保羅幫她開了書單。詩詞方面也一樣，保羅會以感性溫和的聲音，翻著米萊（Millay）和薩頓（Sarton）的詩集，朗讀給她聽。

一九四七年的最後幾個月，茱莉雅和保羅在扎穩婚姻根基的同時，日子就在連串的魅惑中晃眼而過了。茱莉雅欣然地扮演社交女主人和妻子這兩個新角色，她裝潢住家，掛上窗簾，鋪設地毯。音響上方的花瓶裡，永遠都插著白色的鮮花。某天，茱莉雅靈機一動，把保羅最棒的攝影作品也拿來妝點前方的樓梯間——總之，只要能增添生活樂趣，她都會去做。晚餐對他們來說總是個特殊場合、是一種儀式，他們都是在保羅打造的餐桌邊優雅地享用，而且一定會從保羅收藏豐富的酒窖中取出一瓶酒來搭配。晚餐結束後，茱莉雅開始閱讀，保羅則是花一小時左右作畫。茱莉雅在廚房的香料櫃旁邊，特地為保羅清出了一個作畫的空間。

他們終於有一個感覺像家的地方了，一個舒適永久的地方，他們因此覺得相當滿足。

偏偏這種滿足感相當短暫。一九四八年的二月初，他們在飯廳裡享用了歡樂的晚餐，喝了智利葡萄酒，並製作情人節的賀卡後（寄送情人節賀卡給朋友是他們每年的慣例），那棟房子失火了。茱莉雅和保羅在樓上的臥室中熟睡，清晨四點左右，樓下的大火燒得劈啪作響，像「有人正大舉砸壞木製品」一樣，使他們從睡夢中驚醒了過來。他們從床上驚坐起身，心想：「怎麼可能發生這種事！」當時燈光都熄了，電話也斷線了，在煙霧愈來愈大的黑暗中，他們花了幾分鐘，拚命地把家當丟到下方的街上。他們應該跳下去嗎？他們的確很想跳，但是太高了，沒有東西能作緩衝，以避免跌斷骨頭。他們決定逃到客廳的窗口，那裡可以通往較低的屋頂。「我們在黑暗中爬行，穿過熱燙的濃煙，撞倒了家具，費了好一番功夫才打開窗戶的鎖，那是最糟的部分。」保羅回憶道。那段驚心動魄的過程持續了幾分鐘，火焰從老舊的木頭地板縫隙竄了出來，濃煙開始灌進他們的肺部。

最後，他們終於爬出屋子，面對外頭零下十一度的冬夜低溫，全身上下只穿著單薄的棉質睡袍。

那棟房子全毀了，無法再住下去。大火燒光了較低的兩層樓，消防員為了阻止火勢蔓延，「劈開了牆壁」。精心布置的房間全燒成黑炭，吸滿了消防用水。幸好，茱莉雅和保羅可以在修繕期間借住在查理家中，但是那畢竟不是溫馨的家族團聚。查理和費瑞狄是殷勤接待的主人，但雙胞胎兄弟之間仍有累積多年的緊繃關係。這段期間需要仰賴查理的好心收留，讓保羅覺得焦慮不安，變得比平時更難搞、更沉默寡言。更糟的是，三月十五日，保羅和查理雙雙都被國務院解聘了。失去家園之後又馬上失業，這對保羅來說是殘酷的雙重打擊。

茱莉雅竭盡所能地安撫保羅的煩憂，任何事情都無法超越她對保羅的熱愛。她是他的頭號啦啦隊，也是不可或缺的啦啦隊，尤其在他悶悶不樂、充滿不安的時候。茱莉雅知道保羅有多討厭那份工作，他恨死了！他深陷在官僚體系中，為不願善用其天賦的膚淺機關做無聊的差事。那份工作單調乏味、平庸、無聊透頂。每個人都覺得他應該做更好的工作，或至少擺脫那些整天折磨他的「庸俗人」。有段時間，他考慮自己開一家保羅柴爾德公司，「為大企業做視覺呈現的案子」。但那只是夢想，一個永遠也不會付諸實踐的春秋大夢。「如果你可以找到利基點，我覺得你也會找到人生。」茱莉雅曾經如此鼓勵他。這時似乎是脫離公職的完美時機。

茱莉雅私底下希望保羅能靠作畫為生，鼓勵他靠藝術天賦吃飯，亦即他自己說的「尚未充分利用的能力」，不要再從事公職了。他的弟弟已經朝那個方向發展，外向的查理認為他已經受夠了公職，決心從今以後以繪畫為業。他結束公職不久，就宣布要以繪畫和插圖為生，全家要永遠搬回蘭伯維爾。但是，如果他那樣做是為了激勵保羅，那反而讓保羅「更加焦慮和恐懼」了，以前對查理的嫉妒又再度湧現，他開始怨恨查理「娶了收入好的女人，過著輕鬆又遨遊世界的美好生活，他則是爛工作接連不斷」。他的人生不像查理那樣順遂，似乎不太公平。但是查理搬走後，保羅又陷入自我懷疑，所以春天還沒過完，他又急著開始找公職了。

這段期間，茱莉雅在喬治城的橄欖街上發現另一棟更體面的房子，在新的林蔭大道附近，離舊家不到一哩路。他們五月底搬進這裡，訂好了粉刷和裝修的計畫，但是沒幾天，他們又上路旅行了——先是去波士頓參加保羅外甥的婚禮，接著去緬因州的羅袍斯點休息放鬆了一個月。保羅趁這段時間，思索不確定的未來，他們顯然需要換個環境，轉換心情。這時他已經從新成立的美國新聞處（United States Information Service，簡稱USIS）獲得口頭承諾，USIS是國務院的宣傳機構，授權規劃各種方案，以促進美國和外國對等機構之間的文化交流。那是不錯的職位，有點知識分子的味道，但是對一輩子都想表達自我的四十四歲男人來說，那也注定了他這輩子只能做平凡的文職工作。他不禁感嘆，他又要「回去吸政府的奶水」了——在擁擠的公職領域中當公務員。不過，這份工作有個優點：他設法讓主事者承諾，派他駐守海外。茱莉雅也樂於參與更多的海外冒險，她自己的計畫很模糊，能跟保羅這樣的男人一起探索海外，她非常支持。

據他們所知，海外的職位是由高層決定的，他們也不知道最後會被派到哪裡。在等候FBI的批准時，保羅和茱莉雅開始研讀地圖，幻想他們可能一起分享的地方和體驗。從他們的戰時履歷來看，很有可能是印度，也可能是德國和奧地利，因為拜馬歇爾計畫所賜，當地的戰後重建正如火如荼地展開。荷比盧等國也有機會，當地的美國大使館正全力運作。不過，當保羅收到正式的分發通知時，他們幾乎樂昏了。是巴黎！真的嗎？他們真的獲得這個人人想要的大肥缺了嗎？巴黎！那是保羅全世界最愛的地方，現在也將變成茱莉雅最愛的地方了。他們要去巴黎了！茱莉雅簡直是欣喜若狂。

一九四八年九月初，就在他們出發的前幾週，保羅的職稱確定了。他是四級的外交預備官——亦即中階的外交官，套用大使館的說法，就是大使館的館員——負責「繪製政府認為重要的美國生活面向，好讓法國人有所瞭解」。基於政策，政府似乎覺得對外國人傳播美國的善意是權宜之計，但是該機構的根本目的其實是阻止共產主義的影響。戰爭結束以來，俄羅斯就動作頻頻，從意識型態等各方面鞏固它在東歐及亞洲部分地區的勢力。中國大陸即將落入中共的手中，美國已經劃清了陣線，全力反擊以阻止恐懼。世界各地的美國大使館都投入大量的資源，對抗共產主義的威脅，並派遣保羅那樣的使者到外地打頭陣。

到巴黎！茱莉雅和保羅都充滿了期待，兩人忙著打包行李，迅速把房子租出去，將貓送養，收拾家具，把家當裝進貨櫃運到海外（貨櫃上標註著「家用品」）——他們帶了一大堆家當，共有十四個手提箱和七個大皮箱。此外，他們也把「藍色閃電」（一九四七年產的全新別克汽車，那是茱莉雅的父親送給他們的結婚賀禮）一起運過去了，還有氣冷式的冰箱，以免法國的冰櫃故障。在錫蘭和中國過了類似野營的生活一年後，他們覺得該給自己一點物質上的享受。

最後，一九四八年十月二十八日，他們登上從紐約市航向勒哈弗港（Le Havre）的「美國號」輪船。那趟辛苦的越洋旅程歷時五天，中間遇上了掀起驚濤駭浪的暴風及無盡的濃霧，乘客大多只能待在客艙裡，無處可去。十一月三日，「美國號」緩緩地駛向海岸時，睡眼惺忪又坐立不安的柴爾德夫婦為了遠眺法國，拖著疲憊的身子到舷窗邊。細雨沿著舷窗的玻璃而下，黎明未開。在這個受到戰火蹂躪的城市裡，可以看到燈火像流螢般閃爍著，他們可以隱約看到殘梗狀的地平線。海灣的後方有「巨型的起重機、成堆的磚瓦……生鏽半凹的廢船骸」，破壞了整體的景觀，城市低迷的最外緣在此轉變成諾曼第的鄉野。茱莉雅凝視著窗外的風景時，心裡有一種預感，除了保羅曾經告訴她的事物，以及父親對法國的惡意誹謗以外，她也不知道該期待什麼。根據她聽來的資訊，法國幾乎是男人的地盤，她沒有工作，又不會說法語。但是拋開過往畢竟是個重新開始的機會，對三十六歲仍漂浮不定的茱莉雅來說，窗外的那片土地可能帶給她更好的未來。

前往巴黎的路上，可以看到戰火在法國留下的傷痕。許多屹立好幾世紀的城堡，都有砲火轟炸過的焦黑殘跡。德國元帥隆美爾（Rommel）的裝甲部隊為了避開盟軍的侵略，在這裡摧毀了整個村莊。茱莉雅從「藍色閃電」上往外看，望過搖擺的草地，可以看到鬱鬱蔥蔥的濱海塞納河谷。從巴爾貝克（Balbec）到伊沃托（Yvetot）

再到巴朗坦（Barentin），砲火的攻擊使這一帶滿布坑洞，覆蓋著連串帶刺的鐵絲網，扎進這片慘遭蹂躪的土地。在更遠處，土地突然變平了，廣大的鄉野延伸成整齊犁耕的園地。放眼所及，可見甘藍菜處處，亞麻露出淡藍色的花冠，數條林蔭道路像哨兵沿路站崗一樣，順著農場的外圍延伸。無論有多少景致搶著擠入茱莉雅對法國的第一印象，她都沒時間記下來，「東西太多了，看不完，也吸收不完」。他們開車經過的每公里路程，都帶給他們另一種驚奇。保羅幾乎沒時間一一解說每個不尋常的景象，因為一個還沒講完，下一個又出現了，接著又下一個，再下一個。

不知不覺中，他們開進入了諾曼第的歷史首府魯昂，保羅決定停下來用餐。在通往市中心的曲折鵝卵石鋪道上，茱莉雅認出了在新聞上看過的塞納河畔遺跡（該城在一九四〇年遭到燒毀），莫內筆下的聖母院，以及傳說中的大鐘（詳盡刻劃了日曆與月曆的天文鐘）。保羅的目的地是舊市集廣場（Place du Vieux-Marché），亦即一四三一年聖女貞德受火刑的中世紀城鎮廣場。近一百年前，皇冠餐廳在一排小店對面的半木頭屋裡開店。《米其林指南》（*Guide Michelin*）指出，那是法國最老的餐廳，這項資訊無疑吸引了保羅的注意，那裡的食物獲得了可敬的「三叉匙」評價，還有哪個地方比這裡更適合讓茱莉雅初嚐舊世界的魅力呢？

如今回顧過往，皇冠餐廳就是法國每個城市裡都能看到的那種傳統餐廳——在一家單調、不起眼的飯店一樓，開一家單調、不起眼的餐廳，採用陽春的白色桌布，客群比較老，服務人員周到、但沒什麼幽默感，菜單上都是簡單的傳統菜餚。保羅和餐廳的領班閒聊時，茱莉雅仔細地研讀那張菜單。那是一張棕褐色的菜單，以伊麗莎白時代的字體印出餐廳的名稱，插圖是女服務生的熱情服務、壁爐裡烤著動物、椽木上掛著動物的臀肉。這時茱莉雅又累又餓，附近的廚房傳來陣陣的濃郁香氣，她的胃不禁大唱著空城計。每日供應的主菜列在菜單的右邊——其實茱莉雅也看不懂。從小學到大學，她學了幾年的實用法語，但挺多只會說爸爸或貓，連菜單都看不懂。這也無所謂，點菜的任務交給保羅就行了。

保羅解釋，在魯昂，鴨肉往往是餐廳的招牌菜，但這家餐廳不是。怪的是，當天的菜單上都沒有任何鴨肉。或許點雞肉好了……這裡有烤雞肉串……嗯……不好。不然點烤牛排和馬鈴薯舒芙蕾好了……午餐吃這樣好像太難消化了。那麼點魚好了，他們應該有魚吧，Sole Normande-Maison 聽起來不錯，但是做起來太費工了。船上的食物令人難以下厭嚥，搞壞了他們的胃口。所有冠上「Sole Normande」（亦即搭配牡蠣、蘑菇、小龍蝦等配菜）這個詞的菜色，也許對他們的腸胃來說，負擔太大了。為了讓菜色簡單一點，保羅後來挑了香煎比目魚（Sole Meunière）[1]。

那道菜的作法簡直是神來一筆，充分展現了比目魚該有的風味：去皮的鮮嫩比目魚，像煎蛋卷那樣放進加熱融化的奶油中煎煮，接著，加入更多的奶油，以焦香奶油（brown butter）讓鮮嫩的魚片煎得更酥脆，最後灑上一點檸檬汁和香菜，太完美了！茱莉雅從未吃過這樣的東西，比目魚「非常新鮮，口感細緻分明」。茱莉雅回憶道，那魚肉吃起來不僅扎實，而且柔嫩多汁，不像她母親在帕莎蒂納做的那麼硬邦邦。這才是魚啊！嚐起來有大海的味道。汁多味美——天啊——肉汁幾乎是噴出來的。還有那奶油！香甜濃郁，充滿了乳脂，像絲綢般滑過她的舌尖。她吃了一輩子的奶油，但這裡的奶油跟以前吃過的都不一樣。

當然，很久以後她才明白，那種奶油是純手工攪動而成的，採用最頂級、最濃稠的諾曼第乳脂，未經高溫消毒，也未加工，並以操作核武那樣細膩的手法製作。比目魚是道道地地的多佛比目魚，不是美國那種稍微加熱就變乾、片狀剝落的比目魚。

在此同時，茱莉雅也品嚐這頓午餐的其他精華。他們一起享用六顆盛在單片蠔殼上的生蠔，那是葡萄牙生蠔，來自西南方的伊比利半島，味美甘甜，還有「濃郁的海洋風味」。光是口感就令茱莉雅驚豔，滑嫩順口，還泡在美味的天然甘露中。保羅鼓勵她在喝完烈酒後，喝下那些汁液。這時茱莉雅已經可以感覺到清涼夏布利酒的效果，她覺得午餐配這種酒實在太奢侈了。「我平常只喝一點一九美元的加州勃艮第，」她回憶道，「而且不是在大白天喝。」但是夏布利酒搭配生蠔還真是絕配——事實上，那酒搭配任何東西都相當美味：魚肉之後，又送上了蔬菜沙拉，接著是起司盤、甜點和咖啡。

那頓午餐讓茱莉雅大開眼界，脫胎換骨，彷彿有人告訴她什麼才叫享用美食似的，不是光填飽肚子，而是享用、細細地品嚐每一口豐富的滋味。她這輩子一直很喜歡食物，但是這種品嚐是全然不同的享受。這是真正瞭解如何結合最美味、最優質食材的人，精心料理出來的佳餚，不僅滿足了感官的體驗，也令人吃得心滿意足。「我感動極了。」茱莉雅回憶那次經驗，那肯定不是誇飾的說法。那桌菜餚令她當場震撼，保羅為那套餐飲搭配的用餐儀式就更不用說了。每道菜都像是烹飪的藝術品，以悠閒、恭敬的速度享用。那一切都讓茱莉雅留下深刻的印象，從此改變了她的一生。如果要說哪件事促成她未來的非凡成就，她常說一切都是「魯昂那頓午餐」促成的，簡言之：「那是我這輩子吃過最感動的一餐了。」

後續幾天在巴黎的感覺，也對她產生了很大的影響。「那個城市令我為之屏息。」茱莉雅近五十年後回憶道。他們在黃昏時抵達巴黎，這時最後的一抹日光照在雙重斜坡的屋頂輪廓後方，勾勒出深紅色的天際線。茱莉雅可以看到遠處的艾菲爾鐵塔，那符號是如此的熟悉，看到它就這樣聳立在城市的中央，感覺近乎荒謬。「我完全沉浸在舉目所及的美景中，建築、塞納河、橋樑和古蹟之美，一切是如此的高雅。還有那裡的人，如此的時髦，非比尋常，如此的……法國，難以名狀。我聽不懂任何人對我說的話，但是他們說話的方式就像音樂一樣，如此的迷人。」大使館已經幫他們找了臨時的住所：蒙塔勒貝特街（rue Montalembert）上的皇橋旅館（Hôtel Pont Royal），離聖日耳曼大道（boulevard Saint-Germain）不遠。保羅把車子停在附近的停車場，回來時順便帶了好消息：杜魯門爆冷門，擊敗托馬斯．杜威（Thomas Dewey），贏得美國的總統大選。他們覺得這消息是個好兆頭，開心地投入巴黎的懷抱。

初到歐洲，語言無法溝通，茱莉雅像離水的魚一樣，第一週的心情時而焦躁，時而興奮。保羅在大使館的新工作需要他投入全部的時間，所以茱莉雅只好慢慢地啃讀駐外使節必讀的大量官方文書。例如，向每位美國官員遞送名片自我介紹；為購書證、旅遊券、假單、身分證，以及各種官僚要求填寫一式三份的表格，以符合法國對效率的要求。她用洋涇浜的法語請房地產仲介幫他們在左岸找一間公寓；逛精品店買流行服飾，以便穿去參加傑佛遜．卡弗里（Jefferson Caffrey）接待國務卿馬歇爾的歡迎會。茱莉雅挑了一頂亮眼的綠色羽毛帽，保羅覺得那頂帽子讓她看起來「特別高眺苗條」。她開始習慣這個城市的生活，兩、三天後，她「已經覺得自己是在地人了」。

巴黎令茱莉雅著迷，這裡有她渴望的一切：雄偉的建築、生動的風格、活潑的居民、隨處可見的文化、充滿知性的氣質、熱情奔放的獨特生活型態。這裡沒有任何事情是一成不變或漫不經心的，每個動作，即使再怎麼微不足道，似乎都散發著戲劇效果。連一般的應對感覺都很有派頭——「是，先生；是，夫人。」探索這裡就像醒來、呼吸、觀看一樣簡單，每個角落、每條大街小巷，都是新的冒險。「歷史就在家門口。」茱莉雅熱情地說，像個熱戀中的女學生一樣。她說自己是「大口體驗人生的人」，盡情地吸收，一網打盡——大步遊走巴黎，四處地探索。

保羅是她的熱情嚮導。每到週末，他就為茱莉雅規劃某一區為期兩天的探索之旅，在每個令他難忘的地點停下腳步。例如，他母親位於聖許畢斯廣場（place St. Sulpice）的公寓，沃日拉爾路（rue de Vaugirard）上查理和費瑞狄曾住過的建築，奧賽碼頭（quai d'Orsay）上的美國教會，他曾幫教會安裝彩繪玻璃窗。他們到雙叟咖啡館（Deux Magots）的露天咖啡座享用早餐（牛角麵包和咖啡），逛河邊的書報攤，橫渡塞納河，漫步穿過杜樂麗花園，造訪羅浮宮、皇家宮殿、聖禮拜堂，登上蒙馬特去參觀聖心堂，接著又去凡爾賽宮，那還只是第一個週末的行程。

他們成了漫遊者（flâneurs），「在適合漫無目的地閒晃的城市裡，漫無目的地遊走」。保羅就像小學生一樣興致勃勃，在擁擠的人行道上健步如飛，快速地講解，相機掛在他的脖子上搖擺。茱莉雅則是跟在落後他兩步的地方，睜大著眼睛，看得目瞪口呆。那是旋風式的沉浸之旅，他們所到之處，都可以看到戰火蹂躪的痕跡。四年的敵軍占領，在此留下了難以磨滅的印記。一九四八年的秋天，巴黎的復甦才進行不久，整體看來仍是個受創與衰頹的城市。每區的街頭都有瓦礫堆積的地方，到處看到消沉的法國人排著無盡的長隊，等好幾個小時，領取牛奶、麵包、奶油、起司、雞蛋、糖、咖啡的配給券，空蕩蕩的餐廳或咖啡館也因為乏人問津而關閉。所謂的「快樂巴黎」（王爾德說那是「美國的好人死後去的地方」）已經完全消失了，只剩下「不安、焦慮、暴躁和復原」。

保羅堅稱，巴黎是「光之城」，因為最聰明絕頂的人都受到它的吸引。他們的眼界超越了眼前的絕望，以及「腐食、焦木、汙水、舊泥灰、汗臭」的異味，甚至適應了「令人費解的矛盾」。他們以巴黎市民自居（例如尼采、海明威、畢卡索、凱瑟、斯泰因，以及其他不斷追求啟蒙的無數人），在這裡當心滿意足的移民。海明威寫道，這是個無論你走到哪裡、都會永遠跟著你的城市，「因為巴黎是一席流動的饗宴」。

說到饗宴，沒有人比茱莉雅更渴望了。

不過，這時巴黎美食對茱莉雅來說仍是陌生的。令人費解的菜單及一本正經的餐桌禮儀，讓她不敢大膽嘗試，只好每次都點她最愛的香煎比目魚。有好幾天，她都只吃這道菜。「那美味實在令我難以忘懷。」她回憶道。盧昂那頓午餐帶給她的震撼還在，於是她卯起來吃比目魚，彷彿擔心全球供貨量沒了。某晚，保羅讓她品嚐他那一盤嫩煎腰子（rognons），她的美食世界突然拓展為兩道菜。隔天，她又嚐了一碗豐美的白酒淡菜，泡在加了檸檬汁的白酒湯汁裡，搭配蔥、大蒜、百里香和香芹，那道菜讓她相信法國人肯定抓住了什麼訣竅，也許是某種心靈層面的東西。

法國料理令茱莉雅陶醉，每天她都期待用餐時間的到來，就像上癮一樣。「我覺得我很難控制自己。」她回憶道，「對我來說，那是個驚奇連連的學習經驗。我們造訪一家家看似不錯的餐廳，我點沒吃過的菜，那些菜都非常美味。我必須學習瞭解這是常態，而不是例外，並放慢速度，細細地品嚐。」不過，有時候，她也會因為過於放縱而付出代價。她提到有一次和費瑞狄出去大吃大喝，她自己「卯起來吃了很多東西，午餐吃香煎比目魚、奶油燉小牛胸腺（ris de veau à la crème）。晚餐吃蝸牛、火燒腰子（rognons flambés）。這樣連吃了四天，每餐都搭配半瓶葡萄酒，還喝干邑白蘭地、開胃酒和雞尾酒」。

對茱莉雅來說，食物是神的恩賜，不過食物和巴黎更是無與倫比的結合。連保羅都很驚訝妻子竟然轉變得如此迅速。「茱莉雅想下半輩子都待在這裡，」他寫信告訴查理，「天天吃比目魚、腰子、享用美酒及欣賞巴黎。」

他說得沒錯，茱莉雅是真心這麼想。一九四八年十二月，她在第七區大學路的街尾找到一間公寓，每月租金高達八十美元。那是一棟兩層樓的五房公寓，位於「巴黎的心臟地帶」，離國民議會和國防部約一百碼的距離，就在塞納河附近。那棟房子曾是一排優雅連棟房屋的一部分，後來被切割出來，裡面的房間格局奇怪又不對稱，還有類似遊樂場的走廊，搖晃的樓梯通往廚房。那是只有藝術家才會看上眼的房子。

「那裡是搭那種嘎嘎作響的籠狀電梯上樓。」瑞秋回憶道，「進屋子後，會看到一個寬敞的大廳，像漫畫家查爾斯．亞當斯（Charles Addams）畫的。」她說那裡的風格「既俗又雅」，那樣說毫不誇張。不過，茱莉雅認為那是「法式的老派魅力」。牆上蓋著因年代久遠而彎曲褪色的蝕刻皮革，窗簾是厚實的織錦布料，「又舊又髒，還脫線了」。後方的交誼廳只比前面的大廳稍好一些，搭配「有點可笑」的裝飾：俗氣的黃金壁帶，有水漬的嵌入牆板（壁爐上方有中世紀十字救護團的大理石浮雕），黑暗時代的掛毯，還有「碎布作品——看起來邋遢又俗麗」。家具很可怕，都是發霉即將淘汰的東西。屋裡還有很多小擺設和瑣碎的東西，多到可以開小博物館了。茱莉雅把那些東西都收進閣樓的房間，她和保羅戲稱那個房間是「遺忘室」。不過，樓上的廚房令人

「記憶深刻」，茱莉雅說那裡「寬敞又通風」。但是常去的訪客堅稱，那裡「很小，比船上或機上的廚房還小」，兩個人很難同時站在裡面。不管它是大是小，總之它有一整牆的窗戶，讓極其單調的廚房在白天都能沐浴在陽光中，裡面有個「超大」的爐子，「似乎有十呎長」（她究竟打算用那麼大的爐子做什麼？）。站在滑石流理檯的後方，茱莉雅可以從屋頂遠眺協和廣場，或是俯瞰下面的國防部花園。遺憾的是，水槽沒有熱水。不過，至少還有電，偶爾會有自來水，但沒有中央暖氣系統，看來即將來臨的冬天恐怕不太妙。

儘管如此，這個地方還是充滿魅力。這裡有種典型的法國味，洋溢著一種難以言喻的風格。她的姪女艾瑞卡說：「茱莉雅非常愛那棟老公寓。」對她來說，那是「我們的小凡爾賽」。她常站在窗口，一站就是好幾個鐘頭，凝視著受創的巴黎慢慢地重建戰火摧毀的街道。她可以看到遠方有孩子在聖克羅蒂德教堂（Basilique Saint-Clothide）的前方踢足球，教堂的鳴鐘每半小時會響一次。或者，她也會在這裡思考經過院子進進出出他們家的人。茱莉雅把這間位於大學路（rue de l'Université）的房子簡稱為「嚕德嚕」（Roo de Loo）。

有了和保羅相互依偎的新家以及探索巴黎的樂趣，茱莉雅相當開心，此後的生活也許是她一生中最快樂的一年。她喜歡在鄰里街坊間遊走，進出每間有趣的店家。她可以在宜人的露天咖啡館一坐就是好幾個小時，慢慢地啜飲咖啡或小酒，欣賞來來往往的行人。讓巴黎人不滿的一些奇怪問題——天天停電、瘋狂塞車、老舊電話系統、氣人的官僚等等——茱莉雅都覺得很有意思。法國人雖然不是以溫馨和熱情的個性出名，但他們漸漸擄獲了茱莉雅的心。茱莉雅從來不讓自己處於社交的真空狀態，她馬上就結交了朋友。這些朋友形形色色，包括房東的女兒及其夫婿、立陶宛的藝術史學家及其妻子、專欄作家阿特·包可華（Art Buchwald）及其妻子安、莫勒（Mowrer）、保羅和哈德莉（Hadley）。哈德莉是海明威的前妻，保羅二十年前在巴黎就認識海明威了。

他們抵達巴黎幾週後，參加了莫勒家舉辦的感恩節派對，茱莉雅就是在那場派對上決定開始學法語的。茱莉雅自認為是個「健談的人」，當時她身邊有好幾群講法語的客人「以機關槍的速度劈哩啪啦地講話」，她卻只能一臉茫然，默默地站在一旁。她在巴黎四處探索時也是如此，連最基本的情境都無法表達自己。保羅記得他們剛到巴黎時，她以前學過的法語都忘光了。「她甚至無法自己叫計程車並把地址遞給司機，也聽不懂司機回應什麼。」保羅說。這實在太荒謬了，茱莉雅只能參與，卻無法開口，可惡！這令她感到沮喪，最後她開始氣自己不會講法語。她終於受不了了，派對當晚稍後，她扔下戰書說：「我受夠了！無論如何我都要學會這種語言。」

一開始，茱莉雅彷彿需要音叉似的。為了徹底掌握法語，她報名了貝立茲（Berlitz）的密集課程。但是，對茱莉雅來說，法語「充滿抽象音和模糊音」。她的舌頭不管再怎麼練，就是無法唸出那些難以言傳的音位和複合音。她那特有的顫聲，對最有天分的語言學家來說也是一種詛咒，害她無法發出好聽的腔調。還有那些時態！我的老天！還真不是普通的多：有現在式、過去式、未來式、條件式、假設語氣、完成式、過去完成式、假設語氣未完成式……這種高深莫測的語言繞口令是要怎麼學？茱莉雅完全可以理解馬克吐溫的說法：「在巴黎，我說法語時，他們只會盯著我看。我從來無法讓那些白痴瞭解他們自己的語言。」

但是茱莉雅沒那麼容易卻步，她堅持一定要學會，那些白痴（馬克吐溫的說法）也都聯合起來幫她，只對她講法語。下午，茱莉雅常和新認識的朋友愛蓮．巴胡沙提（Hélène Baltrusaitis）去找商店的老闆聊天。她要求老闆賣牡蠣、葡萄酒或橄欖油給她時，以法語和她交談，偶爾她會搞錯動詞時態或是講得怪腔怪調，但是那些老闆都不會對她無禮或輕蔑地嘲笑她。愛蓮指出，即使「茱莉雅一開始法語講得很糟」，她的認真投入著實令人激賞。練習成了她的習慣，她反覆地開口及閱讀，也練習那些該死的動詞變化。她閱讀原文的波特萊爾（Baudelaire）和巴爾扎克（Balzac）的作品。保羅在家裡也會用刁鑽的語言練習來考她，幫她修正，並一再糾正她「笨拙的口音」。俚語用法對茱莉雅來說特別容易，愛蓮教了她很多表達的方式，讓她可以現學現用。「我非常認真地學法文，閱讀與會話能力與日俱增。」她回憶道。

沒多久——其實只有幾個月的時間——茱莉雅已經可以自在地用法語對話，不再錯誤百出或混淆，不再說：「顯生，洗收間在哪裡？」而是以流暢地白話問：「先生，哪兒有洗手間？」本來會揶揄美國人講洋涇浜法語的當地人，也都給予她很大的肯定，把她當成自己人看待。這對幾個月前還無法溝通的人來說，是很驚人的轉變，茱莉雅也因為自己獲得接納而充滿感激。「我從來沒想過我會覺得法國人那麼討喜、熱情、有禮，那麼好相處。」她父親要是聽到她那肯定的語氣，想必會中風。

愛蓮眼看茱莉雅的法文進步了，借給她一本自己經常翻閱的聖經：《實用美食百科》（*Gastronomie pratique: études culinaires*），那是一九〇六年化名阿里·巴布（Ali-Bab）的人出版的，是廚藝學的寶庫，作者「試圖把世界各地的飲食文化、烹飪、飲食的歷史，全部匯集於一冊」，跟紐約的電話簿一樣厚，是傳奇的經典之作。每個法國家庭主婦都人手一本，每位廚師的架上也都有，他們都對書裡的食譜瞭若指掌。茱莉雅卯起來讀這本書的樣子，就像早餐吃牛角麵包那樣欲罷不能，連睡前也會在床上翻閱，「像十四歲的男孩沉浸在《真實警探》（*True Detective*）的故事裡一樣」。

「如今，開胃菜是在午餐一開始及晚餐的湯後供應，那是一種序曲、前奏、開場戲、歌劇序幕，像是眉來眼去，有點多愁善感，倏然而過的風流韻事。」

說得太好了！其實這本書是一位四處遊歷的採礦工程師亨利·巴賓斯基（Henry Babinski）所寫的，跟那個發現「巴賓斯基反射」[2]的人來自同一個法國家族。巴賓斯基周遊世界時，為朋友收集食譜，並以不拘小節的方式，逗趣地傳達內容，好讓朋友記住那些菜餚。茱莉雅喜歡巴賓斯基的直言不諱（他說，那些習慣晚餐遲到的人，應該「留在家裡，誰也不覺得遺憾」），對他的詳盡指南感到驚嘆——有五千道以上的食譜，光是收錄各種菜色的多樣變法就嚇死人了。例如湯燉鱒魚（Truites au Bleu）、松露菲力、馬得拉白葡萄酒燉羊肩、野鴨佐鯷魚橄欖、海鮮派、十幾種煎蛋卷和舒芙蕾！那是茱莉雅第一次接觸那麼多美食，但最重要的是，她對於食物不只有止飢的作用產生了好奇心，食物的料理變成她關注的焦點。

食物成了她的熱情所在，她的四周隨處可見美食，幾乎不可能忽視它的存在。豐饒的市場是法國日常生活的一部分，這些市場令她著迷，無數的攤位販售著各種最新鮮的食材。蔬菜！以前茱莉雅習慣開罐頭，但是到了巴黎，她看到肥美的綠色和白色蘆筍、像壘球般大小的菜頭、紫色蒜頭、種類多到令人目不暇給的蘑菇、還在豆莢裡的豆子（想像一下！）、馬鈴薯的口感跟布丁蛋糕一樣綿密，以及許多她從未見過的農產品，例如紅蔥頭、甜菜、韭蔥、松露、芹菜根、櫛瓜花（法國人竟然吃花！）。漸漸的，茱莉雅變成附近勃艮良街（rue de Bourgogne）的市場常客，後來一位人稱「四季瑪西」（Marie des Quatre Saisons）的老太太還把她當成弟子一樣指導，那個老太太是從三輪車賣菜，平常聊八卦和給建議就跟賣菜一樣輕鬆自在。她很快就喜歡這個來自美國的新面孔，兩個女人常一聊就是好幾個小時，而且是用法語聊天，天南地北無所不談，包括如何在這個城市中遊走，城市裡的各種細節和起起伏伏。茱莉雅喜歡那位老太太的聲音，還有她暢所欲言的樣子。瑪西自己也是廚師，從圓潤的身材即可見得，她是天生的老師，馬上就注意到茱莉雅有許多尚未開發的熱情。「她很樂於教我，什麼蔬菜在什麼時候吃起來最可口，也傳授我正確的烹調方式。」茱莉雅回憶道。

她也推薦茱莉雅一些店鋪，例如市場對面的肉鋪，窗口就掛著各種新鮮屠宰的肉類；隔幾間店鋪是一家乳品乳酪店，提供多種精選的乳酪，濃郁的香氣讓人神魂顛倒；隔壁的魚販有一箱箱的新鮮牡蠣及千奇百怪的海洋生物。附近的尼可拉斯鋪是保羅採買美酒的地方，保羅已經開始囤積私人酒窖。這些地方都成了茱莉雅每天上街採買時短暫停留的地點，朋友都建議她讓女傭去採買就好了，但茱莉雅不肯。購物是她的學習機會，她可以從街上吸收內幕消息。「況且，」她寫信告訴父親，「不去市場很難過，那些地方實在太可愛、親切、美味、和善、誘人了，要是不自己上街採買，怎麼熟悉這個城市呢？」

勃艮良街的市場是她經常出沒的街坊，但有時為了轉換環境，茱莉雅也會沿著聖日耳曼大道（boulevard St.

Germain）走到布希街（rue de Buci）的市場，或是週三和週六穿過艾菲爾鐵塔前面的戰神廣場，到阿爾瑪橋邊的露天市集採購。

美食逐漸占據了她的生活——去哪兒找，該怎麼處理，如何享用。對茱莉雅來說，這真是奇妙又誘人的轉變，她熱切地暢談品嚐過的美味：「鮮嫩的蝸牛在蒜味奶油中漂浮」，泡過濃郁紅酒的風乾火腿，熟成鬆軟的布利乾酪，來自雞肉之都布雷斯（Bresse）的雞肉，「多汁的大水梨」，以及香甜的葡萄，她從未吃過那麼甜的葡萄。茱莉雅整天努力地學習營養豐富的新農產，在逛街途中收集一袋袋好吃的東西，接著就拿著這些戰利品進廚房，開始實驗。當保羅在USIS忙得不可開交時，她有充裕的時間測試一些阿里．巴布的食譜。

她試做了肉丸子（「最小的可能是公雞腎臟的大小。」阿里．巴布如此建議），當然，還有比目魚，也努力煮了小牛腦，烹調香橙鴨，兔肉佐芥菜，燉羊腿，馬鈴薯千層派，炒花椰菜。甜點更不用說了，她嘗試了很多種，例如英式卡士達醬、可麗餅、巧克力蛋糕、舒芙蕾。

烹飪！茱莉雅開始喜歡上這個以往多災多難的流程。她喜歡為保羅做早餐，煎蛋和蓬鬆的蛋卷，但是午餐讓她有藉口挑戰令人敬畏的阿里．巴布食譜。嚕德嚕的廚房裡開始醞釀著某種天分，茱莉雅還不是那麼有自信或自然的烹飪者，但她已經做了不少實驗，得到不錯的結果，讓她變得更有信心。那些成果也激發出其他的效果，她做的美食成了催情良藥。不久，保羅開始回家吃中飯。「之後會小憩片刻。」茱莉雅總是俏皮地眨眨眼這麼說。

美食和愛情變成令她痴迷的領域，茱莉雅的婚姻開始蓬勃發展，生活就更不用說了。短短不到兩年的時間，她的運勢似乎全開了，先是和保羅結婚，接著旅居巴黎，現在美食讓她充滿了希望。對一個曾經毫無人生方向的人來說，這是個前所未有的轉變，茱莉雅當然喜不自勝。她熱愛巴黎，因為「這裡的身心靈都洋溢著甜美的自然和健康的愉悅」。她也熱愛對她疼愛有加的丈夫。「我深愛那個女人。」一九四八年保羅在寫給弟弟的信中得意地寫道，他一一列舉茱莉雅的優點，包括她「只追求樂趣，容易滿足，從不講尖刻或狠毒的話語，或是透露一絲的失望」。

他倆對彼此都有強烈的依戀，喜愛彼此的陪伴，珍惜一起探索新社區、發現新餐館、品嚐新菜色或結識新朋友的機會。他們都沒遇過如此完滿、充實的友誼。他們投入或遇到的任何事情都變成共同的經驗，就連保羅那份困難重重的工作也是。

USIS是個非常官僚的單位，保羅身陷其中，難以脫身。他的辦公室人手不足，「是個爛攤子……裡面充滿無謂的鉤心鬥角」。他的任務沉重嚴苛，但預算嚴重不足。他的工作過量，不斷地抱怨，薪水少得可憐，哀嘆官僚的繁文縟節阻礙了各種請求，迫使他老是需要鑽門路。那惡劣的環境總是讓保羅氣得要命，他譴責那些官僚的規定「可笑、幼稚、愚蠢、令人難以置信」。他常跟茱莉雅抱怨工作上的不滿，也會對工作上有交集的單位抱怨，那習慣因此讓人覺得他不合群。「保羅和公務員不對盤。」一位在錫蘭和法國都跟他很熟的美國同事說。首先，「他愛說教」。常讓人覺得很愛擺架子，個性上有點孤僻，不跟同仁互動。「他很特別，是個完美主義者，太自我中心，難以融入群體。」一位同事這麼說。他覺得事情必須以正確的方式來做（亦即他的方式），不然他就乾脆自己做，所以他老是「幫別人做」，又抱怨別人不感謝他。「他太喜怒無常，絕對不是官僚，這也影響了他的健康，把他氣得半死」。

茱莉雅總是忙著安撫保羅的不滿，保羅雖然熱情浪漫，但脾氣不太好伺候。「他充滿矛盾，非常反對專制獨裁。」外甥女費拉說。而且，「非常講究條理。」姪子喬恩說。精準和正確是保羅最重視的兩項標準，他常和欠缺紀律、愚蠢又無能的同事起爭執，所以需要不斷地安慰和安撫。不過，他從一開始就接納了茱莉雅的鼓勵和愛，茱莉雅完全懂得如何安撫保羅的暴躁個性，理解他的失望，並鼓勵他堅持下去。「她是如此的務實正面，是個充滿活力的自然力量。」瑞秋說。她非常瞭解婚姻的運作，完美互補了保羅的缺點。保羅在寫給朋友的信中如此形容茱莉雅：「她連臭鼬都能讓牠展現出最棒的一面。」由此看見那是他的經驗之談。

當保羅必須經常面對工作上的愁雲慘霧時（無論那是真實的或想像的），要茱莉雅從早到晚都維持正面的態度並不容易。他們會騰出晚上和週末的時間讓保羅紓壓，保羅常花很長的時間描繪城市風光，大多是從嚕德嚕的窗口勾勒巴黎的屋頂輪廓，茱莉雅則是坐在爐邊閱讀或整理家務。他們大多遠離大使館的活動，小倆口自己用餐，或跟朋友聚會。在外派人員的相互介紹下，他們的社交圈迅速擴大。當年稍早，他們主動加入一個名叫「福西永小組」（le groupe Focillon）的社交聚會，那名稱是為了紀念亨利．福西永（Henri Focillon）。他是一位備受愛戴的教授及中世紀藝術史學家，正巧也是茱莉雅的朋友愛蓮的繼父。那個小組是由福西永的學生組成，都是一些怪咖，常喝酒暢談一些艱深的學術話題，「是個喜歡交流、充滿知性、非常法國的圈子」，茱莉雅從那個圈子獲得了更大的啟蒙。

不過，茱莉雅在用餐時間學到的最多。在充滿景點和感動的巴黎裡，小餐館和餐廳最深得茱莉雅的心。它們提供的感官、社交、文化體驗讓她大為驚豔，儘管保羅已經教她一些相關的知識了，她還是深為震撼。對茱莉雅來說，法國人信奉的生活方式，是一種激進的意識型態：吃東西一定要講究美食體驗，或者就像她未來的搭檔西蒙．貝克（Simone Beck）所言，「是一大志業和娛樂」。茱莉雅抵達巴黎幾個月後，這個現象仍持續吸引著她。「這裡最重要的事，」她寫道，「是把美食當成全民運動，各個階層都沉溺其中。只要吃頓豐盛的晚餐，就算過了美好的夜晚，其他什麼都不重要，而且要花一整晚好好享用。」對茱莉雅來說，在巴黎出外用餐就像看了一場好戲：那設定、對話、布景、表演——是純粹的娛樂，好極了。

這裡光是餐廳的數量，就超乎她的想像，彷彿每個街角都有餐廳，都提供精心料理的經典法國菜：紅酒燉牛肉（boeuf bourguignon）、白醬燉小牛肉（veal blanquette）、白酒燉雞（poule-au-pot）、卡酥來砂鍋（cassoulet）、法式肉凍（terrines）、焗烤料理（gratins）、白汁燉肉（fricassées）、烤肉（rôtis）、蔬菜燉肉（ragoûts）……理查．奧爾尼（Richard Olney）說：「巴黎美食處處。」——而且很便宜，一餐不超過兩美元，那已經包含酒錢了。

茱莉雅根本就樂歪了，她下定決心「吞下整個巴黎」，幾乎天天都約朋友吃午餐或晚餐，一有機會就和保羅出外用餐。

那樣的揮霍也需要有不錯的財力。對保羅那微薄的公家俸來說，要維持那樣的生活型態並不容易。保羅每週九十五美元的薪水大多用於固定的開支，例如房租、服飾、汽車維修、日常必需品，剩下的錢全都花在他們夫妻倆對美好生活的追求上。茱莉雅和保羅的開銷都很大，茱莉雅愛買衣服，精緻的法國服飾，每週會去一次右岸的美容院整理頭髮，保羅的酒窖則是媲美兩星級的餐廳。他們也持續到普羅旺斯、諾曼第、馬賽等地小旅行，住豪華的飯店，上最好的餐館。對多數預算有限的夫妻來說，那樣的生活品味終究會破產。

幸好，他們有茱莉雅繼承的遺產作為後盾。每次手頭緊的時候，他們就會動用那些錢，通常是發生在晚上思考去哪裡用餐的時候。既然無法控制預算，他們乾脆在美食方面放縱享受。「巴黎的餐廳令人難以抗拒，」茱莉雅回憶道，「一家比一家棒。」多花幾塊錢享受那樣的樂趣，還不至於讓他們破產。

他們最常去的地方是米紹（Michaud），那是一家老式的家庭小館，離嚕德嚕只有幾個街區，外型毫不起眼，但提供充滿創意的法國美食，搭配稀釋的奶油和更稀的鮮奶油。「東西不是很精緻，」茱莉雅回憶道，「但每道菜都煮得很好，美味可口，好吃極了！」自從茱莉雅愛上金蝸牛餐廳（Escargot d'Or）的招牌菜蝸牛後，那裡也是她最愛去的地方。另一家愛店是鱒魚餐廳（La Truite），茱莉雅喜歡到那裡大快朵頤「肉質肥美」的諾曼第式比目魚（sole à la normande），那是個「愜意的地方」，就在美國大使館的後方，是由經營盧昂那家皇冠餐廳的同一家族開的。茱莉雅的行事曆裡，記了至少十二家他們推崇的餐廳，還有讓茱莉雅為之銷魂的菜色：拉佩侯斯餐廳（Lapérouse）的焗烤海鮮、立普小酒館（Brasserie Lipp）的牡蠣和甜點、美食家餐廳（Au Gourmet）的焗烤雞肉（poulet gratiné）、丁香園咖啡館（La Closerie des Lilas）的三明治和啤酒，馬許（Marius）、李子樹（Prunier）、法拉蒙（Pharamond）、皮耶爾（Pierre）、喬治（Chez Georges）等餐廳的晚餐。他們每去一家餐廳，就會花更多的積蓄，也對獨特、精緻、特別的菜色更加好奇。

這樣的好奇心以及對美食的強烈熱愛，讓茱莉雅和保羅來到巴黎最受推崇的美食聖殿之一：位於皇家宮殿柱廊裡的大維弗餐廳（Le Grand Véfour）。

大維弗餐廳把他們的用餐體驗一舉拉上了頂級的水準，這家以優雅美食著稱的餐廳歷史悠久，遠溯及一七八四年喧鬧的沙特爾酒吧（Café de Chartres）。當時的客人是主張民主的政治激進分子雅各賓（Jacobin）黨員。後來，經過精緻的改造以後，拿破崙經常帶約瑟芬來這裡幽會（據傳，廚房製作的球型甜點就是根據她的胸型做的），後來尚．維弗（Jean Véfour）接管這家餐廳後，將它重新命名。作家開始光臨，而且不是普通的作家，而是雨果、大仲馬、巴爾扎克、屠格涅夫之類的十九世紀大文豪，以及沙特、馬爾羅、阿拉貢等二十世紀的大作家。保羅和茱莉雅在這裡看到頭髮斑白的科萊特（Colette），她就坐在餐廳末端的紅色天鵝絨座椅上。後續幾年，他們也常在這裡看到名人來來去去。

不過，吸引他們來大維弗餐廳的原因，不是為了看名人，他們在這裡認識了道地的料理。在這之前，他們吃過的地方頂多只算提供可靠的法國料理——各家餐廳的經典菜色，以用心但直接的方式烹飪。大維弗餐廳是所謂的美食餐廳（restaurant gastronomique），亦即法國最頂級的精緻餐點。「食物美味極了……但價格更是高貴」保羅回憶道，「每樣餐點都讓你如痴如醉，所以你結帳時還心存感激。」餐點送到桌邊的時候，簡直就像藝術品一樣。鴿肉已去骨，塞入鵝肝和調味肉餡，香酥的餅皮內包著羊肉片，搭配酸果蔓豆和番茄乾，大比目魚以松露汁清蒸，杏仁醬烤——魚和櫛瓜。如果說皇冠餐廳的香煎比目魚激發了茱莉雅對法國料理的喜愛，她在大維弗餐廳品嚐的美味，更是讓她佩服得五體投地。

但是，即便是大維弗餐廳的大餐，都無法滿足茱莉雅更大的渴望。眼看著三十七歲的生日即將來臨，她覺得愈來愈無法滿足。畢竟，她從來不把料理家務當成志業，她是個充滿熱情的大女人，充沛的活力需要找個出口，養兒育女也許足以滿足她的需求。茱莉雅渴望有孩子，但保羅對孩子興趣缺缺，幾乎每個人都可以明顯看出保羅對孩子的厭惡，「他不會跟孩子相處」。儘管他面對各式各樣的人時，還算親切有禮，也有自然的魅力，但是碰到侵入他空間的小孩時，他就變得「冷淡、暴躁」。小孩令他煩躁，吵個不停！而且他又不能跟小孩談他最關心的議題，「非常重要的議題……關於人、思想、普通語義學」之類的。以他四十七歲的年紀，父親的身分比他那份寒酸的公職更沒吸引力。不過，這時還是可以明顯看出，他和茱莉雅正努力在巴黎受孕，他在寫給弟弟的信中如此透露。茱莉雅也抱著很高的期待，春初，她開始覺得「非常奇怪」，因此推論：「啊，終於懷孕了！」她很開心，因為養兒育女是她可以專注投入的事情。約莫一個月的時間，她一直想著養兒育女的事，後來去醫院檢查時，才發現原來是誤會一場。腹部不適其實是消化不良，吃太多了。「我腸胃不適，」茱莉雅回憶道，「因為我吃了太多的鮮奶油和奶油。」

醫生的診斷對她產生了很大的打擊，那似乎也終止了她對生兒育女的渴望，或至少讓她打消了念頭。後續幾個月在巴黎，她再也沒有那種奇怪的感覺或誤判了。證據也顯示，在避孕方面，她和保羅變得更謹慎小心。那中間的某個時點，他們決定人生沒有孩子也無所謂。茱莉雅知道，保羅表面說「願意養兒育女」，其實內心充滿了擔憂與疑慮，所以她寧可放棄為人母的渴望，也不想破壞夫妻之間的關係。「我本來可以成為完整的母親。」多年後茱莉雅在一本雜誌的文章中如此感嘆，但目前充滿活力的婚姻生活就足以支持她了。

一九四九年，當時序從春天進入夏天時，茱莉雅仍在尋找最適合自己的狀態。每次她和保羅的聊天歸結到底，都是同樣一個揮之不去的問題：「保羅在工作時，她如何打發時間？」對此，他們並沒有意見衝突，他們都希望茱莉雅能找到有意義的事做，讓她覺得人生有個目標。她跟以前一樣，還是堅決反對做辦公室的工作。她覺得辦公室的工作充滿政治角力，又是暫時的，她對政治角力和暫時的工作都沒有興趣。他們認為解決方案需要來自更深切的熱情，但是，那是什麼呢？她再次陷入僵局。

七月底，茱莉雅報名右岸精品店開設的製帽課程，她的情況因此突然出現奇怪的轉變。對茱莉雅那種爽朗活潑的人來說，那個興趣感覺怪怪的。她自己計算，從一九四二年開始，她只擁有過「兩頂相同的帽子」，而且鮮少戴出去，那為什麼她還花時間去學這種乏味的課程呢？也許是因為夏天在羅袍斯點突然產生的興趣，那時她和瑞秋用海灘上撿來的東西，編成滑稽的帽子。又或者，她實在不知如何是好，急著想離開家，找點事做，打發時間。無論是什麼原因，那門課作為職業生涯發展，根本是浪費時間。上了幾次課以後，茱莉雅還是對帽子沒什麼興趣，也瞭解到她「實在沒有做衣服的天分」。她設計的三頂帽子其實還上得了檯面，但是「怎麼看都像我自己做的。」她回憶道。總之，結論是：「糟糕。」

真是失敗！應該還有其他的事情會比較有成就感，她和保羅又開始腦力激盪，希望能想出解決方案。「茱莉雅，妳確實很喜歡吃耶。」他常提醒她這點。以她在巴黎狂吃十個月的狀況來看，這句話還算客氣了。但是玩笑歸玩笑，他也因此提出了一個新點子：茱莉雅應該全心投入食物。

但是，她缺乏烹飪經驗，又是美國人，可能做出專業的法國料理嗎？尤其是在巴黎？在這裡，光是爭議較少的想法就已經引發國際危機了。「我不確定這能不能發展成職業，」茱莉雅回憶道，「但我知道我想學烹飪，法國料理是完美的起點。」保羅鼓勵她探索那個可能性，茱莉雅也認同，她等不及想開始了。她已經以法國料理的方式烹飪，並善用當地的食材及歷久不衰的食譜。在幾位朋友的指導下，她學會了幾道令人垂涎的菜餚，例如白醬燉小牛肉和春蔬燉羊肉（navarin printanier），落實了市民料理（la cuisine bourgeoise）的精神。在爐邊，她正在學習以全新的方式表達自己。「我並沒有資格。」後來有人問起她學烹飪的契機時，她如此坦言：「在發現烹飪以前，沒有任何事情激起我的興趣。開始烹飪以後，我發現：『這就是妳這麼多年來一直在等待的東西，妳顯然不會變成卓越的小說家。』烹飪正好適合我，我對它產生了很大的興趣。」

那年稍早前的春天，他們去英國旅遊時，茱莉雅和朋友瑪麗．比克奈爾（Mari Bicknell）一起煮了一頓晚餐。

她記得朋友對她說：「如果妳真的想學烹飪，應該考慮去藍帶廚藝學校（Le Cordon Bleu）上課。」瑪麗從那所學校的證照課程畢業，她料理的架勢和技巧令茱莉雅相當驚豔。USIS的圖書館員也給了保羅同樣的建議。藍帶廚藝學校似乎是唯一由專業廚師在實作氣氛下，認真指導傳統法國料理的學校。

茱莉雅幾乎不需要別人的進一步鼓勵，她馬上就衝去學校，報名六週的全方位密集班，等十月初開課。茱莉雅終於可以把過人的精力放在烹飪上了。幾乎在此同時，戰後廚房裡的型態也開始出現了轉變，家庭料理變得更依賴現代化的便利性，而不是實際的技巧，後來證明這是個重要的巧合。怪的是，茱莉雅並沒有試著銜接這兩種極端。其實她也沒必要那樣做，而是兩個極端反過來向她靠攏。

註解

1 譯註：meunière是一種烹調法，把魚或肉裹上麵粉或麵糊，煎至表皮金黃酥脆、內部軟嫩。

2 譯註：Babinski reflex，用來判斷嬰兒成熟程度的反射行為。

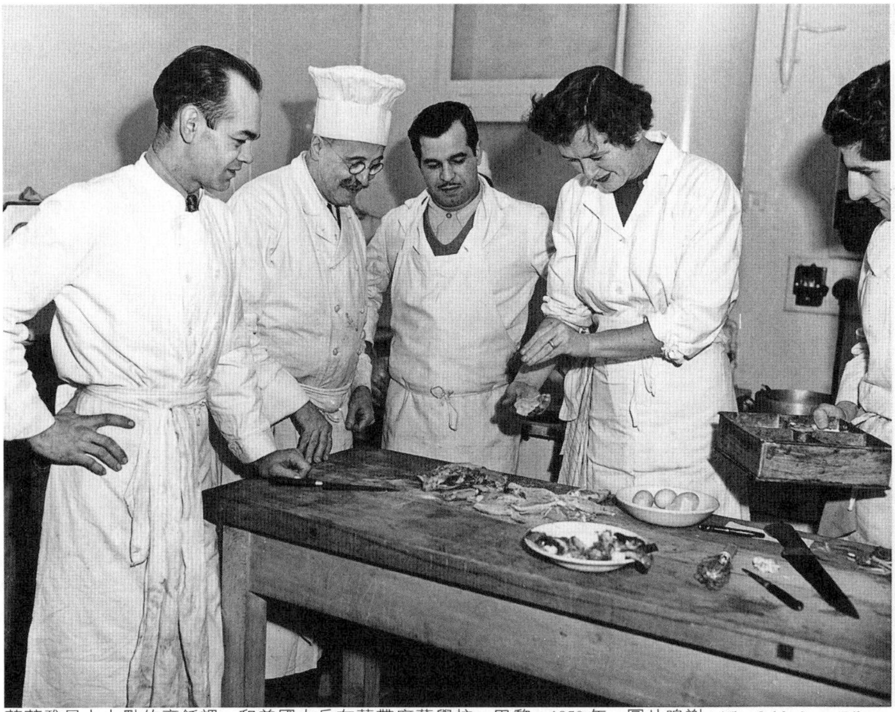

茱莉雅早上七點的烹飪課，和美國大兵在藍帶廚藝學校，巴黎，1950 年。圖片鳴謝：The Schlesinger Library, Radcliffe Institute, Harvard University

10 藍帶廚藝學校

藍帶廚藝學校本身，連找都很難找到。不注意看的話，可能直接路過那個幾乎看不見的「廚藝學校」牌子。那棟灰色文藝復興風格的建築，是位於聖奧諾雷市郊路（rue du Faubourg Saint Honoré）上的不顯眼角落。茱莉雅第一次推開那扇貼滿防雨片的大門時，裡頭的氣氛感覺起來不太踏實。一樓有四間狹窄的教室，都相當老舊。地下室有兩間廚房，缺乏多數烹飪學校都有的現代化設備。沒有攪拌機、肉類溫度計、刨刀或漏勺，也沒有當時最流行的電動攪拌機，只有一些「古老，幾乎沒見過的裝置」，套句某位學生的說法：「那些房間令人困惑不解。」

這就是赫赫有名的藍帶廚藝學校，即使不是全世界最受推崇的廚藝學校，肯定也是最出名的。

一九四九年十月六日，茱莉雅開始在那裡上課。那天一早，她強忍著討厭的感冒，睡眼惺忪地趕來上早上九點的課程。她和其他的同學（兩位年輕女子，一個是英國人，另一個是法國人，兩人連沏壺茶都不會）一起在老舊的教室裡，圍在一張疤痕累累的木桌邊聽課。開始上課以後，茱莉雅才發現那門課是專為完全不懂的人設計的，例如「這是剝蒜頭的方法」，或「我們現在來做水煮蛋」，這時她才發現自己報名了家庭主婦課程！不禁內心一沉，那完全不是她想上的。這種超簡單的課程上了兩天以後，她實在受夠了，決心轉到比較「緊湊」

的課程，但是轉班需要學校那位專橫的主任伊麗莎白·柏哈薩女士（Madame Élizabeth Brassart）的同意。茱莉雅在她的辦公室外頭等候申請轉班時，看到眼前一片混亂。校內充滿了混沌，人來人往，狹窄的走廊上「門不斷地開開關關」，彷彿「狂亂的笑鬧劇」。

一八九六年，瑪莎·迪斯泰（Marthe Distel）和糕點師傅亨利·保羅·佩拉普哈（Henri-Paul Pellaprat）把他們創辦的雜誌社《藍帶廚房》（*La Cuisinière Cordon Bleu*），擴充成上流社會家庭主婦的廚藝學校，當時他們從來沒想過會變成今天的樣子。在此之前，大家是奉守「老祖母料理」的傳統，那傳統主張女性跟著家裡的長輩學習烹飪。藍帶廚藝學校的出現，推翻了這個傳統，他們以法國的學術系統為基礎，建立結構化的教學環境，強調由專業的廚師傳授經典的廚藝。他們以近兩萬名的雜誌訂戶為招生基礎，後來學校開始蓬勃發展，二十世紀初期已經在廚藝界奠定了卓越的利基。有意發展餐飲生涯的年輕男孩，仍是在十二歲時去拜師學藝，以苦力換取大師傳授的智慧，他們不會進藍帶廚藝學校這種地方。但是專業的法國廚房是女性的禁地，女性只好到學校學習那些因性別歧視而無法學到的廚藝技巧。藍帶使用的精緻食譜，是受到法國名廚愛斯克菲爾（Escoffier）的啟發，「一般的餐廳，主要是由男性主廚提供高級料理；一般的中上階層家庭，是由女性提供家常料理，藍帶則是銜接這兩者之間的橋樑」。於是，不知不覺中，藍帶在法國料理的殿堂裡悄悄啟動了一場革命。

但是，到了一九四二年，這所學校成立四十七年後，陷入了財務困境。一九三四年迪斯泰辭世，她的遺囑把一切的家產都捐給了孤兒院，導致藍帶沉寂，近乎銷聲匿跡。後來因柏哈薩女士這位以盈利為導向的人物接手，才讓藍帶重新站穩陣腳。柏哈薩女士來自比利時，打扮講究，性格剛烈，薄唇擠出的笑容十分僵硬。她一接手校務，就對學校失控的預算進行強硬的整頓，聘請三位世界一流的廚師來授課，並規劃一套深入的課程。她說，取得該校證書，保證「可以在最好的廚房裡獲得一席之地」。

那正是茱莉雅想要的——讓她的廚藝獲得讚揚的訓練，而不是為一般業餘玩家開設的簡單課程。但是，柏哈薩女士對茱莉雅的說法有些疑慮。她解釋，首先，茱莉雅幾乎沒有烹調高雅法國菜的經驗；再者，她討厭美國人，包括茱莉雅，所以不可能讓茱莉雅上高級料理課程。況且，高級課程是六週的密集訓練，茱莉雅已經報名一整年的課程，柏哈薩女士對她露出不悅的眼神，彷彿說著「討厭的老美」！

後來，柏哈薩女士稍微讓步了，提出另一個選項，也許茱莉雅可以去上——為餐廳業者開設的課程，該週才剛開課。那已經是她能提供的最好選擇了，要麼就是上該門課，要麼就是上家庭主婦的課程。柏哈薩女士很習慣對學生採取強迫的手段，但是要威嚇這個身高一米九、意志跟鬥牛犬一樣堅定的老美可沒那麼容易。茱莉雅猶豫了一下，考慮她的選擇。柏哈薩女士趁機提出一個甜頭：那門課是由藍帶的明星老師麥克斯．布尼亞（Max Bugnard）所傳授。此話一出，茱莉雅當場就決定轉班了。

柏哈薩女士沒提到那門課是清晨就開始上，也是美國大兵修習的課程。隔天早上，茱莉雅踏進教室，看到十一位粗壯的大兵穿著圍裙、戴著白帽盯著她。「這位不速之客是誰？這女人！怎麼會來跟我們上課？是要我們怎麼騰出空間給她？」從現場的氣氛可以明顯看出，她闖進了類似男人幫的地方。這些人像烏合之眾，「典型的美國大兵」，她心想，「跟電影裡演的很像」，有軍中伙夫、屠夫、熱狗販、麵包師傅，「和善、強悍、質樸」。這群人裡沒有美食家，至少這點是確定的。他們煮的東西叫大雜燴，他們只想精進那方面的廚藝。你再怎麼要求紅酒燉牛肉，對他們來說，燉牛肉怎麼做都是燉牛肉。茱莉雅並未因此退縮，畢竟她在東南亞待了一年半，就是跟這種人打交道，她知道如何和形形色色的人相處。這情況和她原本預期的不同，但她還可以忍受。

幸好，授課的廚師讓這門課發揮了效果。茱莉雅覺得布尼亞「很迷人」，他七十幾歲，個頭不高，但個性活潑，態度和面容都一樣嚴謹。他有點福相，但身材還不算豐腴，眉毛濃密，留著一把被菸熏黃的硬鬚，戴副圓框眼鏡，看起來頗具學術氣息。他是名紳士，個性也溫和，在廚藝界是位天生的老師，有六十五年的烹飪經驗，在家庭式小餐館、小酒館、輪船上的廚房，甚至倫敦的卡爾頓飯店工作過，曾經跟在法國名廚愛斯克菲爾旁邊學習。沒有一道法國菜是布尼亞無法精彩呈現的，茱莉雅後來把布尼亞視為她的「精神導師」。

在課堂上，布尼亞穿著大廚的白衣在廚房裡走動，他會先等大家都準備好材料以後，才開始一次完成多項示範。他「連珠砲似的講解比例和材料，解釋他做的一切，偶爾穿插一點評論」，預期每個人都跟得上。很多基礎的東西需要學習，很多技巧需要掌握，布尼亞不信「慢慢來、摸久就會」那一套。他一開始就教大家正確的切菜技巧，然後才教主菜。他要求學生切菜時要切出經典的七面切法，每段都切成相同的子彈大小，完全去皮，呈現完美的形狀。醬汁！他教了所有的家常醬汁，從醬底的基本要素開始講起——棕醬和白醬（veloutés），接著全盤介紹各種醬汁：半釉汁（demi-glace）、蘇比斯醬（soubise）、馬德爾葡萄酒醬（madère）、乾酪白汁（Mornay）、貝夏媚醬（béchamel）、調味蛋黃醬（rémoulade）、波爾多調味醬（bordelaise）、荷蘭醬（hollandaise）、伯那西醬（béarnaise），各種醬。卡士達（奶黃）！香草醬（crème anglaise）、焦糖布丁（crème caramel）、奶油霜、奶油布丁（pots de crème）。茱莉雅聽得昏頭轉向，那門課相當嚴謹，挑戰性也高。成分很多，組合的方式也多，她覺得「有點混亂」，尤其是第一週，每個人都搶著吸引布尼亞的目光，一邊做，一邊摸索，同時又問個不停。茱莉雅覺得「像在打混戰」。她卯起來抄筆記的同時，還要跟這群男人搶著發問。

茱莉雅是班上唯一的女性，所以很小心翼翼，以免讓人覺得太強勢，她看得出來其他人沒那麼投入。他們確實很認真，但他們的目標顯然跟茱莉雅不同。茱莉雅覺得：「他們每個人都想開高爾夫球練習場附設餐廳，或是路邊的餐廳。」他們的目標是精進廚藝，把大雜燴變成吃起來有幸福感的食物，她則是立志學好法國的高級料理。所以她必須自己拿捏微妙的平衡，不能顯得太好高騖遠，太搶占布尼亞的關注。「我很小心收斂一點。」她寫信給費瑞狄時如此提到。她決心「冷酷，講求實際，但外表維持甜美和溫婉的形象」。

茱莉雅很喜愛布尼亞的課。那些課程讓人覺得，你不需要是法國人，也能做出經典的法國菜。在她看來，其實一切都和技巧有關，只要瞭解「每道食譜的基本原則」，學習如何熟練地執行就好了。一切都有賴不斷的練習，練習以正確的方法反覆地執行，茱莉雅非常樂於下這番功夫。真正的努力是在課堂外自己練習，上午九點半一下課，她馬上衝去市場，採買今天課堂上使用的材料，接著就回家重做一遍。她還記得「上課教了紅酒燉牛肉後，我回家做出我煮過最美味的一餐」。食譜的每個部分都必須細分成基本材料，然後重新建構——從牛肉的脂肪含量，到醬汁裡的紅酒類別都不能馬虎。邊做邊嚐很重要，這樣才能「徹底分析口感和味道」。她整個上午都在練習當天學到的東西，一直練到她做出來的東西類似課堂上的示範為止。她幾乎是馬上就看到進步的成果了。「我已經注意到我的廚藝出現最顯著的差異。」她這麼說。保羅也認同她的說法，「茱莉雅的廚藝真的進步了！」他在信中告訴弟弟，「我原本不相信，但我偷偷告訴你，是真的！」

下午，茱莉雅會趕回藍帶廚藝學校上示範教學課，一直上到快天黑。在一樓密不透風的劇場型小教室裡，那門課有種「教學醫院」的氣氛，三十名「實習生」坐在層層高起的座椅上，認真地抄筆記，前方是由當地的主廚輪流上場，在燈光下的料理檯連續示範多道菜色。一週有十小時是看這種現場示範，過程不是很正式，因為學生可以中途發問，不過氣氛並不輕鬆。現場烹煮——也就是說，不像現在電視上的主廚是事先準備或預先煮好——那些老師是從頭到尾做出一整桌的菜，強調時間和節奏的拿捏，以及原料和基本技巧。主廚就像手指靈巧的雜耍高手，一次同時烹調五或六道菜。茱莉雅第一次看到的示範就是一場盛宴：烤鳥鶲和冬蔬；眼鏡鯔魚（rouget en lorgnette，去除小紅鯔魚的脊骨，把魚身從尾部捲到頭部，下鍋油炸）；釉面胡蘿蔔；手工現攪巧克力冰淇淋；濃稠綿密的巧克力醬，抹在蛋糕夾層中；奶油糖霜像粥一樣的濃密。茱莉雅的眼睛飛快地瞥來瞥去，想看盡一切的細節並抄錄下來。她非常認真，卯足全力投入，深怕錯過任何一個字。她早期的筆記本裡，充滿外人幾乎難以辨讀的潦草筆記，裡面有完整的食譜及解說，以個人化的速記方式撰寫。

這些示範看在茱莉雅的眼裡，想必覺得不可思議，但她樂在其中。那些示範就像劇場演出一樣，充滿戲劇張力，由幾段令人緊張的劇情所組成，還有高潮，最後一定有出人意料的結局。十月初的某日下午，她坐在椅子邊緣，興奮地看著皮耶爾．蒙傑拉特（Pierre Mangelatte）這位來自大師餐廳（Restaurant des Artistes）的年輕廚師迅速地做出好幾道菜：輕飄飄的起司舒芙蕾、雞胸凍、奶油菠菜、夏洛特蘋果塔。呼！一次要吸收那麼多實在不容易，不過整場表演令人相當振奮，看著廚師以精湛的廚藝一次完成這整套餐相當過癮。「我覺得這是課程中最棒的部分。」茱莉雅如此認定。

大師出手就像變魔術一樣神奇，但茱莉雅還是需要趁著記憶猶新時，自己動手嘗試。每次最後一道菜做完，她就馬上衝出教室，飆車去市場，趕在店家收攤前採買食材，然後衝回家考驗自己的記憶力。她的居家示範變成「柴爾德家」（La Maison Schildt，這是保羅取的名字，從 Child 這個姓氏的法語發音轉變而來）的晚餐。茱莉雅根據筆記做了幾個小時，努力重現當天課堂上的菜色，做成當天的晚餐。八點多，保羅翩然地下班回家，總是可以看到妻子拱著身子，在滿是油脂的砧板前做菜，桌邊堆滿了各種奇怪食材的殘渣。景象頗為可觀，尤其那又是茱莉雅初次嘗試做法國的高級料理。「她的指尖散發出各種喜悅，就像旋轉煙火發散出火花那樣。」保羅難掩喜悅地寫道。茱莉雅去上課一週後，保羅寫信跟家鄉的親友，分享這番熱情。「如果你有機會看到茱莉雅把辣椒和豬油塞入死鴿子屁眼的樣子，你就會明白她受到藍帶的影響有多大了。」他打趣地說。又過了幾週，他對茱莉雅更加佩服了：「看到她從雞脖子的小洞掏出所有的內臟，接著再從同一個小洞把雞皮弄鬆，以便放入一些松露，製造豹斑的效果，那景象實在太有趣了。或者，看著她在不扯破鵝皮下，移除鵝的所有骨頭也很有趣。你也要看看她把野兔剝皮的樣子，你會以為她剛拿著鮑伊刀下山來。」

茱莉雅不只準備食材的功夫令保羅佩服，她在廚房裡的舉止、新學會的肢體語言、「充滿權威和自信」的下廚方式，都讓保羅相當激賞。他為茱莉雅最初六週的學習成績打分數時寫道：「她學得非常認真。」他算了一下，光是那段時間，茱莉雅就做了很多令人驚訝的菜色，包括兔肉醬派、法式鹹派、白醬扇貝、奶油酥盒（vol-au-vent）、阿爾薩斯酸菜、海鮮義大利飯、鯔魚佐番紅花汁、義式番茄白酒燉雞（chicken Marengo）、法式香橙鴨（duck à l'orange）、香檳燉大比目魚、法式魚丸烤串淋鮮奶油。茱莉雅花了好幾天練習這些「精緻的法國美食」，但是「最後裝在盤上，是看起來有點可疑的白色東西，並以黃色的醬汁掩飾，如果你是在地毯上看到那東西，應該會馬上把貓抓來打屁股」。看起來不怎麼樣，甚至很醜，但是吃起來美味極了，保羅不僅大口吞下，之後還開心地讚嘆。

茱莉雅正在學習「如何照著食譜摸索」，那需要花很多的時間培養技巧，也是真正的廚師最後培養出來的特色。當一次需要學太多的東西，導致她難以招架時，那目標似乎遙不可及。有太多的事物需要學習，太多的東西需要練習，她感嘆，在藍帶學習六週「根本不算什麼，什麼都不是，我覺得我才剛開始當廚師而已」。當她發現自己可能要花「兩年受訓，再到一流的餐廳工作三年，而且在家還要不斷地煮煮煮，才能有點成就」時，她覺得有點惱火。在藍帶上了七週課程後，她發現「我感覺自己才一腳踏入門而已」。但是又過了一個月後，她的手臂和屁股也擠進門了。「課程開始發揮效果了，」她在寫給家人的信中如此寫道，「我的手、胃和心靈都可以感覺得到。」

她開始一點一滴地瞭解法國料理的奧祕。但對茱莉雅來說，烹飪仍是個困難的斜坡。有時，稍有過度的自信就會出錯。某天下午，她的朋友溫妮．萊利（Winnie Riley）來她家共進午餐，茱莉雅「做了最糟的菠菜班尼迪克蛋請她吃」，彷彿她完全忘光了在藍帶所學的一切。你說測量？誰需要測量材料啊，尤其是做乾酪白汁的時候，哪裡還需要測量麵粉量？茱莉雅全憑感覺做，隨興地攪拌磨碎的格律耶爾乳酪（gruyère），直到貝夏媚醬凝結成黏糊糊的東西。至於材料？多數的材料不是都能互相替換嗎？所以她在市場裡找不到菠菜時，就改用菊苣取代，結果菊苣太硬了，沒辦法即時煮軟來搭配蛋。茱莉雅盯著那盤她即將端給朋友吃的菜，心想：「天啊，好糟糕。」那盤菜看起來糟透了，根本是個災難。

茱莉雅覺得很糗，但她也只能這樣上菜，沒時間重做了。這次失敗讓她很難過，但是為什麼她還讓客人吃下那種東西呢？因為她要是主動招認失敗，會破壞那場午餐的氣氛，而她就完了。「所以我小心翼翼，半個字都沒提，她只好悶著頭把那道菜吃了。」茱莉雅回憶道。

你可以想像她們一邊勉強吞下難吃的東西，一邊交談的情景。即使食物難以下嚥，兩人也都沒評論半句。她們就這樣吃下食物，完全沒提起食物。對茱莉雅來說，不瞎掰理由，也不道歉，成了她終身的信條。決不道歉！「我不相信那些老是為自己的料理道歉的女人。」她解釋，「如果食物真的那麼糟糕，廚師就要想辦法接受。」

茱莉雅有瘋狂收集廚具的嗜好，對於這種戀物癖，她也覺得自己沒什麼不對。她對廚具的熱愛，幾乎跟烹飪一樣多，為了幫她的小廚房增添用具，她花錢毫不手軟。「天啊，這地方簡直跟煉金術士的窩沒什麼兩樣。」保羅驚嘆。她跟著布尼亞主廚閒逛巴黎時，發現兩家她最愛的店。那些店相對於法國的廚房，就像家得寶（Home Depot）相對於需要修繕的房子一樣。瑪黑區市政廳對面的市政廳百貨（Le Bazar de l'Hôtel de Ville，簡稱ＢＨＶ）是個超大的百貨公司，茱莉雅在那裡買家用品是一車一車算的，買到車子裝不完，包括煎鍋、砂鍋、提桶、洗碗盆、掃帚，以及任何能塞進她那輛「藍色閃電」的東西。對渴望當廚師的人來說，ＢＨＶ似乎有他們需要的一切東西，不過，自從布尼亞帶全班去過中央市場（Les Halles）的德耶蘭廚具專門店（Dehillerin）以後，情況就變了。茱莉雅第一眼看到整牆的架上都是閃亮亮的餐廳廚具時，就像賭徒走進拉斯維加斯賭城一樣，整個人為之瘋狂，簡直跟中了高額彩金差不多。「這是有史以來最了不起的廚具行了。」她驚嘆，那個巨大的店裡「塞滿了許多令人垂涎的東西」，對茱莉雅這種廚具迷來說，有如寶庫一般。布尼亞還介紹她認識德耶蘭的老闆，之後的幾週和幾個月，茱莉雅經常光顧那家店，傾聽德耶蘭先生詳盡說明各種器材非買不可的理由，直到嚕德嚕的架子變成德耶蘭廚具行的翻版。

「我們可憐的小廚房都快塞爆了。」保羅形容他們樓上擁擠的現象。這些廚具是從哪裡來的？他嚇壞了，開始盤點這些鍋碗瓢盆，「有鍋子、平底鍋、壺、篩子、量測桿、溫度計、臼、定時鐘、菜刀、磨刀、刀子、開罐器、杵、湯匙、勺子、廣口瓶、烤串、叉子、瓶子、箱子、包裝袋、秤、針、刨刀、線、擀麵棍、研磨器、油炸鍋、雙層鍋、單層鍋、大理石砧板、形形色色的擠壓模」，快把膠合板的架子壓垮了；而且還不止這些，「她還有做醬汁的特殊攪拌器、把東西插入烤肉中的長針、打蛋專用的大銅碗、糖度計1、漏勺、三只專用來煎可麗餅的小煎鍋、熬糖的銅鍋、楓木做的攪拌匙、塔圈、還有大大小小的各種長柄鍋蓋」。

廚房的流理檯往爐子的兩邊延伸，簡直跟瘋狂科學家的實驗室差不多。「一邊有七個阿里巴巴的油罐子，裡面裝滿基本的濃縮湯汁，排成一排，像七個肥胖的士兵。」保羅寫道，「另一邊的掛勾則是掛滿不同尺寸的錫製量桶，有半升、四分之一升、十分之一升、二十分之一升，還有無數的刮刀、菜刀、刀具、槌子、壓碎機，刀子多到足以供應整船的海盜。」保羅甚至搞不清楚有些容器的功能——有銅器、鐵器、不鏽鋼容器、鋁器、玻璃容器、陶器、錫器、琺瑯器、瓦器、瓷器，「這些東西全部硬塞在他本來不知道存在的空間裡」。

如果碰到比較嚴苛的丈夫，可能已經把茱莉雅送進廚具勒戒所了，但是保羅一點也不干涉她，反而樂觀其成。看到茱莉雅那麼投入，他反而覺得很妙，也希望能幫她繼續維持在開心的狀態。看到茱莉雅彎著腰在爐邊烹飪，那本身對他來說就是一場饗宴。茱莉雅掌握烹飪的方式，以及端出的每道行家級料理，都令他深深著迷。茱莉雅自信及優雅地在廚房裡移動，「迅速打開又關上爐門，快到你幾乎沒注意到她靈巧地伸進湯匙，插入砂鍋，舀一匙放入嘴裡，檢查味道的動作」，諸如此類的動作都令他驚奇。在寫給家人的幾封信裡，保羅對茱莉雅的描述充滿了欽佩和驚嘆。然而，當她更深入學習時，她從未失去當初在錫蘭讓保羅深深迷戀的頑皮心態。茱莉雅的玩心常在最妙的時刻出現，令他著迷。例如，某晚，茱莉雅為一群晚上來開派對的朋友烹煮義大利麵，她從煮沸的鍋中撈起義大利麵捲2，大叫：「哇！這東西跟堅挺的陽具一樣燙！」保羅一聽不禁大叫出聲，他喜歡她開黃腔的幽默，喜歡她的直爽不做作，她就是與眾不同！

看來茱莉雅終於快樂了，真的快樂地做她熱愛的事物。如果快樂的定義是充分投入某人擅長的事物，直到這個時點，她還只是偶爾投入而已。沒錯，茱莉雅是做她喜歡做的事情，有事可忙，但她並未以任何方式測試自己的能力。烹飪讓她的生活有了架構，那是實質的、有意義的，為她帶來成就感和獨立性，這些都是她渴望已久的東西。她最不想要的就是傳統的生活，她怕自己變成溫順的小女人，她看過太多的朋友變成那樣了。那些見多識廣的聰明朋友在畢業後就消失了蹤影，走進傳統的家庭生活，大家只預期她們煮飯、打掃、持家，把比較有挑戰性的工作讓給收入優厚的先生去做。那個年代，女性沒有那麼多的機會可以充分投入感興趣的事物。但對茱莉雅來說，烹飪算是挺有意思的東西，她幾乎整個人都綁在廚房裡，不過她並不討厭廚房，她學會喜愛食物的感覺以及處理食物的感覺。「多元的菜餚、醬汁和搭配，對想像力是很大的刺激。」她說。

最初幾個月，茱莉雅覺得很滿足。她天天都去藍帶上早上和下午的課，接著回嚕德嚕練習當天所學的東西。「我大部分的時間都在廚房裡，」一九四九年底她在寫給費瑞狄的信中如此坦言，「實在離不開。」當她學到愈多實用的技巧時，似乎愈想知道更多的理論。她認為烹飪不光只是簡單的技術而已，更涉及科技和科學（化學）。光是照著食譜做，但不知道材料是如何整合與組成的，那還不夠。那表示她需要先瞭解各種材料的特質——它們來自哪裡，是什麼做成的，加熱有什麼反應。茱莉雅利用閒暇時間，研究課堂上教的經典食譜，徹底地剖析，以瞭解所有的元素是如何結合的。

美乃滋是她研究最久的東西，她可以「迅速輕鬆地製作一大捅，每次都做到完美無瑕」。那過程很簡單：只要把沙拉油打進蛋黃內，直到它變成濃稠的乳狀，像乳液那樣。加入一點鹽和一點醋，瞧！現打的美乃滋就完成了。某天她甚至為自己計時，七分鐘就打好半品脫濃稠的美乃滋。但是天氣一變，她的魔力也會跟著轉變，打出來的美乃滋也變稀了。這是怎麼回事？她想找出原因，於是她做了又做，扔掉好幾桶做好的美乃滋。她在筆記簿裡寫下失敗的實驗細節，努力想避免失敗再度發生。但是每次她解決了問題的一部分，似乎又會出現其他的問題，例如成分缺乏一致性，出現另一個變數，或是美乃滋完全變成別種東西。這實在令她困惑不解，她不願接受無法捉摸的東西，或是又回頭改買現成的好樂門（Hellman's）美乃滋。所以，她開始實驗，「大量詢問與研究」以便瞭解元素（諸如溫度、濕度、溶解度、質地、能量、時間等等）對烹飪的影響。

「想必是低溫造成不良的影響，」她推測，「或是蛋黃。也許用力打蛋時溫度升高，讓它稍稍熱了一下。」也許不是，她不是很確定。

於是茱莉雅開始投入廚房的煉金術，深入去瞭解一道菜裡的每項東西、背後的化學和物理、以及把食材變成美食的理論。她不想只照著食譜的寫法逐步去做，而是想透徹地瞭解每道菜，解構料理的組成，讓她不只會烹飪美食而已，還做到精通。美乃滋不是因為你把油打進蛋黃就會出現，那牽涉了物理特質，經過多次的試誤以後，她得出以下的結論：「所有的東西都必須在室溫的狀態，包括那個盆子。」還有油、蛋、工作區都必須是室溫。工具也很重要，不能用任何攪拌機，千萬不行！而是用打蛋器或攪拌器，以便「調節速度和掌控行動」。比例也很重要，油相對於蛋黃的比例，四份的油搭配一份蛋，似乎是讓蛋變成結合元素的理想狀態。還有催化也很重要（沒錯，催化！）：加入一小撮鹽和半茶匙的醋以分解蛋黃，讓它吸收油脂，最終產生乳化。

茱莉雅一遍又一遍地測試，微調她的主配方，以反映她每次的新發現。「我做了非常多的美乃滋，」她回憶道，「保羅和我根本吃不了那麼多，所以我乾脆把測試的成品都倒進廁所了。」

茱莉雅發現，瞭解美乃滋不只需要簡單的技術，一旦她掌握了訣竅，她覺得她從此就征服它了。她不禁納悶，難道所有的法國料理都需要麻省理工學院的分子結構學學位嗎？從試誤的過程中，茱莉雅擔心，那很可能是真的，她「變得有點像瘋狂的科學家」，窩在廚房裡研究成分及特質好幾個小時，反覆地實驗，彷彿她能鑽入裡面或把它們變成黃金似的。食譜很複雜，含糊不清，有太多種可能性，那提高了她做每道菜出狀況的機率。

不過，套用佛洛伊德的説法，有時候烤牛肉就只是烤牛肉而已。在布尼亞主廚的一堂課上，茱莉雅有了這番頓悟。她做這道菜的方式原本很複雜，牽涉了一堆細節，搞得人仰馬翻。「我曾經用兩百種香草醃肉。」她坦言自己的天真，「現在，我加鹽和胡椒，用醃肉布包著。在烤盤裡放入胡蘿蔔片和洋蔥片，上頭放一大匙奶油，就放進去烤了，然後塗油脂。」那種東西「只要抓住訣竅就非常簡單」。

說到法國料理，她需要拿捏適切的平衡：結合精確的技巧與本能，以簡化流程。她當然知道練習是不可或缺的，不過，架勢和信念——亦即自信——是關鍵。在短短幾個月內，茱莉雅已經把一學期的課程轉變成大量的食譜。但是在自信方面，她還有待加強。

即便是在廚房之外，茱莉雅的信心依舊相當欠缺，長期躲在保羅的睿智身影下，讓她對自己沒什麼信心，也不善社交。無論她看起來有多外向和親切，面對他們招待的賓客時，她從來不覺得自在。而且他們夫婦倆對於招待賓客這件事，可說是非常非常熱衷。在一九五〇年之前的那幾個月，很多名人經常進出嚕德嚕。保羅在USIS的工作讓他接觸到各種名流雅士，很多人都曾受邀到他家用餐。茱莉雅曾做菜招待過美國一些最卓越的人物，包括政治家、社會學家、作家、記者、哲學家、大使、藝術史學家、教授、內閣成員、朋友、朋友的朋友、陌生人，有各種人。幾乎每晚都有精緻的晚宴。晚宴上的對話，即使超出茱莉雅的理解之外，聽在她的耳中，她還是覺得相當精彩，從未令她失望。餐桌上大家高談闊論，熱烈地交流對馬歇爾計畫、全球經濟、福利國家、英國社會主義的看法，那些議題都讓她覺得自己的瞭解還不夠。

「我不擅長言語表達。」十一月底辦完一次聚會後，她懊惱地說。她的朋友溫妮和艾德．萊利（Ed Riley）先來她家喝兩杯，才一起去中央市場的爐格餐廳（La Grille），那是當時柴爾德夫婦最愛的餐廳。幾個月來，茱莉雅積極地跟萊利夫婦往來，他們是駐外人士中她最喜歡的一對，尤其艾德是她最喜歡交流的對象。他有獨到的見解，考慮周詳。「是那種理想的美式商業人士，」茱莉雅說，「而且帥氣又粗獷。」那是她對男人的基本要求。晚上的聚會悠閒地展開，大家彼此交換八卦消息，但是話題一轉趨知性和嚴肅，茱莉雅就插不上嘴了。她覺得自己相形見絀，誤以為這是因為她「理念不清」。那些討論的議題其實影響她很大，但每次她設法加入討論時，卻老是出糗。她不禁慌了起來，「氣急敗壞地辯護自己的立場」，但最後反而弄巧成拙——她對事實的瞭解、協調的能力，尤其是情緒方面都急需加強。茱莉雅的致命傷是，她很容易過於激動，保羅幾乎是從認識她的第一天就注意到這點了，沒有人比保羅更敏銳地察覺到這些警訊。茱莉雅一激動起來，呼吸就開始急促，眼睛快速眨動，句子講到最後模糊不清，或開始錯亂和重複。十四年後《法國大廚》開播的最初幾集，也出現了同樣的行為。

在家裡招待客人是一種表演，無論茱莉雅烹調法國菜的手藝變得多好，宴客時的應對仍是她尚未精通的領域。

在此同時，茱莉雅從她在藍帶廚藝學校的穩定進步中，獲得了需要的信心。一九五〇年一月四日，她開始上第二學期的課，每天一大早跟著「一群遲鈍的美國大兵」到地下室的教室報到。茱莉雅容易受教，也亟欲討好老師。其他人發現上課的食譜跟第一學期的內容「一再重複」時，就開始抗議，她則不然。法式鹹派做了十六次，白醬燉小牛肉做了十二次，香煎比目魚的次數更是多到學生都數不清了。但是茱莉雅覺得反覆做很有教育意義和紀律，她覺得：「我逐漸學會如何以專業的方式做事。」累積經驗對未來更有幫助。那些課程都很講究細節，甚至很辛苦，但是那幫她瞭解了法國料理的基本：好看的餅皮，橙香火焰可麗餅（crêpe suzette），完美的煎蛋卷，還有醬汁。「我開始體會保羅一直說的，學習專業的訣竅，就是一而再、再而三的練習。」那結果太珍貴、太美味了，浪費了很可惜。

不過，到了一九五〇年春季，茱莉雅開始感到失落，對「那家管理實在很糟的學校日益失望」。柏哈薩女士是出名的小氣鬼，對每分錢都斤斤計較。「她什麼都管，材料也捨不得買。」一位以前的學生這麼說，呼應了茱莉雅的失落。「我們從來沒看過奶油，只用人造奶油，還有那些設備簡直是令人髮指。」有人戲稱，那些燻黑的鍋子和平底鍋是從古代用到現代，爐子則是從電力還沒發現時就開始使用了。「數量有限的電烤爐中，只有少數幾只還能用。」另一位不滿的學生說，「長爐上的電爐心很容易短路和觸電。」

茱莉雅可以忍受那些古老的設備，但是對她來說，上課的意義已經開始消失了。美國大兵的喧鬧不再可愛，他們喜歡隨口講洋涇浜的法語來混淆布尼亞主廚，例如「主廚，你要把兩個眼罩放在塗了奶油的薄片上嗎？」或是刻意把白醬（貝夏媚醬）稱為「北瞎味」，講了四十三次還不嫌煩。而且，他們也比較想去隔壁的小酒館打彈珠檯，而不是把費南雪金磚蛋糕（financier）或奶油酥盒做得更好。「如果那些『孩子』認真點，就不是問題了。」茱莉雅承認，「但是現在課程都上半年了，他們還不知道貝夏媚醬的比例，或是如何以法式的手法來洗雞。」在那種情況下，繼續維持熱切的心態似乎沒什麼用，她確實可以繼續裝下去，「盡可能保持冷酷，講求實際，但外表維持甜美和溫婉的形象」，這個作法之前幫她撐過了幾個月。但是這些美國大兵和令人難以忍受的常規，持續削弱她的抵抗力。「每天一大早六點半起床，忍著睡眠不足，抵抗力不足」，去一家破敗的學校。

她和布尼亞主廚討論是否放棄藍帶的課程，布尼亞說服她先請假一陣子。茱莉雅只要付一美元，還是可以每天下午去上示範教學課，等甜點課重新開課時，她也可以去複習。布尼亞主廚甚至答應她，偶爾下課後會去她的廚房，親自指導，以換取一頓美味的餐點。在此同時，茱莉雅則是承諾她會一再練習，在家裡不斷地複習，為廚藝教室的期末考做準備。

茱莉雅對於外交使節妻子的身分，也開始失去興趣。既然她已經從烹飪中獲得滿足，她再也不想恢復社交花蝴蝶的身分了。她還是喜歡家庭主婦的角色，覺得每天趕回家幫先生做晚餐挺好的，女強人可以辦到，而不失一絲的尊重。但她不是無助或膚淺的女人，她討厭看到自己或其他的女性變成花瓶。

一開始，大使館的招待會還挺有趣的。在多數情況下，通常是在大使官邸舉行，官員的妻子會被派到接待處擔任招待員。「先生在門口見到賓客，把客人介紹給布魯斯大使。」茱莉雅回憶道，「接著，妻子接手，帶客人四處參觀，幫客人倒酒，幫忙炒熱氣氛。」來訪的大人物都很有趣，也令人注目，那新鮮感令人為之一振。但是這樣每週接待過了一年後，新鮮感已經消失了。特別活動、節慶晚會、義賣、派對的氾濫，讓那些活動逐漸變得疲乏。過了一陣子，茱莉雅開始覺得那些活動很煩，對裡面的情境感到惱怒：「官員的妻子打扮得花枝招展，穿著露肩禮服笑得花枝亂顫，不時拉一拉胸前的衣領，以免過於暴露，興奮地脹紅著臉，男人全像穿著黑衣和白衣的烏鴉。」每個人只能跟配偶跳一支舞，高層要求他們一定要跟賓客共舞幾曲。那不是喝幾杯雞尾酒就值得做的事，誰需要搞那些派頭？

他們之所以會去那種場合，是因為非去不可，每個USIS的人都必須參加。保羅無法迴避，但是即使去了，對他的仕途也毫無助益。他有卓越的藝術能力，但公職生涯卻宛如災難一般。他意志頑強，固執己見，暴躁易怒，個性孤傲。在最重視團隊合作的USIS裡，他總是獨來獨往，自己在桌邊用餐，不跟同事一起吃飯，下班也不跟「有助於事業升遷的人」八卦或社交。他表達自己的方式，常讓人覺得曲高和寡，有些人甚至覺得保羅太自命不凡。更糟的是，他老是跟掌權者對立。

一九五〇年年初，保羅開始對掌管公共事務部（PA）的喬治．皮卡（George Picard）負責。多數PA的人都覺得皮卡是個不錯的官員，對藝術或辦公室政治都沒有個人的偏見。但是保羅一想到這個沒文化素養的人負責管理才華橫溢的創作團隊就生氣，難掩對他的輕蔑。從一開始兩人的接觸就很尷尬，保羅對他的態度總是帶著不滿。「自從皮卡變成我上司後，我已經跟他發生幾次小口角了。」保羅對弟弟透露，擔心這可能會影響他的升遷。保羅有充分的理由擔心這點，因為沒有人比皮卡更有權力更動他的位置，尤其是薪水方面。加薪是看年度的考績而定，保羅等候加薪的消息已經好幾個月了，但最後的決定是看皮卡的評價而定。「他沒能力判斷任何人的藝術功力，」保羅抱怨，「如果他跟下面的人有過節，他可以用一些刻意的措辭，來影響那人的整個生涯。」

就各方面來看，皮卡並沒有記恨。他在十二月提出的考績報告裡，雖有一些刻意挑選的措辭，但是整體看起來很算公正。他在報告中讚揚保羅，給他很好的評價，提到他在藝術領域的表現極為稱職，不過後面加了但書：「當然，要預期他在行政方面也表現那麼稱職，也許過於強求。」皮卡寫道，「我相信日後他會進步，所以這次暫不加薪。」

他的評論語氣讓保羅覺得很受傷，也很失落。「他不知道我當過十七年老師，」他氣憤地說，「也不知道戰爭期間我在OSS的經歷。」直接的批評對他還比較容易接受。為了壓抑內心的怨恨及加強他的責任感，保羅埋首於USIS在後續幾個月舉辦的巡迴展覽。他策劃了美國攝影家艾德華．威斯頓（Edward Weston）的回顧展，之後又展出一系列的海報並舉辦攝影比賽，獲得不錯的媒體報導，讓他感到特別自豪。其中有個精彩的展覽是「旅法的美國藝術家」，他特別投入，從五百多位藝術家中精挑細選參展的人物。在巴黎辦這樣的秀展相當敏感，畢竟這牽涉到很多人的自尊。而且，要協調六個城市的巡迴展出事宜，更是後勤上的一大夢魘。因此，他不得不婉拒偕同茱莉雅去參與幾乎跟他工作一樣棘手的社交活動。

一九五〇年四月，約翰和菲拉．麥威廉斯來法國度長假。

茱莉雅還是深愛著父親，但從她兩年前結婚以後，他們就沒再見過面了。這段期間，他們經常通信，不過都寫得不多，就只是寒暄問候而已。只要稍微談到比較深入的東西，就容易引發爭論。約翰的情緒和偏見很容易一下子就反應過度。茱莉雅當然覺得父親的右派評論不合情理，從她有記憶以來，父親的態度就一直很霸道，不容忍又輕視跟自己意見不同的人。茱莉雅當然知道最好不要跟老爸爭論，有陣子她很擅長閃躲他的責罵，但是自從嫁給保羅以後，她就很難克制自己，尤其是談到最近華盛頓的麥卡錫聽證會（McCarthy hearings）[3]。柴爾德夫婦在國務院的幾個朋友都被麥卡錫列為審查對象，他們都說麥卡錫是「來自威斯康辛州的混蛋」。那段日子，藝術家和知識分子都深受迫害，當時已經有人懷疑，眾議院委員會可能會開始遷怒保羅所屬的USIS。

茱莉雅很可能是在信中跟老爸提起了這些事，因為有陣子他老爸乾脆就不回信了。不過，後來的幾個月，他們緊繃的父女關係又出現起色，這次她老爸造訪法國有點休戰的意味。

在帕莎蒂納，現年七十歲的約翰並沒有因為年紀更長而變得更加圓融。他覺得顛覆分子無處不在，甚至在自家的後院撒野。他毫不懷疑自己的女婿保羅就是「共產主義類型」，至於那個容易受影響的女兒，誰知道她是不是也變了？不過，多年的滑囊炎讓約翰的身體轉趨虛弱，年紀大了，氣勢大不如前，「關節僵硬……無法走太多的路」。梅開二度的婚姻也讓他整個人稍微柔和了一些，迷人的老婆總是以家庭為優先。造訪巴黎其實是菲拉的意思，對約翰來說，巴黎代表他厭惡的一切，藝術也好，文化也好，那些討厭的法國男人就更不用說了，他其實更想留在帕莎蒂納。「我在這裡有不錯的房子和朋友，又可以說自己的語言。」他如此告訴茱莉雅。但是菲拉堅持要到巴黎一趟，她覺得約翰和女兒這樣疏遠不是好事——他跟兩個女兒都是如此。

在父親眼中，小陶的罪是跟劇團混在一起。他覺得劇場的人「敏感又情緒化」，都是「沒什麼搞頭的藝術家」。小陶在紐約與倫敦跟沒什麼名氣的劇團工作，收入少得可憐，甚至沒什麼成就感，未來也看不出有什麼前景。茱莉雅邀她到巴黎一遊時，快三十二歲的小陶其實已經沒有選擇了。茱莉雅對於她們姊妹倆的疏離感到遺憾。「坦白說，她抵達時，我覺得我對愛蓮的認知比對自己的親妹妹還多。」

不過，小陶一到巴黎，茱莉雅馬上就感覺到她帶來的震撼。她發現小妹又長高了，身高快飆破一九八公分。事實上，她幾乎各方面都有種放大的感覺——活力十足、喋喋不休、放蕩不羈、壓抑不住、熱情奔放、情緒不時地上下起伏。「她非常、非常善變，」小陶的獨生女說，「充滿活力，但是脾氣說來就來。」小陶帶著這種狂放不羈的活力來找茱莉雅，試圖來這裡釐清人生的方向。一九四九年底，她僅帶了一只皮箱，就住進了嚕德嚕的空房，準備好擁抱她姊姊的新世界。

小陶欣然接受了巴黎令人轉變的魔力。幾個月內，她已經成為這裡年輕外國人聚會裡的常客，在派對、小酒館、夜店和咖啡廳之間遊走，開著外型如犰狳的雪鐵龍汽車到處跑。她充滿魅力，個性非常活潑，是每場派對裡的靈魂人物。儘管她幾乎不會說法語，語言障礙對她來說完全不是問題，她直接把語言扭曲成自成一格的怪腔怪調，例如把洗髮精（shampoo）說成香菇（champignon），小車禍（fender-bender）變成打我屁股（craché dans ma derrière）。但不知怎的，她隨便亂講都沒事，多數老美要是犯了那些口誤，早就無地自容了。小陶的不拘小節反而讓多數臉皮薄的法國人卸下了心防，連茱莉雅和保羅都被她逗樂了。

一九五〇年，小陶在美國俱樂部劇團（American Club Theater）工作，這個巴黎劇團的戲劇比前衛派還要前衛，也許連薩繆爾．貝克特（Samuel Beckett）[4]也看不懂。那是個吃力不討好的工作，長時間處於緊繃的狀態下，酬勞少得可憐，但小陶熱愛投入的每一刻。即使劇團經理一再辱罵她，她從未抗議。小陶熱愛戲劇，她可以忍受一切輕率的言行。但是，她跟茱莉雅一樣，也受不了父親的霸道。當她老爸即將造訪巴黎的消息傳來時，她只好先擱下戲劇，專心應付家裡的考驗。

想到要招待老爸，兩姊妹都不知如何是好。約翰和菲拉打算在巴黎待一週，接著走訪南法，去義大利，從菲諾港（Portofino）一路遊到卡普里島（Capri），近一個月。隨著這個大日子的到來，兩姊妹都做了「最壞的打算」。茱莉雅想盡辦法迎合貴客，但是她再怎麼努力，似乎都達不到老爸挑剔的標準。「我想這會是一場考驗，」她擔憂，「因為我們的生活方式已經變得如此迥異。」她想「讓老爸看一看她覺得很窩心及滿意的生活和人物」，但她也知道那樣做太冒險了。只要稍微出錯——不小心翻個白眼或提出錯誤的觀點——都可能讓口舌之爭一觸即發。茱莉雅已經不敢抱持改造父親的幻想，她現在頂多只期望能維持表面的和氣，她決心「卯足全力裝出乖巧的模樣，裝聾作啞，聽話服從，完全不想任何事」。

至少，保羅得以脫身。他答應岳父岳母來巴黎時會招待他們，但頂多就只做到那樣而已，不會自找麻煩。保羅不是傻瓜，他也知道岳父鄙視他的一切。他可以忍受翁婿之間的明顯差異，他可以把約翰對共產黨、激進分子、左派和自由派、知識分子和菁英的辱罵都當成耳邊風，但是約翰大肆展現那些敵意的潛在用意，則讓他難以忽略。「他覺得他女兒是在資助保羅。」約翰的孫女說，就某種程度來說，那可能也是真的。茱莉雅繼承的財產，讓他們夫婦倆可以享受不錯的巴黎生活。但保羅覺得：「這不關你約翰的屁事。」

約翰實在太看不起人了，在那皮笑肉不笑的背後，他另有企圖。他覺得茱莉雅需要長期的安全感，那表示保羅需要變成上得了檯面的人物。他們的婚姻意味著茱莉雅再也不可能在社會上占有一席之地，約翰一點也不掩飾他對那樁婚姻的失望，但又覺得自己或許可以把女兒從失敗的深淵中拯救出來。他覺得保羅需要一點幫助，擔心他靠自己無法出人頭地，還主動提議用錢幫他解決。在寫給茱莉雅的信中，約翰寫道：「如果保羅需要資金開創事業，他很想在財務上盡可能幫他。」茱莉雅沒多想就回絕了，但保羅從來沒原諒約翰那樣囂張的氣焰。保羅覺得自己都已經五十歲了，早就該獨當一面。保羅是不可能跟他們去義大利的，茱莉雅寫道：「因為他不想浪費度假的時間。」她也「不怪他」。

沒想到，麥威廉斯和柴爾德這兩家人在巴黎的團圓竟然還挺順利的。每個人都表現出最好的行為，連老爸都盡量閉嘴了，不過在保羅的眼中，「很難看出他只是想在這次表現良好，還是徹底改變了」。茱莉雅也注意到老爸克制了自己的言行，她和小陶跟著他們一起南下旅遊時，她說：「我突然發現他老了，他以前從來不是那樣，他自己似乎也意識到了。」

七十歲的約翰不再像以前那麼可怕，難道他失去以往動不動就愛恐嚇、講話尖酸刻薄、經常辱罵貶抑，讓高大的女兒自覺渺小無用的性格了嗎？他們一行人沿著隆河（Rhône）蜿蜒南下時，茱莉雅顯然是這樣想的。父親的「慈愛和自然」讓她受寵若驚，每次他要開口講一長串英文以前，還會先對法國人輕快地講一聲「蹦揪」（Bonjour，「你好」的意思），「彷彿怕老法聽不懂似的」。連這樣小小的舉動，都讓茱莉雅覺得挺逗趣迷人的，至少她不再覺得跟老爸在一起很丟臉了。又或者，她已經不把老爸囉唆的廢話放在心裡了。總之，她設法忍受

「老爸向來對音樂、知識分子、外國人等等的偏見」。有些事情他還是永遠不會改變，但茱莉雅也不再計較了。無論過去她對父親有再多的不滿、父親的專橫對她留下多大的傷痕，如今看著父親漫無目的地在法國和義大利遊走，她都覺得他為自己打造的世界，那個「富有上流保守的共和黨人」世界，又小又可悲。他對歐洲富人的看法也很明顯，對造訪的古城都沒什麼好感，對當地的建築和藝術（「那些濕冷的教堂或博物館」）毫無興趣，對於讓茱莉雅醉心的美食和美酒也毫無熱情。「我們再也沒有任何共通點了，」那趟旅遊後，茱莉雅在寫給家人的信中如此寫道，「沒反應，沒喜好，沒人生，什麼都沒有。」

那趟旅行讓茱莉雅覺得自己掙脫了過往，擺脫了老是糾纏她的羈絆，離開了那個「孩子永遠只是孩子，必須聽話服從，看得到，聽不到」的僵化地方。那個夏天送走老爸以後，她大多時候都是處於與世隔絕的輕鬆狀態，「在家裡實驗」，整理收集的經典食譜，一再練習每道菜色，直到滿意為止。漸漸地，法國料理的美好（它的技巧、科學、用心、神奇），那種「做出動人美食的快樂」，變成她唯一重視的東西。茱莉雅不只是精進食譜而已，她的目標是把那些料理變成自己的東西，開發出不同的版本，細節和步驟都必須絕對清楚。她還不知道這一切會往哪個方向發展，究竟是跟著恩師一起烹飪呢，還是跟費瑞狄一起開一家她們夢想的餐廳，招牌寫著「柴爾德夫人與柴爾德夫人：來自法國巴黎藍帶廚藝學校」呢。目前光是練習精進廚藝，她就已經很滿意了。「我當下的計畫是，開發出夠多『絕對不會失敗』的食譜，這樣一來我就可以自己開課了。」她回憶道。

在此同時，茱莉雅也更投入她在巴黎的精彩生活，監督她剛雇來的管家管理嚕德嚕，並「大幅整修房東留下的老舊家具」。就像開發自己的食譜一樣，她也想把這個房子弄成屬於自己的地方。「她想翻新公寓，讓它變得更現代化。」姪女瑞秋回憶道。他們拆下沉重的錦緞窗簾和洛可可式的壁燈，重新填平牆壁的裂紋，重新粉刷水漬牆壁（交誼廳是米色，廚房是白色和灰綠色）。她為老舊的大沙發換上奶油色的沙發套，原本的把手已經破舊得像流浪漢的外套。

和保羅在巴黎的生活，為茱莉雅的個人成長填補了空缺。對她來說，嫁給保羅又搬到巴黎原本是一種叛逆，卻幫她塑造出獨特的自我。保羅從來不干預、也不占有她，從來不會展現出他的職業生涯比她的烹飪還要重要。他們各自發展自己的圈子，也學會不去占滿彼此的生活。除了「正式的生活——烹飪和公職」以外，他們也認真投入小心平衡的婚姻生活，那是他們尊重及熱切追求的目標。他們的社交生活充滿無數的招待會和晚宴，跟事業很大的有錢人一樣忙碌，但他們一定會留給自己一點私人的時間，做他們想做的事。隔週四是他們參與「電影俱樂部」的時間，期待已久的法蘭西喜劇院（Comédie-Française）節目也終於來了。保羅繼續手繪巴黎的街景，茱莉雅則是縫紉東西。他們甚至維持了週日早上的傳統：一起探索巴黎從未造訪過的街區。

一九五〇年的夏季和秋季，經歷了家族造訪以及其他的娛樂和事物後，嚕德嚕的廚房一直是實驗的重地。「我做了好多菜，」茱莉雅說，「感覺都可以餵飽巴黎一半的胃了。」茱莉雅的廚藝跟著她的個人成長一起精進，對她來說，那些菜就是她對自己日益滿意的證明：前一年投入的心血，開始慢慢地展現在餐盤上。一九五一年的春天，在保羅的鼓勵、布尼亞的認可，以及朋友的好評下，她決定把自己的才華提升到另一個境界。

註解

1 原註：pèse-sirop，衡量糖濃度的液體比重計，製作冰沙及果醬時使用。
2 譯註：cannelloni，通常包著肉醬、蔬菜、甚至魚肉，一般捲成圓柱形。
3 譯註：麥卡錫曾藉反共迫害人權。
4 譯註：荒誕派戲劇的重要代表人物。

麥威廉斯姊妹在巴黎，1950 年。圖片鳴謝：The Schlesinger Library, Radcliffe Institute, Harvard University

11

自投羅網

茱莉雅自從到藍帶上課後，累積了大量的訓練和知識，廚藝進步神速，光是做菜請朋友試吃已經無法滿足她了，她希望能獲得認證。

保羅鼓勵她放膽去試試看，說她做的菜「跟巴黎最好的餐廳一樣出色」。一九五一年元旦過後，她把花了三天才完成的超大法式雞肉凍（galantine de volaille）放在廚房的流理檯上，這道菜是用干邑白蘭地醃過的肉餡和松露，搭上透明的高湯凍，充分證明了她的廚藝精湛。在此同時，布尼亞主廚也持續稱讚茱莉雅很有才華，說她「有資格成為中高階級家庭（maison de la Haute Bourgeoisie）的主廚」。於是，茱莉雅在朋友與專業人士的鼓舞下，要求柏哈薩女士幫她訂一個證書考試的日期，讓她取得資格憑證。

通常這張證書是一定會給的。在藍帶廚藝學校上課到最後，一定會有實作和口頭的期末考。事實上，鮮少學生畢業時沒獲得正式的校徽證明，並拿到校長簽名的證書。但是茱莉雅不是一般的學生，在柏哈薩女士的眼中，她打從一開始就是個麻煩——不僅是傲慢自負的美國人，還是知道自己想要什麼、又懂得爭取個人權利的女人，更糟的是，她還敢頂撞柏哈薩女士。

柏哈薩女士本來就不喜歡大膽的女人，偏偏這個美國人還敢跟她要證書，她以為她是誰啊？柏哈薩女士無法忍受這種大膽放肆的舉動。另一方面，茱莉雅也痛恨別人玩卑鄙的小動作，毫不掩飾她對這種行為的鄙視。她們對彼此的強硬作風都感到反感，互不信任溢於言表，都把對方給惹毛了。所以，茱莉雅要求柏哈薩女士幫她訂一個考試日期時，柏哈薩女士根本不理她，沉默以對，即使茱莉雅後來再次提出要求，她依舊讓茱莉雅吃閉門羹。

從一九五一年初開始，每隔幾週，茱莉雅就會寫信給柏哈薩女士，提出考試的要求，信中的語氣愈來愈冷酷。在此同時，茱莉雅也非常認真地準備考試，因為她相信，當柏哈薩女士終於屈服，願意讓她考試時，那考試肯定很難，一定會刻意刁難她。所以她不斷地複習食譜，精進技巧，熟記成分的比例，甚至為自己洗雞、燒雞、切雞肉的時間計時，逼自己剛好以十二分鐘完成整個程序。茱莉雅已經準備好了，她已經做好萬全的準備，以面對柏哈薩這個巫婆。

她只是不知道該如何突破柏哈薩女士完全不理人這招。究竟是什麼原因讓這個女人如此折磨茱莉雅？茱莉雅懷疑是錢的問題。她當初要是上「一般」課程——亦即上午在樓上開的業餘課程，跟無知的家庭主婦一起上課——那學費是茱莉雅在地下室上「專業」課程的兩、三倍，因為專業課程的學費是由《美國軍人權利法案》補貼的。「他們從我身上賺的錢，沒有他們想要的那麼多。」她如此推論，那肯定是愛記仇的校長遲遲不肯答覆她的原因。就某種程度來說，茱莉雅猜的也許沒錯，付較少的學費可能對她當時的情況有點影響。不過，追根究柢，更有可能只是對方想找她麻煩罷了。

既然如此，茱莉雅決定抗爭到底。三月底，在保羅的協助下，她寫出措辭最嚴峻的信，還語帶一些威脅。她指出，「她的所有朋友，甚至連美國大使本人」都知道她每天「不分早中晚」都在藍帶努力學習，比學校裡的任何人還要認真，「我很意外看到妳竟然那麼不在意學生」。此外，她已經預定四月時回美國度假，所以她要求柏哈薩女士在她去度假以前，現在就讓她考試。「如果學校的空間不夠，」她含沙射影地寫道，「我很樂於在設備完善的自家廚房裡應試。」

美國大使……設備完善的自家廚房。這些字眼肯定都讓柏哈薩女士看得抓狂。不過，她並沒有上當。茱莉雅原本以為她會馬上回覆，結果是無消無息。可惡！一週後，茱莉雅忍無可忍，直接去找布尼亞主廚，他答應代為詢問。不知怎的，老師去講以後就奏效了。

一九五一年四月二日週五，巴黎在經過特別嚴酷漫長的寒冬之後，終於開始融雪了。那是個美好的一天，咖啡館的座位已延伸到戶外的步道。陽光照進面向聖奧諾雷市郊路的窗戶，茱莉雅來到藍帶樓上的應考廚房裡，在流理檯的前面坐了下來。她已經完全準備好了，摸熟了所有的課程內容，這一刻終於來臨，她毫無猶豫，也不緊張，放馬過來吧！

考試的第一部分是筆試，試題都很簡單。例如，說明如何做褐色高湯（fond brun，由肉類的邊角料和蔬菜熬成的簡單褐色高湯）；如何在維持綠色蔬菜的色澤下烹煮蔬菜；伯那西醬汁的確切作法。任何稱職的廚師都很熟悉這些基本知識，茱莉雅迅速又正確地寫下答案。

但是，實作部分又是另一回事了。柏哈薩女士指派的監考人員遞給她一張卡片，上面印的指令是：「寫出以下三人份菜餚所需的食材。」那些菜餚分別是：半熟水煮蛋佐伯那西醬（oeufs mollets, sauce bérnaise）、驚奇小牛排（côtelettes de veau en surprise）、焦糖布丁（crème renversée au caramel）。茱莉雅驚慌地瞪著那幾個字。oeufs是什麼？mollet是什麼意思？驚奇小牛排是有什麼「驚奇」？茱莉雅從來沒聽過這些菜色。至於焦糖布丁的確切比例，那又不是她能馬上背出來的東西。這個考試跟她預期的完全不一樣。「我以為會考瓦勒斯卡比目魚（Filets de sole Walewska）、土魯斯小母雞（Poularde Toulousaine）、威尼斯醬（Sauce Vénitienne）之類的。」她回憶道，那些是他們一再練習的菜色，這次的考題完全不知道是從哪裡冒出來的。但其實，那些題目是出自家庭主婦報名六週課程時拿到的藍帶手冊。結果，茱莉雅的實作考試不是專為專業廚師設計的，而是為「上六週課前從未烹飪過的新手」設計的。

她上當了！

茱莉雅慢慢發現，這次考試她注定過不了。她不僅不熟悉前面提的那幾道菜，也不知道該怎麼煮，因為等一下就要考實際烹煮了。「我應該熟背學校那本小冊子的。」她沮喪地說。現在也只能「硬著頭皮瞎掰」，看能不能糊弄過去了。

她不發一語地踩著沉重腳步到地下室的廚房，「在冷靜又清晰的憤怒中，匆匆地做出那些菜」，也不祈禱她會做對。結果，她做出來的蛋差很多，她是直接水煮，而不是用文火煮過再剝殼。小牛排完全做錯了，那道菜是煎小牛排，包著蘑菇醬（切碎煮熟的蘑菇）和火腿片。「茱莉雅煎了蘑菇，而不是製作蘑菇醬，也完全忘了火腿片」。至於那個「驚奇」，是指整道菜放進紙袋裡重新加熱！茱莉雅心想，這是拿門子的驚奇！「那紙袋只是無聊的噱頭，是新嫁娘第一次舉辦晚宴，為了讓上司的妻子『驚訝』，留下深刻印象，而做的花哨菜色。」

茱莉雅覺得那場考試根本是用來羞辱她的，柏哈薩女士明知她是認真、敬業的廚師，知道投入藍帶課程那麼多時間的人多想要那張證書。「我，」茱莉雅氣憤地說，「可以在比目魚肚裡塞入犬牙石首魚（weakfish）的餡料，搭配白酒醬，做出他們作夢也嚐不到的完美滋味。我是製作美乃滋、荷蘭醬、卡酥來砂鍋、德國酸菜（choucroutes）、白汁燉小牛肉（blanquettes de veau）、馬鈴薯千層餅（pommes de terres Anna）、香橙甜酒舒芙蕾（soufflés Grand Marnier）、朝鮮薊湯底（fonds d'artichaut）、凍膠洋蔥（oignons glacés）、雉雞肉凍慕斯（mousse de faisan en gelée）、肉捲、肉凍、鵝肝醬、煨菜捲（laities braisées）等東西的高手……我，竟然拿不到證書，唉！」完成實作後，最後她把小牛排裝進紙袋，交給柏哈薩女士，那女人達到她的目的了。

茱莉雅可以放棄證書了，因為她知道柏哈薩女士本來就不打算發給她。「她覺得給證書就像加入某種祕密組織。」茱莉雅氣憤地說。她和她的學校都去死吧！「最重要的當然是，我已經知道怎麼烹飪了。」

後來，茱莉雅確實是卯起來烹飪，她持續以藍帶學到的技巧為基礎，不斷地精進自己，直到那些技巧像習慣一樣的自然。接著，她開始照著《拉胡斯美食百科》（*Larousse gastronomique*）烹煮，那本法國烹飪的神書已經變成她的聖經。她開始認真地研究其他的食譜、其他的風格、其他的來源，彷彿它們會引導她邁向美食之戀的另一階段似的。茱莉雅覺得：「只當個廚藝精湛的家庭廚師已經無法滿足我了。」那對她剛甦醒的抱負來說，太狹隘、也太無趣了，她說：「我想以此為業。」但是，不在家裡做，那要怎麼做呢？那年代的廚師又沒有光鮮亮麗的地位，也沒有所謂的名廚。她開始逼自己探索其他的領域，上一些糕點課，聯繫一些食材的供應商。「教人煮菜」這個想法還是很吸引她——不是像藍帶那麼大的規模，而是採比較隨興、比較合理的方式，也許是在巴黎為美國人開小班的烹飪課吧。

不過，她能在巴黎待多久也沒人知道。自從戰後共產主義崛起，保羅愈來愈擔心歐洲的動盪。俄羅斯趁機滲透因二次大戰而受創嚴重的國家。法國正努力解決國內的顛覆活動，因應受俄羅斯操弄的工會團體。一九五一年初，連續發生了數起精心協調的險惡罷工行動，癱瘓了國家的運作。天然氣、電力、電話、交通運輸、碼頭工人都同時罷工。巴黎幾乎整個陷入停頓，使懷疑論者不禁預言某種巨變即將到來，保羅也這麼想：「我覺得這似乎是俄羅斯開始幹點什麼勾當的『好』時機。」他也密切注意英國和美國面對的類似棘手狀況，目前兩國都在準備大選，韓戰的局勢加溫，共產黨的威脅實在太明顯了，他推測：「目前看來，爆發大戰的機率有五成。」不過，如果所有的變數合起來顛覆了脆弱的平衡，「那將會摧毀大半個歐洲」。

萬一真的發生了，他和茱莉雅該怎麼辦？在保羅看來，他們的選擇是「愈來愈轉向美國」。接下來，他們必須想辦法永遠回歸美國本土，他已經在考慮「某些安藏貴重物品的地方……不是華盛頓或紐約之類明顯的轟炸目標」。他們規劃六月初先「返鄉度假」四週，分別待在帕莎蒂納和羅袍斯點，之後他覺得「七月再回法國待兩年，即使身體上沒問題，心理上也會很掙扎」。

茱莉雅的看法倒是比較樂觀，她「不覺得這個時候可能爆發戰爭」，也不預期急著搬回華盛頓。她認為這只是「不穩定的時期」，是歐洲各地經歷「陣痛」的結果。她很瞭解保羅遇到混沌狀況時（例如為「俄羅斯入侵」做準備），容易出現過度反應。她自己比較相信，常識終究會讓一切狀況回穩。「我比較喜歡她的態度。」保羅坦言，他也承認自己容易陷入負面的想法。不過，他還是認為，最後迫使他們離開歐洲的原因應該是戰爭。「五年後，我和茱莉雅不可能還在這裡，做我們現在做的事」。

總之，他們會回美國一陣子。有機會跟親朋好友敘敘舊也滿好的，「看家鄉的狀況如何」，探望老爸，到濱海小屋跟查理和費瑞狄住幾天，擺脫官僚俗務一陣子。茱莉雅也期待能離開廚房一段時間，回美國可以讓她暫時抽離藍帶考試的挫敗經驗，讓她更客觀地思考未來的長期計畫。夏天一到，百花齊放，青苔覆蓋區的邊緣長滿了海濱李，此時的緬因州將會出奇的美麗，她已經等不及再看到海洋了。

在興奮打包之際，突然冒出一樁讓大夥兒分心的事。小陶突然宣布她和同劇團的演員訂婚了，而且他們打算六月底在紐約結婚。這件事看起來衝動，但其實並不意外。自從艾文．卡森斯（Ivan Cousins）在海軍的哥兒們勞倫斯．佛林格提（Lawrence Ferlinghetti）的鼓勵下來巴黎「輕鬆一下」，他和小陶已經斷斷續續交往快一年了。艾文的眼神明亮，一臉天真無邪，朋友形容他「孩子氣」、「圓嘟嘟的」，他深深吸引了小陶。他們在一起也是很奇怪的一對，艾文幾乎比小陶矮了一個頭，但是他有宏大的性格，剛好適合這個「高大、堅強又活潑的美國女孩」。他們都有戲劇經驗，這點也幫他們銜接了彼此之間明顯的差異。艾文曾就讀紐約的鄰居劇場學校（Neighborhood Playhouse），在模特兒界發展得不錯，曾拍過服飾廣告，也參與過幾齣外百老匯戲劇的演出，所以在美國俱樂部劇團裡有些名氣。他在劇作家索爾頓．懷爾德（Thornton Wilder）創作的《快樂旅程》（*The Happy Journey to Trenton and Camden*）裡扮演艾爾默．柯比（Elmer Kirby），也演其他戲劇的主角。

小陶很喜歡艾文的生活樂趣，以及他以逗趣和誇張的表演吸引觀眾的方法。她愛「他內在的那個大男孩」，他可以自然而然地化身為各種模仿的角色。她也愛他的脆弱，儘管那脆弱往往掩蓋了更陰暗的層面。

那陰暗的層面也讓他們的未來蒙上了長久的陰影。「艾文是個出名的酒鬼，過著雙重人格的生活。」熟悉艾文的遠房姪子亞歷克斯．普魯東（Alex Prud'homme）說。喝酒的問題可能沒引起太多人的注意，但是它讓大家忽略了艾文是同性戀的事實。總之，小陶並未因此放棄。「她從一開始就知道一切，並選擇忽視那個事實。」普魯東說。小陶就像以前的茱莉雅一樣，三十幾歲，漂泊不定，無所寄託。她的工作沒什麼前景，社交圈週週不同。艾文在她最需要關懷的時候，走進她的人生，她馬上感覺到一股穩定感。小陶以她一貫的狂熱，投入這段感情。一九五一年當艾文在經濟合作局（Economic Cooperation Administration）找到工作時，他們一起搬進莫布塔大道（boulevard de la Tour-Maubourg）的公寓同居。

小陶要搬出嚕德嚕，保羅特別開心。他已經厭倦了她那群誇張的戲劇圈朋友，以及常在她房外流連往返的那些人，他們的空泛談話和做作舉止令他的血壓飆升。保羅不知道艾文的性傾向，但他對艾文存有一些疑慮。總之，他並未掩飾他對艾文的不認同。「他是個無聊、柔弱的青年。」他勸小陶馬上取消婚約。

一開始，保羅對艾文的不認同幾乎沒人發現。小陶早就習慣保羅多變的情緒，她可能以為保羅終究會改變看法。小陶對茱莉雅的感覺也是如此，她們姊妹倆不時會吵嘴，但小陶還是很愛她。小陶可以感覺到，艾文和保羅及茱莉雅都在場時，現場的氣氛有點僵，但她不願讓那個氣氛影響她和艾文的愉悅關係。至於解除婚約，小陶當然不肯。他們已經開始安排婚事了，事實上，艾文的工作將會轉調到華盛頓特區，小陶已經決定和艾文一起留在美國。

就在他們都準備回美國之前，茱莉雅和保羅，以及小陶和艾文，一起去艾文的老闆喬治·阿塔莫諾夫（George Artamonoff）位於聖日耳曼昂萊（Saint-Germain-en-Laye）的家中，參加雞尾酒派對。阿塔莫諾夫是在遠東地區負責管理馬歇爾計畫的美國高階官員。那是一場熱鬧的派對，有上百人擠在如凡爾賽宮大小的宴客廳裡。那天晚上，茱莉雅認識了一位名叫西蒙·貝克·費席巴雪（Simone Beck Fischbacher）的女人，她跟茱莉雅介紹了一個「有點亂」但很有趣的法國烹飪俱樂部。那個俱樂部名叫「美食圈」（Le Cercle des Gourmettes），裡面發生了不少趣事，茱莉雅聽得津津有味，當晚就決定加入那個圈子。

「美食圈」是由一群叛逆的美食愛好者組成，成立的時間比法國反抗軍（French Resistance）還早。它源起於一九二七年，當時一位美國女人艾索·愛琳潔（Ethel Ettlinger）想辦法進入只收男士的「百人俱樂部」（Club des Cent）裡，語出驚人，震驚全場。「百人俱樂部」的成員都是經過精挑細選、愛談美食的美食家。那天愛琳潔的驚人之語，除了導致一些男人自尊受損以外，並未造成任何意外傷害。不過，從此以後，美食界不再是男人當家的世界。

那場反動是發生在俱樂部的年度盛宴尾聲（成員只有在年度聚會時，才准攜帶地位卑微的妻子參加），威嚴的總裁路易·佛瑞斯特（Louis Fourest）起身發表閉幕致詞，他提到：「我向在座的男士敬酒，沒有你們的技巧、知識和鑑賞力，就永遠不會有這場真正尊貴的盛宴。」他那得意的笑容，暗示著女性沒有能力舉辦那樣的盛會。真是傲慢，豈有此理！愛琳潔女士是俱樂部一位成員的妻子，她等現場男士鼓掌結束後，推開椅子，敲敲香檳杯，請大家安靜。她憤慨地以蹩腳的法語宣布：「我想向在座的女士敬酒，畢竟，負責打理家務、幫你們點餐、監督食物的烹調、讓你們男人快樂與滿足的是我們。此外，我也毫不懷疑，我們可以辦一場跟剛剛一樣精彩、令人滿意的盛宴。」

語畢，在場的人士都目瞪口呆，現場陷入一片沉寂。接著，妻子們所在的旁聽席傳來如雷的掌聲。她們當場決定「舉辦有史以來最棒的盛宴，邀請男性（地位卑微的丈夫）參加，讓男人見識一下她們的本事」。

最後的發展就像好萊塢的電影結局一樣。這群女人組成「美食圈」，其中一位成員提議到她的鄉間城堡舉辦活動，她們辦了一場精彩的盛宴，讓「百人俱樂部」自嘆不如。當天不僅美食令人感動，現場的節目也令人讚嘆。她們想辦法請來了共和國騎兵隊在門口站崗，頭戴金碧輝煌的頭盔，身穿深紅色外套、白色褲子、黑色長靴。她們也請來法國號四重奏，在每道菜上桌時，都奏樂宣布。男人們大快朵頤美食的同時，也不得不承認「女人的確對菜單很有一套」。

茱莉雅當然很喜歡這種女性獨立自主的故事。只要是女性為自己發聲、反抗強權，她都覺得那是值得支持的好事。她一聽完那個團體的故事以後，當場就想加入了。後來她發現，這麼多年來，愛琳潔女士仍是「美食圈」的會長，並以嚴格的規範管理團體：「每位會員都必須具有烹飪能力；都必須會打點一桌完美的晚餐，並為每道菜搭配完美的酒；服務和擺桌必須跟餐點本身一樣高雅；用餐時討論政治或宗教是禁忌。」茱莉雅可以輕鬆符合其中的三點要求，只要再學習壓抑一下自己的意見就達標了。

總之，她開始參加她們的聚會。不過，介紹她入會的費席巴雪夫人其實別有用心。她之所以找上茱莉雅，不是為了拉她加入「美食圈」。她那天參加派對的目的，是想找一個會烹飪的美國人，來幫她拯救一個失敗的個人計畫。

她和朋友露薏瑟．貝賀多（Louisette Bertholle）把五十道左右的食譜，拼湊成一本環裝的小冊，名叫《法國人煮什麼》（*What's Cooking in France*），一九四九年由華許邦出版社（Ives Washburn）出版。不過，當時的美國人根本不在乎法國人煮什麼，所以出版後幾千本書乏人問津，連費席巴雪夫人都承認那本書有文學上的缺點。「我也承認那是一本微不足道的食譜，」她回顧時說，「書裡因為翻譯不佳，錯誤百出。」

不過她並未因此放棄，馬上又接著寫下一本，從她能想到的每個來源收集古老的家傳食譜，把它們寄給一位紐約的家族朋友，那人剛好是每月一書俱樂部（Book-of-the-Month Club）的編輯委員。但結果還是一樣，對方回信告訴她：「那只是一堆枯燥的食譜。」評論雖然苛刻，但也給了她們一些拯救案子的建議。如果可以找個人為那些食譜增添點人情味，為美國的烹飪者講點小故事，說明法國的烹飪方式，那樣做會更好。「我建議找個熱愛法國料理的美國人來跟妳們合作，這個人要很懂法國的餐飲，又能以美國的觀點解說」。

費席巴雪夫人遇上茱莉雅時，馬上就察覺到她是最佳人選。她似乎「非常熱愛法國料理」，洋溢著熱情。當時她們都對彼此很感興趣，那個案子正是茱莉雅一直在找的生活重心，而且除了寫書以外，還可以跟這個女人一起「在巴黎授課」，這點更是令她興奮。

「我們何不明天來我家聚聚？」茱莉雅說，一邊把手伸向費席巴雪夫人。

費席巴雪夫人迅速地握了她的手說：「太好了，叫我席卡就行了。」

西蒙．蘇珊．瑞蕾．曼德琳．貝克．費席巴雪（Simone Suzanne Renée Madeleine Beck Fischbacher）確實很適合「席卡」（Simca）這個暱稱。她的父親是富有的保守派法國實業家，她本身就像出名的雷諾汽車那樣，性能強大、經濟實惠、資產階級，還有令推崇者欣賞的精良外型。不僅如此，她更以速度見長。「她總是忙個不停，」一位姪子說，「做事乾脆俐落，態度有點高傲，但不會擺架子，這些特質出現在虔誠的天主教徒身上有點怪。她也很嚴格，跟憲兵一樣嚴格。」

西蒙生於一九〇四年七月七日，出生後以幾滴廊酒（Bénédictine）受洗，她的家族擁有那種香草利口酒的祕密配方，所以她是出生在財富令人難以想像的富貴之家。西蒙在優渥的環境下成長，住在有砲塔、護城河、馬廄的十九世紀城堡裡，家裡有許多僕役隨侍在側，還有英國的保姆教她用字遣詞，經常出國增廣見聞，就讀高級的寄宿學校，冬天在坎城的海濱避寒，從挖空的軟木樹幹享用馬賽魚湯。平日用餐都是在四十五人座的正式飯廳裡享用豪華的精緻餐點。在自家的廚房裡，她常大膽地請長年雇用的主廚騰出空間，讓她做精緻的料理，再淋上濃郁無比的香甜諾曼第奶油和迷死人不償命的法式酸奶油。

她這輩子注定過得如此富貴悠閒，但是她對這種備受呵護的未來並不是那麼期待，她感到「無聊和不安」，覺得自己的人生「失去了很多」，而且想法相當「天真」。當父親的朋友有意娶她時，她原本猶豫不前，以前從未碰過什麼追求者。不過，對方承諾他們婚後會住在巴黎，最後她心軟答應了。她其實不愛也不喜歡那個男人，但那不是重點，她只是想藉由婚姻脫離家庭。在巴黎，她一定可以照顧自己，不過那想法實在太天真了，當時她還不滿十九歲。

那場婚姻當然是個錯誤，「沉悶，毫無助益」。她在巴黎過著她所謂的「無所事事的生活」（la vie oisive），但生活充滿了發現。她就像茱莉雅一樣，是個備受呵護的富家女，亟欲證明自己值得追求更有意義的目標。她學習開車，堅持穿高級訂製服，拜師學書籍裝禎，她可以為書本裝上精美的手工牛皮套。她跟茱莉雅一樣，描述自己在晚熟的青春期就像「社交花蝴蝶」一樣。她也是為了擺脫那樣的形象，而到藍帶廚藝學校學習。

一九三三年，專制的柏哈薩女士還沒接手藍帶廚藝學校，當時創校的迪斯泰姊妹是把學校當成家政訓練學校來經營，只做示範，還沒有後來備受歡迎的實作課程。上課沒多久，席卡就覺得刻板的教學內容很無聊，她早就知道學校教的那些基礎內容了。主廚的食譜毫無新鮮感：燉肉、法式鹹派、煎蛋卷、馬鈴薯千層餅、可麗餅。竟然還有諾曼地醬汁比目魚，拜託！那道菜根本是從她家廚房端出來的吧。她沒有氣呼呼地離開，而是某天等主廚示範完後，私下去找他，說明她對課程的失望。她想在自己的家裡，以更精緻的方式烹調食物，而不是他教的那些簡單菜色。她問主廚願不願意在每次下課後，到她家私下授課。

沒想到主廚答應了，更令人震驚的是，那主廚還是亨利．保羅．佩拉普哈。他是法國知名的大師，跟布尼亞一樣，都是把名廚愛斯克菲爾的精湛廚藝傳承給年輕巴黎廚師的傳教士。佩拉普哈在知名的歐洲廚房掌廚多年後，到藍帶廚藝學校授課近四十年，期間撰寫了《現代料理藝術》（*L'Art culinaire moderne*）一書，至今仍是法國料理的經典之一。

西蒙跟著佩拉普哈學習法式料理，不僅是學習讓大師之所以不同凡響的小技巧而已，而是學會四星級餐廳的整套精緻料理。他們一起烹調鴨肉佐蘿蔔和綠橄欖、紅酒燉羊肉、魚肉派（fish pâté en croûte）、肉捲、肉凍、夏洛特蛋糕、舒芙蕾等等。她回憶道，那年代上流社會的女人親自烹飪，「幾乎是聞所未聞的事」，但是她終於找到一生的志業了。

而且，那個時機點可說是再好不過了。當西蒙變得更多才多藝，更有自信，更上層樓時，她的婚姻正好朝著反方向發展，夫妻的關係「達到完全柏拉圖式的境界」，而她先生的性情更灰暗了。「西蒙的先生有酗酒的問題，」一位親戚說，「酗酒問題最嚴重時，她完全無法應付。」當她再也無法承受丈夫的情緒虐待時，她做出法國天主教徒不會做的事：在結婚十二年後提出離婚。

對西蒙來說，那些年的空虛和疏離，就像是為青春期沉溺於玩樂的懺悔。年少時的娛樂和自我放縱相當快樂，婚姻生活那幾年不過是場鬧劇，空有門面的假象。「我的人生幾乎停滯不前。」她說。但是一九三六年，她終於自由了，隔年她一直沉浸在家族事業裡，販售工業用陶瓷所使用的矽酸鹽粉末。那年九月，她去拜訪一家製造香水和清潔劑的公司，那兩項產品都會用到矽酸鹽。該公司的副總監是一位西班牙出生的阿爾薩斯人，名叫尚．費席巴雪（Jean Fischbacher）。在會議上，他們從生意聊到共同的朋友，逐漸受到彼此的吸引。不過，之後過了快兩個月，他才約她出去，約會完後，他陪她去取車。

當西蒙努力把瘦高的身軀（一七三公分）彎進小巧的雷諾汽車時，費席巴雪覺得很妙，不禁露出微笑。她確實很吸引人，「一個高大美麗的女人，搭配著深邃誘人的眼眸，身材如此勻稱」。即使那時是深冬，她還是打開汽車的天窗，讓貝雷帽上的時髦長羽毛有地方可以延伸。看在費席巴雪的眼裡，就像是笑話的笑梗一樣，讓他不禁笑著說：「那麼大的人開那麼小的車！」他瞄了一眼汽車的保險槓，看到上面印著那輛車的車款名稱：席卡。從此以後，席卡成了西蒙的小名。「從那時候開始，我要每個人都叫我席卡。」

一九五一年六月，席卡搭著那台破舊的電梯抵達茱莉雅的四樓公寓，當時她還不知道這位高大的美國人對烹飪沉迷的程度。去過嚕德嚕的人說，此時茱莉雅的廚房已經改裝成「媲美一般餐廳的全套廚房」了。在五樓的小樓梯頂端，席卡看到一整牆的廚具，保羅幫茱莉雅釘了超大的釘板，上面掛滿數十種廚具，每個都以粗體的簽字筆標上概略的說明，以便物歸原位。有些廚具是來自美國，有些是購自德耶蘭廚具店，有些是從跳蚤市場的攤位買來的。總之，整個展示非常壯觀，席卡當場看得目瞪口呆。這個女人跟她一樣是個烹飪狂，根本把烹飪當成生命的全部，她們「光是聊食物，就聊了好幾個小時」。

她們兩人都想好好運用對烹飪的熱情，她們可以煮到地老天荒，但目前看來，她們都需要更有挑戰性的東西。這兩位自承以前是社交花蝴蝶的女性都覺得，她們再也不想劃地自限了，她們想以其他的方式來表達自己——展翅高飛。她們都認同自己的廚藝還可以再進一步發揮，茱莉雅很喜歡席卡那個食譜書的點子，向美國人解釋法國料理真的很有吸引力，為什麼不讓美國的女性也發現她找到的樂趣和滿足呢？她們也一再談到開設家庭烹飪班的點子。指導他人，分享知識——沒錯，沒錯！那正是茱莉雅的夢想。

幾天後，席卡介紹茱莉雅認識她的搭檔露薏瑟。露薏瑟是一位相當認真又有魅力的女子，有顆少女心，多次出國的經驗讓她確信法國料理即將掀起一股熱潮。美國令露薏瑟特別感興趣。「她非常喜歡美國以及美國的一切。」她的孫子伯恩．泰瑞（Bern Terry）說。舉凡政治、運動、社會名流等等，她都能如數家珍。二次大戰結束後，她就經常造訪美國，住在喬治亞州薩凡納（Savannah）的叔叔家，並在美國北部和東部四處旅遊，結交朋友。其中一位朋友是在康乃狄格州格林威治開書店的葛萊蒂絲．柏曲（Gladys Birch），她鼓勵露薏瑟為美國人寫一本法國食譜。柏曲說，那些去法國前線應戰的士兵返鄉以後，都說他們在當地吃了難以形容的美食，她建議露薏瑟在這個時點出書正好。柏曲還幫她聯絡了紐約的出版社，介紹她認識在華許邦出版社工作的編輯桑納．帕特南（Sumner Putnam）。

如今回想起來，那是個禍福參半的發展。華許邦出版社是紐約的小型出版社，資源匱乏，品味也很狹隘。他們出版《法國人煮什麼》幾乎沒花什麼錢，席卡也說：「他們都沒推廣那本書。」露薏瑟和席卡希望她們的下一本書，暫名《人人的法國料理》（*French Cooking for All*）可以獲得更好的結果。出版商甚至請了一位外編，幫她們把那一大本不太連貫的手稿修得更好。但她們還是覺得，只有像茱莉雅那樣的美國烹飪者，才能給那本書最需要的靈魂。

那年秋天茱莉雅的一大樂趣，就是下午和席卡及露薏瑟聚在一起，坐在俯瞰大學路的交誼廳裡，討論食物和商務，偶爾也會一起做一、兩道食譜。實作是茱莉雅最愛的部分，她覺得邊看邊做是學習的唯一方法。那也會變成她們以後做任何事情的本質，無論是三人合作，或是指導一群學生時都是如此。她們希望開小而美的烹飪班，不是像藍帶那種毫不設限的方式。茱莉雅喜歡席卡和露薏瑟之間的活力，以及她們的互動方式和互相尊重。在廚房裡，她們似乎有種默契，讓她們合作無間，不會互相競爭或阻礙彼此。布尼亞主廚教的是正式、經典的烹飪風格，這兩個女人則是展現個性化的演繹，以更踏實的方法做出道地的法國料理。她們的食譜是受到代代相傳的家傳食譜所啟發，把市民料理稍微精緻化，還不到高級料理的程度，但一樣高雅。茱莉雅第一眼看到她們烹飪時，就非常欣賞她們的真誠手法，知道她們可以讓她的廚藝更加分。

多年來，這是茱莉雅第一次覺得自己碰上值得投入的職業生涯，那份滿足感讓她變得更加愉悅，充滿動力。當保羅的工作讓他身陷在令人沮喪的官僚體系時，她成了保羅的開心果，幾乎每天晚上都會使出渾身解數提供娛樂。他們經常邀四、五個客人一起來晚餐，而且這些晚餐都不是臨時起意的聚餐，而是精銳盡出的精彩大餐。「我從來沒吃過那樣豐盛的餐點。」一九五一年十二月一位史密斯的同學偕同夫婿造訪後這麼說。大家享用及讚嘆餐點時，茱莉雅則是俯身向前，把手肘擱在桌上，帶著大家聊一整晚。「她完美地掌控了整個步調，維持整晚氣氛的熱絡。」不過，每次搶進鋒頭的都是食物。有一次，她一時興起，用紅酒、干邑白蘭地、香料醃了鹿肉三天再烤熟，搭配用白酒和高湯燉煮芹菜頭和李子的菜泥。你根本無法阻止她創造出令人難忘的美食之夜，沒有人對她的讚賞更勝保羅了。「美談、美客、美食、美酒——美不勝收，」他讚嘆，「人生如此，夫復何求？」

在此同時，三個女人繼續推動烹飪班的事業，她們暫時命名為「美食烹飪班」（L'École des Gourmettes）。一九五一年十二月十七日，她們到露薏瑟的寬敞公寓（位於凱旋門附近雨果大街的底端），討論課程的重點。她們都同意應該採小班制，「頂多只收四名學生」，課程要實用，涵蓋一切，從基礎的技巧到備料、甜點、酒類等等都包含在內。既然課程的重點是教美國人烹煮法國料理，茱莉雅堅持應該以英語授課，而不是像藍帶的講師只講難懂的法語。露薏瑟主動提議在她的廚房上課，當時那個廚房正在整修擴建，以便讓它更寬敞及設備齊全。為了吸引潛在的學生報名，茱莉雅主動表示她會在寄到所有公職人員家中的《使館通訊》（*Embassy News*）裡刊登廣告。希望一九五二年二月露薏瑟的廚房整修完工時，她們可以接著開課。

不過，一月中旬，她們已經被迫提早開課了。有三名女性回應了茱莉雅刊登的廣告，她們「握著錢來，想要上課」。這三個美國人是真的有心向學，儘管講師都還沒準備好，但是看來機不可失。（「真的有完全準備好的時候嗎？」茱莉雅妙語反問。）這時露薏瑟的廚房還在整修，席卡擔心自己濃濃的法國腔可能會影響教學，茱莉雅說：「席卡，我們必須毅然投入！」她們可以暫時先在茱莉雅的廚房上課，那裡雖小，但是容納六個人還算寬敞。至於食材方面，保羅可以透過公職，找軍中福利社供貨，以低於市場的價格取得食材。這個時候，能省則省，她們每堂課只收六百法郎，折合美金才一點五美元，而且還包午餐。

一九五二年一月二十三日，第一堂課在有點即興及慌亂的氣氛下展開。那門課幾乎是一開始就遇上各種障礙。由於沒時間彩排或實際運作一次，三個老師難以協調誰在何時說什麼話，食譜也還沒改成美式的度量法。茱莉雅和席卡在用量方面講究具體的數字，但露薏瑟是憑本能烹飪，不拘泥確切的用量，而是以捏一把及灑一下的方式做菜。法國的講師也不懂，為什麼美國的家庭主婦做菜時沒有幫手。採購食材？清洗？何必麻煩呢？當然是交給管家就好了。

幸好，這些缺點都只是小問題，上了幾次課以後，她們已經把那些磕磕絆絆的細節都處理好了，三人開始完美配合。每堂課是兩小時，每週上兩次，最後是以下午一點的正式午餐作結。保羅也會及時加入她們，共進午餐，並大方地從酒窖裡取出波爾多葡萄酒來分享，「稍微跟學生討論一下葡萄酒的知識」。他推測，那些學生「對紅酒的品味，大多是來自加州義大利瑞士僑居地（Italian Swiss Colony）的量產葡萄酒」。結果，保羅的出現意外成了課程的一大亮點。「他大方地分享美酒，又講得頭頭是道，彷彿葡萄酒是甘露似的。」席卡回憶道。午餐的效果相當成功，她們甚至開始收課外的客人來參與午餐，以便展示與宣傳課程。

那年春天，茱莉雅在上課及採購食材之餘，持續在廚房裡和席卡及露薏瑟一起測試食譜。那些烹飪課對她來說特別有收穫，茱莉雅發現，席卡的烘焙技巧簡直是神乎其技，而且她對「蛋糕和甜點充滿了想法」。佩拉普哈主廚帶席卡參透了酥皮糕點的奧祕，她和茱莉雅一起做派皮時，也會大方地分享那些技巧。不過，她們遇上了一點小障礙，那也改變了她們探索烹飪的過程。

不知怎的，席卡的食譜就是無法證明「那些比例都有問題」，還有她的派皮會像石膏那樣崩散，為什麼會這樣？她的家族使用那些食譜好幾年了，她自己也做過數百個完美的派皮，所以她覺得問題肯定是出在茱莉雅的烤箱，那個該死笨重的大怪物。但她們調節烤箱的溫度以後，還是無法解決問題，所以罪魁禍首究竟是什麼？或是誰？當時，她們都沒懷疑問題是出在麵粉。她們從軍中福利社採買自美國大量進口的金牌麵粉。不過，經過幾次實驗後，證據就出現在餅皮上。她們發現法國麵粉「比較豐盈飽滿，似乎少用三分之一的脂肪，就能做出完美的酥皮」。美國麵粉為了延長售貨時間，顯然經過了化學更動，亦即加工處理消除天然脂肪，以避免像法國麵粉那樣長蟲。所以，所有的糕點食譜都必須為美國的潛在讀者重新計算、重新測試、重新改寫。至於重新思考所有的成分，那就更不用說了。法國市場中常見的食材，不見得美國都有，例如大家沒聽過法式酸奶油，紅蔥頭、韭蔥、黃菇等等也找不到。奶油是全然不同的東西，另外，去美國的超市找格律耶爾乳酪，也要解釋老半天。

這個工程很浩大，但這樣做是值得的。茱莉雅把焦點放在法國與美國烹飪的差異上。「從那時開始，我就從未忘記，我的唯一目的是教美國人烹飪，而不是教法國人。」她回憶道，「我必須想辦法把一切轉變成一般家庭主婦可以輕鬆落實的愉快體驗。」所以人造奶油之類的東西必須納入考量，人造白油（Crisco）和番茄醬也是。

肉類是另一種麻煩。法國的牛肉切法和美國超市看到的完全不同，他們要如何解釋使用牛柳、裡脊、肉眼扒的食譜呢，至於雜碎、小牛頭、腰子、內臟等等菜色又更不用說了。為了做包油小牛肉，幾乎不可能買到肥臘肉片（lardons），連紐約有那麼多法國僑民的地方也很難買到。茱莉雅最不樂見的，就是學生回到美國以後，才發現他們無法烹煮上課學到的食譜。她在寫給費瑞狄的信中提到這些擔憂，不久茱莉雅收到一包照片，那些照片彷彿有人臥底監視肉販似的。每種肉塊的切法都詳盡地呈現在照片中，讓女性可以做適當的比較。

在此同時，烹飪班的下一期課程將於一九五二年三月一日開始，學費稍高一些：三堂課七千法郎（約折合二十美元），也換了新名字：三饕客烹飪班（L'École des Trois Gourmandes），正式的商標是一個圈圈裡面有個紅色的「三」，講師會把印上商標的徽章別在身上。那一期的課程一下子就有五個學生報名，「還有幾位候補」。茱莉雅、席卡、露薏瑟把課程塑造成不斷延續的事業，而不是嗜好，使三饕客烹飪班成了藍帶廚藝學校的競爭對手。茱莉雅還挖角布尼亞主廚來擔任客座講師，他們也打算從柏哈薩女士的旗下挖走其他的人馬。

一九五二年春季和夏季，在烹飪和教課的空檔，茱莉雅開始探索席卡和露薏瑟為她開拓的烹飪新領域。她每天的生活充滿了和食物及飲食有關的東西，很多事情都和「美食圈」舉辦的午餐會有關，那個社團仍是她常去的地方，她喜愛「漫談式的烹飪時間，那些令人眼花繚亂的美食」，以及和許多熱愛美食的女性切磋交流的樂趣。儘管該社團的成員大多是年紀七老八十的長者，她並未因此退縮。她、席卡、露薏瑟是社團中的少壯派，算是後起之秀，但她們不會一心想要竄紅。在巴黎，精通美食是一種時尚，露薏瑟似乎比任何人都熟悉美食界的各路名人。

巴黎的美食界有一大奇人，名叫莫西斯・艾蒙・塞雍（Maurice Edmond Sailland），茱莉雅就是透過露薏瑟的介紹而認識他的。庫農斯基有點臭屁，但是對美食的鑑賞很有一套，他以「庫農斯基王子」（Prince Curnonsky）自居，以提升自己平凡無奇的名字。他對法國美食有極致的熱情，在這方面有看似無所不知的豐富知識。他當過記者、影響力十足的食評家、多產的作家、也是想法和評論很傳統又充滿爭議的哲學家。他寫的十三卷《法國美食》（*La France gastronomique*）讓人更瞭解法國三百年的烹飪藝術。他也參與《米其林指南》的創立。一九二八年，他成立在法國烹飪界享譽盛名的美食家學會（Académie des gastronomes）。他曾說過一句名言：「所謂好廚藝，就是讓食物呈現實際的風味。」這句話充分展現出典型的庫農斯基風格：簡單、權威、自命不凡、無庸置疑。

茱莉雅見到他時，他已高齡七十九歲，但仍是法國美食界的一大奇葩。他是縱情的享樂主義者，常穿著睡袍接待客人，以突然造訪三星級餐廳並期待店家免費招待他著稱。他的身體不再硬朗，但依舊縱情享樂，「身材矮胖，翹著嘴，三下巴，眼珠淡藍，機靈詼諧，學識淵博」，靠著「有關食物、美酒、人物的故事」與人交流。茱莉雅回憶當年首度見到他時，對他「一見傾心」，印象深刻，說他是個「生氣勃勃又迷人的老人」，講了很多烹飪界的故事給她聽，愈講愈錯綜複雜及矛盾，到最後她開始覺得他流於武斷，誇誇其談。

七月，露薏瑟邀請她們和美國食譜界的元老爾瑪・隆包爾（Irma Rombauer）共進午餐。隆包爾的《烹飪樂趣》（*Joy of Cooking*）無疑是引領美食界的重量級冠軍，茱莉雅覺得那本書寫得「非常好」，內容平易近人，比之前想迎合大眾的《芬妮法默食譜》（*The Fannie Farmer Cookbook*）更淺顯易懂。裡面收錄的食譜顯然也比較好，跟大家現在吃的東西比較接近（比較現代、比較二十世紀）。隆包爾本人也令茱莉雅驚訝，一方面，「她人真的很好，是個討喜、單純的中西部家庭主婦」。然而，她也有剛強一面，一種令茱莉雅覺得耳目一新的率直和機伶。她發現這位「樂趣女士」也是「憤怒女士」，她很氣出版社剝削她，氣憤地解釋：「出版社以某種方法少付她五萬本書的版稅，她氣炸了。」茱莉雅回憶道。出版業似乎是個殘酷無情的行業，茱莉雅暗暗記下了這點，以防未來不時之需。

總之，隆包爾的作品為想要出版下一本食譜集《法式家常料理》（*French Home Cooking*）的席卡和露薏瑟設下了高標。華許邦出版社雇用了外編漢穆．瑞柏格（Helmut Ripperger）來協助編輯流程，那舉動看似強化了整體的善意，但沒想到瑞柏格成了她們的絆腳石，不僅修改稿件拖拖拉拉，還利用露薏瑟那個傻大姊的善良本性，跟她借錢，又騙吃騙喝。茱莉雅一想到「可憐的露薏瑟」被「這個自私的混蛋騙得團團轉」就氣得冒煙，這讓她對華許邦出版社及整個出版業的印象更差了。不過，席卡和露薏瑟仍繼續投入那個案子，那本書的分量很大，抱負不小，除了徹底檢查經典作法和技巧以外，也收錄了她們家族珍藏的所有食譜，以前從來沒出現過類似的書籍。

一九五二年八月二十八日，華許邦出版社來信，信中驟然更改了專案進行的方向，裡面提到瑞柏格退出案子或遭到解雇，導致該書欠缺美國人的想法，形同災難。茱莉雅很愛這兩位朋友，也對她們的用心投入感到欽佩，但她也知道要是放任她們悶著頭寫，她們不會知道那本書有什麼問題。她覺得她們的問題不是出在烹飪技巧，而是出在對美國讀者的表達力。某天下午她們在露薏瑟的廚房裡認真地討論這點，並承認照原訂計畫進行看似無望了。當然，如果有個她們認識又信賴的人、跟她們很像、非常投入這個理念、又很懂法國料理……肯出面營救她們，那就……這時她們的目光都集中到茱莉雅身上，衡量她的反應。

「我很樂意。」她毫不猶豫地說。

這項決定不需要多加思索，但是要再等一陣子，茱莉雅才會意識到她為自己攬下了多大的工程。

三饕客：露薏瑟、席卡、茱莉雅，巴黎，1953 年 4 月 8 日。圖片鳴謝：The Schlesinger Library, Radcliffe Institute, Harvard University

12 難忘的盛宴

那份手稿的狀況一團亂，茱莉雅幾乎是一開始閱讀，就知道狀況不妙。席卡和露薏瑟彙整的「這一大堆食譜」實在難以理解：太長、太複雜、太法國、太……太多缺點了。作為一本食譜書，它似乎「含糊到令人髮指」，執行上一點也不俐落，她很懷疑美國人會覺得這本食譜書很實用，尤其寫法上也「不是很專業」。一九五二年整個九月，茱莉雅試圖解析她拿到的每個章節（醬汁、湯品、蛋、主菜、家禽和野味、肉類、蔬菜），她只覺得心情愈來愈沉重。這本書確實跟她想的不一樣。「其實，我一點都不喜歡。」她說。

但是……唉，偏偏這本書的原始構想又是那麼迷人：為美國家庭主婦撰寫的法國食譜，「為新手做了充分的說明」。其他人試過撰寫這種食譜書，但都失敗了，他們忽略了茱莉雅重視的「『為什麼』，讀者需要知道如何避免錯誤，如何修正問題，如何保存，如何上菜等等」，這些才是讓法國料理之所以如此特別的細節。還有那些菜色！「我不知道市面上有哪本書像這本一樣，把市民料理介紹得如此詳細。」這些菜色對茱莉雅的影響之大，實在難以言喻。席卡和露薏瑟都是非常優秀的廚師，她熱愛她們的食物，熱愛她們烹煮的方法。她們三人已經培養出密切互動的關係，如果讓這個案子就這樣胎死腹中，實在很可惜。

茱莉雅開始苦思，是否要參與這本書的撰寫。顯然這本書需要大修，從頭到尾大量地重寫。她懷疑業餘的烹飪者真的看得懂裡面的食譜，這些內容需要解構，重新思考，再重組成清晰實用的資訊，而且要精確：茱莉雅必須親自測試所有的食譜，從頭檢測，以確保那些食譜都沒問題，度量都很精確。她需要烹煮幾遍才能判斷呢？測試六百道食譜需要多久呢？「那工作量相當龐大，是個浩大的工程。」保羅提醒她。

在人生的這個時點，她能做下那樣的承諾嗎？一個月前，茱莉雅才剛滿四十歲，這時開啟新的職業生涯似乎太晚了，她才剛為成立不久的法國料理烹飪班奠定了基礎，看起來很有潛力。此外，她也需要考慮到保羅，他在USIS的四年任期，將於九月十五日自動結束，所以「他的未來還不確定」。目前看來，他的下一個任期不太可能再待在巴黎，目前有聽說可能會轉到波爾多或馬賽，但保羅很清楚外交單位的運作是一個蘿蔔一個坑，遇缺就補。任何地方只要需要會講法語又有間諜活動和藝術背景的辦公人員，他就可能被調去那裡。幸好，馬德里和羅馬都有可能，不然他們可能會被「扔去菲律賓的三寶顏」。他若有所思地說。他才剛滿五十歲，那年紀的外交人員要不是已經升到高階職位，就是提早退休了。一九四八年起，保羅就一直卡在中階的職位，「掛個奇怪的職等：外交服務參事」。他頂多只能期待橫向調動，總之他說：「我不是特別期待再次改變生活型態。」

茱莉雅不是那麼確定。「我自己呢，」她寫信告訴費瑞狄，「我希望能在這裡再待一年。」她還有很多的法國料理想學，但她也有點懷念美國了，「在華盛頓待兩、三年」似乎也不錯。她已經好久沒回去奧利佛街上的那棟房子，在自己的床上好好睡一覺，或在自家的廚房煮菜了。此外，她對於新聞裡讀到的一種最新流行也很好奇：電視。雜誌上都在介紹這種新玩意兒，家裡裝個箱子就能收看娛樂節目和新聞！「妳多常看呢？」她問費瑞狄，「妳喜歡那些節目嗎？」電視！「天啊！我開始覺得我真的落伍了」。

她其實不介意搬回美國一陣子，此外，最近傳出另一種風聲，讓她有些猶豫。國務院變成右派政治迫害的目標，右派宣稱國務院已遭到共產主義廣泛滲透，任何跟文化或藝術有關的人都是主要嫌疑犯。保羅的朋友巴德．舒貝格（Budd Schulberg）已經遭到指控，保羅和茱莉雅以前在OSS的一些朋友也是如此。誰會是下一個倒楣鬼呢？茱莉雅知道，三〇和四〇年代的知識分子可能都約略想過共產主義的理想，例如集體談判、結束階級意識和經濟不平等之類。「我相信，在那段時期，我要是知識分子，而不是生活優渥的社交花蝴蝶，我也會是共產主義者」。

就連USIS也無法逃避這種政治迫害活動。十二月，伊利諾伊州的共和黨眾議員弗雷德．巴斯比（Fred Busbey）來巴黎時，看了保羅辦的一場畫展，認定那是「共產主義藝術」，完全不管那場展覽是展示五十六位美國當代藝術家的作品，而且那些作品還是大使館向現代藝術博物館借來的。他也不管有半數的畫作是俄羅斯禁止的抽象畫形式，或展覽是由共和黨的納爾遜．洛克斐勒（Nelson Rockefeller）贊助的。以藝術評論家和愛國者自居的巴斯比隨後要求展開調查。

這一切都讓茱莉雅感到不安，而那本書讓她可以暫時抽離那些煩憂。她常開心地回頭翻閱席卡和露薏瑟的手稿。「我愈是思考那個案子，就激發出愈多的想像力。」她說。

她跟席卡和露薏瑟說，她願意加入她們，把那本食譜書變成同類作品中最重要的一本，但是有幾個條件。她們必須是對等的夥伴，為了確保書的基調適合美國人，茱莉雅會負責撰寫大部分的內容。至於原來的那份手稿，就整個淘汰了，她們現在要寫一本全新的食譜書。

她很快就決定，把原來的食譜內容當成骨幹。一切內容以精確為重，並以簡單、合理的方式解釋。茱莉雅不多浪費時間，馬上就著手辦正事。九月中，她開始逐一煮過每道菜，從湯品開始檢測。湯品比較基本，而且是從多用途的湯底開始，那些湯再加入其他的材料，就可以做出各種變化。茱莉雅可不是貿然地一頭栽入實驗，她有個計畫：她打算每天參考席卡和露薏瑟的食譜煮一種湯，例如西洋菜湯，同時也參考她自己架上五本經典食譜書的類似食譜：卡瑞蒙（Carême）、《拉胡斯美食百科》、弗拉馬利翁（Flammarion）、庫農斯基、阿里．巴布。讀了每一本食譜後，她會以三種不同的方式做湯，再判斷哪一種最好。

這是相當漫長、繁瑣的過程，茱莉雅的日子充滿了實驗：不斷地烹飪、做筆記、再繼續烹飪，做更詳盡的筆記。她以科學的方法檢驗一切，讓每道食譜都經過所謂的「操作試煉」，亦即不依賴出版的食譜或家傳的作法，而是以她的爐子實際煮出來的具體結果為依歸。對她來說，挑戰性最大的，是美國食譜書裡收錄的食譜，因為寫得很籠統，方法很隨興，度量只用「一匙」、「一杯」或「中型洋蔥」表示。那樣是不行的，絕對不行，尤其茱莉雅做貝夏媚醬（這是最基本的一種法國白醬）時，感覺更是明顯，連《烹飪樂趣》裡的貝夏媚醬食譜都錯得離譜。為了講究精確，她用公制的度量衡測量美國一大匙的奶油和麵粉有多重，以計算出完美的比例。這需要花時間，往往要經過幾次失敗，才能重寫出確定的食譜。在多數旁觀者的眼中，那樣的流程可能微不足道或令人費解，但是茱莉雅覺得每個結果都是「令人振奮的發現」。

工作令她入迷，烹飪本身就是無盡的探索，每道新食譜都像個待解之謎，每種新的成分組成都是破解謎題的線索。她像偵探尼洛．伍爾夫（Nero Wolfe）那樣篩選資料：有條不紊，開放心胸，充滿好奇，抽絲剝繭，任何東西都躲不過她的利眼，一切都要達到適當的平衡才行。例如，茱莉雅首次製作洋蔥湯時，湯汁黯淡無光，沒有洋蔥該有的甜美濃郁香氣。後續的測試則是煮出焦味，一種近乎焦油的餘味，似乎沒有一個元素是協調的。經過幾次失敗後，她終於發現問題所在了：問題不是出在原料，而是時間。洋蔥需要充分焦糖化，產生糖狀、近乎黏膠的質地，那只有「長時間在奶油和油裡慢慢地烹煮」才有可能辦到，沒有捷徑。想讓風味更深入、更完美，唯一的方法就是投入時間，一直煮將近四十五分鐘，不斷地攪拌，洋蔥在深棕色的脂肪中融化時要持續地關注。喔！多種香氣在她的小廚房裡搶著出頭！濃郁撲鼻的洋蔥片、嘶嘶作響的奶油裡摻入了鹽和糖，肉湯和苦艾酒的美味組合。最後，她煮出充滿亮澤的紅褐色湯汁，風味濃烈飽滿。

烹飪的感覺令人通體舒暢，愉悅極了。對茱莉雅來說，烹飪達到了當初藍帶廚藝學校許過、卻未能實現的承諾。藍帶始終奉守法國料理的教條，茱莉雅則是努力為它注入新的可能和樂趣。對她來說，解構卡瑞蒙和愛斯克菲爾，尊重傳統和技巧，同時修正一些疏漏，那想必是一種相當舒暢的感覺。「對茱莉雅而言，」一位美食作家寫道，「法國料理的傳統是疆域，而不是宗教。」如果傳奇性的食譜可以進一步改善，那就應該試試看。茱莉雅常沉浸在過程中，每天一做就是十小時、十二小時，甚至十四小時，有幾晚甚至「為了那本食譜書熬夜到半夜兩點」，她不想做到一半先擱著。

很多早上，席卡也加入她的實驗，她們幾乎是馬上就培養出專業和諧的關係，肩並肩地各司其職：席卡堅持她的法國傳承，茱莉雅為食譜賦予美國人的意見，她們的合作有務實的平衡。保羅指出，席卡「在態度上，跟茱莉雅一樣認真、專業」，他覺得「她們是很好的組合」。當然，他講得沒錯，她們確實相當匹配。但是保羅也講錯了，席卡是「完美主義者」，充滿活力又迷人，她對地方美食的豐富知識令茱莉雅相當佩服，那就像她的第二本能一樣。但是席卡也很死板、固執、一心一意想要維持她繼承的家傳食譜不變，就像奉守《聖經》一樣。她不願看到美國人修改這些食譜，即使是她喜歡和尊重的茱莉雅，她也無法接受。所以，她們測試每道食譜時，經常出現緊繃的氣氛：茱莉雅質疑食譜是否完善，席卡則是堅持捍衛個人的信念。

她們之間不斷地推拉，質疑長久以來的作法，也質疑彼此，互相讓步妥協。席卡很容易激動，經常堅持立場，不肯罷休。「不—可—能！不行！」她就是無法接受那種蔑視法國傳統的作法。那是錯的，大錯特錯！那不對，不夠法國！每次她這樣堅持時，茱莉雅也會搬出她硬頸的帕莎蒂納性格，一樣的固執，但沒那麼凶悍。茱莉雅就像保羅一樣，善於施展交際手腕，她當然知道不要跟席卡硬碰硬比較好，妳直接否決這個好強女人的主張，她反而更不肯讓步。所以，茱莉雅會建議她們品嚐某道食譜的兩、三種作法。她知道做出來的結果會證明她是對的，最終也會化解席卡的憤慨。

這樣做並不容易，但這也讓她們可以繼續實驗下去，逐一完成湯品那一章的測試，接著是測試醬汁。一整天下來，煎鍋——作響，壺裡持續冒泡，攪拌機呼呼轉動，槌子敲打不斷，大學路上車水馬龍的聲音也從敞開的窗戶傳了進來。露薏瑟偶爾也會過來加入實驗，不過她來廚房的頻率愈來愈少了，貢獻度比較少。露薏瑟正忙著解決她的遺憾婚姻，事實上，這是第二樁遺憾的婚姻了。她的現任老公保羅．貝賀多（Paul Berthollе）個性粗暴，「臉皮超厚，非常自私，沉迷於賽馬和賭博，以及跟賭馬有關的事業」。他的失序行徑逼得露薏瑟想要離婚。無論是什麼原因，家務事顯然令露薏瑟心煩意亂。她對於離婚的前景感到痛苦，她的第一樁婚姻失敗（媒妁之言嫁給越南畫家陳亨利），導致她被逐出教會。身為虔誠的天主教徒，她一直無法走出那種懲罰的陰影，因此變得愈來愈沮喪，逐漸遠離烹飪。

茱莉雅和席卡都很同情露薏瑟的困境，她們知道她生性膽小，「像失落的小花」，不像她們兩人那麼有自信或勇敢。保羅覺得露薏瑟個性「害羞、恬靜、耽於幻想」，也覺得她是個「可愛的小迷糊」。但是露薏瑟真的很會烹煮食物，光是勃艮第料理和西南料理就可以擊敗茱莉雅和席卡。她非常熟悉多數省份的料理，但沒時間像兩位夥伴那麼投入。從八月初到一九五二年的整個秋季，露薏瑟完全退縮到不見人影。

這段期間，茱莉雅和席卡一起頂起了露薏瑟的空缺。一九五二年九月底，她們已經展現出重做含糊食譜的實力，讓每道食譜都能精確地呈現。她們的努力突破了奧祕的烹飪世界，每晚，清洗完餐具以後，茱莉雅就會回臥室，使用打字機，打下那天的食譜，並在空白處手寫記下品嚐筆記。茱莉雅回憶道，不久，「我家爐灶邊的檯子上，一疊又皺又髒的紙愈堆愈高」。

十一月，那疊紙開始感覺像本食譜書了，很有分量，也有確切的焦點和方向。醬汁那一章看起來特別完整詳盡。棕醬就有無數種變化（芥菜、龍蒿、酸豆、蘑菇醬、咖哩）；還有番茄醬、奶油醬、荷蘭醬、油醋汁等等。當然，還有很多種白醬，包括貝夏媚醬和天鵝絨醬汁（velouté）。

有一種白醬讓她特別費心，一直沒辦法確切掌握：南特白奶油醬汁（beurre blanc nantais），那是源自南特（Nantes）「用來搭配魚肉的美味醬汁」。看起來很容易：溫熱的奶油，加入紅蔥頭、葡萄酒、醋、鹽和胡椒調味而成。但是茱莉雅不管做幾次，出來的醬汁都很油。那種醬汁需要維持乳狀及溫熱，以避免奶油凝結，同時確保酸性的基底調味醬夠濃密，但是要如何做到呢？那過程異常複雜，「所有的食譜書都對這個題材語焉不詳」。茱莉雅想起三年前她去過一間小酒館，位於右岸的米雪媽媽（Chez la Mère Michel），把這醬汁做得非常完美。十月某個涼爽的夜晚，她和保羅又去了一次那家餐廳，當然是去用餐，但也是去實地考察。喝開胃酒的時候，茱莉雅見到米雪媽媽本人，她是一位駝背的老太太，有一雙銳利的眼睛，一人主宰整家餐廳。茱莉雅當場就像OSS特務上身一樣，「用她獨特的催眠技巧，讓對方欣然地帶她進廚房，看他們製作白奶油醬汁的過程兩分鐘」。保羅打從心底佩服茱莉雅的說服技巧。茱莉雅把食譜寫在餐巾紙上，塞進皮包裡。沒錯，醬汁那一章也完美地完成了。茱莉雅預期那一章將會是整個專案進行的模式。

這時正巧紐約的華許邦出版社也來信了，信中表示他們要退回席卡和露薏瑟的原稿，以及瑞柏格的修訂稿，目前為止沒有人對那個結果感到滿意。出版商寫道：「經過了充滿挫折的一年，這本書距離完稿還相當遙遠。」露薏瑟顯然已經通知他們茱莉雅答應加入這個案子，所以對方在信中對此消息的反應是鬆了口氣。「目前這個重責大任落在您的肩頭上了，這本書裡要收錄什麼及淘汰什麼，都由您全權決定。既然閣下（柴爾德女士）已經接掌這個案子，我比較有信心我們會做出一本好書。」

茱莉雅看了那封信以後，覺得很開心，但也感到不解。手稿的基調和風格已經轉由她負責，她變成案子的全權決定者，那是很棒的消息。華許邦出版社似乎有意出版這本書，但是——天啊！——信中竟然對簽約金隻字未提。她們投入許多時間和心力鑽研食譜，投入的成本更是不計其數。據茱莉雅所知，出版社先給一些預付版稅應該很合理。至少，她預期對方先補貼她們的大量開支，或是承諾簽約之類的。這下該怎麼辦？怎麼辦呢？她進入了陌生的未知領域。

為了拖延時間，她寫了一封冗長的信，回應出版商，詳細說明她改變這本書的方式。她答應「十天左右」先提供一篇樣章，以及「解釋整本書的概念和規劃」的大綱。總之，她承諾那本書是「以布尼亞／藍帶系統的教學主題與變化為基礎，是一本新型態的食譜書」。如果一切照計畫順利地進行，她們預期在一九五三年六月左右交稿。

在此同時，茱莉雅也到處請教可以幫她的人。一開始，她先找保羅的外甥保羅．席萊恩（Paul Sheeline），他在華爾街的蘇利文克倫威爾律師事務所（Sullivan & Cromwell）當律師。席萊恩坦言，「他沒有處理出版社合約的經驗」，但同意幫她看那本書的相關通信內容，讓她大概瞭解她們對華許邦出版社有什麼義務。

她也在寫給愛薇絲．狄弗托（Avis DeVoto）的信中，概略說明了目前的情況。

一九五一年四月的某天，茱莉雅在經歷藍帶廚藝學校考試的滑鐵盧後，中午參加了「美食圈」的入會午餐。當晚月色明亮，茱莉雅蜷縮在沙發上翻閱最新一期的《財星》（*Fortune*）雜誌，仔細拜讀伯納．狄弗托（Bernard DeVoto）寫的一篇精彩好文。那篇文章舉了很多例子，抱怨美國的大企業欺騙消費者，尤其是一般家用品的製造商，特別是刀具方面。茱莉雅愈讀愈想起身叫好，因為她對刀具特別講究，她常在「廚房裡因為刀片很鈍，難切東西，而大肆咒罵」。有一次保羅坐在花園裡，還可以聽到窗戶傳來她大吼大叫的聲音：「真要命！我在法國廚房裡，還沒看過一把利刀！連番茄都無法切片，是要怎麼烹飪？」狄弗托那篇文章引起了她的共鳴。

針對如此狹隘的議題，其實罵完可能已經夠了，但是狄弗托是出了名的暴躁，華勒斯．史達格納（Wallace Stegner）曾說他是「嚴苛的監督人」。幾個月後，他又在《哈潑》（*Harper's*）的專欄上繼續狠批刀子：「它們看起來很棒，但什麼也切不斷。」他嘲諷，「鉻讓刀子閃亮，卻無法讓刀刃變利。」他就這樣卯起來批評，洋洋灑灑寫了一大篇，遠遠超乎大家的想像，甚至離題指出刀具製造商應該改稱為「反美活動內務委員會」。

那篇文章完全講到茱莉雅的心坎裡了，她再也忍不住，馬上寫了一封仰慕信給狄弗托大哥，大讚他罵得好，並隨信附上「可愛的法國小模型，謹代表我的謝意」。茱莉雅在信封裡放了一塊紙板，黏上她從德耶蘭廚具店花七十美分買的不鏽鋼刀子。

一個月後，茱莉雅收到狄弗托的回信，但不是他本人回的，而是他太太愛薇絲寫的。那封信真是精彩，用單倍行距打字，洋洋灑灑寫了好幾頁，不僅謝謝她寄來的刀子，還熱情地寫到她在巴黎小餐館吃過的餐點，並詢問了幾個相關的議題。保羅笑稱：「她書寫的方式就像羅多雷瀑布（Ladore）那樣傾洩而出。」字裡行間充滿了感情，非常親切迷人，會讓人想要回信給她。茱莉雅當然沒放過回信的機會。

後續幾個月，她們就這樣來來回回通了幾封信，交流彼此的生活動態，分享家庭資訊、食譜、自我檢討、政治觀點（他們都很關心即將舉行的總統大選），沒有任何議題是不適合交流的。「結婚前，我對性愛非常感興趣，」茱莉雅透露，「但是自從跟我們家老頭在一起以後，就恢復常態了。」她們之間有很多話題可聊，很多事情可以思索。愛薇絲可說是茱莉雅的完美筆友，她充滿自信，善於表達，個性率直，不肯袖手旁觀周遭發生的事。「她對於事情的是非對錯，有特殊的觀點。」她兒子馬克說，「無論事情有多麼不討喜，或是跟主流的意見相反，只要是重要的事，她都會挺身而出。」她是「主動積極的女性」，多才多藝，身兼妻子、母親、作家、編輯、評論家、慈善單位志工、政治行動分子、好廚師等角色，在出版界頗有兩把刷子。她似乎認識很多出版社，話語中不時會提到一些編輯界的傳奇人物，引起了茱莉雅的關注。

一九五二年十一月，茱莉雅已經忍不住了，她把《法式家常料理》的一章寄給愛薇絲，並在信中提到她和華許邦出版社的協定，以及她對那家出版社的疑慮。她希望愛薇絲能給她一些指教及建議。「拜託，」茱莉雅懇求，「請坦白直率地告訴我。」

愛薇絲向來不拐彎抹角，她對於那份手稿「非常興奮」。事實上，她實在太愛那本書了，好到她自己都不敢相信竟然那麼精彩。「市面上找不到這樣的食譜書，」她說，「我絕對相信妳寫了一本了不起的作品，以後會成為經典，讓妳發大財，永遠暢銷。」至於華許邦出版社方面，那家出版社一如茱莉雅的懷疑，是一家「又小又窮，沒什麼知名度的出版社」。愛薇絲覺得她們應該轉投波士頓的米夫林出版社（Houghton Mifflin），那家公司幫她的先生出版作品。她請茱莉雅讓她把手稿拿給米夫林出版社的主編陶樂西．德．珊提拉納（Dorothy de Santillana）過目，珊提拉納曾經跟著藍帶第一位女性畢業生狄翁．盧卡斯（Dione Lucas）學烹飪。「我很確定她會卯足全力出版這本特別的書。」茱莉雅原本擔心「她們對華許邦出版社有道義上（非法律上）的責任」，但是愛薇絲說，她先生告訴她，「對出版社沒有道義上的責任這回事」。

那就是茱莉雅想聽到的資訊。米夫林出版社是一流、正統的大出版社，比華許邦出版社高好幾級。她覺得自己手邊的作品是「大作」，不想浪費在小公司上。米夫林出版社會認真看待她的書，他們也出過食譜書，會好好做這一本，大力宣傳，支付版稅——那些都是她想要的。但是，露薏瑟和華許邦出版社有不錯的關係，她去紐約拜訪華許邦時，華許邦的出版人帕特南「令她著迷」，他們在那段期間變成了朋友。她覺得「她們有義務繼續和帕特南合作」，但茱莉雅不這麼想。

況且，帕特南從來沒回茱莉雅的信，她寫信給他兩個月了，都沒收到隻字片語。讀醬汁的樣章需要好幾天嗎？他失去興趣了嗎？他是故意不理她嗎？這種糟糕的管理模式正是茱莉雅所擔心的。

茱莉雅持續遊說席卡站在她這邊，一起反對華許邦出版社，一有機會就譴責出版社的不友善對待。她對那件事的在意程度，就像被拋棄的情人一樣，她堅稱她們必須保護自己，為書做出正確的決定。不能單純相信出版社的善意，畢竟，華許邦出版社已經把她們擱在一旁不理一次了。席卡本來不想換，但是她抵不過茱莉雅的積極鼓吹，最後同意應該先試試看；露薏瑟別無選擇，只好做出一致的決定。

一九五三年一月，整個案子差不多就快確定了：德．珊提拉納很喜歡《法式家常料理》，她讀完後覺得那是一本「必備用書」，米夫林出版社當然想簽下它。事實上，他們已經開始準備合約了，還有預付版稅七百五十美元。

愛薇絲似乎促成了不可能的任務。「萬歲！」茱莉雅在回信中寫道，她開心極了。終於確定交易，而且又是跟大出版社合作，她喜不自勝。這也肯定了過去幾年她做的每件事，從史密斯學院畢業以來所付出的一切。她終於有自己的職業生涯，她估計兩、三年後就能看到收穫。作家始終是她夢寐以求的職業，自從在紐約工作以後，她就常到雜誌社和報社應徵，期待能找到編輯工作。在紐約的那段日子，她夢想成為「卓越的女性小說家」。現在看來，這份工作離那個夢想並沒有差太遠。她花了比預期還久的時間才達成目標，中間還繞了地球大半圈，不過那些都無所謂了。現在她是作家，又有合約，而且是食譜作家，人生還能再更美妙嗎？這確實值得喝采！

幾乎在同一時間，另一則消息帶來了較弱的喝采。一月十五日，保羅五十一歲生日那天，他終於收到新的分發令：他升任為公共事務主任，負責整個法國南部（從義法邊境到庇里牛斯地區），必須馬上遷至馬賽。在升遷方面，這算是一大晉升；但是地點方面，則是一大後退，外派的任何地點都比不上巴黎。當然，就像保羅說的，「更糟的可能是去冰島的雷克雅未克，或衣索比亞的阿迪斯阿貝巴」，但是馬賽跟巴黎相比，就像去愛荷華州密西西比河畔的迪比克（Debuque）。

馬賽。往南移居可能破壞了過去幾個月的美好。不過，茱莉雅還是盡量以最好的心情面對這個消息。她「知道他們不可能永遠待在巴黎」，在這個天堂待了四年以後，她知道他們「隨時都可能離開」。但是，馬賽，那是全然不同的法國，在法國的尾端，那裡說的法國方言聽起來像烏茲別克語，距離席卡和露薏瑟居住的地方、充滿驚喜的美食體驗、每個街角都有高級訂製服店的巴黎，有八小時的車程。茱莉雅心想，至少他們還在法國，而且還在地中海邊，那會是「認識普羅旺斯料理的美好體驗」，可以實地測試馬賽魚湯、普羅旺斯燉菜（ratatouille）、橄欖醬（tapenade）、蒜香奶油燉淡菜（moules frites）、尼斯洋蔥塔（pissaladière）、大蒜蛋黃醬（aïoli）、松子羅勒青醬（pistou）的食譜，以及許多充滿番茄、大蒜、洋蔥、胡椒的美食。就食物方面來說，有機會暫時遠離開始讓她和保羅的胃感到吃不消的超濃奶油醬汁也不錯。

「當然，這也表示我們三饕客不能再密切合作，烹飪班也沒辦法再開下去了。從烹飪生涯來看，那確實是個打擊。」她感嘆。席卡特別捨不得看她離開，她們在廚房的裡裡外外都培養了深厚的關係。即使經常一整天都膩在一起烹飪，多數的夜晚她們還是會主動找彼此交流，享受一邊共進晚餐、一邊談天說地的樂趣，她們的先生也培養出類似的深厚情誼。兩對夫妻會一起去諾曼第度假，互相介紹朋友和熟人，這次將會是難以割捨的分離。

即便如此，他們還是加緊腳步編寫食譜。大部分的工作是測試食譜，那本來就可以獨立運作，以後需要以郵寄的方式寄送實驗結果。此外，茱莉雅也打算經常北上巴黎，而席卡在尼斯附近的鄉下有一間避暑的農舍，她們還是有很多的機會可以諮詢彼此。「我們只是無法像以前那樣經常碰面、迅速交換意見，以及一起實驗。」她失望地說。算了，這就是人生！

別人可能會覺得她們是被流放到鄉下，但茱莉雅不久就欣然地接納了這次搬遷，畢竟馬賽不一樣，是個新環境。茱莉雅對於新環境的反應向來都是如此：果斷、務實、冷靜、不在乎自己受到的影響，尤其是在攸關保羅福祉的時候。她的部分行為可以歸因於自尊心，那遠溯及家族的個性淵源。就像當初嫁給保羅一樣，那舉動強化了茱莉雅的獨立性格。以開放的心態面對改變，探索新文化，和她父親主張的一切正好相反。在那當下，這種反射性的動作特別強烈。十一月，她跟父親通了電話，父親在電話上譴責了她的自由派觀點。「妳根本不曉得全國的感受。」他如此嘲諷，暗指最近艾森豪當選總統一事。在父親的眼裡，茱莉雅是局外人，不夠美國（他所謂「你們那邊的人」），不是美國本土的愛國者。「這實在讓人難以接受。」茱莉雅坦言。她覺得父親是個「受人喜歡的人，慷慨大方的父親，在社群裡急公好義」，但拒絕尊重反對的意見，包括她的看法。顯然，他認為她的「背叛性格」是墮落的，留在法國最好。

不過，茱莉雅還是會每週寫信給他，與其說是盡女兒的責任，不如說她想跟這個她想念與喜愛的家庭維繫關係。她很清楚，老爸從來不了解她，也不認同她的生活型態或選擇。儘管如此，血濃於水，他畢竟是她的老爸，是麥威廉斯家族的大家長，她還是愛他。

要不是隔週收到繼母菲拉寫來的信，茱莉雅還會繼續寫信給他。菲拉在信中提醒她，別再惹父親生氣了，也就是說不要再跟他談「政治或卓別林」。幾天後，她也收到弟弟約翰的來信，告誡她不要硬要別人接受她的想法。「此外，」他寫道，「唯一真正的熱血美國人是共和黨人。」

好吧，好吧，她知道了，她又不是非得在政治觀點上講贏不可。她的家人本來就是那個樣子，她坦承：「他們都是死忠的共和黨人，是最激進、最堅貞的一派。」所以她在信中只提食譜書的進度，但是那樣也不行，她父親覺得那是法國烹飪，是他的另一個眼中釘。她也不能提起保羅的升遷，因為父親不喜歡保羅（他說保羅是「新政支持者」），也討厭他的工作。不幸的是，他們父女倆的差異實在太多了，以後她只能談健康和天氣之類的話題。另外，不管他喜不喜歡，他也會聽到馬賽的消息。

為了搬家，有很多的事情需要準備。搬離嚕德嚕本身就是一大麻煩，更別說是感傷了。茱莉雅和保羅都很愛那裡，該處很完美，有個性，是個迷人的老地方。過去四年，他們有一半的時間都在裡頭生活、愛戀、慶祝、夢想、成長、發現自我。如今打包起來，格外令人心碎，「茱莉雅想留住一切，」保羅寫道，「我想消除一切，我們後來彼此都妥協了一些，但各有一些遺憾。」

保羅在巴黎拍了數百張、甚至上千張的照片。他們也收集了數量差不多的書籍和威尼斯玻璃器皿。他的楔形畫架擱在牆邊，他的酒一箱箱地擺在屋簷下。茱莉雅為食譜書做的研究裝滿了「兩大箱沉重的皮箱」。她的烹飪玩意兒多到可以開一家德耶蘭廚具分店了。「天啊，」保羅哀嚎，「真是堆積如山！」一切都需要分類及精挑細選，行李能塞的空間非常寶貴。保羅的調派令上寫著「臨時任務」，那表示他收到國務院的轉調文件以前，他們在馬賽都還不算是「正式」的，這段臨時期間短則一週，長則等到地老天荒，你無法確切知道時間。沒有什麼事情是確定的，就連收入也不確定，所以他們是處於某種渾沌不明的狀態，不能取消嚕德嚕的租約，也不能在馬賽租房子。他們可能要在旅館中住上好幾週，甚至好幾個月，這是很克難的關鍵時刻，不得不做一些犧牲。

其中最難割捨的東西之一，是茱莉雅深愛的貓咪米奈特，但是車子裡沒有空間，到馬賽也無處安置。嚕德嚕的房東和一堆朋友都沒人主動出面認養牠。找不到安置的地方，又不可能把牠丟著不管，茱莉雅說她要幫貓咪找到適合的家，才離開巴黎。可惜，她已經找遍了所有可能的對象，時間快來不及了。她在勃艮良街上匆匆地來回走動，想找合適的對象。最後，她把貓咪交給勃艮良街熟食店的老闆，他們家有「一隻溫和的老狗」，米奈特可以在店裡巡邏，抓老鼠和吃剩料。

最後就剩下告別了。茱莉雅和保羅像「兩台蒸汽火車」那樣，四處造訪塞納河兩岸常去的地方，處理最後一些瑣碎的事務。他們在巴黎的最後一天，過得像旋風一樣，除了跟保羅在美國大使館的同仁依依不捨地道別以外，也拜別了「美食圈」的女王愛琳潔夫人、老狐狸肯農斯基（他穿著長袖內衣出來見他們）、藝術社交聚會的主辦人福西永夫人、席卡、露薏瑟，以及六、七位讓他們的巴黎生活有如難忘饗宴的朋友和熟人。接著是最後一頓難忘的盛宴：晚餐，但是去哪裡好呢？有這麼多的選擇，那麼多的最愛，哪個地方值得辦這場味蕾的歡送會？自從在盧昂享用過那餐改變人生的餐飲後，有數十家餐廳為茱莉雅帶來無限的料理驚喜，每一餐對一位廚師的養成來說，都是無價的學習過程。

茱莉雅想了一遍所有明顯的選擇：立普小酒館、大維弗餐廳、拉佩侯斯餐廳、大師餐廳。沒有一個地方能充分代表巴黎的美好，最後，她想到一個絕佳的場所。

晚上九點多，經過連串的淚別與歡送後，茱莉雅和保羅疲累地趕完所有的行程，把車子停在嚕德嚕的外頭，搭著搖晃的電梯上四樓。他們在敞向花園的三扇落地窗前，就著燭光，在即將拆除的心愛廚房裡，享用著雙人晚餐，包括舒心好湯、鮮脆沙拉、長棍麵包、一瓶葡萄酒，無視樓下成箱堆積的行李。那晚夜色清明，從屋頂上看往蒙帕納斯（Montparnasse）的夜景星光熠熠，過往的記憶一一浮現，在屋內飄盪。

他們認為這裡是最適合頌讚巴黎的地方，這是個讓人飢渴、也最令人滿足的城市。

13 法式法國風

事實證明，馬賽不是迪比克那樣的鄉下地方，那裡沒有木材，沒有科技，沒有密西西比河，沒有強鹿牌（John Deere）的農業機械設備，也沒有拉佩侯斯餐廳或布尼亞主廚。但是出了巴黎，有些東西就不是那麼重要了。茱莉雅覺得她的新家園就像「一道豐盛的馬賽魚湯」，那裡呈現的感官混合，跟迪比克或巴黎都截然不同，甚至跟布拉格或皮奧里亞（Peoria）也不一樣，但是都一樣充滿活力。「生氣蓬勃，動感十足。」她熱切地跟家鄉的親友如此地描述，「街上熙來攘往，市場熱鬧滾滾……小販精神飽滿地叫賣及說笑。」馬賽確實是個熱鬧喧騰又多采多姿的城市。保羅無法習慣這裡的喧鬧聲，他說：「這裡的喇叭聲、輪轉聲、吼叫聲、口哨聲、甩門聲、木頭倒下聲、玻璃破碎聲、廣播播放聲、船隻汽笛聲、敲鑼聲、煞車聲、叫罵聲，似乎是其他地方的十倍。」

茱莉雅和保羅剛來到馬賽時，漫步整個城市，試圖評估這個雜亂延伸的地方，但是最後他們發現，在熱鬧的舊港區，找一家咖啡館坐下來，才是觀賞路人熙來攘往的最佳場所。你可以在馬蹄形的碼頭邊，坐上好幾個小時，大啖剛去殼的生蠔，暢飲冰涼的黑醋栗酒，看著這個忙亂的社群在你眼前流動，那景象真是精彩！「馬賽人形形色色，連膚色都很多元。」有人說，「這裡有許多很黑的塞內加爾人，臉上有看似虎爪印的部落圖案；穿著傳統服飾的阿拉伯人；像女星派克西諾（Paxinou）那樣充滿西班牙風韻的豐滿美女；古銅色肌膚的漁民，

在俯瞰新岸碼頭的馬賽廚房裡，1953年3月16日。
圖片鳴謝：The Julia Child Foundation for Gastronomy and the Culinary Arts

身上有刺青；許多流浪街頭的兒童；大量的新鮮漁獲在此卸貨；隨處可見披曬的漁網；還有濃烈的海濱臭味陣陣撲鼻而來。」

在茱莉雅的眼中，馬賽是個「粗俗的南方城市」。福樓拜（Flaubert）寫道，這裡的居民「竭盡所能地透過各個毛孔，以各種形式，享受樂趣」。水手「擠進酒吧，跟女子說笑，自在地暢飲、唱歌、舞蹈、尋歡」。街頭生氣蓬勃，總是瀰漫著一股躍躍欲試的氣氛，義大利人、俄羅斯人、希臘人、亞美尼亞人、科西嘉人、阿爾及利亞人、摩洛哥人、突尼斯人成群地來來往往，「可以聽到上百種陌生的語言」。茱莉雅顯然感受到這個城市的原始蓬勃活力。「我覺得這裡像一鍋充滿活力、熱情與奔放生命力的濃郁高湯。」她說。

這種勁道十足的特色，象徵著馬賽的復甦。馬賽是法國最大的商港，在戰爭期間遭到無情的轟炸，先是一九四○年遭到德軍和義軍的攻擊，接著又在解放之前遭到同盟國的攻擊。一九五三年三月，茱莉雅和保羅抵達馬賽時，重建工程已明顯展開，但是受到賄賂與官僚的阻礙而進度遲緩。其中一大明顯開發案，是一九五二年落成的柯比意

（Le Corbusier）「大規模集合住宅」（Unité d'Habitation），但是馬賽人不愛那種蜂窩狀的集合住宅，說那像精神病院（la maison du fada）。

剛到馬賽時，茱莉雅和保羅只是不安的客人，住在簡陋的飯店裡，「房裡貼著花朵壁紙，使用二十五瓦的燈泡」，沒有廚房，沒有景觀，也沒有讓人靜下來釐清思緒的空間。他們都是出外用餐，街上有無數普羅旺斯的餐館，提供茱莉雅相當喜歡的地方菜色。多種新鮮的魚類讓她產生了無限的好奇心，尤其是狼鱸（loup，一種地中海的鱸魚，直接放在茴香上烤）。她也知道要迴避一些比較奇怪的菜色，幾年前她第一次造訪馬賽時，吃了聽起來很有趣的動物內臟捲（tripou，一種類似牛肚的料理，裡面塞入切碎的豬腳和羊腳，綁成袋狀，放進肉湯裡煮）。在成分方面，茱莉雅懷疑「裡面還有其他的東西，有依稀的香草味，我很確定裡面應該也摻了一些豬屎」。本來她還滿期待那道菜的，但是吃了以後，她覺得那不是她喜歡的風格。「豬屎也許是需要經過學習，才會喜歡的口味。」有可能喔。

馬賽確實是很有特色的城市，但這裡不是巴黎，至少這點是肯定的。茱莉雅最初的觀察覺得，「馬賽是個女人只能露臉，但不能發聲的地方，而且活動的範圍只能在自家附近。」這點不太適合她。你要茱莉雅噤聲？在馬賽不可能，在地球上的任何地方都不可能讓她噤聲。他們剛到馬賽一週，茱莉雅就覺得無聊死了。第一個週日，天氣陰冷，天空灰濛濛的，外頭一片黯淡髒亂，感覺死氣沉沉。她來回地繞圈，對著保羅發洩：「可惡，沒有廚房，不能煮東西；沒有顏料，不能畫畫；還沒有朋友，不能串門子；不能藉酒或大啖馬賽魚湯澆愁，因為我們的腸胃不太好；我也不想再寫東西了，我已經寫膩了、睡膩了、讀膩了，但是距離晚餐時間還有兩小時。」

潛在的朋友寥寥無幾，這點更加深了茱莉雅的失落，領事館通常是美僑圈交流的管道，有很多美國人及他們的妻子駐守。在馬賽，茱莉雅覺得他們「非常善良，認真又熱心」，但是沒有人讓她覺得很有趣或受到鼓舞，她回憶：「他們都是很好的人，但是沒什麼交集。」

茱莉雅剛到馬賽的頭幾週，做什麼事情都覺得很勉強。她的寫作因為心情不好而開始產生自我懷疑，她變得脾氣暴躁，心煩意亂。她寫信告訴愛薇絲：「搬家的折騰讓我變得心煩氣躁，精神分裂……連帶有些痛苦、無奈、脾氣也不好。」

不過，當她找到合適的公寓以後，一切就改變了。那是位於新岸碼頭（quai de Rive Neuve）的迷人小地方，採光充足，在長排公寓的五樓，可以俯瞰舊港區，是一位休假半年的瑞典領事轉租給她的。從客廳的大窗可以望向大海，還可以看到許多動態的情境，一點也不無聊。「有一艘載滿漁獲的雙桅小帆船就停在下方，」她說，「對面停滿了小漁船，還有海鷗飛翔。」數十位黝黑的裝卸工人把漁獲卸到碼頭上。屋裡的家具都是瑞典風格，亮白簡約。從室內擺設可以明顯看出那位瑞典領事相當講究，很可能從來沒下廚過。茱莉雅抱怨：「那廚房理論上是『設備齊全』的，但是也太陽春了吧。」不過，算了。經過巧手改變後，她又開始烹飪了，沉悶的低潮馬上一掃而空。

而且，更多的優點也一一出現了：批發魚市（La Criée aux Poissons）剛好就在附近，剛好可以幫她啟動食譜書的撰寫。她離開巴黎以前，就開始研究魚類料理那一章了。隨著時序進入四月，她開始加快腳步。她為那一章寫了以下的簡介：「法國人非常會料理魚類，魚類的烹飪與調味需要卓越的品味和技巧。」她知道美國不是如此，在明尼亞波利斯、奧馬哈、鳳凰城、迪比克之類的城市，要買新鮮的魚幾乎不可能。就連在距離大海很近的帕莎蒂納和聖塔巴巴拉，麥威廉斯家餐桌上的魚類也乏善可陳。「我們週五吃烤魚，到高西斯拉山露營時吃煎鮭魚，國慶日吃水煮鮭魚，就這樣而已。」一九五三年年初，只有比較大膽的美國人會吃新鮮的當地魚，否則他們就只能吃冷凍鱈魚和比目魚，或是超市冷凍櫃裡最新流行的炸魚條。除了這些常見的水產類以外（本地湖水魚或蝦子），大家不太可能認識多數的魚類。但是自從在盧昂吃過香煎比目魚後，茱莉雅完全迷上魚了。「我從來沒想過魚類可以那麼認真地料理，調味可以如此的豐富。」她決心好好地向美國人傳播這種美味。

但是，這要如何傳達給美國的廚師呢？

她那本沾滿食物汙漬的《美食全書》（*Répertoire de la cuisine*）裡，光是比目魚排的料理就有兩百多道食譜，還有她在巴黎吃過的那些完美菜色——烤全魚、魚肉慕斯、魚肉串、海鮮奶油濃湯，以及馬賽魚湯！（既然來到馬賽，她打算好好破解這道麻煩的菜色。）問題是，她沒辦法把那些法國的魚類料理翻譯成對應的美國名稱。她發現：「很多歐洲魚類在美國都找不到，很多美國魚類在歐洲也付之闕如。」例如，美國的比目魚其實不是比目魚，而是一種比較小又淡而無味的鰈魚。鮟鱇魚（lotte）在每份法國菜單上都看得到，美國稱為monkfish，但鮮少供應。至於海螯蝦（langoustines）呢？那不是蝦子（太小），也不是龍蝦（太大），也許是比較偏英國的大蝦（prawn），但是大蝦不會出現在美國。鮋魚（rascasse）又該如何是好？美國西岸有一種魚叫杜父魚（sculpin）或石斑魚（rockfish），也許可以拿來替代，但頂多只算鮋魚的遠房表親。她需要為每種海產都找出對應的美國物種，這樣才能讓法國食譜「在美國煮出大約相同的結果」。

那個目標不像說起來那麼容易。她的書架上有兩本書，可以查到初步的事實：米洛．密洛拉多維奇（Milo Miloradovich）的《魚類烹調藝術》（*The Art of Fish Cookery*）和路易斯．普立格．迪埃（Louis Pullig De Gouy）的《黃金食譜》（*The Gold Cookbook*），《黃金食譜》裡有二十六頁法國魚類和美國對應魚類的索引。對多數人來說，這些資料已經很充足了，但是茱莉雅要找到所有的資料才肯罷休。「天啊，好多東西需要瞭解，我一直碰到障礙。」她寫信告訴愛薇絲。她說，直接套用書裡的「道聽塗說」，或依賴席卡和露薏瑟的意見就沒意義了。每次她想在食譜書裡提出主張時，都會停下來自問：「我真的確切知道事實嗎？」對茱莉雅來說，事實有種魔力，那是讓她成為烹飪老師的關鍵，也是讓美國的家庭主婦相信她有權威的關鍵。她發現，有太多的食譜書是直接改編「可靠」主廚的食譜，從未測試內容是否精確。對一個把事實當成聖旨的女人來說，那樣投機取巧是不可饒恕的罪過。想把東西弄對，就要確認一切的事實都符合程序；不僅符合程序，還要錯不了，無懈可擊。可惡！在以白紙黑字打出食譜前，她非把所有的細節都找出來不可！

為此，茱莉雅開始依賴保羅，透過官方管道接觸各個收集與研究那些資料的機構和單位。魚……嗯，她心想……誰會有魚的一切資訊呢？啊，當然是漁業署（新內政服務的一部分），甚至還有漁業副協調長（Deputy Fish Coordinator）一職呢，你看看。她馬上著手寫信，信中列了許多有關魚類的問題，她也寫信給法國對應的官方單位，結果很快就收到回應，以及大量有關魚類的資訊，包含一切你想知道卻不敢問的問題，例如哪些魚肉硬，哪些魚肉薄，哪些是鹹水魚，哪些是淡水魚？她也針對肉類提出類似的問題，跟農業部的人員通信。「我熱愛這種研究。」她在回憶錄中寫道。對她來說，事實和成分一樣重要！

她也愛她的實驗白老鼠，不是真的老鼠，而是幫她測試食譜並傳回詳細意見的親朋好友。這些白老鼠都是她的寵物，「非常典型的一般美國人……不清楚法國料理的經典傳統」。每次茱莉雅寫完一道食譜，就掀開她那台皇家打字機，開始打單行間距的信，詳盡地說明烹煮技巧。保羅說她打字的聲音像「啄木聲」，她通常一打就是好幾個小時，啄、啄、啄、啄、啄、啄、啄，打在六、七頁薄光澤紙上，中間以五、六張複寫紙隔開。張數是看有多少白老鼠會收到副本而定，通常她會寄一份給舊金山的小陶、劍橋的愛薇絲、賓州的費瑞狄、就讀大學的瑞秋．柴爾德、帕莎蒂納的凱蒂．蓋茲，以及席卡和露薏瑟。啄、啄、啄、啄、啄、啄……要讓油墨透印到每一頁上需要花點力氣，也需要近乎強迫症的堅持，一再地修正。「那很累，真的很辛苦。」她後來回憶時抱怨，但是她覺得唯有那樣做，才能維持食譜的客觀。

不過，和他人分享這些「真正的創新」，還是讓她有些擔憂。這是她和兩位夥伴一起開發出來的東西，據她們所知，這些東西還不曾出現在任何食譜書上。根據她對出版業的瞭解，那些食譜其實人人都可以據為己有，所以最好不要落入貪婪對手的手中，以免內容先出現在報章雜誌上，「那就不新鮮了」。要是她好不容易從米雪媽媽那裡討來的白奶油醬汁食譜被別人捷足先登了，她會嘔死。她「最愛的美乃滋」食譜就像核彈發射代碼一樣機密，雖然幾乎一樣的版本也出現在聖安姬夫人（Madame Saint-Ange）的書裡。不過，她讓那些白老鼠都發誓了，絕對不可以讓食譜流出去。她怕訊息傳達得不夠清楚，還特地把這些特殊的食譜夾在色紙中間，並在每一頁的頂端與底部寫上「最高機密」的字樣。「這樣好像太過謹慎，太大驚小怪了，」她對小陶致歉，「但是付出那麼多心力以後，我不想冒任何的風險。」

搬進碼頭的公寓後，最初幾週，茱莉雅幾乎占用了整間公寓。保羅沒日沒夜地工作，一天上班十四個小時，連週末也要加班，所以她一個人埋首鑽研馬賽魚湯，以闡明這道菜的作法。那食譜的複雜度令人難以想像。在馬賽，這道菜源自於漁民的燉湯，每個人都宣稱自己擁有唯一道地的馬賽魚湯（la vraie bouillabaisse），但茱莉雅一如既往，說那些都是胡扯。她知道「真正的漁民是手邊有什麼魚料，就拿來做『道地』的馬賽魚湯」。他們把當天的漁獲中，因不夠肥美而滯銷的魚，拿來搭配由大蒜、洋蔥、番茄、橄欖油、番紅花、百里香、月桂葉製成的普羅旺斯肉汁湯底。你說你的才是道地的馬賽魚湯？茱莉雅會回你：「鬼扯！」

就美食來說，馬賽魚湯說不上是什麼時尚湯品：湯底是水煮的，蔬菜大略切碎，魚肉隨意碎散，搭配跟菸草一樣嗆濃的香草，那跟茱莉雅在藍帶學到的精緻濃湯或清澈高湯不同，也和席卡做的馬鈴薯冷湯（vichyssoise）不同，她的馬鈴薯冷湯質地濃稠，搭配細碎的青蒜，就像點彩畫一樣高雅。但是馬賽魚湯確實有不可否認的強度：它讓嘴裡充滿了濃烈的風味，是烹飪中恣意奔放的絕佳範例。普羅旺斯人對它的熱愛，就像美國南方人對燒烤的推崇一樣。

茱莉雅一點也不怯懦，而是毅然決然地一頭栽入研究。她走訪停靠在港邊的漁船，向粗壯的賣魚婦購買當天的漁獲，並和幾位當地餐廳的老闆討論有哪些選擇。既然要做馬賽魚湯，就要做到貨真價實，精湛出色，或竭盡所能做到貼近那個目標。她知道，傳統的馬賽魚湯至少用了三種地中海魚類，通常是鮋魚、火魚（grondin）、海鰻（congre）。但茱莉雅也看過有人用鮟鱇魚、紅鯔魚、鱈魚、魴魚和淡菜，有些人想做得更豐盛一點，甚至會加入海螯蝦。這道湯的規則其實很鬆散，有些食譜會用番茄，有些食譜會用馬鈴薯，有的沒用番紅花，有的會加紅椒醬（rouille）以增添風味。「有些人說，如果魚是現撈的，又馬上煮來吃，那已經有足夠的鮮味，不需要做高湯了。」茱莉雅說，「也許那是真的，但是誰永遠住在海邊？」

「我們在美國究竟要如何做馬賽魚湯？」愛薇絲也催問她。

無論最後出來的食譜如何，茱莉雅知道那道菜都必須道地，而且是美國人煮得出來的。那表示她需要在新的廚房裡瘋狂地實驗。首先是用茴香、番紅花的花蕊、月桂葉和百里香做湯底。某天，她做這道湯來當午餐，本來要照馬賽的標準作法濾掉蔬菜，最後臨時決定不濾了。隔天，她用攪拌機處理一切的食材，讓湯汁變得更濃。到底要不要加馬鈴薯？那是個問題，她決定兩種都做做看。之後，她把龍蝦和蟹肉切散來裝飾那道菜，天曉得怎麼會有那麼多的變法？

寫這本書實在花太多時間研究了，每道食譜都需要無盡的準備——採購和烹飪，測試和筆記，仔細檢查和分析——就像寫碩士論文一樣。茱莉雅知道讀者會要求那麼徹底，美國的廚師必須要能夠照著食譜做菜，食譜必須合乎邏輯，讓人相信即使不是一切都很容易，但至少錯不了。任何菜色都必須像作者承諾的那樣做得出來，而且要好吃，有法國風味。即使現代的烹飪趨勢是走快速簡單的風格（美國這時非常流行焗烤鍋），還是有不少人在意廚藝。法式廚藝。這似乎證實了愛薇絲對於美國家庭主婦及一種新廚師的看法。他們想要教育及抓住家人的胃，讓賓客留下深刻的印象。「不要妥協……」她提醒茱莉雅，「妳知道妳在做什麼，妳不想寫一本混雜的食譜書，這是一門專業，不能打折扣。」

茱莉雅知道，美國書店裡所謂的可靠食譜和她想寫的食譜差異何在。最主要的差異在於，那些「可靠」的食譜都寫得不好，內容草率馬虎，充滿漏洞。「我希望我們這本在精確度、深度和觀感上，遠遠超越市面上的一切食譜書。」她宣布，「不然你就只是買到普通的食譜書而已，那不是我們這本書的目的。」即使茱莉雅碰巧忽略了食譜的某些細節、技巧上的嚴謹、食材的品質，或是長久以來大家嚴守的規則，席卡和露薏瑟也會加以指正說明，儘管她們的說法常相互矛盾。

信件在馬賽和巴黎之間不斷地往返，茱莉雅的夥伴在巴黎也忙著做她們的精簡法國食譜，尤其席卡更是拚命三郎，不同凡響的廚師，茱莉雅說她「無論發生什麼事情，每天都花整整五小時做這本書」。但是席卡的個人食譜大多是根據從小的記憶編寫的，並不精確。她們需要一再的測試、調整和修改，才能把食譜收進書中。她的個性不適合照著食譜做菜，更別說是衡量成分了。她就像多數下廚一輩子的法國女人一樣，「骨子裡知道菜要怎麼做才對」，完全無法理解為什麼美國人需要把一切寫得清清楚楚。「她認為書面的規則、精確的測量、詳細的解說大多是多此一舉。」愛薇絲對她們的合作如此評論。

茱莉雅經常要看顧席卡那邊的情況，不僅注意食譜說明要寫得清楚、有條理而已。她們的科學式食譜寫法——亦即一再測試到每道菜都完美無瑕——常和愛斯克菲爾、卡瑞蒙、布里亞—薩瓦蘭（Brillat-Savarin）等大師的作法互相矛盾。茱莉雅說，那些大師的食譜常用模糊、難以捉摸的說明，卻沒人質疑。他們有名，並不表示他們就是對的，誰說他們比茱莉雅和席卡更懂呢？「我覺得我們跟其他人一樣有權威。」茱莉雅堅稱。那樣說聽起來很有道理，但席卡擔心別人把她們當傻瓜。畢竟，她和茱莉雅憑什麼那麼有自信，那麼張狂？她們不過是居家廚師，更何況還是女性。

「我老是忘了，在歐洲的傳統中，女性不習慣以權威自居。」茱莉雅推論。但茱莉雅是美國人，不缺自信，她已經準備好奉陪任何的挑戰者，愈大牌愈好。看到知名的食譜作家隨便寫食譜，她就一肚子氣。尤其，塞繆爾·虔伯倫（Samuel Chamberlain）寫的《法國芬芳》（*Bouquet de France*）更是讓她嚥不下那口氣。那本書是暢銷書《可莉蒙婷在廚房》（*Clementine in the Kitchen*）的續集，茱莉雅把它視為「一大勁敵」。她坦言：「那是一本很好很美的書，我只是覺得很遺憾，食譜的寫法沒那麼專業。」例如，尼斯雞肉（Poulet à la niçoise）完全不合理，「切五磅雞肉做燉肉丁」。茱莉雅照著書唸，「煮一小時」，嗯，「雞是多老的雞……五磅，很大，可能是老母雞，煮一小時可能不夠……吃起來應該很硬吧」。其他的食譜，例如美式龍蝦（langouste à la américaine）和小牛肉薄片（escalope de veal），她和席卡都為自己的食譜測試過這兩道菜，那本書也寫得一樣隨便，充滿「遺漏」和「陷阱」。

她們寫的《法式家常料理》絕對不會那樣，絕對不會！即便那意味著她必須隨時監督她的夥伴。「我們必須像笛卡爾一樣，」她堅持，「除非是出自極其專業的來源，否則絕對不隨便採用任何東西，即使是出自專業的來源，我們也要看我們自己想怎麼做。」為此，她寄給席卡三項依循的原則：

- 堅持妳的意見在這項專案中有平等的地位。
- 維持這本書的法式風格。
- 在研究其他權威的看法與建議後，以科學的方式尊重妳自己的仔細研究。以確切的度量、溫度等等來烹飪。一旦確立方法以後，除非妳對它有所不滿，否則就篤信不移地堅持下去。

席卡原本固執地堅守古老傳統，但漸漸地，茱莉雅說服她改變念頭。不過，露薏瑟又是全然不同的問題了。露薏瑟很喜歡那本食譜書的商業面、概念，以及三人合作的情誼。她很喜歡和出版商之間的書信往返，書籍可以出版讓她相當興奮。但是，相較於席卡和茱莉雅努力投入實驗，露薏瑟對一切都很隨興看待，尤其是烹飪方面。她的食譜很棒，她可以做出非常美味的菜色，但是她的食譜並不完整，寫得太隨興了。那些菜的作法常令人費解，她似乎無法描述程序。茱莉雅和席卡忙著實驗與瞭解食譜，但露薏瑟似乎漠不關心。至於她是不願投入時間，或只是缺乏好奇心，她們也難以分辨，但她們確實感覺到工作量的不平衡，尤其茱莉雅對這件事情愈來愈在意。「我深切覺得，我們做的這本書完全不是她擅長的那種。」她寫信告訴席卡，意思是說露薏瑟的貢獻有限。「我覺得她的個性比較適合寫《法國人煮什麼》那樣的輕鬆小品，裡面只收錄簡單的小食譜和一些小技巧，還有一點詩意和浪漫，像《時尚》、《哈潑時尚》和一些精巧雜誌收錄的那種食譜。」茱莉雅認為露薏瑟「在那本食譜書中扮演的角色微乎其微」。

不過，露薏瑟確實有她的用處，茱莉雅把她當成她們那本書的對外門面，她是「每個人夢想的那種完美法國女性」。要是日後她們有機會受邀上電視，美國的觀眾會很愛露薏瑟，而且她是「天生的宣傳好手」，她有「所有女性俱樂部的人脈」，能對適合的族群推銷這本書。後來，茱莉雅對外的一貫說法都是，露薏瑟太忙於家務，無法對這本書做出對等的貢獻，但真相其實是，她缺乏茱莉雅和席卡投入的熱情，至於天分上就更不用說了。當茱莉雅被逼急了，她也不禁透露了冷酷的事實：「露薏瑟雖然人很好，但她始終無法認真地投入這個案子。」她寫信對愛薇絲這麼說，「她完全抱著玩票的心態。」

即使茱莉雅堅持這本書「絕對是共同努力的成果」，她後來逐漸明白自己扛了大半的責任。她指引內容的方向，規劃龐大的格式，讓整本書成形，並賦予它風格。整本書從頭到尾的語氣大多是她的，但她知道精神上「必須是法式風格」，甚至是「法式法國風」。她和席卡一起分擔了烹飪的責任，但是，「寫作必須由茱莉雅來做，因為這本書是以她的語言書寫的。」保羅說。她把她們個別的研究打字出來，接著打成食譜，最後則是打做完成的章節。當席卡和露薏瑟偏離主題時，她會語帶鼓勵地把她們拉回正軌，一再提醒她們：「我們是個團隊！」她也負責彙整白老鼠給她的意見，並擔任愛薇絲和米夫林出版社主編德．珊提拉納之間的橋樑，她負擔的工作相當辛苦。

一九五三年年底，她們終於對外公開這項訊息：她們正在寫一本龐大的手稿，保羅猜測「可能有七百頁」。也許比那還多。他笑稱「那不會是小冊子」，那說法可能還太輕描淡寫了，光是醬汁那章就有兩百多頁，茱莉雅「每天花五個小時做那本書」，但那還只是開始而已。五小時後來變成八小時，接著拉為九小時，偶爾甚至長達十二個小時。日積月累下來，那本書就像滾雪球一樣，逐漸占據了她整個生活。不過，茱莉雅還是不願鬆懈。「她決心非得成為作家，兼駐外人員妻子、廚師、雜役、採購、講究的女主人不可。」保羅驚嘆。

茱莉雅這輩子從來沒像這段時間在俯瞰舊港區的小公寓裡那麼認真過。一九五四年三月初，他們搬到比較寬敞的公寓，在原來的小公寓和後來那個較大的公寓裡，她一個人設法應付了各種挑戰，並蓬勃發展。隨著挑戰的轉變和重疊，茱莉雅一一面對，在忙亂中充分展現了她一心多用的本事。沉重的責任並未壓垮她，事實上，搬到馬賽反而讓她在情緒平靜和工作產量上締造了前所未有的高峰。

對茱莉雅和保羅來說，一切似乎都進行得很順利。幾經延宕後，米夫林出版社的合約終於來了，連同兩百五十美元的支票（預付版稅七百五十美元的前三分之一）。保羅討厭的老闆（私下貶稱「小矮人」）也換人了，他覺得新來的老闆是「好人」。他終於開始喜歡他的工作，「他在那附近的人脈變成了有用的資源」。茱莉雅剛完成蛋類料理那章，愛薇絲看了大為驚豔。她先睹為快後回信給茱莉雅：「我佩服得五體投地。我本來就知道這本書很棒，但是之前還沒想到會好到這種地步。精彩、沉著、穩重、基本，跟讀小說一樣令人振奮。」

為了慶祝一下，茱莉雅決定休息幾天，陪保羅去巴黎參加公家會議。距離上次造訪巴黎已經好幾個月了，她渴望在廚房裡跟席卡和露薏瑟碰面。她雖然喜歡馬賽，但巴黎始終令她醉心。「巴黎超世絕倫，迷人難擋。」她從左岸的飯店寫信給愛薇絲，「能夠舊地重遊實在太美妙了。」她找不到比巴黎更適合她的地方，「巴黎滿足了我的一切需求」。當地的老友都紛紛放下手邊的工作來跟她見面，露薏瑟負責招待她，辦了一場盛大的晚宴，邀請茱莉雅的藍帶老師布尼亞和克勞德．蒂爾蒙（Claude Thilmont）一起來同樂。連春雨綿綿的天氣也絲毫不影響她在巴黎的興致。

光是天氣還不足以讓她掃興。

保羅臉上的表情是第一個顯現情況不對勁的跡象。他去找USIS的聯絡窗口查理·莫夫立（Charlie Moffly），談夏季他要偕同茱莉雅返鄉度假的計畫。上次回美國參加小陶的婚禮已經是近三年前的事了，茱莉雅想回美國探望年歲漸長的父親，還有已經生了兩個孩子的妹妹。可能的話，他們也打算騰出一點時間，親自去劍橋拜訪愛薇絲，接著再到羅袍斯點的海濱，跟查理和費瑞狄一起度假。莫夫立馬上就批准了他們返鄉度假的計畫，但暗示他們可能不會再回馬賽工作了。保羅很有可能會被調到其他地方，最晚夏季結束以前就會轉調，目前還沒確定地點，但他說：「你可能會調到德國。」

「喔，不，不要德國。」保羅心想。自從希特勒掀起殘暴的戰爭以來，都還不到十年，他一點都不想過去。

「或者，中東地區可能有空缺。」

還有比那裡更糟的地方嗎？為什麼？保羅不禁納悶，他到底是做錯了什麼，怎麼會換到那種職缺。不久，來了一封信，說明了一切。「本單位多年來的一貫政策，是在駐外人員於某國服務超過四年後，轉調到其他國家。」保羅已經在法國待了快六年，打包並轉調到他國的時候到了。

「可惡！」保羅抱怨，「我們還沒準備好再次搬遷。」尤其是去有「戰敗國心理」的德國，他不會說德語，更別說是瞭解德文了。有一件事情是確定的：「這對茱莉雅的食譜書來說會很艱難，非常艱難。每次她才剛安頓妥當，訂好時間表，把鍋碗瓢盆都掛好，砰！突發狀況又出現了！」他們又得重新上路。

茱莉雅難掩沮喪。想到再次搬遷，離開馬賽，甚至離開法國，她「只覺得心寒」。她寫信給家鄉的朋友：「一想到要在德國生活，我能忘掉毒氣室的想像氣味和集中營的腐爛屍體嗎？」不太可能，但她承認：「這是保羅的職業生涯，如果他想繼續做公職，我們就必須認命地接受突發的變化。」

她也為麥卡錫主義的陰魂不散而感到痛苦。過去一年，那個議題占據了美國的新聞頭版，一些清白的公民被送到眾議院非美活動調查委員會（House Un-American Committee）審判，被誣陷為共產黨人。整起風暴完全是政治迫害，目的是為了剷除價值觀異於麥卡錫（極端保守派）的異己。作家、藝術家、教師、知識分子、自由派都是他抹黑運動的主要目標。最近，他開始把魔掌伸進國務院，他信誓旦旦地說，國務院已經被臥底的共產黨人所掌控。他派出兩個惡名昭彰的打手羅伊．科恩（Roy Cohn）和大衛．席尼（David Schine）巡迴歐洲各地，到USIS的圖書館清除可能是共產黨人寫的書。他們聲稱，外交使團裡充斥著這些書。保羅搬到馬賽之前的幾週，他們才搜過他的巴黎辦公室。愛薇絲也預警過茱莉雅，情況比她所想的還要醜陋及可怕。

「我必須提醒妳，講麥卡錫的事要更小心。」她寫道，「保羅有工作，那工作可能一夕間消失。你們兩個特別危險，因為你們和國務院有關聯，所以拜託，千萬要小心。」

最近，更令人擔心的是，麥卡錫已經開始在電視上轉播所謂的聽證會，把公共私刑當成娛樂。很多失去工作的人，在戰爭期間都和茱莉雅及保羅一起在中國共事過。「我覺得我們隨時都有可能被指控為共產黨和叛徒。」一九五四年三月她寫信告訴小陶，連她的父親也開始跟他們敵對起來了。「我親愛的老爸……覺得我們在支持共產陣線。」她感嘆。

造訪老爸向來是一件很敏感的事，他們在帕莎蒂納待了八天，但一點也不開心，老爸整天抨擊法西斯和共產黨。茱莉雅和保羅住進他家就像公然冒犯他一樣，對他來說，他們是「討厭的外國人，象牙塔裡的知識分子，老是惹麻煩」。讓他們住進來，簡直跟通敵沒什麼兩樣。他們終於離開時，他也大鬆了一口氣。

相反的，造訪愛薇絲的感覺則令茱莉雅感到耳目一新。她們兩人通信已近兩年，培養了密切的關係及難能可貴的情誼。在此之前，她們從未見過面，分隔歐美兩地，需要花更多的心力通信，而且彼此都要有很好的判斷力，才不會過度解讀太主觀的意見，也要能忍受信件往返的長時間等待。然而，隨著每一封新信的到來，每封洋洋灑灑的長信（有的長達十或十二頁）都讓她們的友誼變得更深厚、更親近、更重要。食物和烹飪是她們互動的核心，不過到了一九五四年，她們的信變成了一種療癒，近乎告解及傾訴煩憂。

愛薇絲的另一半不易相處，狄弗托是個傑出的知識分子，博學多聞又深受喜愛的作家，對廣泛的議題都有獨到的態度和見解，自我意識也一樣龐大。他的性格是出名的狂暴專橫，宛如狄弗托霸王。「他非常憤世嫉俗，」愛薇絲警告，「對傻瓜極其難忍。」跟他不熟的人都會盡量保持距離。「如果有傳染性高血壓這種病，他肯定有，也會散播。」他的傳記作家史達格納寫道，「他讓愛薇絲晚上輾轉難眠。」她連在歇息時，都深受狄弗托的暴躁能量所影響。她總是以「狄弗托」這個姓氏來稱自己的丈夫，以示其威嚴，或許也有逃避的意思。

其實茱莉雅的另一半也不易相處，保羅雖然不像狄弗托那麼專橫或敏感，但他也一樣固執己見，知道自己造成的影響。「他讓人望而生畏，」外甥女費拉說，「而且會要求別人尊重他。如果他不認同你的意見，就會馬上讓你知道。」他還有強迫症，有潔癖，非常龜毛，很在意精確，尤其是語言方面。他永遠都在教育茱莉雅，糾正她。另外，他也有恐慌症——對他的內臟和疾病方面感到恐慌，情緒陰晴不定，有長期的憂鬱傾向。

她們兩個女人彼此分享生活上的細節，相互傾訴，就像姊妹一樣。她們是筆友，除了通信以外，素昧平生，但現在即將改變了。

茱莉雅和保羅都決定在去緬因州或從緬因州回來的路上，順道去劍橋一趟，但不想給愛薇絲太大的壓力。「我收到茱莉雅來信詢問，他們來訪住個幾天，順便當我們的廚師兼管家，或是付費作客是否方便。」愛薇絲回憶道。

這時，狄弗托正在為手邊的稿件收尾，極力反對陌生人來家裡干擾。「我不想見那些人。」他對愛薇絲抱怨。

「好吧，」她說，「但是這次我們還是要見他們。」

想到終於可以見到筆友一面，茱莉雅興奮極了，也很緊張，畢竟她們的情誼攸關了很多事物。她鮮少對朋友如此地掏心掏肺，萬一她們見面後並沒有一拍即合怎麼辦？萬一愛薇絲本人很難搞或恍神，或是矮得太誇張怎麼辦？在此之前，她們只交換過照片。「我覺得這張照片看不出愛薇絲確切是什麼樣子。」茱莉雅盯著筆友寄來的照片說，「妳看起來黑黑的，那個見多識廣的表情很不錯。」為了避免對方產生不良的反應，茱莉雅覺得她在寄送相片以前，應該先形容一下自己。「茱莉雅，身高一八三公分，體重六十八到七十二公斤，上圍沒她希望的那麼豐滿，但她注意到波提切利（Botticelli）的胸部也不大。她先生說她的腿還可以，臉上有雀斑。」即便如此，愛薇絲收到茱莉雅的照片時，還是大吃一驚。「我沒想到妳那麼高，天啊，一八三！」她回應。

有了照片以後，愛薇絲對茱莉雅的觀感更加清晰。她心想，高大的女人，影子也大，愈容易讓大眾印象深刻。總之，愛薇絲急著想見茱莉雅。「快來啊，快！」她催促這位朋友。

保羅和茱莉雅自從抵達美東後，就盡量找機會拜訪親朋好友，兩人都很驚訝美國在他們離開的這幾年變化那麼大。「一切似乎都變得更大、更亮、更快了，我幾乎認不得我以前知道的東西。」茱莉雅說。他們發現美國的食物已經無法讓人留下印象，尤其跟法國料理一比更是如此。除了納森餐廳的十二吋酸菜麵包讓茱莉雅大快朵頤以外，其他的東西都引不起他們的胃口。

一九五四年七月十一日他們終於抵達劍橋，愛薇絲和狄弗托正好那天有事。「我們剛好在辦週日的雞尾酒派對，」愛薇絲回憶道，「有一輛大貨車開了過來，車上裝滿了鍋碗瓢盆和各種裝置。」對高雅上流的劍橋人來說，那感覺像農家來造訪一樣。「當時有七、八人坐在我家喝馬丁尼，狄弗托對於不速之客的來訪很不高興。」愛薇絲和茱莉雅抱在一起的時候，狄弗托在一旁臭著一張臉。

終於！她們不再是「紙上交談」，而是活生生地站在彼此面前，「非常熟悉」。愛薇絲說她們是「一見鍾情」，兩人就像失散多年的好友，一拍即合。在後續的五或八天中，她們幾乎形影不離，還一起去逛當地的超市，茱莉雅對於超市架上的多元商品相當入迷。她們也一起看了手稿，「茱莉雅馬上就入主了我們的廚房」，煮鮮湯，為新鮮的比目魚去皮——「整個感覺非常戲劇化。」愛薇絲回憶道。連狄弗托也改觀了，愛薇絲對於「狄弗托竟然全心接納柴爾德夫婦」感到特別驚訝。她回憶，那次真的很幸運。「還有什麼比那更美好的事呢？」

她們後來在一起相處了很久，愛薇絲不再只是茱莉雅的筆友而已，她也是第一位看出茱莉雅那本食譜書深具潛力的人，也是第一位清楚表達那本書可能改變美國人的飲食和生活方式的人。多數人很難瞭解茱莉雅的作品有多重要，因為那本書和當時市面上的其他食譜書截然不同，但是愛薇絲一眼就看出來了。「我母親是那本書的催生者，」馬克．狄弗托（Mark DeVoto）說，「是她點燃了導火線。」

愛薇絲讓米夫林出版社對那本書產生了興趣，她極力推銷茱莉雅，她也相信那本書將會受到重視。愛薇絲甚至把茱莉雅介紹給狄弗托在紐約的雜誌編輯，她說：「等妳出名了，以後會有幫助。」茱莉雅驚呼：「我沒見過那麼無私大方的人。」愛薇絲展現的友誼讓她信心大增，她明顯感受到那股強烈的影響。在此之前，那樣的友誼一直是茱莉雅人生中明顯的缺憾，她有很多親近的朋友，但沒有如此親密的好友。她遇上保羅這個一生的摯愛，如今又有愛薇絲這樣的女性密友——任何情況下都可以放心依靠，遇到任何難關都會給你絕對的支持，可以一起談論棘手的狀況，幫你決定該走哪條路。那是發揮幽默感的出口，也是壓力大時的抒解管道。在開始撰寫食譜書以前，茱莉雅從來沒遇過如此挑戰個人極限的艱鉅任務，有了愛薇絲這位朋友以後，讓這項任務變得更容易應付。

要是愛薇絲也可以幫忙解決德國的問題就好了。茱莉雅和保羅都很怕這次搬家，離開法國對他們兩人來說都很痛苦。「我們理智上接受了這個想法，」保羅寫信告訴弟弟，「但我想，當我們聽到午夜的鐘聲，嚐到普依芙美葡萄酒（Pouilly fumé），聽到某處傳來一小段典型的法國音樂時，情感上會產生比較大的衝擊。」

那是無庸置疑的，那些年的法國生活已經對他們產生深遠的影響，成為他們的一部分。茱莉雅在那裡「成長」，發現熱情所在，學會說流利的語言，以法語作夢，甚至撰寫《法式家常料理》。派駐德國以後，將如何延續下去？

他們也想過乾脆離開外務部，提早退休，留在巴黎。茱莉雅可以跟席卡和露薏瑟完成那本書，重新開烹飪班，保羅也可以展開新的職業生涯。即使他已經五十三歲，還是可以做其他的事情，比較精彩的事，例如他畢生熱愛的攝影。雜誌社一直在找他那樣有眼光的人才，他在美國的時候，也見過狄弗托的文學經紀人，他幫保羅引見了《君子》（*Esquire*）和《假日》（*Holiday*）雜誌的攝影美編。他只要跟編輯推銷故事概念，就能接到案子，那麼簡單。但是那需要保羅採取主動，而那也是他個性上欠缺的特質。他需要架構、指引、穩定的薪水——一個支援系統。外務部提供很多那樣的優點。最後，結果其實已在預料之中：「我們會繼續吃公家飯，」茱莉雅說，「看這份工作帶我們往哪裡走。」

14 我們這頭象

「天哪，我們怎麼會走到這步田地？」

一九五四年十月二十四日，茱莉雅和保羅來到波昂邊境的普里特斯多夫（Plittersdorf），馬上衡量起當地的情勢。這裡沒什麼東西可看，這點是肯定的。所謂的美國區（American Sector），不過就是個「大型住宅工程」（一群方方正正的白色灰泥低樓，牆壁有俗麗的紅色滾邊，屋頂是棕色的瓦片，廣播天線像鹿角般從屋頂冒出），位於萊茵河附近的平原，按照官方的要求興建，周圍是單調的德國住宅工程，彷彿是德國境內的大洋洲。

茱莉雅說：「我們一看到那景象，心就沉了。」她原本以為接觸一點德國可以增廣歐洲見聞，讓她沉浸在一國的文化氛圍中，就像法國的豐富體驗那樣。但普里特斯多夫實在太單調了，這裡在戰後以馬歇爾計畫的資金迅速重建，建築自然也呈現了那樣的形象。這裡有披薩店、電影院、平價用品店、殖民風格的教堂，沒有木造房舍，所以美方人員是住在宿舍風格的公寓裡。這裡的房間陰暗又單調，不分晝夜都點著燈，像拉斯維加斯的賭場那樣，永遠不知時辰幾許。也許，最糟的是，駐紮在當地都是美國人，應該說都是美軍，是他們夫婦倆感到陌生的團體。那些人不是OSS的文職人員，沒有大學文憑或對應的智慧。德國境內共有二十五萬以上的美軍駐守，他們大多是粗俗的美國大兵，單調乏味，偏愛淡而無味的百威啤酒，而不是每間酒館提供的桶裝香醇精釀啤酒。你叫保羅跟誰談論藝術或語義學、美酒，或英國作家包斯威爾（Boswell）在荷蘭的歲月？甚至是談論德國呢？那些駐守當地的美國大兵，根本對這裡一無所知。美國人在這片「可憐兮兮的普里特斯多夫」採行戰後孤立主義，茱莉雅對此相當不滿。他們駑頓不知變通，是典型令人厭惡的老美，生活觸角就只侷限在美國區，堅持對當地人說美語，絲毫不掩對當地文化的鄙視。她在這裡遇到的多數人「就是討厭德國人」，她實在覺得跟他們同一掛很丟臉。

在巴黎嚕德嚕的廚房裡，1950年。圖片鳴謝：The Schlesinger Library, Radcliffe Institute, Harvard University

「這裡不知怎的，感覺像在月球一樣。」她寫信告訴愛薇絲。這裡氣氛不自然，沒有外國風情，一點也不道地，沒什麼值得擁抱的。「感覺太奇怪了，像連根拔起似的。」

茱莉雅下定決心，說什麼也要稍微改善狀況，她開始努力學德文，到巴德歌德斯堡（Bad Godesberg）的大學上課。她覺得「想以廚師身分在此生活下來，就一定要學會當地語言」。她像在法國那樣，經常上市場練習德語，依賴自己的片語手冊及討喜的個性，在市場中勉強應對。她沒有特殊的語言天分，講起德語來也不是特別優美，有時子音還會亂用，但是德國人都受到她的吸引，很樂於幫助她。

德國人整體來說，其實超乎她的預期。他們似乎很正派、誠實、守法，就像她在法國遇到的資產階級，而不是那些崇拜希特勒和摧殘自由世界的半野蠻德國佬，所以整個情況讓她有些困惑不解。「我以為德國人很可怕，為什麼他們看起來那麼可愛呢？還是他們本來就不可怕？」她很欣賞德國人戰後從廢墟中重建的努力。茱莉雅似乎對他們的奮起特別感動。「他們瘋狂地興建，所以看起來不像曾經徹底毀滅。」她說，「這裡給人的印象，是充滿旺盛的生命力、活力、熱鬧的活動，一片欣欣向榮。」

可惜，那些「創意大爆發」並未延伸應用到新建築上。茱莉雅和保羅能選的房子，就只有偷工減料、尚未裝潢的單調公寓，茱莉雅描述：「很像平價的商務旅社。」除了屋內的木材裝潢有白木和紅木可選以外，每間看起來都一樣，屋內毫無魅力可言，也毫無特別之處。除此之外，其他的一切則是按德國人的效率進行（茱莉雅說那叫「死板」）。他們在史多波幸（Steubenring）選了五號公寓，從公寓裡踮起腳尖、瞇起眼睛，剛好可以依稀看到萊茵河。裡面是白木裝潢，整套都是全新的：新暖氣、新管線，整間屋子都是新公寓的氣味，只有廚房令茱莉雅不滿。「沒什麼空間可以好好煮個菜。」她抱怨道。而且爐子是電爐，她討厭電爐，就像她討厭共和黨一樣。

一九五四年年中，茱莉雅已經習慣新環境，又恢復了食譜書的撰寫工作，此時她們已經把書改名為《美式廚房的法國料理》（*French Cooking for the American Kitchen*）。在法國大致完成了魚類和蛋類的章節，現在該是展開下一單元的時候了。茱莉雅把焦點放在禽肉上，席卡則是負責肉類。對茱莉雅來說，那表示她需要鑽研與測試「一些法國料理中最出色的佳餚」，有數百種雞肉食譜可以吸引讀者，她隨口就可以舉出好幾道經典的好菜：龍蒿雞、奶油煎雞胸肉（suprêmes de volaille）、帕馬森起司雞胸排（milanaise）、紅酒燉雞（coq au vin）、白酒燉雞、魔鬼雞（à la diabolique，外面裹上一些芥末和辣椒）、法式燉雞（chasseur，搭配紅蔥頭、番茄、干邑白蘭地）、馬倫哥燉雞（Marengo，搭配油、番茄、大蒜）、鍋煲雞（poule au pot）、葡式雞肉（portugaise）、基輔雞（Kiev）……似乎每天煮一道雞肉料理都可以煮好幾年，還不知道有沒有煮完的一天？

她知道該從哪裡開始，烤雞是測試法國廚師有沒有兩把刷子最直接的方法。茱莉雅很喜歡烤雞（poulet rôti），那是她這輩子最愛的一道料理，她覺得什麼東西都比不上烤到「汁多味美、奶香濃郁、棕皮酥脆的雞肉」。她在藍帶學到了這道料理的技巧：以奶油充分地搓揉雞肉，然後不斷地翻轉上油，直到烤熟為止。不過，他們是用法國雞，主要來自「雞肉之都」布列斯（Bresse），雞都是活抓的，當場殺好拔毛，肉質鮮嫩，無可匹敵。德國的雞肉都是在店裡購買，肌肉發達多筋，「吃起來不像法國雞那麼美味」。但至少還是新鮮的，不像美國那種包裝後經過長途運輸的冷凍雞肉，德國雞就足以拿來測試食譜了。

一九五四年十一月，茱莉雅實驗烤全雞數週，用大小不同的雞來衡量哪種風味最佳。她最喜歡的是三到三點五磅重的小雞，帶著淡黃色的雞皮，肉質鮮嫩。她自己對禽肉不是很熟悉，不知道哪種雞烤起來最好吃，所以她做了連串的實驗，用了以下幾種雞肉：乳雞、肉雞、適合炸食的雞、閹雞、老母雞、公雞，先是學習評估各種雞的特質，接著再判斷牠們適不適合拿來做令人垂涎的烤雞。這些步驟相當耗時，她花了很多小時不斷地烹煮、分析、品嚐、調整，然後一再重複。她依循聖安妮夫人和《拉胡斯美食百科》等料理權威的經典食譜，也參考幾位較年輕的大師盧卡斯、路易·戴亞特（Louis Diat）、詹姆斯·比爾德（James Beard）所寫的食譜（她請朋友從美國幫她寄來這些食譜書）。名廚貝潘說：「茱莉雅無疑想為這道料理留下最佳的註解，在寫這道經典食譜時，她卯足了全力，無人能擋。當時沒人像她做得那麼徹底，還把現代的作法也一併納入考量。」

美國的廚師如何在自家烤出最好的雞肉？她在鑽研的每個階段，一直試著回答那個問題。一般人在超市裡會看到什麼雞肉？消費者如何辨識雞肉有凍傷或肉質淡然無味？用電烤箱烤雞的時間比較長，還是比較短？茱莉雅早年的筆記裡，寫滿了這些疑慮，她在邊緣的空白處寫下腦海一直掛念的問題：「冰盒如何解凍最好？」、「優質雞肉嚐起來是什麼味道？」

她卯足了全力，無人能擋。

她也有無限的好奇心，絲毫不肯妥協。如果當地克萊默肉鋪的肉販無法回答她的基本問題，她就卯起來到處問個仔細，到當地大學的圖書館查資料，寫信詢問政府機關及《美食家》或《仕女之日》（*Woman's Day*）雜誌的美食專家，她從來不把任何資訊視為理所當然、照單全收。「我們必須永遠記得，我們鎖定的對象是完全不懂法國料理的讀者。」她總是這麼說，「一切資訊無疑都要經過驗證，才能收入書中。」這個原則看似固執，但她從不妥協，決不便宜行事——日後她的助理這麼說：「說到研究，她非常龜毛，你可以下注，賭她食譜裡提到的任何東西都是對的。」她也堅持席卡和露薏瑟都要秉持同樣的標準。「謝天謝地，我們都同意做到盡善盡美。」她在信中對席卡這麼說。

不過，在寫給露薏瑟的信中，她就省去那樣的讚美了。

茱莉雅一直很用心，盡量以同樣的形式寫信給兩位夥伴，以免有任何偏袒不公的現象，或是造成彼此的嫌隙。從一開始，她們就像三劍客一樣，秉持著「人人為我，我為人人」的精神合作。但是既然有那樣的榮譽守則，就要謹守連帶的義務。茱莉雅覺得露薏瑟並未謹守義務，她自己和席卡做到昏天暗地，每週起碼在那本食譜書上投入四十小時的心血，露薏瑟頂多只貢獻短短的六個小時。茱莉雅說，那個案子已經「超出她的能力所及」，她除了「交出『野味』那一大章，而且內容大多是從書裡直接複製過來以外，幾乎沒提供其他的東西」。是啊，是啊，露薏瑟的私人生活確實很棘手——她有個難纏的老公，兩個小孩，麻煩多到處理不完。但是她從這個專案一開始，就老是以這些理由搪塞，她們兩人也盡可能包容她的不便了。說到底，「她的廚藝還不夠精湛，無法跟我們一起成為共同作者。」茱莉雅說，那個事實「始終深植在我心中」。這看起來一點也不公平，一九五四年十一月初，她去法國的時候，也這樣告訴席卡。她提出一整套論點，說明為什麼她們應該重新定義彼此的角色，從個人的責任到貢獻與報酬都應該重談。

事實上，茱莉雅已經擬好一封信給露薏瑟，她從皮包裡掏出那封信。那封信寫得極好，字字句句都經過仔細的權衡與推敲，字裡行間的每絲情緒都是為了達到最終的目的，可以說把圓融的交際手腕發揮到淋漓盡致。她先是大力吹捧露薏瑟，說她才華獨特又敬業，大方無私地貢獻，個性迷人又討喜。她說，露薏瑟有很棒的小點子，但是好話說盡以後，她開始火力全開，「這本書的責任大多落在席卡和我的身上」。她倆都無愧於「共同作者」的稱號，但露薏瑟坦白講就只是「顧問」而已。書上的掛名應該改成「西蒙·貝克和茱莉雅·柴爾德合著，露薏瑟·貝賀多協作」。接著，她直接攤開來說：版稅應該調整成「公平的分法」，茱莉雅和席卡各占百分之四十五，露薏瑟占一成，這種百分比更能精確反映她們的合作。

席卡認同茱莉雅的看法，但很快又變卦了，她說露薏瑟是她的朋友，當初是她們一起想出這本書的，也一起教課，她先生真的很糟糕……停！夠了！茱莉雅不想再聽下去，她堅決表明了立場。「我們必須冷酷一點，」她堅持，「把這一切搞定以後，我會更愛她一些。」

但是，愛和生意很難混為一談。她親自找露薏瑟討論，隨後又寄出那封信，就再也沒收到她的回信了。過了幾週，依舊音訊全無。「跟露薏瑟的合作成了問題。」一九五四年十二月她寫信告訴愛薇絲。這下茱莉雅是真的火大了，露薏瑟不同意她提議的條款是一回事，但完全不理她們又是另一回事了。她馬上又寫了一封信給露薏瑟，要求她「把自己的意見講清楚」。茱莉雅寫道，她覺得不盡早把這些細節釐清很不智，同時她也不忘「使出撒手鐧」：她說，要是條件談不攏，也許她們應該跟米夫林出版社解約。

當然，這是不可能的事，誰敢這樣做，茱莉雅就跟她拚命了，但是那樣要脅也許可以逼露薏瑟回應。

在此同時，茱莉雅又更深入鑽研雞肉，挑選美國的廚師都可以找到原料的食譜，但依舊以傳統的法式手法烹調。席卡的諾曼地烤雞（poulet rôti à la normande）當然一定要收錄，那道菜是在烤雞裡塞進炒豬肝、紅蔥頭、奶油乳酪，烤的過程中塗上香濃的乳脂，還有什麼比這道料理更豐奢放逸的呢。那年冬天，茱莉雅在普里特斯多夫，經常為來家裡作客的朋友做諾曼地烤雞，那道菜完全征服了所有賓客。偶爾，她會調整一下醬汁，改用波特酒和蘑菇，以增添一股特別的麝香味。她也曾經用加蓋的砂鍋來烤雞，鍋底鋪了一層洋蔥和胡蘿蔔切片，讓「充滿奶香的蒸汽」營造出類似蒸汽浴的效果，使雞肉水嫩到完全超乎想像。

對茱莉雅來說，每隻雞都啟發了另一個靈感、另一份配方。她在三個月內做了三、四十種不同的作法，每一種都寫入筆記，最後累積了一大疊，厚如書本。有時候做出來的成品「美味極了」，例如她在粗鹽春雞（poulet farci au gros sel）的食譜邊緣如此寫道。但偶爾也會遇上「徹底的災難」，她會註解建議「別嘗試」。愛薇絲依照她的諾曼地烤雞食譜，使用新買的玩意兒「旋轉烤肉機」（roto-broiler）來烤，結果烤出一團肉泥，她寫道：「我在烤雞裡塞入雞肝和奶油乳酪，但是過了約一小時又十五分，發現內餡開始流出，又過了十五分鐘，餡料整個都流出來了，後面的洞孔塌陷，整隻雞都完了。」

總之，實驗過程有得有失，茱莉雅又從頭開始實驗，她一點也不氣餒或失望。面對失敗，她頂多只是低吼一聲，再咒罵一句，接著就著手改進問題。她把洋蔥塞進雞屁股，接著就繼續做下道菜，可能是用蘋果醬和蘋果做的翁夫勒雞（poulet d'Honfleur），或是用培根、洋蔥、馬鈴薯做的美女雞（poulet bonne femme）。一九五五年的冬天，茱莉雅彷彿為雞肉料理的嘉年華拉開了序幕。

有這麼多的東西可煮，茱莉雅相當開心，即便是在荒涼的普里特斯多夫，沒有人可以依靠或帶給她娛樂，她也甘之如飴。「整天看那麼多美軍，實在令人心情低落。」她抱怨道，「但我有好多的工作和烹飪要做，所以一點時間也沒浪費！」

保羅幾乎都不在家，最近都無法陪伴茱莉雅。他是美國新聞處的展覽官員，負責整個德國的展覽，工作滿坑滿谷，令他身心俱疲。這不是他在法國做的那種區區小展，德國的展覽預算是以前在法國的一百倍以上，近一千萬美元，而且複雜許多。「這裡的運作規模非常大。」茱莉雅驚嘆，有太多的地方需要走訪。除了普里特斯多夫的本部以外，德國各地還有二十二個名為「美國處」（Amerika Hauses）的分部，每個分部都會推出各種文化宣傳，和圖書館合作、播放電影、舉辦講座、派出流動書車、舉行記者會、辦學生交流活動等等。波昂、紐倫堡、多特蒙德、漢堡、慕尼黑、法蘭克福、科隆……保羅每個週末都會前往一個城市，他決心每個月造訪一個分部，直到走遍所有的分部為止。那個目標相當遠大，因為他必須為每個分部不斷地提供設計。

他賣力工作的產出也相當驚人，所以一九五五年四月七日當他接到高層的通知，要求他馬上搭機回華盛頓時，茱莉雅興奮極了，她說：「我確定這次高層肯定是要把他升為部門的負責人了！」終於啊！忍受了這麼多官僚和鬼扯之後，他終於要獲得應有的肯定了。

茱莉雅當然是喜不自勝，這樣一來，保羅的自尊就能獲得亟需的提振，終於有東西可以證明他這輩子投身駐外職務不是徒勞無功了。茱莉雅坦言：「他不是那種會逼自己出頭的人，他沒那麼『野心勃勃』。」能夠告訴老爸保羅升遷的消息，真是太美妙了。這可以讓那個老頑固看看她的丈夫究竟有什麼本事，也許可以從此堵住他的嘴，不再動不動就嫌保羅沒用。

保羅不在家的期間，這種好事當然要好好慶祝一下，茱莉雅毫不遲疑，馬上跑去巴黎跟席卡小聚一番，還有什麼比跟好友一起烹飪更好的慶祝方法呢？然而，四月九日，就在她打包之際，她收到一封電報，保羅以他獨有的神祕風格寫道：「情況渾沌不明。」不知怎的，華盛頓那裡都沒人告訴他為什麼會被召回總部。他在國務院巧遇柏林的美國處處長，但是連處長也搞不清楚狀況。「他認為是某個特別機密的任務，」保羅寫信告訴茱莉雅，「否則，他們肯定會告訴他的。啊，這裡真是一團亂。」

的確，保羅就像人球一樣，被幾個處室踢來踢去，見了幾位管理者，但沒有人對他透露半點訊息，他不禁納悶：「拜託！這個部門真的沒有任何人能釐清迷霧嗎？是誰叫我來的？為什麼我會在這裡？」國務院裡的老朋友突然都聯絡不上了，要不是有事，就是在開會，或是神隱了起來，找不到人。一位保羅曾徵詢意見的高階長官說：「有明確的指示叫他別多管閒事。」另一位官員「以為我是中情局的特務，展覽官的工作只是為了掩飾身分……他以為我這次被召回總部是要接祕密任務」。

在此同時，保羅住進了葛瑞林飯店（Gralyn Hotel），那是N大道上一間喬治亞復興風格的老舊旅館，他想辦法融入周遭的環境。旅居海外多年後，故鄉的一切感覺格外古怪，他回華盛頓的第一晚，寫信告訴茱莉雅：「整個城市看起來很髒亂，告示牌亂掛，彷如置身異地，每個人看起來都好美國，很好笑，還有很多黑人。」

還有很多人有被害妄想症。在政府機關服務的每個人都過得戰戰兢兢的，擔心自己的言行遭到記錄，處處杯弓蛇影。「麥卡錫！」茱莉雅咬牙切齒地說，那傢伙根本是災難，她恨死那個混蛋了！痛恨他的齷齪伎倆！她把麥卡錫和柏哈薩女士歸為同類，我呸！（當時茱莉雅完全不知道，保羅住的那家飯店離麥卡錫的住所僅隔三戶）。「我覺得，在我確定會在這裡待多久以前，妳先暫緩巴黎之行比較好。」保羅建議她，「很可能妳會需要回來一趟。」

回來？這下看來不妙了，她的雞肉研究正好做到一半。不過，她又想到，回華盛頓會比待在普里特斯多夫好多了。要是保羅真的升官了，他們在華盛頓的生活會更寬裕。她開始幻想住在自己的房子裡，裡面有瓦斯爐，戶外有香草園，還可以享用牛排，「道道地地的美國牛排」。

不過，到了四月十三日，情況全變了。另一封電報讓茱莉雅的白日夢突然急轉彎，保羅的電報寫道：「情況宛如卡夫卡的故事，我覺得我會面臨和李奧納一樣的狀況。」茱莉雅心想，喔不，不要像雷尼．李奧納（Rennie Leonard）那樣。李奧納是他們的朋友，遭到麥卡錫的「非美活動調查委員會」審查，原來這一切是安全調查。「不是要升遷了，」她恍然大悟，「他是被調查了。」天啊！這肯定是「政府搞錯狀況，抓錯人了」。

不可能啊，但是過了幾天，茱莉雅最擔心的狀況果然發生了。她連續收到幾封信件，信中描述噩夢般的經歷。保羅寫道：「這實在太詭異、虛幻、可怕、荒謬了。」他絞盡腦汁，想找出那些指控的可能來源。「我沒什麼東西好遮遮掩掩或感到羞恥的。萬一我是遭到不實指控，我打算反抗到底。」

那其實只是放話，隨口說說，這時的保羅已經身心俱疲，整個人有如朽木死灰。自從離開德國後，他就持續服用安眠藥，「以對抗神經緊張」。他睡不著，心臟像定音鼓一樣怦怦直跳。

隔天的狀況並未好轉，保羅被帶到美國新聞處的安全局，遭到兩位聯邦調查局的特務訊問。他們偵訊他好幾個小時，照著他們蒐集的檔案資料一一審問。那檔案「厚達四吋」，他們想知道他對於以前在錫蘭和中國共事過的OSS老友珍．佛斯特（Jane Foster）瞭解多少？還有十或十五年前保羅曾列為推薦人的莫立斯．盧埃林．庫克（Morris Llewelyn Cooke），他們想知道他對庫克瞭解多少？庫克在羅斯福執政期間，曾任戰爭勞工委員會的會長，後來對於美國鄉間的電力普及有很大的貢獻。保羅認為庫克是好人，他也覺得佛斯特是好人。事實上，他和茱莉雅在巴黎生活時，還跟佛斯特聯絡過，那時佛斯特從事藝術工作，是出名的畫家。國務院也調查了他的弟弟查理，他們覺得查理是惡名昭彰的自由派。整件事情的發展實在很離譜，保羅斥責他們「荒謬」。不過，這些審問還不及接下來的質疑荒謬。

保羅面無表情地坐在那裡，兩位特務言詞閃爍、坐立不安地翻著他的檔案。他們說，對於需要質問的問題感到尷尬，因為檔案中指控他是同性戀。「你覺得呢？」他們想知道答案。保羅聽了，不禁「噗哧而笑」，這些人根本是笨蛋，「大外行」。他們顯然對他一無所知，不過等那可笑感退散後，他愈想愈氣，開始反擊。

「根據憲法，我有權利面對指控我的人。」他告訴他們，「所以那個人到底是誰？」講不出來就閉嘴。

他們即使知道，也沒透露。他們也不相信他是異性戀，儘管他跟茱莉雅結婚了。他們說：「同性戀通常還是會娶妻生子。」並一再把話題拉回同性戀的指控。據說他們要求保羅脫褲子檢查，但保羅的信件或日記裡並未證實這點。

經過六、七小時的審問後，折磨終於結束了。他們謝謝他的配合，也幫他消除了所有的指控，還他清白，就這樣。「我的調查圓滿結束。」他隔天晚上發電報通知茱莉雅。保羅大大鬆了一口氣，他說這是個值得慶祝的理由，「我要去喝一瓶百威啤酒」。他覺得百威啤酒是「由洗碗水組成，摻點山金車（arnica）增添苦味，再加入某人的淡黃色尿液增色」。他很高興終於解脫了，茱莉雅也是，她寄給保羅幾封信，保羅說那些信的「結尾畫了很多充滿情慾挑逗的心心，上面都插了看似堅挺陽具的東西」。

她已經準備好等他回家了。

不過，整起事件還是很邪惡，也很可疑。「我今天才在想，是不是有人想整他。」茱莉雅若有所思地說。她馬上聯想到兩個原因，幾個月前，他們捐二十五美元贊助「我相信基金」（意指「我相信麥卡錫議員是個卑鄙小人」），這可能是構成調查他的理由，也許保羅因此被列入黑名單，但是共和黨真的那麼小人嗎，就為了區區的二十五美元？茱莉雅早就知道那個問題的答案了，她只是不知道是不是她自己造成那些麻煩。

這一切有可能是茱莉雅寫的一封信造成的。一九五四年十月，有個名叫艾洛薏絲．西斯（Aloise B. Heath）的女人——她剛好是威廉．巴克利（William F. Buckley）[1]的妹妹——指控五位史密斯學院的教職員是叛徒，還指控史密斯學院「故意窩藏共產黨」。那些說法根本毫無證據，完全是胡亂指控，但是那指控已經足以引起茱莉雅的強烈不滿，她馬上寫一封信給西斯女士，說她要「把每年捐款給史密斯學院的金額加倍」，還說西斯女士的惡意毀謗令她不寒而慄。茱莉雅寫道：「如今的俄羅斯為了鏟除異己，常用妳那樣未經證實的叛國指控。」很有可能那封信後來在有心人士的操弄下，進了華盛頓收集的保羅檔案。

當然，其他的小差錯也有可能引來關注。例如，茱莉雅經常以「P斯基」（P'ski）暱稱保羅，保羅自己也常在信中那樣署名，有時是改成「保斯基」（Paulski）或「保斯基同志」（Comrade Paulski）。難道他沒想過「保斯基同志」會讓人產生左傾色彩²的聯想嗎？此外，他常大肆抨擊政府草率行事，那會不會也是惹禍上身的原因？常有人向有關當局檢舉那樣的言行失當。

愛薇絲告誡茱莉雅，妳永遠不會知道誰正斜眼看著妳，「我甚至懷疑妳父親會不會講錯話了」。老爸會想辦法汙衊自己的女婿嗎？他的意識型態真的那麼偏激嗎？也許原因都比這一切簡單：因為他們跟狄弗托一家太親近了。一九五三年，狄弗托曾遭到眾議院委員會的傳喚，還拒絕回答他們的問題。牽連有罪是當時常見的指控。

茱莉雅不想再煩惱這些事了，她把這個「大調查」事件全部拋諸腦後，她的禽肉那章還有太多的鴨肉和火雞料理需要完成。十月，保羅因領導有方，多次展出辦得可圈可點，「地位大幅提升」。茱莉雅很高興看到，保羅開始覺得他理當從工作上獲得更多——更多的肯定和更多的尊重，以前他的個性不是那樣。「我可以感覺到今年他終於很有可能獲得升遷了，因為他開始會去爭取。」

一九五六年九月，他們的生活似乎都恢復了常態（算是回歸駐外生活的常態）。儘管茱莉雅還是會吹毛求疵地說「普里特斯多夫的生活很怪」，他們在德國已經過得相當習慣。茱莉雅說：「我們兩人都一直忙得不可開交。」大約在這個時候，她寫了一封信給家人，信中大談她對德語的熱愛以及工作上的考驗。她開始閱讀德文報紙，希望不久能看懂歌德的作品。「我一直在煩惱鴨肉和鵝肉料理的部分，持續實驗用壓力鍋製作高湯，研究義大利燉飯裡一份米搭配多少水比較適合，也恢復了一些輕鬆的娛樂活動。」

同一月份，茱莉雅陪保羅到柏林，去監督美國區的三個展覽，此行適逢他們結婚十週年，他們特地慶祝了一番，去了幾家戰後重新開張的精緻餐廳，那幾天的相處美妙極了。結褵十年，保羅還是覺得妻子「美麗如昔」，覺得她是「十足的女神」，很慶幸能有她的陪伴。他們在德雷森（Dreesen）用餐以前，先喝了香檳，保羅對她說：「妳為我的職業犧牲了很多。」他也為茱莉雅準備了週年紀念日的驚喜：「我要調回美國了。」

茱莉雅不敢相信自己的耳朵。美國！在歐洲待了八年以後！「那肯定像地震一樣震撼。」愛薇絲說。不然還能有什麼反應呢？茱莉雅猜想，此時的美國對她來說，可能跟……跟德國一樣陌生，他們又可以住在華盛頓的自有住宅了。「第一件事是先買台洗碗機，」茱莉雅開始幻想，「我也要裝新爐子，黑色的，瓦斯的。生活中又有一些朋友了，實在太棒了！」

還有家人！茱莉雅似乎已經很久沒感受到和家人和樂融融的感覺了。現在查理和費瑞狄只要搭短程火車就能見面，她弟弟約翰住在麻州，在家族紙業工作。還有劍橋的愛薇絲，她幾乎就像家人一樣。一九五五年十一月，愛薇絲的先生狄弗托突然心臟病發過世，這些年來，她為茱莉雅做了很多事，如今能就近給她一些安慰與支持是很美好的事。

美國！

一開始「興奮不安的悸動感」退卻之後，茱莉雅面對的是一個無奈的事實：搬家又會再度拖延到食譜書的進度。原本動力十足的進度又突然停頓了下來，另外，以後和席卡及法國事物的距離也將更加遙遠。八月，她完成了鴨肉料理的單元，已經開始研究鵝肉，但現在，一切東西——成箱的研究資料、堆積如山的筆記、折頁的手稿等等——連同她的餐具和廚具都必須裝箱，飄洋過海。回到美國還必須先安裝新廚房——另一個新廚房。

不過，回美國以後，就有機會把她之前烹飪與寫作的東西，都應用到美國的標準上了。「事實上，」她發現，「從食譜書的角度來看，這個時候返國的時機正好。」她的研究可能只跟法國有關，但她的讀者都在美國，出版商也在美國，也許回美國完成這本書最好不過了，「舉凡材料之類的一切東西，都可以精確地檢查」。

幾週後，一切準備就緒。一九五六年十一月十二日那週，就在萊茵河畔落葉飄零之際，茱莉雅和保羅在半夜走出普里特斯多夫的公寓，前往勒哈弗港。那晚的氣溫異常寒冷，冷冽的冬風席捲了北海，茱莉雅的衣服早已打包運往海外，不得不臨時借用他人的外套禦寒。他們的車子將從德國開到法國，接著，終於要返家了。

他們從未回首。

茱莉雅說，她的生活過了好幾個月才又恢復常態。他們位於橄欖街上那棟屋齡一百五十年的房子亟需改裝，需要從上到下徹底粉刷，天花板要重新上灰泥，牆壁要更新管線，廚房要擴大，兩間衛浴要整修，閣樓也要改裝成茱莉雅的工作室。

她的美式烹飪法也需要類似的調整，一九四七年她前往歐洲以來，美國的一切都變了，她需要先瞭解本地氣氛的轉變。戰後食品業掀起了居家烹飪的改革，把各地的廚房都變成處理速食、預拌食品的地方。如果一切照著大企業的計畫發展，傳統那種從頭開始的烹飪方式在一九六〇年以前就會過時。他們覺得家庭主婦想找烹飪的捷徑，以減少料理三餐的時間。方便成了大家趨之若鶩的行動準則，於是便利食品大行其道，例如冷凍魚條、紙盒牛奶、預拌蛋糕粉、罐頭蔬菜——電視晚餐！這市場還有可能再更惡劣嗎？茱莉雅對於便利當道的奇妙現象並不陌生，她曾以速食馬鈴薯泥及班叔叔（Uncle Ben）速食米作為保羅的晚餐，就只是實驗一下，她想看看保羅會不會發現差異（結果他沒發現）。這種速食當道的現象一點都不吸引她，但是當時整個風潮似乎席捲了全美國。

超市裡都是販售那種東西，《麥考爾》（*McCall's*）雜誌宣稱：「美國的家庭主婦上超市時，有四千六百九十三種速食料理可選，各種令人眼花繚亂的預拌、預煮、即食選擇。」茱莉雅當然也注意到這股潮流了。她家附近M街上的巨大超市，提供五花八門的選擇，令她深深著迷，實在太……太方便了。不像法國的超市，只在櫃檯後面的架上擺一些必需品，由店員幫你挑選後直接裝袋。美國的超市經驗對茱莉雅來說自在極了，她寫信告訴席卡：「進超市後，挑一台推車，就開始推著車子四處逛，自己挑想買的東西。」能自己挑選蘆筍或蘑菇的感覺實在太棒了。

茱莉雅知道，超市的崛起和美國烹飪的進步完全是兩碼事。早在一九五三年，《君子》雜誌就提到現代家庭主婦的難題：「對她來說，烹飪不再是有意思的冒險，而是苦差事，煩死了。」但是，女性還是持續下廚，只不過興致大減，沒什麼活力。戰後的生活型態活躍，要求廚房裡的一切也要講求迅速。當冷凍瑞士牛排和馬鈴薯餅做出來的晚餐就足以讓全家人狼吞虎嚥時，再花寶貴的時間去烤東西似乎很可笑。「一、二、三，只要三步驟，晚餐就上桌了。」為現代家庭主婦撰寫的雜誌文章如此建議。開兩、三個罐頭，把裡面的東西混在一起，然後全部放進烤箱，確實比照著經典食譜烹飪來得容易，何必那麼麻煩呢？茱莉雅在《仕女之日》裡，看到一篇「最令人沮喪的報導」，充分反映了這種心態。那篇文章比較傳統的廚師從頭做出來的料理，和「聰明的年輕人以『現代新方法』，使用罐頭、包裝食品和冷凍食品取代一切」所做出來的結果。茱莉雅百思不解，為什麼新時代的女性會想讓家人吃冷凍蘆筍（沒錯，冷凍蘆筍），上面放一坨好樂門美乃滋，而不是搭配「傳統的荷蘭醬」。這樣做即使不笨，也跟享用美食的目的背道而馳。現代新方法似乎完全排除了美味，茱莉雅不禁納悶，美國這個國家究竟是怎麼回事？

最後，茱莉雅還是受不了超市那種風氣。超市裡的雞肉看似豐腴碩美，但嚐起來完全沒有雞肉的味道。奶油也沒有奶香，口感貧乏。麵包死白蓬鬆，預先切片，包在塑膠袋裡。水果和蔬菜不是一般蔬果園鮮採的，而是產業化量產。萵苣有如冰山，充滿水分，美則美矣，味同嚼蠟。超市裡沒有牛肝菌、羊肚菌、雞油菌、紅蔥頭或法式酸奶油。要買小牛蹄製作高湯幾乎不可能，甚至要煮點像樣的小牛肉也不容易。她要如何指導使用人工奶油又愛用罐頭湯砂鍋的現代廚師做菜呢？

更麻煩的，也許是缺乏好酒這件事，葡萄酒不是美國用餐的傳統，加州確實有一些便宜的大罐裝葡萄酒——「豐盛勃艮第」或「果味夏布利」——但是鮮少人用餐時搭配那樣的飲料。那表示美國也沒有好酒可以拿來烹飪，無法用酒洗鍋，也無法為醬料增添風味。「大家不是家裡隨時都備有白葡萄酒可以拿來煮菜。」她寫信告訴席卡，「如果他們買了一瓶酒來烹飪，用了一些，剩下的也不知道要用來做什麼。」這引發了連串的問題，如何用加州的康帝葡萄酒（chianti）做紅酒燉雞？如何用愛瑪登酒莊（Almaden）的格那希葡萄酒（grenache）做義式茄汁醬？至於白汁燉肉或白酒淡菜鍋（moules marinière），那更是甭提了。

茱莉雅回美國不久，就得出以下的結論：「多數美國人對廚藝一竅不通」，完全沒有她在藍帶學到的巧思或技藝，食材的品質幾乎是不存在的元素，就連味道也是，現代美國的廚師從來沒想過加工食品幾乎毫無味道可言。茱莉雅無論走到哪裡，都會看到料理方面的捷徑及便利食品，例如冷凍餅皮、包裝餡料、脫水洋蔥、即溶咖啡、鬆餅粉、現成蛋白霜、什錦水果罐頭、起司醬、噴射鮮奶油（Reddi-wip）。這類食物在美國鋪天蓋地的程度，令她看了既沮喪又氣餒，還有女性雜誌的胡說八道也令她搖頭。有一次她看到雜誌編輯建議的「豐盛午餐」，包括一道二十分鐘的烤肉食譜，裡面教人把斯帕姆牌（Spam）罐頭肉鋪平，塗滿厚厚的柳橙醬；把一排維也納香腸放在罐頭桃子上烘烤。當時，茱莉雅正在實驗法式香橙鴨，她寫了一份加強風味的指南：

> 切記，醬汁必須夠濃，以免加入柳橙汁後稀釋太多，必要時可以煮得濃稠一點。
>
> 小心品嚐調味和濃度，之後還會再增添葡萄酒和烤肉汁的風味，但即便如此，這個階段的味道就應該近乎完美了。

通常，她只會寫：「必要時把醬汁煮得更濃一點並調整風味」，但是光那樣寫，對那些把果醬抹在斯帕姆牌罐頭肉上的人來說夠嗎？一切都必須徹底解釋，每個功能和步驟，每一小步都要講清楚。她寫信告訴愛薇絲：

「所以我真的很鬱悶，充滿了懷疑，覺得我們的努力可能功虧一簣。」

更煩人的是，她擔心她和席卡的合作也可能成為泡影。茱莉雅原本擔心美國人不會想做席卡那些麻煩又費工的料理，所以一直懇求席卡在不損及道地的法國精神下，盡量簡化流程。她們各自研究食譜時，席卡答應修改她負責的蔬菜章節，把所有的食譜寫法都重改一遍。現在，每隔幾週，茱莉雅就會收到來自法國的包裹，裡面的新食譜不僅構思完善，做出來的東西美味無比，寫起來也有條有理，席卡設法把家傳的好菜都重新整理好了，例如焦香小白菜和韭蔥、釉面胡蘿蔔、普羅旺斯燉菜、焗花椰菜、番茄鑲肉、十幾種馬鈴薯料理。那一整章的食譜，無論在多元性或靈感巧思方面，都相當了不起。席卡的貢獻令茱莉雅深感佩服，沒人比席卡更認真地撰寫那麼精彩的食譜。

然而，儘管她們投入如此龐大的心血，茱莉雅依舊感到困擾。一方面，她覺得她們做出來的東西，就像美國食譜書歷史上的分水嶺。當時出版的食譜書中，沒有一本像她們的那樣徹底研究，涵蓋如此詳盡的細節及翔實的指導風格。她們呈現法國料理的方式也是前所未見的，不是抱持崇敬或浮誇的態度，而是呈現一種生活樂趣。但是，美國的家庭主婦對這類料理的冷漠態度令人感到特別不安。市面上都是速成食物及加工食品！報章雜誌充滿了胡說八道。「教大家如何迅速做菜的書籍和文章簡直是滿坑滿谷，」茱莉雅沉思，「鮮少書籍強調如何做出美味佳餚。」為什麼會這樣？這種糟糕的趨勢甚至也傳到了法國。最近亨麗雅特．香蝶（Henriette Chandet）才在法國推出《快速料理》（*Cuisine d'urgence*）一書，這顯示經典法國料理的烹調是有捷徑的。茱莉雅看了大吃一驚。她覺得那本書介紹的技巧和烹飪方法「很恐怖」、「令人難以接受」，把廚藝濃縮成現成的烘烤，茱莉雅說：「那是把法國料理送上斷頭台。」茱莉雅愈讀愈沮喪，如果現代料理的發展是走這種每況愈下的趨勢，她們繼續做那本書似乎毫無意義。「我只想大喊『真要命，去死吧！』」茱莉雅在寫給席卡的信中不禁發洩，「我們怎麼會決定做這個東西呢？」

當然，那是因為這一切都是無庸置疑的真理，沒有其他的選擇。「我想不到我們還能怎麼做了？妳呢？」她問席卡。

況且，她們寫的那本書也推翻了傳統，茱莉雅覺得那本書在各方面都是獨一無二的。美國書市有很多所謂的法國食譜書，但沒有一本那麼詳盡，那麼道地，「讓想做出美味佳餚的人」照著食譜就做得出來。

茱莉雅花很多時間研讀市面上的食譜書，目前為止都看不到一本像她們那樣的。整體來說，她對美國的食譜書品質不是那麼滿意，那些書大多內容馬虎，鮮少為烹飪新手詳細地解說，不像聖安姬夫人或阿里．巴布的食譜寫得那麼詳盡。市面上有藍帶第一位女性畢業生盧卡斯所寫的《藍帶食譜書》（*The Cordon Bleu Cookbook*），她在紐約因指導做菜而出名。茱莉雅不知道該怎麼評論那本書，她抱怨：「她的作法肯定不是典型的法國作法。」例如，法式香橙鴨的食譜就只有一段，沒教讀者怎麼用鹽和胡椒將鴨肉調味，沒寫香橙酒，也沒加醋增添酸度。它只說要用高湯，但沒說是什麼高湯，也沒提醒讀者要切除綁肉的線。沒有柳橙切片伴隨鴨肉，沒加奶油增添醬汁的濃稠度。盧卡斯的新作《肉類及禽肉》（*Meat and Poultry*）看在茱莉雅謹慎的眼裡也沒有比較好，她覺得那本書的內容很「草率」，「很多方面都很差」。伊麗莎白．大衛（Elizabeth David）的《法式鄉村料理》（*French Country Cooking*）就食譜上來說還不錯，但作者不願寫明確切的度量，茱莉雅後來的編輯茱蒂絲．瓊斯（Judith Jones）說：「大衛的書寫得很迷人，但她討厭美國人凡事都要抓出精確比例的習慣，所以你常不知道要使用多少材料。」

詹姆斯．比爾德（James Beard）是剛竄起的新星，《紐約時報》最近才把他捧為「美國烹飪大師」，茱莉雅覺得他是「目前的食譜書作家中最好的一位」，他的《魚類料理》（*Fish Cookery*）是她最愛的料理書之一。但是比爾德似乎對美國的在地美食比較感興趣，例如燉肉、火雞碎肉、肉餅、麵包布丁等等，所以對她們來說不是什麼競爭威脅。

帕比·康能（Poppy Cannon）寫的食譜也沒什麼威脅，但原因全然不同。康能是NBC電視台《居家》節目（《今日秀》的前身）的「美食專家」，廣受歡迎，也是暢銷書《開罐食譜》（*The Can-Opener Cookbook*）的作者，但茱莉雅完全無法理解她在紅什麼。她用冷凍馬鈴薯泥、奶油炒青蔥、康寶濃湯的奶油雞湯做馬鈴薯冷湯；把心形的檸檬果凍放在皇家牌（Royal）卡士達醬做成的金黃色小海中，說那叫「法式」漂浮雪球的變形版。面對這種人，你還能說什麼？

只有戴亞特讓茱莉雅覺得有威脅感。戴亞特在《美食家》雜誌裡，為美國的廚師寫了一系列法國料理的食譜，在那之前，他曾在紐約市的麗思卡爾頓飯店（Ritz-Carlton）擔任主廚多年。「他真的是《美食家》雜誌裡唯一令人讚賞的優秀作家。」愛薇絲如此評論，茱莉雅也認同她的說法。她和席卡都覺得戴亞特把精緻料理寫得「極其出色」，但是就精確度來說，戴亞特還差她們很多。尤其，戴亞特在度量方面讓茱莉雅特別抓狂，他的「法式燉雞」需要「半杯白酒」，但是茱莉雅納悶，那杯子是多大？是一口杯，還是威士忌酒杯？義式臘腸燉飯看起來很棒，但是用什麼米？什麼臘腸？茱莉雅覺得，花心思做某道菜，最後因食材上的差錯而失敗收場，那不是很冤枉嗎？她和席卡才不會讓這種事情發生，萬一發生那種事，那不僅是她們的疏失，更對不起讀者。她們的書——「我們這頭象」——一定要一絲不苟，嚴謹精確。「這本書必須達到溝通的目的，成為廚師的最佳良伴。」

但首先，這本書得先想辦法出版才行。

她們最後開始評估整本書的狀況時，已經照顧這頭象整整六年了。一九五七年底，這本書距離完成的階段還很遙遠，茱莉雅坦言：「我想，光是肉類和魚類就要花好幾年。」但是她們並非毫無進度，這時的手稿已經膨脹到七百五十頁——而且光是醬料和雞肉那兩章就那麼多，你看有多嚇人。她們打算以十章來涵蓋所有的類別，以她們寫作的方式來看，最後應該會寫出龐然大物，一本嚇死多數廚師的百科全書。

但也許這本書本來就需要那麼龐大，必須是一本百科全書才行，即使厚度上不是，至少形式上必須如此。茱莉雅心想，如果是以一個系列來出版，米夫林出版社很快就能出版第一集了。但愛薇絲對這個想法不是那麼肯定。「我實在不太想看到分兩冊出版。」愛薇絲回應，「但是太厚一本也很糟糕，而且也不好使用。」愛薇絲建議，先把書稿拿給編輯德．珊提拉納看看吧。

對此，茱莉雅提出了比那更好的建議，席卡一九五八年一月要來美國三個月，她們打算在二月二十四日週一，親自把寫好的那幾章送到波士頓的米夫林出版社。到時候，她會親自跟出版社談書的格式。

可以想見，那次會面以前，她們做了多少辛苦的準備。她們「夜以繼日地趕工收尾」，所有食譜從頭看了一遍，做最後的修訂。在校稿時，她們發現手稿是由兩個筆法完全不同的女性，各自撰寫截然不同的主題，拼起來有種混搭的感覺。最後整合出來的東西有如陰陽般兩極，光是醬汁那章就問題重重，那是寫於一九五二年，當時茱莉雅對烹飪或寫作的瞭解都相當有限，那章自從寫完以後就沒再修過。另外，禽肉那章也有些部分需要潤飾。最後的收尾有點手忙腳亂，但她們的努力並未白費。二月二十三日，她們出發前往波士頓，希望能就此搞定這頭大象。

不過，她們抵達聯合車站時，計畫突然出了狀況。超級暴風雪席捲東北岸，導致北上到巴爾的摩的每班火車都取消了。波士頓的積雪深達一呎，進出波士頓的交通完全中斷了。

可惡！她們花了那麼多的心血，這些心血彙整出來的成果，現在就擱在她們腳邊的紙箱內。像茱莉雅和席卡那樣堅忍不拔的角色，可能為了區區的暴風雪而打退堂鼓嗎？門兒都沒有，她們可是花了六年扎實的功夫才走到這一天。茱莉雅發現車站附近有灰狗巴士站，不知怎的，巴士竟然沒停駛，所以她們搭上了前往波士頓的普通客運。

整趟車程總共耗了十一個小時，巴士「搖搖晃晃吱吱嘎嘎地在強勁的風雪中行進」，席卡和茱莉雅輪流把那箱文稿抱在大腿上，以免那箱子划過狹窄的走道。整個車程相當辛苦，令人疲憊。巴士終於抵達波士頓時已過午夜，她們又搭了一小時的車，才抵達愛薇絲位於劍橋的住家。

隔天下午仍下著雪，茱莉雅和席卡前往市區，造訪米夫林出版社的編輯部。她們和德．珊提拉納會面時，氣氛比較隨興，沒什麼談生意的感覺，三個女人對於書信往返多年終於能夠相見，都感到相當興奮。德．珊提拉納對那本書的熱情早就確定了，她不僅對手稿印象深刻，深感佩服，也很喜歡裡面的食譜，她自己測試過其中幾道菜都非常成功。儘管眼前那頭象有如龐然大物，但她那天給人的感覺相當親切。愛薇絲後來表示，茱莉雅聽說不少男性編輯對那本書抱持保留的態度，他們說：「美國人不想那樣烹飪，他們只想用濃縮速食粉，迅速煮出東西。」但是諸如此類的話是出自四十多年後的回憶錄，真實性令人懷疑。茱莉雅和席卡在米夫林出版社受到熱情的招待，德．珊提拉納介紹她們一一認識辦公室裡的工作同仁，離開時也沒聽到任何編輯上的意見，整個會面過程大致上只是表面的寒暄。在回劍橋的路上，茱莉雅回憶：「我們都沒說太多話。」

一九五八年三月二十一日，茱莉雅終於收到德．珊提拉納的來信。「我們對妳們付出的心血深感敬佩（因投入的勞力相當龐大）。」信一開始這麼說，「但我們必須說，這不是我們當初簽約承諾出版的書……這本書的寫法已經變得太複雜，比一般的書籍更難處理。」看來判決已經很明顯了，但茱莉雅還是繼續看下去。米夫林竟然拒絕出版這本書，在她們寫出那麼多的東西，付出那麼多的心血之後！她傷心欲絕，心都碎了，這要她怎麼跟席卡交代呢？

她們不得不接受那樣的決定，也同意美國人可能想要比較「精簡」的食譜（那偏好也加速了美國烹飪追求方便的趨勢）。德．珊提拉納曾建議她們修改文稿，寫一本比較小的書，或是「一系列的小書，每本著重一頓餐點中特定的部分」，但是她們兩人都對這些建議不感興趣，因為那表示她們必須把每道食譜簡化成缺漏百出的精簡版，那跟《仕女之日》或《麥考爾》雜誌裡的馬虎食譜有什麼差別。茱莉雅和席卡經過腦力激盪後，迅速寫了一封信給編輯，婉拒她的建議。

她寫道：「我們心目中的讀者，是有時間關注烹飪的重要性及創意面的人。她必須有一定程度的涵養，知道好的料理，尤其是好的法國料理，是需要技巧與努力的一門藝術。」至於其他人，那些罐裝湯品的鑑賞家及冷凍食品的愛好者，他們參考濃縮食譜就夠了。「所以我們提議，我們為《美式廚房的法國料理》所簽的合約就此取消，並馬上歸還二百五十美元的預付版稅。」

就這樣，她們宣告一切到此為止，一切都結束了。想到她們魂牽夢縈多年的夢想就此結束了，實在令人難以置信。不過，茱莉雅經過一夜的長考後，揉掉那封信，放棄了先前的強硬立場。

「我們只好重來一次。」她告訴席卡。

一夜間，兩個女人改變了主意，她們都覺得照著編輯的建議做——「把『百科全書』壓縮成約三百五十頁的單冊食譜」——比較合理，而不是去找新的出版社。她們提議，修改後的新書將會「精簡俐落」，可以吸引「稍有涵養」的家庭主婦。她們可能也會嘗試罐頭湯和冷凍蔬菜——至少想辦法以法國料理的技巧來改善它們的風味。「一切都會以比較簡單的形式呈現，」她寫道，「但決不枯燥。」總之，她們承諾在六個月內交出全新的書稿。

在妥協的背後，她們知道刪減無可避免。美國的整體趨勢就是追求簡單，希望在不折騰或不費心力下就能輕鬆完成晚餐。當時還有一種超人氣的熱潮是連爐子都省了，直接到戶外烤肉。那是戰後流行的現象，跟電視晚餐一樣低俗普及，甚至獲得廚具公司的支持。一九五九年，連比爾德這種大師都寫了四本在後院燒烤的食譜集，米夫林目前的書單裡還有德州版。如果茱莉雅和席卡想打入食譜書的領域，她們意識到法式經典風格需要一點現代化的調整。她們的「焦點將擺在事前的準備功夫及再度加熱的方法上」，沒有中間地帶。茱莉雅自從回到美國後，就領悟到這點：打不贏他們，就乾脆加入他們，不要做複雜的料理，也不要太法國。

「如何煎炒」拿掉，「如何烹調至棕色」也拿掉，「如何焦糖製模」、「如何煮蛋」、「如何煮馬鈴薯」等等都刪除，連同半數精緻醬汁的食譜也要淘汰。

茱莉雅和席卡大刀闊斧地刪減文稿以削減厚度，任何看似費工的內容都要刪除。菊芋湯，刪！牛尾湯，刪！茴香湯和龍蒿奶油湯也掰掰了。愛斯克菲爾和布里亞·薩瓦蘭的高級料理都改編成比較簡單、可親的市民料理。她們刪了法式煨三肉（Estouffade aux trois viands），只留紅酒燉牛肉；刪了魚肉凍和魚肉丸，只留比較基本的淡菜。至於法式榨鴨，她們覺得要美國的家庭主婦找到一隻用恰當的方式絞殺、以便把鴨血留在體內做醬汁的鴨子，那實在太難了。茱莉雅一開始解釋，她們可以改用法國餐廳的一種技巧（改用新鮮豬血混合紅酒），但是那種替代方案也很難做到。

修改的過程愈修愈難。想做道地的法式烤雞怎麼簡化？原來的食譜寫了五頁多，涵蓋每個必要的步驟，從捆綁到切片都寫了。對茱莉雅來說，刪減步驟是終極的考驗。「我實在沒辦法把烤雞縮減到兩頁以內，」她抗議，「如果你刪掉上油和旋轉之類的步驟，那就不是法式烤雞了。」

這本新形式的食譜書也需要重新測試和重寫，這些都需要時間和耐心。在耐心方面，茱莉雅的耐心已經大減，寫食譜的整個經驗實在太累人了。她早已投入一切，但現在又回到了起點，必須重新嘗試。為了排解苦悶，她決定重拾教學的樂趣。一九五八年整個春天，她每週都到賓州開烹飪課，從華盛頓開車到賓州，來回各四小時，教課的同時，她也示範食譜書中的法國料理。她在自己家裡的廚房，也開了三饕客分校，教一群女性烹飪。

一九五八年的某個時點，茱莉雅開始思考這一切究竟會得出什麼結果。食譜書的合約理論上沒問題，但她對這本書是否真能出版，已經覺得不再可靠了。保羅的工作雖然可靠，但他一點也不喜歡那份工作，他喜歡為美國新聞處策展，但討厭綁手綁腳的重重官僚。再過四年，他就滿六十歲了，到時候他就要退休做自己的藝術工作。茱莉雅根本沒想過退休，至少五十歲以前不可能，她一點都不想整天無所事事，尤其是在華盛頓這種以公職為主的城市，在社交和知性方面都分外貧乏，她和保羅都不太想在華盛頓定居。

事實上，他們感覺無所寄託，飄泊不定。換了那麼多的工作地點以後，他們已經習慣只靠簡便的行李生活，家當都只是暫時拿出來使用。他們就像夏季劇團的演員，接到臨時通知後就打包遷移，迅速調適。保羅從一九三〇年代初期就開始搬來搬去，茱莉雅在大學畢業後不久，也是過著這樣的生活。這種吉普賽的遷徙生活還滿適合他們的——可以走訪世界，分享新的體驗。想到要永遠扎根下來，他們反而猶豫了。去哪裡扎根呢？哪個地方容得下他們？

巴黎始終是個可能的地點，他們以前在那裡最快樂。那個城市比海明威所認識的那個巴黎，更像移動的盛宴。但是巴黎離親朋好友那麼遠，他們再怎麼沉浸其中，永遠都是外人。至於帕莎蒂納，在保羅的眼裡，那是敵人的地盤，思想保守得要命，還有個討厭的岳父。茱莉雅對紐約的感覺，就像她對布丁的評價一樣，一個月吃一、兩次還不錯，但天天當主食就膩了。

七月四日國慶日的那個週末，茱莉雅去了愛薇絲的家，劍橋的一切令她傾心。那是個可愛又知性的社區，跟雷克里夫學院和哈佛大學緊密交織。二〇年代保羅曾和伊迪絲住在那裡，深受當地濃厚的人文氣息所吸引。茱莉雅喜歡那裡「特殊又迷人的新英格蘭調調」，而且那裡又鄰近波士頓和緬因州，離她的出版社只有十五分鐘的路程，當然，愛薇絲就住在那裡。美國再也找不到任何人比愛薇絲更親近了，愛薇絲是她的摯友，更是信賴的顧問。當初和米夫林出版社搭上線就是愛薇絲引介的，也是她努力讓整個案子得以存續下來。不過，最重要的是，愛薇絲自始至終都是最努力不懈的啦啦隊，一再鼓勵茱莉雅前進、再前進，「持續嘗試，用力出擊」。一如既往，愛薇絲把茱莉雅在出版上遇到的挫折，描述成堅持烹飪完整的勝利。「除了少數幾位卓越的主廚以外，妳比任何人都更精於烹飪的諸多面向。」她安慰茱莉雅，「總有一天會苦盡甘來，我知道一定會的。」

能跟愛薇絲住在附近，那該有多棒。保羅也這麼認同，於是他們三人利用週末在劍橋找房子，跟著房地產仲介在這個靜謐、質樸、親切的社區裡走來走去。這裡隨處可見不規則的蜿蜒街道和殖民時期的屋舍，茱莉雅和保羅都相信他們找到了理想的地點，可以在此過有意義的生活。這裡提供他們長期追求的踏實感，他們問了幾個不錯的地方，但那些房子似乎都沒有出售的意願。

愛薇絲答應幫他們留意，只要有適合的物件出現，就馬上通知他們。但是，那年夏天結束時，他們的計畫又變了。一九五八年八月六日，美國新聞處發給保羅新的指令，展覽部即將關閉。一九五九年三月起，他將派駐挪威的奧斯陸，擔任文化事務長。

挪威！地球的另一端。這個人事令就像震撼彈一樣，但茱莉雅從容接受了。幾天後，她開始昭告親友：「我覺得很棒，我們也很興奮。」那職位不是永久的，肯定不像法國，但至少挪威感覺是新鮮的，不同的。在他們無盡的旅程中，那是另一個需要橫越的地平線。他們將在那個「子夜太陽之地」重新展開生活，但茱莉雅不禁納悶，他們最後會走到什麼境地。

註解

1 譯註：保守主義政治評論家，一生的政治活動主要是努力把傳統的政治保守派、自由放任經濟思想及反共主義統合起來。

2 譯註：俄羅斯人的名字常以「斯基」結尾，因此容易讓人聯想到共產黨。

茱蒂絲和艾凡・瓊斯在自家頂樓的露台。圖片鳴謝：Judith Jones

15

換茱莉雅嶄露鋒芒

黛比·豪伊（Debby Howe）是茱莉雅和保羅的老友費雪·豪伊的妻子，他們在錫蘭時認識一起從事情報工作的費雪，如今黛比正好擔任挪威的代辦1。黛比講過很多跟茱莉雅有關的「老饕」事蹟，但是她最喜歡的故事，和她為了歡迎茱莉雅到奧斯陸而舉辦的使館眷屬午宴有關。「妳不會喜歡這兒的食物。」她們魚貫而入大使館的私人宴會廳時，黛比如此警告茱莉雅。茱莉雅不以為意地揮一揮手，叫朋友不用擔心。她本來想跟黛比提醒她的座右銘——決不道歉——但最後還是忍住沒說。

「真是大錯特錯。」近五十年後黛比這麼說。

她們面前的食物看起來像六歲孩子胡搞媽咪的食物櫃似的，主菜是一串葡萄和蘑菇切片，漂浮在粉紅色凝膠狀的羊膜上，搭配硬如石頭的水果，外覆冷凍鮮奶油。接著上來的是「很厚的香蕉蛋糕切片，上面塗了厚厚一層白色糖霜」，一份萊姆果凍沙拉，一塊挪威風格的萊姆派，最後是一個黏膩的肉桂小麵包，搭配茶飲。

黛比看了一眼對桌的茱莉雅，兩人正好四目相接，茱莉雅的眼神似乎說著：朋友，給我跪下道歉！

茱莉雅原本以為來挪威可以探索新的料理領域，但她來錯地方了。她要是跨越國界，到以肉丸、醃鮭魚片、馬鈴薯豬肉餃等市民料理著稱的瑞典，可能會好很多。挪威是全然不同的世界，當地的料理只有糖漬和鹽漬的麋鹿肉、燉菜、松雞，還有一種名叫發酵鱒魚（rakorret）的古怪料理——生的虹鱒，鹽漬後壓到「像酸菜」那樣發酵，放在烤餅上食用，是常見的下酒菜。費雪說：「如果你搭配足夠的烈酒食用，其實嚐起來還不錯。」但有些人覺得「那要命的東西，臭得跟死水獺一樣」。除此之外，其他一切都是「水煮、水煮、水煮、水煮、水煮」。有很多馬鈴薯料理，多種漿果，但鮮少新鮮蔬菜，做沙拉的蔬菜幾乎付之闕如。保羅對於這裡的料理只有一字評論：「蔬菜：糟；沙拉：糟；肉類：糟。」

不過，一位大使館的外交官說，奧斯陸仍是「很棒的派駐地點」。二次大戰幾乎對挪威毫無影響，德軍的占領引來的盟軍報復很小，戰後整個挪威到處可見明顯的復甦，從人民「悠閒、親切、直接、隨興的健康臉龐」來看，他們似乎都很喜歡簡單、不複雜的生活。這裡的人對單車、健行或散步等運動近乎狂熱。茱莉雅和保羅抵達當地不久，就對挪威人熱愛接近大自然的特質印象深刻。「我們都非常開心，現在居住的地方彷彿兩百年前的美國。」保羅寫道，「大自然近在咫尺，備受人民喜愛……幾乎沒什麼緊張壓力和併發症，也沒有廣告誘發的慾望。」

茱莉雅覺得奧斯陸是個「沒什麼特色的古老大城，建築平凡無奇」，但「舒適」，是個適合「闔家安居的地方，也夠小」，人口約兩百萬不到，保羅說：「這裡幾乎完全沒有胖子。」待過德國和美國以後，他覺得這點格外「驚人」，這裡的環境無疑促成了非常健康的生活方式。天氣好時，沒有比這裡更好的居住地方，而這裡的天氣通常都很不錯。整個春天，春光明媚，就像施展了魔法一般，陽光燦爛，空氣中飄著冷杉林和花開的清香，任何角度的景觀都令人屏息。整個城市是個盆地，周圍環繞著濃密連綿的雲杉丘地，外面是峽灣及交織的支流、水灣和島嶼。蕨類和藍莓叢隨處可見，這裡的景觀讓保羅和茱莉雅想起了緬因州的沙漠山。

他們在這個閒逸的環境中安頓了下來。豪伊氏夫婦住在離市區不遠的烏拉恩（Ullern），那裡可以看到「峽灣的超凡美景」，他們在自家附近的山腳下幫茱莉雅和保羅找了一間白色的木造屋。屋子有個中間內凹的客廳，俯瞰著開花的果樹及玫瑰籬圍起的漿果園，「閣樓大如聚會大廳」，廚房寬敞，向陽和煦。不過，即使曾用過老舊電爐烹飪的茱莉雅，廚房那個「老舊不堪的挪威電爐根本無法使用」。向來龜毛的保羅，幫她把大量的鍋碗瓢盆掛在整面牆那麼大的釘板上，每個廚具都有固定的位置，接著一一盤點。「共有七十四個物件，以高雅的方式排列。」他寫道。

他們都想趕快學會挪威語，那是一種有喉音的日耳曼方言，音調在低、平、高之間急速升降，還有驟降的修飾音，跟茱莉雅招牌的滑稽音調很像。事實上，茱莉雅因語感好，學得很快，不久就能自己上街採買和辦事了，靠著獨特的「廚房挪威語」應付日常生活。相反的，保羅從一開始就溝通不良。他在華盛頓已經跟著幾位家教上過語言課，所以學不會實在令人費解。「他把學習挪威語當成藝術一樣。」黛比回憶道，問題是他學的不是挪威語，而是丹麥語，等他發現時，沮喪極了，後來「用字遣詞老是無法正確」。

茱莉雅非常喜歡挪威人，但她覺得新認識的朋友中「沒有真正的知己」。不過，她很快就發現，這算是因禍得福。「我刻意沉潛，以便盡快完成書稿。」她解釋。自從抵達奧斯陸後，她的進度突飛猛進。一九五九年整個夏季，她在毫無外務干擾下，每天密集地修稿。黛比說：「她整天都埋在那本書裡。」黛比每天都會晃到茱莉雅家中，看「這個精力旺盛的人」在廚房裡忙得團團轉。茱莉雅有時為羔羊去骨，有時改進伯那西醬汁，有時把弟弟空運寄來的蘆筍削皮，黛比對這些東西一無所知。

「大使館人員的眷屬中，沒有人會煮法國菜。」黛比回憶道，「應該說，沒有人會煮任何料理。」秋天的時候，茱莉雅開始為她們開烹飪課。不過，夏季時，她完全謝絕任何外務的干擾。她回憶，當時把書做完比交新朋友還要重要，「辛苦熬了近八年，席卡和我終於看到終點在望了」。

她們好不容易抵達終點時，結果令她大吃一驚。

那年夏天，挪威出現意想不到的熱浪（「人類記憶中少數出現的幾次」），茱莉雅持續在熱呼呼的鍋爐邊賣力地工作，食譜經過幾階段的審查後，問題都解決了。這是她最後一次做出關鍵決定，她專注地衝向終點線，就連四十七歲的生日也在不知不覺中過了。不過，一九五九年九月一日是她和保羅結婚十三週年，食譜書的修改停了下來。這是值得慶祝的時刻——結婚紀念日當然值得慶祝，不過，還有另一個理由也值得同樣關注：「修改《美式廚房的法國料理》終於完成了。」

她和席卡交換了最後一份筆記，決定她們放下廚具的時候到了。書稿是完成了，但還不完整。她們在編修的過程中做了無數的讓步，很多寶貴的資訊都刪除了。現在這本書不再是百科全書，而是入門書，「是為認真的美國廚師所寫的市民料理入門書」。不過，它的分量依舊不小：七百五十頁的書稿，跟聖安姬夫人的食譜書一樣厚，但沒有鵪臘腸（「剔除腸子、肝臟、頭和腳放入果菜醬汁中，加入兩隻完整的鵪，然後剁碎，過圓筒篩……」）或豬頭凍（「從耳根切除豬耳朵……把豬舌和瘦肉切成丁塊……」）之類令人費解的菜色。那七百五十頁的內容非常精簡，作法詳盡又現代。

而且完成了！

茱莉雅告訴一位好友：「我簡直不敢相信。」她對另一位好友開玩笑說：「這些年來像扛石頭一樣，現在終於卸下重擔了。」

從現在起，這本書就是德．珊提拉納要負責調教的寶貝了。茱莉雅不再有截稿壓力，多年來首次有廚房以外的機會召喚著她。她到當地的大學上挪威語，每天跟黛比打網球，專注地投入園藝，參加大使館的宴會，去聽講座，招待賓客，「晚上有很多公務活動」，她都可以在無牽無掛下參加了。

但是，天啊，她好像得了產後憂鬱症！交出書稿兩週後，那空缺讓茱莉雅頓時覺得落寞空虛。她寫信告訴美國的家人：「少了書稿後，我感到悵然若失。」像腳底下的地板突然消失似的，「我覺得無所寄託，空虛惆悵」。除了黛比以外，也沒有人可以串門子。「沒有朋友，」茱莉雅感嘆，「沒人可以擁抱。」在這種情況下，她最懷念的就是朋友的擁抱，因此她說：「我墜入了困惑的泥沼。」

在美國的家鄉，還有很多的事情需要處理。茱莉雅和保羅離開華盛頓、前往挪威之前，愛薇絲通知他們劍橋有一棟房子掛出出售的牌子。「快點放下一切！」她建議，「馬上就過來。」他們夫妻倆並未馬上回應。「當時他們幾乎已經放棄在劍橋定居了，比較沒那麼熱衷。」愛薇絲說。此外，當時雨雪交加，「天氣糟到不能再糟了」，但是，管他的！他們豁出去了，搭上前往波士頓的火車，隔天早上在冷風冰雨中，去看了爾凡街一〇三號的房子。

那是一棟不起眼的灰頂建築，位於很有魅力的街道上，就在哈佛精華地段的中央。經濟學家高伯瑞就住在對面，歷史學家施萊辛格僅相隔幾戶，附近的住家都是知名的教授和政治人物。那棟房子是一八八九年興建的，原本是平房，後來增建了上層和地下室，上一位屋主把屋況維持得很好。保羅帶茱莉雅看了堅固的石膏牆和硬木地板，他們都很喜歡那個設備齊全的廚房，裡頭有類似餐廳的爐灶及兩個儲物櫃，屋子後方還有大院子和花園。他們參觀到閣樓時，就已經打定主意了。茱莉雅轉身對保羅說：「這很適合我們，正是我們想要的那種房子。」但樓下還有另一對夫妻也在參觀，也得出同樣的結論，他們告訴房屋仲介要先回家商量一下。茱莉雅和保羅先下手為強，當場就把房子買下來了。

他們外派到挪威時，把屋子租給原來的屋主，但他們都覺得那屋子需要好好整修一番，那需要處理一些文件。茱莉雅在等候編輯回覆的同時，處理了很多房屋的細節。

九月底，茱莉雅收到第一封關鍵的回應，那封信讓她「備受鼓舞」。德·珊提拉納在信中提到她很喜歡那本書，「對妳們投入的心血及內容詳細的程度，驚嘆得五體投地。」她繼續寫道，「我沒看過說明如此精彩、精確又包羅萬象的書……這是一本極度完善的作品。」她也比較那份書稿和最近出版的另一本食譜書：喬瑟夫·

多農（Joseph Donon）的《經典法國料理》（*Classic French Cuisine*），她覺得她們的書稿輕易就勝過那本書了。不過，她仍需要讓高層「評估一下」才會開始編輯。她說，這個案子看起來應該沒問題。

但是，不久局勢就變了。一九五九年十一月十日，她們收到米夫林總編輯保羅．布魯克斯（Paul Brooks）以外交郵袋寄來的信件。「妳們的書稿不僅是烹飪方面的藝術作品，更是烹飪科學的傑作。」他寫道，「然而……」

然而？

「這本書的製作費用將會非常高昂，出版社必須投入大筆資金……這點使我們的同仁感到遲疑。」看到這裡，茱莉雅不禁心頭一沉。不過，她還是把下面空洞的托詞和反悔的說法看完了。「我建議妳們找其他出版社洽詢這本書的出版事宜。」布魯克斯繼續說，「我知道妳們為這本書投注了相當多的心血，我祝福妳們在其他地方看到這本書大放異彩。」

退稿信！茱莉雅簡直不敢相信自己的眼睛。收到德．珊提拉納的讚美後，這是讓她最意外的發展。那份書稿無疑需要好好的刪減，甚至需要編輯大改一番，但是……退稿？這真是她始料未及的結果。

愛薇絲提早從德．珊提拉納那裡接獲這個消息，本來想先給茱莉雅一個心理準備，但她是用一般郵寄的方式，而不是用外交郵袋。五天後，那封信終於送達茱莉雅的手中，當時茱莉雅早已受到打擊，「傷心欲絕」，「驚魂未定」。她後來逐漸明白，那份書稿「對美國人來說太難了」，太複雜，太這個，太那個，她心想：「很有可能，永遠也無法出版。」但愛薇絲並不打算就此放棄，米夫林正式退稿時，她已經找了其他幾家可能的對象。不久前，她才成為紐約市克諾夫出版社（Alfred Knopf）的書探，她認識那家出版社的一位管理高層，那人不僅握有大權，本身也會煮一手好菜。事實上，比爾．柯許藍（Bill Koshland）某天去劍橋時，已經稍微看過片段的書稿。愛薇絲不等茱莉雅先同意，就要求米夫林出版社把整份書稿轉給柯許藍。「別失意！」愛薇絲說，「我們才剛開始奮鬥而已。」

但茱莉雅不是那麼確定自己真有出書的命。

有些現實狀況是茱莉雅需要先搞清楚的。一般的業餘者可能覺得有書出版就好了，但茱莉雅個性務實，不愛作白日夢，她不想對潛在的出版商存有任何的幻想。那本書究竟是真的像布魯克斯說的，出版成本太貴？還是對美國人來說根本就太耗時了？茱莉雅看到米夫林出版的《柯彼特食譜》（*Helen Corbitt's Cookbook*）賣了近七萬本，她說：「那真是簡單食譜的最佳範例。」以紅酒燉雞為例，該書只寫了三十五個字：「切兩塊嫩雞，放在奶油中，跟培根、洋蔥片、蘑菇片一起煮到棕黃色，倒入紅酒，燉煮兩小時。」她心想，也許那樣就能做出紅酒燉雞了。她和席卡則是足足寫了四頁，也許那太繁複了。她納悶：「美國大眾在廚房裡只求速度和神效，其他都不在乎了嗎？」還是她們的寫作有問題？難道是席卡找錯了合作對象？「目前為止，沒有人想把我們的任何一道食譜刊登在任何出版品上。」她寫信告訴席卡，「這顯示我們不是以大眾想要的方式呈現內容。」

克諾夫出版社是「很有意思」的潛在對象，但茱莉雅不想再一頭熱了，她說：「我拒絕再一廂情願地抱著希望。」她比較想等出版社確定要出版以後再說，很有可能他們只是在原地空轉。「所以現在是要怎樣？」茱莉雅不禁納悶。

有件事是確定的：她不想坐著枯等仙女下凡來幫她。她寫信告訴愛薇絲：「我開始重新安排生活了，以因應食譜書永遠無法出版的狀況。」她覺得烹飪可以讓她拋除煩憂，她熱愛烹飪，那是絕對可以讓她馬上忘卻出版風險、「繼續精進自己」的方法。法國料理還有很多東西可以學習，尤其是糕點方面，她最近對糕點開始感興趣了，席卡有一些拿手的甜點，她看得躍躍欲試，例如柳橙巴伐利亞蛋糕（柔滑的香草蛋糕，搭配柑曼怡香橙干邑甜酒和濃郁的巧克力慕斯，以及精巧的夏洛特蛋糕（使用杏仁醬，搭配令賓客食指大動的手指餅乾）。

十一月底，茱莉雅開始認真地烘焙甜點。先從花色小蛋糕和脆餅開始暖身，之後進展到各種水果塔，以自家的漿果作為餡料。保羅看到茱莉雅重新振作起來，從烹飪中重拾生活重心，也大為佩服，說她「在廚房裡大顯身手，像喜鵲般雀躍」。

但是那本食譜書的狀態確實是生死未卜。

在五〇年代末期，要向克諾夫出版社推銷食譜書可不是那麼容易的事。當時克諾夫出版社的名下有沙特或卡繆之類的著名小說，他們剛為約翰．赫西（John Hersey）出版的《戰火佳人》（*The War Lover*）也備受好評。食譜書沒有小說那樣的文學聲望，不像《戰火佳人》有歷史影響力；也不像約翰．厄普代克（John Updike）的《貧民院義賣會》（*The Poorhouse Fair*）或羅德．達爾（Roald Dahl）的《親親》（*Kiss Kiss*）細膩。儘管食譜書不是精心琢磨的文字敘述，但它們透過感官樂趣、創意、文化、美好生活的描述，來突顯食物的美味，刺激讀者的想像力。芭芭拉．卡夫卡（Barbara Kafka）說：「翻閱食譜書就像幻想的饗宴，提供不同的奇妙風情。」但是在整個出版業裡，食譜向來都不是什麼重要的類別。大型的出版社中，只有雙日出版社（Doubleday）有一位真正的食譜主編，名叫克拉拉．克勞森（Clara Clausson），她走的是「居家好主婦」路線，但她出版的書太簡化了，「食譜刪截多，文字不夠感性，就只有乏味的指令，內容相當陽春」。

克諾夫出版社的老闆阿弗雷德．克諾夫（Alfred Knopf）本身就是美食家，是上流美酒佳餚圈的一分子，收藏了豐富的美酒，但從來沒下廚過，從來沒有！克諾夫出版社遇到食譜書時，通常是直接丟給有意願接手的編輯負責，社內學識淵博的音樂編輯賀伯．溫斯托克（Herbert Weinstock）就是這樣接下公司第一本法國料理書。當他質疑食譜為什麼要做那麼多人份時，作者回應：「家裡的幫佣也需要用餐啊。」克諾夫出版社當時出版食譜書的狀況就是如此。

克諾夫裡面最接近食譜書編輯的人，是阿弗雷德的妻子布蘭奇（Blanche）。她是個相當迷人的社交名媛，但個性好強，深受歐洲文化的吸引。二次大戰後，她率先前往歐洲，簽下每一位她能找到的前衛作家。食譜書按定義來說都歸她管，因為沒人想處理。

在愛薇絲的建議下，布蘭奇簽下了英國頂尖的烹飪名人伊麗莎白．大衛，以及茱莉雅推崇的多農著作《經典法國料理》。克諾夫出版社也在她的支持下，出版阿弗雷德的弟媳米爾椎．克諾夫（Mildred Knopf）寫的《煮吧，親愛的女兒》（*Cook, My Darling Daughter*）、和他弟弟艾德溫寫的義大利食譜，這兩本書的銷量都有一萬本或一萬五千本的成績。但是美食和烹飪都不是布蘭奇關注的領域，也許是因為約瑟夫．康拉德（Joseph Conrad）的緣故。某次克諾夫夫婦在紐約市西城的豪宅舉辦晚宴，布蘭奇無意間聽到康拉德說她是「Quel belle Juive」。對布蘭奇來說，belle Juif 是指豐腴的猶太貴婦，她一聽到那說法就開始瘋狂地減肥。一位同事說：「布蘭奇對食物一無所知，因為她不肯吃，得了厭食症。」用餐時間，無論她有沒有進食，都是喝馬丁尼，「外型像幽魂一樣皮包骨」。當時克諾夫出版社的食譜書編輯就是那個樣子。

一般情況下，柯許藍會把茱莉雅的書稿交給布蘭奇，但他肯定是認為布蘭奇連看都不看就會否決。多農那本法國料理書的銷量不太理想，伊麗莎白．大衛則是「非常難搞的作者」。辦公室裡的傳言指出，阿弗雷德覺得他已經受夠食譜書了。但柯許藍似乎看出了這本書稿的價值，他把書稿帶回家，開始照著裡面的食譜烹飪。他告訴愛薇絲，「他佩服得五體投地」。事實上，他覺得那是「他看過最棒的食譜書了，而且獨一無二」。

不過，要讓克諾夫出版這本書，需要花不少心思。這家出版社是小型的家族企業，內部不太平靜，一位出版同仁說：「阿弗雷德和布蘭奇不太對盤，兩人常吵架，而且個性都很好強。」他們「喜歡乖乖聽話的編輯」，老是讓編輯處於不安的狀態，「你可能某天受到老闆稱讚，隔天又被打入冷宮」。他們夫妻倆的心情都陰晴不定，但柯許藍像八面玲瓏的公司大老，知道如何以巧妙的方式達到他想要的目的。「他會用非常迂迴的方式，促成事情的發生，讓阿弗雷德和布蘭奇兩人自己去一決高下。」所以他沒把書稿交給他們夫妻倆的任一人，而是開始試水溫——看有沒有年輕的編輯跟他一樣熱愛這份書稿，願意站出來積極支持。

有兩位編輯很快就加入他的陣營。阿弗雷德最近雇用了時運不濟的傳奇編輯安格斯．卡梅隆（Angus Cameron）。他是直言不諱的政治評論家，在麥卡錫掃蕩出版業時受到迫害，被迫辭去利透與布朗出版社（Little, Brown）主編一職，帶著家人遠走阿拉斯加的凍原。他不僅熱愛烹飪，在巴布斯梅里爾出版社（Bobbs-Merrill）擔任編輯時，負責推出暢銷書《烹飪樂趣》，知道怎麼行銷食譜書。柯許藍的另一位支持者比較沒那麼有名，茱蒂絲是布蘭奇下面的小編輯，年紀三十五歲，但是以她在出版業的成就來看，早就可以獨當一面了。她從一堆退稿中，救出安妮．法蘭克（Anne Frank）的《安妮日記》文稿，跟卡繆和沙特的譯者合作過，目前正在編輯厄普代克的新小說《兔子，快跑》（*Rabbit Run*），也編輯幾本英國女作家伊莉莎白．鮑恩（Elizabeth Bowen）的書。但她的編輯貢獻「全都遭到匿名」，作家都以為那是布蘭奇的功勞。柯許藍知道茱蒂絲有兩點優於布蘭奇：她喜歡烹飪，而且熱愛法國美食。「布蘭奇即使被比目魚咬了屁股，也不知道那是什麼魚」，茱蒂絲則會把那條魚用奶油和白酒煎成美味的料理，但她有資源支持茱莉雅的書稿嗎？

乍看之下似乎不可能。首先，茱蒂絲對於書稿的購入毫無決定權。在克諾夫出版社，茱蒂絲「太資淺了」，還沒資格參加「嚴肅」的編輯會議。編輯會議上會剖析每份書稿的提案，並由一位編輯答辯出版的立場。再者，她是在一家男性主導的出版社工作，整個編輯部裡除了布蘭奇以外，就只有她是女的，況且布蘭奇不算編輯，因為這裡是她當家。公司裡的人總是不忘提醒茱蒂絲，她的地位低下。克諾夫出版社搬到麥迪遜大道上的新樓層時，公司宣布：「每個人的辦公室都有一扇窗，喔，除了茱蒂絲以外。」

不過，柯許藍相信茱蒂絲能幫他完成這個理想，因為她抱負遠大又年輕，對烹飪充滿熱情，所以他悄悄把書稿放在她桌上，對她說：「看一下這份書稿，愛薇絲送來的。」

茱蒂絲翻閱書稿不久，就看出這本書不同凡響，不是普通的食譜書。「我很驚訝，」她說，「根本停不下來」，讀起來「就像在藍帶上基礎課程一樣」。翻閱那份書稿多次後，她對裡面的菜色已經躍躍欲試。她年輕時在巴黎住過，很熟悉法國烹飪的多元面向。她和先生艾凡．瓊斯（Evan Jones）習慣一起做菜，他們會小心調整以前在巴黎喜歡的菜色，做出法國風味的佳餚。他們夫妻倆都煮了一手好菜，只要能做出高雅的法式晚餐，即使一整天都窩在廚房做菜也甘之如飴。她覺得她應該把茱莉雅的文稿帶回家，和艾凡一起照著食譜做做看。

照著那份書稿實驗一個月後，茱蒂絲完全被說服了。「她中午回家吃午餐，照著妳教的方式先燙蔬菜。」愛薇絲對茱莉雅說，「晚上再回去完成料理。」她試過的每道菜色都完美極了，茱蒂絲談到那本書的專業手法時說：「那真是革新性的創舉，不僅改變了烹飪的語言，也讓人從廚藝普通晉升為廚藝精湛。」書裡充滿太多實用的資訊，那些都是她在美國食譜書中從未看過的。作者不僅寫食譜而已，更有「善於分析的頭腦」。就某種程度來說，茱蒂絲覺得這份書稿跟《安妮日記》一樣重要，那會是意義深遠、改變人生的著作，可能成為經典。「這正是我等一輩子想做的書，」她說，「我知道我們非出版不可。」

但首先，茱蒂絲必須先說服阿弗雷德，他雖然是精緻美食的愛好者，但他想出版的書，不只有高尚的品味而已，也就是說書籍必須有利可圖才行。最近他出版的食譜書都賣得很差，對整家出版社的生意感到「極度憂心」。當時，克諾夫只有一本暢銷書：威廉．韓弗理（William Humphrey）的《家在山那邊》（*Home from the Hill*），銷量可能還沒破一萬五千本。他覺得他的出版社「出版太多書了，而且都不賣」。他把部分的責任怪到愛薇絲的頭上，愛薇絲不像阿弗雷德接觸過的多數女性，她為自己的意見辯護時，總是講得頭頭是道，一點也不恐懼。每次推薦書稿給阿弗雷德時，她都很有說服力，但是她擔任書探至今，成效始終很慘澹。「我推銷了不少書給他，那些書都賠錢。」她回憶道。阿弗雷德對此相當不滿，並提議他們不要再合作了，所以愛薇絲才把書稿寄給柯許藍，而不是像往常那樣寄給阿弗雷德。

茱蒂絲在推薦這本書時，最好別提愛薇絲的名字，她也不能依賴柯許藍向阿弗雷德推薦。「柯許藍不是那種會冒險的人。」她說。但卡梅隆是：「他很有說服力，而且他喜歡為自己相信的事情，提出很好的立論」。幸運的是，他也相信這本書，覺得那是「了不起的書稿」，而且「照著做絕對不會出錯，是我看過最棒的法國料理書了」。

編輯會議的前一晚，柯許藍打電話給愛薇絲，告訴她令人振奮的消息：「我們有四個人照著那份書稿烹飪了，從頭到尾照著步驟來，結果都成功了，我們要排除萬難讓克諾夫夫婦接受這本書。」

這話聽起來雖不是那麼可信，卻相當大膽。阿弗雷德可不是省油的燈，沒那麼容易被說服。布蘭奇光是盯著雕像，都能摧毀雕像。她討厭看到另一本食譜書跟旗下的其他食譜書競爭，更何況是讓茱蒂絲脫離她的魔掌。那個年輕女孩好大的膽子，竟敢妄想做那樣的案子！布蘭奇已經讓柯許藍知道她的看法：「我覺得我們不需要這種書。」

所以，要讓克諾夫夫婦都接納這本書，需要付出更多的心血。

幸好，卡梅隆的運氣不錯。一九六〇年五月五日週四的編輯會議特別漫長，會議一直拖拖拉拉，令人疲憊。整個會議開了很久以後，他才有機會提出買下那本食譜書的提案。那時已近午餐時間，每個人都不耐地盯著時鐘，沒人想多花時間做費時的爭辯。卡梅隆一開始簡報，全場的氣氛為之凍結。「這份書稿是相當了不起的成就，是空前的創舉。」他說，「從來沒有人這樣做過……」阿弗雷德一向強硬的立場也鬆動了，主動略去多餘的討論。

「好吧，」他說，一邊收起筆記，「我們就讓茱蒂絲試試看。」

對布蘭奇來說，這決定簡直踩到了她的地雷。有人趁她不注意的時候，「潛入」她的地盤，還跳過她推薦一本食譜書。茱蒂絲對那份書稿產生如此強烈的熱情時，她對整件事一無所知。這是克諾夫出版社，她的地盤，下面的人這樣擺她一道，已經逾越了她能容忍的界線。她當場憤而起身，奪門而出。

當然，這些戲劇性的發展都沒傳到茱莉雅的耳中。一九六〇年五月九日，她奧斯陸客廳的電話響了，是愛薇絲打來的，茱莉雅聽得出來應該是發生什麼大事了。愛薇絲從來不打電話來，除非有什麼麻煩要通報，例如上次她先生突然過世的時候。所以茱莉雅心想：拜託，千萬不要是他兒子出事了！那是越洋電話，但仍聽得出來愛薇絲激動得上氣不接下氣。她說，她剛收到茱蒂絲的來信。不多解釋，她開始唸起那封信的內容：「我匆匆寫了這封信是想通知妳，我們對柴爾德、貝克、貝賀多那份書稿的出版提案，剛剛獲得批准了。我不記得我曾對任何案子那麼興奮過……」

所以這意味著茱莉雅心裡所想的事嗎？

愛薇絲唸那封信時，大部分的內容都從她耳邊一閃而過，但裡頭有一些點點滴滴令人難忘。「這裡熱愛那本書的人都深信，這是一本革新性的作品，我們都有意證明這點，讓它成為經典之作。我們正在規劃各種方案……我會永遠感謝妳為我們帶來這份創作。」

愛薇絲辦到了！她把她們的書成功推銷給克諾夫出版社！

這個案子的合約很快就出來了！克諾夫出版社答應給作者他們自認為「很合理的預付版稅」：一千五百美元（米夫林出版社的兩倍），還有標準的版稅。唯一的問題是，阿弗雷德堅持只跟一位作者簽約，儘管書封上是印三個名字。「阿弗雷德鮮少提出那樣的要求。」茱蒂絲說。但是這次之所以這樣做，是考慮到萬一作者之間合作生變，他們想避免合約上的糾紛。

對茱蒂絲來說，他們要跟哪位作者簽約已是既定的事實。「我讀書稿時可以看出，茱莉雅是這本書的主要推手。」她說，「她以鮮明的語氣，傳達了一切內容，法國女人不會那樣做。我憑直覺就可以看出，是一個女人對這本書抱持著願景，那個人就是茱莉雅，所以這是茱莉雅的書。」

席卡對這樣的安排也很滿意，但是她們還有露薏瑟的問題需要解決。她們之前協商時，決定給露薏瑟百分之十八的權益，當時以露薏瑟早期的熱情投入來看，那比例似乎很公平。但最近茱莉雅對版稅的分配有不同的看法，她看到要分給露薏瑟百分之十八就生氣，覺得那比例「太大方了」。她寫信告訴愛薇絲：「之前那兩大本書稿裡，她都沒寫半個句子，我覺得這樣分配太誇張了。」

於是，茱莉雅再次動用她最圓融的交際手腕，於一九六〇年八月寫信給露薏瑟，建議她在她們和克諾夫簽約以前，先跟親朋好友討論一個更「公平公正」、更符合其貢獻度的數字。但茱莉雅也大喇喇地坦言：「我們很樂意給她一成，讓她從此閉嘴，不再合作，並獨家保有『三饕客烹飪班』的商標。」

剩下的，就是茱莉雅和席卡的事了。一九六〇年整個夏天，她們把書稿裡的食譜又從頭到尾做了兩次，修改細節及微調食譜。茱蒂絲要求她們更改某些食譜的分量，尤其是肉類的部分。她曾經為派對做過紅酒燉牛肉，賓客都讚不絕口，但是吃完以後，大家還是很餓。「二點五磅的肉不夠六到八人享用。」她說，尤其美國又是把牛肉當成主食的國家。總之，那本書需要再收錄幾道肉類的食譜，她也建議加入「更多豐盛的鄉村料理」，她以前在巴黎吃過那種菜色，那些料理準備起來比較沒那麼費時，也沒那麼貴。

茱莉雅後來用一個公式，解決了肉類分量的問題：每個人半磅，那個公式從此變成往後五十年食品業的標準。至於鄉村料理方面，她只回應：謝謝建議，但恕難從命。茱莉雅堅稱：「席卡和我都不太想加入那種料理。」書裡早就充分收錄那些東西了，有卡酥來砂鍋、燉牛肉、煎小牛肉、豆子燉羊肉，「也許美國人覺得法國鄉下很鄉土，但是那裡的鄉下人什麼都煮，農夫、門房、警察（換句話說，不分中產階級和藍領階級）都跟一般人一樣烹飪，吃白汁燉肉、傳統風味菜、紅酒燉肉、奧爾洛夫料理（Orloffs）」。她的意思是說，所有的法國人，不分社會階級，都會煮傳統料理和精緻料理。茱蒂絲當初可能是想建議她們加入小酒館的菜色，如果她當初換一種說法，茱莉雅的回應可能就不同了。但是一提到「鄉村」料理，那就像「觸到某個底線」，茱莉雅馬上就拒絕了。

總之，八月三十一日定稿以前，還有很多事情需要完成，大多是一些根本的細節，例如校對和些許的編輯。現在唯一尚未解決的大問題是書名，茱蒂絲說：「《美式廚房的法國料理》看來不搶眼，也不夠明確。」這麼重要的書，需要更強而有力的書名，讓人馬上覺得它跟《烹飪樂趣》一樣崇高。茱莉雅也同意這個看法，她說：「目前的書名看起來沒什麼賣點。」

但茱莉雅想破了頭，就是想不出更好的書名。天曉得，她真的努力想過了，她和保羅絞盡腦汁一年多，都想不出更好的花樣。她們想出四十五個可用的書名，但沒一個看上眼的，有些根本就糟透了：《如何煮法式料理》、《廚房裡的法國魔法師》、《愛與法式料理》、《法國美食藍圖》（拜託！）、《你也可以當法國大廚》、《法式烹飪指南——原理、方法與內容》等等，簡直是愈想愈糟。最後，茱莉雅乾脆在奧斯陸的美國大使館發送傳單，以超大分量的鵝肝醬懸賞能想出好書名的人。傳單上寫著：「你只要能幫當今世界上最棒的法式料理書想個絕妙的書名就行了。」沒有跡象顯示他們真的把鵝肝醬送出去了，到了十一月，已經到了最後關頭。茱莉雅傾向選《美味法式料理》（*La Bonne Cuisine Française*），但克諾夫覺得那書名讓人「望而卻步」，不見得每個家庭主婦都想煮法式料理，更何況是看懂純法文的書名。

克諾夫出版社的人討論，「也許可以取名為法國料理的藝術，但是那名稱似乎還是讓人望而生畏。」茱蒂絲回憶道。書名必須傳達樂趣，而不是氣勢。「我不確定我是何時想出『精通』（master）那個字眼，但是我把它寫下來時，感覺一切開始對味了。『精通』意指一種持續的過程，強調技巧。」咱們來看看：《大師級法式料理》（*The Master French Cookbook*），不行，唸起來不太順，沒什麼魔力。《法式料理大師》（*The French Cooking Master*）、《如何精通法式料理》（*How to Master French Cooking*）等等都沒真正掌握到那本書的精神。茱蒂絲持續排列文字，把桌上的紙牌調來調去，像在表演令人費解的紙牌遊戲一樣。最後，一九六〇年十一月八日，她寫信告訴茱莉雅：「我想我們找到書名了：《精通法式料理藝術》（*Mastering the Art of French Cooking*）。妳和其他的夥伴覺得如何？」

她們覺得那個書名很棒，茱莉雅第一眼看到時就非常喜歡，她說：「那名稱包含了所有的元素：範圍、基礎、烹飪和法國。」

現在唯一剩下的，就是說服阿弗雷德本人了。他對出版社出版的每本書，都握有最後的書名決定權，而且很難說服。茱蒂絲記得她被叫進他的辦公室做簡報。「那裡面的感覺很古老。」她說，「有從地板到天花板的深色書櫃和落地窗。」阿弗雷德就像大富翁遊戲裡的莊家，坐在紅木辦公桌的後面，他的得力助手悉尼‧雅各布（Sydney Jacobs）就坐在他左邊的位置，茱蒂絲沒位子坐。「那感覺很嚇人，令人不安，那兩個男人想用氣勢威嚇我，這點倒是很成功。」即便如此，她對那本書深具信心，決定不管他們怎麼回應，都要堅持立場。

她鼓起勇氣，精彩地說明為什麼要選《精通法式料理藝術》這個書名。即使在那個陰森又淒冷的辦公室裡，她的說法聽起來還是格外有道理。聽完簡報後，阿弗雷德和雅各布對看了一眼，阿弗雷德以嚇人的表情，面向茱蒂絲大吼：「要是那種書名能賣，我隨便妳！」

在此同時，茱莉雅和保羅也開始確定他們自己的計畫。他們終於承認十幾年前就已經猜到的事實——保羅不適合擔任外交人員。「他是藝術家，崇尚個人主義，」他的老闆費雪說，「那在政府官僚裡難以伸展。他的個性傲慢，容易誇大，實在不適合在組織裡工作，你永遠不知道他會公開說出什麼不得體的話。在奧斯陸，他得罪了不少人，包括我，況且我們在錫蘭就認識了。」

保羅覺得自己像戰場上的戰士，「老是在打官僚與個人之間的戰爭」，而且他從外派巴黎的時候就屢戰屢敗。他不屑「瘋狂、緊湊、可恨的官僚生活」，恨透自己忍受這種生活那麼久。在十二年的外交生涯中，他只升官一次，而且還是自掏腰包推動漫長的活動以後，才勉強獲得上級的肯定。「這個該死的工作理論上很迷人，」

他坦言，「但這應該是三人份的工作，其中至少有兩個是精力充沛的年輕小伙子。」但保羅並不是，至少接近一九六〇年時，保羅不是那樣。他已經老了，累了，乏了，脾氣愈來愈大了。「那工作影響了他的健康，」黛比說，「他的腸胃老是不適，覺得很難受，我們都覺得那份工作正慢慢地扼殺他。」

那句話不只是比喻，實際上也是如此。一直以來，保羅都覺得自己有慮病症，但是在挪威，他的焦慮現象又變本加厲了。「我幾乎每個月都覺得自己快死了。」他寫道，「儘管目前為止我都猜錯了，我還是會像擔心死亡的人那樣，一再經歷那種瀕死的煎熬。」

最後茱莉雅終於明白，「保羅已經受不了了」，拯救他的唯一辦法是離開挪威，徹底離開外交的公職生涯。他們已經存了一些錢，茱莉雅繼承的遺產在投資後也得到不錯的報酬。他們在麻州劍橋有棟房子等著他們入住，萬一將來財務吃緊，茱莉雅還可以教烹飪課。況且，誰知道呢，那本《精通法式料理藝術》可能會賣得不錯也說不定。

在奧斯陸待滿兩年後，他們也不可能再派駐歐洲的其他地方。不管怎樣，他們都不想再把一切交由命運決定了。一九六〇年十二月十二日，保羅正式提出辭呈，他從一九三二年以來就一直東奔西跑，「在待過艾凡、劍橋、華盛頓、新德里、康提、重慶、昆明、回到華盛頓、巴黎、馬賽、波昂、三度華盛頓、奧斯陸」之後，他終於要返鄉了。

接下來換茱莉雅嶄露鋒芒。

註解

1　譯註：外交代表的一種，地位低於大使、全權公使及駐外公使，與前三者不同的是，代辦一般是向其赴任國的外交部門、而不是向該國元首派遣的，而且代辦代表的是本國的外交部門，而不是本國政府。

席卡和茱莉雅上《書系列》（*The Cavalcade of Books*）節目，1961 年 11 月 16 日，洛杉磯。圖片鳴謝：The Schlesinger Library, Radcliffe Institute, Harvard University

16 泰然自若

一九六一年九月二十八日的下午，天氣異常悶熱。郵差來到爾凡街一〇三號按門鈴時，並沒有伴隨任何正式的儀式，也沒有樂團奏樂。幾箱貼了「國務院」封印的家具堆在門口附近，尚未開箱整理。入口大廳就像障礙賽的場子，一個老舊的裂甕顛倒地擱在地上，等著送往垃圾堆；破舊的紗門已脫離鉸鏈。茱莉雅以肩膀擠開一個置物籃，高大的身體窘迫地擠進半開的門框，簽收了包裹，對於那位闊下巴的郵差在如此悶熱的天候下送件感到相當同情。

茱莉雅滿懷感激，獨自沉浸在那一刻裡。這時保羅在地下室，把小櫃子改裝成個人酒窖。幾位木匠在後院的棚子趕工，除此之外，整棟房子基本上像座休止無聲的墳場。茱莉雅拿著包裹走進天花板低矮的客廳，朝椅子走去，把手上的包裹翻轉了幾次，左看右看。她感到焦慮，就像嫌犯等著聆聽法官的判決一樣，心裡已準備好面對無可避免的結果。她擔心地咬著唇，那包裹比她預期的還重，沒什麼裝飾和標記。她撫摸著包裹上因長途寄送而變得有些粗糙的表面，心想，這摸起來的感覺真好。她不再拖拉，一手撕開包裹，讓裡面的東西落在大腿上。

瞧！

《精通法式料理藝術》
西蒙．貝克、露薏瑟．貝賀多、茱莉雅．柴爾德　合著

那感覺就像護士愉快地宣布：「柴爾德太太，恭喜妳！千金誕生了！」茱莉雅當下的本能反應是歡呼，但她的喉嚨只勉強發出了半聲驚嘆。這是她的書，她們的書，感覺就像夢境一般，難以置信。

那書真美，賞心悅目。對新手作家來說，那感覺幾乎是筆墨難以形容。你先是凝視著書，將它盡收眼底，接著撫摸封面數次，彷彿摸著精紡羊毛似的。然後，看一下書脊，感覺它的分量。當然，指尖還要慢慢地滑過自己的名字，臉上的笑容也漾了開來。

這本書「無論從哪個角度看，都美得不得了。」她讚嘆。

而且這小寶貝還挺壯的呢，七百三十二頁，比波士頓的電話簿還厚。「這還真重。」茱莉雅心想，像在舉獎盃似的。

茱莉雅坐著欣賞那本書好一會兒，滿心歡喜，無法自拔，感動得無以復加。你看看！那封面多搶眼，多迷人，多有設計感，放在書店裡肯定會馬上搶盡鋒頭。書名紅黑配色，醒目搶眼，一如當初設計的目的，清楚又響亮。書衣上的副標更是四平八穩：「唯一解說如何在美國廚房以美國食材烹飪道地法國料理的食譜。」下面是令人垂涎的烤肉佐蔬菜圖案，旁邊有很多百合花飾1，以免大家覺得它不夠法國。茱莉雅看到露薏瑟的名字跟她和席卡的名字對等並列時，顯然還是有些不滿，但她可以先忍一下。

茱莉雅覺得書衣看起來「大方高雅」。讀者不管翻到哪道食譜，整本書都可以攤平放在桌上，不需要紙鎮，方便烹飪時參照。出版社也特地採用了防水封面，以免湯湯水水飛濺，把封面噴得像傑克遜．波洛克（Jackson Pollack）的潑灑畫作。

書的內容也一樣創新。既然是「革新性食譜」，就需要革新性的排版，以新的方式呈現食譜，把食譜當成教學工具，而不是簡略說明。茱莉雅認為，廚師做起菜來，應該像技術人員一樣，有條有理，合乎邏輯。所以在設計食譜時，她是採用兩欄式的版面。右欄是步驟、實際作法和註解，左欄是需要的材料。這樣省去了麻煩的翻頁，設計簡單但史無前例。那樣的設計也樹立了標準，影響後來世世代代的食譜作家。不過，所謂的「影響力」，那是對後人來說的，當時那本書的精美外觀馬上就擄獲了讀者的目光，整體的美感與風格讓烹飪新手看了也躍躍欲試。天地左右的留白寬敞，字體是俐落好讀的格藍頌體（Granjon），並以詳細的線圖顯示難以單純說明的細膩步驟。

無論從哪個角度看，都美得不得了。

茱莉雅等不及想跟席卡分享了，但說到這，她又猶豫了——為什麼會這樣呢？一開始她自己也不確定。席卡是她的靈感來源，指引她的明燈、摯友、超級好友。沒有人比席卡教她更多的烹飪技巧，要是沒有席卡，就不會有這本書。她們是最佳搭檔，就像草莓和鮮奶油一樣，但是在出版之前的定稿階段，那鮮奶油似乎弄擰了。

一九六一年的三月和四月，茱莉雅幾乎都是待在奧斯陸，閱讀《精通法式料理藝術》的粗樣，回應編輯的詢問並仔細挑錯。那過程相當累人，茱莉雅說那是「可怕至極的工作」，需要修改的地方多如牛毛。她發現，書稿中充滿了錯誤，需要反覆地重寫和訂正。某些段落在打字稿上看起來很好，但是列印出來看卻是錯誤百出，令人混淆。偶爾會出現度量不一的情況，例如，有一道食譜寫四分之一杯的材料，而不是四分之一茶匙。另一道食譜教讀者以五百三十度的超高溫烤蛋糕。不過，更常出現的情況是，茱莉雅討厭自己以前的寫作方式。所以光是校稿就持續了好幾天，茱莉雅完全停止烹飪，也謝絕訪客。中間有些許的空檔時，她不是忙著打包返鄉，而是鑽進大使館圖書館的參考書區，猛查資料，驗證事實。茱蒂絲說：「她對於資料的正確性非常執著。」

如果說烹飪激發了茱莉雅對盡善盡美的追求，席卡則是激發了她的怒火。四月底，茱莉雅寫信告訴愛薇絲：

「我們親愛的老朋友席卡快把我逼瘋了。」在定稿日之前，她們還有很多事情要做，但是席卡來信的語氣愈來愈衝。她變得很難搞，吹毛求疵，有時根本就是無理取鬧。茱莉雅說：「她常內容看到一半就妄下定論，忘了自己之前講過的話，對法國風有莫名其妙的堅持。」例如，席卡堅持從瓦片餅乾的食譜中刪除杏仁，否則那就不算法國瓦片，完全不管茱莉雅當初就是根據席卡的「經典杏仁瓦片」打字稿來撰寫那道食譜的。同樣的情況也發生在六、七道食譜上，席卡在樣稿的邊緣寫著：「完全不法國。」

「那個老番顛！」茱莉雅看到她的回應時，氣得大罵。

又有一次，席卡寫道：「為什麼松子羅勒青醬湯要加一片麵包？」

「這是她自己建議的啊！要死了！」

儘管如此，席卡還是天天從巴黎寫信表達她的意見及要求更正。「這個不對，那個不對。」「這個蛋糕，不法國。」「我們不能把這個東西放進書裡。」事實上，她什麼都想改，包括她自己同意過的書名。

茱莉雅巧妙地平息了席卡提出的許多異議，但是卡酥來砂鍋的爭論差點讓她們鬧翻了。茱蒂絲要求她們加入一道法國西南部的白豆燉肉砂鍋，那道菜就像馬賽魚湯和燒烤一樣，有五花八門的版本。茱莉雅收集了二十八種食譜，每一種都號稱是道地的白豆燉肉砂鍋，儘管看起來都不一樣。朗格多克區（Languedoc）有三個鎮都一口咬定，他們的白豆燉肉砂鍋才是正統的。卡斯泰爾諾達里（Castelnaudary）的純正版，是豬肉塊和豆子一起煮，還加入滷豬腳、香腸，以及新鮮的豬皮；在土魯斯（Toulouse），他們會加入油封鴨或油封鵝；而卡爾卡松（Carcassonne）的廚師則是加入羊肉。茱莉雅和席卡對於經典卡酥來砂鍋的食譜可能得出共識嗎？

當然不可能。席卡堅持少了油封鵝就不叫卡酥來砂鍋，只是煮豆子配豬肉而已。茱莉雅堅持做大量的研究，找了許多證據，顯示法國西南部各地的卡酥來砂鍋通常不加油封鵝。況且，你叫美國廚師去哪裡找油封鵝？所以她建議了一道看起來還不錯的卡酥來砂鍋。席卡堅持不肯讓步，她說：「我們法國人不是這樣做卡酥來砂鍋的！」

「那不法國。」

「這不對！」

「錯了！錯了！」

茱蒂絲說：「基本上，席卡不相信美國人有技巧、品味、判斷力或本事，可以煮出合格的法國菜，所以變得難以理喻，快把茱莉雅逼瘋了。」

某次她們吵得特別凶，茱莉雅氣得揉掉席卡的信，扔到地上，踩了又踩。她氣炸了。「這個大笨蛋寫這些東西好幾年了，本來她什麼都同意的。」茱莉雅氣呼呼地說：「可惡的法國佬！」為什麼她會跟法國人牽扯上關係？「無理取鬧，做過或說過什麼都不認帳，想到什麼就說什麼，頑固得要命。」

茱莉雅覺得席卡根本是在阻擾出版，所以決定不把最後一校稿寄給她，而是匆匆寫了一封信拜託她別鬧了，鼓勵她好好體驗整個出版的經驗，別那麼激動。總之，茱莉雅努力不讓這些爭論破壞她們的友誼，畢竟她「太喜歡」席卡了，不願見到那種情況發生。她坦承：「沒有席卡，就不會有那本書。」席卡不僅是烹飪高手，「她工作起來更是拚命三郎」。她們是團隊，幾乎就像姊妹一樣。

況且，席卡就要來美國慶祝書籍的出版了，要是她們翻臉不說話，到時候就尷尬了。

茱蒂絲也是卯足了勁，全力以赴。她為了讓那本書的出版成為難忘的回憶，不僅一直加班，也到處宣傳，以炒熱大家對那本書的興趣。小說和傳記已經很難推廣了，想幫食譜書製造話題更是難上加難，茱蒂絲說：「當時沒有什麼烹飪社群，我自己也沒有人脈。」

當時美食界最有影響力的名人，是《紐約時報》舌粲蓮花的美食編輯克雷格·克萊邦（Craig Claiborne）。

茱蒂絲不認識他，克諾夫出版社裡也沒人認識他，而那個年代想要接近克萊邦，只要打個電話給他就行了，就那麼簡單。茱蒂絲有點大言不慚地告訴他，她有一本書「真的很精彩」，如果他願意和她共進午餐，她想跟他分享一下。在那個年代，只要有人請客，克萊邦都是來者不拒。

他們去了西城一家法式小餐館，就在《紐約時報》附近，茱蒂絲當場向他推薦那本書。「克萊邦不是那麼容易被說服的人，」她說，「他人很客氣，但立場堅定，不容易受到影響。」一開始她似乎怎麼說都無法說服他。「他酒喝得很凶，我看得出來酒精已經開始發揮作用了。」用餐時，茱蒂絲提到她先生艾文常在他們家俯瞰東六十六街的頂樓露台上，以燒烤架精心烹調食物。如今戶外燒烤跟衛星天線和基地台一樣普遍，但是在一九六一年，那很特別。克萊邦當場提出一個交換條件，他說：「這樣吧，如果妳讓我去妳家，寫一篇妳和妳先生烹飪的報導，我就幫妳看那本法國料理書。」

所以，八月的某個悶熱下午，茱蒂絲依照約定，在自家的頂樓露台上和先生一起烤羊肉，下方的街道是車水馬龍的交通。烤肉不久後，《紐約時報》就刊了一篇頂樓露台烤肉的文章。又過了一個月左右，克萊邦寫信給茱蒂絲，提到《精通法式料理藝術》那本書。「他說那本書將會成為經典，」她回憶道，「他跟我一樣篤定。」

一九六一年十月十六日是《精通法式料理藝術》正式上市的日子，那天是把茱莉雅的人生推向新方向的開始，但是跟後續的連串事件相比，那可能只是戲劇性最小的一件。該書上市兩天後，《紐約時報》刊出一篇書評，讓克諾夫出版社裡原本抱持懷疑態度的人也「刮目相看」了。那篇書評正是出自克萊邦之手，他在文中賦予那本書重量級的地位，稱它是「最包羅萬象、值得讚許，又深具意義的法國料理書……是專為非專業人士所寫的權威之作」。克萊邦對那本書讚不絕口。他說，《精通法式料理藝術》的內容「豐富到令人嘆為觀止」，一切都是以清楚易懂的細節說明，作法詳盡，一絲不苟，萬無一失，令人滿意極了。「那些食譜都很精彩……彷彿每道菜都是經典傑作，其中多數的菜色也確實是如此。」後來，在《週六晚郵報》（*Saturday Evening Post*）中，克萊邦更是毫不吝惜給予溢美之詞，大力讚賞。他宣稱：「這本書真是精彩，是古騰堡發明活字印刷以來，最清楚易懂的法國料理書。」

茱莉雅當然是喜不自勝，多年後她受訪時透露：「《紐約時報》刊出那篇書評後，其他人也紛紛跟進給予好評，能獲得那樣的好評真是令人興奮。」

但光是興奮還不足以推動銷售，《紐約時報》的目標讀者群是文化涵養較高的高階讀者。《精通法式料理藝術》如果要大賣，讓家家戶戶的廚房都有一本，就需要觸及全國更多元的讀者群。那個突破性契機，是出現在《今日秀》邀請他們上節目打書的時候。即便是一九六一年，對任何想要推銷東西的人來說，每日約有四百萬名觀眾收看的《今日秀》已是相當有影響力的媒體。茱莉雅和席卡都沒有電視機，但她們也很清楚電視曝光機會對書很重要，所以她們決定趁那次機會讓大家留下深刻的印象。

茱莉雅覺得，光是訪問兩位中年女性作家太無聊了。電視節目應該要生動活潑一點，需要活力、行動，以製造一點張力效果，所以把內容改成兩個作者煎蛋卷會比較像樣一點。茱莉雅和席卡決定在節目裡現場示範，讓在家收看的觀眾也可以照著她們的作法自己做。

上節目的前一天，她們去茱莉雅的姪女瑞秋位於上西城的公寓，擠進廚房練習，對著假裝的觀眾說話。如果一切照著計畫進行，她們有接近兩分鐘的時間可以回答問題，煎蛋卷並打書。這表示每個動作都必須精準，分秒必爭。不過，比較麻煩的是，攝影棚裡沒有瓦斯爐，只有電爐。保羅和瑞秋坐在垃圾桶上，吃著她們排練時煎出來的蛋卷，她們則是打了三盒……四盒……五盒的雞蛋，試著面對攝影機烹煮食物。

上電視對這兩位烹飪高手來說都不是熟悉的領域。席卡很緊張，「基本上有點語無倫次」，她原本講一口流利的英語，這時聽起來卻像法國腔很重的烏克蘭語。茱莉雅只好獨挑大樑，負責解說。有幾個片刻，席卡看起來不知所措，好像整個人都縮了起來。茱莉雅揉揉她的肩膀安慰她：「保持冷靜就好了，我們會在那個指定時段完成的。」不知怎的，茱莉雅對於即將面對攝影機這件事，似乎一點也不慌張。對她來說，攝影機就只是道具而已，跟打蛋器或菜刀一樣，都只是工具。她知道電視會讓人產生錯覺，她的舉手投足就像先天的演員，目標是放輕鬆，做自己。

隔天清晨，黎明未開，她們走進西四十九街上的RCA大樓，搭電梯到3K攝影棚。《今日秀》原本是由戴弗·加洛維（Dave Garroway）主持多年，最近才剛由《亨特利·布林克利報導》（*The Huntley-Brinkley Report*）的政治記者約翰·虔斯勒（John Chancellor）取代，看得出來他還不習慣這個比較隨興的新角色。茱莉雅讓他知道，她們都已經準備好了，別擔心。

當時的氣氛已經定調，茱莉雅一派冷靜的氣勢掌握了全場。攝影機一啟動，她馬上進入自然的狀態，以她在廚房裡教六名學生的那種親切感，指導電機機前的數百萬名觀眾。她的聲音引人注目，鼓舞人心，她的教法細心從容。她掌握了全場，吸引了觀眾，席卡則像融入背景似的。「她完全掌控了全局，」她的姪女瑞秋回憶，「幾乎是馬上上手，在鏡頭前怡然自得。」

茱莉雅可能很適合站在攝影機前，但她那天一點也不覺得怡然自得。第一次上電視後，她告訴幾位朋友，她「嚇死了」。事後，當她回想起那次經驗時，只覺得那兩分鐘咻一下就過去了，印象模糊，她當時肯定是在「放空狀態」。也許吧，那算是運氣很好了。不過，電視這個新媒體在一夕間改變了一切，讓她頓時從書店食譜區的陰暗角落走到鎂光燈下。突然間，你可以跟社會大眾宣傳料理，馬上衡量反應。她們上《今日秀》的隔天，到布魯明黛百貨公司（Bloomingdale's）現場示範。那種示範通常會吸引一群好奇的購物者圍觀，也吸引數百位婦女搶購那本書。

那週結束時，茱莉雅備受鼓舞。「那本書似乎在紐約熱門起來了，我們的出版商開始覺得手上有了一本不錯的暢銷書。」她寫信告訴妹妹，「他們已經加印第二刷一萬本，預計第三刷也印相同的數量。」

事實上，克諾夫出版社完全沒料到那本書會如此熱賣。「我原本預估，我們第一年能賣一萬本就很好了，」茱蒂絲說，「也許賣個幾年可以達到兩萬五千本。」克諾夫出版社的經營理念是「細水長流，穩紮穩打」，年復一年銷售足夠的本數，成為長銷書，經典就是這樣累積出來的。讓書持續再刷，累積出可觀的銷量。細水長流，穩紮穩打。「幸運的話，可能永遠持續下去。」

當時行銷不是要素，克諾夫出版社除了「把書出版，希望茱莉雅去幾家書店打書」以外，並沒有任何宣傳策略。愛薇絲幫忙通知媒體及狄弗托通訊錄上的重量級人物，但茱莉雅和席卡另有想法，她們在美國各地都有親友。那年秋天，她們自己安排走訪各地的親友幾天。每到一個城市，她們就聯絡報社，並到任何可能的地方現場示範，藉此打書。也就是「巡迴打書分享會」，只不過那年代還沒有這種說法，也沒人幫她們出錢，都是茱莉雅自掏腰包。即便如此，她們的巡迴之旅還是涵蓋了底特律、芝加哥、舊金山、洛杉磯、華盛頓特區。她們就這樣拖著裝滿烹飪設備和食材的袋子東奔西跑。

在此同時，紐約地區開始形成的料理新勢力，也吸引茱莉雅和席卡加入。這裡有《麥考爾》、《居家與園藝》、《仕女居家期刊》、《美食家》等雜誌的美食編輯所組成的菁英社群，也有一些創新的餐廳、名廚、有創意的廚師、美食專家、創業家。其中最有名的是體型壯碩、個性招搖、熱愛歡樂的比爾德，他很擅長自我推銷，是美食圈數一數二的大人物。

比爾德那種人注定是業界的頭號人物。茱莉雅開始學烹飪的二十五年前，比爾德就已經在美國餐飲界散播美食的種子了。一九七〇年代中期擔任比爾德助理的克拉克．沃夫（Clark Wolf）說：「他這個人胃口極大，衝勁十足，充滿熱情。」比爾德為自己塑造了「魅力無比」的形象，讓大家逐漸瞭解美食和烹飪的文化意義，並鼓吹兩者合起來可以營造美好的生活。比爾德曾告訴一位記者：「美食就像劇場。」他的生活，就像他的料理，是由動人的戲劇驅動的。他曾經師從義大利著名男高音卡羅素（Caruso）的聲樂教練，但早期他往歌劇發展時並不順遂，黯然退場。他渴望進入演藝圈當演員，加入知名的聯邦劇團，之後再去演地密爾（DeMille）和馮·史托洛海姆（von Stroheim）等名導演的作品。但是礙於超大的體型（體重介於一百一十三到一百四十七公斤之間），他始終無法獲得渴望的角色，以支撐戲劇生涯的發展。他利用烹飪克服了星夢夢碎的挫折感，努力跟著經營旅館的母親學習拿手好菜，那些菜色都是採用美國本土的新鮮食材。

比爾德廚藝高超，在美食圈扶搖直上。他的料理基本，但蘊含了豐富的想像力，而且美味極了。沒人在烹飪方面比他煮得更大氣澎湃，他結合了對料理的熟悉以及個人最豐富的元素——魅力——塑造出耀眼又洗鍊的形象。他健談又講究生活品味，人氣無人能比。他可以辦一桌好菜，在席間暢談文化與政治話題，間談演藝圈的八卦傳聞。「比爾德是個相當調皮的傢伙。」美食作家邁克·拜特貝瑞（Michael Batterberry）回憶道。他愛八卦，而且肆無忌憚，講得還挺得意的。而他談及食物時，也是能言善道，想法頗有見地。

他以這樣舉足輕重的角色，為美國的烹飪做出了最大的貢獻。比爾德發現，以文字表達自我比在舞台上表露情感更加容易。他以一系列實用又不可或缺的隨筆，例如《開胃小菜與小點心》（*Hors d'Oeuvre and Canapés*）、《戶外烹飪》（*Cook it Outdoors*）等，奠定了基本美國食物代言人的地位。他主張，美味餐點大多是用新鮮的在地食材做成的「在地美食」。那就是他與生俱來的天賦所在，儘管當時的報章雜誌刊登了大量的食譜，戰後對烹飪感興趣的新手廚師都是比爾德的信徒。

一九四六年春季，隨著電視成為現代娛樂的一大媒介，比爾德似乎很自然就成了躍上螢幕的名廚首選。像他這樣擅長烹飪的演員，還有誰比他更適合以誘人美食和機智妙語吸引全國觀眾呢？那是NBC電視台十五分鐘的節目，名叫《艾爾西鉅獻：比爾德的『我愛吃！』》（*Elsie Presents: James Beard in 'I Love to Eat!'*）。那個節目是由博登乳品公司贊助，於一九四八年八月三十日晚上八點十五分首播，作為麥迪遜廣場花園拳擊賽的開場節目。

不過，比爾德的節目並未一炮而紅，儘管他受過戲劇訓練，面對攝影機時，他仍會緊張，表情嚴肅。一位觀眾的說法道盡了當時觀眾的普遍反應：「他總是給人一種脾氣不好又任性的感覺。」總之，「他在電視上的表現不是很討喜」，但是那個節目也幫他打響了知名度。

比爾德成了美食的代名詞，他每個月為《美食家》撰文，指導烹飪班，出版無數的食譜書，代言數不清的產品，每天主持廣播節目，報紙專欄在全美各地的大小報連載，為紐約最高檔的新餐廳設計菜單，包括十二凱撒廣場（Forum of the Twelve Caesars）、小酒館（Brasserie）、四季飯店（The Four Seasons）等。

沒有人比茱莉雅更欣賞比爾德的鮮明性格，或比她更有共鳴。她從搬回美國以後，就一直關注他在美食界的豐功偉業——他對美食的論點、他的烹飪技巧，以及他運用媒體的方式。比爾德不是平庸乏味的作家，他寫的食譜書廣受好評，不僅廚藝精湛，又有品味。顯然，茱莉雅在努力提升大眾烹飪與飲食方式的過程中，也一眼看出了同道中人。

至於他們兩人是何時首次見面的，時間已經說不準了，應該是在茱莉雅和席卡展開巡迴打書之旅的前一週。茱蒂絲安排她們去比爾德位於格林威治第十街的住宅，比爾德熱情地招呼這兩位新作者，擺出美酒和小點心宴客——「史密斯菲爾德（Smithfield）的火腿，切到薄如蟬翼，彷彿可以透著呼吸；讓人味蕾大動的義大利芥末果」，還有菠菜泥。沃夫說：「比爾德絲毫不敢怠慢以後可能大紅大紫的人。」他可能不見得完全認同她們的著作，但非常尊重茱莉雅與席卡的地位，他告訴她們：「我真希望那本書是我寫的。」不過，《精通法式料理藝術》出版不久後，比爾德私底下的反應比較冷淡。「他對那本書不是特別興奮。」美食作家芭芭拉・卡夫卡回憶道，「他以前就看過那些食譜了，那些東西並未讓他刮目相看。」他寫信告訴加州的美食作家兼好友海倫・艾凡斯・布朗（Helen Evans Brown）：「我本來覺得克諾夫那本書很好，但是我翻到雞肉和肉類那一章時就改觀了。美國牛肉烹煮四個小時太誇張了……我也覺得所有的雞肉食譜都烹調過度了。要不是肉類和雞肉的部分，那確實是本好書。雖然不是什麼新奇或驚人之作，卻是不錯的基礎法國料理書。」

比爾德並未到處發表那樣的評論，他大多暗自藏在心裡，依舊以他平常善待美食界圈內人的方式，招待這兩位作者。此外，比爾德打從一開始就覺得茱莉雅有相當特別的地方，儘管他一開始也說不上來茱莉雅究竟是哪裡特別。「比爾德和茱莉雅注定會是朋友。」卡夫卡說，「你看他們站在一起，基本上像同一個模子印出來的，不只都高頭大馬而已，連個性也相當外放。」他們都有美西的感性特質，不太好勝挑釁，也不太圓滑狡黠，而且都有從事機密軍事偵察的背景（比爾德受過軍方的密碼訓練，專門破解代碼和密碼）。他憑直覺，而不是偵察力，就約略看出茱莉雅潛力無窮，當場決定跟她結盟。比爾德的傳記作家寫道，「他號召同業」支持茱莉雅，幫她打電話給重振《麥考爾》美食內容的熱情編輯海倫．麥卡利（Helen McCully），以及美聯社的西西莉．布朗史東（Cecily Brownstone）。茱莉雅很感激他，她還記得「他馬上就帶著我們，四處去認識大家」，幫她們開啟了縱橫紐約美食圈的大門。

其中一道門是蛋籃餐廳（Egg Basket），那是盧卡斯在五十九街開的法國鄉村小餐館。

如果說盧卡斯是一九五〇年代「美國烹飪界地位最崇高的女性」，她也是反差感最強烈的人物。她極具烹飪天分，比爾德說她是「我見過廚藝最精湛的大師」，美式小酒館的菜單幾乎都是她一手設計出來的。但她一心保留藍帶學校的傳統，她在藍帶師承亨利．保羅．佩拉普哈，後來到倫敦開分校。一九四〇年代中期，紐約開始有愈來愈多人渴望學習法國料理，於是盧卡斯在紐約市中心開了「藍帶」課程，引領這一小群人接觸高級料理。此舉當然是讓柏哈薩女士等人相當不滿，他們覺得她「盜用」藍帶學校的名稱。盧卡斯也有自己的烹飪節目《盡善盡美》（*To the Queen's Taste*），在CBS—TV上播放，但是她和比爾德一樣，「沒有表演天賦」。

不過，她確實專業獨到（人稱「金手」），廚藝精湛，烹飪起來就像音樂家談著鋼琴譜曲一樣，而且無需紙上作業，全憑手感，無需食譜或筆記。曾經跟盧卡斯一起學習，進而愛上烹飪的寶拉．沃弗特（Paula

Wolfert）說：「她學識淵博，無所不知。」她覺得烹飪是一種藝術，是以完美無瑕的食材，創造出細膩、簡單但豐盛的佳餚以表達自我的方式，每道菜都像藝術作品般呈現。拜特貝瑞記得她站在蛋籃餐廳的煎蛋卷吧檯後方，「做了一道扇貝煎蛋卷佐蘑菇和番茄，就像雷諾瓦創造曠世傑作一樣。」他說，她是在表演，而不是烹飪，有時那些表演媲美《露琪亞》（*Lucia*）。

「她是十足的瘋子。」一位熟悉她行徑的餐飲業顧問回憶道。她生活的方式就像戰士意圖對抗惡魔一樣。《芝加哥論壇報》報導，她的生活混亂，「跟連續劇沒什麼兩樣，充滿了怪癖、爭執、戲劇化、偏頭痛、喜怒無常，據傳她有酒癮和藥癮」。有些人形容她「難搞」、「霸道，不可理喻」、「神經質」、「賤人」、「瘋狂」、「神經病」。不過，比爾德對她的形容也許最為貼切，他說盧卡斯「可悲又可敬」，她是那種純粹主義者，一出場就讓人想起她的超群絕倫，卻又馬上墜入無底深淵。

茱莉雅有好幾本盧卡斯的食譜書，那些食譜讓她獲益良多，所以她亟欲見到盧卡斯本人。盧卡斯是另一位美食界泰斗，茱莉雅當然對她神往不已。

她們的見面雖然說不上特別熱絡，但氣氛融洽。盧卡斯是個生性高傲、面容瘦削的英國女性，她請茱莉雅和席卡坐在餐廳的吧檯邊，看她用瓦斯爐煎出完美無瑕的蛋卷，她精彩的廚藝就像鮑伯．透利（Bob Turley）投出快速球一般。盧卡斯從頭到尾都沒跟她們正眼相接，她們只能從掛在爐子上方的鏡子看她大展廚藝。儘管如此，盧卡斯還是「針對如何向觀眾示範烹飪，給了她們一些建議」，並在比爾德的慫恿下，答應在十二月中為《精通法式料理藝術》舉辦上市派對。

總之，這時紐約的氛圍正適合這兩位業界新星的發展，而她們散發的法式調調也開始發酵，席捲了美國。《精通法式料理藝術》確實點燃了大眾對烹飪的興趣，不過其他的因素也促成了這項風潮。歷史常以一九六〇年甘迺迪當選總統作為法國料理發展的分水嶺，甘迺迪家族充分體現了最迷人的文化涵養，他們正好在美國人尋求品味的年代，成為品味的權威，塑造了一種崇尚高級時裝和精緻美食的時尚氛圍，「食物不再只是烹飪，而是美饌佳餚」。

關於甘迺迪醉心美食的故事比比皆是，他是紐約餐廳的常客，常出現在 Chambord 和 Lutèce 等餐廳，在頂級的 La Caravelle 餐廳裡還有專屬包廂。La Caravelle 不僅迎合他的喜好，每晚也為他的競選團隊提供馬鈴薯冷湯、雞肉佐香檳濃縮醬汁之類的點心。一九六一年四月七日，《紐約時報》的頭版刊登了一篇克萊邦寫的報導，該文指出，白宮聘請受過傳統訓練的法國料理大師勒內・弗登（René Verdon）擔任御廚。此舉在今天可能被抨擊為菁英主義、不愛國，但是在一九六一年則是時髦的極致。

「大家都在注意甘迺迪家族吃些什麼，」茱莉雅指出，「我剛好在這個時候出現了。」

那樣講算是輕描淡寫了。密西根州的格羅斯角（Grosse Pointe）是她們旋風式宣傳之旅的第一站，她和席卡抵達當地時，大眾對法國料理的興趣已達高點。當地大書店進了一百二十五本已全部受罄，芝加哥也是如此，連批發商的櫃子都清空了。她們在中西部宣傳時，每個場子都擠得水洩不通。茱莉雅驚嘆：「我們每天面對兩、三百個觀眾示範兩次！」對於她和席卡能夠擱下歧見如此合作，她也充滿了感激。在舊金山宣傳時，茱莉雅特別興奮，在巴黎市百貨公司（City of Paris）的示範簡直是萬頭攢動的盛況。

茱莉雅和席卡不管到美國的哪個地方，女性都成群結隊到現場圍觀。這些女人是誰？她們為什麼會在那裡？茱莉雅和席卡從來沒想過會有多少觀眾出現，出版社也沒做什麼宣傳，她們看不出任何跡象顯示大眾有那樣濃厚的興趣，也看不出任何人在這個包裝食品的年代，對這兩個看似不搭調的女性（一個講起話來帶著濃濃的法國腔，另一個的抑揚頓挫那麼好笑），示範如此複雜的食譜有興趣。

她們發掘了女性現在沒在做、但內心深處其實很想做的事情，亦即表達自我，做點特別的事。當時的女性一再接受的教育是：以簡單、迅速、普通的方式過生活。她們就像裝配線的工人，對自己的工作完全不感到自豪，就只是跟著大家一樣，漫無目的地生產。她們買同樣的家電，穿同樣的起居服，做同樣的家務——清潔、購物、烹飪。她們忽略了最根本的人性慾望——發揮創意、展現獨特。然而，突然間，這兩個女人出現了，告訴她們該怎麼做、如何走出狹隘的生活。所以準備晚餐時，當她們做出法式香橙鴨，而不是煮保羅太太牌（Mrs. Paul's）的炸魚條時，大家可能改以崇拜的眼神看著她們。「妳是特別的，有烹飪的天分。」即使沒人對她們那麼說，她們自己低頭看那道鴨料理時，也知道就是那麼回事。

就像美蘇的太空競賽在科學界觸動了美國人想要創造輝煌成就的渴望一樣，茱莉雅也觸動了家庭主婦想要擴充個人世界的渴望。沒有人知道美國的婦女蘊藏著那樣的渴望，但渴望確實是存在的。茱莉雅提供她們一個管道，抒發那壓抑已久的抱負。

不過，即使茱莉雅已掀起眾所矚目的熱潮，那還是無法打動她父親的心。約莫感恩節的時候，她們的宣傳之旅來到了帕莎蒂納，當地的媒體為了家鄉的作者大肆宣傳。她們在當地的行程裡排滿了餐會、採訪和簽書會。在洛杉磯，她們甚至上了當地的電視節目《書系列》七分鐘。親友爭搶著邀約她們共進晚餐，慶祝她們的成就，但茱莉雅的父親幾乎沒對她的成就給予任何肯定。食譜書？他女兒竟然寫了一本食譜書，又不是把政府裡的共產黨或知識分子趕走，那算是哪門子的成就。高齡八十二歲的父親有更重要的事情需要面對，不久前他才因為奇怪的病毒感染而臥床數週，現在好不容易才開始復原，他沒時間或精力去理會那些附庸風雅的玩意兒。什麼食譜書！況且，他一心只想著這個社會感染的弊病，不停地咒罵那些被他列入黑名單的仇敵。保羅幫這個「老番顛」記下了他最愛痛罵的對象，包括「上帝的子民」（他痛恨也不信任所有的猶太人）、「那些海外人士」（他痛恨也不信任所有的外國人）、工會（他痛恨也不信任所有的工會）。保羅發現，他最痛恨又不信任的其實是自己的女婿，雖然他們設法在不出人命下完成了探親之旅。

即便如此，此行的氣氛還是相當緊繃，茱莉雅一如既往又成了夾心餅乾。老爸對保羅的嫌惡明顯地展露在臉上，當然保羅也促成了老丈人對他的蔑視。他討厭帕莎蒂納，這個地方讓他覺得渾身不對勁，焦躁不安。他才剛讀完路易斯．孟福（Lewis Mumford）的《歷史中的城市》（*The City in History*），那本書主張一個城市是由藝術、文化和政治目的界定的，而不是由金錢界定的。就那些領域來說，保羅覺得帕莎蒂納是破產的。他在這裡遇到的人，都是自以為是又無知、言語輕浮空洞、生活毫無重心。「放縱的商業本位主義」破壞了大自然的恩賜，他哪裡也去不了，總是擔心警察或極端保守的反共團體找理由把他帶走。對他來說，整個美西是陌生的，他覺得自己像是異鄉的異客。

保羅這種焦躁的心情不只出現在加州。自從返回美國後，他寫給弟弟和其他人的信都充滿了陰鬱，對美國的萎靡，「整肅氣氛、失序亂象、道德淪喪、固執無知、享樂主義」感到悲觀。他對美國人或他們的生活型態都感到不耐，他推想這也許是因為他住在國外太久了。他坦言懷念像挪威那樣的地方，「生活簡單，人民健康，性格純樸，步調悠閒」。他現在接觸的美國人似乎都對政治和文化無感，但他覺得政治和文化正是讓生活有意義和樂趣的重點所在。

茱蒂絲說：「他對一切都充滿了批判。」不過，如果說他的批判既嚴苛又不分青紅皂白，那也清楚表達了他所經歷的其他動盪。

回歸平民生活對保羅的衝擊特別大，涉及了許多辛苦的過渡期。他年近六十歲，已不再年輕，「但是就時點來說，那個年紀從公職退休很奇怪」，至少他的同事完全無法理解。他等六十二歲再退休就可以領全額退休金，他又不是完全不缺那筆錢。他自己也知道，要以平民身分重新開創事業很難，尤其是在劍橋這個學術重鎮。當大家知道他根本沒有大學學歷時，會做何反應？他怎麼比得上那些學者和知識分子？把藝術當成退休生涯的重心，能夠發展到職業水準嗎？

這些不確定性讓保羅在返鄉後身心備受煎熬。自從回到美國後，他全心投入茱莉雅的新事業，擱下自己的創作願望，把他在繪畫與攝影方面的高超技巧，全拿來幫妻子實現抱負。就某種程度來說，他已經變成這次巡迴宣傳之旅的舞台總監。他規劃行程，負責讓每個人照時間表運作，並因應表演中的偶發狀況。誰會想到「他多年來在壓力下舉辦活動及策展的豐富經驗，竟然在此時大大地派上用場，幫她們確定麥克風、舞台燈光、桌子、爐子、多種物件的擺放、測試裝置都萬無一失」，以及任何突發狀況都化險為夷呢，還有什麼比這個發展更出乎意料的！他寫信告訴弟弟，幾個月前的五月，他還是美國駐奧斯陸的文化辦事員，現在十一月，他「蹲在加州聖馬力諾的戲院布景後台，用一桶冷水刷洗一疊沾滿蛋汁和巧克力的碗盤」，而前台「茱莉雅和席卡正面對著三百五十位俱樂部的女會員，示範大菱鮃舒芙蕾（soufflé de turbot）、洛克福乳酪鹹派（quiche au Roquefort）、莎巴女王巧克力蛋糕（Reine de Saba cake）」。

他自己都覺得不可思議。

茱蒂絲記得有一次在長島布魯明黛百貨公司的女廁撞見保羅，當時整個禮堂擠滿了女性觀眾，等著看茱莉雅和席卡。「那場面令人震撼，盛況空前。」她說，「那年代的作者根本無法吸引那麼多人來捧場。」她趁著空檔溜進洗手間補妝，卻撞見保羅「開心地」在洗手槽邊清洗碗盤。

茱莉雅對這一切發展則是泰然自若。儘管她從廚房急速竄紅到大眾眼前，她還是維持一貫的冷靜，絲毫不受各界突如其來的關注所影響。她不緊張，不怯場，毫無自我懷疑，也避免天天盯著銷售數字。儘管舟車勞頓相當辛苦，她始終樂觀，興致高昂，平心看待一切的要求。對於這一切發展，她是唯一看起來毫不驚訝或不受影響的人。對於如此飛快的步調，她毫無怨言，事實上，她私底下更是樂在其中。

在這忙碌的過程中，她稍微停下來反思，不禁對家人樂呵呵地說：「這種生活真是特別。」

茱莉雅一向都有過剩的活力，無處宣洩。在這之前，她就像一輛永遠卡在車陣裡的高性能賽車，無處可去，無法好好施展一番。她曾經試過社交花蝴蝶的生活、政府公職、外交人員的眷屬，甚至學做帽子（那真是一大失策）。她嘗試了那麼多職業，從來沒找到充分發揮精力的工作。她總是有許多精力，不知該用往何處施展。她在廚房裡獨自烹煮美食時，找到了一些成就感，幾乎就快達成她的夢想了。但是這個新的公眾領域，需要她投入所有的天分——她的廚藝，她的毅力，她的個性，她的鎮靜，還有她豐富的魅力。她尚未充分利用的能力終於派上用場了，她終於要全身投入擅長的工作了。她在觀眾面前，表演得愈來愈熟練，有如天生好手，自在又靈巧。原來她自始至終就是屬於這個瘋狂的圈子，那是她這輩子一直渴望的挑戰。正當她覺得自己慢慢進入最佳狀態時，一切又變得更有挑戰性，更引人入勝了。

註解

1 譯註：百合花飾在與法國王室有關的旗幟及紋章上尤其多見。

17

忙翻天的生活

一九六〇年九月二十六日晚上，收看CBS－TV電視台聯播節目的美國觀眾，瞥見了令人振奮的未來，亦即馬歇爾．麥克魯漢（Marshall McLuhan）所謂的電子時代。螢幕上，兩位角逐美國下屆總統的男人面對面坐著。他們都亟欲辯論，那是兩位候選人的第一場電視辯論，辯論的主題明確：冷戰、公民權利、經濟、金門和馬祖1。但是隨著辯論的展開，那些議題都不再是重點了。

當時擔任副總統的尼克森已是大家熟悉的人物，八年來他一直占據著報紙頭版和電視晚間新聞的版面，以替代多次中風、身體不適的艾森豪總統執掌國政。他的對手甘迺迪雖然一九四六年就當選參議員了，但在全美民眾的眼中，他仍是陌生的面孔。在這場民眾熟悉度相當於信任度的比賽中，那算是一大劣勢，然而，當他們兩人準備在芝加哥的攝影棚內一較高下時，民調顯示兩人的支持度不相上下。

當晚辯論的結果是美國政治史上寓意深遠的歷史事件之一：甘迺迪事前刻意到旅館屋頂做了日光浴，把肌膚曬成古銅色，並上妝讓面容顯得更平易近人，他在辯論會中的風采完全擄獲了電視機前觀眾的心。至於尼克森，他在攝影棚燈光的火熱照射下，看似疲於應付，汗珠從隨意蓋在鬍碴上的粉底下冒了出來。在鏡頭前，他彷彿從冷靜的一國領袖變成了「亞美尼亞的地毯小販」。後來民調也反應了當晚的觀感，甘迺迪的支持度在一夜

茱莉雅和拉克伍及莫拉許在《法國大廚》的攝影現場，1963 年。圖片鳴謝：WGBH Educational Foundation

間大幅提升。在攝影機鏡頭的揭露下，權力的平衡就此轉移了。甘迺迪被塑造成青年才俊，尼克森則是老奸巨猾；甘迺迪是明星，尼克森是刺客。後來關於那場辯論的綜合報導提到：「當晚勝利的不只是甘迺迪，還有電視影像本身，它馬上顯現出電視造神的新威力。」

茱莉雅當然看見這一切效果了，她在奧斯陸時，去朋友家看了那場辯論會的重播。她一向是死忠的民主黨支持者，但是她「曾鄭重宣誓，決不投票支持天主教徒，因為天主教徒不可能是自由人」。所以她不可能投給甘迺迪，不過，她說：「我也不想讓尼克森當選。」她覺得尼克森「精明，但很無情」，而且又是她老爸的最愛。電視這個改變格局的關鍵，為茱莉雅理出了頭緒。沒有什麼比親眼看見與聽到候選人發表政見，更能清楚瞭解候選人本性的方式了。當傳送到家家戶戶客廳螢幕的影像，變成影響人民思考與看待世界方式的決定要素時，新世代也就此展開了。茱莉雅當時遠在奧斯陸，只能看這場革新性的事件重播。距離這番媒體巨變，她可說是再遙遠不過了，她從未想過電視有那麼大的造神威力，更不可能料想不到三年後，這個剛崛起的新媒體會讓她變成家喻戶曉的廚神。

甘迺迪和尼克森的總統大選辯論，讓對選票舉棋不定的茱莉雅知道，電視時代來臨了。當時，他們夫妻倆還沒有電視機，一九六一年他們搬回劍橋定居時，搬家的箱子裡也沒有電視機。即便如此，茱莉雅還是對電視發展的潛力很感興趣。早在一九五三年寫信給費瑞狄時，她就問道：「電視那玩意兒怎樣啊？妳常用嗎？多常看呢？什麼時候看？看什麼呢？」當時，她完全沒想過有人可以上電視烹飪，更別說是指導烹飪了，更何況是對大眾傳授法國料理。

這時茱莉雅可能還對電視的誘惑無動於衷，但烹飪幾乎是從一九四〇年代中期電視出現一開始，就是各地電視台的主要節目之一。日間電視節目的觀眾幾乎都是女性，烹飪是一種誘惑，是電視台和贊助商白天吸引女性看電視的方法。早在盧卡斯上電視做出第一份舒芙蕾以前，從檀香山到哈特福德就有十幾個地方電視台的廚師當道。你在美國各地幾乎轉到任一個電視台，都可以看到家務節目裡有烹飪時段。廚師教大家在火腿塗上美乃滋；把吉利丁注入空蛋殼內，做成雞蛋吉利丁；在咖哩花生醬小點心上放一隻蝦；三明治夾鮪魚和鳳梨碎片，混合鮮奶油；甘藍菜配熱狗。當時全美有一百零八家電視台，約有四分之三都有播這類節目。例如，密爾瓦基市的《廚房新鮮事》（*What's New in the Kitchen*）；明尼亞波利斯．聖保羅市的《比．巴斯特秀》（*The Bee Baxter Show*）；紐哈芬市有《與羅茲一起烹飪》（*Cooking with Roz*）和《與費拉米娜一起烹飪》（*Cooking with Philameena*）對打；《芝加哥廚師與芭芭拉．巴克利》（*Chicago Cooks with Barbara Barkley*）；費城的《電視廚房》（*Television Kitchen*）；紐約超人氣的喬西．麥卡錫（Josie McCarthy）；洛杉磯最愛的《與科里斯一起烹飪》（*Cooking with Corris*）則播了近三十年。

在後續的競爭中，沒有人脫穎而出，稱霸全美。以美國美食圈的名家來說，鎂光燈應該是落在大老級的比爾德身上，但他不適合溫馨時髦的媒體。盧卡斯差一點就達到電視名廚的境界了，她的廚藝高超，又備受同業的敬重。一九五四年，即使大眾對她的瞭解不是非常深入，也都認得這號人物。她講起話來帶有誇張的英國腔，所以大家把她視為「爐灶邊的莎拉．伯恩哈特（Sarah Bernhardt）」2，不過那是就她的表演技巧來說。一位圈內人形容她「很不討喜」，說她面無表情的傳授方式無法點燃觀眾的熱情。她在個性上總是給人高高在上的威嚇感，卡夫卡說：「她有廚藝，但欠缺魅力，沒有戲劇感。」

不過，盧卡斯至少拒絕在示範料理時簡化步驟，她堅持依循經典的法國食譜，結合美食烹飪和商店裡就能買到的簡單食材，以吸引新一代的職業女性。但她的美學觀感終究是曲高和寡，難以吸引以傳統中產階級主婦為主體的電視觀眾群。

那年代在電視烹飪上做到恰到好處的，大概只有莉蓮．古斯廷．康能．艾斯克蘭．飛利浦．懷特（Lillian Gruskin Cannon Askland Philippe White），亦即大眾熟知的帕比．康能。她本身是美食顧問，主業是專欄作家，在《小姐》（*Mademoiselle*）和《美好居家》（*House Beautiful*）雜誌上發表過幾篇輕鬆的文章，推廣一種省時的料理流程，名叫「開罐料理」。儘管她喜歡法國餐廳的精緻美食，她仍「向讀者保證，包裝食物即使不比自己烹調的食物更美味，但一樣好」。她是瑞秋．雷（Rachael Ray）和珊卓拉．李（Sandra Lee）等講究料理速度的名廚始祖，把材料都和在一起，迅速攪拌，摻點酒，加入大把切碎的細香蔥或一大勺酸奶油以調整風味，咻一下就大功告成了！

一九五四年，在茱莉雅首次登台的十年前，康能拋棄了雜誌，成為紅遍美國的電視料理大師。她為下午播出的女性節目《居家》（*Home*）每天設計一道食譜，打想了「開罐料理女王」的名號。她用法美牌（Franco-American）罐頭牛肉汁當醬汁，使用罐頭蘆筍、罐頭通心粉和乳酪、罐頭蘑菇，甚至斯帕姆牌罐頭肉。她教家庭主婦把罐頭鮭魚、奶油、紅色食用色素、碎冰放入攪拌機攪拌四十秒，就瞬間完成一道鮭魚慕斯了。

她做的菜毫無美味或藝術可言，一點也沒有茱莉雅想呈現的那種「法國風味」，就只是混合一些常見菜色，非常依賴省時的方法，經常以鏡頭特寫贊助商的商品，非常強調「養家及打造幸福家庭生活所需的現代方便品」。

那種草率的作法，正好突顯出茱莉雅和業界前輩之間的差異。那些前輩都欠缺讓觀眾真正想要烹飪的能力，事實上，一九五〇年代末期的情況幾乎恰恰相反，當權者認為烹飪時段的娛樂性多於實用性。「我想，女性或許只想從電視獲得一些娛樂，而不是指導。」《居家》節目的主持人兼益智節目的常客艾爾琳．法蘭西斯（Arlene Francis）這麼說。

幸好，茱莉雅完全不在意當時的思維，也沒受到早年那些電視大廚的影響。她只想教大家如何做出美味的法國料理，「從頭開始煮出好菜」。

幸運的是，她其實對以前業界的作法不是很瞭解。

莫拉許的瞭解又更少了，除了WGBH電視台要求他先錄製三集法國料理的試播節目以外，他根本對料理節目一竅不通。食物對他來說就只是能量補給，總之，他進食只是為了活下去而已。他也不挑嘴，一包洋芋片就足以幫他撐過大半天，再搭配一杯咖啡和一、兩罐可樂，大概就夠他過一整天了。他坦言：「我連馬賽魚湯和紅酒燉雞都分不清楚。」他已經受夠了那些假掰做作的法國餐廳。「我去過波士頓一、兩家法國餐廳，都是由跩個二五八萬的人開的，他們討厭上門的顧客，幾乎是逼著你吃下他們的食物。」不，謝了，他吃老婆瑪麗安做的東西就好了。她用鮪魚和馬鈴薯片就能做出讓名廚感動落淚的美食。

莫拉許走上爾凡街一〇三號的門口階梯時，內心還在嘟噥著那些往事和其他變數。他已經聽了很多人談論這個叫茱莉雅．柴爾德的女人。自從她上了《讀書樂》節目後，辦公室裡整天都是「茱莉雅這個，茱莉雅那個」講不停，不明就裡的人可能會以為她發現了紅襪隊贏球的公式。莫拉許後來才曉得，茱莉雅的廚藝幾乎跟發現紅襪隊贏球的公式一樣了不起，不過那是很久以後的事了，一九六二年四月底的那個下午，他只想去簡單拜訪一下就走人。

第一印象很隨興。「我可以馬上看出，她不是那種典型的劍橋家庭主婦。」莫拉許回憶當天迎接他進門的女性。茱莉雅當年八月就滿五十歲了，除了在社群裡鶴立雞群以外，看起來其貌不揚（那裡只有兩百公分的高伯瑞比她還高）。「她看起來不像我認識的其他人，這點是肯定的，我心想，她可能有點古怪。她的態度、對話、言語都很不一樣，但態度很友善，那點很吸引我。」

茱莉雅已經知道莫拉許來找她的目的：談她的節目，在電視上教烹飪。好吧，那是教育電視台，只是小頻道，但是劍橋有很多人都只看WGBH（保羅戲稱劍橋人是「書呆子」）。有了自己的節目，就有機會向更多的讀者宣傳《精通法式料理藝術》，也許還可以推廣私人烹飪課，或她夢想成立的烹飪學校也說不定。「保羅非常支持。」後來在《早安美國》（*Good Morning America*）節目中介紹茱莉雅烹飪時段的查爾斯．吉布森（Charlie Gibson）這麼說。「她告訴我，一開始她對於要不要上電視還舉棋不定，但保羅鼓勵她試試看。」保羅說，電視可以帶給她獨特的光環、特殊的東西，就像甘迺迪的形象或《摩登原始人》（*Fred Flintstone*）的經典呼喊聲（Yabba-Dabba-Doo）一樣。對許多美國人來說，那像個可辨識的招牌。

莫拉許來找她時，「她已經對電視節目躍躍欲試了」。他們一邊喝著咖啡配土司切片，莫拉許解釋他們會先錄三集試播，如果一切順利的話，電視台可能會製播一整季共二十六集。

二十六集！

「妳喜歡煮哪種食物？」他問道。

莫拉許來之前，茱莉雅就想過這個問題了。她想做美國人認識的經典法式料理，不要太花哨、太深奧或太難。她馬上就想到：紅酒燉雞。雞肉很容易讓大家接受，茱莉雅也需要讓美國人習慣用葡萄酒做菜。他們只要嚐過浸泡過培根和洋蔥的濃烈醬汁，之後要教荷蘭醬或奶油蛋黃醬汁就很容易了。既然講到這個，為什麼不做舒芙蕾呢？舒芙蕾很基本，但變化大，上桌時令人印象深刻。家庭主婦通常會避免做舒芙蕾，因為她們覺得那太費時，變數太多，太難拿捏。但是茱莉雅的食譜很容易吸收，你只要掌握醬底，學會如何把打發的蛋白拌入，不要塌陷就行了。只要把舒芙蕾做出來，廚藝信心就會大增，所以紅酒燉雞和舒芙蕾一定要加入。

「妳能搞定煎蛋卷嗎？」莫拉許問道，意指她在《讀書樂》做過的示範，「妳必須把它延長成半小時的節目。」

茱莉雅以「那沒什麼」的手勢對他反手輕輕一揮。「等我們談了多種不同的餡料、如何準備，以及需要的道具、鍋子和技巧，如何裝盤和上菜，我想正好可以塞滿那時間。」她說。

所以那三集試播節目的菜單確定了：紅酒燉雞、舒芙蕾、煎蛋卷。那天下午剩下的時間，他們大略討論了模式和特定的細節。「妳需要練習一邊烹煮，一邊說明。」莫拉許提醒她，「那是兩種不同的動作，不容易一起做，有點像是同時摸著頭又揉肚子。攝影師也會確定妳說的對不對，妳不能嘴巴說加入一大匙，但實際上放了六大匙。整個錄影期間，妳都必須專心，那也不太容易。」

多數女性聽到那種話，可能覺得大難臨頭了，那表示年紀一大把了，還要重新訓練自己，學習全然陌生的技巧，而且又是面對一群講究的觀眾。那就像家庭主婦突然進入忙碌的金融圈，或一般上班族突然變成緊急醫療人員，一邊做事還要受到攝影機的無情檢視。多數人可能嚇到不敢嘗試，但茱莉雅老神在在，在電視前出糗完全沒嚇倒她。她這一生做過連串一反常態的事，例如加入祕密情報單位；嫁給家人反對的男人；多數美國人窩在本土時，她住在海外；以一介美國女性之姿，去上全法語、全男性的專業烹飪課；在多數女性都是家庭主婦時，自己開創了幾乎前所未有的職業生涯。

她對新體驗的渴望，超越了可能阻礙一般人的恐懼。從笨拙的史密斯畢業生去紐約摸索人生的方向，到後來躍上電視螢幕大放異彩，茱莉雅在中間的某個時點，已經培養出超越群倫的信心。把這一切歸因於烹飪剛好是她的專長，那可能太簡化了。她反抗了柏哈薩女士的偏見，在不斷的努力及無數小時的實作下，把自己轉變成可以徒手殺鴨及輕易做出法式龍蒿烤雞（poulet rôti à l'estragon）的人，還寫了一本法式料理的美版聖經。

你說在簡陋的攝影棚裡，就著火熱的燈光，一邊摸著頭，一邊揉肚子？那對她來說輕而易舉。

當然，實際上比看起來還要困難。茱莉雅和保羅為此在家裡的廚房演練了好幾個小時。「我們把食譜分解成幾個合理的步驟，」茱莉雅回憶道，「我揣摩自己在鏡頭前做了每道菜。」他們就這樣一再地演練那三道菜，茱莉雅寫了非常詳盡的筆記，說明流程的每一步（包括材料、動作順序、流程、說明的狀態），保羅則是拿著馬表計時，監督舞台表演。一切都要經過精心的編排，連茱莉雅的表情都要考慮進去。但她發現，有時候看狀況臨場反應反而更好。「每一段的內容都很即興，因為我們永遠都不知道爐邊可能發生什麼狀況。」她解釋，「至少我們確定這個節目一定是不拘小節又自然生動！」

不過，還是有一些原則需要遵守，確切來說應該是用字遣詞方面。「妳需要瞭解電視的運作方式。」莫拉許提醒她，「妳要把電視當成最要好的朋友，讓電視機前的觀眾知道妳在乎他們。」

至於莫拉許，他自己也有他需要擔心的道具和流程。他沒有時間、也沒有經費去訂做一套廚房，所以他必須找到一個已經配備一切道具的合適空間。「我聽說波士頓瓦斯公司有間臨時廚房，用來向包商展示如何操作瓦斯。」他回憶道。那是位於市中心莎拉達茶大樓（Salada Tea Building）的禮堂，就在公園廣場附近。莫拉許參觀那個地方時心想，這裡真是再適合不過了！廚房的一端是水磨石的地板，有充足的櫥櫃，中間有個方便的流理檯，爐子就嵌在裡面。瓦斯當然是通的，但沒有自來水。只要再稍微裝飾一下，就是完美的場景了。

節目也需要一個名稱，名字要「簡短、明確、精要」，才能以單行塞入《電視指南》（*TV Guide*）的時間表中。不能超過三個英文字，其中之一必須是「法國」，所以另外兩個大概就只剩「美食」（gourmet）和「廚房」（cuisine）這兩種選擇了。保羅建議了三十個選擇，例如「廚房馬蒂斯」（Kitchen Matisse）太糟了、「套餐」（Table d'Hôte）太做作了。他們也淘汰了「魔法料理」（Cuisine Magic）、「法式廚房」（Kitchen à la Française）、「居家大廚」（The Chef at Home）、「本事」（Savoir Faire）、和「美食廚房」（Gourmet Kitchen）。「料理願景」（Cuisinavision）——拜託！——聽起來也未免太怪了吧。後來是莫拉許或是他的助理盧絲·拉克伍（Ruth Lockwood）想出了《法國大廚》這個名稱。這個簡單、直接的片語，似乎傳達了一切意涵，一點也不造作或令人反感，而且聽起來很順耳。莫拉許說：「當時要讓茱莉雅同意這個名稱並不難。」後來茱莉雅才覺得不太適合，因為她既不是大廚，也不是法國人。「但我們正在培養關係，那個名稱感覺又很合理，她就答應了。」

WGBH的高層也覺得很適合。電視台的總經理在寫給全體工作同仁的備忘錄裡宣稱：「我們從此以後就稱這個節目為《法國大廚》！」

一九六二年的整個春天，他們都在準備《法國大廚》的開播工作。茱莉雅除了持續在家排練以外，WGBH有一小群志工（大多是有錢有閒的年輕貴婦）會幫忙處理攝影現場的雜務，例如在廚房的假窗子上掛起窗簾，挑選每集節目中出現的餐巾和蠟燭。

在這一切興奮和變動中，茱莉雅得知父親的健康日益惡化。上次茱莉雅造訪他時的病毒感染並未完全康復，他常抱怨呼吸急促及疲憊不堪。這段期間，他又罹患了肺炎，以及一種可以控制「五或六年」的血癌。不過，最近，「他的體重掉了二十二公斤」，健康狀況急轉直下，情況看起來不太樂觀。

這個消息傳到劍橋時，茱莉雅的感覺是惆悵多於悲傷。她向費瑞狄透露了感覺，在一封漫無邊際的信裡，她提到父親「在財務上非常大方，但是心靈上則不然」。他從未原諒她摒棄他的生活方式，覺得她最後選的人生方向「很糟糕」，對她的成就漠然不顧。但是，茱莉雅從未停止爭取父親的認同，她會向父親報告最新的成績以及巡迴宣傳的簡報，逢年過節也不忘寄送卡片。不過，最終他們父女之間的疏離已經太大了，茱莉雅不再和他溝通，這一切都是他逼她的。父親先是毫不掩飾對保羅的輕蔑，後來茱莉雅也看出，她只要坦然表達自我、分享「內心深處的想法」，就會觸怒老爸。總之，她覺得「老鷹嘴」（她對老爸的稱法）可能會活得比他們久——即使不是為了愛，也是出於恨。

但是五月時，父親的健康再度惡化，茱莉雅抵達帕莎蒂納時，他只剩最後一口氣。這時除了靜靜守候以外，已經沒有機會再重溫往日的寶貴時光。茱莉雅和弟妹都到醫院的病榻前時，心情五味雜陳。每次面對父親，她的內心總是相當矛盾。父親的成就和大方令她景仰，但他不願接受她的真實身分，這點令她相當遺憾。他從未在她人生的重要時刻支持她，從來沒有。從來不在她身邊，也從來不挺身支持她，她成年以後就缺乏雙親諮詢意見。

茱莉雅表示：「老實說，父親過世對我來說不大是震撼，比較像是鬆了一口氣。」她和弟妹搭船出海，把父親的骨灰連同祖父和母親的骨灰都灑向大海時，心情反倒變得異常平靜。她覺得有點像是一種結束，近似解脫。至於茱莉雅當時在想什麼，只有保羅願意透露，他不久之後坦言：「她人生的那一章終於結束了。」而新的一章正準備展開。

一九六二年六月十八日，茱莉雅進入了電視時代。在慢慢習慣鎂光燈、感受到溫暖的光芒後，她擱下獨自撰寫食譜書的藝術，站到鏡頭前面對大眾，此舉肯定會把她老爸氣得死不瞑目。

儘管她少女時期曾上台表演，但是站在波士頓瓦斯公司的禮堂裡，面對著攝影機，她仍是完全的新手。不過，她以決心彌補了經驗上的不足。「我是有備而來。」她後來回想當天的情況，「所有的道具和食物都擺在我可以找到的地方，台詞都背熟了，保羅也幫我畫出基本藍圖，就像亞瑟．穆雷（Arthur Murray）的舞蹈圖一樣。」

在開始攝影以前，茱莉雅把筆記攤放在流理檯上，裡面寫了密密麻麻的細節，就像《精通法式料理藝術》的食譜一樣：頁面的右邊是現場步驟和對話內容，左邊是攝影機鏡頭拍攝的東西。「右上方的爐子以大鋁鍋煮開水」、「左上方抽屜有濕海綿」。在幕後工作的保羅也有他自己的筆記，例如「茱莉雅開始塗奶油時，移除疊模」、「茱莉雅切換到事先做好的甜椒番茄炒蛋（pipérade）時，移開熱燙的不沾鍋及銅蓋」。那是他們一起想出的複雜雙人舞，搭檔進行時，不能錯過任一節拍。

他們先做了簡短的彩排，讓莫拉許底下的工作人員可以預先看到大致的情況。那些技術人員都不知道該怎麼在廚房裡運作，所以他必須親自帶他們走一趟。他從行動指揮站（停在攝影棚外的老巴士）清楚地對著耳機低語。「二號攝影機，她將從左邊移到右邊，她移過去時，鏡頭拍一下那個蒜茸鉗。」

攝影師透過耳機回應：「他媽的什麼是蒜茸鉗？」

當時的狀況就是那麼陽春，更糟的是，他們要「現場直錄」，不能出錯或重拍，別無其他的替代方案。時間就像節目的預算一樣緊迫，他們能使用攝影的時間只有固定的幾小時，之後所有的攝影器材就要移去拍攝交響樂隊了。「我們那時笨到不知道這種作法有多危險。」莫拉許如今這麼說。不過在當時，他記得他看過片段的《劇場九〇》（*Playhouse 90*），劇中哈姆雷特在前台吟誦：「唉，可憐的約利克！何瑞修，我認識他。」這時舞台後方的工作人員走過布景，當他發現攝影機照到他時，他笑著退回剛剛走出來的地方。「那種情況經常發生，」莫拉許說，「發生時你也莫可奈何。」所以他只能依靠茱莉雅這個大外行，穩健地走完整個複雜的流程。

儘管過程充滿了不確定性，又要擔心莫非定律，《法國大廚》竟然在毫無狀況下順利地拍完了。事實上，節目一開始的簡介流暢極了，一開場先是以鏡頭特寫奶油在黑色的小平底鍋裡加熱冒泡，倒入蛋汁，拿叉子撥動，用文火煮蛋，二十秒後煎蛋卷就倒入盤中。「整個過程不到三十秒就完成了，」一個女人以顫聲說，「看起來很棒，裡面柔軟香滑，吃起來美味極了。」

接著，攝影機的鏡頭拉開時，那個站在流理檯邊的女人，看起來就像我們最愛的姑媽那樣和藹可親，令人放心。「大家好，我是茱莉雅．柴爾德。」那聲音很有趣，也很輕切，「今天我要教大家怎麼做法式煎蛋卷，這道菜就像你剛剛看到的，瞬間就完成了。」

接下來的二十七分鐘，茱莉雅的表現一如承諾，她做出香草煎蛋卷、乳酪煎蛋卷、雞肝煎蛋卷、甜椒番茄煎蛋卷——各式各樣的蛋卷，每個都是雞蛋界的傑作。但是她的拿手絕活（那不是什麼幻覺或特效），是讓你覺得她好像只對你說話似的。不是老師對學生講話，不是表演者對觀眾講話，而是像兩個女生倚著後院的籬笆聊天。她從一開始就讓你知道，她以前也跟你一樣，也擔心烹飪的手法，怕把蛋卷煎得一塌糊塗。

「如果你曾用『會沾鍋』煎蛋卷，你知道那可能很難搞定。」

不是「老舊」或「難用」的鍋子，而是「會沾鍋」。沒錯！而且不是「亂七八糟」或「難以掌握」，而是很難搞定。這個女人顯然知道我們的廚房裡老是發生搞不定的事，她想幫助我們，而且她讓一切看起來如此簡單！

舒芙蕾那一集也一樣順暢。「一般的舒芙蕾讓很多人看了就打退堂鼓。」茱莉雅坦言，觀眾想必都點頭認同。「時間不易掌握，你還沒來得及把它送上桌，它就塌了。」是啊！但茱莉雅叫觀眾放心，她說做舒芙蕾易如反掌。而且不只易如反掌而已，「我們還會講所有的小細節，讓你錯不了。」錯不了！她講得好像倒一碗玉米片那麼容易。

至於那個醬——貝夏媚醬，那是法文，但很簡單。而且你看茱莉雅做出來的貝夏媚醬是濃稠的糊狀，跟每個人做出來的一樣。別擔心。「我們會把它稀釋，再添加奶油，可以薄薄地包住湯匙，你看！」你看！

最後，茱莉雅漫步到旁邊擺好的雙人桌，拉開椅子，坐了下來，為自己倒了一杯葡萄酒！「很難想像，但是做好囉。」她說，手肘邊出現熱騰騰的舒芙蕾，放在三腳架上。「我想切開這個舒芙蕾，讓你看看這是真的！」不是電視道具，而是貨真價實的舒芙蕾，她剛剛做好的。我們剛剛一起做好的。接著，她嚐了一口，細細品味，露出微笑。她不只吃下一口舒芙蕾而已，接著配了一口白酒。那對電視節目來說，是個大膽的舉動，無論是不是教育性的電視台，那樣做都很大膽。那個年代沒有人在直播的電視上喝酒，只有戲劇裡才有喝酒的鏡頭，而且酒也是調色的水。飲酒為樂，而且還是正餐的一部分？以前是不公開做的，尤其樣子還那麼隨興自然，把它當成日常的享受。茱莉雅其實沒想太多，對她來說，葡萄酒搭配食物本來就有很深的淵源，而且效果很好。她無法想像享用美食不搭配美酒的情況，她也希望美國人能發現美食配美酒的樂趣。以美酒搭配剛剛做好的料理，是為節目劃下句點的完美方式。

在她結束節目以前，她對著鏡頭，講出保羅幫她寫的台詞：**「我是茱莉雅．柴爾德，謝謝收看，祝你胃口大開（Bon appétit）！」**

Bon appétit！多數觀眾對這法語一無所知，它不是餐桌前或任何地方常講的話。大家只能大概猜出是什麼意思，那個表達方式和英文字也毫無關係，但是聽起來充滿了異國風情。Bon appétit！聽起來像音樂般悅耳，充滿了歡樂，是開心愉悅的。而且從茱莉雅的嘴裡，如此雀躍地講出時，感覺就像溫暖的擁抱一樣舒服。

「我是茱莉雅．柴爾德，謝謝收看，Bon Appétit！」

莫拉許認為「茱莉雅順暢地錄完試播的節目」，相當意外，「跟她合作非常愉快，因為她很有條理，又有效率」。工作人員普遍認為茱莉雅表現得很好，但他們（男性）拒絕品嚐她做的煎蛋卷。即便如此，那集煎蛋卷的節目效果非常成功，莫拉許馬上衝回家抓著妻子瑪麗安說：「那煎蛋卷太棒了，來，我教妳怎麼做。」

一、兩天後，莫拉許把節目的試播帶拿給WGBH的節目經理拉森看。拉森的個性緬靦老實，做事謹慎，出自大學的學術背景。他看新節目時，提心吊膽。樂觀意味著責任，他對於電視台要把資源投注在系列節目那樣有實驗性又不確定的東西上，向來非常謹慎。拉森面無表情地看著試播帶時，莫拉許原本不抱希望了，但是播完後，拉森又重播一次，之後又再重播一次。「她表現得相當出色，」他以一貫面無表情的樣子熱切地說，「我想我們應該做一系列。」

不過，爾凡街那頭的情況則截然不同。一九六二年八月播出試播時，茱莉雅用新買來的電視機，在家裡看了前兩集，看得心都沉了。她說：「我看到一個高大的女人在黑白電視裡，一下子這裡打蛋太快，一下子那裡又做得太慢。」她覺得自己笨手笨腳的，像「蒸汽火車太太」，在螢幕前莽莽撞撞，「喘著粗氣」。有些舉止習慣，當你親自見到本人時，可能覺得親和力十足，但是搬上螢幕後則顯得誇張怪誕。「她有呼吸困難的感覺，」保羅注意到，「因為她一在意自己的表現，就會不自覺地氣喘吁吁。」茱莉雅奇怪的呼吸方式是作為語氣停頓，類似標點符號那樣。「另外，她有時候也會不自覺地閉上眼睛。」由此可見她對電視媒體缺乏經驗。她心想，需要改進的地方太多了，離專業的境界還很遙遠。

但社會大眾可不這麼認為，大量信件湧入電視台，說他們都愛她的另類風格。一位觀眾寫道：「喜歡看她在煎鍋快從流理檯掉落時，抓住煎鍋的樣子，也喜歡看她找砂鍋蓋的模樣。她的手部動作令人看得入神，感覺對食物的掌握很確定的樣子。」另一位觀眾寫道：「我喜歡她面對攝影機、直接對我說話的方式。」

莫拉許幾乎是馬上就意識到，他們手上出現熱門節目了。「在派對上，你會聽到大家談論這個節目，有些人也會打電話來找我談。」他說，「有時候我們受邀到朋友家作客，主人會端出茱莉雅教過的料理。我們也聽到劍橋一帶的居民說她很有趣，充滿娛樂效果，那些人正好是我們的金主。」WGBH獲得捐款時，捐款者也來信提到他們看了茱莉雅的節目，「因此引起了電視台高層的關注」。

如果一切如預期般進行，他們打算在一九六三年二月開始製播正式節目。但電視台的預算少得可憐，又找不到贊助商，他們只能採用「閃電運作」的方式，每週錄四集。那種作法，光是事前的準備工作就繁複到難以想像。除了要寫劇本並規劃新食譜外，每道菜的步驟都需要計時，就像管制航空交通一樣。

「我們從很早就知道，必須為每道菜準備好幾份，以顯示每個階段的狀態。」莫拉許說。以首播的紅酒燉牛肉為例，他們都很清楚大概要如何操作。茱莉雅一開始先煎一鍋牛肉，那需要五、六分鐘，會占用太多寶貴的時間。鏡頭外，有人必須用同樣的鍋子準備好第二份，茱莉雅只要接著說：「我們來看看牛肉煮得怎樣了。」那鍋肉已經煮至褐色，接著是下一步，依此類推。所以二號紅酒燉牛肉是半熟，三號需要多煮六分鐘，並在電視機前完成。最後，茱莉雅會說：「這是我已經煮好的。」四號燉肉必須看起來令人垂涎欲滴。

對莫拉許來說，這種額外的負擔反而讓他因禍得福。茱莉雅需要有人幫忙計算每階段的時間，在忙亂的排練過程中，她會找上他說：「莫拉許，把這份牛肉和烹飪說明一起帶回家給瑪麗安。」一邊說一邊把詳細的說明塞入他的手中。那食譜是手寫的，還畫了線和箭頭，告訴瑪麗安那鍋肉目前是到哪個狀態，接下來需要做什麼。「如果有問題，就請她打電話問我。」有問題？茱莉雅不知道瑪麗安的廚藝只限於鮪魚和薯片而已。她提出的問題，有些簡單到難以置信，例如「怎麼開爐子？」、「什麼是月桂葉？」莫拉許說：「瑪麗安對烹飪一竅不通，但是她完全照著茱莉雅教的方式去做，所以她也學會烹飪了。」

在此同時，波士頓瓦斯公司慷慨出借場地的時間也快結束了。他們需要那個禮堂做其他的目的，提早兩週通知《法國大廚》的製作單位。他們把製作單位介紹給劍橋電氣照明公司的同事，那裡剛好有現成的展示廚房。那是位於查爾斯河邊的兩層樓木造倉庫，原本是火力發電廠，現在是用來介紹新的烹飪器具，裡面有夾板製成的小布景，還有假窗和鑲荷葉邊的窗簾，爐子和冰箱的外觀都是最新的酪梨色。作為永久的拍攝地點，那裡有很多的優點，茱莉雅想要什麼時候使用都可以，幾乎無人干擾。

劍橋電氣照明公司當然沒裝瓦斯管線，所以茱莉雅只好勉強使用笨重的電爐。一開始，那反而是茱莉雅最不擔心的事，麥克風線路的問題花了較多的時間。音控人員把麥克風的線路往上穿過她的上衣，別在她的衣領上，剩下的線則沿著她的左腿而下，拉出去接到停在外面的行動指揮站。但是每次她觸摸爐子，就會稍稍觸電，觸電的大小就看她出汗的多寡而定。工作人員再怎麼努力，都無法解決觸電的問題，久而久之，茱莉雅也習慣了。不過，在早期的節目中，每次觸電讓茱莉雅嚇一跳時，你都可以看到她的身體瞬間抽動了一下。

《法國大廚》的錄製時間也一樣緊迫。週末的時候，茱莉雅為將來的節目撰寫劇本，週一和週二是和製作助理拉克伍排練劇本，拉克伍會一手拿著馬表計時。接著，週三錄兩集，週五再錄兩集，所以茱莉雅幾乎沒時間重寫及準備道具，例如餐盤、燭台、酒杯、餐巾、餐具、桌布，以及每道菜的材料和需要的裝備等等。最後，她把任務都轉包給那群死忠的志工，不過一開始茱莉雅都是一個人包辦所有的細節。

保羅覺得那是「電視作業嚴苛的必要」，那也注定了他們要過「忙翻天的生活」。

當時看起來也許是如此，但他還不知道那究竟會搞出多大的事業。

註解

1 譯註：兩個候選人都主張必要時美國應出兵捍衛台灣，以免台灣受到中國的侵略，但對於金門和馬祖是否也納入保護範圍，則持相反意見。

2 譯註：法國著名女演員。

18

自成一格

一九六三年二月十一日週一的晚上，對波士頓人來說，這是個適合待在家裡看電視的夜晚。外頭冷得要命，太陽西下後雪花飄個不停。《波士頓環球報》上列了不少電視節目可看，但此時整個城市都心繫著一年一度的豆鍋曲棍球賽（Beanpot），今晚輪到哈佛大學對抗波士頓大學。球賽轉播要等九點才開始，為了殺時間，第五頻道上有《我有個祕密》（*I've Got a Secret*），第七頻道上有《偵探》（*The Detectives*）。不過，報紙當天標出的「熱點」是個新節目：第二頻道八點播出的《法國大廚》。

好奇的觀眾轉到教育電視台，得到了比預期還多的收穫。茱莉雅煮了她的招牌菜「紅酒燉牛肉」，當時在家裡看她做菜的人，肯定都感到一陣難忍的飢餓感襲來，逼著他們瘋狂地去翻冰箱，找食物解飢。你聽茱莉雅解說時，幾乎可以聞到「紅酒醬汁」裡那滑嫩燉肉的香味飄出螢幕，高湯中漂浮著大量的洋蔥和蘑菇片。她向觀眾保證：「非常美味的料理。」講那些都是多餘的，因為證據就展現在黑白電視裡。

不過，那鍋燉肉雖是節目的焦點，但觀眾覺得他們很難把視線從主持人的身上移開。等她嚐了醬汁，心滿意足地抿抿嘴唇，把砂鍋再放回烤箱，並說「大家好，我是茱莉雅．柴爾德」時，大家已經意識到這個節目挺特別的。茱莉雅在鏡頭前，以她隨和、毫無造作的模樣，搶盡了那鍋燉肉的鋒頭。即便是在電視上，她也令人

「雞家姊妹篇」，1970年4月16日。圖片鳴謝：The Schlesinger Library, Radcliffe Institute, Harvard University

印象深刻。五十歲的她充滿了活力和朝氣，不是特別漂亮或優雅，但帥氣十足，尤其是接觸食物時，那雙眼睛閃閃發光的樣子。茱莉雅看食物的眼神，就像有些人看自己的孩子一樣，當她喜孜孜地看著三磅重的生牛肉時，觀眾就知道好戲即將上場了。

一般人很難不被她的親和力所吸引。從一開始，茱莉雅就散發出一種平易近人的熱情。她指著一塊牛排時，會說：「這是所謂的『嫩肩肉』，來自肩胛骨，一直到這裡。」手指向她自己的肩膀，讓人一目了然，「這個叫『牛肩下側嫩肉』，就像這裡肋骨的延伸，往上直到脖子的地方」。

節目的其他部分也一樣簡單、翔實。茱莉雅教觀眾如何讓肉類正確地煮到入色，不要煮到焦黑或黏鍋；如何用葡萄酒洗鍋，讓菜色充滿濃郁豐富的味道。「這在法國稱為 a fleur，是指肉看起來像小花一樣。」她順口提到。茱莉雅刻意不讓她的解說聽起來太法國，她的目的是揭開法國料理的神祕面紗，而不是推崇它。她知道在解說法國傳統時，要讓觀眾增廣見聞又帶點娛樂性，不要聽起來像在炫耀知識，要拿捏那樣的平衡並不容易。不過，她引人入勝的教學方式完全不必擔心曲高和寡。

整個教學過程輕鬆有趣，連珠炮似的解說聽起來隨興自然，沒有尷尬的沉默，也沒有猶豫或思路中斷的現象，可說是渾然天成。偶爾，她會看錯鏡頭，但又馬上發現錯誤，不慌不忙地修正自己。面對看不見的挑剔觀眾，她似乎泰然自若。「妳要把電視當成最要好的朋友，讓電視機前的觀眾知道妳在乎他們。」

從一開始，茱莉雅的形象就是完整的。誠如一位史學家所言，她「已是形象鮮明的茱莉雅」，充滿魅力，不擺架子，不矯揉造作。這個不高傲、樸實無華、極具魅力的人物，穿著寬鬆的棉質襯衫，別著自製的「三饕客烹飪班」徽章，給人一種真誠的感覺。還有她的聲音，那個像齒輪箱一樣顫動的聲音，有些觀眾可能聽了以後，馬上起身調整電視機的音質。但是，當那個顫音不再令人覺得干擾時，觀眾腦海所留下的，是茱莉雅雙手撐在流理檯上，一邊說話、一邊前後擺動身子，眼神發亮，充滿活力，又鼓舞人心的博學形象。

「妳是我見過唯一以實際可行的方法烹飪的人。」第一集播出後，一位觀眾來信寫道。

就是那種真實感，那種一般婦女的形象，透過了螢幕，直達人心。如果隔壁那個叫茱莉雅．柴爾德的女人能輕鬆煮出紅酒燉牛肉，看她煮過的人肯定也能做出來。

「我們喜歡她的自然，毫無匠氣；喜歡她俐落的動作，做起事來不疾不徐；也喜歡她對自己的料理所抱持的欣賞態度。」另一位觀眾寫道，「她把完成的料理端到桌邊、脫下圍裙時，我們感覺就像『與她同在』一般，所以節目結束時，就好像有人奪走了我們面前的盤子似的。」

不過，說到最大的粉絲，非保羅莫屬了。他不斷寫信告訴弟弟，驕傲地描述茱莉雅「熱潮」的每個細節，從出版食譜書到現在有自己的電視節目，尤其是她在百般忙碌中所展現的「行家沉著」。

保羅顯然對這一切感到開心，但他很難在這裡頭找到安身立命的位置。試播節目結束後，他寫道：「我決定抽離這個累人的新節目，追尋我自己的生活，雖然想要幫忙的衝動還是很強烈。」但是他躲不了，《法國大廚》

開播後，他已經變成茱莉雅團隊中不可或缺的一員，他描述自己的角色：「很難停下來喘口氣。」表面上，他是司機兼洗碗長，「在拍攝完後，負責清洗堆積如山的器皿和碗盤，並收拾餐具」，另外，「在茱莉雅面對攝影機一整天後，也幫她擔負其他的任務，以減輕壓力」。但保羅愈來愈在意事前準備的必要，他以過往策展的經驗，幫茱莉雅精心編寫腳本。每一集節目，他都會畫出「爐子、架子、水槽的位置圖，並列出上面擺放的每項裝置，以及各種食物、香料、調味料、液體、量匙、碗盤、烤盤」，所有的相關事物，好讓導演一喊「開麥拉」時，一切都能順利進行。所以錄影的時候，如果茱莉雅伸手去拿橄欖油，她會看到筆記寫著「一號架子，左側，玻璃瓶」。這些事前準備工作可說是鉅細靡遺，不過，撇開事前準備不說，保羅喜歡看到偶爾免不了出狀況時，茱莉雅巧妙掩飾的樣子。

沒多久，保羅就看到了。《法國大廚》的第二集是做焗法式洋蔥湯（onion soup gratinée），這時茱莉雅的表現已經泰然自若。節目裡除了教基本的食譜以外，也常分享一些實用的祕訣和技巧。例如，如何維持菜刀的鋒利（劃過磨刃的鋼棒）、如何幫雙手去除洋蔥味（用鹽洗手）、煮洋蔥時如何加強風味（加入一茶匙的糖）、如何做出美味的牛肉高湯、如何炸麵包丁等等。茱莉雅與攝影機的互動特別順暢，才錄了兩集，她的眼神已經非常自然。她是真的把莫拉許的建議銘記在心了，從她的一舉一動就看得出來。莫拉許說：「她完全融入整個流程，不在意攝影機。」即便是小小的失誤，也不會因此亂了陣腳。例如，需要為湯汁調味時，茱莉雅說：「你需要一點鹽。」但她發現鹽沒放在保羅畫的位置上，她馬上轉身一百八十度，發現鹽放在布景另一端的水槽邊。「我剛剛洗手時，把鹽放得太遠了。」她一邊說，一邊自然地把鹽拿回來，彷彿這一切是發生在自家廚房似的。觀眾看到這裡都明白，他們一年到頭常碰到類似的事情。烹飪並非萬無一失的事，即使是茱莉雅，也會遇到突發狀況，這個女人顯然跟她們一樣。

不過，後來她確實遇到麻煩了。為了完成那道菜，她在碗裡放入一片麵包及一把起司，接著放進烤爐裡，讓派皮入色。通常，廚師會注意爐子裡的狀況，但是茱莉雅忙著對觀眾講話，等她回頭去救那碗湯時，時間已經太久了，爐子已冒煙。「這下真的入色了，可能入色太深了。」她盯著湯碗上方的焦炭說，「但效果不錯。」

效果不錯！她是不可能承認錯誤的。茱莉雅把那鍋冒煙的湯端到客廳的場景中，放在桌上，把鼻子湊過去深深地吸了一口氣。「啊……你看。」她滿意地說，以勺子挖過上面那層焦炭，直達中間的湯體，「這味道真棒，非常開胃。」

短短幾週，結果出爐了。「茱莉雅很快就掀起了轟動。」莫拉許說，「很多觀眾開始收看WGBH的節目，那股熱潮前所未見。」節目的口碑逐漸傳開來，不像《科學記者》只有零星的觀眾收看，《法國大廚》吸引的忠實觀眾群媲美大型電視台的節目。當觀眾開始準時收看，並決定每週守著節目不放時，贊助商也出現了：寶麗來（Polaroid）和席爾斯兄弟咖啡（Hills Bros. Coffee）都同意贊助節目的播出。

WGBH很早就發現《法國大廚》不只是個節目而已，而是創造出一種現象。當地的觀眾似乎正好想學美味的料理，而且不只是一般料理，而是茱莉雅的料理。第四集播出後，粉絲的信件如雪片般湧入電視台索取食譜。六百封信堆在桌上，每天的來信愈來愈多。那些信件帶來了好消息，也帶來了壞消息。好消息當然是有人看那個節目，但另一方面，茱莉雅說：「電視台有點擔心，因為回一封信要花十美分。不過，幸好，有不少來信也附上了捐款，贊助電視台。」

聯播方面也開始出現一些消息。WGBH隸屬於創立不久的國家教育電視網（NET，亦即PBS的前身），一九六三年WGBH是NET中少數的「製播台」之一，鮮少姊妹台有能力或資源製作全國聯播節目，但WGBH在鮮少人關注的電視網內，已是一顆閃耀的星星。他們為NET提供了幾個不錯的系列節目，包括舞蹈、古典音樂、藝術表演等等。不過，《法國大廚》全然不同，它特別不一樣，擁有普遍吸引各界的魅力，所以他們開始試探其他市場的反應。他們向電視台報告：「這個節目很熱門，大家都在看，我們接到很多觀眾的來電，收到的捐款也持續增加。」

幾乎是開播後不久，就有六個姊妹台跟進播出：舊金山的KQED、匹茲堡的WQED、南佛羅里達的WPBT、費城的WHYY、新罕布夏州德倫市的WENH、緬因州劉易斯頓市的WCBB，以及紐約州北部的兩個小電視台。那還只是開始而已，這股風潮後來出現了滾雪球效果，《法國大廚》的聯播網迅速往東南西北擴散。

這是教育電視台成立短短幾年來最特殊的一刻，他們從來沒遇過像茱莉雅那樣迅速竄紅的主持人。喔，對了，有個來自威斯康辛州麥迪遜的兒童節目也很紅（一個傢伙穿著矮人裝，扮演《傑克與魔豆》裡的角色），那個節目也在一些地方聯播，但茱莉雅是第一個紅遍全美的人物。「她是第一個出自教育電視台的明星。」由於公共電視台向來沒有足夠的節目填滿播出時段，《法國大廚》一週會重播三次，這也進一步提升了它的曝光率。很多觀眾表示，他們週一晚上八點會看首播，自己做一遍，接著再看一次重播，以改進技巧。

茱莉雅也無法閃躲外界關注的熱潮。她無論走到哪裡（「地鐵、商店、街上、電梯或辦公大樓」），都有人停下來恭喜她，說他們有多愛看她的節目，謝謝她主持《法國大廚》。你看看，觀眾還謝謝她呢！就連保羅也體驗到佳評如潮的感覺。有一次他去醫院做例行的體檢，護士把他拉到一邊說：「請幫我轉告你太太，我覺得她好棒！我先生以前從來不看電視，現在連他都說，週一晚上八點，他哪裡都不去，就守在電視機前看她的節目！」

大眾的熱烈反應讓茱莉雅滿心感激，甚為欣慰，讓她更不敢掉以輕心。如果大家那麼需要她來指導烹飪，她覺得非得竭盡所能、全力以赴不可。節目還可以再做得更流暢、更好、更緊湊！保羅描述他們如何幫茱莉雅精進螢幕前的表現：「現在大家晚上出門看電影、聽交響樂或演說時，我和茱莉雅都窩在廚房裡，我手握著馬表，茱莉雅在爐邊，為下兩集節目的不同片段計時。我們一而再、再而三地重複，增添重要的說明，改進用語，或採用新的示範方式。」茱莉雅努力不懈地追求完美，一切都必須做到流暢自然。畢竟，這是電視，你必須看起來輕鬆自然並展現娛樂效果。她甚至每天早上還會使用划船機，滑六十下以鍛鍊體力，以免在節目上打蛋白時，打到上氣不接下氣。

更順暢、更好、更緊湊、也更放鬆，茱莉雅愈來愈習慣那個角色，也因此，她的另一面特質逐漸顯現出來。一開始是有點不拘小節，偶爾脫稿演出。就像莫拉許說的：「在直播的節目中，難免會出點狀況。狀況發生時，都逃不過攝影鏡頭的記錄，所以她學會了隨機應變。」例如，製作馬鈴薯煎餅（pommes de terre Byron）時，茱莉雅把煎餅翻面，卻翻到爐子上，她只是無奈地低語：「喔，翻得不順。」接著用手把那團馬鈴薯泥抓回鍋裡。「你只要把它撿起來就好了，反正只有你在廚房裡，誰會看到呢？」

在烤肉那一集，當鏡頭拉近，特寫一排未煮的雞時，她突然大唱，「茱莉雅鉅獻：雞家姊妹！肉雞小姐、炸雞小姐、烤雞小姐、閹雞小姐、燉雞小姐，還有老母雞夫人！」她調皮地逐一用手拍過每隻雞，彷彿推牠們上台似的。「所謂的小閹雞呢，」她指著另一隻豐滿的小雞說：「和這隻閹雞是一樣的，只不過小閹雞『服了避孕藥』，而不是動了閹割手術。」還有一次，她指出龍蝦之間的性別差異，並用菜刀輕輕彈動公龍蝦的「硬毛部位」，她坦言：「那很有趣。」偶爾，她也會假裝發點脾氣，例如拿到一支不順手的擀麵棍時，她說：「丟掉就好了。」接著，直接把擀麵棍拋向肩後，讓它噹啷落地。

她的幽默是即興的，滑稽俏皮，偶爾帶點情色。「但她也有邪惡的一面。」莫拉許解釋，「她有時候很不正經，她自己也知道。」他記得有一次拍攝假日特集時，他們打算做烤乳豬。彩排時，他們照著食譜走一遍，排出必要的鏡頭順序。茱莉雅告訴他：「我秀出小乳豬時，我會說：『這跟烤嬰兒有點像。』」莫拉許勸她不要那樣說，但是正式錄影時，他只能在一旁屏息祈禱，不確定她會不會脫稿演出。

莫拉許知道茱莉雅是一號幽默人物，「但她其實不像觀眾所想的那麼好笑」。觀眾很快就發現茱莉雅與眾不同，她毫無虛飾，不照別人的稿子演出，甚至不照自己的稿子演出，所以她的節目可說是百無禁忌，什麼事都有可能發生。你學習如何烹飪，同時也因為她的陪伴而樂在其中。所以，大家開始口耳相傳，說《法國大廚》是另類的教育節目，是綜藝節目。但是它和一般電視上的綜藝節目又不一樣，它是真實的，像即興表演，是新的玩意兒。

茱莉雅不僅塑造出生動的身分，也創造出一番不同的成就。在短短的時間內，《法國大廚》從地方上的新奇事物，變成了教育電視網的台柱。一九六三年的上半年，茱莉雅錄製了三十四集節目，一天錄兩集，每次排練十二個小時，她寫信告訴帕莎蒂納的朋友：「那是我做過最辛苦的工作。」節目播出後，她馬上走紅，變成波士頓的「神仙教母」。在這個名人努力保持低調的城市裡，她的超人氣可說是無人不知無人不曉。《波士頓環球報》請她開每週專欄，撰寫食譜及烹飪建議。一年前，她還慘遭米夫林出版社的退稿，而今她的知名度已經讓《精通法式料理藝術》的銷量一舉突破十萬本的大關。保羅的弟弟從遠方觀察這股熱潮，半開玩笑地說：「茱莉雅可能變成傳奇。」這話後來證實所言不虛。

就連興起的美食圈也注意到這股旋風。比爾德原本覺得，茱莉雅在高級料理界，頂多就只是常春藤盟校的後起之秀罷了（一個開電視節目的藍帶畢業生）。現在，突然間，他不僅需要肯定茱莉雅的成就，還得想辦法拉攏她，請她擔任合作案的代言人以增添信譽。那年春天，比爾德邀請茱莉雅到他在紐約開設的烹飪學校，擔任客座教師。她每隔幾個月，只要有空，就會去那裡上課。此外，克萊邦在《紐約時報》上還封她為NET的「元老」，並認定《精通法式料理藝術》「是英語界有史以來最棒的法國料理書」。

無論在哪裡，茱莉雅的名氣都扶搖直上。不過，到了七月底，茱莉雅的身體開始不堪負荷，工作接踵而來，多到應接不暇。她需要休息，保羅也是。保羅那陣子連續發生幾次嚴重的胸痛，他把那狀況歸因於「某種胸膜炎或其他的發炎」。總之，那已經足以嚇壞他們，盡快放自己一個假。於是，他們在沒什麼規劃下，就前往歐洲散心。

這次踏上歐洲，距離上次已經快兩年了。他們亟欲重新造訪所有的故地，所以規劃了一趟大範圍的旅行：到奧斯陸和普里特斯多夫和朋友團聚；前往倫敦拜會「當代最重要的英國美食作家」伊麗莎白．大衛（茱莉雅覺得她倆志趣相投）；到巴黎的德耶蘭廚具店大採購（保羅半開玩笑地說，茱莉雅打算去那裡加買一萬件烹飪用品）；並造訪各地的餐廳，享用美食。不過，他們最主要的目的地是普羅旺斯的東南方、靠近格拉斯（Grasse）腹地的柏斯卡斯亞（Plascassier），那裡是由一些農舍組成的小村落，席卡的家族度假屋就在那裡。

對茱莉雅來說，這趟和老友的重逢，剛好為過去爆紅的一年劃下了句點（包括食譜書的出版及《法國大廚》的風光播出）。與席卡分離那麼久，對茱莉雅來說特別難受，她懷念往日的情誼、在廚房中分享創意、調整食譜、規劃書籍的出版事宜等等。但是以前的日子單純許多，這段期間以來又發生了那麼多事情，茱莉雅已經變成《精通法式料理藝術》的代言人，在美國的烹飪圈已是一股新興的勢力。她在美國的名氣有很大一部分是得力於她們那本書的熱賣，茱莉雅很清楚這一切大多是席卡的功勞，畢竟，多數的食譜都是席卡的傳家寶，而且席卡把所知的一切都傳授給茱莉雅了。市民料理的巧思，那些技巧和訣竅，是法國人一輩子的經驗，如今都成了茱莉雅的看家本領。

茱莉雅不知道她現在的名氣會對她們的關係產生什麼影響，席卡知道她自己的價值所在，她向來對自己很自豪。就廚藝來說，她顯然是比較好的廚師，但茱莉雅比較善於溝通，也有比較遠大的夢想。那本食譜書的點子也許是席卡想出來的，但除非你懂得包裝和銷售，否則那頂多只是一些不錯的家傳食譜罷了。茱莉雅很聰明，她的毅力和犧牲把白日夢轉變成傳承的傑作，激發了後續的電視節目及許多額外的效益。她嘗試走上螢幕，獲得了肯定，那些成就可能導致她與席卡的關係失衡。

茱莉雅此行的一大重點，就是穩定她們的關係。一方面，茱莉雅很愛席卡，她常稱席卡是「我親愛的廚友」、

「我的摯友」、「最親愛的席卡」、「最親愛的姊妹」。席卡的個性很固執沒錯，但她終究是茱莉雅的好友，她們一起經歷了食譜書的種種磨難，吃了很多苦，碰了很多釘子，但她們的關係依舊穩固，茱莉雅一點都不希望她們的友誼受到任何干擾。

另外，她也有工作上的案子需要和席卡商量。在編輯《精通法式料理藝術》的過程中，有好幾次她們刪減了大量的內容，以縮減那本書的分量。茱蒂絲回憶：「為了捨棄一些東西，我們總是說：『那份食譜可以留給下一本書。』」當時那種說法主要是一種手段，而不是實際的預期，不過是在《精通法式料理藝術》變成暢銷書之前的事了。如今，那些刪除的食譜就像金塊一樣，可以馬上拿來製作續集。茱蒂絲也贊成出續集，她說：「就財務上來說，那樣做很合理。」況且，還有很多美國人沒做過的料理並未收錄在第一本書裡，例如法國麵包、灌臘腸、烤乳豬等等。席卡的家傳食譜中，還有數十道料理值得收錄。而且，就名聲方面來看，完成她們以前做過的東西也是明智之舉。茱莉雅打算在這次重逢的某個時點，找機會探探席卡對續集的意願。不過，這必須等她們有時間恢復過去的融洽程度才行。

幸好，她們幾乎是一見面就恢復了往日情誼，兩人四目相接的當下即相擁入懷，兩顆心跳起了圓舞曲。茱莉雅沒跟席卡提起《法國大廚》的事，因為那個節目在法國幾乎無人知曉，她覺得還是別跟席卡提起比較好，以免這位親愛的姊妹吃味或不滿。況且，在如此優美的環境下，也不適合煩心。這塊家族的莊園名叫巴哈瑪方（Bramafam），意指「飢餓的吶喊」，是一大片天然景觀中的焦點。沿著蜿蜒的山路開了好一段路程後，他們來到占地五公頃的田園，四周環繞搖曳的橄欖樹和英挺的柏樹。該處給人的感覺，就像無意間發現的南方原野一般，如詩如畫。那裡寧靜、迷人，有一棟十八世紀的農舍，名叫「老農舍」（Le Mas Vieux），爬滿了紫藤，炊煙從石砌煙囪裊裊升起；還有一個龐大的花園，到處都是盛開的薰衣草，紅玫瑰沿著籬笆盤繞，粉紅色含羞草花的香氣讓空氣中瀰漫著香甜的味道。

「巴哈瑪方非常美麗，但很簡樸。」席卡的外甥尚・法朗斯瓦・蒂博（Jean-François Thibault）回憶道，「那裡的房子質樸無華，鮮少便利設施，一切仍是依賴手工。」當地人是以鐮刀割草，家族成員是以網子採集尼斯橄欖，拿到附近格拉斯新堡（Châteauneuf-Grasse）的磨坊。「在那裡，感覺好像回到了上一世紀」。

這裡的風景讓茱莉雅和保羅深深著迷，他們以前來過幾次，覺得此地宛如天堂。他們自己的小公寓就位在老農舍的後方，從那裡可以看到遠方濱海阿爾卑斯省的山峰白雪皚皚，雄偉壯麗，但似乎預示著什麼，彷彿「一排冰山映襯著藍天」。陽光從老舊的木窗透進屋內，夜晚林間蛙鳴不已陪伴他們入眠。

在巴哈瑪方，每個人都沉浸在自己熱愛的事物中。上午，保羅帶著他珍藏的祿萊相機（Rolleiflex）到灌木茂盛的丘陵間漫遊。太陽露臉時，他也會在陰涼的露台上彩繪當地的風景。席卡的先生費席巴雪則是在花園裡蒔花弄草。茱莉雅和席卡當然是一起烹飪，接著在陽台上慢慢地享用豐盛的午餐。之後，他們一起擠進費席巴雪或席卡的車子裡，在鄉間的道路上蜿蜒而行，尋古探幽，也採集晚餐的食材。不過，保羅從法國寫的信指出，那些旅程令人心驚膽跳，根本就是「折磨」。席卡在三〇年代成長，那時路上沒什麼人，所以她總是抱著此路為我開的心態，開起車來像個「瘋婆子」，衝勁十足又狂妄，「左顧右盼，猛踩煞車，急速旋轉上坡，在市場中蛇行，囉哩囉唆（聒噪刺耳的聲調），又愛跟其他的駕駛競爭」。要是有人擋住她的去路，她就馬上從路肩超車。這也難怪，「她有幾個朋友都死在路上」。跟她同車簡直是個折磨，讓人不禁暗自祈禱，那也是保羅和茱莉雅這輩子最接近實際禱告的時候。

不過，這片大地上也有許多的樂趣。回到格拉斯—坎城之間的馬路，席卡只要開十分鐘的車，就從綠意盎然又簡樸的柏斯卡斯亞進入豐饒的地中海岸，那裡可以看到遊艇和帆船在海灣裡緩緩地縱橫交錯。茱莉雅喜愛坎城市場的豐富鮮魚、路邊咖啡座，以及在伊麗莎白雅頓（Elizabeth Arden）的美髮預約服務。再往東幾哩是穆昂薩爾圖（Mouans-Sartoux）小社群，就在慕景（Mougins）的北方，她在那裡找到了願意賣腰臀肉讓人做經典燒烤的法國肉販。他們夫妻倆也經常沿著狹窄的小徑，由巴哈瑪方走進多岩的山丘。從高處俯瞰青翠的山谷時，感覺城市就像家鄉忙碌的事業一樣遙遠。幾天後，他們收到「電視台人員」的來信，告知令人振奮的消息：《法國大廚》在各地的聯播有如「野火般火速蔓延」。不過，此時茱莉雅和席卡「忙著做糕點」，甚至沒有回信。

茱莉雅和保羅在抵達普羅旺斯一、兩星期後，也開始尋找屬於自己的土地。他們一直夢想在巴黎有個臨時的住所，方便未來休憩之用，但普羅旺斯的田園風光更令人心曠神怡。他們不久就找到「十畝的長坡」，那裡有成熟的橄欖樹，離席卡的住處約一哩，周遭寧靜的環境特別迷人。「我已經可以想像在此過冬，從自己的樹上摘取橄欖醃製，用大蒜、番茄、野生香草烹煮普羅旺斯菜的情境。」茱莉雅回憶道。

他們在財務上負擔得起嗎？他們在劍橋和華盛頓特區都已經有房子了，保羅領的政府退休金又那麼少，只夠補貼一點開銷，茱莉雅主持《法國大廚》的津貼每集只有區區的五十美元，那些錢還要支應食材費！事實上，他們離開美國時，保羅已經下令茱莉雅必須停止免費的示範教學及演講。那些活動現在都轉交給拉克伍處理，他們請拉克伍接到外界洽詢茱莉雅的服務時，一律報價兩百五十美元，不能議價，「即便有慈善的考量亦然」。不過，在普羅旺斯再買一塊地產，並未超出他們的能力範圍。茱莉雅仍有一些母親留下的遺產，她也從父親那裡繼承了十萬美元的財產，從《精通法式料理藝術》獲得的版稅在電視節目開播後也多了十倍，所以他們還負擔得起。

但他們還沒精算數字，就體認到一個冷酷的事實。茱莉雅還欠八集新的節目和未來一個月《波士頓環球報》的專欄。再加上她和席卡已經講好一起寫續集了——她們已經開始實驗千層酥皮（pâte feuilletée）的食譜——這時還要再花心思打造一棟房子，想到就很頭痛。找到房子的隔天，茱莉雅和保羅頓時恢復了理智。「我們決定不再投資任何土地或地產了！」保羅向美國的家人報告：「這裡太貴了（比美國還貴！），但主要還是因為那會牽涉到太多的麻煩。」此外，席卡和費席巴雪也提出一個很妙的點子，只要他們能釐清家族牽扯的複雜狀況，也許可以把巴哈瑪方的部分土地出借給茱莉雅和保羅。距離席卡住處約一百五十碼的地方，有一棟廢棄的屋舍，席卡一直想把它改建成客房。如果他們都同意一起出資，也許可以和柴爾德夫婦一起分享。

茱莉雅心想：「在普羅旺斯，又住在席卡家的隔壁，那簡直是美夢成真了。」她完全忘了亙古名訓：小心你許的願望可能真的實現。

在歐洲待了十一週後，茱莉雅已經急著恢復電視生涯：每週錄四集節目，連同額外的特別節目，例如感恩節大餐和聖誕樹幹蛋糕卷（bûche de Noël）特集。現在大家對新一季的《法國大廚》愈來愈感興趣，隨著WGBH的授權合約增加，觀眾群也跟著迅速膨脹。一九六四年，美國有五十幾個城市可以收看到《法國大廚》，尤其密西西比河以西擴展得最快，在猶他州的奧格登及俄克拉荷馬州的諾曼等地，法國料理就像貝果一樣普遍。

大家都很開心看到，茱莉雅一如既往，順利地完成了第二季共二十六集的節目。她的演出收入依舊微不足道，每集只拿五十美元。這時茱莉雅已經很習慣節目的拍攝流程，表演看起來「更流暢、完整、放鬆」，也更專業了，她很懂得巧妙迴避可能的災難。保羅寫道：「她的步調平穩，不會這邊做得太快，那邊做得太慢。」說話時也不再像第一季那樣氣喘吁吁。為了精進表演的流暢度，她也學會讀取拉克伍製作的大字報，大字報會提醒她示範時該說什麼及做什麼，例如二號爐開始加熱大煎鍋，或是蘆筍，設定計時器，前爐熱，觀眾不會察覺，除了偶爾她會莫名其妙對鏡頭微笑以外，那通常是因為拉克伍的大字報上寫著：微笑。

主流媒體也聽說《法國大廚》迅速竄紅了，那主要是因為茱莉雅有無限的魅力。觀眾喜愛她，根本覺得看不過癮，她的特殊腔調、言行舉止、妙語如珠都帶有一點誇張的色彩，是她的魅力來源，不過大家覺得那誇張的背後也帶有實質的意義，所以他們都成了忠實的觀眾。顯然，電視上出現了一顆閃耀的新星，不久廣告業也看上她了。各大廣告公司忙著「找她洽談一些商業代言活動」，以各種誘餌引誘她，例如擔任某連鎖超市的全美代言人、拍清潔劑的電視廣告，甚至想挖她跳槽到ＡＢＣ電視網。那些上門的廣告商都被她迅速回絕了。

茱莉雅從一開始就打定主意，她要保有個人的獨立性，「任意規劃節目內容的自由，隨心所欲地使用她覺得值得用或有趣的產品」，而不是只用她代言的東西。她告訴一位同事：「我就是不想跟任何商業活動扯上關係。」這作法相當難能可貴，顯然是在挑戰業界慣例。畢竟，代言的誘惑實在太美好、太強大了。每家廠商與供應商都渴望在《法國大廚》裡做置入性行銷，全美國還有哪個節目比《法國大廚》更適合展示新廚具？還有哪個人比茱莉雅更適合當代言人？說實在的，要茱莉雅稱讚一下 Robot Coupe 食物調理機或 Waring 攪拌機有多難，畢竟她每週示範都會用到那些東西。要她隨口提到她用的橄欖油是 Berio 或用的鍋子是 Revereware 又無傷大雅。況且，代言費對他們夫婦倆的財力來說也不無小補。保羅都已經明講了：「我們不會跟錢過不去！」但是茱莉雅非常堅持自己的立場。當記者質疑她的目的時，她正色直言：「我們做這個節目，是希望能隨心所欲，沒有人能告訴我該怎麼做，我們不受干擾，不然做節目還有什麼意義呢？」這是教育電視台，立場應該比商業電視台更超然一些，她覺得任何代言都有損教育電視台的單純立場。此外，茱莉雅看到比爾德之類的一流廚師，對各大企業捧來的白花花代言費來者不拒，她對那樣的行徑很反感。多年來，比爾德為卡夫（Kraft）、康寧（Corning）、博登乳品、香料島（Spice Islands）、圓帽辣椒（Skotch Bonnets）、奧馬哈牛排館（Omaha Steaks）等等五花八門的業者代言，他推說是因為需要錢。但茱莉雅覺得那作法愚不可及，也貶低了他在大眾眼裡的身分，她才不會讓那種事發生在自己的身上。

所以，《法國大廚》的料理桌上看不到任何商品。橄欖油是倒入簡單的玻璃調味瓶裡，茱莉雅從乾香草的罐子倒出香料時，手掌也會遮掩商標。伴隨料理使用的各種酒類都是以通用名稱稱呼，例如高山勃艮第、清爽白酒。就連早期贊助《法國大廚》的席爾斯兄弟咖啡，也從來沒有機會在節目上展示包裝。

要茱莉雅代言是絕對不可能的，不過她並不討厭宣傳帶來的效益。一九六四年，報章雜誌紛紛上門專訪，為她做專題報導，那些媒體都幫她塑造了神祕感。儘管不是每個人都欣賞茱莉雅詳盡的食譜，但大家一致認為她先天充滿了「戲劇感」。知名節目評論家朱迪斯．克萊斯特（Judith Crist）在《電視指南》中指出，「茱莉雅自成一格。」她尤其欣賞茱莉雅討喜又不做作的姿態，「嗒嗒作響地攪拌燉鍋、搬重鍋時低聲嘟噥、碎碎唸著『冰箱』」的樣子，基本上她在觀眾面前的模樣，就像克萊斯特自己在家裡的模樣。路易斯．雷普恩（Louis Lapham）當時為《週六晚郵報》的諾曼．洛克威爾（Norman Rockwell）資產階級畫作擔任代言人，他討厭過於講究的法國料理，他說觀眾之所以深受茱莉雅的吸引，不只是因為料理，也因為「她機靈風趣」，他寫道：「她每一集烹飪節目，都帶點輕率冒險的不確定性。」

當然，茱莉雅一點都不「輕率」，她的烹飪之所以成功，就是因為專注於細節、基本面、精確和練習——「熟練」技巧，那一點都不輕率馬虎。她設計的食譜是為了讓認真的烹飪者「確切知道涉及了什麼，以及如何動手」。不過，再怎麼優秀的廚師也會犯錯，那是一定會經歷的過程。錯誤和失敗在所難免。「烹飪是一次又一次的失敗，你就是這樣學會烹飪的。」茱莉雅在「法式糖籠蛋糕」（Gâteau in a Cage）那集如此解釋。

不過，媒體持續把焦點放在她的靈活機智上，她正是記者最愛咬著不放的那種對象：「天生的諧星」茱莉雅．柴爾德。

事實上，她的幽默（例如電視上的表現）一點也不滑稽。沒錯，她在《法國大廚》裡莽莽撞撞的樣子，就像在自家廚房一樣，但是她犯的錯誤都很稀鬆平常，是大家司空見慣的事，例如把漏勺擱在一旁，等一下卻忘了放在哪裡；到處找器具；伸手去拿奶油，卻看到那裡只有一張寫著「這裡放四分之一磅奶油」的紙條。這些都很稀鬆平常。在「蘋果夏洛特蛋糕」那一集，她教觀眾移除蛋糕模時要小心，以免蛋糕倒了，結果那蛋糕在火熱的燈光下倒塌時，她大嘆：「唉，天啊，它還真的倒了！」稀鬆平常！在「菊苣」那一集，她講了一句類似尤吉．貝拉1的廢話：「不需要洗菊苣，也就是說，除非髒了才洗。」碰到忘詞，她會說：「我在想事情時，就忘了戴眼鏡。」有一次，她在一堆海藻中找躲在裡頭的二十磅龍蝦；還有一次，她掀開盤子上的蓋子，找裡頭「可惡又大顆的朝鮮薊」。這些玩笑都稱不上是史蒂夫．艾倫（Steve Allen）和恩尼．科沃斯（Ernie Kovacs）之類的滑稽搞笑，但有一位誇張的作家把茱莉雅跟他們相提並論。也有人說茱莉雅是喜劇演員露西．鮑爾（Lucille Ball）的傳人，但她其實不一樣。

不過，觀眾都覺得茱莉雅的幽默感難以抵擋，他們經常轉述及誇大那些事情以後，最後傳言也變成了傳奇。雷普恩在《週六晚郵報》裡報導茱莉雅時寫道：「有時她會把火雞丟進水槽裡。」那種事從未發生過，茱莉雅從來不會丟火雞，但有些人喜孜孜地記得她丟的是兩隻雞或鴨子，或是豬。他們也記得茱莉雅用苦艾酒洗鍋，接著自己喝光了剩下的酒，並說：「這是當廚師的獎勵之一。」事實上，她只有在示範榨番茄汁時，順口舔了一下，但是說她順便喝了酒，感覺比較好笑。

傳言也讓情況變得更棘手。「我們必須持續為茱莉雅辯解，因為有些人認為她在攝影棚現場搖搖晃晃，像喝醉酒一樣。」莫拉許說，「從一開始，那就是我們經常碰到的問題。」

一九六四年，使用葡萄酒和其他酒作為增添風味的烹飪材料，在電視上仍是前所未聞的事。不僅沒有人在電視上那樣做過，那也是不成文的禁忌，就像當時電視上不能播夫妻同床的鏡頭一樣。觀眾對於喝酒這件事特別大驚小怪，尤其女人喝酒更是近乎異端。但是茱莉雅早在《法國大廚》的第一集，就盛讚葡萄酒在食譜中的妙用，她開心地說酒香黑醬汁，接著把三分之一瓶的酒倒入燉牛肉中。在第二集也是，她把一杯苦艾酒倒入焗法式洋蔥湯中。她的雞肉砂鍋完全沒加酒，但是當她把砂鍋端到桌上時，她清楚地建議：「你吃這個可以搭配波爾多紅葡萄酒（Bordeaux wine），也有人稱之為 claret。它應該和雞肉結合，而不是壓過它的味道。」葡萄酒配雞肉！有些觀眾一聽就生氣了，反問：「剛剛那個女人說她會和雞結合嗎？」

觀眾的極端反應，無論是正面或負面的，都讓茱莉雅的名氣愈來愈大。她寫信告訴克諾夫出版社的一位朋友：「我現在幾乎每次踏出家門，都有人主動找我攀談。」不管走到哪裡，大家都認得她。她每週在電視上傳授的課程，也直接影響了市場上的生意。一篇報章指出，她在電視上教了花椰菜的料理以後，「超市一週賣出的花椰菜比一整年還多」。當她提到特定的削皮刀和擀麵棍時，廚具行也出現同樣的情況。莫拉許回憶道：「她告訴觀眾，他們需要買一只好的蛋卷鍋。有一次她說：『你需要像我手中的這種煮魚鍋。』大家一聽，都覺得非衝去買一個不可，而且一個要價一百一十二美元！」她教舒芙蕾時，以打蛋器打蛋白，據報導，節目結束後，「她的信眾買光了城裡的每支打蛋器」。鍋碗瓢盆、擀麵棍、優質橄欖油、蒸蔬菜機、朝鮮薊等等。很多東西本來在店裡無人聞問，突然間都銷售一空。

有一次保羅去劍橋的肉鋪，拿取他們訂購的肉類，親眼看到茱莉雅的影響力。肉販把小牛肩肉切成小方塊時，他們看到一位年輕女子走了過來，彎下腰，從櫃檯下方的小架子拿出《精通法式料理藝術》。接著，她翻到索引頁，翻找幾道食譜，列出購物清單，之後便排隊等候買肉。肉販對保羅說：「她們都用那本書。」保羅在肉鋪待了半個小時，驚訝地看到同樣的情況一再上演。

他也看到訪客和來賓在茱莉雅錄完每集節目後，將她團團圍住。他幫忙拆閱觀眾寫來讚頌茱莉雅的信件，有些觀眾還會隨信附上兒女或孫子女的照片，他們自己做的焦糖布丁和普羅旺斯燉菜的照片。他整天不分早晚，都在接聽贊助商的來電，處理演講和個人出場的邀約，每半年幫她算一次版稅（最近一次的版稅是一萬四千美元，是保羅以前年薪的三倍多）。

當他把這一切歸納起來時，發現鐵證如山，無庸置疑，他的妻子已經變成大明星了。

註解

1 譯註：Yogi Berra，知名棒球手，常講一些乍聽很有道理，但仔細思考發現是廢話的名言。

19 小東西裡的瘋婆子

一九六六年，烹飪界已經準備好迎接大明星了。

當美國愈來愈投入東南亞的戰事時，本土大眾從不斷冒出的新體驗中獲得了慰藉。經過沉悶刻板的年代，大眾對美好生活的嚮往已然成形，觸角往四面八方延伸，幾乎遍及任何自我表達的形式。社會評論家指出，「日常轉化成非凡事物」，大家都在尋找刺激感官的東西，讓人驚豔的東西，尤其藝術、性愛、藥物等等更像百花齊放。只要是有點好奇心的人，都在尋找新方向和新靈感。

這股文化巨變的風潮，透過潛意識和臥室開創了新局，後來這股風潮也吹進了廚房。大啖砂鍋或電視晚餐已經無法再令人感到滿足或刺激，美國人開始渴望食物不只帶來溫飽而已。突然間，威靈頓牛排、檸檬醃生魚（ceviche）、焗烤派等等都變成時髦晚餐派對上的熱門菜色。《時代》雜誌報導：「大眾對美食的重視，是從二次大戰後開始明顯，如今這股風潮已經席捲全國。」高檔食材不再只由美食家獨享，超市也調整貨架以迎合大眾的新需求。一年前，紅蔥頭還跟侏儒狐猴一樣難找，茴香、菊苣、香草莢也一樣難尋。現在乳酪專櫃提供法國波特莎露乳酪（Port Salut）和輪狀的乳布里乳酪（Brie）。新鮮香草和「可惡又大顆的朝鮮薊」也出現在農產區了。當然，苦艾酒更是隨處可見。

伯里斯・夏里亞賓（Boris Chaliapin）為《時代》雜誌畫茱莉雅的封面，1966 年。圖片鳴謝：The Julia Child Foundation for Gastronomy and the Culinary Arts

大眾趕上這股風潮後，餐廳也跟進響應。紐約的法國餐廳業，從一九三九年 Le Pavillion 餐廳在世界博覽會上造成轟動以後，如雨後春筍般湧現，如今依舊欣欣向榮。La Côte Basque、La Granouille、La Caravelle、Le Veau d'Or、Lutèce、Chambord 等等餐廳依舊吸引年紀較大又有財力的忠實顧客捧場。但他們的菜單固定不變，始終提供同樣的經典法國料理。大廚隱身幕後，客人上門是因為餐廳老闆和領班，他們在前門像嚴格的軍官一樣走來走去。一九六六年，隨著文化開始影響比較年輕的族群、年輕人開始有錢花用以後，這種情況開始改變。餐廳不再只是有錢人沉溺的地方，而是一種場景，當然，那是用餐的地方，也是交際與露臉的地方。新興族群不會去貼滿高級壁紙、又有傲慢服務生上下打量你行頭的餐廳，而是去有個性、設計感和風格的餐廳——亦即與眾不同的餐廳，大廚是以烹飪創意讓食客的胃口大開。

這種法國料理的轉變始於一九五〇年代末期，是從約瑟夫·鮑姆（Joseph Baum）開始的，他在重新塑造美國的用餐體驗上扮演了決定性的要角。他曾為卓越的舞台設計師紐曼·貝爾·蓋迪斯（Norman Bel Geddes）效勞，和建築大師貝聿銘共用辦公空間，所以鮑姆講求食物的時尚感，覺得食物是一種展演。他「著重食物和戲劇重疊的概念」，他知道光是提供一套精緻的標準菜單是不夠的，還需要好好款待客人，在獨特的情境中提供令人興奮的食物。「鮑姆認為，外食必須是一種令人難忘的體驗。」卡夫卡說，「他充滿創新，別出心裁，把國際高檔美食圈帶到紐約及其他地方。」

鮑姆的作法很簡單：讓餐廳提供有想像力的菜單和誘人的裝潢。所以，他迅速開了十二凱撒廣場餐廳（模仿古羅馬的義大利餐廳，服務生穿著羅馬寬袍，以百夫長的頭盔供應充滿異國風情的飲品）、太陽餐廳（La Fonda del Sol，引人注目的拉丁美洲主題酒館，類似祕魯的市集）、夏威夷室餐廳（Hawaiian Room，在萊克星頓飯店的地下室，提供各種玻里尼西亞的美食和娛樂，入口有座滑道），以及他的傑作四季飯店。

美國人以前從來沒見過像四季飯店那樣的東西。克萊邦在《紐約時報》寫道，四季飯店「可能是二十年來紐約開過最令人興奮的餐廳」。由密斯·凡德羅（Mies van der Rohe）和菲力普·強生（Philip Johnson）設計，位於現代主義西格拉姆大樓（Seagram Building）的一樓，有兩個引人注目的用餐空間：池房（Pool Room）和燒烤房（Grill Room）。池房有二十呎高的大理石噴泉及觀賞用的無花果樹；燒烤房的吧檯上方懸掛著理查·利波爾德（Richard Lippold）的抽象金屬雕塑。餐廳的背景掛著畢卡索和米羅設計的掛毯，裡面的椅子都是查爾斯·伊姆斯（Charles Eames）和埃羅·沙里寧設計的，但是這些藝術家都搶不過食物的風采。四季飯店從創立以來就重新定義了餐廳的價值，它的菜色強調新鮮的當季食材，而不是特定的美食，並帶大家認識從未見過的食物，例如荷蘭豆、櫻桃番茄、娃娃菜、食用野花，以及約翰·凱奇（John Cage）培植的多種珍稀菇類。

四季飯店一舉扭轉了美國餐飲業的格局，但是它和鮑姆打造的其他餐聽一樣精緻昂貴。直到一九六六年，華納·勒羅伊（Warner LeRoy）開設麥斯威爾好樣餐廳（Maxwell's Plum），餐飲業才開始接納比較年輕時髦的族群。麥斯威爾好樣餐廳是開在第一大道與六十四街的荒涼地帶，不是典型的高檔餐廳。除了讓人用餐以外，也是獨特的場景——餐桌繞著中央吧檯密集地圍繞，彼此相貼，單人座或雙人座繞了五或六圈。整個場子熱鬧喧嘩，裝潢豪放不拘：黃銅的欄杆長達數哩，巨型蕨類讓人感覺宛如置身叢林，蒂芙尼藍的彩繪玻璃天花板長三十呎、寬十八呎，下方有動物造型的陶瓷。這裡沒有服裝規定，但不少人穿了寬領花襯衫和喇叭褲。這裡的菜單是「大陸型」（continental），當時那個詞的意思是指「大集錦」，而不是「歐陸」。你可以點精緻乳鴿、烤小牛排或海鮮煎餅，也可以點肋排與漢堡、墨西哥辣肉醬。就像克萊邦說的：「這裡沒有最頂級的高級料理，但很有趣。」而且很多菜色都相當美味。

麥斯威爾好樣餐廳一開業就馬上爆紅，把餐廳從古板保守的特殊場合一舉提升為時髦的熱門場景。大廚兼食譜書作家羅珊·高德（Rozanne Gold）表示：「出門探索這些聚會場所開始流行了起來。」高德在這場改變紐約飲食圈的革新中成長，後來變成業界名人。「麥斯威爾好樣餐廳首創先例，接著是星期五餐廳（Friday's），不久出現 Trattoria da Alfredo 餐廳，為原本只認識帕瑪森起司焗牛肉、義大利麵配肉丸的年輕族群，介紹了區域性的義大利料理，例如美味的手工義大利麵和香蒜青醬」。

懂門道的紐約人可以輕易享受這些美食，但多數的美國人此時才剛開始對食物產生興趣而已，還沒有讓他們剛甦醒的味蕾享受這種美味的地方。他們還要等好一段時間，地方的餐館才會注意到這個趨勢。當時全美各地的菜單大多還是提供一些可怕的菜色，例如一塊美生菜淋上大量的俄式沙拉醬、綜合水果杯、全熟的烤牛排、糖醋雞、烤比目魚捲肉、匈牙利湯、炒蝦仁、火腿排配罐頭鳳梨片、烤馬鈴薯配酸奶油、皇帝豆、椰子卡士達派。在六〇年代初期，對烹飪有興趣的人似乎只能在家裡自學，唯一的方法是從食譜書或電視上盡量學習知識和技巧。「當時仍是烹飪的黑暗時代。」一九七〇年代才開始研究美食圈的美食作家柯比·庫默爾（Corby Kummer）說，

「大家都在等待美食救世主出現。」這時電視螢幕上出現了一個影像，茱莉雅就是那道光。

十一月二十五日，《時代》雜誌讓茱莉雅登上那個推崇文化、社會、政治偶像的封面，並正式冊封她為「終極廚娘」，說她的節目「讓她成為紅遍全美的偶像」，並宣告一九六六年是「人人都跟著茱莉雅在廚房裡烹飪的一年」。該文引用了茱莉雅一貫的說法：「只要養成良好的做菜習慣並堅持下去，法國料理一點也不難。」不過，那篇文章的重點不是放在烹飪上，主要是在談她的鮮明形象，她「成功的演藝生涯」，以及讓大眾充滿想像的「失誤」、「尷尬」、「失態」、「穿幫鏡頭」等等。這個個性大剌剌、直言不諱、親和力十足、口音怪誕的高大女人，有一種討喜的特質。她「覺得在家裡喝兩杯波本威士忌沒有關係」，她也坦言「討厭裝腔作勢的人」。

茱莉雅的一切言行舉止，都和大眾產生了共鳴。即使她毫不掩飾她對法國的熱愛（她告訴《時代》雜誌：「我只做法國料理，其他都不做。」），但本質上她還是道道地地的美國人。即使她住在學風鼎盛的劍橋，她依舊相當踏實，毫無哈佛那種自負感。即使她一再鼓吹大家要嚴守烹飪的技巧，大家還是可以明顯看出她自己也愛打破規則，美國人怎麼可能不愛上她呢？

莫拉許回憶道：「《時代》雜誌那篇報導讓茱莉雅一舉躍上了高峰。」畢業於哥倫比亞大學的後起之秀貝潘表示：「那篇文章讓她成了美國烹飪界的代言人。當時終於出現一個大家可以諮詢意見和信賴的對象，大家都覺得她會教他們瞭解食物的一切。她不是法國人，不是高高在上的跋扈者，也不是貝蒂．克拉克1那樣的虛構人物，而是跟他們很像的人。」

《時代》雜誌盛讚的是她的人格特質，那個從無到有的美國精神，他們看到「廚藝如此精湛的主婦，在三十四歲結婚時，連燒個開水都很勉強」，這個「平均成績中下的學生」竟然能變成「美國最有影響力的烹飪老師」，成為家喻戶曉的人物。即使以前還不算家喻戶曉，現在登上《時代》雜誌的封面，那肯定是了。

大眾的看法都很一致。讀者的信件如雪片般擁入《時代》雜誌，證實了編輯早就知道的事實。佛羅里達州夢提特島的羅伯．黑夫（Robert F. Hever）寫道：「茱莉雅萬歲！」某天晚上他下班回家，看到餐桌上有巴黎式焗烤魚排（filets de poisson gratins à la parisienne），「我們家每次說到她，就像講到自家人一樣」。康乃狄克州紐哈芬市的法朗西斯．魯尼（Frances R. Looney）寫道：「我們愛死她了。」

不過，登上《時代》雜誌的封面只是那年媒體轟動的最高峰。同年稍早的四月，《法國大廚》榮獲艾美獎的肯定，那也是教育電視台最早贏得的艾美獎。十月的最後一週，《生活》（*Life*）雜誌也做了茱莉雅的專題報導，《紐約時報雜誌》（*The New York Times Magazine*）也是。克萊邦這時已是全美最有影響力的食評家，他在《紐約時報雜誌》中盛讚茱莉雅是「美國的美食圈中，最了不起的人才之一」。不過，一位嫉妒的同行還是設法抨擊了茱莉雅。《紐約時報雜誌》的那篇文章也引用另一位名廚的匿名說法，言語之間充分顯現出他對茱莉雅的不滿：「她既不是法國人，也不是大廚，她沒當過學徒，沒通過認證，沒有大廚的證書。現在『大廚』一詞如此濫用，令人遺憾。」

沒多久茱莉雅就知道那個抨擊者的真實身分。那篇報導發表沒幾天，就有傳言指出那個人是瑪德蓮．卡曼（Madeleine Kamman）。她是個性凶悍又好勝的藍帶畢業生，比爾德說她個性「很嗆」。她覺得美國人都不了解她，她一輩子都在問：「為什麼是茱莉雅？為什麼不是我？」也因此她的精湛廚藝和教學技巧永遠相形失色。卡曼是法國人，曾在都漢地區（Touraine）的一星級餐廳辛苦工作，領有證書，胼手胝足累積了一切成就。這一切都令人欽佩，但是有件事情讓她一直耿耿於懷：「為什麼美國人要一個美國的『法國大廚』？」這個問題讓她相當介意，始終無法釋懷，百思不解。後來有好幾年，她常公開嘲諷茱莉雅的盛名，不過當時的匿名批評幾乎沒掀起一絲漣漪。

表面上，茱莉雅大方地沉浸在鎂光燈下。自從那篇文章發表後，不管她走到哪裡，都有人上前對她說，他們有多喜歡她做的事情及她這個人。陌生人直接以「茱莉雅」稱呼她，馬上就有一種親切感。畢竟，她透過螢幕直接進入他們家中，正眼看著他們，親自指導他們做菜。她已經和觀眾建立了類似私人的關係，一種親近的情誼。觀眾看到她時，都覺得好像什麼事情都可以盡量開口問似的，他們也確實那樣問了，例如「怎麼把烤雞烤成深金色？」、「怎麼鼓勵我先生參加家庭聚餐？」、「怎麼用其他的方式取悅我先生？」

偶爾不免會出現一點小狀況。烤乳豬那集引起公憤，從當週的觀眾來信即可見得。那集一開場，觀眾就驚見一隻栩栩如生的小乳豬，一臉祥和愜意地躺在橢圓形的砧板上，感覺像寵物在打盹似的。茱莉雅一邊說明如何幫小豬清了牠的耳朵和鼻孔，還刷了牠的牙，一邊在鏡頭前溫和地拍著小豬。她把蔬菜塞進小豬體內時，簡直像在做無情的勾當。之後，當她用電動刀鋸開小豬時，情況更是慘不忍睹。「我相信我們一定會收到一些拘謹觀眾的憤怒來信，」茱莉雅寫信告訴席卡，「因為小豬看起來像光溜溜的嬰兒被當成料理食材了。」

即便如此，那也絲毫未損茱莉雅的光環。那一年，WGBH收到的粉絲來信就增加十倍。每一集播出後，信件就如雪片般飛來，堆積如山，有數千人來信索取食譜。《波士頓》雜誌寫道，電視台「每週必須婉拒數百位願意支付五美元、以便到節目後台從小螢幕看現場錄影的人。」他們並不介意，每個人都想煮茱莉雅煮的東西。感恩節過後，一份超大包的郵包送抵爾凡街，裡面塞滿《時代》封面的收藏家請茱莉雅簽名的封面。竟然有收藏家！無論這股風潮對後人來說意味著什麼，當時那風潮馬上讓《精通法式料理藝術》的銷量大增。一九六六年十二月，該書的銷量翻了三倍，隔年一月又翻了四倍。於是，克諾夫出版社一舉把下一刷的印量從平常的一萬本提升為三萬本，但沒人知道這股強勁的需求到底會飆升到什麼程度。可以確定的是，這股風潮不只侷限在美國境內而已，現在整個拉丁美洲都有意購買《法國大廚》的播放權，連遙遠的紐澳地區也有興趣。這些提案對茱莉雅來說意味著不小的收入，因為當時除了美國以外，其他國家並沒有教育電視台，她可以自由地協商商業交易。她也不知道私營電視公司願意為這個節目支付多少播放費，但她聽說重播是真正的獲利所在。不過，她已經決定把這件事全權交由ＷＧＢＨ處理，並把她分得的收益全數捐給ＷＧＢＨ作為發展基金，就像她現在也把每次公開示範教學的收入（五百美元）捐給電視台一樣。

《法國大廚》上一季的節目在收視上也博得了滿堂彩，現在已累積一百三十四集的內容，在全美各地一百零六個城市重播，新一季的節目正在規劃中。電視台為了答謝茱莉雅，也幫她加薪了：現在她每集可領兩百美元，不再是剛出道時區區五十美元的價碼。節目的製作也大幅升級了，工作人員從原來的五位擴增為二十五位，還有一群死忠的志工幫忙。不過，這些對茱莉雅來說都不是重點，那只是數字而已，對整體大局來說不是多麼驚天動地的事。她真正在意的是如何烹飪，以及觀眾是否都聽懂她的講解了。

「我要等我們升級為彩色錄影，才要繼續做下去。」茱莉雅抗議道，「那樣至少食物看起來美一點。」

茱莉雅和多數敏銳的電視台都認為，再過幾年，亦即一九六〇年代末期，多數的電視節目都會改為彩色播放。黑白電視仍是當時的主流，但家家戶戶已逐漸改換新型的彩色電視機，原來單調的黑白螢幕變成了色彩繽紛的畫面。科技正在改變，茱莉雅也想跟著改變，她擔心萬一不變，競爭者可能迎頭趕上。事實上，幾個月前，ＷＧＢＨ以彩色電視的技術，試錄了十分鐘的《法國大廚》，他們從紐約搬來上千噸的專業設備，所謂的專家也來到攝影現場，全美各地數百位ＮＥＴ的大人物都受邀出席。茱莉雅為那個場合準備了燉牛肉和草莓塔，她說，因為「真正的草莓看起來比灰濛濛的東西好多了」。當時兩台攝影機（一台彩色、一台黑白）一起拍攝茱莉雅的料理過程，現場群眾一起看著顯示器，眾人看得相當入迷。「他們不斷地來回看兩個螢幕，兩者有如天壤之別。」茱莉雅當場就被彩色攝影機征服了，並烙下狠話：不換彩色，就沒有茱莉雅。

「她非常先進，」莫拉許說，「每次出現那樣的大改變，茱莉雅總是率先力挺。」她對資金有限的ＷＧＢＨ施壓，要求他們盡快更新設備，甚至為此展現難得一見的積極態度，公開表達看法，找「合適的管道」接受訪問，讓她的意見獲得傾聽。各地的專欄作家幾乎都響應她的看法，覺得黑白電視已經落伍了。《洛杉磯時報》指出，《法國大廚》因落伍的模式而受到侷限；作家克利夫蘭．艾默里（Cleveland Amory）也在《電視指南》裡提出同樣的批判，並支持電視台儘速升級為彩色錄影：「最近他們一直在重播老帶子。」在此同時，茱莉雅則是堅持不肯讓步，以表達她個人的意念。

茱莉雅之所以掀起這番騷動，主要是一種策略，而不是訴求。她需要時間，好好地喘口氣，減輕瘋狂的時間表。她才剛完成二十二集新節目的錄影，並為WGBH的中國料理節目提供諮詢（那節目找來波士頓餐廳的老闆廖家艾（Joyce Chen）擔任主持，但試播不太順利）。現在克諾夫出版社又找她出版一本跟《法國大廚》有關的平裝本。她在《波士頓環球報》的專欄老是在趕截稿期限，還有大量的訪問和現場示範的邀約。對茱莉雅來說，這些工作太難一次消化了，她已經被工作淹沒，疲憊不堪。保羅經常擔心她工作過量，身體吃不消。她拉傷了幾處肌肉，晚上需要躺在熱敷墊上辛苦地復健，起了幾個淺碟大小的水泡，也擔心罹患膀胱炎。不久前，她「二度傷了腳趾」，最近一次是因為她踢了家裡那台爛洗碗機一腳。此外，茱莉雅也需要更投入《精通法式料理藝術》的續集，她和席卡已經開始認真規劃。如果續集要跟第一集一樣暢銷，就必須一樣詳盡、重要，那會是另一本龐然大物。

不過，當這一切需要她關注的事物累積達到高峰時，她和保羅又躲到普羅旺斯的巴哈瑪方了，那裡又更急迫的事情需要他們去處理：打造他們的夢想之家。

那是一個持續進行的工程。早在一九六四年，席卡的先生費席巴雪就設法解決了阻礙他們擁有那塊家族莊園的繼承權問題。那是一位古怪的表哥留給他和妹妹的地產，除了地產以外，也留下累積多年的債務。費席巴雪設法償還了債權人，不僅縮小了債務，也增加了他的地產持份，最後他的妹妹每年夏天只有權待在巴哈瑪方一個月。

費席巴雪的外甥蒂博說：「所以費席巴雪和席卡變成了那片莊園的地主。」蒂博和他母親都覺得每年待在巴哈瑪方那個月像闖入別人的家一樣，「席卡和費席巴雪搬進了主屋，做了他們想做的任何改變，席卡沒先諮詢我母親就開始裝修，也規劃了她覺得合適的開發計畫」。

她的部分計畫是把橄欖樹下的一塊地借給保羅和茱莉雅，讓他們蓋一間小屋，「想遠離塵囂時，就可以到這裡居住」。那個提議相當大方，也很複雜。法律上，柴爾德夫婦並沒有那塊地產的權力，但他們要支付所有興建的成本和維護費用。「那棟房子將會是我們的，但法律上歸屬於他們。」保羅解釋。如果茱莉雅和保羅將來決定不住了，或是費席巴雪夫婦基於任何原因希望他們離開，他們也只能捨棄那些投資。

費席巴雪瞞著妹妹做了這項協議，所以當他妹妹得知此事時，一開始並不贊成，但她後來加入討論以後也動心了。「我母親決定讓茱莉雅去建那棟房子。」蒂博回憶道，「那是一間小房子，就只是給他們夫妻倆居住，我們也認識建商，是當地的一戶人家，我們知道那棟房子會以古石砌成，鋪上古磚，在當地看起來不會太突兀。」

幾經討論後，藍圖出現了。那棟房子將會是單層的小屋，前方是雙扇玻璃門，後方的露台離席卡住的老農舍僅一箭之遙。窗戶是百葉窗，屋內有兩個壁爐取暖。平緩傾斜的院子裡留下幾株橄欖樹，另外加種一些玫瑰和九重葛，「一、兩年後就很美了」。每個人——費席巴雪夫婦、蒂博一家人、柴爾德夫婦——都開心地認同那項計畫。

「我們是以握手的方式達成協議，」茱莉雅回憶道，「那是一棟以友情立基的房子。」

一九六五年的冬天，房子動土，接著一直到年底，都是以法國人一貫的龜速興建。隔天春天，他們再次見到那個地方時，才剛以水泥磚、混凝土、石膏、石頭砌好粗略的外型而已，整個房子仍在興建中，比他們原先預期的還大，看起來有種「舒適及比例不錯的感覺」。雖然尚未完工，但茱莉雅心想，這間房子是顆「小寶石」，環境清幽脫俗，是「心理的安全島」，而且這裡的氣候正適合逃避新英格蘭的酷寒。那年因地中海吹來的暖風，春天提早來臨。保羅說：「隨處可見合歡樹的花朵怒放，還有紫羅蘭、水仙、榲桲和杏樹、金雀花叢、藍鳶尾花。」那些植物覆蓋著階地，宛如波納爾（Bonnard）的風景畫。

那裡美麗但嫻靜，質樸但迷人，他們決定把房子稱為La Pitchoune（音似拉披揪），簡稱La Peetch（拉披曲），大致可翻譯成「小東西」。

一九六六年再來到巴哈瑪方時，房子終於完成了。茱莉雅和保羅在坎城的火車站租了一輛汽車，當他們從N—85公路開到柏斯卡斯亞，沿著蜿蜒的道路而行時，可以看到那間房子就在遠方，亮著燈迎接著他們。他們不在那裡的時候，席卡幫他們打理了一切。窗戶上掛起了萊博地區（Les Baux）的復古窗簾，床上鋪好了美麗的床單，桌上鋪了復古的法國桌巾，壁爐上擺了古意盎然的瓷盤，衣櫥是由老舊的橡木門板改造的。一切的一切都是他們夢想的樣子，比他們預期的還多出許多。

兩天後，正當合歡樹開始綻放花朵時，查理和費瑞狄也抵達普羅旺斯，為他們慶祝新屋落成。保羅和查理兩兄弟一起幫茱莉雅弄好了廚房，第一件事就是幫她安裝從地板到天花板的招牌釘板，詳細地排好每個物件的永久固定位置。所有的設備都已經可以啟用來烹飪了，老式的Cornieu鐵爐有可拆卸的爐環，啟動時就像火車頭一樣，會發出響亮的噗呼聲，所以後來茱莉雅都稱那個爐子為「噗呼」，她會以感性的口吻說：「我用噗呼煮了雞肉。」

車庫裡停了一輛有自動變速器的雪鐵龍十九（Citröen Dix-Neuf）汽車，那是席卡送給他們的落成禮，實在很大方，也很體貼，只不過柴爾德夫婦「都恨死那輛車了」。那輛車是醜陋的金屬色，外型像某種軟體動物，所以他們也幫它取了一個綽號，茱莉雅偶爾開它出去兜風時，會說「輪到老蚌上場了」。但席卡堅稱「那是一輛好車」，就像她對他們在巴哈瑪方的各大決策一樣堅持。

「她是個非常強勢的女人，」她的外甥蒂博說，「霸道、剛愎、固執，像憲兵一樣。」她有體貼和關愛的一面，也有霸氣的一面，像獨裁者一樣。茱莉雅和保羅這時才開始認識她這個特質，後來他們逐漸發現「筆友席卡」和「鄰居席卡」是全然不同的人。保羅接掌新房子後不久就抱怨：「她幾乎對你的一切無所不知。」他竭盡所能地迴避她的狂妄自大，但是日復一日，席卡總是大剌剌地闖入他家，一再對他發號施令，說他「什麼都不懂」。茱莉雅以前為《精通法式料理藝術》做最後階段的衝刺時，已經領教過類似的行為了。但是，不管席卡有多專橫、多囂張、法國脾氣多大，茱莉雅都能包容她。相反的，保羅比較敏感，容易被激怒。席卡一而再、再而三地刺激他。「她就像法國女版的巴頓將軍。」保羅說，「我只能忍受十分鐘，接著我火氣就來了，想開口大喊：『首先，妳根本不知道妳在講什麼，再者，妳給我閉嘴。』（你必須用喊的，才能壓過她那類似鉚接機的聲音。）」

那是一棟以友情立基的房子。

茱莉雅討厭席卡堅韌固執的個性，但也需要她。她在寫給愛薇絲的信中提到，她覺得席卡是個「固執己見的法國暴君」，愈來愈受不了她的霸道行為。但是她必須以她們合作的食譜書為優先考量，隨著時序進入一九六七年，她們需要為《精通法式料理藝術》的續集做好準備。茱莉雅設法把他們待在拉披揪的三個月，分成整頓新家和烹飪的時間。席卡待在他們家的時間愈來愈久，廚房裡不時傳出「歡樂、愉快的交響樂——油炸、煎煮、切菜、歡笑的聲音，混合了劈哩啪啦的法語聲」。維持一切的和諧非常重要，沒必要破壞撰寫續集的步調。

隨著時間經過，食譜也逐漸成形。保羅看著茱莉雅和席卡「繼續為了食物和烹飪而爭論，卻依舊相互仰慕、欣賞、毫無嫉妒之心」。保羅很訝異她們為了步驟而爭論不休，卻能因此激發創意。茱莉雅依舊是團隊中不願妥協的科學家，堅持一再測試各種變數，但她也讓席卡的直覺和自發性得以充分發揮。「席卡知道最後該做什麼，讓一道菜變得更加鮮明。」茱蒂絲說，「她總是在食譜中多放一瓣大蒜，她的菜色口味比較濃烈，茱莉雅會稍微牽制她。」她們的作法正好彼此互補，就連性情也是如此。「不知怎的，她們就是有辦法不打起來。」保羅說，

「也許是因為她們都把焦點放在目標上，而不是自己的身上。」

她們的目標可說是再清楚不過了。新年過後，她們的烹飪實驗開始認真了起來。這兩個「小東西裡的瘋婆子」（她們的稱呼）開始實驗新的蔬菜湯食譜，不斷地討論續集的樣貌。根據席卡提出的詳細筆記，茱莉雅已經為續集做出「暫定的章節列表」和大綱，以便「有具體的東西可做」。她們不再像上一本書那樣漫無目的地嘗試各種類別，續集將會分成七個明確的單元：湯品、麵包、肉類、禽肉、加工肉品、蔬菜、甜點。「茱莉雅決心收錄和第一本完全不同的菜色。」茱蒂絲回憶道，「但是基本前提仍維持不變：為美國廚師提供法國經典料理的實際作法，強調主題與變化。」不過，上一集反映出法國料理的傳統，續集則是把視角拉到現代。

這次寫食譜書，感覺更專注了，尤其露薏瑟已經完全退出這個案子。她們逐漸體會到老格言的真諦：「兩人成伴，三人不歡。」尤其在這個例子中，每位廚師的貢獻都攸關這本書的成敗。基於很多原因，露薏瑟實在無法應付這樣的挑戰，光是就廚藝來看，就足以把她排除在外。茱莉雅對外的說法總是很婉轉：露薏瑟的私人生活經歷了太多的動盪，需要把時間留給家人。事實上，茱莉雅和保羅住進拉披揪時，露薏瑟的私人生活又再次天翻地覆了起來。

保羅指出：「她那個可怕的前夫，積欠了九萬多法郎的債務，後來潛逃到國外躲債，現在住在西班牙，又生了幾個私生子。」法國的法律規定，夫妻擁有共同財產，就要共同或獨自負責婚姻中累積的債務和稅務，所以在法律的規範下，那筆債務不只掛在保羅．貝賀多（Paul Bertholle）的身上。茱莉雅登上《時代》封面出現在巴黎書報攤那天，財政部的人員就找上露薏瑟，詢問她、她的公寓管理員，以及她在三饕客烹飪班的朋友，質問她開班的目的、學生人數、老師賺取的費用。

總之，她無法宣稱她可以領取《精通法式料理藝術》的版稅，不然版稅會全部遭到沒收，去抵押債款。茱莉雅把露薏瑟的版稅存入席卡的帳戶，再由席卡偷偷把現金交給露薏瑟。

不幸的是，露薏瑟遇到的麻煩還不止於此。「她的手因關節炎而扭曲。」保羅回憶道，「幾乎連舉杯喝水都有困難，更別說是搬砂鍋了。」她也預定一九六七年三月第三度結婚，嫁給亨利．德．納勒榭伯爵（Henri de Nalèche），成為伯爵夫人，但是那頭銜可能令人誤解。納勒榭伯爵在布赫居（Bourges）有地產，林間的居民常去狩獵野雞或雄鹿，但保羅說他的名下幾乎沒什麼錢。「他們都很孤單，日子過得不太好，只是趁著愛情依稀還在的時候把握當下。」

總之，露薏瑟會持續收到《精通法式料理藝術》的版稅，現在還多了另一個收入的來源：《法國大廚食譜書》（*The French Chef Cookbook*）。克諾夫出版社認為，電視節目的食譜書是很好的出版機會，不該錯過，所以匆匆把一百一十九集的節目內容彙整成食譜書出版。書裡的內容大多是出自同一個熟悉的來源，亦即《精通法式料理藝術》的簡化版。茱莉雅覺得她對席卡和露薏瑟都有義務，所以也讓她們分了部分的版稅，那對她們來說都是一筆輕鬆的收入。茱莉雅獲得兩萬五千美元的預付版稅，是當初《精通法式料理藝術》的十倍，分享起來相當充裕，就連拉克伍和WGBH也分到了一點。

克諾夫出版社對那本書的銷售潛力很有信心。首先，那本書已有固定的觀眾，這時有上百萬的觀眾準時收看那個節目。再者，這本書還有最佳代言人：茱莉雅，那是保證暢銷的完美組合。茱蒂絲向克諾夫出版社的新主編羅伯．哥特萊柏（Robert Gottlieb）簡報那本書時，抱著極高的期望。他們正要一起去用餐，以討論那本書的行銷計畫。走到麥迪遜大道和五十一街的交岔口時，哥特萊柏突然隨口問道：「妳打算印幾本？」茱蒂絲深受克諾夫出版社的保守文化所影響，不太願意坦言她這次想放手一搏，所以她低語：「四千本吧。」希望主編能答應。哥特萊柏一聽，旋即轉身對她大喊：「妳瘋了嗎？」茱蒂絲當場畏縮了起來，哥特萊柏逼近她說：「那根本不夠，這是什麼等級的書！」

他解釋，他們已經進入新的時代，深受電視和宣傳的影響，出版社必須善用所有的元素。哥特萊柏原先任職於出版巨擘西蒙與舒斯特出版社（Simon and Schuster），他的目標是比較大膽的出版模式，而不是克諾夫習慣的審慎模式。「哥特萊柏是新世界的出版人，」茱蒂絲推論，「阿弗雷德是舊世界的出版人。」哥特萊柏在午餐討論時，把《法國大廚食譜書》的首刷量一舉提升至十萬本，而且隨時準備加印。

茱莉雅已經變成克諾夫出版社的強打，跟厄普代克和奈波爾（V.S. Naipaul）一起名列他們的超級暢銷作家，這已經不是小規模的出版，一刷六位數的印量是媲美阿瑟·黑利（Arthur Hailey）、艾拉·萊文（Ira Levin）、海倫·葛利·布朗（Helen Gurley Brown）等大作家的等級。茱莉雅只要繼續在電視上主持節目，配合所有的訪談邀約，就能把書推銷出去。保羅說，《時代》雜誌那篇報導「使《精通法式料理藝術》的銷量一舉狂飆」，現在《法國大廚食譜書》也將跟著爆衝。

此外，茱莉雅也接了另一個食譜書的案子。時代生活公司（Time-Life）大張旗鼓地宣布，他們將出版「世界美食系列」（Foods of the World），全套共八冊的精美圖書，每冊介紹一種國際美食。如果說克諾夫出版社的商業模式是舊世界或新世界的，時代生活公司的模式則遠超乎一般的商業模式，預估印量是五十萬冊，而且預算毫無限制，錢根本不是問題。他們會聘請最優秀的美食作家、烹飪老師以及各領域的專家，賦予那專案不凡的聲望和權威，並以時代生活公司的精緻風格呈現。

出版商的資源相當豐富，烹飪界最耀眼的明星都難以回絕他們提出豐厚的報酬，所以每個名人都簽約共襄盛舉了：比爾德「為時代生活公司推出烹飪教室，並擔任總顧問」；費雪（M. F. K. Fisher）以優美的散文、幽默感性的美食書以及《紐約客》的細膩專欄見長，厄普代克封她為「食慾詩人」，她答應為這套書撰寫文案；英國烹飪界的天后伊麗莎白·大衛答應提供食譜和技術指導；而這群名人中最引人注目的焦點，莫過於茱莉雅了。茱莉雅基本上是受到每月一千五百美元的報酬所吸引，再加上她對《時代》雜誌有感激之情，所以答應擔任那套書第一冊《法國地方美食烹飪》（*The Cooking of Provincial France*）的顧問，他們協議她「只要讀過一切內容，確定作家寫的都正確就好了」，該書的重責大任主要是由編輯邁克・菲爾德（Michael Field）承擔。

菲爾德在紐約的美食圈以當代美食家自居，累積了不少名氣。他辛苦為一些名人擔任鋼琴伴奏，證明了自己在社會和政治上的聰明才智；他的廚藝了得，人脈極廣。最重要的是，他認識比爾德，是比爾德把他推薦給時代生活公司，擔任那套書的編輯。即使他不是烹飪科班出身的，他有許多的履歷足以證實他確實有兩把刷子。比爾德等支持者認為他「認真」又「熱情」，是「毫不妥協的傳統主義者」，有「淵博的烹飪知識」。他在曼哈頓開了烹飪學校，學生都是忠實的粉絲。他的聲望讓他在《紐約書評》（*The New York Review of Books*）開了專欄，他在專欄中以學術的口吻推崇食譜書及食譜作家。

不過，他的名氣和天賦無關，而是抱負使然。他口齒伶俐，行事非常圓滑。「他很有本事，手腕高明，」茱蒂絲回憶道，「而且毫不留情。」沒有什麼事情是他做不出來的，他會無所不用其極地套交情、拉關係，讓鎂光燈聚集在他日益蓬勃的事業上，沒有人比他更渴望獲得權力和影響力。「他非得當美食先生，唯一的權威，下終極的註解不可。」後來和妻子一起創辦《美食與美酒》（*Food & Wine*）的拜特貝瑞如此說。菲爾德非常積極，就像獵豹一樣，常語出驚人製造話題。「廚師沒有創意，」他告訴《時代》雜誌的記者，「他們只是優秀的技術人員。」可想而知，這類言論當然不受同業的歡迎，大家都鄙視他的浮誇論點。「他野心很大，是難搞的狠角色。」拜特貝瑞說，「他人很聰明，但破壞力太強了。」

茱莉雅也不是省油的燈，她識人有術，一眼就看穿菲爾德的斤兩。她聽過茱蒂絲提起「菲爾德有點瘋狂」，所以追蹤了他的烹飪學校所掀起的紛紛擾擾。一位可靠的觀察者指出：「那些傳聞都很誇張。」他在烹飪課上非常瘋狂，以超快速示範每種作法，導致學生不斷地懇求：「拜託、拜託，一次做一個動作就好。」另一位評論者指出，他指導烹飪技巧的方式「近乎法西斯」，他「面對食物時，不帶任何感性或浪漫想法」，他跟茱莉雅不一樣，他鼓勵學生不要清洗香菇，蝦子不去腸泥、大蒜不壓碎。茱莉雅覺得他是「還沒準備好，就把自己推向高處的空想家」。茱莉雅雖有這些疑慮，但她仍簽約擔任第一冊的顧問，還讓菲爾德搬進拉披揪編輯那本書。

時代生活公司的出版專案讓烹飪界相當振奮。一方面，那個專案的出現，讓他們的專業終於登上大雅之堂，獲得肯定。那樣的關注讓烹飪這門學問從小眾樂趣變成了流行風尚，而且有企業的背書和資源可以進一步地推廣。時代生活公司先是讓茱莉雅登上《時代》雜誌的封面，現在也準備好推舉她的同業。「他們投入很多資金在那個案子上，」拜特貝瑞說，「而且每個人在財務上和專業上都因此受惠了。」

但那也促成了競爭，有了競爭，就有政治角力的問題。為《時尚》和《仕女居家期刊》撰寫美食文章的卡夫卡說：「有人開始組成聯盟。」烹飪之類的活動需要能說善道的發言人和角色來激發大眾的熱情。「想法獨到、個性鮮明的人開始脫穎而出，例如廚師和烹飪專家，以及夢想家和自我推銷者。一個人竄紅的方式，往往和他的交友及結識的貴人有關。」

這時出現兩大陣營，爭搶勢力。一位消息靈通的觀察家指出：「比爾德陣營和克萊邦陣營，兩邊壁壘分明。」比爾德和克萊邦都對彼此充滿敵意，兩人曾是朋友，但後來逐漸出現歧見而失和。比爾德曾幫克萊邦獲得《美食家》的第一份工作，並到處介紹他認識可以幫他飛黃騰達的業界重量級人物。但是，當克萊邦晉升為《紐約時報》首屈一指的食評家時，有些人說他「把比爾德貶抑成普通的廚師」，常說比爾德把別人的食譜說成自己的。就個性上來說，他們兩人是截然不同的風格。他們都是同性戀，都渴望獲得一群忠實的朋友。「但是克萊邦的個性冷漠，有一種南方白人的優越感。」一位熟識說，「在派對上，他會一直喝酒，喝到夠了才肯發表意見，但這時講起話來又很惡毒。」比爾德是個「氣勢比較搶眼的人物」，一位同事說，他比克萊邦外向，但也比較火爆。「他可能變得很可怕，令人難以忍受，但他喜歡複雜、難搞、做事不太一樣的人。」

不過，他們最不相容的一點，應該是烹飪風格。克萊邦是在洛桑的瑞士餐飲專業學校（L'École Hôtelière de la Société Suisse des Hôteliers）受訓，覺得「法國料理不只是一種口味偏好，更是用來衡量其他一切的終極標準」。

比爾德則是大家公認的「美國烹飪界大老」，兩者有如天壤之別。

即便如此，圈內人還是需要選邊站。比爾德的圈內好友，包括《麥考爾》雜誌裡影響力深遠的美食編輯海倫·麥卡利（Helen McCully）、《居家與園藝》雜誌的何西·威爾森（José Wilson）、雪利·雷曼葡萄酒公司（Sherry-Lehman）的老闆山姆和佛羅倫絲·亞倫（Sam and Florence Aaron）、名廚貝潘、卡夫卡、因推廣高級印度料理而備受關注的瑪德赫·傑佛瑞（Madhur Jaffrey）。克萊邦的圈內好友，包括名廚皮耶爾·法藍利（Pierre Franey）、作家布萊恩·米勒（Bryan Miller）、墨西哥大廚扎雷拉·馬丁內斯（Zarela Martínez）、擅長拉丁料理的巴西設計師多蘿西婭·艾爾曼（Dorothea Elman）。

茱莉雅非常謹慎，兩大陣營都不得罪。她喜歡比爾德，說他「永遠可親」，一有機會就到他的紐約烹飪學校授課。比爾德的傳記作家寫道：「他們對純淨食物的喜愛，超越了風格上的差異。」他們的風格在某種程度上也有融合之處。除了交流最新的烹飪資訊以外，比爾德和茱莉雅也愛分享八卦消息，他們交流八卦的頻率不亞於烹飪資訊。另一方面，克萊邦則是迴避茱莉雅。「他有點難找。」茱莉雅某次受訪時提到，「他比較獨來獨往，不是很愛助人，但也不會害人。」事實上，這樣講有點魯莽，畢竟克萊邦是媒體中「最有影響力的聲音」，當初就是因為他盛讚《精通法式料理藝術》，才推動了茱莉雅的職業生涯。

巧合的是，最早對「世界美食系列」感到幻滅的，是克萊邦和茱莉雅這兩個法國愛好者。茱莉雅幾乎是從一開始就後悔參與那個案子，她覺得整個案子「太商業化」，對表面的重視多於實質。一九六六年六月，她寫信告訴席卡：「我真希望當初沒答應和菲爾德合作，擔任時代生活系列的顧問！」她也寫信告訴愛薇絲：「我覺得他是半吊子，講得天花亂醉，很有交際手腕，野心勃勃。」其他的旁觀者也證實了她最初的疑慮。費雪為那本書做研究時，曾到巴哈瑪方住一陣子，她說目前住在拉披揪的菲爾德已經無法勝任編輯工作了。在他的管理下，那套書從原本的八冊暴增為十八冊，使他變得「非常緊張，有點不穩定」。在此同時，各種跡象也顯示，

「他似乎失去了烹飪的興趣」。費雪因多管閒事，曾偷偷跑去拉披揪探測菲爾德的進度，發現冰箱幾乎都是空的。她納悶：「你怎麼能讓一個不烹飪的人來編輯食譜書呢？」尤其菲爾德的任務就是測試所有的食譜。

一九六六年十一月，茱莉雅親眼看到了令人難過的事實。「我收到時代生活的食譜了。」她寫信告訴席卡，她覺得「那些食譜好糟」，裡面有「太多錯誤」。她覺得多數的食譜都是「大雜燴」，可以看出「非常失職，令人費解」，其中還有很多片段是直接抄自《精通法式料理藝術》和其他的食譜書。或許更不可原諒的是，那本書「毫無熱情」。

茱莉雅只在寫給好友的信中展現明顯的失望，她並未對外提及那件事，而是以她一貫的行事原則，面對烹飪上的失望：決不承認或道歉。不過，克萊邦就沒那麼客氣了。他為《法國地方美食烹飪》寫的書評，刻意選在書籍上市那天，刊登在《紐約時報》上。他在書評中痛斥菲爾德把那本書做得很馬虎，說那是「最不可信的法國區域料理選集」。菲爾德事實上是把那份專案的多數工作都交給顧問編輯處理。他看到克萊邦的書評後，以同樣的方式在《麥考爾》雜誌上發文反擊，批評克萊邦喜愛的法國餐廳。他們就這樣來來回回互相攻擊，每次的攻擊火力持續增強，美食圈都在一旁看熱鬧。

幾個月後，時代生活公司又大張旗鼓宣布，Le Pavillon 餐廳的前主廚法藍利已經和他們簽約，將為「世界美食系列」提供一本經典的法國料理書。克萊邦表明他希望能和法藍利合作，這種要求很不尋常，畢竟他之前才大肆抨擊過時代生活公司的書。專家認為他是在要脅出版商就範，事實上，出版商「也別無選擇，只好同意了」。他們簽了條件優厚的合約，也訂了大綱以後，出版商才介紹克萊邦給他們的編輯認識：他們還是請菲爾德擔任這本書的編輯。

在後續的美食爭論中，茱莉雅持續維持她的超然立場。那些政治角力看起來有趣，但也令人分心。美食圈的江湖恩怨令她莞爾，但是當她備受各界的肯定時——有忠實的粉絲群、常上雜誌專訪、獲得艾美獎的肯定、登上《時代》封面——她覺得她需要扮演不同的角色，不要跟同業搶鋒頭或比才華，而是讓自己成為權威，一位烹飪界的權威，為了大眾的利益而做，而不是為了名利。她把焦點放在大眾上，讓大家看到她對食物及自己的認真態度。信任成了關鍵議題：為了讓觀眾持續信任她，把她當成老師、專業表演者及公眾人物，她不能強迫推銷任何目的，不能從代言中獲利，也不能引發紛爭，因為那些都會影響她的真實性。她不僅因此贏得了大眾的愛戴，也獲得美食圈的尊重。

烹飪界終於找到了他們的巨星。

註解

1 譯註：Betty Crocker，通用磨坊公司旗下的品牌。

20

家喻戶曉

一九六七年底，《精通法式料理藝術》的續集撰寫已如火如荼地展開，茱莉雅和席卡飛快地追趕進度。在巴哈瑪方，她們各自的廚房就像實驗重地，出動了大量的鍋碗瓢盆，流理檯上堆滿了肉類和蔬菜，六個爐口整天煮個不停。窗檯和椅子上層層疊放了不同烹煮階段的菜餚，一位訪客描述那個場景就像「美食狂歡的戰果陳列」。拉披揪裡冒著團團蒸汽，透過蒸汽可以看到一個高頭大馬的人，穿著沾滿菜漬的圍裙，耳後冒出鉛筆的筆根，忙著應付那些煮得正起勁的大鍋小鍋，鍋裡傳出各種滾沸聲，有如布魯克納（Bruckner）的聖詠曲。茱莉雅通常是一次強力煮三、四道菜，把焦點放在一道食譜上，其他的菜餚則是放著慢慢悶煮，直到完成為止。例如，她的主菜是美式龍蝦（homard à l'américaine），她可能開始煮六隻龍蝦的尾巴和蝦螯；湯鍋裡是以蝦胸、蝦腳、各種下腳料熬煮龍蝦濃湯；煎鍋裡是以油爆香一堆切碎的蝦殼，滋滋作響，那要做成什麼呢？她還沒決定。連攪拌機也加入大鍋小鍋的合奏曲，把蝦腳攪拌成紅黃色的泡沫汁液，等會兒要做成龍蝦醬。這些都只是測試的第一階段而已。第一次測試時，她可能會忽略蝦腳裡的微量肉絲，隔天她可能會重新考慮，切開蝦腳，以擀麵棍擠出裡面的殘留物。每道食譜就像樂團指揮的樂譜那樣攤開著，菜色都會一煮再煮好幾遍。茱莉雅迅速地按著每個步驟進行，有條不紊地實驗，在過程中不斷地品嚐、調味與註記。

左起）費席巴雪、席卡的廚子、查理、席卡在拉披楸的外頭合影。圖片鳴謝：The Schlesinger Library, Radcliffe Institute, Harvard University

茱莉雅向來都是那樣做的。她為續集寫下的註解，充分顯現出她在食譜與廚藝之間、直覺與精準之間的掙扎。她不希望她傳授的基本作法還受到爐子的不可預測性所影響，完美的食譜需要經過她所謂的「操作試煉」，不斷地試誤，沒有捷徑。

不過，為了寫續集而大煮特煮之際，茱莉雅又遇上了老問題，她感嘆：「我完全無法信任席卡的食譜。」她的夥伴做起菜來依舊是毫無條理，變化不定。席卡採用的方式，正是茱莉雅花最多心思遏止的——「不科學、全憑直覺、口頭表達，而且研究、註記、順序、經典來源幾乎完全不可信」。「茱莉雅把她的所有研究、美國農業部的研究結果、或她仔細做的科學比較等等都告訴席卡了，但席卡全當成耳邊風。」保羅在寫給弟弟的信中如此抱怨，他也隨口補了一句：「她快把我逼瘋了！」

茱莉雅從未修改過保羅的信件，她不喜歡保羅這樣批評她的事業夥伴，所以請保羅修改他的說法。席卡的烹飪技巧確實讓她很頭痛，她們甚至因此延後了新書的時間表好幾週，但是她提醒保羅，席卡的作法雖然氣人，但她不是無能。在這次續集的團隊中，她是「真正的一半」，有不可或缺的貢獻。沒有什麼合作案是完美的，席卡可能對研究「毫無興趣」，但茱莉雅的心裡很清楚，席卡是個單純的廚師，而她不是。

不過，茱莉雅也坦承，席卡的不拘小節（甚至馬虎）導致《精通法式料理藝術》裡有一些錯誤，其中有三道食譜令她特別難受。「這本續集裡，我絕對不放入任何行不通的東西。」她堅持，「續集一定要比第一集好，決不趕鴨子上架。」

然而，真正的障礙反倒不是席卡，而是出自另一個意外的地方。茱莉雅在寫給席卡的信中提到：「茱蒂絲在問，我們是不是應該把法國麵包的食譜也收錄進來。」法國麵包是茱莉雅這些年來最怕聽到的四個字。

自從一九六四年《法國大廚》開播以來，她就收到數十封觀眾來信，索取法國麵包的食譜。大家似乎都認為，那是茱莉雅應該會做的東西，也是任何餐點中不可或缺的要件。茱莉雅當然知道事實不是如此，法國麵包不是在家裡就能輕易仿做的藝術，尤其使用美國的原料和美國的烤箱更是困難。她從來沒做過一條像樣的法國麵包，據她所知，席卡也沒做過。當初茱莉雅住在馬賽時，她們曾經一起試過，用了五十磅的美國麵粉，還是做不出像樣的結果，席卡說她們做的東西「簡直是災難」！從此以後，茱莉雅遇到有人要求法國麵包的食譜時，她總是巧妙地回應「法國人不會自己在家裡做麵包」。在法國，大家都習慣每天到家裡附近的麵包店，買從特殊爐子裡剛烤出來的美味麵包。當然，美國不是這樣，美國市場上所謂的「法國麵包」真的很糟，假假的硬殼配上鬆軟的土司核心。茱莉雅也不推薦那種麵包，但是自己做麵包更是愚不可及。

觀眾可以瞭解她的論點，但茱蒂絲不肯就此罷休，她告訴茱莉雅，少了法國麵包，一餐就不算完整。「我覺得加入那食譜是絕對必要的。」茱蒂絲多年後回憶道，「試想，法國料理的聖經裡，竟然沒有法國麵包的食譜！我再次寫信給茱莉雅，力勸她去研究一下。」

當時，茱莉雅正為了酥皮忙得不可開交，她忙著烘焙水果塔、法式千層酥（mille-feuilles）、皇冠杏仁派（Pithiviers）、花色小蛋糕，甚至威靈頓牛肉酥皮捲和羊肉酥皮派——一切跟酥皮結合的東西。另外，為了超越第一集那個備受關注的莎巴女王巧克力蛋糕，她也實驗了多種巧克力蛋糕的食譜。她發現那是一大挑戰，「就像試圖畫得比達文西更好一樣」。她擔心研究法國麵包會影響工作步調，便把鑽研麵包的苦差事推給了保羅。保羅在認識茱莉雅以前曾做過一些麵包，現在也渴望參與實驗。

但是，想在拉披揪烘焙麵包根本是不可能的事，因為茱莉雅已經占用了廚房裡的每吋空間。此外，除了馬不停蹄的烹煮實驗以外，他們夫妻倆也需要招待一些旅法作家和藝術家，那些人常為他們帶來知性上的饗宴，例如住在附近瑪迦紐斯克村莊（Magagnosc）的作家羅伯特・潘・華倫（Robert Penn Warren）；超現實主義畫家馬克斯・恩斯特（Max Ernst）；小說家希彼勒・貝德福德（Sybille Bedford）和他的愛人艾達・羅德（Eda Lord）就住在巴哈瑪方外的山城裡。茱莉雅除了忙於烹飪外，深夜還需要以打字機打出食譜，她和保羅只能利用剩下的時間喘口氣，沒時間再專注研究法國麵包了。不過，回到劍橋以後，保羅以他一貫的執著態度，展開了「浩大的麵包實驗」。

保羅打從一開始就發現，把法國麵包做好顯然是個白日夢。無論他怎麼做，就是搞不定那四種麻煩的主要原料：麵粉、酵母、水、鹽。誰會想到這四種基本材料竟然會衍生出那麼多的衝突呢？那裡頭涉及了太多的因素和變數。麵包要做得好，「外殼、麵包心、味道、顏色」等等特點都必須面面俱到，而且，天啊，這說起來比做起來容易多了。保羅早期做的那些法國麵包，都可以印上「路易斯威爾強打」（Louisville Slugger）的標籤，直接送給紅襪隊做揮棒練習了。「那些長棍麵包又硬又重。」茱蒂絲回憶道，她收到保羅以限時郵件寄來精心包裝的樣品，「我記得我打開來看時心想：『喔，天啊，不！』」

保羅努力了好幾個月，想做出像樣的成品，卻始終不如人意。一九六七年五月，茱莉雅也加入研究，他們各自採用自己的系統和方法，「為了研發出真正的法國麵包，做了十八次實驗」。解開了麵粉的神祕面紗後，他們做出了不會太乾又蓬鬆的麵包心，但是外殼依舊又薄又白。他們用盡書裡教的一切伎倆，在爐子裡製造出熱氣騰騰的效果（那是影響麵包質地的關鍵），以做出黃棕色的外殼。保羅指出：「如何製造蒸汽、如何調節、要製造多少蒸汽及持續多久等等，都是製造蒸汽時遇到的問題。」他們為此設計了多種玩意兒，第一項裝置很容易理解：用來噴麵糰的塑膠噴霧瓶，但是效果嚴重不足。他們也曾經抓一把冰塊放進爐子裡，但效果並未改善。他們也做了一套「毛細管傳導系統」，把濕浴巾放在水盤中，讓它產生更多的蒸汽，但是不管怎麼烤，外殼就是無法入色。最後，他們以濕的笤帚刷過烤爐也沒用。「我們甚至研究了中世紀的作法，把一捆麥稈弄濕，放入烤箱，以維持空氣的濕潤。」保羅回憶道。

茱莉雅發明了一招，比較貼近他們想要的效果：把鐵塊加熱到火紅，再丟入水盤中。但是效果「貼近」對茱莉雅來說還不夠，她做事要求完美，否則不肯罷休，法國麵包的食譜也必須達到同樣完美的境界才行。

「我們會把它搞定的。」保羅安慰她。但是到了八月，連他自己都不是那麼確定了。他做了「三十一次仔細的實驗，茱莉雅也做了同樣多次，但我們仍然無法客觀地說：『大功告成了！』」。

那席卡呢？遇到問題時，她通常會提出一些意見。茱莉雅在回憶錄《我在法國的歲月》（*My Life in France*）裡寫道：「席卡對我們的麵包研究毫無興趣，完全沒參與。」但事實上，最後多虧了席卡的足智多謀，她們才終於克服困難，達成目標。一九五八年起，席卡就開始跟著布爾邦萊班（Bourbonne-les-Bains）的麵包師傅上烘焙課，做出數十種麵包，包括可頌麵包、長笛麵包、巴塔麵包、長棍麵包等等。茱莉雅是否曾經請席卡幫忙寫麵包食譜，這點無法確定。不過，那年夏天她們在通信裡，多次提到做麵包、麵粉、發酵、筋度、揉麵糰等問題。但是在席卡諮詢麵包達人以前，她們的成果始終無法突破。

席卡是在無意間發現海蒙．卡維爾（Raymond Calvel）教授的名字，他是巴黎國立磨坊專業學校（Ecole Professionelle de Meunerie）的院長，可能也是法國麵包界首屈一指的權威。卡維爾對麵包和穀物有非常豐富的知識，在製作麵糰方面擁有類似雕塑家的天賦，席卡覺得他也許可以幫忙解決她們的問題，便安排一九六七年十二月去拜訪卡維爾，見習一天。茱莉雅得知消息時，當下就決定她也要去。

對她們來說，卡維爾的建議猶如天啟，就像按下開關一樣，法國麵包的世界原本一片朦朧，這下子突然都聚焦了，看得清清楚楚。「他採用的每個步驟，都和我們聽過、讀過或看過的一切全然不同。」茱莉雅回憶道。首先，茱莉雅做的麵糰太硬了。大家奉為權威的《今日烘焙坊》（*Boulangerie d'aujourd'hui*）裡，說明了麵糰的混合、發酵和塑型，茱莉雅依循書裡的教法做了早期的實驗。不過，現在啟發茱莉雅最多的，是卡維爾把傳統作法套用在多變麵糰上的方式。

保羅通常會在麵糰上灑點麵粉，讓它變得更柔軟、更好處理。但是卡維爾解釋，為了達到徹底的一致性，麵糰必須有足夠的黏性，形成可快速膨脹的海綿狀。那通常是發生在溫暖、陰暗的地方，但卡維爾比較喜歡緩慢、低溫的發酵方式，讓麵糰產生比較濃郁的味道並維持濕度。「這似乎是讓麵包產生特殊味道及質地的訣竅。」茱莉雅驚嘆。卡維爾也解釋，筋膜如何包住麵糰以維持麵包的形狀。

茱莉雅把卡維爾教導的字字句句都記下來了，他的「祕技」可能和傳統的作法不同，但至少那是可以模仿及傳授的版本。在實際練習四個多小時的過程中，他帶著茱莉雅走了整個流程，讓她「透過視覺、聽覺、觸覺來學習」。當然，最後的目標是掌控所有的要素，讓麵包的口味達到茱莉雅覺得足以界定法國烹飪的水準。「整個流程很容易完成，但各個步驟都至關重要。」她在相關的概述中如此寫道，「只要少了任一步驟，或是把步驟混在一起，質地和口味就會受到影響。」

卡維爾為茱莉雅挑剔的標準奠定了基礎。茱莉雅後來回憶那天見習的結果時，言語間充滿了喜悅和滿足，她寫道：「我針對麵糰該有的外型及感覺，還有師傅的手法，做了大量的筆記。」之後她開始做出完美的法國麵包，比她在美國看到的任何法國麵包都好吃，媲美巴黎的佳作。她從那所學校直接寄了一張明信片給茱蒂絲，卡片背後的一句話充分展現了她的興奮之情：「祕訣都在形狀裡。」事實當然不像她說的那麼簡單。

席卡寫道：「我們的麵糰所欠缺的，是溫度和蒸汽的完美組合。」她們還是需要模擬烘焙師傅的烤爐，才能讓美國人跟著她們的食譜依樣畫葫蘆。「保羅的巧思幫她們想出一個妙方：把燒得火熱的磚頭放在水盤中。」

那效果非常完美。不過，就在截稿的前幾天，茱莉雅的外甥女費拉來訪，「我注意到他們放進爐子的磚頭裡有石棉成分。」她回憶道。那個發現讓茱莉雅和保羅大為驚慌，他們最近才看到一些報導，警告大家遠離石棉，科學家認為石棉會導致間皮瘤（mesothelioma），那是一種破壞肺部外層的癌症。隨著截稿日期的逼近，保羅瘋也似的跑遍了波士頓的每家建材行，但是所有的磚頭裡都含有石棉成分。最後，茱莉雅只好讓讀者自己選擇了：「把火熱的磚頭或石頭放入水盤中」，並在爐子的底層鋪上石磚。

他們花了近一年的時間及「兩百八十四磅的麵粉」，才研發出使用美國材料的法國麵包食譜。最初趕著研發時，他們犯了很多錯誤。保羅記得「東西掉在地上，加入三倍的鹽，外殼烤到焦黑，或烤得半生不熟，太急著把麵糰送進爐子而讓麵包蜷縮成麻花狀」。不過，最後他們終於可以每次都做出完美的成品，即使茱莉雅太沉溺於細節的調整和餡料，每次麵包烤出來都完美無缺。後來在工作上幫茱莉雅分擔勞務的莎拉·莫頓（Sara Moulton）表示：「她自己烤出來的麵包比麵包店賣的還好。」

現在的問題變成，業餘的廚師真的能自己做出麵包嗎？茱莉雅需要「操作試煉」，亦即請自願者來測試食譜，並提出確切的意見。她需要知道她寫的那些說明是否清晰，她的目標讀者（一般的美國業餘廚師）能否照著食譜做出麵包。

結果，酵母都還沒發，她就收到結果了。

「我收到一份包裹，厚約一吋半。」同住劍橋的朋友帕特·普拉特說，「我打開看了一眼，就知道行不通了，那道食譜長達三十二頁。」

麵包！麵包！麵包！整個一九六七年似乎都在研究麵包。烘焙似乎難以掌控（也許正因為如此，烘焙成了席卡的專長），但是令人頭痛的法國麵包解決了以後，其他一切看起來都不難了。經歷了一整年的波折後，茱莉雅和席卡反而對整個案子更有想法。一九六八年初，她們加快烘焙的速度，做出可頌麵包、奶油麵包、磅蛋糕、香草蛋糕，還有特別受歡迎的蛋白霜堅果多層蛋糕，她們把它命名為「勝利」（Le Succès）。

茱莉雅從頭到尾都堅持慣例，讓一切運作維持一定的步調。冬天，她又躲到法國南部，遠離塵囂，專心地撰寫續集。朋友都很訝異她投入那麼多時間在續集上，連以前支持她完成第一集的人也很訝異。（席卡的外甥調侃道：「也許就是因為這樣，保羅的脾氣才會那麼暴躁。」）每天早上和下午，茱莉雅都是用來烹飪，晚上宴請賓客到深夜後，茱莉雅會回到房間，拿出她的愛馬仕手提打字機，把當天的筆記打出來，直到凌晨。她還有幾個經常通信的筆友，包括茱蒂絲、愛薇絲、比爾德、拉克伍、妹妹小陶。每次保羅寫信給弟弟，她也會順便寫個幾段。偶爾，她會騰出一、兩個小時整理花園，或是溜去坎城，到伊麗莎白雅頓美容院整理頭髮。無論是做什麼，每天下午五點，當保羅從他的小工作室走出來時，她都已經準備好陪他喝「反馬丁尼」（一份琴酒和三份苦艾酒）或波本威士忌了。

茱莉雅也記下了經常到拉披揪暫住的客人，最常來的訪客當然是比爾德。他常在冬天和夏天造訪，一待就是好一段時間。他總是坐在門廊的桌邊寫食譜和筆記，後來那些內容是以《美國烹飪》（*American Cookery*）一書出版，直到今天，那本書都是他的代表作。他每次到當地，都會盡量和茱莉雅及席卡一起烹飪，他很喜歡跟她們談笑。他們每一餐吃起來都像皇室一樣，整桌菜有如路易十四在凡爾賽宮裡吃得那麼豐盛，例如整塊鵝肝、烤圃鵐（ortolan）、黑白松露、伊朗魚子醬等等，並搭配高級葡萄酒（以今天的標準來看，一瓶約五百到七百美元）。費雪也常到拉披揪作客，但一開始茱莉雅覺得她「只顧自己」，所以「不是很熱情招呼她」。不過，費雪很擅長描述烹飪場景，她努力壓抑自己在茱莉雅和比爾德旁邊的光芒，積極與茱莉雅培養關係，讓茱莉雅很感動，進而相互欣賞。「我有一次在電視上看到妳，就覺得妳是對的。」費雪當初主動寫信向茱莉雅表達好感，因此有機會加入巴哈瑪方這個特殊的小圈圈。

但是一回到美國，茱莉雅又開始馬不停蹄地履行工作上的義務。除了準備新一季的《法國大廚》以外，她也主持一小時的紀錄片《白宮紅毯》（*The White House Red Carpet*）。那個節目是深入白宮的御廚，揭開宴請日本首相齋藤實的幕後準備過程。茱莉雅得知美國總統詹森不會出現在現場，但是茱莉雅和工作人員從白宮花店走出來時，一大群穿著藍色西裝的人正好走過，後面還跟了一隻小狗。「天啊，是總統！」莫拉許撞上這群藍衣人時才發現真相。這種情況要是發生在今天，特務人員應該會馬上介入處理，但是在以前那個比較隨興的年代，他們開始自我介紹。莫拉許回憶：「詹森就只是一臉嫌惡地看著我們，彷彿我們是他鞋子上的汙漬似的，接著他看了那隻狗一眼（就是那隻曾經被他拉著耳朵的狗）說：『走吧，尤琪！』就匆匆離開了。」不過，至少那天的食物是誘人的，茱莉雅說：「那菜色棒極了。」那和多年後她對雷根總統國宴的評價大不相同，雷根宴請的菜色包括燻牛肉片、奶油乳酪、瑪德琳牛肉酥皮捲佐美乃滋、紫色冰沙配罐頭桃子。

茱莉雅幾乎沒時間多想白宮國宴那件事，因為她一回國就忙著接受各大雜誌的專訪。《法國大廚食譜書》讓她又重返鎂光燈下，掀起了一陣媒體熱潮，每個人都大感意外。《仕女居家期刊》、《麥考爾》、《時尚》雜誌等大型月刊都搶著採訪她。正當《精通法式料理藝術》的銷量開始趨緩時，《法國大廚食譜書》的銷量則是大開紅盤。第一刷（哥特萊柏要求印製的十萬本）在上市不久後即告售罄，馬上大量加印。「我們都震驚了！」保羅寫信告訴弟弟。上個月他和茱莉雅去哈佛合作社走一趟時，看到地板上堆了兩大疊書無人聞問。「我們的心都沉了。」保羅回憶道，「我們心想：『天啊，可憐的出版社，這次真的賭太大了，可能大部分的書最後都需要降價出清。』」

這預言還真不準。那本食譜書上市四週就登上《先驅論壇報》（*Herald Tribune*）的暢銷書榜，也是同類書籍首次上榜。

這波新的熱潮讓茱莉雅不禁開始思考：這不是來得快、去得也快的一時潮流，事實上，如果評論家的說法是對的，如果《精通法式料理藝術》和《法國大廚食譜書》不只是開創性的作品，更是大家公認的經典，以後即使茱莉雅和席卡都辭世了，這些優越的成就依舊會世代流傳。但是，那會是以什麼形式流傳呢？又是由誰受惠呢？她想避免步上《芬妮法默食譜》和《烹飪樂趣》的後塵。那兩本書後來都由遺囑的保管人修改，把原始內容改得平淡無味。「這種事絕對不能發生在我們的書上。」她對席卡如此堅持。她們必須在還能掌控著作的命運時，就先處理好未來的事宜——或許她們需要決定，誰跟她們一樣敏銳，有資格修改書稿，讓它維持一貫的水準；還有決定未來的版稅如何分配。即便在一九六八年，當時五十六歲的茱莉雅已經打算把她的版稅都留給史密斯學院。也許是因為她的母親和母校有深厚的關係，儘管這所學校對她的學業沒什麼助益，最近還拒絕頒史密斯獎章給她，但她對學校仍有很深的忠誠度。總之，她聘請了布魯克斯．貝克（Brooks Beck）律師來保障她的權益，她也力勸席卡這麼做。

她們還需要考慮一大變數：露薏瑟。她仍繼續領取《精通法式料理藝術》的一成版稅，茱莉雅覺得那無所謂，但是露薏瑟也擁有該書書名的部分權利。就法律上來說，那也讓她及她的繼承人有權運用及決定未來的版權方向，對此，茱莉雅就無法接受了。她堅持先解決這個問題，才跟克諾夫出版簽下續集的合約。

最簡單的解決方法是買下露薏瑟的股份，包括第一集的未來版稅。茱莉雅做了一些調查，得出一個合理的數字：兩萬五千美元，但露薏瑟的目標是四萬五千美元，茱莉雅當下就以金額太高回絕了，她說她頂多只願意付三萬美元。最後，露薏瑟向女婿亞瑟．泰瑞（Arthur Terry）徵詢意見。泰瑞幫她看了版稅明細，計算未來的預期收入。「現在已經到銷量巔峰或接近巔峰了。」他解釋，「如果妳現在賣出，時機正好。」泰瑞認為她應該賣出。無論如何，露薏瑟也需要錢。她和法國當局仍有稅收的問題尚未解決，但她已想出「如何收到這筆錢而不被課稅」。總之，她答應以三萬美元賣斷權利，那筆錢將由續集的預付版稅支付。

茱莉雅和席卡沒浪費什麼時間，馬上又投入續集的撰寫。在問題解決的激勵下，她們更認真投入，交流更加頻繁，兩家之間的田野都走出了一條路來。她們測試好幾個月的食譜終於有了雛形：麵包、冰淇淋、卡士達、湯品，甚至連肉類的章節也開始成形了。如果能繼續以這種速度飛快地進行，年底前就能準時交出草稿。

在進度的鼓舞下，茱莉雅飛回劍橋，去處理一些未完成的電視業務。她只需要為白宮的紀錄片錄製活力十足的配音就夠了，之後就能回到拉披揪做最後的衝刺。就在她離開以前，她剛好擠出了一些時間，做每年的婦科檢查，尤其是檢查乳房那個小硬塊。

當天稍晚，她打電話給朋友普拉特，一本正經地告訴她：「我得乳癌了，我會去動手術。」切片檢查顯示，茱莉雅的左胸有大量的惡性細胞，醫生擔心那些細胞會擴散到淋巴結。腫瘤雖小，但醫生不想冒險，在慎重考量下，他打算進行乳房切除術。

「煩死了！」茱莉雅哼了一聲，她也通知席卡她即將動手術。「茱莉雅不願讓身體的病痛干擾她。」普拉特解釋，「她把煩死了！感覺像在抱怨麵糰不肯發起來一樣。」「她把自己當成車子一樣看待，爆胎了就換輪胎。」相反的，保羅則是覺得大難臨頭了，「他認為茱莉雅無法從手術中復原，憂心匆匆，把自己搞得不成人形」。

保羅這輩子都在擔心自己快死了。他的信件裡總是充滿了對健康與安全的末日預言，不過那樣的焦慮也不是無中生有，以他周遭的親友命運來看，他確實很難樂觀地面對人生：父親在他襁褓時突然過世，摯愛的伊迪絲早年罹癌過世，狄弗托、他母親和姊姊都太早走了。他擔任公職時認識一位朋友，看起來很健康，最近也突然掛了。弟弟查理做了例行的攝護腺檢查，也引發新的恐懼。保羅做了結腸鏡檢查後寫道：「我們總是擔心醫生犯下可怕的錯誤，刺穿腹膜，而那擔憂會一直持續到死亡，才終於解脫。」他對死亡有超乎尋常的憂慮，無論是自然死亡或意外死亡。他不願搭機到任何地方，因為他覺得每次搭機都可能發生空難。每次稍有不適和疼痛，往往會變成痛苦的折磨。一九六八年初，在法國時，保羅因肩膀僵硬而去看醫生，醫生的診斷讓他如釋重負。

「那個從我胸前沿著兩隻胳膊而下、一路直達小指的心絞痛……是一種神經痛。」他開心地寫道，「不是心臟病，不是肌肉萎縮症，不是小兒麻痺症，不是肺結核，不是循環障礙，不是死神正等在門外。」之後他又補了一句，「反正，至少不是今天。」

這也難怪他會把茱莉雅的手術想像成死亡，茱莉雅只是體溫稍微上升，他就嚇得無法成眠。「死神和健康惡化就像一對惡鬼，坐在我的胸膛上。」他寫道，「我即使吃了加倍的安眠藥，依舊輾轉難眠，心裡規劃著喪禮、拉披揪及劍橋這棟房子的處置、要發電報通知誰，甚至骨灰是埋在柏斯卡斯亞的墓地、帕莎蒂納、劍橋，或乾脆灑在某個地方比較好。」他克制不了自己「愚不可及的情緒」。

相較之下，茱莉雅則是出奇冷靜。一九六八年二月二十八日，她在記事本裡只寫了短短三字「去左胸」。面對其他人時，她也是展現類似的堅毅。「我會裝上義乳，手臂上會戴著塑膠臂套。」她告訴朋友，「親親，我會沒事的。」就那麼簡單。這不是故作堅強，茱莉雅是真真切切那麼確定。她是無可救藥的樂觀主義者，她一個人的樂觀足以讓夫妻倆共用。普拉特說：「每次保羅開始擔心她會死時，她就馬上改變話題。」死亡不會接近她的，她不想聽，也不准死亡靠近她一步。

後來手術很成功，令保羅相當驚訝。茱莉雅安然無事地完成手術，手術後的報告指出，癌症「不危及生命」。不過，別讓淋巴結腫起來非常重要，手臂需要再治療好幾個月才能復原。動完手術後，烹飪變得非常困難，也相當累人，她的士氣為之消沉，疲勞和失眠開始對她產生影響。四個月後，茱莉雅依舊沒恢復原來的樣子。五月時，愛薇絲造訪拉披揪，看到老友的狀態「有點吃驚」。其他人也覺得茱莉雅看起來「很疲累，元氣耗盡」。茱莉雅認為只有工作能扭轉她的狀況，她卯起所剩的一點精力，毅然地投入烹飪。

後續的一年半，茱莉雅拚命工作，不斷地增添食譜以增加續集的分量。撰寫續集成了她全職投入的任務，她和席卡都是夜以繼日地做，每週做七天，沒時間休息。茱蒂絲已經聲明，克諾夫出版社打算在一九七〇年出版續集，毫無延遲的藉口，趕上截稿日（一九七〇年三月十五日）的壓力相當龐大。「當時那本書已經寫了三年，」茱蒂絲回憶道，「感覺要是不出手干預，可能會一直寫到下個世紀。」茱莉雅坦言她們還可以再寫五年，只是時間表已經不容許她們如此放縱了，尤其全部十一章，她們才完成三章而已。沒有五年的時間可以耗下去，只剩五個月，分秒必爭。

截稿日期的壓縮，讓茱莉雅的老剋星又出現了。《居家與園藝》雜誌到柏斯卡斯亞，為《精通法式料理藝術》的續集撰寫採訪稿，但他們的採訪基本上是以茱莉雅為主，忽略了席卡，席卡因此暗自吃味，於是她又以一貫擺爛的方式發洩怨氣。「當然，這早就不是什麼新鮮事了。」保羅在巴哈瑪方時如此表示，「只不過今年比去年更嚴重。」

這是經常發生的麻煩。

「席卡對我的一切意見充耳不聞。」茱莉雅回憶道。他們夫婦倆私底下為席卡取了「法國超女」的綽號，席卡自己悶著頭煮，拒絕接納茱莉雅的任何貢獻。到了最後的衝刺階段，她把精確的度量、詳細的筆記、科學研究、操作試煉等等全拋諸腦後。愛薇絲說：「席卡打從心底一直認為，精確和度量是沒必要的，她覺得那只是美國人瘋狂的想法。」事實上，席卡最近似乎還以蔑視茱莉雅的嚴謹流程為樂。她會隨手抓起一大把鹽，扔進濃湯裡，好像在扔手榴彈一樣，她自己也很清楚自己在胡搞什麼。把食譜裡沒寫的成分加入菜餚裡，那是她聲張主權的方式。每次討論作法時，都會引發激烈的爭論，席卡的聲音馬上拉高八度。「喋喋不休，劈哩啪啦地講法語」，茱莉雅則是偶爾用法語回應「是，是，是」以安撫席卡。

保羅把自己關在房間裡，或是搬到外頭的小屋以避開她們的爭吵，但是激烈的爭執聲通常會穿牆而過。「這個要這樣做！那個要那樣做！」他試圖忽略席卡那魔音穿腦的刺耳聲音，「不不不！不可能！不─可─能！」那些叫囂實在令人抓狂。他努力思考席卡的優點（例如慷慨大方、創意等等），但還是忍不住坦言：「我要是茱莉雅的話，會把她掐死。」

後來，即使相隔浩瀚的大西洋，也無法平息她們的意見分歧。茱莉雅回到劍橋後，席卡寫給茱莉雅的信愈來愈挑剔、嚴苛、尖刻，實在令人難以忍受。原本已經測試過、可以出版的食譜，突然間又因為不理性的吹毛求疵而遭到破壞。「這不法國！」變成席卡老是掛在嘴邊的口頭禪。「這不法國！」讓茱莉雅很想拔她的頭髮。「我記得不止一次，我到劍橋時，看到她打開席卡寫來的長信，愈看愈火大。」茱蒂絲說，「席卡真的很難搞，而且她的心裡充滿了優越感，那種傲慢令人難以忍受。『不不不，這不法國！』彷彿我們這些人在廚房裡都是白痴似的。」有一封信的內容特別氣人，茱莉雅唸完那封信後，整個人氣炸了，她宣布：「我絕對不讓人這樣踐踏我！」她把那封信揉成一團，丟入垃圾桶。

隨著截稿日的逼近，席卡再也無法對茱莉雅或自己掩飾她無理取鬧的真正原因。她深受憂鬱症所苦，一九六九年年初開始，她經歷了連串不幸的事故，先是在廚房裡被破碎的瓶子割傷了虎口的肌腱。即使動了手術，還是無法完全復原，導致她的手部時常發麻，行動受限。不久之後，她又發現自己罹患慢性心臟病，醫生說她需要裝心律調節器。不僅如此，她的重聽現象也愈來愈嚴重了，即使做物理治療，也不見起色。臀部也狀況連連，需要打止痛藥。偏偏在這個時候，她先生的新事業又出了問題，使健康又承受了不必要的壓力。

在續集出版以前，茱莉雅找席卡做了難得的交心對談，她發現「法國超女」很脆弱，內心相當恐懼。「她覺得命運正在逼她就範。」茱莉雅告訴保羅。席卡覺得一切的發展都不是她預期的樣子，她可能也需要取消秋天到美國宣傳續集上市的計畫。巴黎的心臟科醫生會決定她能不能成行，但無論結果如何，席卡都決定走出陰霾。她一直很期待那趟美國之行，除了各種顯而易見的原因以外，也因為她想讓美國人知道，《精通法式料理藝術》不是茱莉雅一個人的創作。

有段期間，席卡覺得自己在茱莉雅這顆熠熠紅星的旁邊只是配角。上次《居家與園藝》的採訪只是冰山的一角，每個到巴哈瑪方的記者都是來找茱莉雅的，她讀過的每篇報導都是以茱莉雅為焦點。跟茱蒂絲最親近的是茱莉雅，跟比爾德、克萊邦、愛薇絲密切交流的也是茱莉雅。茱莉雅，茱莉雅，茱莉雅，茱莉雅，電視紅星，法國大廚。你可能以為那本食譜書是她一個人想出來的，拜託，茱莉雅以為她是誰啊，竟然敢要求她以特定的方式烹飪？那些瑣碎的筆記和作法，寫了一頁又一頁。對席卡那樣專業的人來說，要她把食譜寫到那麼瑣碎，根本是一種汙辱。那些貝克家族的家傳食譜還不是她教茱莉雅的？茱莉雅能在費席巴雪家的土地上蓋房子，還不是她恩准的？這些怨恨之所以會累積下來，其實外人不難明白。

偏偏茱莉雅後來又提議一件事，導致這番怨恨更加難解：她建議改變她們五五分帳的版稅算法。茱莉雅寫信告訴席卡：「有件事我們一直沒考慮到，那就是我為這本書宣傳的角色。」自從茱莉雅看了克諾夫出版社的銷售數字後，她對於兩人投入的懸殊對比頗有微詞。《精通法式料理藝術》的銷量原本已經趨緩，但一九六三年《法國大廚》開播及一九六六年茱莉雅登上《時代》的封面，都讓銷量再度攀上高峰。在茱莉雅看來，那些額外的宣傳都刺激了書本的銷量，兩次的密集曝光都讓銷售量從每月兩、三百本暴增為好幾千本。她的意思並不是說，那本書光憑其優點不值得獲得那樣的關注，而是「那些都是她費盡心力、馬不停蹄的成果」。她覺得在計算未來版稅時，把她的付出也納入考量比較公平。茱莉雅指出：「如果妳雇用代理人幫妳做那樣的宣傳，妳至少要為那樣的效果付出三或四成的收益。」

如果說席卡自從《居家與園藝》的採訪事件後就已經懷恨在心，這下子茱莉雅可真的把她惹毛了。改變版稅協議的要求，就像甩了她一記耳光，一位巴哈瑪方的訪客記得席卡當時「細看茱莉雅那封信」，彷彿看到驅逐通知似的。她以激動的法語唸出茱莉雅信中的自私用語。「她覺得自己受盡了汙辱。」那位訪客回憶當時席卡展信的激動。就連續集的封面樣本也是把茱莉雅的名字擺在前面，而不是照著字母順序排列。「為什麼不乾脆刪掉我的名字算了？」她抱怨，「好像我根本不存在似的。」

不管怎樣，這本續集都注定會是一本重量級的暢銷書。大家把出版日一九七〇年十月二十二日「譽為基督再臨」，隨之而來的大肆宣傳也大幅抒解了席卡的不滿。她及時抵達了紐約，跟茱莉雅一起前往東城福特基金會的大廈，去參加出版社為她們舉辦的盛會。「整個紐約」都舉起沁涼的酩悅香檳（Möet）恭賀她們，會後的自助餐點都是出自她們新書中的精華。那場派對是啟動宣傳的完美活動，席卡穿著亮眼的黑色絲綢禮服，搭配紅色的雪紡圍巾，她也留意到「茱莉雅確實是個名人」。

克諾夫出版社為了新書上市，使出渾身解數，首刷量是十萬本，由於預購熱烈，第二刷五萬本已經開印。書評家對續集都是一致好評，並把第一集和續集做了適切的比較。蓋兒·葛林（Gael Greene）在《生活》雜誌中說，這本書「實在太誘人了，熱衷廚藝的人都應該人手一本」。《新聞週刊》對這本書讚不絕口，甚至撇開第一集，說「續集所向無敵，是美國烹飪史上最適合業餘廚師的食譜書」。烹飪圈的名流更是齊聲讚揚，比爾德、盧卡斯、克萊邦都加入盛讚的行列。《麥考爾》雜誌配合新書出版，連續為茱莉雅和席卡做了三期的封面報導。PBS也趁勝追擊，開始播出大家期待已久的新一季《法國大廚》，而且是首次以彩色播出，採用全新的廚房場景，並增添了大量的生活樂趣！

大家對新的節目都充滿了期待，事實上，WGBH還催促茱莉雅快點歸隊，以錄製新的節目備用。他們也不隱瞞「她的觀眾是PBS主要捐助者」的事實，如果茱莉雅還需要額外的動機才願意錄影，她的觀眾其實也是書籍的主要讀者。但是茱莉雅並不急著回應電視台的要求，此時更吸引她的，是克諾夫出版社幫她規劃了巡迴打書之旅。這也是克諾夫出版社有史以來第一次舉辦這類活動，畢竟他們的作者「大多已不在人世」，所以他們從來沒想過幫作者做這種宣傳。但是全美各地的PBS電視台都要求茱莉雅上節目現場示範，一位助理想出了結合節目示範和打書的最好方法。

兩年前克諾夫出版社經歷了高層改組，哥特萊柏就是那時接掌主編一職，珍·蓓克（Jane Becker）也在當時加入了克諾夫。那時她年僅二十二歲，茱蒂絲四十幾歲，兩人分別是出版社裡最年輕的主管。蓓克就像茱蒂絲一樣，在編輯會議中大膽發言，因此獲得了一次施展點子的機會。她提議讓茱莉雅去有PBS聯播台又有大型百貨公司的城市打書，這次的打書費用全由克諾夫買單。「電視台的人可以在晚上為她舉辦雞尾酒會。」珍回憶道（後來結婚後，改名為珍·弗里德曼〔Jane Friedman〕，領導哈珀柯林斯出版社〔HarperCollins〕），「百貨公司可以打出全幅廣告，宣布茱莉雅要來了，隔天上午就在他們的表演廳裡示範。中間的時間，我們可以接受地方電視台和報社的專訪。一切順利的話，也許我們可以多賣點書。」

他們決定一九七〇年十一月先到明尼亞波利斯的代頓百貨（Dayton's Department Store）測試這個點子。在第一場示範的前一晚，茱莉雅、保羅和珍在百貨公司對面的飯店大廳裡排練細節。「明天可能沒人來。」珍提醒他們，「我會很失望，但現實狀況可能就是那樣。萬一真的如此，也沒關係，我們就去書店簽書。」茱莉雅問道那個城市裡進了幾本續集，珍回應：「約五百本。」她記得當時茱莉雅想簽完每一本。

隔天早上，珍提早起床，有很多的時間可以叫醒茱莉雅。示範時間是安排在早上八點，地點是在代頓百貨裡的旋轉天空餐廳，百貨公司是九點才開放營業。七點的時候，珍探了一下外頭的狀況，馬上撥電話到茱莉雅的房間說：「天啊！妳看窗外。」

茱莉雅拉開百葉窗，樓下排了一條人龍，算一算應該有上千名女性排隊等著進場。

同樣的情況也發生在他們的下一站：俄亥俄州的哥倫布市，那裡的拉扎若斯百貨公司（Lazarus Department Store）根本容不下所有的人，所以他們臨時租下了附近的劇院，讓茱莉雅從舞台的後方搭液壓升降機登場。茱莉雅從地板下方像維納斯女神般升起時，現場觀眾都給予熱烈的歡呼。

在克利夫蘭的海兒百貨公司（Halle's Department Store），茱莉雅再次玩性大發。在示範美乃滋的製作時（那是打書時示範的招牌食譜），茱莉雅看到後方展示了許多鍋子。「海兒百貨擺出這些東西實在太棒了。」她說，

「我剛好可以告訴各位，千萬不要買像這樣的鍋子。」她馬上走過去拿起一只鍋子，一臉狐疑地上下打量，接著把它往肩後拋到地上，就這樣一只接一只地拋，直到所有的鍋子全都堆在地上。

對觀眾來說，茱莉雅有類似魔術大師的魔力，她也亟欲發揮那種神奇力量。「燈光一打在她身上，她整個人就抖擻了起來，掌聲也隨之而來。」珍回憶道，「我從來沒遇過那種情況，之後也沒再碰過了，茱莉雅比我認識的任何人都更像真正的明星。」

她很喜歡站在觀眾的面前，她愛死了。不過，對她來說，簽書會是巡迴打書的最大回報。她坐在桌邊，保羅就在身邊，書迷們排著長隊，捧著兩大本食譜書，等著讓她簽名。她一定會跟每個人講上一、兩句話。「就像私人對話一樣。」珍回憶道。茱莉雅會握著書迷拿給她簽的書，噓寒問暖，例如「親親，妳今晚想做哪道菜呢？」那是她最喜歡用來拉近距離的問題，或者「親親，妳喜歡煮哪道菜呢？」

她不會假裝興趣，也不會虛應故事，而是正眼看著那些書迷。

偶爾，有些書迷是以前就見過她的，那位書迷可能說：「妳曾經教我用網油來綁牛肉。」或「妳告訴我，做莎巴女王巧克力蛋糕用苦甜巧克力就行了，不必用半甜巧克力。」茱莉雅不會努力回想之前的對話情境，而是馬上說：「結果如何呢？」

她的反應非常迅速。

「她面對群眾時應付自如，我一點也不訝異。」珍說，「那是一種天賦。她那麼高頭大馬，聲音又詭異，長得也不算漂亮，而且還剛動了乳房切除術。但是攝影機的鏡頭一照到她，她當場就變成了超級巨星。」

巡迴打書幾週後，茱莉雅拖著疲憊的身子回到劍橋過節，這時的她已經不只是明星了，更是一種公有財，一個家喻戶曉的名字。

21

誰也無法長生不老

一九七四年九月的某個夜晚，柴爾德夫婦在瑪德蓮街上的路卡斯卡東餐廳（Lucas Carton）裡，目瞪口呆地盯著眼前的菜色。其中一盤上面放了六小片三分熟帶血的鴿子肉，捲起來像米羅（Miró）畫布上的點，擱在嫩蘿蔔片上，上頭放了一小葉茴芹。另一盤是龍蝦肉上灑了魚卵，巧妙地放在一堆菠菜和西洋菜上，上面淋了……那個該不會是香草醬吧？周圍其他的客人也在抱怨類似的菜色組合。紅線魚佐黑橄欖、酸豆、檸檬片，淋上泡過普羅旺斯香草的溫熱橄欖油。萵苣葉包著海鱸，半生不熟的鮭魚配著亮紅色的醬汁，茱莉雅和保羅不禁瞇起了眼睛看著彼此，心裡納悶，廚藝之父愛斯克菲爾所倡導的法國料理究竟出了什麼問題？

顯然大廚已經瘋了，但是整個巴黎似乎都瘋狂陷入這種「新式料理」（la nouvelle cuisine）的風潮。似乎沒有人比茱莉雅和保羅更不喜歡這頓晚餐了。他們來法國已經一個星期，這一週他們把愛店全都光顧了一遍。以前去大師餐廳時，大廚蒙傑拉特還會走出廚房，親自為他們送上香煎比目魚，如今的菜色已不再令人驚嘆；奧德翁劇院的地中海餐廳正逐漸走下坡；茱莉雅第一次學到白奶油醬汁的米雪媽媽餐廳也令人失望，他們遺憾地把她從愛店名單中刪除。米紹餐廳已經過時了，立普小酒館變成敲觀光客竹槓的地方，熱鬧的中央市場如今已經變成……哦天啊，千瘡百孔的施工地點。就連向來提供頂級服務的大維弗餐廳，這次也讓他們吃

1970年5月6日，茱莉雅和保羅在普羅旺斯的柏斯卡斯亞露天用餐。圖片鳴謝：The Schlesinger Library, Radcliffe Institute, Harvard University

到食物中毒，發誓再也不去了。他們覺得似乎應該再去一家新式料理的殿堂，好好嘗試一番才公平，但即使他們已經聽多了現在流行的改革風潮，盤上的亂象依舊令他們大吃一驚。

新式料理的崛起，等於是向用餐大眾出其不意地宣告：大廚時代來臨了。數十年來，大廚按照二十世紀初愛斯克菲爾訂定的標準，來烹煮經典的法國料理。那是不成文的規定，是愛斯克菲爾訂定的。沒人想過改變那套規範，也沒人敢提出質疑。所以，實際上，無論是拉丁區小酒館的大廚，或是A1高速公路的休息站，他們做阿爾布菲拉肉雞（poularde Albuféra）的食材和技巧，都和銀塔餐廳（Le Tour D'Argent）的大廚一樣，每個廚師都是在幕後辛苦地工作，沒沒無聞。

如今一切都變了，大廚搖身變成了導演。新式料理就像許多創新風潮，是從促成一九六〇年代文化起義的不安和幻滅中崛起。在巴黎，大家更是把正統視為腐敗，覺得循規蹈矩是有害的。法國電影的鬼才，諸如高達（Godard）、楚浮（Truffaut）、雷奈（Resnais）、夏布洛（Chabrol）等等，都清楚表明了這點。他們以法國新浪潮（la nouvelle vague）突破了所有的規範，在他們執導的電影中充分展現個人風格，揚棄經典形式，博得了普遍的認同。

總之，有一群不滿的大廚也把他們視為榜樣。保羅·伯居斯（Paul Bocuse）、皮耶·特瓦葛羅和尚·特瓦葛羅（Pierre and Jean Troisgros）、路易·鄔第耶（Louis Outhier）、阿朗·桑德杭（Alain Senderens）、羅傑·佛吉（Roger Vergé）、雷蒙·奧立佛（Raymond Oliver）等人都放棄了傳統高級料理的侷限，改採沒那麼僵化的烹飪風格，以展現他們非凡的廚藝。想像力和創造力取代了濃稠醬汁和繁複食譜，強調新鮮的口味，鼓勵新奇的組合。這種新式料理的革新概念，是主張更清新、雅致的餐點。例如，以白酒收汁或使用浸泡油，而不是用麵粉、奶油和鮮奶油。醬汁放在底下，以免模糊主要的焦點。加入更多的香料和香草，以增添亞洲風味。蔬菜煮到出味即可，以保留清脆感。新式料理仍肯定愛斯克菲爾的標準（例如醬底、濃汁、慕斯、肉膠汁），但也展現了大廚的個性，原本在幕後默默付出的大廚，如今終於走到幕前接受喝采。

這是法國烹飪史上解放的一刻。廚師把相傳好幾世紀的傳統撇在一邊，在廚房裡大顯身手。突然間，規範消失了，就只剩下基礎，其他的全靠直覺天賦。在個性固執但廚藝精湛的伯居斯領導下，法國烹飪界經歷了一小段的混亂期，最後這項新運動凝聚出一項共識：法國料理在創意烹飪下，不再受限於獨特的規則和食材，而是探索獨特規則和食材的方法。

有一對美食作家是這個新運動的推手：亨利·高勒（Henri Gault）和克里斯汀·米羅（Christian Millau）。他們發表了一份宣言，挑戰米其林意圖鞏固的那套制度：「烹飪保守主義的堡壘」以及他們頒給高級料理殿堂的「炫耀星等」。對於米其林認定的三星級餐廳，高勒和米羅對他們展現的卓越毫無興趣，他們不想頌揚傳統大師的佳餚，而是希望大廚能夠自我創新，不是採用荒謬的方式，不是像超現實主義派的畫家為蒙娜麗莎畫上鬍子那樣，而是運用廚藝巧妙創作，例如以比目魚搭配野生菌菇收汁，或是搭配水果，讓食材以新奇的方式互補。他們認為法國廚房裡蘊藏了大量未開發的天分，需要充分地釋放出來，他們鼓勵大廚們多實驗及即興創作。能從濃密、僵化、繁複的食譜中解放的大廚，就能創造出反映現代生活型態的佳餚。高勒和米羅為了宣揚他們的論點，於一九七三年開始出版《新指南》（*Le Nouveau Guide*），列出四十八位他們覺得可以引領法國進入美食新時代並激發其他人跟進的新式料理大廚。

「新法國料理萬歲！」他們在《新指南》的第一期中如此寫道，「它充滿了健康、慧眼與好品味！……不再有可怕的棕醬和白醬，那些西班牙風味的東西，那些佩里格料理（Périgueux）佐松露，那些扼殺許多肝臟和無謂菜色的貝夏媚醬和乾酪白汁。牛肉高湯可以退場了，所有醬料裡的紅酒、馬德拉葡萄酒、豬血、奶油炒麵糊、明膠、麵粉也都可以退場了，還有起司和澱粉也是，這些都要禁止！」

隔年，新式料理已經在法國的餐飲界留下鮮明又挑釁的印記。餐飲圈最重要的大廚，無論他們再怎麼遲疑或百般不願意，多多少少也多嘗試了新的表現手法。即使只是在愛斯克菲爾的食譜中加入一、兩葉新鮮的羅勒，那舉動也給人一種像外遇接吻的叛逆、刺激感。一些大廚在亟欲實驗下，有時沖昏了頭，搭配了完全不搭調的食材，例如很多菜餚裡都可以看到奇異果。「我還聽說有人以松露佐萊姆冰。」克萊邦指出，「還有用葡萄和其他的水果搭配德國醃菜，淋上紅酒醬汁；義大利餃子裡包蝸牛肉和桃子。」犯錯的情況屢見不鮮，不過更常見的是絕妙創意。受到愛斯克菲爾的規範羈絆多年後，廚師終於可以大顯身手，展現萬丈雄心及感性長才。

然而，不是每個人都讚賞或樂見這種趨勢。高級料理有眾多的捍衛者，他們批評新式料理缺乏紀律，是毫無章法的即興創作。像席卡那種純粹主義者就批評新式料理的食譜「不法國」；比爾德覺得那是「放縱的大雜燴」；貝潘認為那「破壞了法國料理的技藝和用語」；有些人譴責那是「開罐器發明以來，美食文化遇到的最大衝擊」。

茱莉雅大致上並未表達意見，她受過的烹飪訓練完全是高級料理，但她總是從美國的觀點來看食物。後來和茱莉雅結識的波士頓大廚賈斯珀．懷特（Jasper White）說：「說到食物，她的唯一標準是美味料理。」不過，還是可以明顯看出新式料理令茱莉雅深感不解，她納悶：「這是惡作劇，還是故弄玄虛？法國真的有新式料理嗎？」她也不打算回答這個問題。就她所知，那不是「毫無基礎、毫無基本訓練的料理」，不過，有些方面值得她抒發一下意見，「我不喜歡太生脆的蔬菜」。她也不喜歡「帶血的肉類，以及骨頭處還帶著沒煮熟的藍色」。此外，她也受夠了花大錢去貴得離譜的餐廳，結果只吃到「水煮海鮮，搭配蘿蔔、芹菜、韭蔥和一、兩片松露的菜湯」。那是無聊的菜色，根本無法滿足茱莉雅。如果你想請她去餐廳用餐，一定要找能讓她吃到法式蛋凍（oeufs en gêlee）和大塊鵝肝的地方，之後還要上入味通透的腰臀肉及臭起司盤，接著才上甜點。喔，對了，別忘了甜點塔上還要加一大坨濃稠的法式奶油。

「可憐的愛斯克菲爾被這些新生代這樣糟蹋。」她難過地說。看到標新立異的新廚師這樣詆毀他，茱莉雅覺得很遺憾，尤其他們之所以有今天的廚藝，一切都要歸功於大師。不過，茱莉雅對一些特別卓越的新式料理大廚仍然相當尊重。伯居斯在她的眼中是「非常了不起的非凡廚師」，佛吉的精湛廚藝也是好到令人讚不絕口。這兩位大廚都有無盡的好奇心，茱莉雅認為一個大廚最不幸的命運，就是「了無新意，令人乏味生膩」，為了迎合穩定的客群而犧牲「自己的樂趣」。

就某種程度來說，茱莉雅也在仿效這些少壯派。最近她毅然結束職業生涯的兩大支柱：她與席卡的合著關係（她宣布：「不了！合作結束！」），以及《法國大廚》系列。八年嚴苛的拍攝過程，終於令她感到疲憊乏味。「太綁手綁腳了，」她跟茱蒂絲抱怨，「我們就像囚犯一樣，無法做別的事情。」茱莉雅覺得她應該開始探索新的可能，把法國料理應用到新的領域上。

但究竟要做什麼呢？她自己也不確定。眼前有一本書正在籌劃，是她自己的，沒有席卡參與。或許她可以找比爾德拍幾集電視特集。ABC電視台提議在平日白天的黃金時段讓她開一個節目，而且酬勞很高，不過茱莉雅回絕了，因為她覺得「那是鎖定白天在家的家庭主婦，那不是我們的觀眾」。

幾乎就在她決定終止那兩項活動時，禿鷹就出現了，茱莉雅的死對頭卡曼馬上來信問道：「聽說妳要退休了。」卡曼老是在盤算讓她的助手接替茱莉雅在WGBH的位置，事實上，保羅已經從電視台的熟識口中得知，卡曼「到處散播謠言說，『可憐的茱莉雅，手術成效不佳，可能無法繼續主持《法國大廚》了』」。顯然，她打了幾通電話到WGBH，到處散播唱衰茱莉雅的謠言，希望哪天能取代茱莉雅在螢幕前的巨星形象。後來，一個特別惱人的謠言傳進了茱莉雅的耳裡，茱莉雅寫信去提醒她的律師：「卡曼之前散播謠言，說我罹患絕症，不久人世。她看我沒死時，又開始謠傳我是酒鬼。」茱莉雅覺得這些事情都應該記錄下來，以免局勢失控。她也提醒同樣深受卡曼所擾的席卡：「她喜歡惹是生非，非常自以為是，我覺得我們要盡量遠離這種人，維持客套就好，但保持距離。」

茱莉雅決定以其人之道還治其人之身，便以話中有話的方式，回應了卡曼的來信詢問。「謝謝妳的來信，以及妳對我『即將退休』的關心。」她寫道，「保羅和我都沒想過要退休，所以至少在下個世紀以前，妳應該會持續看到我們的身影。」

茱莉雅還有能力應付這個難搞的女人，不過，這種你來我往的唇槍舌劍還是令她相當不悅。卡曼確實有不少優點，她從小就開始烹飪，辛苦地實習過，過著認真的廚師生活。茱莉雅和保羅都覺得卡曼是個「出色的廚師」，廣泛好評，也實至名歸，而且聽說她也是相當優秀的老師。當卡曼在附近的紐頓市開設烹飪學校時，茱莉雅還提供她波士頓地區的廚師名單，那些廚師可能會幫卡曼帶來一些生意，而且茱莉雅也承諾有時間會盡快過去拜訪。（不過，可信的消息指出，卡曼叫學生「丟掉或不要買《精通法式料理藝術》，因為那本書不道地」。）現在茱莉雅再也不想假裝表面上的情誼了，從此以後，她連卡曼的名字都不想說出口，只把她貶為「那個紐頓的女人」。

總之，結束最後一批彩色錄影的節目後（共七十二集），茱莉雅開始把心思轉到新的案子上。現在觀眾和克諾夫出版社都希望看到《法國大廚食譜書》出續集，觀眾覺得那種食譜書比較簡單隨興，克諾夫則是因為第一集的銷量破表，想趁勝追擊。這次續集主要是從彩色電視的節目中擷取食譜，並讓茱莉雅充分發揮，探索法國料理之外的領域，但仍堅守法國料理的作法。所以這次書中可以收錄迎合大眾口味的料理，例如新英格蘭巧達濃湯、比利時鬆餅、咖哩、義大利麵；還有醬油和帕芙隆乳酪（Provolone cheese）之類的成分；另外也把微波爐、食物調理機、壓力鍋等器材也納入考量，這些作法在一年前肯定都會引起席卡大聲抗議「這不法國」。

至少，現在那個麻煩已經解決了。事實上，席卡也和克諾夫出版社正在談一本書，收錄家傳食譜。她說那是「真正道地的法國料理」，茱蒂絲已經答應擔任那本書的編輯。席卡忙著撰寫自己的巨著，這下子茱莉雅終於可以專心單飛，換換花樣了。

她先從解構節目開始做起，挑一個她熟悉的主食譜，看能夠玩出多少變化。例如以白酒高湯稍微汆燙鮭魚，接著片魚，片成類似派皮那樣，然後加入三個蛋、足夠的鮮奶油、一些蒔蘿和歐芹，灑點瑞士乳酪，做出美味的鹹派。她收起《精通法式料理藝術》的嚴謹學術風格，改採烹飪教室的隨興方式。沒錯，私人烹飪學校，就只有茱莉雅和讀者，在茱莉雅的廚房裡即興烹飪，製作美味的料理。這本書不需要稱為《法國大廚食譜書第二集》，那書名聽起來太沒特色、太悶了，最好稱為《茱莉雅的私房廚藝書》（*From Julia Child's Kitchen*）。

茱莉雅趁這個機會發揮了天賦，在食譜中穿插了一些軼事或個人的旅遊故事。例如，在起司舒芙蕾和烤羊腿的食譜之間，她生動地描述了在盧昂的皇冠餐廳，吃下第一餐法國料理的情境，還有馬賽批發魚市裡的人物（她在那裡學會做馬賽魚湯）。另外，她也在書中收錄了幾封讀者來信，讀者抱怨她殺龍蝦的方法，她後來也因此改用比較人性的方式。這次寫書是全新的體驗，她從大學以來就一直想寫引人入勝的故事。多年來，她一直說撰寫食譜非常辛苦，要忙一整天，就像「寫短篇故事，必須把意思充分地傳達給讀者」。不過，這次寫書讓她有機會更進一步，把個人經驗和某位評論家所謂的「生動散文」結合在一起。

偶爾，茱莉雅會盡情地發揮。在一段軼事中，她回憶起她在超市的水果蛋糕區，遇到一位「腦子不太正常的女子」。那女子說，她只在週末才照茱莉雅教的方式煮四季豆，其他的時間則是照其他廚師的食譜來烹煮（茱莉雅沒透露是誰），水煮十五分鐘，以「確切攝取所有的維生素」。茱莉雅當場並未把那個女子當成瘋子，她向來講究實務，所以回家以後，她自己實驗了一次，煮十五分鐘，結果煮出「褪成灰色又無味的爛豆子」。她覺得很噁心，並以一貫直言不諱的態度寫道：「任何欺騙大眾接受這種鬼扯烹飪手法的人，都應該以電動食物處理器支解。」

那份書稿很快就變成一種更方便的工具，目的當然是為了教學，但也寓教於樂。那是茱莉雅用來吸引讀者的另一種方法，尤其是吸引那些被法國料理的複雜度嚇到裹足不前的讀者。所以，她晚年表示：「那是我個人色彩最濃的著作。」也是她最鍾愛的一本。

一九七四年九月，她和保羅從歐洲返美後，幾乎是全心全意撰寫書稿。巴黎和普羅旺斯還是一樣迷人，但是有太多事情令人分心了。比爾德到訪，不僅體重超重，又處於崩潰狀態，比以往更需要人安慰，他們在拉披揪的日常生活常因訪客不斷前來而受到干擾。

四十七歲的旅法藝術家兼美食作家奧爾尼，是經常造訪老農舍和拉披揪的訪客之一。他隱居在那附近的山頭，茱莉雅首次和他見面是在一九七二年，亦即奧爾尼出版《法國菜單食譜》（*The French Menu Cookbook*）不久之後。那本書是他的時令食譜選集，或許也是第一本為每道菜建議配酒的食譜書。茱莉雅後來說：「他寫得非常出色，字字珠璣。」她也覺得奧爾尼的烹飪「很誠實，很認真」。奧爾尼住在索利—耶圖卡（Solliès-Toucas）的村莊裡，他們在他的住處品嚐過那些菜色，對上了年紀的人來說去那裡一趟可不容易，需要爬上廢棄採石場邊緣的陡峭石子路。但是那個地方充滿了魔力，有美不勝收的花園，精美的涼亭，亭上垂掛著葡萄藤，野餐桌擺放其間，上面鋪著手工桌巾。奧爾尼總是穿著同一套古怪的服裝接待訪客：速比濤（Speedo）泳褲搭配敞開的襯衫，磨損的帆布鞋，那是他的招牌裝扮。

奧爾尼是個特立獨行的怪人，一九五〇年代住在巴黎時，常跟隨著作家詹姆斯．鮑德溫（James Baldwin）、約翰．艾許伯瑞（John Ashbery）、導演肯尼思．安格（Kenneth Anger）等人，在他們眼裡，他是個大有可為的門生，但不突出，也沒什麼名氣。他獨自在索利時，大家覺得他是「天才」，他自己也對這個稱號相當自負。無論在任何環境中，他都是個複雜、難相處的人。在索利協助過他的保羅．格蘭姆斯（Paul Grimes）說，他是「純粹主義者，完美主義者，感覺主義者，但憤世嫉俗，討厭那些談到食物就只會裝模作樣的人」。他常說烹飪是一種藝術，只有真正的藝術家才瞭解箇中巧妙，鮮少業界人士達到他的標準，連費雪都達不到，他覺得費雪「個性討喜，但實際上是個不懂得鑑賞美味的傻大姊……文筆乏味，自以為是地胡言亂語」。比爾德也達不到他的標準，他喜歡比爾德那個人，但覺得他還不算是好廚師。至於茱莉雅，奧爾尼就比較虛偽了。表面上，他和茱莉雅在普羅旺斯相見時都很熱情，但是他喜歡或能忍受茱莉雅的地方很少。他在日記裡寫道茱莉雅「尖酸刻薄」，他覺得柴爾德夫婦「尖刻」、「有害」、「不合理地反對法國」。

一開始，茱莉雅「亟欲認識他」，因為她聽席卡和其他人提過奧爾尼的精湛廚藝。她也讀過他的新書《簡單法式美食》（*Simple French Food*），她和其他推崇那本書的人一樣，都覺得那是「了不起的成就」。但茱莉雅屢次邀他一起用餐，他都冷淡回絕，語氣近乎不屑。後來是在朋友席卡的提議下，奧爾尼才勉強答應，但是那次在拉披揪的會面感覺很冷。美國人對茱莉雅的態度大多相當尊重，甚至是畢恭畢敬，但奧爾尼對茱莉雅相當冷淡，高盧牌（Gauloises）香菸抽個不停，還猛喝威士忌，菸酒又讓他「緊張、敏感」的狀態變得更嚴重了。茱莉雅和保羅都覺得他難以親近，保羅說：「他只在乎自己，自我保護，自吹自擂，幾乎不和人交際。」保羅已經聽膩他「幾乎什麼都看不順眼」的批評，舉凡人物、音樂、地方、氣候、建築等等都不順眼，這個可憐的傢伙幾乎找不到任何有價值或可取的東西。保羅也覺得奧爾尼當年在巴黎闖蕩的事蹟沒什麼了不起，他三十年前就待過那地方了，而且交友比他更廣。

即便如此，保羅和茱莉雅並未對外透露這些不滿。奧爾尼的廚藝及席卡對他的好評，遠遠超越了他們對他的第一印象。他們肯定他與日俱增的影響力，以及他在美食圈的重要性，所以願意跟他維持友好關係，甚至撇開成見，在奧爾尼到波士頓宣傳新書時，還大方邀請他住在劍橋的家中。

他們都沒想到他竟然一口答應了，更沒料到的是，一九七四年秋天他造訪劍橋時，剛好碰上了一個災難事件。

保羅的脾氣一向暴躁，他這輩子有好一段時間在學校擔任老師及應付官僚，向來沒什麼耐性，對他覺得庸俗的人特別苛刻。他難以忍受傻瓜，大家也覺得他很難相處。他的個性中有一種鬱鬱不得志的特質，從他某次和一位記者的互動即可見得。

那位記者受《電視指南》所託，來到茱莉雅位於爾凡街的住所參觀，她停下來欣賞客廳牆上掛滿的木雕、銅版畫、木刻版畫、油畫。有一幅畫是描繪森林的景觀，纖細的枝條沉入水池裡。記者在那幅畫前停留許久。「這些都是藝術大師的作品。」她指出，「是誰畫的？」保羅遲疑了一下，坦言那些都是他的作品。她問道：「為什麼沒有人報導過你呢？」他苦笑：「他們都沒看到我啊，大家都只看到茱莉雅。」

「你見到他時，就可以馬上看出他曾是眾人關注的焦點。」長年在《波士頓環球報》擔任美食編輯的雪柔·朱莉安（Sheryl Julian）指出，「他不太知道如何搶回大家的目光。」保羅也沒真的那樣試過，但朱莉安認為那是他「脾氣暴躁，性情乖戾」的原因。

高中畢業後，他只能眼巴巴地看著查理去唸哈佛，對此他始終耿耿於懷。「保羅其實是兄弟倆中比較知性的，他頭腦好，但被迫只能自學。」普拉特說，「查理後來變成專業的藝術家，保羅的能力好很多，卻只能做文職工作，我想這件事對他產生了深遠的影響。」

那年夏天，他的脾氣似乎又更暴躁了。普拉特是去威尼斯旅遊時注意到的，她和先生賀伯跟柴爾德夫婦同住一間套房。他們兩對夫妻經常一起旅行，對彼此都非常熟悉。普拉特夫婦是他們在劍橋的鄰居，普拉特也是史密斯的校友，跟茱莉雅很親近。保羅在巴黎的時候就已經認識賀伯的哥哥大衛，知道他們兄弟倆也是雙胞胎，所以特別熟稔。「我可以馬上看出他不太對勁。」普拉特說。

流鼻血是另一個不太對勁的跡象。那年七月在普羅旺斯，保羅多次流鼻血，茱莉雅也知道那不正常。他的左手臂經常疼痛，他覺得那是太常搬運行李的緣故。他的睡眠週期很亂，夜晚常因「呼吸困難而驚醒，腎上腺素狂飆導致心臟怦怦直跳」。由於他們夫妻倆是分房睡，保羅可以隱瞞這些症狀，但茱莉雅知道他白天「易怒又敏感」，所以也懷疑情況不太對勁。

不過，茱莉雅完全不知道保羅有胸部經常疼痛的問題，他從一九六七年就常那樣，一開始是偶爾有刺痛感，後來變成更痛苦及麻煩的心絞痛，那年四月逐漸變成天天都會發作。一九七四年十月，他們回美國時，保羅終於坦承狀況，馬上住進了貝斯以色列醫院（Beth Israel Hospital）的加護病房。

那不是典型的心臟病發作，突然出現心絞痛，而是「悄悄來襲」，兩條冠狀動脈需要馬上修復。多年後那是比較常見的手術，但是在一九七四年，冠狀動脈繞道手術還是罕見的革新。那手術是必要的，不動手術的話，保羅就無法存活。不過，茱莉雅也不免擔心，手術對他日後會有什麼影響。「這個手術對生活和其他習慣會產生什麼改變，誰知道呢？」她沉思。

後續的一個月，她比較瞭解狀況了。十一月二十四日保羅出院時，他依舊「很虛弱，搖搖欲墜」，情況看起來不太樂觀。手術已經動了那麼久，但他的健康毫無進展。不過，茱莉雅始終保持樂觀，她寫信告訴費雪：

「我想，從現在起，會看到更明顯的進展。」但是他回家以後，其他更令人擔憂的症狀變得更明顯了。「他看起來好像整個人萎縮了。」保羅的姪子喬恩說，那陣子他剛好住在伯父和伯母家。「他彎著身子，無法正常說話，很難聽懂他想說什麼。他陷入極度的沮喪，變得很生氣。」他本來會講流利的法語，手術後，說法語的能力完全消失了，對紅酒的味覺也不見了，閱讀變成一大問題。他後來說：「字句似乎卡在我的記憶裡。」減緩了他處理資訊的能力。

茱莉雅告訴普拉特，保羅有「腦子混亂的問題」，但她擔心還有其他的問題，可能他的腦子裡潛藏著更麻煩的狀況。也許是腦部受損，所以才會喪失記憶，動作技能逐漸退化。他連心愛的祿萊相機都無法操作了，只能像把玩九連環一樣，拿在手裡翻轉。他原本的繪畫能力媲美美術館的畫作，現在看起來像學齡前兒童的塗鴉。

在保羅動手術以前，知名的烹飪老師安妮．威蘭（Anne Willan）曾在巴黎的老友路易餐廳（L'Ami Louis）跟他們夫妻倆一起用餐。聖誕節過後，她再次拜訪他們，看到保羅的舉止時，她嚇了一跳。「他失去短期記憶，說話困難。」她回憶道，「我先生馬克當場就知道是怎麼回事，他說：『他中風了。』」

事實上，他們後來才知道，他不止中風一次，而是好幾次，很可能是在動心臟冠狀動脈繞道手術時發生的。茱莉雅的外甥女費拉說：「手術後，有個血塊流進了腦部，導致失語症。」失去了理解或表達言語的能力。這方面的改善可能要好幾個月的時間，甚至好幾年。

復原過程對茱莉雅造成很大的衝擊，她需要完成《茱莉雅的私房廚藝書》，又要照顧癱瘓的丈夫。「大多數的時間，她幾乎都在安撫保羅。」喬恩回憶道，「我想那多少也影響了她自己，有陣子她的生活也是一團亂。」白天保羅的要求很多，需要她幫忙各種大小事。她無法烹飪，無法專注於自己的工作。但是，茱莉雅不是那種放任命運捉弄的人，新年過了不久後，她就進入「災害管制」狀態。她決定：「我們一定要做語言治療，並想辦法讓保羅上下樓。」首先，她把整棟房子從上到下都翻修了，並裝了一台電梯，以方面上下樓。她也接受朋友羅西·瑪內爾（Rosie Manell）的提議，讓她來幫忙測試食譜，並雇用茱蒂絲幫忙編輯初稿，請愛薇絲幫忙打字。

「茱莉雅就是咬著牙，闖過一切難關。」她的姪子說，「她不可能讓這種磨難擊垮她。」

況且，受苦與自怨自艾也無法帶進半毛錢。

這時茱莉雅已經四年沒出書，三年沒上電視了。《茱莉雅的私房廚藝書》為她同時帶來了財富和人氣。一九七五年十月該書上市時，立刻獲得讀者的熱烈響應，對於從一九六四年《法國大廚》開播以來就認真烹飪的美國大眾來說，這時他們都渴望看到大師推出新食譜。《茱莉雅的私房廚藝書》提供讀者想要的一切——新的美味菜色，搭配一些充滿娛樂效果的個人故事。書裡收錄了很多食譜，可以讓認真的廚師好好研讀，也加入豐富的資訊，以迎合烹飪新手，還有披薩、漢堡、涼拌捲心菜之類的菜色，甚至是巧妙處理剩菜的點子。如果有人覺得茱莉雅以前傳授的菜色太複雜、太費勁了，這本新書肯定會讓人耳目一新。

克諾夫出版社以鋪天蓋地的首刷量，大舉鋪貨上市，宣傳活動更是招數盡出，毫不手軟。「我們知道讀者還在。」茱蒂絲回憶道，「不過，自從推出《精通法式料理藝術》的續集後，市面上又多了很多競爭對手。」光是茱蒂絲就幫羅伊·德格魯特（Roy de Groot）、菲爾德、克勞蒂雅·羅登（Claudia Roden）、馬塞拉·哈珊（Marcella Hazan）、傑佛瑞、郭愛玲（Irene Kuo）、艾德娜·路易斯（Edna Lewis）、比爾德、席卡等人編輯食譜書。《茱莉雅的私房廚藝書》若要暢銷，一定要辦全美簽書會。但是保羅怎麼辦？他接受語言治療和復健後，已有一些進展，但「腦子還是混亂的」，復健之路還很漫長，他仍無法自理，跟著簽書會舟車勞頓對他的身體來說是一大壓力，更何況茱莉雅也會分心，那是個沉重的負擔。

「關於簽書會，他們從未遲疑過，」普拉特說，「也不曾思考不要讓保羅隨行。」

「醫生說他的身體沒問題。」他們出發前，茱莉雅如此告訴席卡，「但大腦混亂的狀況不會好轉了，唉。」

總之，茱莉雅已「慶幸」保羅的復原狀況一如預期。

「我當時下定決心，絕對不讓任何東西跟以前有所不同。」多年後她回憶那段日子時這麼說，「保羅喜歡觀眾，也愛旅行，我們只是需要多做點事，確定他受到妥善照顧就好了。」事實上，茱莉雅覺得旅行會有一點療效。「讓他參與一點活動對他比較好，只要不過量就好，因為那可以幫他維持動態。」

事實並沒有她想的那麼簡單。帶著保羅旅行很難，也跟以前不一樣。以往，保羅是她的支柱，是推動她的動力。他總是在茱莉雅的身邊，不會覺得幫她洗盤子或是跳上車去拿取她忘記的東西很丟臉。「他還曾經跪在地上刷地板。」茱蒂絲說，「但是手術讓他整個人都變了樣，那次簽書會的過程中，一切都變了。」以前的保羅很風趣，會跟人談笑，常分享許多引人入勝的故事，但現在變得暴躁又孤僻，偶爾也會出現不理性的舉動。你永遠不知道他何時會說出不得體的話，或做出不當的舉動。在幫茱莉雅舉辦的酒會上，他不時嘟囔著：「我們在這裡做什麼？」在百貨公司的現場示範中，他坐在觀眾群裡，有時會發號施令：「茱莉雅，慢一點！」、「我們看不到雞肉！真該死！把它舉起來！」或是像觀眾高聲耳語那樣大聲批評，讓好幾排都聽得到他的話。茱莉雅示範到一半時，他可能拿出馬表。在美西巡迴時，他會從座位上大聲嚷嚷還有幾分鐘。茱蒂絲記得去餐廳用餐時，如果不讓他坐大位，他也會發脾氣。但茱莉雅始終耐著性子處理，她會說：「喔，保羅，我們當然會讓你坐大位。」只不過移動他的位子也決定了茱莉雅的位置，因為他自己無法使用餐具，需要協助。所以有些時候她必須忙著照顧保羅，無法回應記者的問題，或是親切地因應書店的買家。

那場巡迴簽書會把保羅和茱莉雅都累壞了。茱莉雅知道宣傳新書很重要，她也喜歡面對觀眾，她很愛他們！但是上路奔波已經不再有趣了，而是令人心力交瘁。保羅，她親愛的保羅，變得相當棘手。沒有人比保羅更欣賞茱莉雅，找不到比他們夫妻倆更親近的婚姻，也找不到比保羅更支持妻子、為她的人生帶來更多意義的丈夫。現在茱莉雅基本上只能自立自強了，帶著保羅一起旅行變成苦差事，不再是一種福氣。況且，撰寫那本書也讓她掏盡了一切，她傾注了所有的心力，把所學和書寫的能力全都投注在那本書裡。「這是我投身廚房二十五年的總和。」她寫信告訴費雪，「我該說的都說了，窮盡一切所能，以後不再寫書了！」

不過，電視則是全然不同的狀況。自從一九七二年《法國大廚》停播後，茱莉雅就再也沒開節目。一九七六年年初，她也宣告離開電視。「現在開節目的成本太高了。」她告訴《國家觀察報》（*National Observer*），「那需要一天投入十二個小時，一週工作七天，我們已經受夠了。」我們已經受夠了，到此為止。她這樣講幾乎百分百是認真的——幾乎了！但她的內心一直有個體悟難以釋懷：「你只要不上電視，大家很快就忘了你是誰。」她實在不想失去觀眾。只有少數人能有幸擁有如此死忠的粉絲，她不想就此放棄。

但是那目標不像她想的那麼簡單。過去十五年間，公共電視網飛快地成長，擁有廣泛的影響力，也面臨激烈的競爭。如今整個PBS網路裡就有兩、三百個節目經理，只要他們不想播你的節目，也沒有義務播放，就那麼簡單。所以節目贊助者消失了，節目當然也跟著消失了。尤其，WGBH在整個公共電視網中有明顯的影響力，現在他們著眼於超大型的國際節目，例如《新星》（*Nova*）和《經典劇場》（*Masterpiece Theater*）。他們很快就會成為超級電視台，全美最大的製播電台，甚至超越紐約的WNET。在美食節目方面，WGBH已經有其他的節目，尤其是羅馬尼奧利夫婦（Romagnolis）主持的義大利料理節目、廖家艾主持的中國料理、以及紅極一時的《凱旋菜園》（*The Victory Garden*）。負責電視台版權的唐納．卡特勒（Donald Cutler）說：「電視台的高層也認為，那種按部就班指導做菜的節目已經過時了。」他們的節目表上似乎沒有茱莉雅的容身之處。

茱莉雅曾為電視節目投入那麼多、那麼久的心力，她不願就此把鎂光燈拱手讓給別人。如果WGBH不願意為她一個人製作節目，也許雙人主持的節目更有看頭。她和比爾德聯手主持是相當有魅力的組合，而且他們的節目主題在一九七六年聽起來也是所向無敵：美國獨立戰爭時期的料理，介紹在十三塊殖民地工作的廚師。舊的PBS體系應該會馬上接受這個提案，尤其是看了精彩的試播節目以後。節目主打兩位美食界最閃亮的巨星，茱莉雅在鏡頭前表現得相當耀眼，她又回到她最擅長的領域，但比爾德在鏡頭前還是有問題，他看起很不自在，常表演過度以掩飾不安。他在螢幕上毫無看頭，比毫無光澤的物件還缺乏魅力，所以新的PBS體系對這個節目不買帳。除了WGBH以外，其他的相關電視台也不想聯播，最後這個節目就不了了之了。

茱莉雅對於自己無法回歸電視，感到相當沮喪。大家把她當成過時的電視人物，像喜劇演員米爾頓・伯利（Milton Berle）或露西・鮑爾那樣，過去紅極一時，但未來沒什麼前景。「從來沒有人說過：『我們不想播茱莉雅了。』」莫拉許說，「但我們確實有那樣的感覺。」

莫拉許夫婦和柴爾德夫婦在七〇年代經常一起用餐，他們常聚在一起煮菜及聊一些電視台的事情。新年前夕總是最熱鬧的夜晚，他們會邀請一群客人一起來聚餐。「跟茱莉雅不熟的人會以為我們是在辦滿漢全席。」瑪麗安・莫拉許回憶道，「我們會準備美味的牡蠣巧達湯（有牡蠣和牛奶），還有金魚小餅乾當開胃菜，茱莉雅都是大把大把地抓，那點心向來是她的最愛。」

一九七七年慶祝完新年後，某晚茱莉雅若有所思地提到她無法再回WGBH主持節目的事，她問莫拉許：「他們不想再繼續做節目了，那不是很好笑嗎？」莫拉許回憶，當時茱莉雅並沒有因為被電視台拒絕而生氣或氣餒，她只是不太明白為什麼大家對節目的喜好變了。莫拉許對於WGBH一點都不想幫這位當家台柱回到螢光幕前，當然是相當生氣。他覺得根本的問題和茱莉雅本身無關，而是大家對節目那套模式已經膩了。他們圍坐在茱莉雅的餐桌邊，討論如何改寫十三年前的節目大綱。「不要只介紹一道食譜。」莫拉許說，「我們何不介紹派對的菜色？」茱莉雅也喜歡那個點子：「為特殊場合準備的菜色，例如生日、週日晚餐、或是宴請老闆。」她可以突破法國料理的束縛，做很多傳統的美式料理，例如波士頓焗豆和巧克力片萊姆蛋糕。

不久，他們把那個點子進一步改進，二月時便向WGBH提出《茱莉雅和同伴》（*Julia Child & Company*）的節目企劃案。WGBH馬上就答應製播十三集的節目，莫拉許開始規劃細節，茱莉雅每週只需要錄一集節目就好了。

她和保羅不需要去採買食材，也不需要在家裡不斷地測試，準備工作是交由一群助理負責，她有很多時間可以排練。為了控制節目的製作成本，莫拉許提議打造一個專屬的廚房場景，以免每次都要重搭布景。「茱莉雅很喜歡那個概念，」他說，「因為那表示她和拉克伍可以天天到場盡情地排練，不必再擔心預算問題了。」

既然如此，何不出一本書收錄新的食譜呢？茱莉雅已經說過她不想再出書了，但是當時她應該只是隨口說說。負責電視台版權的卡特勒堅持一定要出一本相關的書，他打電話找茱莉雅討論，電話還沒掛斷，茱莉雅就已經答應出書了。他們談定的方式是，茱莉雅不需要在節目製播期間寫書，他們會雇用《大西洋月刊》（*Atlantic Monthly*）的編輯佩姬．艾特瑪（Peggy Yntema），請她先照著排練的內容撰寫初稿，再交給茱莉雅增添食譜及修改。卡特勒說：「這樣一來，節目開播時，書可以跟著上市，不需要等幾個月熱潮褪了才上市。」

茱蒂絲當然希望那本書能由克諾夫出版，她興奮地說：「茱莉雅的新食譜書！有一半的美國人會收看節目，至少有一半的觀眾會想擁有那些食譜。」但一、兩週後，茱蒂絲接到鮑勃．強森（Bob Johnson）律師的來電。強森隸屬於波士頓的希爾與巴羅律師事務所（Hill & Barlow），那家事務所專門接上流社會的案子，茱莉雅才剛聘請強森代表她談各項業務。「他說利透與布朗出版社很想出版那本書，茱莉雅和波士頓的出版社合作可能比跟我們合作有利。」茱蒂絲緊握著話筒，不發一語，強忍著淚水。強森說：「總之，我覺得克諾夫出版社的版稅令人難以接受。」

我覺得克諾夫出版社的版稅令人難以接受。這句話翻譯成白話就是：「你們在踐踏我的客戶。」

強森一出手，就像蒸汽壓路機過境一樣，直接輾過了纖弱的茱蒂絲。茱蒂絲備受驚嚇，極度消沉，只好轉向克諾夫出版社的財務大將湯尼．舒爾特（Tony Schulte）求助，他們隔天一起飛到波士頓。「我們去了強森的公寓。」茱蒂絲回憶道。強森外表帥氣，個性古怪善變，遊走於波士頓的文人雅士及同性戀社群之間。茱莉雅完全不知道他的性向，她總是一本正經、不帶嘲諷地跟人介紹他是「我的男子漢」，但莫拉許等朋友都聽不出這話語中有什麼幽默感。「強森是最討人厭的那種混蛋，」莫拉許說，「噁心的馬屁精，把茱莉雅玩弄於股掌之上。」茱蒂絲也認同那樣的看法。「他真的很低級，又狠毒，毫無可取之處。」她回憶道。

從談判一開始，強森就不肯讓步。他才不在乎茱莉雅與克諾夫出版社有多長久的合作關係，也不管茱莉雅和茱蒂絲有多深厚的情誼，那些對交易來說都毫無意義。反正，他就是要為客戶爭取更多的版稅，包括預付版稅及之後的版稅。克諾夫出版社要是不給，他就帶著茱莉雅去找其他的出版社合作。舒爾特這次是有備而來，他把茱莉雅的食譜書為出版社帶來的獲利和成本細目都帶來了，目的是想讓強森瞭解出版社的獲利有多微薄。強森幾乎沒正眼看那些數字，就把獲利報告丟回給舒爾特，他才不在乎那些數字的意義。「我不相信你們的獲利數字。」他說，堅決不肯讓步。

茱蒂絲知道他們無法答應他開的條件。「那個數字高得嚇人。」她說，「照那樣簽約的話，我們根本無利可圖。」身為茱莉雅的編輯、知己和朋友十六年，她可以感受到她們美好的合作關係已經結束了。

但是不先放手一搏，她不肯罷休。茱蒂絲在一籌莫展下，決定訴諸出版界的兩大禁忌：直接跟作者洽談交易條件，並祭出眼淚攻勢。她拿起電話，直接撥到茱莉雅的家。「茱莉雅，」她哭著說，壓抑不住情緒，「妳知道強森開出什麼條件嗎？我覺得妳應該要知道，因為他開的條件，我們完全無法承擔。」

茱莉雅冷冷地回應：「我不想聽！所以我才會找律師代我協商。」後續的通話陷入無盡的沉默。

茱蒂絲回憶道：「那感覺就像一把刀子直捅我心。」她知道茱莉雅向來對出版業不太信任，原因遠溯及早期和華許邦出版社及米夫林出版社的合作失敗。但她覺得克諾夫已經竭盡一切療癒了那些舊傷，而且這不只攸關出版，也攸關了她和茱莉雅的友誼。茱蒂絲以為她們的友誼早已超越了商務上的關係，超越了一般作者和編輯的關係，她們經常充當彼此的治療師。茱蒂絲常好心建議茱莉雅如何因應保羅的病情，而茱莉雅在得知茱蒂絲少得可憐的薪水後，也勸她：「妳應該爭取更高的薪資！逼自己去爭取！」

這次互不相讓的案子，讓這一切都陷入了危機，克諾夫出版社別無選擇，只能答應強森開出的誇張條件。畢竟，留下知名的作者比什麼都重要，但是他們的合作關係從此都變了，表面上雙方永遠是客客氣氣的，但茱莉雅已經劃清了底線。

終於，茱莉雅準備好復出了。《茱莉雅和同伴》預定在一九七七年十月二十二日開播，在闊別螢光幕五年後，她滿心期待再次站在鏡頭前。這個節目將會非常精彩，長時間離開螢幕後，她更瞭解《法國大廚》需要精進的地方。這段休息期間，她更清楚全憑經驗的地方節目和全美聯播的節目有何差異。如今一切都準備就緒了，她和莫拉許已經規劃好對策，以全新的風貌重現往日的風華。

那年夏天在兼顧節目排練及家庭責任下，茱莉雅過得很辛苦。保羅的狀況開始有些起色，恢復了一些過去繪畫的技巧，但法語依舊生疏，語言治療的效果停滯不前。七月時，他寫信告訴查理：「我的理解力模糊，數字卡住無法運作，房子裡有很多人講話，搞得我昏頭轉向。」他遺憾又不滿地坦言，自己的全盛期可能過了，但他的意念仍十分強烈，並誓言「決不放棄」。

保羅的復原狀況讓茱莉雅鬆了一口氣，所以他們臨時又決定去拉披揪一趟，她需要稍微喘口氣。她告訴工作人員，她是去那裡準備食譜，但實際上，她是去拉皮及減肥（七公斤），重新打理門面，以便面對觀眾。

夏天，普羅旺斯的氣候特別宜人。茱莉雅和保羅都想念柏斯卡斯亞那溫和寧靜的環境，那是最適合遠離塵囂的地方，可以盡情徜徉在多變的天空下，輕鬆地過日子，有點像天堂。他們常坐在桑樹下的露台，欣賞四周的景致，一坐就是好幾個小時，甚至一整天。那年春天異常潮濕，四周的草木有如熱帶地區般蓬勃發展。周遭的丘陵長滿了淡金色的鷹爪豆花，空氣中摻著花蜜的迷人香氣，隨處可見檸檬馬鞭草、夏季含羞草、芳香無花果葉、一畦畦怒放的薰衣草，以及馥郁的玫瑰。保羅把握機會，在邊緣和緩的坡地上漫步，拿相機拍下這些印象派的風光。偶爾他會試著讀一些他們從劍橋帶來的書，但是當他怎麼看都看不懂時，就會請茱莉雅朗讀給他聽。

茱莉雅接到姪女艾瑞卡・柴爾德的越洋電話時，仍在拉披揪療養身體。艾瑞卡來電告知，她母親費瑞狄突然心臟病發，住進緬因州一家醫院的加護病房。費瑞狄！這消息震驚了茱莉雅，讓她極度不安，他們必須馬上回去看她。但是她現在的狀況能趕回去嗎？她的臉在動了整型手術後依舊烏青腫脹，況且，保羅能承受這樣的消息嗎？他的狀況依舊脆弱，任何突如其來的驚嚇都可能讓他的復原惡化。艾瑞卡竭盡所能地安撫茱莉雅，跟她保證她母親沒事了，狀況已穩定下來，他們打算下週就讓她出院，返家靜養，茱莉雅和保羅可以等七月底回美國後再去探望她。

然而，到了七月底，為時已晚。他們在回美國的途中，費瑞狄因二度心臟病發離世了。

他們悲痛欲絕。費瑞狄和查理以及茱莉雅和保羅，他們四人有如密不可分的四胞胎，長達三十幾年。除了小陶和約翰以外，費瑞狄和查理也是茱莉雅最親密的家人，可能比自己的弟妹還親。費瑞狄是她在廚房裡的啟蒙導師，也是最佳的合作夥伴，她們夢想開設的「柴爾德夫人與柴爾德夫人」餐廳始終沒能實現。茱莉雅每次需要重要的意見時，費瑞狄都是她徵詢的對象。費瑞狄也是查理一輩子的心靈依靠，這下子可憐的查理會變成怎樣？茱莉雅發現他完全崩潰了，他現年七十五歲，逐漸失明，再加上幼時耳朵曾遭到保羅重擊而嚴重變形，他女兒瑞秋說：「他討厭獨處，獨處讓他非常焦慮不安。」

茱莉雅已經大致知道查理日後會退化成什麼樣子，她從保羅身上已經看到了。費瑞狄過世的消息對保羅造成很大的衝擊。顯然，保羅和查理如今就像彼此的影子一般，過去那關鍵的一年，他們孱弱的狀況再明顯不過了。「我只能慶幸自己比保羅年輕十歲。」她斷然地說，「很遺憾，誰也無法長生不老！」

22 展望未來

工作是茱莉雅維持年輕的泉源，年齡的增長一一打擊了她周遭的每個人。自從保羅中風後，她特別注意周遭其他人的衰老。菲爾德在工作與經濟壓力下，五十六歲突然心臟病發過世。拉克伍的先生亞瑟在裝了心律調節器後，突然不幸過世。茱莉雅在《麥考爾》的編輯麥卡利在紐約市醫院裡陷入昏迷。查理罹患「嚴重的憂鬱症」，後來住進了安養院。費席巴雪有攝護腺的問題。費雪罹患「一種麻痺症，雙眼都有白內障」。比爾德還是老樣子，還能到處走跳說笑，但健康狀況一塌糊塗。

茱莉雅除了有膝蓋問題以外（從大學時期折磨至今），身體還算硬朗。只要投入工作，她就覺得自己像「十幾歲的青少年」。工作讓她充滿活力，跟上時代，思想先進。無論是出於抱負、或是為了散心，還是基於情感上的需要，後來的幾年間，她埋首於大量的案子中，讓自己的身心都處於忙碌的狀態。《茱莉雅和同伴》讓她恢復了往昔明星的光彩，她在螢光幕前的形象又再次登上巔峰，吸引了更多、更講究的觀眾群。收視率也證實了一個明顯的事實：《新星》也許是電視台最新的熱門節目，但茱莉雅才是他們的超級巨星。那個節目的配套食譜書在上市十三週內，狂銷突破二十萬本，也帶動了之前幾本著作的買氣，尤其《精通法式料理藝術》更是突然熱銷了起來，連帶茱莉雅也需要到PBS的各大市場辦簽書會。表面上，茱莉雅不喜歡巡迴打書這類苦差事，她寫信告訴席卡：「我甚至希望這次不需要再出去宣傳了。」但實際上，她很喜歡和粉絲面對面的接觸，她說：「那是我真正瞭解美國廚房狀況的場合。」在錄製節目及宣傳之餘，她則是幫《麥考爾》寫專欄，並為家庭計畫中心（Planned Parenthood）的一些慈善活動做現場示範。

不過，茱莉雅最投入的媒體還是電視。一九七八年底，兩次螢光幕曝光的機會，又把她進一步提升為一種文化象徵。第一次是十一月，她和貝潘受邀到湯姆．施奈德（Tom Snyder）主持的《明日》（*Tomorrow*）節目，擔任感恩節的嘉賓。節目的事前準備很趕、也很混亂，茱莉雅在準備時，不小心被借來的刀子割傷了手。「茱莉雅覺得那點傷勢沒什麼，但那個傷口其實很大。」一位陪她上節目的出版社代表回憶道。茱莉雅當場流了很多血，但向來沉穩的茱莉雅面不改色，用毛巾纏住流血的傷口，繼續上節目。

茱莉雅很愛丹．艾克洛德（Dan Aykroyd）模仿她的樣子：「肝要留著！」圖片鳴謝：Edie Baskin

施奈德的深夜節目是混合精彩的訪談和古怪的個人觀察，主要是吸引時髦、非主流的觀眾。多年來受他影響的媒體人物包括大衛．賴特曼（David Letterman）、霍華．史登（Howard Stern）、丹．艾克洛德。艾克洛德常在《週六夜現場》（*Saturday Night Live*）模仿施奈德暢快大笑的樣子。

「我們看到茱莉雅在施奈德的節目上割傷了自己。」艾克洛德回憶道，「大家都在談論那件事。」幾天後，《週六夜現場》的編劇艾爾．弗蘭肯（Al Franken）和湯姆．戴維斯（Tom Davis）根據《明日》節目的那個片段，幫艾克洛德寫了一齣短劇，後來那齣短劇成了經典。在短劇中，艾克洛德扮演茱莉雅誇張示範烤雞的樣子，過程中不小心傷了自己，在鏡頭前血流如注。「我本來不太想演，因為那感覺是個無聊的流血笑話，可能沒有笑果，但弗蘭肯後來還是說服我演了。」

《週六夜現場》的同仁都不知道，其實艾克洛德和茱莉雅有點私人關係。他的阿姨海倫．古瓊（Helen Gougeon）寫過幾本暢銷的食譜書，人稱「加拿大的茱莉雅．柴爾德」，長期在蒙特婁的CJAD主持廣播節目《胃口大開》（*Bon Appétit*），也開了一家店，名叫美味料理（La Belle Cuisine）。茱莉雅的馬賽魚湯食譜是他的知名短劇「鱸魚機」（Bassomatic）的靈感來源，在劇中，他把整條魚丟入攪拌機中。「我阿姨和母親都有《精通法式料理藝術》，她們常照著茱莉雅的食譜做菜。」他回憶道，「所以小時候我吃過許多她的拿手好菜。當然，我自己也很愛看她的節目。」

艾克洛德和弗蘭肯一起調整了劇本，接著在週三下午彩排。艾克洛德戴著滑稽的假髮、穿著圍裙，以顫音說：「首先，取出內臟，但你真的應該留下內臟。肝要留著！別丟喔！我希望我講得夠清楚了，別把肝丟掉喔！」過了一會兒，艾克洛德在切除雞的骨幹時，模仿《明日》節目的那個片段，切到了自己的手，頓時血流如注。「糟糕！我切到自己了，我切到要命的指頭了。」不知怎的，那個傷口的噴血強度就像老忠實噴泉（Old Faithful）一樣，血都濺到雞肉上了，流理檯上出現一灘血泊。

「彩排時很順利。」艾克洛德回憶道，「該有的笑點都演出來了，但是週五預演時，噴血突然變得不順。」為了拯救這段短劇，弗蘭肯決定參與演出。節目正式上演時，他蹲在流理檯下，親自操縱那個裝滿假血的滅火器，在艾克洛德飾演的茱莉雅開始驚慌時，他就卯起來噴灑血液。「喔天啊，噴出來了！」艾克洛德驚叫，以圍裙和雞骨頭做了一個止血帶綁住傷口止血。「如果你太虛弱了，沒辦法自己綁止血帶，可以撥打緊急電話求救。」但是當他拿起話筒撥緊急電話時，他發現那只是道具，於是開始產生幻覺。「為什麼你們都在旋轉？」他問觀眾，「呃……我想先睡一下，祝你胃口大開！」接著，他趴倒在流理檯的血泊中，但是又馬上抬起頭來再次叮嚀：「肝要留著！」之後又倒下來不斷地抽搐。

那齣短劇播出後馬上爆紅，後來錄下的磁帶輾轉傳到了茱莉雅的手中。茱莉雅向來不太喜歡別人搞笑模仿她，一來是因為她對烹飪相當認真，二來是因為她不覺得自己的聲音聽起來很怪。因為每次有人模仿她，都是故意裝出怪腔怪調，她對那些模仿的反應通常都很冷淡。但艾克洛德的模仿裡，大概有某個元素剛好戳中了她的笑點，很可能是那齣戲的黑色幽默：噴血及抽搐快死的樣子。

「後續多年，每次家裡有賓客來訪時，她都會播放那捲帶子來娛樂大家。」後來擔任茱莉雅貼身助理的史蒂芬妮．賀許（Stephanie Hersh）說，「或是做烤雞時乾脆自己演一次。」她總是抓起內臟大喊：「肝要留著！」接著就趴倒在流理檯上，笑彎了腰。

工作似乎讓茱莉雅更有活力了，如今六十七歲的她，步調毫無減緩，總是忙個不停，看不出被任何義務壓垮的跡象。事實上，當WGBH提議《茱莉雅和同伴》續約時，即使那涉及相當驚人的工作量，她還是馬上答應了。

在錄製新一季的《茱莉雅和同伴》以前，茱莉雅需要規劃出足以填滿十三集節目的菜單。她不能再光靠席卡的家傳食譜，或簡化《精通法式料理藝術》第一集和續集的內容，她需要自己開發出令人垂涎的食譜，這表示她需要做「更多的研究和測試」，這對始終孜孜不倦的人來說，工作量還是太多了。所以這個節目後來真的變成茱莉雅和同伴一起合作的任務：她找來一群半專業的人士來簡化流程，其中兩位女性是從第一季沿用至今：瑪內爾和麗茲．比夏普（Liz Bishop）。瑪內爾是茱莉雅早年在巴黎認識的優秀畫家，現在負責食物的擺盤設計。比夏普是工作團隊中的「開心果」，她的豪放言語及充滿感染力的笑聲，讓工作氣氛更加愉悅輕鬆，但不脫軌。可惜這兩位女性都不會烹飪，所以茱莉雅找來「兩位專業廚師加入團隊」。不過，說她們「專業」有點牽強。莎拉．莫頓（Sara Moulton）只有美國烹飪學院（Culinary Institute of America）的學歷，並在波士頓「一些不太好又乏味的老餐廳」做了兩年的備料工作，「沒受過正規訓練」。她的共事者是曾經對烹飪一竅不通的瑪麗安（莫拉許的妻子），這幾年她在茱莉雅的調教下，已經變成充滿創意又機靈的廚師。

「當時團隊裡沒有專家。」莫頓回憶道，「你要麼就是會烹飪，要麼就是不會烹飪，反正都是邊做邊學，我們都能勝任，有足夠的專業。」

茱莉雅身為廚師時，是相當嚴謹的任務分派者及完美主義者；她身為團隊領導者時，則像母雞帶小雞一般。每天早上，工作團隊在廚房場景中集合時，她會說：「我們先來點開胃酒吧。」接著倒幾杯白苦艾酒幫大家「穩定軍心」。喝了點開胃酒後，大家就開工了。茱莉雅先提出一套模板，例如素食菜單，接著勾勒出適合這些菜單的場景。她的筆記本裡寫滿了多年旅行期間所收集的食譜半成品，那些草稿最後都變成了節目中使用的菜色。例如，她可能說：「我這裡有個點子，是以法式千層蛋糕（gâteau of crêpes）搭配蔬菜和起司。」接著她們開始討論，每個人都為這道菜貢獻點子，漸漸的食譜就成形了。

「我們都會各自做做看。」擔任行政主廚的瑪麗安回憶道，「那道菜色會經歷多次變形，接著我們會一起做，最後再和其他的志願者一起試吃。」

「我們做過一種巧克力冰淇淋蛋糕，總共做了十三次，大家才滿意。」莫頓回憶道，她從基層開始做起，後來晉升為行政助理。「不過最後結果是由茱莉雅決定。」她通常會說：「親親，我喜歡這個，但是它仍需要……」接著她會列舉一些成分，讓一切聚焦成形。莫頓說：「她總是有獨到的遠見，東西只有一種作法，那必須是最好的方法。她是十足的完美主義者，知道自己想要什麼，或是在過程中就會找出她想要什麼。」

《茱莉雅和同伴》完全是團隊合作的成果，整個團隊以飛快的速度運作——每週烹飪四天，有時是五天，以因應緊湊的拍攝流程（週三下午在WGBH錄影）。節目的製作總是承受著來自莫拉許的額外壓力，他像專制君王一樣發號施令，茱莉雅戲稱他是「阿亞圖拉」[1]。過去幾年，莫拉許在電視台裡的地位扶搖直上，製作出《凱旋菜園》和《老屋裝修》（*This Old House*）等熱門節目，這些成就讓他對節目的要求愈來愈嚴苛。不過，廚房的氣氛向來都很輕鬆，茱莉雅很喜歡這種新的團隊經驗。節目播了一半時，她寫信告訴席卡：「上週我們做了卡酥來砂鍋，我們一起烹飪時都覺得很有趣。」有人從旁協助，幫她抒解了壓力，讓她更能專注為節目規劃劇本。

此外，她光是照顧保羅，就快應接不暇了。她承認保羅的狀況還不錯，「他還過得去，還能運作」，但是，唉，「他的腦子還是不靈光」。長期看來也不太可能有多大的進展。她認知保羅的「腦子方面沒起色，永遠也不會有起色了」。中風破壞了保羅個性裡的關鍵要素，如今他七十八歲了，年紀大又脆弱。現在幾乎隨處可見他年老孱弱的證據：體態彎曲變形，思緒斷斷續續，在桌邊打盹，威嚇客人，身體日益瘦弱，步態蹣跚，生活起居無法自理。「以前都是保羅打理茱莉雅的一切。」威蘭說，「事業、旅遊、該去什麼餐廳、財務等等，原本都是保羅負責打理，現在茱莉雅扛起了一切。」

她不能把注意力移開保羅片刻，即使工作堆積如山，照顧保羅仍是全天候的工作。威蘭說：「自從保羅出事後，茱莉雅總是會找一個朋友陪在身邊。」茱莉雅知道那種情況下她需要什麼：她需要一個人在身邊，那個人不僅需要假裝看不到保羅受到的磨難，還要懂得因應隨之而來的挫折感。「那個人必須隨時保持愉悅，逗保羅開心。」朱莉安說，「在保羅大發脾氣後，還能笑著說：『喔，保羅，你這個人真妙。』」

無論茱莉雅願不願意承認，保羅都已經變成一大負擔。她為電視台拍攝「夏天晚餐」節目時，保羅突然勃然大怒，要求品嚐茱莉雅正在烹煮的鮭魚，還擅自走到鏡頭內。那年春天稍後，他們夫妻倆在聖塔巴巴拉的一家餐廳，和加州某位重要的釀酒商共進晚餐，保羅突然衝出餐廳大喊：「這個地方太黑了！我看不到菜單！」

不過，茱莉雅絕對不讓保羅衍生的麻煩耽誤了自己的職業生涯。即使她私底下面臨的狀況愈來愈多，她締造的文化現象卻日益顯著。不過，儘管發展的機會日益廣大，她把保羅留在身邊的意念卻比以前更加堅定。「保羅激發了茱莉雅從沒想過自己擁有的潛力。」瑪麗安說，「我可以感覺到她對這點永遠充滿了感念，不管發生什麼事，絕對不會拋下保羅不顧。」一九七九到八〇年的冬天，《茱莉雅和同伴》造訪了美國十三個城市，時間表經過精心的安排，以提供保羅休息的時間。但是後來茱莉雅吸引的人潮從數百人暴增為數千人，製作單位又在空檔中加入了更多的活動（例如上各地的訪談節目，接受報社訪問等等），把時間擠得滿滿的。那行程令人精疲力竭，但也難以抗拒，保羅只能配合。宣傳露臉的機會愈多，愈能刺激書籍的銷量，版稅已經變成他們夫妻倆唯一的收入來源。

最近，茱莉雅愈來愈擔心如何維持影響力的問題，尤其是在《茱莉雅和同伴》播放以後。那個問題早在節目開播以前、WGBH宣布加入PBS體系時就已經有了。如果節目是在CBS、NBC、ABC之類的商業電視台播放，他們會要求地方電視台在特定的日子及時間播出節目，不然就不合作了。但是，PBS不是那樣運作的。PBS教育體系裡的電視台都是各自獨立，他們想什麼時候播出茱莉雅的節目都可以，也不限於星期幾播出。「通常，某個市場可能延後一、兩個月才播。」莫拉許說，「茱莉雅從來無法理解這個細節。」

她只覺得她和整個團隊拚了老命到處宣傳，但有些重要的市場卻沒播出節目。「我們拚得要死，」茱莉雅對記者抱怨，「但PBS不知道是忘了我們錄過節目還是怎樣，始終沒在紐約播出。如果紐約沒播出，那你等於是白忙一場。」她發現好幾個電視台在排當季的節目表時，都沒把《茱莉雅和同伴》排入，氣得要命。她為了錄製那些節目，長時間工作，辛苦了好幾週。「我再也不幹這種事了，做得要死卻無聲無息。那是很棒的書，很棒的節目，都是原創的食譜，所以坦白講，我不幹了。」

事實上，紐約和各大市場後來都播放《茱莉雅和同伴》了，只是對茱莉雅來說為時已晚，太晚了。她覺得她和PBS的合作到此為止！她做那些節目根本沒賺到錢，「連五塊錢都不到」，他們給她的預算全都用在食材和其他費用上了。她是靠賣書為生，錄製節目是為了賣書，就那麼簡單。克諾夫出版社當然也對事情的發展不太高興。「早知道節目不會播出的話，我甚至不確定我們會答應出版那本書。」茱蒂絲回憶道，「總之，那本書的銷量有點令人失望。」

對茱莉雅來說，PBS讓她失望了，也讓她感到無助，畢竟她為節目付出了那麼多！撇開版稅不談，光是經濟效益就讓她憤恨難平。她不僅沒從節目賺到什麼，還出於善意讓電視台分享了二成的食譜書版稅，巡迴宣傳的成本也是由克諾夫出版社買單，WGBH至少應該盡到本分，讓她的節目順利播出才對。這個合作關係實在很不公平，再過一年，她就滿七十歲了，她需要更善待自己一些，放眼未來。她覺得PBS已經對她的利益毫不在意，她對席卡抱怨：「一切到此為止！結束了！」

茱莉雅這個超級巨星要往別處發展了。

一九八〇年四月，某個春日午後，喬治．莫利斯（George Merlis）坐在俯瞰百老匯的辦公隔間裡，他的老闆伍迪．弗雷澤（Woody Fraser）突然把頭探了進來。

「你覺得找茱莉雅．柴爾德加入「家族」（Family）如何？」他問道。

莫利斯一聽，從座位上一躍而起。「我覺得這是我聽過最棒的點子了。」他回答，「我們能請得到她嗎？」

莫利斯負責擴充家族。不，他不是對黑幫家族的老大卡羅．甘比諾（Carlo Gambino）或維多．吉諾維斯（Vito

Genovese）負責。他的家族是一群知名人物，每週上ABC的晨間新聞綜藝節目《早安美國》（*Good Morning America*）（該節目和超熱門的《今日秀》對打）。從一九七八年《早安美國》開播以來，他們就非常積極地招募家族成員，目前為止他們已經找來八卦記者羅娜·巴雷特（Rona Barrett）專門分享好萊塢的八卦；作家娥瑪·邦貝克（Erma Bombeck）每隔兩週分享幽默的內容；提姆·強森（Tim Johnson）醫生每次有醫療相關新聞時，就從波士頓連線到現場；李·貝利（F. Lee Bailey）律師「喝得醉醺醺，搖搖晃地來錄影」，摘要報告訴訟的案件；艾爾文·烏貝爾（Alvin Ubell）指導觀眾居家修繕；還有紐約大學法學院的亞瑟·米勒（Arthur Miller）。

身為《早安美國》的執行製片人，莫利斯當然很渴望能邀請茱莉雅加入節目。不管當時的固定班底已經為節目帶來多大魅力了，他覺得茱莉雅肯定可以帶來更多。他向最近剛升為全職主持人的瓊安·蘭登（Joan Lunden）提起了這個可能性。

蘭登覺得那會是節目的一大突破。「我們正在尋找巨星魅力。」她說，「大衛·哈特曼（David Hartman）和我雖然算有名了，那個時候茱莉雅比我們有名上千倍，她可以幫我們一舉登上那個時段的收視寶座。」

無論如何，《早安美國》都需要改善他們的美食單元。過去幾年，美國已經培養出對創意料理的喜好，或至少對美食有了合理的想像。食物——料理——席捲了主流文化，主要是因為電視的推波助瀾。每天早上的任何時間，不管你轉到任何頻道，都可以看到廚師在示範完美的菜餚。《早安美國》已經介紹過十幾位客座廚師，但沒有一個達到加入家族班底的標準。他們也找過幾位頗有前景的廚師，例如沃夫岡·帕克（Wolfgang Puck）和艾莫利·拉格西（Emeril Legasse），當時他們還沒什麼名氣，缺乏螢光幕前的特質，無法成為固定班底。「而且他們會緊張，」蘭登說，「我們必須帶著他們走完整個單元，但茱莉雅本身就很有趣，比我認識的任何人散發更多的自信。」

但是他們能請到她嗎？沒人敢肯定。週週上節目是不可能了，茱莉雅無法那麼頻繁地往返波士頓和紐約，那會把她累死，況且這也要顧及保羅。只要保羅不能跟在身邊，茱莉雅就不願考慮那工作，所以方便性一定要納入考量。莫利斯把流程的問題都設想好了，他建議茱莉雅一個月到紐約一趟，做一次現場錄影，並錄下四或五集的節目，以便中間那幾週播出，他們下午就會送她搭機返回波士頓。體力上來說，茱莉雅還應付得來，但是一天要做六道菜，那對任何人來說都不太可能。六道菜意味著每道菜至少要煮三、四遍，才能讓觀眾看到流程中的每個階段：食材備料、烹煮、成品。《早安美國》是早上六點半開始彩排，七點整直播。為此，她必須從半夜就開始烹煮。

不過，這也有辦法可以解決：莎拉．莫頓。她很年輕，充滿抱負，非常能幹，他們聘請她來負責所有的準備工作，這樣一來，茱莉雅只要六點十五分到攝影棚就可以開始排練了。至於酬勞方面，他們開出了高價（那和茱莉雅在WGBH領的酬勞相比算是高價了）：每集六百零五美元，此外所有的費用全由電視台買單。而且，試想，那可以刺激多少書本的銷量！茱莉雅當時仍然非常擔心名人面臨的殘酷事實：「只要你一離開螢光幕，幾個月後，觀眾就忘記你了。」況且，這是無線電視台，全美播出，一個月可以露臉五次。

茱莉雅就這樣加入了家族。

如果大家覺得茱莉雅在PBS的節目上有點古怪，她在《早安美國》上更是使出渾身解數，完全豁出去了。她不僅來烹飪和教學而已（她的兩大專長），更是來精進與推廣形象的。她的觀眾都喜歡她那種「渾然天成」的幽默感，茱莉雅自己也很清楚這點。觀眾常談到她有一次舉起萎縮、低垂的法國麵包，說那麵包「軟趴趴的」，接著她眨著眼說：「妳其實想要硬的。」有時候她覺得東西不好時，就直接把東西拋往肩後。現在她已經準備好盡情搞笑了，如果你問她，什麼比裝模作樣的廚師更討厭，她會告訴你，太嚴肅比裝模作樣更糟。

「我們都沒料到她那麼好笑。」哈特曼說，他常在鏡頭前擔任茱莉雅的配角，「她常脫口說出讓大家捧腹大笑的話，我們都不確定她到底知不知道自己說了什麼。」

她當然知道，她自有一套搞笑的本領。「茱莉雅很喜愛雙關語。」莫頓說，「她會刻意講一些雙關語。她知道什麼東西好笑及如何逗人發笑，她也很清楚底線在哪裡，以免玩笑開得太過火。」

蘭登在茱莉雅加入家族不久後，幾乎是馬上感覺到狀況不太一樣。在示範感恩節大餐那集，茱莉雅的眼神中閃過一絲促狹。「她抓起那隻火雞的腿，在鏡頭面前拉開。」蘭登回憶道。那動作有點猥褻，但非常好笑。後來有一集做蛋酒，茱莉雅卯起來猛加蘭姆酒，現場為之瘋狂。整個早上排練時，她都拿起酒瓶猛倒，等正式上場示範的時候，每個人都已經「笑不可抑」。

「每次我們現場示範用到酒時，她都是拿起酒瓶猛倒。」哈特曼說，「而且一倒再倒，完全止不住她。」

沒人管得住茱莉雅。「美國人都太膽小了，」她告訴蘭登，「尤其是對放進嘴裡的東西。」她最受不了的就是美國人對脂肪的恐懼。真正的奶油和鮮奶油是美味料理必備的要素，無可取代，她覺得批評者真是見鬼了。儘管美國當時是健康和運動當道，「茱莉雅一上節目就是卯起來猛加鮮奶油」，或是在醬汁裡加三、四大匙的奶油。不管主持人怎麼勸阻，她都會說：「多點脂肪不會害你的。事實上，我們的膳食都需要脂肪。」當主持人不跟著附和她的看法時，她就對他使眼色說：「親親，你還可以再胖一點。」

觀眾很喜歡看她「使壞」，電視台也是，莫利斯說：「這裡沒有人介意她插科打諢，甚至開黃腔。」不過，他們還是安排了一位執行製片「看管她，以防萬一」。

索尼雅·賽爾比·萊特（Sonya Selby-Wright）是個「非常講究效率又嚴肅的英國人」，她負責管理整個家族班底，每次執導茱莉雅的單元時，她就像士官長訓練一群新兵一樣。她的個頭嬌小，臉型削瘦，眼神銳利，面相看起來跟石像鬼一樣尖刻。她只要使個眼色，整個劇組就馬上把皮繃緊。她非常注意分秒必爭的時間表，但井然有序的做事方式也為日常的混亂帶來了沉著。莫利斯說：「說到那些家族班底，她先天就懂得如何因應這些大牌。」

索尼雅有個堅持的原則：每個人來上《早安美國》都必須準備充分。每個單元的時間很短，頂多只有三、四分鐘，每一秒都很寶貴。相反的，茱莉雅在螢幕前的形象一向是臨機應變，給人船到橋頭自然直的感覺。索尼雅知道最優秀的表演者往往會給觀眾那樣的印象，但他們其實老早就把一切練得滾瓜爛熟了。所以，她和茱莉雅可說是一拍即合。

「她們很快就成了好友，」蘭登說，「無論是在節目上或下了節目以後。」索尼雅都很用心保護茱莉雅的品牌。但有一點讓茱莉雅覺得綁手綁腳：索尼雅拘謹的英式風格。那高雅的外表下似乎毫無破綻可戳，茱莉雅調皮慣了，忍不住想開她一點玩笑。

某天早上，茱莉雅到攝影棚排練法式乳酪火腿三明治（croque monsieur）。攝影師在她的身邊走來走去，調整鏡頭和線路，茱莉雅抬頭看著攝影棚上方的控制室，索尼雅就坐在裡頭。當上面打出開始排練的訊號時，茱莉雅清了清喉嚨，開始說：「今天我們要做『屌先生』[2]……」

「等等，茱莉雅。」播音系統傳來冷靜的英國腔，「我們從頭來一遍。」

茱莉雅打起精神，深呼吸，重新開始，「今天，我們要做『屌先生』……」

「等等，茱莉雅。」

攝影師們都察覺到茱莉雅在惡作劇，開始竊笑，先是彼此交換眼神，接著抬頭看向索尼雅那邊。他們都知道她無法接受『屌』那個粗俗的字眼，覺得現場應該只有她聽出那個字不對勁。

茱莉雅不理會她，繼續示範下去。「首先，你要對你的『屌』……」

播音系統又傳來索尼雅的聲音：「茱莉雅，聽我說，是 c-r-r-r-r-oque monsieur。」

「親親，我就是那樣講啊。」

「不，茱莉雅，妳不是那樣講。再聽一遍，是 c-r-r-r-r-oque，c-r-r-r-r-oque！」

茱莉雅抬起頭，堅持她們兩個人的發音完全一樣。

「不，妳不是那樣講。」

茱莉雅裝出非常天真的表情，「親親，那不然我剛剛講什麼？」

這時，攝影師已經笑得東倒西歪，他們都知道茱莉雅在玩什麼把戲，開始打賭她能不能讓索尼雅大聲講出那個字。

播音系統沉靜了很久以後才恢復傳訊，「茱莉雅，妳剛剛是說『屌』。」

「親親，妳說什麼？」茱莉雅分心地把玩眼前的食材。

「『屌』，茱莉雅，妳剛剛說的是『屌』。」

茱莉雅放下幾片麵包，抬頭望向控制室，露出促狹的笑容。「好吧，」她刻意拉長音調說，「我肯定那樣吃起來比較美味。」

一九八〇年茱莉雅答應到紐約工作時，她事先就知道那樣通勤會很辛苦，那些來回奔波會對生活造成干擾與壓力。她事先也無法預知保羅會不會習慣，朋友提醒她，那樣緊湊的行程可能阻礙他的復原。「她認為那些活動對他有療效。」普拉特回憶道，「她覺得那樣也許可以刺激他的腦子運作，讓他回到過去他們一起四處奔波、一起做案子的日子，他可以開始再使用相機，回歸以往的步調。」但事實上，保羅跟不上她的步調，也無法有效溝通，他愈來愈縮回他內心的世界。在ABC電視台裡，隨時都很忙碌緊湊，保羅始終縮在角落。「他很安靜，沉默寡言。」莫利斯回憶道，「他總是獨自站得遠遠的，以一種謹慎、入神的方式幫茱莉雅磨刀。」

茱莉雅寫信告訴席卡，總之，做節目「很辛苦，但我們確實很喜歡去紐約做節目」。在紐約有很多時間可以享樂，看看朋友，瞭解多變的美食趨勢。他們通常會提早幾天抵達紐約，找茱蒂絲或美食圈的重要人物一起吃飯。比爾德當時正忙著修改《新比爾德》（*The New James Beard*）的書稿，但他一定會騰出時間跟他們碰面。他現在看起來，似乎比上次在柏斯卡斯亞的樣子好多了。他那七十九歲的身體依舊「危險超重」，茱莉雅覺得「他比以前遲緩了一點，但仍正常運作」。只要有時間，茱莉雅就會溜到他的住處，跟他一起烹飪。「比爾德很愛和茱莉雅一起烹飪。」比爾德的助理沃夫說，「他們已經認識多年了，但每次湊在一起，還是跟剛認識一樣興奮，每次都像在表演，就只有他們兩人一起煮。」

比爾德很想再去拉披揪一趟，每次去那裡長住一段時間，通常可以改善他日益惡化的健康狀況。他可以在那裡休養生息，遠離世俗塵囂，逃離老是讓他血壓飆升的截稿壓力。在柏斯卡斯亞，他不太需要勞動，可以懶洋洋地待在門廊消磨時間，啜飲馬丁尼，跟茱莉雅一起烹飪，或是去席卡家串門子。聖誕節和新年的時候，那裡都會舉辦誇張的盛宴。來訪的客人經常輪替，大夥兒也愛八卦閒聊，很適合他。

那是很悠閒美好的想法，他們都喜歡彼此的陪伴，但茱莉雅覺得他們近期內不太可能再到那裡重聚了。對比爾德來說，去那裡太難了，他們夫妻倆不在柏斯卡斯亞的話，他「那雙腫脹的老腿」無法自己在當地走動。保羅已經表明他想換換環境。待在季節性濕冷的地方，他的身體狀況只會更加惡化，所以冬天是不可能去法國南部了。事實上，茱莉雅已經計畫趁一九八一年年初休息三個月時，帶他到美西。加州溫暖乾燥的天氣比柏斯卡斯亞更適合他們一些，也比劍橋的天氣好多了，她說：「何必在糟糕的氣候裡渡過餘生呢？」老是住在講究學識涵養的環境裡也挺累人的。

加州是全然不同的環境，劍橋和柏斯卡斯亞是充滿活力又知性的，聖塔巴巴拉則是悠閒及經濟多元的，這裡有石油大王和投資大戶組成的上流社群，但他們不會擺闊，另外也混合著私廚、支持農夫市集的有機蔬果業者，以及電影愛好者。美西還有很多其他的誘因，小陶和艾文就住在西岸，茱莉雅的繼母菲拉住在帕莎蒂納，他們也可以和茱莉雅久違的昔日好友重聚。茱莉雅說：「我有很多老同學和兒時玩伴都在那裡。」幾個帕莎蒂納家族依舊主導著當地的社交場景，那裡還有許多過往的回憶——在沙地灣海邊的美好夏日、全家驅車前往蒙特西托園，看著她母親在市立球場裡打網球。每次茱莉雅想起母親卡洛在聖塔巴巴拉的模樣，總是看到一個朝氣蓬勃又健康的美女，散發著不凡的風采，茱莉雅的風采。這個城市——那悠閒的生活型態——充滿了強烈的吸引力。

他們抵達不久就融入了當地的日常生活，茱莉雅覺得蒙特西托「特別美麗，附近就有大海和綿延的青山」。暖烘烘的太陽讓保羅的精神為之一振，他似乎更不願意參與社交了，但是和茱莉雅的互動比以前熱絡了一些。長遠來說，那是令人鼓舞的轉變。茱莉雅安頓下來後，寫信告訴席卡：「我們覺得在這裡很開心。」感覺一切都很順遂，很多朋友都來訪表達關心。茱莉雅也加入了柏南伍鄉村俱樂部（Birnamwood Country Club），那是一間專為當地世代相傳的豪門巨賈所成立的俱樂部。她也找到一些可靠的餐廳，不是像伯居斯（Bocuse）或慕景磨坊（Moulin de Mougins）那種高檔的餐廳，也不像四季飯店那麼創新，但她覺得那些地方「很宜人」，可以吃到不錯的三分熟牛排，享用當地香醇的黑皮諾。事實上，她後來和兩家酒莊的釀酒師熟稔了起來：沙龍葡萄酒莊（Chalone）的迪克．格萊夫（Dick Graff），以及經營桑佛酒莊（Sanford winery）的年輕夫婦理查和泰克拉．桑佛（Richard and Thekla Sanford）。透過他們，茱莉雅瞭解了剛開始蓬勃發展的美國葡萄酒業。

幾個月內，柴爾德夫婦就決定長久在此定居下來，他們在蒙特西托海岸區買了一棟公寓，就在比特摩飯店的對面，他們打算多年後在這裡退休，安享晚年。他們住進一棟低矮公寓的頂樓，裡面有兩個臥房及簡單的小飯廳，茱莉雅宣稱那裡是她的西岸辦公室。四周圍著玻璃的陽台可以俯瞰廣闊的草地及遠處的大海。最重要的是，「都在同一層樓。」茱莉雅竊喜，「旁邊就有電梯（保護我的膝蓋！）。」

茱莉雅的膝蓋已經變成慢性病，自從婚禮那天出車禍以後，膝蓋的問題就不曾間斷，再加上體型的壓迫，膝蓋更難痊癒。她高頭大馬，一站就是一整天，後來又罹患嚴重的關節炎，使病情更加惡化。醫生已經警告她：那膝蓋再繼續站一整天，遲早會出事。她已經動過兩次手術，還有一些小手術以去除及修補疤痕組織，但茱莉雅並不打算在近期內減緩步調。

在綠意盎然的加州，有太多新的地方要去，太多新的情境要探索，太多新的朋友等著認識。她就像祖父，在西岸來回遊走，像淘金一樣探索難能可貴的經驗。當地的葡萄酒業是特別豐富的寶藏，格萊夫帶著茱莉雅參觀許多頗具前景的葡萄園，從西米谷（Simi Valley）往北到蒙特利（Monterey），又進一步深入納帕（Napa）和索諾瑪（Sonoma），希望她能轉而喜歡美國本土自產的葡萄酒。一些頗受推崇的評論家已經聲稱「加州葡萄酒跟法國的一樣好」，但茱莉雅的偏見依舊根深柢固。早期他們夫妻倆一起參觀葡萄園時，認識了理查·桑佛（Richard Sanford），理查回憶道：「她和保羅都很嫌棄加州的葡萄酒。」儘管整個七〇年代加州的葡萄酒業已經日益進步和創新了，但他們基本上只知道那些大桶裝及螺旋蓋的瓶裝葡萄酒。「我從小就是喝那個長大的，」茱莉雅後來回憶道，「我知道那種東西沒什麼特別之處。」不過，格萊夫別開生面的宣傳方式，還是讓茱莉雅大開了眼界。他們造訪了加州幾處充滿深度又講究的葡萄酒莊，品嚐那些後起之秀的佳釀，例如鹿躍酒莊（Stag's Leap）、海氏酒莊（Heitz）、蒙特雷納酒莊（Chateau Montelena）、梅亞卡瑪斯莊園（Mayacamas），「在那些卡本內和黑皮諾葡萄酒中發現了真正虔誠的熱情」。

茱莉雅從溫文儒雅又迷人的格萊夫身上學到很多。在美國的釀酒業裡，格萊夫是個相當「優秀的手藝家」，也是另一位令茱莉雅相當傾心的男性，「帥氣，知性，但性向不明」。他充滿魅力，相當健談，肌肉發達健美，留著八字鬍，兩眼炯炯有神，人脈極其亨通，而且才華洋溢，有人說他是「天才」。帥氣又有才華的天才總是特別吸引茱莉雅。

加州的葡萄酒業規模很小，但發展迅速，似乎和當地的餐廳一起同步發展，格萊夫是帶領茱莉雅認識當地業者的橋樑。他介紹茱莉雅認識開酒莊的朋友，尤其是充滿魄力的羅伯·蒙岱維（Robert Mondavi），並慢慢帶她認識所謂的「加州料理」風格。

加州料理就像許多革新運動，在渴望創新的先天動力推動下，再加上工具突然出現，因此一舉躍上了檯面。美國人的味蕾原本相當原始、貧乏、外行，一九六〇年代茱莉雅、比爾德和一群徒子徒孫開始指導大量想學烹飪的年輕人，喚醒了美國人的味蕾。他們研讀茱莉雅的食譜書，看她的節目，吸收她傳授的字字句句，認真的人甚至遠赴法國學藝。他們學會了實務技巧、字彙和廚師的思維，回到了美國想要更進一步發揮。這些訓練有素的年輕廚師歷經了不同年代的洗禮（六〇年代的創新思維、七〇年代的表現自我），他們渴望在美食界留下自己的印記：以法國料理為基礎，但多了明確的美式現代風格。

加州廚師在發展的過程中又多了一層優勢，因為加州全年都是旺盛的生長季，農產的品種與品質都令人讚嘆。他們可以馬上取得最新鮮、最上等的食材，多數的材料都可以在附近的農場取得。萊斯莉．布蘭納（Leslie Brenner）在著作《美國食慾》（*American Appetite*）中研究了這個現象，她注意到加州的蔬果市場上充滿了「豐富多元的農產，例如六、七種奇異的花椰菜，多汁可口的草莓，香甜鮮美的柑橘，哈斯酪梨，空心菜，種類豐富的西洋菜，新鮮葫蘆巴，室外栽種的美味番茄。」還有山羊乳酪、朝鮮薊、金蓮花、萵苣——綜合生菜葉——以及長年茂盛的香草。廚師可以用早上剛採收的農產品做菜，採收後幾小時即可上桌，紐約的頂級餐廳則需要依賴西岸運來的農產，經過運輸時間的耽擱後，風味難免會流失。

無可否認的，新鮮的食材激發了年輕廚師的創意靈感，他們開始以個人的手法詮釋簡單的法國料理。久而久之，他們發展出獨樹一幟的風貌：受經典影響、挑逗迷人、由食材主導、充滿創意。單純的燒烤，以誘人的方式呈現，就是加州料理的根本。新鮮的田園沙拉和鮮嫩蔬菜增添了幾分的恬靜優雅。當然，紐約四季飯店和波士頓豐年餐廳（Harvest）從多年前開業以來就提供那樣的食物，但如今有一大群新生代突然把這項廚藝提升到另一個層級，例如愛麗絲·華特斯（Alice Waters）、喬納森·瓦克斯曼（Jonathan Waxman）、傑若麥·淘爾（Jeremiah Tower）、邁克·麥卡蒂（Michael McCarty）、馬克·米勒（Mark Miller）、帕克各自以獨到的風格脱穎而出。最後，這類料理也產生了綜效。他們的料理變得更有實驗性，更大膽，也更精緻，成了流行的焦點。而且創新不只出現在餐盤上而已，他們工作的餐廳裡，氣氛休閒隨興，不是講究禮儀的殿堂。以前，美國食物的精緻度需要透過各種嚴苛的角度加以檢視，其中包括高傲的法國服務生。現在，服務生可能穿著白襯衫和牛仔褲說：「你好，我是扎卡里，今晚由我來為您服務。」

加州料理迅速走紅，食評家也迅速推崇這樣的趨勢。從克萊邦、咪咪．喜萊登（Mimi Sheraton）到傑克．謝爾頓（Jack Shelton）都紛紛送上好評。食評家派翠莎．威爾斯（Patricia Wells）在《國際先驅論壇報》上宣稱：「那料理讓人對食物感到興奮，有種實驗感，還有一種對美國大抵已流失的美好食物及美好用餐體驗的執著。」

但茱莉雅對此不是那麼肯定。比爾德從一九四〇年代初期出道以來，就致力於烹飪與推廣美國的時令料理。他選用的食材都很基本，不是來自超市，他對鮮度或品質也毫不妥協。奧爾尼的巧手料理方式也是如此。茱莉雅認為加州料理不過就是法國南方的區域美食搭配在地的料理手法罷了，每次有人詢問她的意見，她都是這樣回應。一九八一年在舊金山烹飪學院主辦的研討會上，華特斯在演講中把加州料理塑造成一種簡單、單純的形式，對此茱莉雅做出了回應。

「你們這些盲目的愛國主義者想讓我們相信有加州料理這回事，但事實並非如此。」茱莉雅說，「那其實是一種無法定義的混合物，雖然你提到簡單，但我覺得那麼簡單的菜色可能變得很無趣。有時候我很慶幸自己能回到法國，他們是真正在料理食物。」至於那些跟農家胡亂簽約，要求他們必須提供現採農產品的規定，茱莉雅覺得那顯然是菁英主義作祟。「妳根本不了解多數人採購食物的方式。」她告訴華特斯，「妳去任何超市，都會看到很多新鮮的水果和蔬菜，如果妳不喜歡超市裡展示的食物賣相，可以跟負責農產品的經理申訴。我都是這樣做，而且一定會有結果。」

在尋找真正的美國料理時，美食界的權威忠於經典的法國料理，對加州廚師抱持著懷疑的態度，但他們的影響力確實無可否認。當高級料理千篇一律都是繁複的醬汁燒烤和沉悶的砂鍋時，這種「燒烤後裝飾」的簡單料理令人覺得耳目一新。當這種新式料理開始流行時，其中的佼佼者又把料理的水準提升到新的境界。淘爾開始以新鮮的羅勒配烤鴨，並搭配靈感來自現代建築的綜合沙拉。華特斯做出蕎麥義大利麵配芝麻菜和山羊奶酪，還有捲心菜葉包龍蝦配烤紅椒。帕克改造了披薩，推出煙燻鮭魚披薩、鴨肉披薩、香蒜鮮蝦披薩、美味披薩。他們不再像多數的高檔餐廳那樣，讓領班到客人的桌邊烹煮、澆上酒並點燃（flambé）、切肉，而是大廚親自在廚房裡裝盤，以強調擺盤藝術，最後再拿起擠壓瓶，把醬汁曲折地擠在整盤食物上，像傑克森．波拉克（Jackson Pollack）畫作那樣。

這股風潮彷彿狂野的西部再起。

可想而知，茱莉雅當然難以反駁加州料理的重要性。那些食物做得太好了，想得也周延，完全呼應了她自己的基本原則：「只要美味，就是美食，就那麼簡單。」大廚懷特說，「她很小心，沒去抨擊那股風潮，雖然她覺得燒烤蔬菜根本是胡搞。」但她也沒去趕那股潮流，有太多的缺點導致她興趣缺缺，其一是那些大廚明顯都缺乏訓練。茱莉雅認為，大廚最重要的就是熟練技巧，她始終推崇傳統的法國體統。法國體系要求想成為大廚的學徒，必須到專業的廚房磨練幾年，剝豆子、削馬鈴薯，或是做大量的奶油酥盒，之後才能靠近爐灶。但是據她所知，華特斯「從未上過烹飪學校，也沒經過嚴苛的學徒訓練」，以瘋狂出名的淘爾也沒有。瓦克斯曼曾在法國的拉瓦雷訥（La Varenne）研習烹飪一段時間，其餘的時間則是陸續加入幾個業餘的搖滾樂隊。二十五歲的帕克要是身在歐洲，應該還在當學徒，仍在學習，離真正的烹飪還有好幾個光年那麼遠，而且即使他能烹飪了，也只能煮愛斯克菲爾那種標準的法國菜。你叫茱莉雅怎麼幫這些不知天高地厚的年輕廚師背書呢？她怎麼能放棄自己主張的一切？

就連莫頓也必須從基層做起。儘管她已經從美國烹飪學院畢業了，在波士頓工作過兩年（在希貝爾餐廳

（Cybelle's）當外燴經理和大廚），在《茱莉雅和同伴》節目中擔任行政助理，茱莉雅還是覺得她要是想在專業烹飪界發展，仍需要更多的正規訓練。茱莉雅沒當面對莫頓講那麼清楚，她只說：「親親，每個人都應該去法國。」接著，莫頓發現茱莉雅已經把她託付給法國一家二星餐廳的大廚，讓她去跟著見習。「她的意思是要我去法國短期實習。」莫頓回憶道，「她會幫我支付食宿，我則是去那裡免費打工。當時我在波士頓的餐廳已經當大廚了，但是到了法國，大廚根本不讓我進廚房，連休假日都叫我到處跑腿。」這些聽在茱莉雅的耳裡都不算什麼，當莫頓後來抱怨她被推入火坑做牛做馬時，茱莉雅回應：「親親，不然妳預期做什麼呢？實習都是那樣，忍著點。」在茱莉雅的眼裡，那是讓有抱負的女性不斷學習的大好機會。

多年後，茱莉雅還推薦莫頓到知名的加州料理餐廳帕妮絲（Chez Panisse）工作，但是在一九八二年，茱莉雅根本不知道有那家餐廳。不過，她還是很高興看到年輕人對烹飪感興趣。「沒有人比茱莉雅更高興看到這股年輕的新風潮。」威蘭說，「即使她覺得他們經驗不足，她依舊是他們最熱情、最響亮的加油者。」吸引她關注的新生代廚師很少，她建議想成為大廚的人去接受經典的法國料理訓練，但是那建議嚇壞了很多人。這些新生代的大膽創作吸引了大眾的關注，但他們的作法也讓茱莉雅更加相信，加州料理只是一時的風潮。

在接下來發生的巨變中，茱莉雅逐漸退到場邊，她不跟這些年輕的新秀較勁，而是變成《大觀》（*Parade*）雜誌的美食編輯。這是一本夾在數百份報紙中發行的週日雜誌，她在雜誌中建議想在家裡自炊的新生代，混合法國料理的烹飪技巧和「自由風格的美式烹調」。那個職務幫她達到了兩大目的：發揮創意及維持知名度。首先，茱莉雅覺得她是老師，如今她終於有個論壇可以每週傳授詳細又有條理的課程。版面空間不是問題，她想寫多長就寫多長，完全自由發揮。另外還有一流的攝影師配合，可以拍下流程的每個步驟。整個版面看起來相當精美，引人注目。最棒的是，《大觀》接觸的讀者是多數作家夢寐以求的對象。她寫信告訴席卡：「他們目前的發行量是兩千一百萬份！」這樣不僅可以讓她的名字繼續留在鎂光燈下，也可以推銷書籍！最近《精通法式料理藝術》的「版稅收入減少」。每週專欄可以重振書籍的買氣，讓「茱莉雅．柴爾德」繼續維持一流品牌的地位。

不過，對茱莉雅來說，這一切從來都不是只為了錢。有知名度就有權力，她可以運用個人的名氣，改變她關切的更多議題，範圍超越了出版及電視界。雷根競選總統時，又重新激發了她對政治的關注，雷根的明顯目的完全呼應了她父親的保守立場，但是真正刺激茱莉雅的原因不僅如此。「主要是因為她有根深柢固的自由派傾向。」茱蒂絲說，她常有機會私下聽茱莉雅發表政治高見，「她痛恨共和黨的治國方向，痛恨他們刻意造成左派和右派的對立，她覺得雷根讓左右派之間的鴻溝又更加擴大了。」那讓她憤恨難平，雷根的一切都讓她覺得好像挨了一記耳光，尤其他又和她的距離那麼近。雷根一家在茱莉雅位於蒙特西托的公寓後方山丘上擁有度假房產：德爾謝洛牧場（Rancho del Cielo），他的妻子南希也是史密斯畢業生。

最讓茱莉雅受不了的事件，是雷根又進一步強調他反對墮胎。過去幾年，茱莉雅一直透過公開露面及示範演出，來支持她喜歡的慈善機構「家庭計畫中心」。至於她為何會支持那個組織，原因不得而知。她說：「對我而言，重點永遠是『想要』的孩子。」但她之所以那麼說，並不是因為她的周圍有很多窮人養不起孩子，或是周遭有人因為有了小孩而人生全毀了。對茱莉雅來說，那純粹是一種知性的信念。她認為女人應該要有自主權，握有個人決策的權力。她的決定向來都是自己作主的，從小她就是走她想走的路，往往不顧父親對她的期許。她堅信女人通常都知道什麼對自己最好，有權掌控自己的命運。她說：「如果我們真的支持家庭計畫，就不需要墮胎了。大家都受到教育，在生小孩以前會多想一下。」

總之，反對墮胎的聲浪愈強，茱莉雅就愈投入政治，與之對抗。一九八二年四月，她到孟菲斯（Memphis）的假日飯店參加為期三天的募款活動，為當地的分會上烹飪課。這是她第一次遇到反對勢力。每天，她抵達飯店時，都有一小群示威女性抱著嬰兒圍住她。她們不斷地喊口號，揮舞著牌子，上面寫著「要是讓妳為所欲為，我不可能出世」。茱莉雅嚇到不敢反抗她們，又或者是因為她不想得罪人。她說：「那場景不適合把事情鬧大。」

但她後來也描述當時的情況「可悲又氣人」。

她不是想法天真，她當然知道墮胎是個充滿爭議的議題，但茱莉雅不在乎別人怎麼想。她不像知名人物在遇到爭議時就閉嘴，以期事情漸漸淡化，她是乾脆轉守為攻，公開提出主張。一九八二年七月十五日，一封信刊登在全美連載的「親愛的艾比」（Dear Abby）專欄上。茱莉雅在信中說明孟菲斯遇到的狀況，以及她對那些舉牌抗議女性的蔑視。「我確實想問她們一個問題。」她寫道，「那些孩子生下來以後，妳打算怎麼做？染有梅毒的妓女有個智能不足的十三歲女兒不幸懷孕了，妳要幫她扶養那個小孩嗎？靠社會福利救濟、有結核病又已經有六個孩子的單親媽媽，妳也要幫她扶養小孩嗎？」

「當然，這些都是極端的例子，但是這種人還是很多，這些孩子都是我們未來的公民，他們以後大多進了少年法院，進了監獄。如果妳堅持讓他們出生，妳就必須負起養育他們的責任。」

對此，艾比的回應可說是再窩囊不過的了，她寫道：「親愛的茱莉雅，舉世知名的廚師掀起這種舉世知名的爭議，還真是自討苦吃！」茱莉雅理當獲得更好的回應，艾比專欄的讀者也是，不分左派或右派，大家不可能就此忽略整起事件引起的軒然大波。後續幾天，大量的信件湧入專欄作家的信箱，贊成和反對墮胎的兩方都寫信表達了立場。有些報紙只登出反對墮胎者的來信，例如《聖彼得堡獨立報》（*St. Petersburg Independent*），信中詳細敘述有些孩子熬過了艱困的環境，後來過著充實的人生。有些報紙則是登出支持茱莉雅直言無諱的信件，例如《尤金紀事衛報》（*Eugene Register-Guard*）和《印第安納公報》（*Indiana Gazette*）。一位讀者寫道：「為茱莉雅三呼萬歲！」另一位讀者回應：「我想讚揚她的膽識和正直。」

總之，這種媒體曝光對名人來說應該是一種災難。在過去，政治爭議曾讓班傑明．史巴克（Benjamin Spock）、安妮塔．布萊恩特（Anita Bryant）、珍．芳達（Jane Fonda）等人的事業重挫。支持涉及墮胎議題的家庭計畫中心，那根本是在玩火，但是茱莉雅還是運用她的知名度來推動她相信的理念。那樣做相當大膽，但也可能致命，那是充滿地雷的領域，不過從她的知名度來看，大家後來似乎都不追究了。

一九八二年，茱莉雅已經把重心轉移到他處，她開始把時間投入攸關其專業領域的議題。加州的食物風潮重新喚醒了她行動主義的另一面，她認為認真的廚師也必須是受過教育的廚師。相較她數十年來的實作及科學研究方法，新生代對廚藝的瞭解都太粗淺、太片面了，他們和歷史或理論都毫無關係。美國普遍缺乏教材，學術機構對此也不太在意，這些狀況都讓茱莉雅很失望。一九八一年她從波士頓大學獲得榮譽學位，但是學校裡除了一些零散的烹飪選修課以外，並沒有烹飪學位，其他的地方也都沒有。這突顯出烹飪這項專業仍有很長的路要走，不僅要達到受人敬重的程度，也要成為基本知識，如此才有助於開發更精緻的美國料理。

一九八一年，茱莉雅在蒙特西托用餐時，再次抱怨學術界不夠支持。坐她對面的羅伯·哈登巴克（Robert Huttenback）說：「我們何不在這裡做呢？就在加州大學開課？」哈登巴克可不是隨口說說，他是加州大學聖塔芭芭拉分校的校長，有土地、建築和資金可以配合。當時格萊夫也一起用餐，他主動表示，他會去找一些重要的酒莊業者和餐廳業者來參與，這也為後來的考察小組奠定的基礎。

於是，美國餐飲協會（The American Institute of Wine and Food）就在這個宏大的意念下誕生了。現在是美國餐飲界的重要人物出來成立專業聯盟的時候了，那不僅可以匯集廚師和釀酒師的力量，也為廚師和學校設立標準，並為各領域確立了資格。七月，他們在茱莉雅的家中召開初步會議，匯集了重量級的核心小組：哈登巴克、蒙岱維酒莊的羅伯和瑪格麗特·蒙岱維（Robert and Margrit Mondavi）、華特斯、淘爾、修改《芬妮法默食譜》的瑪麗恩·坎寧安（Marion Cunningham）、格萊夫。茱莉雅想號召一些有影響力的好友也一起加入，但她發現「比爾德等人其實很反對這件事」，費雪幾乎不參與社交，她也不想加入，但是後來在茱莉雅的溫情攻勢下，還是心軟了。守舊派只想依靠過往的榮光，茱莉雅轉而鎖定開始嶄露頭角的新星。

後續幾年，茱莉雅幾乎跟美國餐飲運動的每位後起之秀都培養了私人關係，其中當然包括華特斯和淘爾，還有麥卡蒂、帕克、保羅·普魯東（Paul Prudhomme）、賴瑞·佛吉歐尼（Larry Forgione）、吉米·施密特（Jimmy Schmidt）、瓦克斯曼、米勒、布萊利·歐登（Bradley Ogden），以及一群縱橫於波士頓的重要人物：麗迪亞·薛爾（Lydia Shire）、鮑勃·金凱德（Bob Kinkead）、懷特、布魯斯·弗蘭克（Bruce Frankel）、孟瑟夫·麥戴伯（Monsef Meddeb）、喬迪·亞當斯（Jody Adams）等等。這些充滿創意的廚師，都走在新古典又迷人的美國料理尖端。

他們就像三十年前的茱莉雅一樣，即將改變美國人的飲食方式。茱莉雅看出了他們的貢獻意味著什麼，那正是她想要的：新血、新點子、全心投入、鮮明的個人特質、抱負，還有青春。

她可能已經七十歲了，但一點也不老，茱莉雅只展望回來，不留戀過往。

註解

1 譯註：Ayatollah，伊朗等國伊斯蘭教什葉派領袖的尊號。
2 譯註：cock monsieur，cock 有陽具的意思。

23 夠了

介紹基本食譜的電視節目太老套了，乏味枯燥。一九六三年以來，茱莉雅已錄了數百集那樣的節目，都是以相同的基本形式錄製。節目是直截了當說明作法，照本宣科地進行，沒什麼驚喜。「大家好，我是茱莉雅．柴爾德，今天我們要做某某料理。」接著她逐一介紹成分，加以混合，煎煮炒炸，最後從爐子裡端出成品上桌。坦白講，那些內容再也無法吸引茱莉雅了。況且，從她多年前第一次開節目以來，電視節目的製作已有長足的進步。烹飪節目不只需要指導烹飪而已，更需要濃厚的娛樂價值，引人入勝，光是把材料丟入鍋裡已經不足以吸引觀眾了。想再誘惑茱莉雅回去做電視節目的話——那是個很大的假設說法，畢竟她之前已經宣告她不幹了——需要更令人振奮的東西，才能呼應美國料理界掀起的熱潮。

這時莫拉許又出現了，他就像茱莉雅的軍師，每隔幾年就會帶來新的節目提案。WGBH希望她能鳳還巢，喔，沒錯，WGBH確實是看膩茱莉雅了，但那是以前的事了，經過十五年及無數次的重播以後，久別情更濃。從一九八〇年她離開WGBH至今，他們已經感受到茱莉雅離開後的空虛，她自己也有同感。

某晚，莫拉許夫婦和柴爾德夫婦一起在劍橋用完隨興的晚餐，莫拉許說：「妳知道什麼節目會很有趣嗎？以活動為主題，而不是只做一道食譜，例如適合生日派對或宴請老闆的菜色。妳覺得為某個重要場合開一整套菜單的節目如何？」

菜單只是誘餌而已，莫拉許還有其他的招數等著茱莉雅上鉤。他建議到聖塔巴巴拉錄影，表面上這是為了迎合茱莉雅冬天的時間表，但他的最終目的是想搭上演藝圈光鮮亮麗的光環。以加州為背景，可為茱莉雅塑造迷人的新風貌，他們可以在戶外拍攝，提升節目的製作水準。「我們甚至可以帶妳去冒險。」他說。

只要提到冒險一詞，一定可以激發茱莉雅的興趣。畢竟，這個女人在二次大戰期間遠赴錫蘭工作，嫁了一個多才多藝的男人，旅居歐洲期間不斷地嘗試各種不尋常的新體驗，在毫無訓練下開了電視節目。對茱莉雅來說，冒險有如信仰。你剛剛說冒險嗎？這下她的興趣來了，莫拉許究竟在盤算著什麼節目？

這時他只好靈機應變，即興思考。「妳覺得去橡樹林採蘑菇，到阿塔斯卡德羅（Atascadero）製作乳酪如何？」他說，「我們也可以去西雅圖捕鮭魚。」

茱莉雅很喜歡這個點子。「她對整個提案躍躍欲試。」莫拉許回憶道，「出外景對她來說充滿了魅力，儘管她的膝蓋不好，又有其他的身體狀況，但她總是把日子過得很精彩，不願放棄任何體驗。」至於烹飪方面，莫拉許提議採用開放的模式，找她欣賞或想介紹給全國認識的在地廚師和釀酒師都可以來上節目。

茱莉雅一聽就上鉤了，但莫拉許還沒講完，他繼續提出其他的誘因。「每集最後是以精彩的晚餐派對作結，你可以邀請好友一起來，例如茱蒂絲、費雪，任何來探班的好友。我們都一起坐下來享用那集介紹的豐盛餐點。」

唯一讓茱莉雅猶豫的是，之前PBS一直沒解決的爭議。她上個節目《茱莉雅與同伴》深受播出時間飄忽不定所擾（波士頓和芝加哥是一個月後播出，但紐約拖了三個月才播）。誰能追蹤時間？更糟的是，電視台是在白天播出節目，白天就只有家庭主婦收看，她堅持她的節目是做給每個人看的。

莫拉許承諾：「我會負責搞定那件事。」他已想好節目的名稱了，他相信電視台只會在晚上播出，這就是《在茱莉雅家用餐》（*Dinner at Julia's*）誕生的始末，它的目的是以充滿挑戰性的雜誌風格，來改變烹飪節目的架構。

《在茱莉雅家用餐》在一九八三年秋季首播，比《美食頻道》早了整整十年，但囊括了奠定未來現象的所有元素：形象鮮明、親和力十足的主持人，走訪許多奇異的景點，烹飪教學，邀請名人擔任特別來賓，實境秀的氣氛，精緻的節目製作，每集節目都帶觀眾一窺幕後究竟。它把鏡頭從廚房的布景拓展到整個烹飪界，把茱莉雅原創的基本食譜加以擴大。

「那是童話般的節目製作。」莫拉許回憶道。不久，節目開播的要素就湊齊了。WGBH聽完莫拉許的簡報後，當下就決定製播，寶麗來也贊助一百萬美元。另外，完美的場景也找到了：希望牧場（Hope Ranch）裡的大豪宅。希望牧場占地二十五畝，位於聖芭芭拉郊區的丘陵上，可俯瞰太平洋海岸，區內有繁茂高大的橡樹林。那裡的廚房是「廚師的夢幻場景」，不僅有全套的專業廚具，還有餐廳等級的設備，兩大流理檯長如洛杉磯國際機場的飛機跑道，還有壁爐讓冬天維持在攝氏二十一度的舒暖狀態。裡面有很多房間讓工作人員住宿，他們工作時就住在現場。莫拉許的妻子瑪麗安擔任茱莉雅的行政主廚，還有一群熟悉又信賴的廚房助手也來幫忙。茱莉雅通勤到拍攝現場也很輕鬆，因為場景離她位於蒙特西托的住所只有一哩。

然而，不是一切都進行得那麼順利，在節目製作期間，茱莉雅的律師強森不斷地盤問莫拉許所有的節目細節，於是意見摩擦開始隱約出現。莫拉許以前和強森交手時觀感極差，如今對強森充滿了敵意和蔑視，他不希望任何不明就裡的人來干預他的節目。他對茱莉雅這樣說時，茱莉雅堅決反對，「而且強森已經答應跟我們來這裡幫忙了」。

跟我們來這裡幫忙。這聽起來注定是一場災難。

幾週後，強森來到《在茱莉雅家用餐》的錄影現場，堅持改變節目的外觀和感覺。莫拉許當然不希望茱莉雅的律師在場搞破壞，反客為主。莫拉許指出，強森這個人非常囂張強勢，「肆無忌憚」。莫拉許很訝異茱莉雅竟然那麼護著律師，因為他常聽茱莉雅講一些歧視同性戀的話，他知道強森是同性戀。「他的私生活很亂，

1972年6月24日，茱莉雅和比爾德在芳香廣場（place aux Aires）的市場上。圖片鳴謝：The Schlesinger Library, Radcliffe Institute, Harvard University

這是眾所皆知的事，關於強森及其性傾向的傳聞是公開的祕密，我不想跟他有任何牽扯。」

於是兩人開始較勁，看誰比較有本事。莫拉許拒絕讓步，強森也不肯退讓，他已打定主意搬入希望牧場的豪宅，莫拉許則是直接封鎖現場，於是衝突就此引爆。莫拉許先發制人，直接找茱莉雅下最後通牒：有他就沒有我。他們合作二十年來，不曾起過爭執或講過重話，所以莫拉許確定茱莉雅應該會讓步。

但他錯了，茱莉雅寫信告訴後來充當和事佬的瑪麗安：「我很喜歡莫拉許，但我對律師很忠誠。」她無意請強森回去，也不想再聽到更多的紛爭。他們現在有個節目要做，她期望莫拉許說到做到。她說：「強森會負責處理我的個人事務及工作人員。」

這次莫拉許要脅不成，只好無奈地和死對頭強森劃分職責：莫拉許負責節目製作，強森處理茱莉雅的個人事務，例如確定她的髮型由她認可的美髮師負責，自己挑選衣著，讓她以嶄新的風貌面對觀眾。

莫拉許氣沖沖地說，那些領域確實很適合讓強森去處理，但他還是很納悶茱莉雅和「這號人物」之間的關係。莫拉許和其他人常搞不清楚茱莉雅對同性戀的態度。對茱莉雅來說，同性戀是「不同的」，她會使用 fairies、pansies、homos、fags、light on their feet 等等影射同性戀的字眼，或甚至法語中用來指同性戀的俚語 pédés。她「常貶著眼對助理說：『那個人也是那些男孩之一。』」。她說席卡的新徒弟邁克·詹姆斯（Michael James）「也是其一」，她結識的年輕記者庫默爾也是。庫默爾回憶道：「對她來說，同性戀就像是另一種人。」

表面上，她給人的感覺像有明顯的恐同症，但實際上的感情則比較複雜，往往是矛盾的。比爾德確實是她最親近的朋友，她是真心毫無保留地喜歡這個朋友，比爾德的性向從來不影響他們的友誼，從來沒有，有些人覺得茱莉雅把他當成「藍粉知己」。她對普羅旺斯的鄰居貝德福德、克萊邦、格萊夫、奧爾尼也是如此。奧爾尼出版《簡單法式美食》時，茱莉雅還幫他辦了媒體派對，總是對他展現極高的敬意，只不過對方並沒有像她希望的那樣尊重她。「奧爾尼覺得茱莉雅有恐同症，他始終對此無法釋懷。」格蘭姆斯說，「他聽厭了她那些影射同性戀的說法，還叫大家在她身邊要當心。」

當時跟在比爾德身邊見習的沃夫說：「直接說茱莉雅有『恐同症』很容易，但那要看你如何定義那個詞。她對很多事情常提出不合時宜的看法，那跟失不失禮無關。」例如，她說身心障礙停車位是「殘廢者停車的地方」，她說她喜歡「有色人種」烹飪的方式，每次這種話從她嘴裡脫口而出時，朋友都替她捏把冷汗，但他們都知道她有她的時代背景，並不是故意的。

至於強森，她完全不知道他是同性戀。「她從來沒想過強森是同性戀。」弗里德曼說，「她後來知道時非常震驚，是真的大大吃了一驚。」她一直把強森當成她的「男子漢律師」，無條件地信任他，在她的眼裡，強森在各方面都和莫拉許「一樣正常」。這兩個男人後來是處於勉強休兵的狀態。

一九八三年一月，茱莉雅和莫拉許連同二十五位工作人員開始錄製節目，很快就恢復了以往錄影的繁忙步調：排練、演出、燈光、剪接、社交，以及偶爾烹飪。「整個房子鬧烘烘的，」瑞秋·柴爾德回憶道，「就像尖峰時刻的中央車站，朋友、鄰居，甚至路人帶著小孩，都會過來看一下錄影，也許是想接觸茱莉雅或她的食物。

整個拍攝場景就像盛大的歡樂派對，每個人都神采奕奕。」

茱莉雅的姪女當時住在帕莎蒂納，茱莉雅找她來探班，順便照顧保羅，以避免他大聲嚷嚷，她說：「因為他會在茱莉雅錄影時對她發號施令。」在舊金山，茱莉雅和前白宮御廚弗登同台表演時，保羅從觀眾席的後方大喊：「茱莉雅，大字報要唸對！」他也常大喊時間：「十九分鐘！」「保羅，謝謝。」茱莉雅繼續看著砧板，回應道：「那是我先生保羅，我們的官方計時者。」這時保羅剛滿八十一歲，茱莉雅覺得他的「身體還很硬朗」，但她知道他的「腦袋不太靈光」。他常在用餐時睡著，大家吃得正起勁時，他就在桌邊打起盹來了，茱莉雅會對坐在他旁邊的人說：「踢一下保羅，用力踢！」保羅被踢醒後，茱莉雅常笑著說：「啊，保羅，歡迎回來。」畢竟他「年紀大了」，她想盡可能地保護他，能保護多久就保護多久。

大體來說，茱莉雅很瞭解該如何照顧保羅，她會確保保羅在攝影現場有足夠的消遣，並任命他擔任《在茱莉雅家用餐》的官方攝影師（現場還有一位年輕、有才華的專業攝影師負責一切）。不過，二月八日，開始錄製新一集的節目時，他們接到一個消息，讓保羅從此一蹶不振。查理「突然」過世了——他的雙胞胎弟弟、他的對影、另一個靈魂。保羅對一位朋友解釋：「我們真的是彼此的一部分。」所言甚是，一點也不誇張。他們兄弟倆雖不見得互惠互利，卻是共生關係。保羅幾乎每天都會寫一封充滿反思的優美長信給查理，整整寫了四十五年，儘管他永遠無法透過信件化解複雜的兄弟之爭。失去查理就像失去了一部分的自己。「查理過世讓我痛苦不堪。」他在記事本上草寫了這一行大字。後續的幾個月，他一直蜷縮在內心某個陰暗的私密角落，意念消沉，時而悲痛欲絕，時而毫無緣由地發怒。茱莉雅知道保羅受到極大的打擊。「查理過世讓他大為消沉。」她坦言。

茱莉雅為了把保羅留在身邊，身體也因此付出了很大的代價。錄製《在茱莉雅家用餐》期間，即使持續注射因多美沙信（Indocin）消炎，她的膝蓋依舊愈來愈僵硬腫脹。對外，她看起來很堅強，可以獨自應付一切，但私底下，當她「在汙泥裡跋涉……採集一整籃珍貴的雞油菌菇」，或搭著補鮭魚船在普吉特海灣（Puget

Sound）乘風破浪一整天後，回到家裡，總是感到疼痛不堪。在工作與私人生活之間，拿捏平衡始終相當辛苦。

《在茱莉雅家用餐》讓她暫時忘卻了病痛。「她錄製那個節目時，玩得很痛快。」莫拉許回憶道。整個節目「步調明快，活力盎然」，跟她以前做過的東西都不一樣，而且是全新的體驗，那也是茱莉雅最開心的一點。她說：「找客座大廚同台錄影很有趣。」尤其是弗登、尚．克勞．普黑沃（Jean-Claude Prévot）、尚．皮耶．戈揚瓦勒（Jean-Pierre Goyenvalle）、伊夫．拉伯（Yves Labbe）這四位法國大師。這些大師改革傳統法國料理的手法，可能會讓茱莉雅以前的老師覺得那簡直是在褻瀆傳統。但她覺得，法國人發現新領域時，反而更勇於嘗試，不會過於拘謹。在此同時，「找一些熱血的美國人來做事也不錯」。

每集節目的製作都相當豪華，除了戶外冒險及邀請客座大廚和釀酒業者共襄盛舉以外，晚餐本身就是非常熱鬧、氣派十足的活動。賓客不是開著自己的老爺車抵達豪宅，而是搭乘擦得光亮的勞斯萊斯轎車抵達，有個名叫肯恩的管家迎接他們，現場還有多到可以妝點皇家婚禮現場的鮮花。說到裝扮，那個打扮得花枝招展的女主人是誰？親親，當然是茱莉雅本人，但不是大家原本認識與喜愛的那個茱莉雅，不是穿著寬鬆裙子、單調襯衫、別著三饕客徽章的茱莉雅。她整個人打扮得詭異極了，穿著醒目的長袍，頭髮「吹捲成誇張的樣子」，臉上濃妝豔抹。莫拉許看了她一眼，覺得她「看起來像杜莎夫人蠟像館的假人」。

他把強森拉到一旁說：「這樣不行。」但強森和茱莉雅都不聽他的意見。

節目播出後，評論家直接抨擊茱莉雅的嚇人打扮。她不只形象受到批評，節目的內容也遭到砲轟，他們說那些東拼西湊的場景是為了迎合膚淺的富人。《時代》雜誌說她的「穿著像瑪咪姑媽（Auntie Mame）」，《紐約時報》覺得那個節目「可笑又沒重點」，連長期的忠實觀眾也看不下去了，一位粉絲來信寫道：「看到這位活潑又有才華的女士穿著牛仔裝和靴子蹣跚前進，在表情僵硬的『來賓』之間穿梭，最誇張的是，原本質樸美好的節目開始走比佛利山莊的奢華風，那些排場、服務生、無謂的宣傳……真是糟透了！」另一位粉絲懇求：「我們希望妳是平易近人的。」接著又補充，「妳怎麼可以這樣？」

如果茱莉雅和她的造型師以為他們徹底改造了「茱莉雅．柴爾德」的形象，那他們真的失算了。莫拉許認為：「我們之所以受到批評，是因為偏離了觀眾想要的東西，大家比較想要原來的樣子。顯然觀眾討厭改變，尤其是涉及茱莉雅的時候。」

即便如此，茱莉雅一點也不以為意，她做那個節目開心極了。即使大家不習慣，也無所謂。她告訴記者：「我們做那個節目時都非常開心。」她現在做節目也沿用以前最愛的烹飪原則：決不道歉。坦蕩蕩地端出成品，繼續前進。

不過，在繼續前進（亦即搬回劍橋）之前，茱莉雅履行了她對新創美國餐飲協會（AIWF）所做的承諾。茱莉雅、蒙岱維夫婦、桑佛夫婦，以及其他六位共同創辦人一起拿出五萬美元成立AIWF。協會成立以來，慢慢地累積動能。初期在聖塔巴巴拉開會時，他們確立了AIWF的使命宣言：創立一個匯集專業與業餘人士的全國教育機構，向美國大眾推廣美食與美酒。這個使命宣言理論上聽起來很棒，協會採用的格言也相當貼切：「綠葉之間有果實」（inter folio fructus），亦即葡萄，也可以解讀成「書頁之間有教育的果實」。

茱莉雅很興奮。間接來看，這也是一種教學，是她真正熱愛的工作，她一頭栽入其中，毫無保留。開會、晚餐、電話、出席、呼朋引伴、出錢出力——無論他們需要她做什麼，她都無條件地給予。推廣美食和美酒是個美好又崇高的理念，但私底下她其實還有兩個目的：在大學設立廚藝學位；讓女性更深入餐飲界。

美國烹飪學院（CIA）算是唯一屹立於學術界的機構，但是在茱莉雅看來，那「只是一所不錯的烹飪學校」，與藍帶學校無異。但是，美食和烹飪需要更廣泛的觀點，食物的科學或烹飪史之類的東西在哪裡？營養和膳食方面還有很多可以學習的東西，甚至美食文學也值得探索。茱莉雅想像的是一套涵蓋各方面的課程，甚至可以把烹飪和烘焙分開來，而且要尊重女性。即使已經到了一九八三年，她仍持續抨擊CIA對女性的態度。沒錯，他們確實招收更多女性入學了，但比例還是太少。「我在那裡就讀時，女性不能進廚房。」莫頓回憶道，「所有擔任指導老師的大廚都是歐洲的男性，他們當成軍校來經營，大多忽略了班上的女性，茱莉雅知道那種情況。」這是AIWF意圖改正的不公平現象，這個任務可以放心交給AIWF負責，因為茱莉雅打算親自推動。

不過，首先，要餵養這個協會，讓它動起來才行。AIWF需要資金和捐款，需要用很多的資金來推動那些目的。創始者合力捐出了種子基金，但是杯水車薪，那點錢根本不夠，他們還需要更多，才能成立圖書館及發行通訊刊物，雇用基本員工，推動改變餐飲界的巨輪。他們覺得最快獲得捐款的方法，是先抓住大家的胃，說到這點，還有誰比他們更有本事開採那豐富的礦脈呢。

茱莉雅舉辦了一場餐宴幫AIWF募款，但募到的資金仍微不足道。她又偕同淘爾一起烹煮了龍蝦大餐，成功募到更多的資金，也把觸角進一步往外延伸，吸引了洗衣機界的巨擘弗利茲．美泰克（Fritz Maytag）、喜劇演員丹尼．凱（Danny Kaye）等富豪的贊助。但他們需要把規模搞大，吸引更多財力雄厚的人士共襄盛舉。

AIWF決定使出渾身解數，在一九八三年五月四日舉辦第一場公開的盛會。他們把那場盛會稱為「美國慶典」，在舊金山史丹佛萬麗飯店（Stanford Court）舉行，由一群卓越的美國新生代大廚以美國本土的食材，精心烹煮十一道菜。他們用這種方式，向願意付出高價的粉絲群宣布「我們有好東西」（每個人為那一餐及多場研討會付出兩百五十美元）。表面上，那場盛會就像茱莉雅說的「非常成功」，座無虛席，總共吸引了三百七十多人參與。「但AIWF也花了很多錢，他們肯定花了天價辦那場活動，」沃夫說，「活動耗費的成本幾乎永遠無法回收。」

三週後，他們又在聖塔巴巴拉辦了一場大型的戶外花園派對，現場的美食和美酒全由當地的商家捐助。這次共吸引了七百人出席，還有好幾百人拿著現金無法進場。如此驚人的號召力，感覺是AIWF希望創造的大場面，但為什麼協會創始人都對此感到不安呢？募款似乎意味著舉辦大型餐會，桑佛指出：「我們後來發現，我們只是在幫有錢參與的富人舉辦派對罷了，茱莉雅說他們是『強盜大亨』，那群人比我們想看到的更菁英主義。」茱莉雅喜歡向大家宣傳美食，「但她擔心這個活動變成炫耀工具，讓人覺得自命不凡，而不是人人皆可參與。」

目前為止還沒有人放棄，有太多的點子和資源可以好好運用了。但是，如果AIWF要成為成功的平民參與機構，他們需要改造才能擴大經營。

茱莉雅把這個成立不久的案子帶回劍橋，決心在東岸也為它扎下肥沃的根基。AIWF這個全國組織將從各地的分會發展，紐約地區已經加入了，茱莉雅希望波士頓也能跟進，但這要看當地的餐飲業是否已有進展。

在一九八〇年以前，波士頓的味蕾從清教徒抵達當地以來就一直沒什麼改變，看不到精緻料理的蹤影，餐廳的菜單上普遍偏都是巧達湯、炸魚條、燉肉、布丁，晚餐的蔬菜煮得熟爛。最知名的高檔餐廳是洛克奧伯（Locke-Ober），在那間美好的傳統餐廳裡，有嚴肅的服務生推著不鏽鋼手推車，上面擺滿了羊肉等佳餚。毗鄰市政府的聯合牡蠣屋（Union Oyster House）是典型的愛爾蘭酒吧，更是波士頓的傳奇。麗思卡爾頓飯店和帕克豪斯飯店（Parker House）裡的餐廳都很乏味，只提供「歐陸餐」——那個詞是飯店乏味料理的時髦說法。北角的小義大利區有幾家熱門的紅醬義大利餐廳，他們的肉丸義大利麵可以讓你溫飽過冬。羅伯餐廳（Maison Robert）是經典的法國餐廳，堅守愛斯克菲爾的傳統風格，是傳統中的傳統。只有豐年餐廳（Harvest）的菜單有些創意，以鮮明的法式料理風格烹調美國食材，是「新美式料理」革命的先驅。

不過，到了一九八三年年底，當茱莉雅返回劍橋時，那股革命風潮已席捲了整個城市。在波士頓的四季飯店領導潮流的懷特說：「波士頓人已準備好大快朵頤了，這裡的每個人都在突破舊模式，在每道菜上展現個人風格，不再因為老闆堅持要你做一樣的東西，就老是做同樣的菜色。」他聘請麗迪亞．薛爾（Lydia Shire）加入，她的大膽原創風格讓波士頓大為驚豔。他們以當地的食材為基礎，設計顛覆當地人膳食的菜單，例如鱒魚搭配煎糕，這種菜色今天看起來可能沒什麼，但在一九八三年是全新的體驗。

然而，真正讓波士頓的餐飲業改頭換面的，不是懷特的料理，而是和他往來的銀行家傑克．席代爾（Jack Sidell）。「他放款給我！」懷特說，直到今天他仍然難以置信，因為他當時「窮到快被鬼抓了」，連車貸都申請不到。但席代爾有一些餐飲業的經驗，他可以察覺到市場的風潮。他知道沒有資金就不會有革新，當他放款給懷特開餐廳時，大廚自開餐廳成了一種可行的事業。懷特說：「一旦讓大廚自己開業，一切都跟著變了。」那些錢是落入藝術家的手裡，而不是在商人的手中，現在廚師可以隨心所欲，想做什麼就做什麼。

幾個月後，懷特開了賈斯珀餐廳（Restaurant Jasper），推出精彩的菜單，開始大展身手：義式瑞可達起司餃佐兔肉醬，自製大蒜麵佐小龍蝦和新鮮龍蒿，肥美的乳鴿搭配炸牡蠣，威士忌煎龍蝦，沒錯，用威士忌！

這下子廚房的伙夫終於出頭天了！

這股風潮在全美各地逐漸轉強，新式烹飪風格如雨後春筍般乍現，各地的年輕大廚紛紛開起自己的餐廳，呼應這股風潮。懷特開業不到幾個月，淘爾也開了星辰餐廳（Stars）、帕克開了史帕哥餐廳（Spago）、瓦克斯曼開了詹穆斯餐廳（Jams）、佛吉歐尼開了美場餐廳（An American Place）。六個月以後，市場中冒出大量的新式美國大廚。「就好像大鍋整個沸騰，滿溢出來了。」懷特回憶道。

懷特把朋友托德．英格利希（Todd English）也介紹給席代爾，他貸了足夠的資金，開了奧利佛餐廳（Olive's）。薛爾也自己開了餐廳，麥可拉．拉森（Michaela Larson）也是，他為波士頓介紹了道地的義大利料理，不是義式的美國料理。

茱莉雅當然是樂不可支，現在大家那麼關注這個城市的餐飲，又有那麼多令人亢奮的焦點。她聽說「整個市場還很亂」，但充滿爆發力，這股銳不可當的大膽風潮令她相當好奇。「她其實還沒準備好面對波士頓餐飲界所掀起的動盪，」朱莉安說，「但她決心成為一分子。」

她一回到劍橋，就抓著保羅和普拉特夫婦去探索波士頓的餐飲業。他們開始逐一走訪這些新餐廳，從賈斯珀餐廳開始，由高檔吃到低檔，吃遍了所有的新餐館。「一開始她不太喜歡那些新實驗。」偶爾陪著柴爾德夫婦一起上館子的庫默爾說，「她不喜歡畫蛇添足的料理，覺得盤子上擺了太多的東西，但偶爾我們會吃到很棒的菜色，茱莉雅會說：『他廚藝不錯。』那是她給的最好讚美。」

無論餐點吃起來如何，每次她到新餐廳用完餐，都會直接走進廚房找大廚，一開始總是掀起一陣驚慌，可以想見大廚抬起頭來發現茱莉雅正盯著你瞧的樣子。但她總是會針對當天的餐點說些好話，給予鼓勵，要他們「再接再厲」。她都是叫他們「親親」。「親親，你的美乃滋裡是不是加了一點龍蒿？」「親親，在馬鈴薯泥裡加根芹菜是你想出來的嗎？」無論是遇到哪個大廚，她一定會問廚房裡有多少女性，並溫和地建議讓多一點女性參與，而且每次離開以前一定會抱一下洗碗工。

「她對年輕的大廚說話時，用字遣詞總是特別的細膩小心。」早期在波士頓餐飲業負責公關的莎利．傑克森（Sally Jackson）說。某晚，茱莉雅和傑克森一起去劍橋新開的一家餐廳，那餐廳最近在餐飲圈掀起了不少話題。「那位大廚沒受過任何訓練，他出來打招呼時，茱莉雅很小心地說：『親親，我們很開心，這家餐廳很有趣。』但完全沒提到食物。」他們正要離開時，茱莉雅把大廚拉到一邊說：「親親，我真的希望你可以出國走走，去當地體驗一下道地的料理很重要。」

她一再鼓勵當地的大廚去找出個人特色，放眼卓越，大膽發揮，追求功成名就。「她希望波士頓有獨立自主的大廚，致力烹調美味的料理。相對來說，她不認同他們的烹飪風格，那只是微不足道的小事。」庫默爾說，「她推廣波士頓的餐飲業，廣結善緣，刺激競爭。她也會打電話給認識的人，推薦這些大廚，希望其他人也認識他們、宣傳他們。」

尤其，懷特更是主動尋求她的認可。他的新餐廳是一筆龐大的財務投資，若要成功經營，需要打響口碑。「我真的很需要茱莉雅喜歡這家餐廳，」他回憶道，「我需要她幫我宣傳。」

懷特的餐廳開業幾個月後，茱莉雅來了。「我緊張得要命。」懷特回憶道，「整家餐廳的其他客人去死都無所謂，我們把焦點都放在她一個人身上。」他和薛爾親自烹煮送上茱莉雅餐桌的每道菜，每份食材都必須經過他們的認可。他對員工下令：「我沒看過麵包以前，不准端出去給她。」二十五年後的今天，懷特仍記得當天茱莉雅點了什麼：「她點了牡蠣和香煎龍蝦，保羅點了烤羊排，我用羊肉的油脂幫她烤了韭蔥和馬鈴薯。」用完餐後，她到廚房來說，她很喜歡當天的料理。一週後，她又來了，那基本上已是最大的肯定，口碑也跟著在波士頓傳了開來。

懷特指出，茱莉雅徹底改變了波士頓的餐飲風貌。「她一個人撐起了整個大局，就像靠山一樣，整個城市發生的熱門大小事都會經過她，她把我們都納入旗下庇護，支持我們的方式非常貼心。我們常受邀到她家中，她會確定我們都認識彼此。」年輕的大廚高登．漢莫斯利（Gordon Hamersley）搬回波士頓時，茱莉雅介紹他認識懷特和薛爾。後來，漢莫斯利自己開小酒館時，茱莉雅很快就為他的料理背書。

茱蒂．亞當絲（Jody Adams）說：「只要我們做得好，她一定會讓大家認識我們。」亞當絲曾在漢莫斯利的旗下工作，後來也自己開了餐廳。「多虧有她，波士頓變成美食餐廳雲集的城市，大廚之間的關係密切，大家一起打造這個美食之都。」

這些效益其實是雙向的。「餐廳的美食從經典法國料理轉為新美式料理。」沃夫說，「當年輕的大廚改變烹飪風格時，他們也拉茱莉雅一起改變了。」一開始茱莉雅可能有些抗拒，但後來逐漸變成在一旁加油喝采。一九六六年她接受《時代》雜誌的封面人物專訪時表示：「我只做法國料理，其他都不做。」但是到了一九八〇年代中期，她的好奇心已被喚起，她一再詢問那些後起之秀，使用什麼技巧、最愛的菜色是什麼。她自己在烹飪上也變得比較隨興，不是那麼堅持法式教條了。「她開始更新法國經典。」瑪麗安說，「看著她放寬烹飪的尺度，那過程非常有趣。」

隨著爾凡街一〇三號開始採取非正式的開放政策，上述的感覺也隨之擴散開來。年輕的大廚常來這裡聊天、放鬆、享用美食。茱莉雅總是煮她的招牌午餐（鮪魚三明治搭配自製的橄欖油美乃滋）來招待他們，大家一起聊行話兼談八卦。就連當地的媒體也會來社交及用餐，不只詢問她對一些議題的看法而已。朱莉安回憶她以前為《波士頓環球報》寫美食專欄時，也常抽空加入茱莉雅的飯桌，即使每次來不見得酒足飯飽，但和大夥兒交流總是充滿歡樂。

「我第一次去她家是吃烤雞飯。」朱莉安回憶道，「雞肉端上桌時，現場共有十人，擠得像沙丁魚一樣。我是猶太人，所以我以為那只是第一隻雞，她分完以後，等一下應該會再上一隻。但我猜錯了，每個人的分量都和眼鏡的鏡片一樣大，但那是我參與過最棒的派對之一。」

茱莉雅的家幾乎每晚都像派對一樣，她廚房的門永遠是開的，不管是誰剛好過來，都會受邀一起用餐。每次都有名人在場，例如新聞主播大衛．賓克理（David Brinkley）、作家厄普代克、主持人吉布森、名廚佛吉，任何剛好來波士頓的名人都有可能出現在這裡，現場的氣氛總是相當歡樂。茱莉雅就像美國的家庭主婦，動作有點慢，所以她會請每個人動手幫忙，不管你多有名氣，都要幫忙準備，毫無例外。茱莉雅最愛的金魚餅乾永遠是開胃點心，保羅在不小心打盹以前，會幫大家上酒。

有慶祝活動的時候，現場氣氛會稍微正式一些，食物也比較豐盛高檔，例如牡蠣、鵝肝醬、松露等等，以及無限暢飲的香檳。只有感恩節時會變得比較混亂，感恩節那天，茱莉雅的電話會從中午左右就響個不停，直到當晚八點都應接不暇。打電話來的都是陌生人，他們要麼就是把感恩節的晚餐搞砸了，要麼就是打電話來求救的。茱莉雅的電話就登在電話簿裡，大家都知道查一下就能找到，而且她還會親自接聽電話，所以有些人認為，那表示她很歡迎大家打電話給她。她有問必答，彷彿家裡的電話是某種熱線服務似的。「對，親親，把那隻雞放上桌就對了。」

「她真的很迷人！」朱莉安說，「她總是擔心大家來不及，或是剛好牛奶用光了，沒辦法做馬鈴薯料理。」她一定會想辦法幫大家解決問題，化險為夷。

「親親，你直接把那個番薯舒芙蕾放在桌上，沒人會在意的。」「你吃過熱的火雞嗎？沒人在吃熱的啦。」

偶爾，她也會打電話給那些年輕的大廚，問他們食物方面的問題。懷特記得他常在家裡接到茱莉雅打來的電話。「親親，昨晚我做了紅鯛魚，煮出來的樣子很美，但吃起來硬硬的，你覺得那是怎麼回事？」懷特看一下床頭櫃上的時鐘，心想：「現在是週六早上六點半，她難道不知道我工作到半夜嗎？」她才不在乎，不管是早上、中午、晚上，只要遇到問題，她都會說：「哦，我知道要打電話問誰！」

她回到劍橋後，日子過得愈來愈忙碌了。整個一九八五和一九八六年，茱莉雅都沉浸在繁忙的工作中。那種緊湊的步調，連只有她一半歲數的女性也難以應付。她和克諾夫出版社簽了高達四十萬美元的新書合約及錄影帶系列，名叫《烹飪之道》（*The Way to Cook*），那是百科全書式的教學聖經，傳授她所知的一切，包括食譜、反思、技巧與訣竅，搭配她為《大觀》專欄拍攝的大量精美照片。那本書花了近五年才寫完，不過錄影一下子就完成了，而且還到十個城市宣傳打書。就連巡迴宣傳的途中，她依舊為《大觀》寫每週專欄，也定期飛回紐約錄製《早安美國》。另外，她也為AIWF、婦女烹飪協會（Women's Culinary Guild）、國際烹飪專業人士協會、愛斯克菲爾婦女協會（Les Dames D'Escoffier）、烹飪學校協會（Association of Cooking Schools）、史密斯學院、哈佛大學、獨立書店，以及任何引起她注意的急迫案子募款。

她是不可能放慢步調的。「我從來沒打算退休。」她一再對記者這麼說，希望他們終有一天會相信她的話，她也經常誓言，她要持續勇往直前，「直到累倒為止」，說到都變成口頭禪了。

茱莉雅從來不擔心自己累倒，死亡是保羅擔心的事，尤其在查理過世以後，那恐懼又加劇了十倍。但茱莉雅從來沒多想過死亡，她似乎忙得很快樂，認為總有一天「該走就會走了」。等那天來臨時，她也可以接受。

不過，年歲漸高以後，偶爾也會遇上一些衝擊。一九八五年一月二十三日，柴爾德夫婦在拉披楸度假時，接到比爾德過世的噩耗。比爾德的死訊來得突然，令茱莉雅措手不及。她知道比爾德病了，從她認識他以來，他就病痛不斷。但茱莉雅前往法國之前，還聽說他正忙著編輯報紙的專欄，她不知道比爾德過世的前一個月，出現鬱血性心衰竭、腸出血、腎衰竭等症狀，更別說他還有體重超重、飲酒過量的問題。多年來，他的身體一再受到殘害，終究還是撐不下去了。比爾德的辭世令茱莉雅悲痛欲絕，陷入憂鬱和沉思。比爾德對她和整個烹飪界來說，都是相當了不起的人物。他轉變了美國人的飲食方式，他們一起達成了那個壯舉。茱莉雅回想起比爾德及他留下的遺澤時，就像回顧自己的過往一樣，如夢一場。

茱莉雅也因此更注意老化的脆弱和破壞，只要環顧四周，就能看到老化的深切影響。席卡的先生費席巴雪罹患嚴重的腎臟病，愛薇絲正在和胰腺癌搏鬥。此外，茱莉雅也得知她的律師強森在加勒比海地區感染了愛滋病，復原無望。她周邊的朋友都病了。「看到朋友的健康每況愈下卻愛莫能助，實在令人難過。」茱莉雅說。

沒人比茱莉雅更清楚年老和健康惡化對一個人的殘害。她終於坦承，保羅的狀況「每況愈下」。他挺過了前列腺手術，但是目前看來，很快又需要再動一次手術。他正服用強效的興奮劑「利他能」（Ritalin），以控制注意力缺陷和嗜睡症的問題，但他「接收與處理資訊的能力愈來愈糟了」。保羅的耐力和個性確實受損了，但其他的跡象讓茱莉雅感到更加恐懼。首先，他幾乎無法畫畫了，畫出來的東西相當粗淺，令人費解。茱莉雅持續對朋友說保羅還在畫畫，但事實上他已經鮮少提起畫筆，更別說是作畫了。他的短期記憶也開始散失，一九八五年的夏天，就在茱莉雅前往歐洲為《早安美國》拍攝名為「茱莉雅在義大利」的旅遊片段時，保羅自己出門買早報，但幾分鐘後他回來說，他忘記要去哪裡了。他開始感到沮喪，困惑不解。茱莉雅當下就意識到，保羅不僅身體狀況堪慮，大腦也是，她不能再冒險讓保羅獨處了。

這也表示她必須重新考量占用她日常時間的雜務。他們家太混亂了，那也導致保羅的思緒混亂。他們家看起來往往比科普利廣場（Copley Square）的路口還繁忙，她看得出來人來人往讓保羅變得更焦躁、混亂。每天都有很多人進出他們的家門，例如茱莉雅的祕書、管家、園丁、一群女性來測試食譜，準備示範活動和擺盤、有人送食材過來、朋友來訪、記者、廚師、信差、莫拉許、拉克伍、愛薇絲、鄰居等等。夠了！尤其《大觀》雜誌來為專欄拍照時，更是把整個房子搞得天翻地覆。他們每個月來茱莉雅的廚房一次，為四個星期的專欄拍下足夠的照片。「客廳和走廊堆滿了餐盤和桌巾等東西。」她解釋，「飯廳的所有家具都移到了琴房……廚房確實相當忙亂。」接著，《大觀》的工作人員也湧進來了，包括茱莉雅的編輯、藝術總監、攝影師的助手、道具組的人員等等。夠了！為了簡化流程，她堅持他們把拍照地點移到外面的攝影棚，後來在一九八六年底，她乾脆結束《大觀》的專欄，把它拱手讓給熱門的《銀味食譜》（*Silver Palate Cookbook*）作家茱莉．羅梭（Julee Rosso）和席拉．魯金斯（Sheila Lukins），那也意味著世代的交替。

真的夠了！

有些時候確實需要冷酷地斷然拒絕，那往往意味著關起門來。一九八六年九月，茱莉雅帶保羅去拉披揪時特別明顯，那時他們剛過完結婚四十週年的紀念，很可能也是他們最後一次一起到那裡了，帶著保羅出國很辛苦，他已經八十四歲，光是年紀就是一大因素，現在連腦子都極其不穩。

那年茱莉雅一直在考慮要不要再到普羅旺斯一趟。稍早二月的時候，她不堪多年的膝蓋疼痛，終於動手術換了受傷已久的膝蓋，復原期通常很難束縛她。勉強待在家裡靜養的期間，也許可以趁機放個暑假，但茱莉雅是不可能乖乖靜養的，她開玩笑說，她急著「像猛虎一樣衝回料理界」。況且，她的身體需要比保羅更硬朗才行。六月，保羅動完第二次前列腺手術後，身體狀況很不穩定，記憶模糊，「常不自覺打起盹來」。

那年春天，日子已經夠難受了。強森的狀況日益惡化，必須永遠住進波士頓的安寧醫院。他罹患愛滋病這件事，對茱莉雅造成了雙重的打擊。首先，她必須從震驚中回神過來，接受強森確實是同性戀這個事實。「她之前完全不知道。」瑪麗安說，「每次他到茱莉雅家用餐，都會帶一位黑髮女子同行，茱莉雅曾問我：『妳覺得他們何時會結婚？』」一位助理提到茱莉雅曾說：「親親，那不可能是愛滋病，愛滋病是同性戀的疾病，強森不是同性戀。」但現在，即使恍然大悟也無法舒緩她的悲傷。過去十六年的合作情誼，讓她愈來愈喜歡強森，強森幫她打了很多硬戰，常因此得罪人，也常替她反抗工作上最親近的朋友，幫她爭取許多她自己不可能爭取到的重要權利。他是她的「男子漢律師」，她對一位朋友透露，她「為強森嚇得半死」。

她自己也對愛滋病怕死了，她誤以為愛滋病是經由空氣傳染。在強森診斷出愛滋病的幾個月前，業界有很多人無知地爭論，大廚是否可能透過食物傳染愛滋病。茱莉雅的一位工作人員說：「茱莉雅對於這疾病所造成的不可知威脅，有近乎過度的恐懼。」她擔心強森把愛滋病也帶進她的家門。

她會感染那種可怕的疾病嗎？其實她已經不在意了，她不打算讓強森獨自面對那種苦痛，他才四十五歲，幾乎就像她的兒子一樣。知道他無法存活下來以後，她去醫院探望他，給了他一個深深的擁抱，真切地表達她無盡的悲傷。

九月，強森過世。對她來說，那是殘酷及過度的打擊。八月，費席巴雪也因C型肝炎過世了。這些悲劇的效應逐一重壓在茱莉雅的心上。她會帶保羅回法國好好長住一段時間，但那會再關起另一扇門。

拉披揪始終是他們的小天堂，這次的最後一訪將就此劃下句點。

24 一個時代的結束

就這麼一次，茱莉雅真的吃了秤砣鐵了心，她的下一本書《烹飪之道》將是最後一本，預計在一九八九年十月出版，出完後就此完結了。她告訴席卡的理由是，寫作「太侷限了」，但那只是表面的說法而已。

這本書比其他任一本難產，那辛苦的五年寫作，看似遙遙無期的漫長跋涉，有時候更讓人覺得是在強迫勞動，而不是在探索烹飪和廚藝。光是食譜數量的龐多——從《在茱莉雅家用餐》節目、《早安美國》的片段、《大觀》雜誌專欄精選的八百多道食譜——就是畢生心血的結晶，需要大量的重新評估和重新編輯。截稿日就像到期未繳的帳單，來了又過了，多年來綁在打字機和電腦旁邊的日子真的令她厭倦了。茱莉雅對費雪抱怨：「寫書太孤獨了。」不像做電視節目那麼「生動有趣」，但是眼前也看不到什麼電視節目找上門。黃金時段都想找年輕面孔，把節目搞得很花哨。茱莉雅認為那些都是「噱頭」，不是扎實的「純烹飪」。現在要開個新的烹飪節目很競爭，也令人沮喪。如今有很多裝模作樣的傢伙和討厭的藝人當道，有強調烹飪速度的廚師，有強調精打細算的節儉廚師，還有教懶人下廚的廚師。此外，經典法國料理已經過時了，茱莉雅臆測那是「因為注意健康和膽固醇的風潮」。

在《烹飪之道》的拍攝現場，莫拉許在一旁。圖片鳴謝：Marian and Russell Morash

茱莉雅對這股風潮的厭惡，就像布希總統對花椰菜的排斥一樣。過去幾年，大家對健康和膽固醇特別關注，讓廚房儼然成為意識型態的戰場。喜劇演員喬治・卡林（George Carlin）說得沒錯，電視上確實有七個髒話不能說，但是如果你叫茱莉雅列舉是哪七個髒話，她會說：奶油、鮮奶油、小牛肉、糖、骨髓、馬鈴薯和脂肪。她不管到哪裡，都會看到「食物警察」（她自創的說法）在監督大家吃什麼，例如有機食物的推廣者、反小牛肉的狂熱份子、善待動物組織（PETA）的極端份子、反輻射的行動份子，還有素食者。茱莉雅講到「素食者」一詞時，就好像布希總統講到自由派一樣。「以前那種適可而止的文化都到哪去了？」她不禁納悶，「一般常識都到哪去了？以前不是什麼都能吃，只要少量多元，搭配運動及注意一下體重就好了嗎？」

膳食權威常批評她用太多濃厚、油膩的成分，納森・普里特金[1]指責茱莉雅推廣葡萄酒和脂肪，他的助手還寫信給茱莉雅在WGBH的節目贊助商，宣稱她的烹飪方式導致肥胖和心臟病。面對這種指責，茱莉雅通常是臨危不亂，她寫信回應：「我必須說，得知普里特金對膳食的嚴苛要求，知道他不僅久病纏身，還很早過世，我常在想，偶爾吃吃好菜會不會讓他活得更久一些。」

她總是勇於反擊那些反對法國料理的人，她說那些人「膽小怕死」，說他們把餐桌搞得像「陷阱，而非樂趣」。不過，她在《烹飪之道》裡也釋出了善意。「在這本書中，我非常注意卡路里和脂肪。」她寫道，「主要食譜大多是低脂，甚至是無脂的。」但她也大力主張，家裡應該有讓人沉溺於烹飪的食物櫃，裡面有「上等的奶油，超大的蛋，濃郁的鮮奶油，油花豐富的牛排，臘腸和肉末，荷蘭醬和奶油醬，法式奶油餡，濃稠的巧克力蛋糕。以及各種需要節制使用的美好配料」。

在一般情況下，彙編《烹飪之道》理當是一件樂事，那是像百科全書一樣的巨作，完整收錄了茱莉雅烹煮過的一切東西，她在廚房裡做過的一切，適合初學者的所有烹飪知識，以及適合「不在傳統中成長、但需要對美食有基本瞭解的新生代廚師」。這本終極的廚房參考書，幾乎是每位認真廚師的最佳指南，格式上約略參考了貝潘於一九七六年出版的《廚藝》（*La Technique*）。茱蒂絲指出，茱莉雅覺得「《烹飪之道》比貝潘那本書更食譜導向，比較像入門指南，讓每個對烹飪有興趣的人，都有信心根據主食譜嘗試任何變化。」偷懶的作家可能會直接拼湊她的食譜檔案，或乾脆把她以前的書全部彙整在一起，但偷懶從來不是茱莉雅的個性。正因為她已經摸熟了那些內容，她更想深入探索，她那永無止境的好奇心是近乎強迫症的執著。

「我從來不覺得我知道的夠多了。」她在研究肉類那章時，對費雪如此感嘆，「所以我必須研究肉塊，自己烹煮看看。」

研究肉塊，自己烹煮——她都已經這樣做三十五年了！肉類到底還有多少需要學習的？顯然還有很多。肉類的各種不同部位依舊令她困惑，所以她的讀者也感到不解。頸片肉、三岔肉、肩脊肉、胸腹隔肌、裡脊牛排、沙朗、牛裙肉、肩胛肉、肋眼、牛肩膀、臀肉、腹肉，這麼多種不同的部位令人眼花繚亂。她請她的肉販傑克．沙文諾（Jack Savenor）列出各種可能想得到的部位，以便達成共識，但是還有許多其他的因素需要解決。冷凍肉排怎麼辦？或是腹肉或尖肉呢？茱莉雅知道美國人在家烹飪時，為了方便或必要，會使用冷凍肉品。她心想，什麼是解凍的最好方法？冰箱調到幾度最恰當？那些都不是她能馬上答出的問題，她給的建議必須正確、科學才行。所以她做了深入的研究，先是聯絡全國牲畜與肉品部（National Livestock and Meat Board），接著又找上愛瑪冰箱（Amana）的人。

這些工作開始變得勞心耗神。

要是她的擔憂就只有那些就好了，偏偏這時又有私人的問題出來攪局。一九八八年，茱莉雅在聖塔巴巴拉忙著改寫書稿時，「匆匆在辦公室裡走動」，不小心被電腦線絆倒，摔裂了骨盆。「她很氣自己。」茱莉雅的廚房助理南希．巴爾（Nancy Barr）回憶道，「寫書的任務突然停擺。」但是相較於她對骨盆或工作的擔憂，她更擔心自己無法照顧保羅，這時的保羅比以前更依賴她了。

一九八七年三月，就在保羅過完八十五歲生日幾週後，茱莉雅寫信告訴費雪：「很抱歉，我不得不說，保羅的狀況不太好。」搬到聖塔巴巴拉讓他舒服一些，但無法改善他日益痴呆的狀況。「他還沒完全失智。」在波士頓大學負責廚藝課程的麗貝卡．艾兒席（Rebecca Alssid）說，「但也差不多了。晚餐的時候，他的臉幾乎都快埋進湯裡了。」當年二月，吉布森取代哈特曼，擔任《早安美國》主持人，他形容保羅「顯然狀況不太好，不太有回應，在我看來，他幾乎已經毫無生氣了」。

茱莉雅每週都注意到他有愈來愈退化的跡象。「現在他走起路來都是踉踉蹌蹌的。」她在信中如此描述，「前幾天，我扶著他的手臂，他踩空了幾個木階，跌到了下面的水泥地上。」一年前，他還可以穩住身子，以避免嚴重受傷，但現在四肢的協調力已蕩然無存，他的手腕因此骨折，牙齒和肋骨也摔斷了。

隨著《烹飪之道》即將出版，宣傳造勢的強度也提高了。在上路宣傳之前，需要確定許多最後的細節。在前往聖塔巴巴拉以前，那個星期特別忙亂，茱莉雅在劍橋接受了連串的訪問，為新書上市先鋪路。她在樓上的辦公室接聽幾個電台打來的電話專訪時，樓下的清潔人員放著大門沒關，沒多久，腦筋常處於混亂狀態的保羅就自己遊蕩出門了。正巧，這時有人在路邊下了計程車，保羅招下那輛計程車，給了司機某個地址，就被載走了。車子開離好一段路程後，司機發現他沒錢，把他趕下車，丟在街角。

幾小時後，茱莉雅才發現保羅失蹤了。自從一九七四年保羅中風後，茱莉雅就一直很怕他獨自一人走失。她知道在她無法馬上掌控的情況下，保羅會感到很無助，現在這種事情終究還是發生了。難以想像的是，茱莉雅設法保持冷靜，號召一群人在附近的鄰里尋找。警方幾乎無法幫上忙，幸好，一位鄰居想起他看到保羅坐上計程車，一位計程車調度員幫忙找到保羅的位置。他沒事，暫時都還好，但茱莉雅擔心遲早會發生更危險、威脅性更大或更糟的事。當晚，她安撫保羅入睡後，就下定決心，她需要把保羅安置在有人全天候看護的地方。

茱莉雅再也無法自己照顧保羅的一切了，現在有書即將出版，再加上他日益惡化的健康狀況，她再也無法一肩扛起照顧他的責任。他們四十五年來始終都是最親密的人生伴侶，他是她的人生導師、愛人、最親密的知己，也是啟發她發揮潛力、追求卓越的人，不僅如此，他更是讓茱莉雅家喻戶曉的幕後推手。但他已經不再是那個保羅了，茱莉雅始終是非常務實的人，她知道要是她需要全天候擔任先生的看護，職業生涯也無法繼續下去。她告訴自己，反正保羅現在也無法瞭解現實狀況了。

「如果我在家裡照顧他，大家不再來訪，我可能會開始怨恨他。」她推論，「我們在一起渡過了美好的時光，我很幸運，但是倖存者必須先活下去才行。」

一九八九年六月，保羅住院動前列腺手術時，茱莉雅在聖塔巴巴拉找了一家老年安養中心，偶爾帶他過去。茱莉雅的新律師比爾·楚斯洛（Bill Truslow）也贊成那樣的安排。「茱莉雅顯然需要專業上的協助。」他回憶道，「我力勸她早點安排，那樣做她當然會難過，但她並未遲疑，那是在照顧保羅，也是在照顧她自己。」

茱莉雅盡量把照護時間安排得比較寬鬆，並未暗示那是永久的，她告訴保羅「那是讓他養病的地方」。對一個偶爾才有認知意識的人來說，那說法似乎沒什麼大礙。每天探視時間一到，她都會帶著一盒保羅最愛的冰淇淋去探望他。她常帶保羅到附近用餐，情況允許時，她也會幫他打扮，帶他出席特殊的場合。八月，當南加州烹飪協會幫他辦畫展時，他們夫妻倆在對外開放展示以前先到場參觀。但之後茱莉雅先送保羅回安養之家，才跟著其他賓客再次抵達畫廊。保羅偶爾腦筋清醒的時候，他知道他待在安養之家只是為了觀察身體狀況，不知道還有其他更永久的安排，但茱莉雅需要盡快確定最後的安置。

聖塔巴巴拉適合安置保羅嗎？茱莉雅知道將來她可能會在那裡退休，她喜歡那個城市及那裡宜人的氣候，她骨子裡依舊充滿了加州的氣息，那是她個性中難以磨滅的一部分。但是現在東岸有太多事情正在進行了，不能這樣說搬就搬。她在《早安美國》的露臉機會特別珍貴，那是讓觀眾持續看到她的唯一管道。她從一九八三年做完《在茱莉雅家用餐》後，就再也沒開自己的節目了，再主持節目的念頭始終很強烈。再開新的節目，重回螢光幕前，接受新的挑戰——她始終無法放下那強烈的慾望。如果這時又搬到西岸，開節目的機率又更低了。還是待在劍橋吧，離WGBH和莫拉許近一些，看未來會不會出現什麼機會。此外，她也對波士頓大學做出了承諾，她和貝潘正在幫校方推出料理藝術學位的課程。如果保羅留在聖塔巴巴拉的安養之家，她無法經常探望他，那樣不行，完全不行。保羅仍是她生活的一大部分，不能讓兩人之間存在那麼遙遠的距離和時差。

不久，茱莉雅開始和提姆．強森醫生討論這個議題，強森醫生是《早安美國》的固定班底，他也住在波士頓，在波士頓執業。「我必須把保羅送去安養之家。」茱莉雅在簡短務實的電話中告訴醫生，「可以請你幫我找個合適的地方嗎？」強森醫生對這項請求一點也不訝異。「幾個月前我才和他們夫妻倆一起用餐。」他回憶道，「在那之前，我已經好一段時間沒見到他們了，我還記得當時心想：『保羅衰老得好快。』」他好心幫忙打了幾通電話，發現波士頓地區有許多安養之家，「不過，有很多地方不符合標準」。許多安養機構是以盈利為目的，而不是以安養病患為優先，只以低薪雇用看護人員。強森醫生想確定他推薦的地方能給保羅妥善的照顧。位於附近萊星頓市（Lexington）的菲瓏安養之家（Fairlawn Nursing Home）在病患看護方面有不錯的評價，那是家族私營的設施，由維多利亞農舍改建而成，座落於鬱鬱蔥蔥的遼闊綠野間，住戶可以在裡頭靜養。茱莉雅從友人普拉特口中已經知道那個地方，普拉特的姑媽和姑丈都住在那裡。強森醫生開車到萊星頓市去實地勘查，最後向茱莉雅推薦那裡，茱莉雅接受了他的提議。

一九八九年九月，她和保羅跟著楚斯洛搭機回到波士頓。楚斯洛答應幫她把保羅安置在菲瓏安養之家。茱莉雅打電話給瑪麗安，請她在那裡跟他們會合。瑪麗安回憶道，他們抵達當地時，可以明顯看出茱莉雅相當焦慮。「她告訴我，保羅原本處於一種時而清醒、時而恍惚的狀態，但前一晚他一直很清醒。」從洛根機場（Logan Airport）搭計程車前往菲瓏的途中，他反覆問道：「為什麼我們要去萊星頓？為什麼不回家？」

菲瓏已幫他準備好一間私人房，就在護理站的附近。茱莉雅一如既往，設想得非常周到，早就把保羅熟悉的畫作都掛好，也把他熟悉的床頭櫃擺在床邊。保羅瞄了那房間一眼就抗議：「這不是我們家，我在這裡做什麼？」瑪麗安回憶道：「最糟的情況發生了。」

茱莉雅安撫他，那是很好的靜養中心，工作人員需要幫他做一些醫療上的程序。「只要待一陣子就好了。」她如此強調，但無法說出要待多久。「她沒對他說謊，」瑪麗安說，「她也沒讓他以為他會永遠待在那裡。」那實在是很難拿捏的狀況，她非常努力說服保羅。

她花了一個多小時說服他以後，才想辦法離開。接著，茱莉雅搭上瑪麗安的車子，把臉埋在雙手裡，一路哭著回家。

茱莉雅馬上就感受到保羅不在的空虛，她不再需要時時擔心他出事，卻可以感受到某種不尋常的終結，從此永遠劃下了句點。從亞洲到歐洲，返美後又從華盛頓到劍橋，保羅始終都在她身邊。四十五年來，這是茱莉雅第一次獨自一人，那空虛感令她消沉。感覺幾乎就像在哀悼某人過世，只不過少了悲傷的儀式讓人抒發。保羅依舊以某種形式留在她身邊，她仍然深愛著他，無論他剩下的是什麼形式。這時茱莉雅的心中充滿了許多矛盾的情緒：一方面，她因為卸下日常重擔而鬆了一口氣；另一方面，她也想念他，對於無法親自照顧他感到內疚。不過，最深刻的感受，則是為了曾經給予她那麼多恩澤的保羅感到悲傷。

不過，當週見到她的朋友，並不記得她表面上顯露了任何哀傷，沒有淒迷，沒有消沉，也沒有自怨自艾。她故作堅強，馬上恢復工作。「茱莉雅不會沉浸在往事中。」莫拉許說，當天稍後他過去探望她，「她對過去毫無興趣，只在乎現在或未來，往前看是她因應人生的態度。」

幸好，《烹飪之道》的打書之旅就在三週之後展開了。對七十七歲高齡的女性來說，帶著四、五位女性，做為期兩個月的宣傳，從波士頓沿途造訪美國各大城市，到帕莎蒂納之後再返回東部，那過程相當辛苦。這一趟混合了各種媒體的採訪，行程排得非常緊湊。她往往一天要趕五場活動，例如報社和電台專訪、到當地的電視台露臉、上《大衛賴特曼深夜秀》（*The David Letterman Show*）和《今晚秀》（*The Tonight Show*）等節目、參加午餐會、書店簽書會，其中又以簽書會最辛苦。茱莉雅的群眾魅力絲毫不減，所到之處都是「人山人海」，大排長龍，粉絲一路排到書店外。蘇西．戴維森（Susy Davidson）回憶道：「我們不管去哪裡，都有數百人到場。」戴維森是幫茱莉雅準備《早安美國》節目的年輕廚師，常協助她四處示範。「那感覺更像一種儀式，像在觀禮一樣，而不是一般的簽書會。」每個人的臉龐都亮了起來，他們終於見到她時，都有一種不敢置信的感覺，彷彿看到聖誕老人似的。茱莉雅．柴爾德本人就站在眼前！直接叫她茱莉雅就好了，每個人都是直呼其名。一次簽三、四百本書對她來說根本沒什麼，她逐一題字，通常也會提出一些烹飪上的建議，回答私人的問題。大家一再問起保羅的狀況。「親親，他很好，沒事沒事。」她回應，「步調緩慢了一些，但我們不都是這樣嗎？」

只不過茱莉雅絲毫沒有放緩的跡象，大家還暱稱她是「美國的能量女王」。整個年終假期，她都忙著四處宣傳打書，這次的宣傳效果也隨著她付出過人的心力而不斷加溫。有很多的動機驅動著她更加投入，克諾夫這次可說是豁出去了，搞出一大本兩公斤以上的巨作，定價更高達五十美元，是一般食譜書的兩倍價格，而且市面上的競爭相當激烈。那一季出版的食譜書特別多，茱莉雅的朋友威蘭也出了《拉瓦雷訥實作》（*La Varenne Pratique*），那也是一本類似百科全書的食譜書，主要是吸引認真嚴謹的廚師。《銀味食譜》的作者群也出了另一本暢銷書。

茱莉雅決心使出渾身解數來推銷《烹飪之道》，即使不是為了出版商，也是為了締造最後一次轟動的佳績。她堅定這是她最後一本著作了，而且她已經傾注一切心力，毫無保留地把所知的一切都放進書裡，以確保它能世代傳承下去。《紐約時報》表示認同，稱這本書是「畢生烹飪的精彩濃縮」，四十年的料理祕訣全收錄在裡頭，是傳奇生涯的終極之作。

版稅也足以讓她安享晚年，過優渥的退休生活。書籍版稅幫她累積了不少財富，此外，父母也留給她不少遺產，她從來不需要擔心財務上的問題。但她的身體仍相當硬朗（她喜歡說自己「遺傳了拓荒始祖的優良基因」），一心想要「跟著潮流前進」，她打算到處旅行，四處趴趴走。而且還有也要考慮保羅，他的照護是一筆持續的開支，為了保羅的舒適與安全，她即使付出一切也在所不惜。她已經雇用一位專職護士陪他用餐，以免他孤獨進食。茱莉雅自己的開銷也不小，每次出外宣傳時，她堅持每週一定要飛回波士頓一趟，以免錯過探訪保羅的機會。她每天都會打好幾次電話給保羅聊很久，長途電話費累積下來也相當可怕。

茱莉雅每天的行程安排都相當錯綜複雜，需要她出席的活動多到難以計數。每個女性團體都爭相邀請她出席，從女青年會到美國婦女猶太復國組織（Hadassah），再到貝氏堡烘焙大賽（Pillsbury Bake-Off）都希望她能來站台。非營利組織也是如此，她的大名就是理念的號召。每個人似乎都覺得他們有權請到茱莉雅，她也不排斥那樣的看法。只要有人打電話給她（那很簡單，只要查電話簿就能查到），提出合理的請求，她都會盡量配合。

亞斯本美食美酒經典活動（The Food & Wine Classic in Aspen）找上她，她硬是擠出時間參與。紐哈芬市的長碼頭劇院（Long Wharf Theater）舉辦義演活動，沒問題，她馬上搭車趕過去。

有時她擔心自己兼差太多，沒辦法顧全一切，但是遇到緊急事件時，她又覺得自己不能置身事外。比爾德事件就是最好的例子，茱莉雅到西雅圖參加一場悼念亡友的餐會，那是個奇怪的下午，先是卡曼上台說了幾句話，茱莉雅突然走到講台前，抓住她的手，現場觀眾都倒抽一口氣，每個人都知道她們之間的恩怨，但茱莉雅決心維持關係的友好。後來，現場開始傳出消息：繼承比爾德紐約住所的奧勒岡州里德學院（Reed College）打算變賣那棟房子，連同裡面的所有遺物。這時現場氣氛開始激動了起來。

「茱莉雅發怒時，千萬別靠近她。」陪她到現場的巴爾說，「這種事不常發生，但這是她少數發火的情況，我可以看到她眼裡充滿了怒火。」

「我們一定要阻止這種事發生！」她怒不可抑地說，氣得脹紅了臉，「現在就要阻止！這是比爾德，是國寶。」一定要做點什麼，以阻止這件事發生，而且馬上就做。首先那棟房子必須保留下來，即使那不是紐約市的地標，也是烹飪界的地標，烹飪界一定要站出來做正確的事。茱莉雅誓言盡全力幫忙，在場的曼哈頓烹飪老師彼得．康普（Peter Kump）相信她會做到，馬上跟進響應。不久，他們兩人開始募款，買下那棟房子及屋內的遺物，於是比爾德基金會就此誕生了。

茱莉雅除了參與各種慈善工作以外，美國餐飲協會（AIWF）依舊很依賴她幫忙拓展與支持成長。「那組織失去了重心，」桑佛說，「裡面有太多人的自我意識太強，茱莉雅很失望。」整個組織上上下下幾乎都是由富家名媛把持。協會的目標需要有資金才能推動，所以募款的焦點主要是讓AIWF能夠接觸到一些遺囑贈與和信託。即便如此，AIWF仍有嚴重的財政困難。協會從創始以來，始終資金不足，到了一九八九年已搖搖欲墜。一年內，AIWF的債務就從二十八萬五千美元膨脹為六十三萬五千美元，亟需銀行放款才能抵擋債權人的逼近。

茱莉雅、蒙岱維、格萊夫、麥卡蒂，以及在紐約經營法國烹飪學校的桃樂西．凱恩．漢米爾頓（Dorothy Cann Hamilton）每人各拿出十萬美元作為擔保，幫協會取得銀行貸款。銀行還要求格萊夫把沙龍葡萄酒莊的股份也拿來擔保。「這下子我們都把個人資金押下去了，」擔任協會新主席的漢米爾頓回憶道，「所以該是行動的時候了。」

他們的行動計畫是把茱莉雅推出來，她的大名比她投入的資金更值錢，他們不斷利用她的名氣來擴充會員規模。每次茱莉雅到某個城市辦簽書會時，AIWF也會跟著去辦活動，讓茱莉雅可以親自募款。「我派她到全美各地的分會參加晚宴。」漢米爾頓說——一九九〇年三月到七月共跑了八個城市，隔年又去了十個城市，「她變成我們的募款主力，不久我們的資金就多了起來」。多虧茱莉雅的努力，分會的數量從十三個暴增為二十七個，每個分會都為全國總會貢獻了大量的資金。

茱莉雅某次出席AIWF的活動時，活動的議題正好呼應了她心心念念的事。一九八六年強森過世後，他生前對抗愛滋病的痛苦，始終令茱莉雅難以忘懷，他過世的原因及生前的勇氣一直在她腦中盤旋。為《烹飪之道》題獻詞時，茱莉雅以獻詞來懷念強森。她感到愈來愈生氣與困惑——氣自己無法搞清楚發生了什麼事，對於自己對同性戀的態度感到困惑。最後，她被迫面對自己的觀點，承認自己過去的觀點很狹隘。諷刺的是，愛滋病讓她對同性戀有了客觀的認識。

「整個烹飪界都在因應愛滋病的議題。」沃夫回憶道，「在餐飲業，這個問題特別嚴重，因為很多大廚和服務生都是同性戀，多年來他們彼此發生關係。」沃夫是AIWF紐約分會的主要推動人，他幫忙在波士頓花園舉行為期兩天的「援助和關懷」活動，以喚醒大家對愛滋病的關注。舊金山也辦過類似的活動，由十四家當地的餐廳捐出食物，並邀請歌手琳達．朗絲黛（Linda Ronstadt）獻唱。波士頓的活動也邀請了名人共襄盛舉，但有個人的出現為這場大會挹注了特別強大的動力。當主持人介紹茱莉雅上台時，現場響起了如雷的掌聲。

「去年，我先生和我無助地看著一位親愛的朋友，經歷數個月緩慢又可怕的折磨。」她說，刻意壓抑招牌的高呼聲，「但是那些獨自面對磨難的人呢，那些沒有親友在身邊減輕垂死之痛的人呢？那些人正是我們今晚關切的對象。」

結束致詞後，當茱莉雅走回後台時，她停了下來，朝模糊的觀眾群望了一下。她心想，有多少在座的人是強森，默默地為自己的生命而奮鬥？她為他們承受的負擔感到心疼。儘管她再怎麼努力，講的話再動人，儘管餐飲界如此支持，想遏止這個疾病所帶來的災難依舊希望渺茫，她意識到：「天地之大，人念之渺小。」即便她傾注所有的資源，也無法撼動什麼。

周遭的事情屢屢讓茱莉雅陷入反思。在逼近八十歲大關之際，生活中有許多的轉變都需要接受，有些是痛苦的，有些則徹底改變了她的人生。

她發現保羅離她愈來愈遠了，他住進菲瓏安養之家後，腦筋清楚的時刻愈來愈少。茱莉雅只要待在劍橋，每天都會去探望他。現在她去看他時，他常認不出她是誰，或是整個思緒卡在過去的某個時點。儘管保羅已沒什麼反應，茱莉雅還是會躺在他床邊，鍾愛地撫摸他的頭，告訴他最近在忙的一切事物。晚上就寢之前，她也會打電話給他。「他們都是聊很親密的對話。」茱莉雅的姪子大衛．麥威廉斯回憶道，他在波士頓讀研究所期間常造訪她家，「某晚，我不經意聽到他一直在講『我們明天要去看足球賽，妳可以帶午餐去。』茱莉雅會順著他的話題聊：『親親，我做你最愛吃的總匯三明治好不好？我們也不要忘了帶毯子，以防萬一。』其他時候，保羅可能會因為想不起來他要表達的字彙而沮喪。某晚，他想描述他們以前吃過的一餐，他說：『我們吃了⋯⋯吃了⋯⋯真要命，茱莉雅，我們吃了什麼？』她平靜地說：『保羅，是萵苣。』保羅用法語回應：『對，萵苣。』之後他們就切換成流利的法語。」

講完那些電話以後，整棟房子總是感覺更空虛了。那孤獨感讓她自覺渺小，也觸發了其他的遺憾，或許是少了親近的家人可以分享她的愛。席卡懂得那種感覺，那是她們共同的體驗。茱莉雅在寫給席卡的信中，難得透露了她努力想要克服的情感。「親愛的，那是我們都缺少的，我們都沒有兒孫，終究都需要照顧自己。」她寫道，「但我也發現，到了這個年紀，我們和那些有子嗣者的最大差異！」

過去的想法，那些失落與遺憾，和現在的失落與遺憾交織在一起。不然還有什麼原因會讓她挖出老舊的剪貼簿，回憶那些摯愛親友的臉龐呢？她的妹婿艾文於一九八九年罹癌過世，隔年愛薇絲也在久病之後辭世了。

也許正因為這些過往的記憶，茱莉雅在接到挪威某個諮詢委員會的邀請時，馬上欣然答應了。他們猜想：「不知道她想不想再回奧斯陸一趟？」他們會安排一套行程，涵蓋她以前待過的老地方，也讓她去體驗挪威的珍貴風光。經費不是問題，整趟旅程全由他們買單，他們也會資助拍攝整趟旅程，由莫拉許負責製作。

奧斯陸，那個城市馬上勾起了茱莉雅的回憶，那是由許多的面孔和地點所組成的模糊形象。茱莉雅很喜歡她在那裡的歲月，常想起她在那裡結識的朋友，以及在那裡體驗的習俗。能夠再次造訪以前走過的地方，真是令人興奮。「她當下就一口答應了。」莫拉許回憶道，「WGBH答應播出，所以一九九一年七月我們展開為期兩週的複雜拍攝過程。」

行前，莫拉許認為，他們面臨的最大障礙是茱莉雅的高齡。「當時她的年紀已經很大了，再過幾週就滿七十九歲，我們排好的行程連五十歲的人都會嚇到。」但茱莉雅揮手要他別擔心，她根本就是冒險者，勇闖了各個地點，毫無半句怨言。他們一開始先走懷舊路線，走訪她和保羅租過的房子，茱莉雅以她那飽經風霜的手摸過廚房的流理檯，想到《精通法式料理藝術》就是在那裡完成的，淚水不禁湧上了眼眶。美國大使館為她舉辦了慶祝派對，但是自從一九五九年吃過大使館招待的可怕雞絲和果凍沙拉後，他們的食物並未改善。多年前結識的挪威朋友也來參加晚宴，派對一直延續到深夜才結束。

白天的行程排滿了辛苦的觀光活動，她參觀了蒸餾酒廠，喝下大量的烈酒；去她年輕時滑雪的奧運村；還有一個幾乎只有皇室才有資格進入的釣魚區。「我們給茱莉雅一根古董飛蠅釣竿，」莫拉許回憶道，「請她站在河中央幾個小時，讓我們拍她釣魚的樣子，她玩得很開心。」當天稍後，他們又出發去遙遠的山區度假勝地，茱莉雅發現那裡有一位專做當地料理的大廚，但是抵達該地的唯一方法是搭直升機。莫拉許安排了兩架，以便拍攝茱莉雅搭機的情況。

「開直升機的機師是不知天高地厚的小伙子，他們想炫耀直升機能做什麼。」莫拉許回憶道，「他們開始耍特技，斜著機身轉彎，秀一些嚇死人的把戲，我們幾乎快把午餐吐出來了。我為茱莉雅感到非常生氣，她年紀都那麼大了。」莫拉許和工作人員提早幾分鐘抵達，等候第二架直升機飛抵。他們終於到達時，風力異常強大，莫拉許壓抑著怒火等茱莉雅下機，緊張地等了幾分鐘後，他決定去質問她的飛行員。「告訴我，她的狀況怎樣？」心裡已做好最壞的準備。飛行員笑著豎起大拇指說：「她睡著了。」還真是白擔心了一場。

「那時我們一天工作十六個小時，我不記得我以前做過那麼辛苦的工作。」莫拉許說，「我和工作人員一回到飯店就倒床睡了。」十五分鐘後，他房裡的電話響了，那時外頭仍高掛著太陽，但已是半夜十一點。莫拉許實在不想接聽，他確定那肯定是美國打來和工作有關的電話，但他錯了，是茱莉雅打來的，她問道：「我們去哪裡吃晚餐？」已經準備出發了。

茱莉雅從挪威返國後，收到一封信，是住在巴黎的美聯社寫手蘇希．帕特森（Suzy Patterson）寫來的。她正和席卡合寫一本充滿食譜的回憶錄，總結她精彩的一生。茱莉雅不敢打開那封信，席卡那本書對她來說就像揮之不去的煩惱，席卡曾懇請她幫忙把書推薦給美國的出版社，但各家編輯對書稿的反應都很冷淡。席卡的第一本著作《席卡的料理》（*Simca's Cuisine*）銷量慘澹，席卡對此感到相當不滿，到處抨擊她覺得應該負責的人。此後，就鮮少出版社願意幫她出書了。連茱蒂絲也避之唯恐不及，後退的速度比倒車還快。茱莉雅比多數人都明白席卡有多「難搞」，一位看過提案的編輯認為：「席卡的預期不切實際。」她的想法令人混淆，而且「感情用事」。她和帕特森合作以前，也和另一人合寫過，編輯覺得那個人不僅「文筆不好，對於怎麼寫書根本毫無概念」。茱莉雅覺得，那就是典型的席卡會做的事，只有個性像席卡那樣固執，又有鐵打體質的人，才敢和那麼強悍的老太婆共事。即便你真的有本事應付她，你可能還是會像氣急敗壞的小矮人那樣，氣得踩破地板，茱莉雅自己就親身經歷過了。不過，茱莉雅還是好心寫了幾封信給紐約地區的編輯，幫忙推銷席卡那個案子，席卡正在巴哈瑪方的廚房裡如火如荼地撰寫書稿。

這樣的信件往返已經拖了五年之久，茱莉雅可以想像帕特森這次來信可能又要講一樣的事情。不過，當她終於展信閱讀時，當場就嚇傻了。「席卡一直病得很重，可以說來日不多了，每個人都拿她沒辦法。」信中提到，席卡跌倒了，無法移動，躺在地上「好一段時間」——（也許好幾天）——才被朋友發現。那段期間，身體又感染風寒，併發了雙側肺炎。

茱莉雅心想，可憐的席卡！八十六歲高齡，獨守一間空蕩蕩的房子。自從費席巴雪過世後，就沒人照顧她了。茱莉雅偶爾會懇求她考慮把房產集中在一起，也許賣了老農舍，搬到坎城或格拉斯的共管公寓。「思考身體老化及死亡，從來都不是一件樂事。」茱莉雅坦言，「但是趁衰老以前，先打理好老年生活是有道理的，不然就太晚了。」茱莉雅已經規劃好「可行的計畫」，她告訴席卡，她和保羅「會搬到不錯的退休社群，有自己的公寓，裡面有廚房，他們會一直照顧到你走了」。他們也是火葬服務機構海王星協會（Neptune Society）的會員，已經打理好後事。「等我們掛了，只要一通電話，他們就會來接你去火化。」

茱莉雅知道席卡還沒準備好面對這種事，她跟一些朋友談及死亡時，多數上了年紀的朋友也都還沒準備好。「茱莉雅不怕死亡。」她的姪子普魯東說，「她覺得那是人生的必經歷程，就只是終點，表示一切都結束了。」

但是這些年來，好友一一過世還是令她痛徹心腑。茱莉雅從信中得知席卡的狀況後，隔幾天，她得知幫她打理所有烹飪示範及行程的好友比夏普也走了，她在加拿大度假時，死於腦動脈瘤。茱莉雅擔心來日不多，馬上寫信給席卡，承諾一月過去探訪她。

朋友——周遭有朋友為伴是多麼重要的事，尤其年輕的朋友更讓人的心靈永保年輕。茱莉雅面對年老的方式就是否認，再三否認，從她身邊的人就可以看出她斷然否認年老的態度。原本茱莉雅的周遭都是跟她年齡相仿的人，但漸漸的，這群人的組成開始變了。社交方面，她更常和巴爾及艾兒席等人在一起，這兩位的年紀都可以當她女兒了。她也雇用了剛從烹飪與祕書學校畢業的史蒂芬妮．賀許來擔任全職特助。

「對茱莉雅來說，有活躍的社交生活非常重要。」艾兒席說，「她總是忙個不停，動不動就打電話來說：『親親，咱們走吧。』可能是去看電影或上館子，反正就是出門晃晃。」茱莉雅和巴爾約好週六晚上都要一起過，她們常到波士頓北角的賈斯珀餐廳。那裡有年輕帥氣的工作人員圍著年輕帥氣的大廚，這點特別吸引茱莉雅。賈斯珀餐廳隨時都幫她留了一桌，方便她想來就來——一號桌，餐廳裡最棒的座位。茱莉雅沒來餐廳時，包下一號桌的兩位常客是小義大利區的地頭蛇：尚賓．丹尼斯（Champagne Dennis）和他的夥伴湯米，他倆是北角幫派中最令人畏懼的狠角色。

某晚這兩人來餐廳時，他們的桌子還沒準備好，他們質問大廚懷特是怎麼回事，懷特說：「抱歉，今天茱莉雅來了，所以一號桌給她了。」他們聽了當場氣炸或要脅要扭斷她的腳踝嗎？恰恰相反。「他們樂不可支，簡直像小孩子一樣。」懷特回憶道，「這些傢伙本來是凶神惡煞，但是遇到茱莉雅，乖巧得跟貓咪一樣。」像他們那種人，白天是不幹活的，下午都是耗在電視機前，通常是看《法國大廚》的重播。如果他們的位子是茱莉雅占走的，他們很樂於換其他的位置，樂意之至！

他們兩人用餐到一半時，丹尼斯揮手要懷特到他們那桌。「我們想送瓶香檳到茱莉雅那桌。」他說，「幫我送店裡最好的香檳過去。」

懷特不知道該如何是好，他實在不想讓茱莉雅跟這些人扯上關係，但無論如何也不敢得罪這幫人。他說：「我先去問一下茱莉雅，看她今晚想不想喝酒。」他當然知道茱莉雅想喝酒，但他想找個台階下。

他悄悄走到茱莉雅身邊，湊到她耳邊說，有客人想請她一瓶香檳，「但是我偷偷告訴妳，他們是北角的惡狠黑幫。」

茱莉雅好奇地看著他說：「哦，真的嗎？哪種香檳呢？」他解釋是一瓶三百美元的慧納頂級粉紅香檳（Dom Ruinart rosé），茱莉雅說：「親親，那真是太棒了！」

「好吧。」他說，「但妳等一下可能要跟他們聊聊。」

「親親，沒問題，你把香檳送過來吧。」

甜點的盤子收走後，懷特對那兩桌打信號，請他們都移駕到角落的空桌。「那兩個男人應該是我這輩子見過最可怕的人。」懷特說，「但是他們坐在那裡聊美食十或十五分鐘，睜著像小狗般晶瑩的雙眼望著茱莉雅，能跟茱莉雅同桌簡直是樂翻了。」

多數的週六夜晚沒那麼刺激，茱莉雅和那群充滿魅力的年輕女性常外出社交，但她們之中顯然缺少了一個元素：男人。「她非常喜歡有男人在身邊，」艾兒席說，「每次聊天總是會聊到哪個男人最帥。」

「男人令她沉迷。」巴爾說，「她和保羅的關係是這輩子最令她滿意的部分，現在即使到了這個年紀，她還是很渴望男性的陪伴。」

隨著歲月的流逝，那份渴望日益增強。「我覺得讓人看到我們老是跟女人在一起不太好。」一九九一年年底茱莉雅對巴爾抱怨，「我覺得我們需要去找些好男人一起出遊。」

巴爾心想，這說起來比做起來容易。對中年的離婚婦女來說，好男人都已經夠少了，更何況是一個快滿八十歲的女人。在她看來，檯面上並沒有任何人選。不過，幾天後，茱莉雅打電話給巴爾，為週六晚無法跟她出遊致歉。「我找到男人了。」她意味深長地說。

這一切都發生得相當突然，來自一通突如其來的電話。那聲音並不熟悉，但名字倒是有點耳熟：約翰．麥臻尼（John McJennett）。他的妻子早年是保羅的朋友，一九二〇年代末期在巴黎，以及後來保羅到艾凡古農場中學任教的時候，他們都是朋友。茱莉雅依稀認得麥臻尼夫婦，他們曾在社交場合見過幾次面，她還記得她很喜歡他們夫妻倆，她甚至還記得查理有一幅畫作（類似塞尚畫的蘋果堆）醒目地掛在他們家的壁爐上。麥臻尼解釋，他最近喪妻，也聽說了保羅的狀況。他們互相安慰對方，於是聊了開來，他邀請茱莉雅到他家用餐，他現在住在新罕布夏州的梅森小鎮。

茱莉雅找到的這個男人相當英偉挺拔，個頭比茱莉雅還高，體貌魁梧，是個「壯碩的蘇格蘭裔愛爾蘭人」。有點禿頭，帶點「老式的陽剛霸氣」，很像茱莉雅的父親，她覺得他迷人極了。麥臻尼舉手投足都散發自然的健康氣息，雙腳強健有力，看得出來以前是海軍健兒及棒球好手。在許多剪報中，麥臻尼常有「大右腕投手」的稱號，他在紅襪隊二軍中曾是備受矚目的投手，後來因受傷而結束了挺進大聯盟的夢想。從此以後，他的職業生涯發展大致上和保羅差不多，先是去菲律賓和東巴基斯坦（變成孟加拉之前）擔任外交事務人員。麥臻尼即使退休多年了，依舊「相當有趣，帥氣出眾」。茱莉雅一見到他，馬上就可以看出他是十足的男子漢。

茱莉雅和麥臻尼一見面就一拍即合，兩人都感到孤單，都充滿活力，都不願服老。她邀請他到劍橋一遊，不久，麥臻尼就賣了房子，搬到她家附近日街（Day Street）的公寓居住。她們都覺得這是「很好的安排」。不過，茱莉雅還是經常到菲瓏探望保羅，麥臻尼很清楚實際的狀況，也懂得分寸，並不會吃醋。「我父親覺得那不是問題。」他女兒琳達說，「茱莉雅也很務實，保羅罹患老年痴呆症，大致上已經沒什麼認知能力了。」有個男人在身邊，又那麼帥氣，不是挺好的嗎？

「茱莉雅從來不覺得那是約會。」賀許說，「她喜歡男人，喜歡帶個伴一起去參加派對和活動。」這表示她又可以恢復她懷念的社交生活了，家裡有客人來共進晚餐時，主座又有一個男人可以為大家上酒，幫忙炒熱氣氛。麥臻尼相當健談，「開黃腔時特別好笑」，逗得茱莉雅開心極了，她一再對朋友說：「有個男人在身邊真好。」茱莉雅是真心這麼認為，麥臻尼改變了她的生活。

麥臻尼的陪伴令茱莉雅容光煥發，他的魅力也令她為之傾倒，所以茱莉雅很期待和麥臻尼共度聖誕節。這一年雖然繁忙辛苦，心情有如搭雲霄飛車般高低起伏，但是隨著佳節的到來，終於看到了曙光，有很多事情令她覺得特別感恩。茱莉雅甚至考慮在不久之後辦一場派對，但是這時一則消息突然傳來，一切戛然而止。

席卡過世了。

茱莉雅覺得自己「好像被人狠狠轟了一頓」，席卡，走了，這怎麼可能！

她們一起經歷了那麼多事。席卡，她最親愛的朋友，她的廚友，她的姊妹，這些都是多年來茱莉雅對席卡的稱呼。她們一起保留了經典的法國料理，把它的美好介紹給美國的居家烹飪者。她們一起合作，一起奮鬥，一起開發出現代的食譜書，或許也是有史以來最卓越的食譜書。她們這對姊妹檔一起在廚藝界力抗男性的霸權，她們相互安慰毫無子嗣的遺憾及分享心底的祕密，她們一起改變了世界。

席卡，這是一個時代的結束。

註解

1　譯註：Nathan Pritikin，知名的低脂飲食提倡者。

茱莉雅和保羅形影不離，1989 年。圖片鳴謝：The Schlesinger Library, Radcliffe Institute, Harvard University

25 萬物皆有時

茱莉雅的八十大壽無疑是要大肆慶祝的，唯一無法確定的是，在哪裡慶祝、何時慶祝、跟誰一起慶祝，以及要慶祝幾次罷了。每個人都把這件事視為待辦事項，大半的美國人都想共襄盛舉。茱莉雅告訴波士頓的記者：「我不想小題大作。」但是打從一開始，有件事就是肯定的：她的八十歲生日肯定會過得相當精彩。

八十歲！茱莉雅幾乎無法把這幾個字說出口，她說：「我覺得滿八十歲那天，跟我去法國的第一週一樣年輕。」八十那個數字之大、之驚人，對她來說毫無意義。沒錯，她的膝蓋確實不靈光了，皮膚出現老人斑、也鬆垮了，原本直挺的背部也駝了起來，但她可以毫不猶豫地告訴你：她的心青春永駐。

賀許回憶茱莉雅曾對一群朋友說：「我快八十了，我想我應該把步調放慢一點。」語畢，全場大笑。「沒人相信她那句話，」賀許說：「我當她助理約六個月後，我跟其他人一樣也笑了。」

沒有什麼可以讓茱莉雅放慢步調，即便是滿八十歲也不可能。她從六十歲到七十九歲都是超速運作，隨著八十歲的到來，她更是加足了馬力，卯起來向前衝。一九九二到一九九三年，茱莉雅的記事本裡填滿了琳瑯滿目的活動，慈善活動占主要大宗，例如AIWF、家庭計畫中心、一些其他幸運的受助單位等等，不過，她仍持續為《早安美國》錄製片段，新的電視節目也在規劃中。

距離上次茱莉雅開自己的節目已近十年了，有好一陣子，想再開新節目的機率看似非常渺茫。電視上都是一些想當烹飪老師的人裝模作樣地主持，似乎把烹飪當兒戲看待。他們的廚藝好壞有待商榷，普遍的主題似乎都是在強調年輕、年輕、年輕。八十歲的茱莉雅感覺就像史前時代的人物，就連當初因她而坐大起來的WGBH，也不敢幫她開新節目。

不過，一九九一年年底，就在她遇上麥臻尼不久，她去艾兒席家參加雞尾酒派對時，有人介紹她認識傑佛瑞．楚朗蒙（Geoffrey Drummond）。當天稍早，茱莉雅就注意到他了，她和貝潘一起到波士頓大學開烹飪課時，他站在教室後面。當茱莉雅使勁要打開一瓶鹽卻打不開時，他笑得特別大聲。茱莉雅再怎麼使力都沒輒，一氣之下拿出類似開山刀的大刀，往那瓶鹽的頂端一砍，接著拿起來往肩後一甩，博得現場一陣歡呼。楚朗蒙是電視製作人，他做過PBS的《紐約大廚》（*New York's Master Chefs*），一九八一年路易．馬盧（Louis Malle）執導的《與安德列的晚餐》（*My Dinner with André*）也是他製作的，這兩者都深受茱莉雅的喜歡。現在他正要做一個節目，內容是介紹各地嶄露頭角的年輕大廚，正在找個見多識廣又有威嚴的主持人。貝潘告訴楚朗蒙：「你應該去跟茱莉雅談談。」

茱莉雅專注地聆聽楚朗蒙的解說，他有一份知名餐廳的清單，那些餐廳吸引了新一代講究的美食家，他們不只為了美食而來，更熟悉餐廳的大廚。「我想帶觀眾一窺這些餐廳的幕後狀況。」他解釋，「我們來看那些廚師在煮什麼，或許也看一下他們在家裡煮什麼。」他提到的一些大廚是茱莉雅的朋友，例如安德列．索內（André Soltner）、華特斯、淘爾，當然還有貝潘。不過，其他人比較不為人知，例如拉格西、南希．席薇頓（Nancy Silverton）、羅伯．戴葛朗德（Robert del Grande）、派翠克．克拉克（Patrick Clark）。茱莉雅聽過麗狄雅．芭斯緹雅妮屈（Lidia Bastianich）很有名，但不認識她。楚朗蒙的想法是拍下這些大廚的片段，接著把初步剪接的影片拿到劍橋，讓茱莉雅拍攝節目的開場和結尾，她就不需要到處跑了。他想把節目名稱取為《卓越料理》

（*Masterpiece Cooking*）「而妳呢，」他笑著說，「就是阿利斯特餅乾獸（Alistair Cookie）。」[1]

茱莉雅聽完後，差點興奮地跳到他的大腿上。「我覺得這主意很棒。」她回應。以前她一直想邀請來賓上《法國大廚》，但不知怎的，就是無法說服電視台的高層。「我很樂於跟你合作，但是如果要我主持這個節目，我也想跟著去看大廚烹飪。」

那是她可以卯足全力投入的節目模式，此外，楚朗蒙就是她喜歡的那一型，高䠷、年輕、帥氣，帶有一種白人男性的自信陽剛風采，那種風格總是令她傾心，他讓茱莉雅想起年輕時的莫拉許，有一種說做就做的男子漢氣概，他看起來很清楚該怎麼把事情做好。

節目的概念確實很好，但仍只是概念而已，還需要處理很多細節。首先，茱莉雅很堅持那些大廚必須是好老師，而不是只會做美食的藝術家。節目也需要精挑細選每集的參與者，節目名稱是《與大師一起烹飪》（*Cooking with the Master Chefs*），所以他們其實是在決定「誰才算大師，誰不是」。她覺得這種背書是重責大任，要特別慎重。還有莫拉許呢？說到導播，莫拉許永遠是她的第一人選。

茱莉雅和楚朗蒙把節目企劃拿去給莫拉許看，莫拉許「很客氣，但他不想跟著節目那樣四處奔波」。不過，最令茱莉雅沮喪的是，WGBH也拒絕了。「我不知道他們是不是覺得茱莉雅太老了。」楚朗蒙回憶道，「還是因為做完《在茱莉雅家用餐》就怕了，但顯然WGBH不想參與。」所以楚朗門把企劃案送給WGBH的競爭對手馬里蘭公共電視台（Maryland Public TV），他們「一聽到可以跟她合作，馬上就答應了」。

換新的電視台不是節目朝新方向發展的唯一徵兆。楚朗蒙也說服茱莉雅相信，以前那種單純指導烹飪的模式太無聊，已經過時了。每集只做一道菜太微不足道，尤其是做法國經典料理。現在餐廳流行的是新式料理，他覺得他們的任務是把那種料理帶入家家戶戶的廚房裡。楚朗蒙很意外發現，茱莉雅早就對此胸有成竹了。她也覺得每集不該把焦點放在單一料理上，而是應該探索各種食材和烹飪技巧。如此一來，可以強調特定的紀律和資訊，以便在烹飪方面，為觀眾帶來前所未知的寶貴知識。

「我完全沒料到她的見解如此獨到。」楚朗蒙說，「在同一領域耕耘三十年後，我本來以為她會抗拒改變，但她反而很急著想要改變媒體，即便是徹底顛覆整個媒體也沒關係，甚至為此感到興奮。」

茱莉雅迫不及待想展開那個案子了，但是在這之前，她需要先完成一項先前的義務。

拉披揪。法律上，只要茱莉雅和保羅還活著，那棟房子就是他們夫妻倆的，但那裡已經沒有生活可以讓茱莉雅細細品味了。二十五年來，拉披揪始終是她和保羅遠離塵囂的地方，是她和保羅的。她對那裡的回憶，都是他們以前共享的快樂時光。與比爾德在門廊一起用餐，與愛薇絲漫步到村莊，與席卡天天一起烹飪。少了保羅，少了這些朋友，那裡對她來說就再也沒有魅力了。茱莉雅知道，現在該是放手的時候。

一九九二年夏天，她帶著外甥女費拉及戴維森一起去那裡待一個月。「我們去了她最愛的每個地方。」費拉回憶道，「一家在比奧（Biot）的餐廳，名叫拱廊坊（Galerie des Arcades）；旺斯聖保羅（Saint-Paul-de-Vence）的瑪格坊（Gallery Maeght）；坎城的富勒耶市集（Forville Market）；也拜訪了她在尼斯的朋友。」之後，茱莉雅開始打包一切：有的寄回劍橋，有的送給費拉，有的送給朋友。「我準備好了，」她看著堆積如山的箱子說，「繼續前進的時候到了。」她最後一次走過草坪到老農舍，把鑰匙交給席卡的繼承人。費拉仔細地看著阿姨，希望她不要崩潰。「我們跟那棟房子道別。」費拉回憶道，「茱莉雅走出大門，頭也沒回，她對那裡已經毫無眷戀了。」

在毫無牽掛下，她終於準備好面對未來的一切。新的戀情，新的節目，新的美食方向——她已經為可能出現的任何事情、冒險或逆境都準備好了。八十歲！那跟任何事情有何相干？那不過是個數字罷了，只是人生旅途上的下一步。她可以應付上天丟給她的任何考驗。

你要茱莉雅．柴爾德放慢步調？怎麼可能！

回到劍橋後，茱莉雅已經準備好揭開忙碌的一年。新節目的計畫正如火如荼地展開，她也答應出席大家為她安排的連串餐會，慶祝八十大壽，同時幫AIWF募款。她忙得不可開交，炙手可熱，任何有關年老過時的擔憂都迅速消散了。

就在她的興致達到有史以來的最高點時，她接到費雪過世的消息，她的「親愛的摯友」（茱莉雅每次寫信給費雪時，都愛這樣稱呼她），這位以感性散文讓飲食藝術更顯高貴的好友才剛滿八十四歲，她的過世對茱莉雅產生了很大的影響。費雪向來精力充沛，活力十足，她筆耕不輟，直到生命的最後一刻。現在連她也走了，就那麼突然。茱莉雅的英國朋友伊麗莎白·大衛也是在幾個月前即將滿八十歲時過世。八十歲感覺就像某種深淵，有如百慕達三角洲，美食作家一一消失其中。茱莉雅常想起比爾德，他是八十五歲走的。眼看八十幾歲近在咫尺，沒時間浪費了。

她毫不遲疑，馬上開始和楚朗蒙面試一些有潛力的優秀大廚，他們去了一趟休斯頓，和戴葛朗德見面，他的料理樸實無華，就像他本人一樣。戴葛朗德原本是生化學家，個性直率隨和，做的料理也和茱莉雅一樣質樸：三分熟牛排，以乾辣椒和咖啡粉灼燒，品嚐時搭配大量的波本威士忌，他無疑很符合那個節目的調性。拉格西也是，他帶給茱莉雅一點出其不意的驚喜。

「我們第一次見面時就一拍即合。」拉格西回憶道，「他來司令宮餐廳（Commander's Palace）用餐，後來我自己開艾莫利餐廳時，她也來了。」拉格西想以自己的獨到方式讓茱莉雅留下深刻印象，所以他在後院做了南方海鮮燴飯及螃蟹螯蝦濃湯，就像他平日宴請朋友那樣，不花哨，沒刻意雕琢，不耍花招。這是拉格西還沒成為電視名廚以前，那時「他還很靦覥安靜」，只在意食物。「他不是為茱莉雅表演，」楚朗蒙回憶道，「他沉浸在當下，那當下他只在乎烹飪的食物，以及為茱莉雅烹飪。」

拉格西處理食物的方式就像茱莉雅一樣，什麼都親自動手。茱莉雅喜歡他把食物放上桌的方式，他是拿著一大桶到桌邊，直接把食物倒入容器中，毫無矯飾，毫無藉口。他說：「茱莉雅，妳知道我們怎麼吃這種螯蝦嗎？我們掐著蝦尾，吸那個蝦頭。」他講話的方式不像當地的粗人（例如她從報導中看到的那些捕蝦人和鱷魚客）。他對自己的烹飪方式相當認真，「廚藝確實相當出色」。

茱莉雅就這樣逐一走訪許多城市，楚朗蒙驚嘆，「她就像超級騎兵。」自己拖著行李，在機場裡橫衝直撞。在登機前，她會突然消失一陣子，去找熱狗，以便在頭等艙裡肆無忌憚地大快朵頤。

節目在她滿八十歲前開始錄影，都是到大廚工作的地點拍攝，例如洛杉磯、紐奧良、休斯頓、芝加哥、紐約、華盛頓、夏威夷。茱莉雅也跟著到處跑，她會跟著大廚一起做，幫他們準備食譜，等節目開始進行時，她大多不會入鏡。這點對她來說很難，因為她習慣掌控一切，而且有時候事情的發展不如她的預期。

第一集是以席薇頓當主角，楚朗蒙說那集簡直是「災難」。席薇頓是烘焙大師，她和先生馬克開了康本尼蕾餐廳（Campanile）和貝瑞雅烘焙坊（La Brea Bakery），那天她突然決定用葡萄酸種從頭開始做酸麵糰，那是野心很大的食譜，需要經過八個階段，但那些步驟都在席薇頓的專業範圍內，作業的場景也很理想：位於日落廣場（Sunset Plaza）上方坡地的一棟私人住宅，裡面有頂級的廚房，洛杉磯的全景可以一覽無遺。事前準備都很完美，但開始錄影後就出問題了。「席薇頓整個人僵在那裡。」楚朗蒙說，「我看得出來狀況不太對勁，她會怯場，無法開口，她有時就站在烤箱前，整整九十秒不發一語。」

怯場？茱莉雅從來沒發生過這種事。她從幕後看到狀況時，似乎大惑不解。茱莉雅不知道並非所有的大廚都是天生上電視的料，所以她馬上加入幫忙，教席薇頓怎麼一步一步來。她們從早上六點做到晚上九點，只為了錄製二十八分鐘的節目，以前她和莫拉許只要做兩、三小時就完成了。不過，茱莉雅完全不以為意，只要你請她幫忙，她都義不容辭。她只在乎烹飪本身的完整性，最後席薇頓那一集反而是整系列節目中最受歡迎的。

楚朗蒙說：「茱莉雅是有求必應。」除了錄影現場的職責外，楚朗蒙也幫她洽談了新書的案子：《與大師一起烹飪》的節目書。由於書籍是在每集播完時順便宣傳，她必須在節目錄影期間邊錄邊寫。這對茱莉雅來說並不輕鬆，她的打字是出名的凌亂，出版社常需要找解碼專家來解讀她的書稿，而且那些食譜也需要測試。

茱莉雅聽說有一種新裝置叫筆記型電腦，一些電腦大廠仍在測試那個新玩意兒。她透過朋友，設法弄到了一台，帶著到處跑。她不需要面對鏡頭時，就坐在筆記型電腦前打字，一有時間就猛敲鍵盤。她一邊出差一邊寫書，熬夜修稿，隔天馬上傳給茱蒂絲編輯。「她跟那台筆記型電腦一樣有效率，」楚朗蒙回憶道，「非常驚人，尤其她又那把年紀了。」

八十歲，他在開什麼玩笑？茱莉雅根本不把那數字放在眼裡。

即便如此，這個大日子終於還是來了，她擋也擋不住。一九九二年八月十五日那天，她沒有大肆慶祝，而是決定遠離大眾的目光，私下靜靜地過。在她弟弟約翰的家裡，他們幫她辦了生日派對，不是她期待的那種低調派對，但形式更好：整個家族都到場了。小陶和費拉，整個麥威廉斯家族，一大堆姪子姪女，好幾位柴爾德家族的人，寵物貓貓狗狗，還有新情人麥臻尼，他整天都緊緊抓著茱莉雅的手。那是溫馨的傳統慶生方式，辦得恰到好處，就只差一位大家都想念的親愛成員。

當晚稍後，茱莉雅偷偷溜去打電話給保羅，她有很多話想告訴他，例如每個人都很想念他，他的精神與大家同在，接著便詳細描述當天的活動。保羅過了好一會兒才來接聽電話，他完全不知道電話的另一頭是誰。

公開的慶生活動就完全不同了，那些活動熱鬧非凡，只差沒放煙火而已。

慶生會是一九九二年七月從華盛頓特區的海伊亞當斯飯店（Hay Adams Hotel）開始，七位當地的大廚，包括尚．路易．帕拉丹（Jean-Louis Palladin）、鮑勃．金凱德等人，為一百七十位賓客及這位廚神準備大餐。當天的菜色包括煙鱈魚糕、辣龍蝦捲、烤蛤蜊、玉米餅佐煙燻鮭魚、牛肝菌燉飯，還有三個生日蛋糕，其中一個蛋糕上裝飾著可食用的茱莉雅食譜書模型。那場盛會熱鬧極了，但外頭的人行道上，有十幾位捍衛動物權益的行動份子舉牌抗議，牌子上寫著「動物當心！茱莉雅餓了！」那些抗議絲毫未影響茱莉雅的興致，她開心地對抗議群眾揮手宣稱：「我是道地的肉食主義者。」他們難道不知道她八十歲了嗎？「我需要維持體力啊。」

她吃完華盛頓特區那場盛宴沒多久，緊接著又有三場盛宴，而且一場比一場盛大。十一月二日，共有六百位粉絲各付兩百五十美元，到波士頓的考普利廣場（Copley Plaza）參加WGBH和AIWF的募款餐會。一月二十四日，十四位紐約大廚在洛克菲勒廣場大樓六十五樓的彩虹廳（Rainbow Room），為全場客滿的賓客烹飪《法國大廚》裡介紹過的經典菜色，例如小牛胸腺奶油酥盒、鵪鶉蛋凍、鴨肉佐蘿蔔。

最龐大、最豪華的盛宴，是一九九三年二月七日在洛杉磯舉行，演藝圈的大師常在當地舉辦盛大活動。這場盛會的名稱是「謝謝茱莉雅」，可說是眾星雲集，五百位賓客擠進麗思卡爾頓飯店的宴會廳，當天的大廚陣容星光熠熠，簡直像好萊塢的大老西席·地密爾（Cecil B. DeMille）找來的，包括伯居斯、米歇爾·羅斯坦（Michel Rostang）、艾倫·杜卡斯（Alain Ducasse）、佛吉、索內、米歇爾·吉哈德（Michel Guérard）、丹尼爾·布呂德（Daniel Boulud）、貝潘、尚·喬治·馮格里奇頓（Jean-Georges Vongerichten）、大衛·布雷（David Bouely），總共四十四位大廚在廚房裡烹飪，現場賓客可透過兩個大型的螢幕，觀看廚房裡的動態。

現場陳列的美食近乎豪奢，每個大廚都有自己的料理檯，開胃菜已令人目不暇給，有韭蔥塔、炸蝦球、龍蝦臘腸、野味酥皮、炸蟹肉球、燉兔肉、鴨肉咖哩、煙燻鮭魚醬、鮪魚韃靼、鵝肝塞在浸泡雅瑪邑兩週的梅子裡、八磅魚子醬，香檳無限暢飲。吃完這些開胃菜後還吃得下的人，可以繼續大啖朝鮮薊茴香湯佐黑橄欖麵糰、扇貝、烤小牛裡脊，最後還有綜合起司盤和甜點。總計，舉辦「謝謝茱莉雅」共耗資三十五萬至四十五萬美元，差不多是拍一部獨立電影的預算。

茱莉雅像好萊塢的超級巨星一樣，享受著鎂光燈的關注，沉浸在那璀璨的炫光中，她滿心歡喜地面對這個浩大的場景（只有一點點消化不良），但是當晚的盛會並非毫無爭議。最近新式美國料理的迅速崛起，導致法國料理的地位窘迫。《新聞週刊》宣稱：「我們與法國料理的愛戀結束了。」還說保守的法國餐廳「幾乎絕跡了」。瑪麗安・波洛斯（Marian Burros）在《紐約時報》寫道：「善變的大眾已對法國料理失去興趣，轉而擁抱任何『非法國料理』。」連義大利料理也趁勢而起，麗思卡爾頓飯店的氣氛充滿了遺憾。波洛斯寫道，當晚盛會中「有不少人擔心美國境內法國料理的命運」。

茱莉雅當然覺得那是無稽之談，她凝聚大家對法國料理的熱愛，鼓吹大家使用奶油和鮮奶油醬汁，以及油花豐富的肉塊。「如果我們照營養師的要求進食，」她說，「我們會掉髮，掉牙，皮膚乾澀。」法國萬歲（Vive la France）！

至少法國的定冠詞是陰性的 la，但是那場盛會上陰柔的一面就僅止於此而已，主辦單位因為「廚房裡女性稀少」而備受抨擊——正式列入大會名單的女性只有兩位，而且其中一位是貝爾納丹餐廳（Le Bernardin）的合夥人馬姬・勒科茲（Maguy Le Coze），她還不會烹飪。當茱莉雅的死對頭卡曼也加入戰火時，爭議又進一步加溫，她對媒體抱怨那場盛會不過是證明沙文主義罷了。「光是我沒受邀參加這點，就非常詭異。」這說法讓人懷疑她腦子在想什麼。不過，女性缺少的問題並非子虛烏有，為什麼華特斯沒受邀烹飪？茱莉雅一有機會就到處推薦的薛爾到哪裡去了？還有她信任的好友瑪麗安呢？找席薇頓來烘焙麵包不是比較謹慎嗎？

當記者問茱莉雅對於當天缺乏女性大廚的看法時，她不滿地回應：「這件事跟女性多寡一點關係也沒有，重點是法國料理和友誼。」有些人覺得她的回應避重就輕，是圓滑的藉口。她顯然很希望那樣的盛會不會引發任何爭議，但她的回應卻讓人覺得麻木不仁：「我覺得女性愈來愈煩了。」

我覺得女性愈來愈煩了！這對表演時向來講究穩健確實的她來說，是少見的失言。也許是吃了太多的烤鴨肝，茱莉雅變得有點暴躁，又或者她只是想把手榴彈丟入馬賽魚湯裡。

除了這點小小的遺憾以外，茱莉雅的八十大壽，對這位如今被譽為「廚神」和「國寶」的女性來說，是讓她好好享受關愛與溫情的大好機會。慶祝活動讓人滿心歡喜，也令人沉溺。茱莉雅愛上這種活動後，便開始在她已經很忙碌的時間表中，又塞入更多類似的活動。「那時每週都有生日派對。」大衛・麥威廉斯回憶道。似乎每個社群團體都搶著幫她祝壽，只要他們願意捐款贊助AIWF，茱莉雅就會欣然答應他們的邀約，擔任座上賓。不過，那些無盡的大餐也對她八十歲的腰圍造成了影響。

例如，密西西比州納奇茲市（Natchez）的某個婦女援助組織，為了迎接茱莉雅現身，準備了好幾個月。當那天終於來臨時，茱莉雅和助理賀許一起走進龐大的市政廳，裡面排滿了一排排的自助餐桌，上面擺滿了豐盛的美國南方道地料理，約五十位女性自豪地站在她們準備的料理旁邊，茱莉雅走過時，每個人都舀起一大勺自己做的料理，放在她的盤子上。「我們坐下來時，茱莉雅盤子上的食物簡直像一座小山，我的盤子上就只有一點東西。」賀許回憶道，「她看了我一眼說：『喔，親親，那分量應該不夠妳吃吧。』馬上把她那一整山的食物都移到我的盤子上。」有些場合，茱莉雅覺得食物難以下嚥，那些食物可能會移到賀許的盤子，或是她隨身攜帶的小塑膠袋裡，最後那包食物還是會進了賀許的包包。

她決心維持身材有很多原因，健康當然是主要的考量，茱莉雅的膝蓋動了無數的手術，還是承受不了體重的壓迫。無盡地差旅和四處走動對身體的傷害已經夠大了，要是體重再超重，那壓迫更是讓人痛不欲生。另一個考量是電視上的形象。「沒人想看肥胖的茱莉雅。」她堅稱，她對自己的品牌形象一向很在意。新節目《與大師一起烹飪》以及在《早安美國》上持續露臉，是讓她注意膳食健康的動機。不過，說到底，茱莉雅很在意身材，也是想取悅新男友麥臻尼。

「她真的很喜歡有麥臻尼陪在身邊。」瑪麗安說，「他的出現讓她的精神大為提振。」有麥臻尼的陪伴後，茱莉雅覺得回歸以前那種偏重娛樂的生活方式很自在，一有機會就辦晚宴派對，邀請烹飪界的名流參與。大衛・麥威廉斯回憶道：「只要有朋友來劍橋，都會受邀來共進晚餐。」大衛這時在波士頓讀研究所，就住在姑媽家。

「她會請賀許先打電話告訴客人：『今晚我們吃羊肉。』那表示來訪的人最好準備來烹飪羊肉。」茱莉雅從來不事先煮好晚餐，她從來不那樣做。晚餐是由來訪的客人做的，無論是名廚瑪賽拉．哈贊（Marcella Hazan）或貝潘，或是知名的糕點師傅吉姆．道奇（Jim Dodge），來訪的人都會一起幫忙做晚餐。她很喜歡看別人在她家裡烹飪，她則是在一旁監督，小心翼翼地建議哪裡可以稍做改善。

麥臻尼則是例外，他不僅完全不會烹飪，對任何料理幾乎一無所知，不分精緻料理或一般美食。「他是不同年代的人。」他女兒回憶道，「他不喜歡有Q勁的綠豆或沒煮熟的魚。至於酒類，給他波本威士忌配三分熟牛排，他就很滿意了。」

麥臻尼在茱莉雅的飯桌是坐主位，他覺得周遭忙碌的烹飪景象很有趣。他在廚房裡假裝束手無策，吃東西也不講究，但這位男子漢依舊擄獲了茱莉雅的心，不僅如此。「他讓她心花怒放。」庫默爾說，「他就像適合茱莉雅風格的舒適老鞋，茱莉雅總是深情地看著他，很高興能有個真正的男人在身邊。」

大衛．麥威廉斯很喜歡觀察他們的關係發展。「感覺很甜蜜，像求愛戲碼，」他回憶道，「讓我想起校園的戀情。」偶爾，他們晚上外出返家，大衛會聽到他們的車子開進了私人車道，他會偷溜到二樓的陽台觀察他們。「麥臻尼就像年輕小伙子一樣想吻她，茱莉雅會故意閃躲，但最後還是接受了。」

「麥臻尼很愛她，態度愈來愈認真。」艾兒席說，「不久，麥臻尼就建議，他搬到爾凡街一〇三號跟她住在一起比較方便。」茱莉雅對朋友說：「我不想跟另一個男人過那樣的生活。」對她來說，為新的對象烹飪和清掃實在太麻煩了。「我已經照顧一個老人，不想再照顧一個。」他的姪子開玩笑建議他們乾脆結婚好了，他肯定是忘了：茱莉雅還是已婚狀態。

有了麥臻尼的陪伴，保羅在家裡的存在感逐漸消失，但偶爾他的腦筋清醒時，他會從菲瓏安養之家打電話回家。如果是茱莉雅接聽的，他可能會問她：「為什麼我在這裡？我應該回家，妳什麼時候來接我？」無意間聽到對話的賀許說：「每次接到那樣的電話，茱莉雅總覺得椎心刺骨。」茱莉雅會耐心地回應：「不，保羅，你現在就住在那裡了。」其他時候，保羅不知道究竟是怎麼回事。如果他打電話回家是轉到答錄機，他留下的訊息往往令人心碎。「茱莉雅，我聽到妳的聲音了，為什麼不跟我說話？」不過，到了一九九三年底，「他已經不知道什麼是電話，或怎麼打電話了」。

茱莉雅努力以客觀的態度來看待保羅的狀況，她說：「幸好，他什麼也不知道了，不知道我有沒有離開他，所以我可以到處出差，繼續工作。」不過，只要一有機會，她都會盡可能去探望保羅，只要她在劍橋，每天都會過去一趟。不在家的時候，她會請探訪護士去陪他，或是派園丁喬治幫她跑一趟。保羅的身體狀況還不錯，但最近腦筋退化得愈來愈快。他清醒的時候常翻閱《時代》雜誌，就只是盯著看，無法瞭解自己在讀什麼。即使茱莉雅出現在雜誌內頁，他也認不出來。

事實上，茱莉雅最近在非關法國料理方面受到更多媒體的關注，美國的食物逐漸變成棘手的政治議題，從食品上的農藥使用到麥當勞怎麼炸薯條等等，都掀起熱烈的討論。茱莉雅並不支持也不反對任何論點，她就只是傳統主義者。她認同的是經典美味，無論是什麼來源。「什麼都吃，吃得開心」是她堅守的座右銘。她一再強調什麼東西都要適量，適量，適量！營養學家抵制奶油和脂肪，茱莉雅逐漸與他們為敵。「他們根本是在破壞美食！」她一有機會就抗議，說他們「大驚小怪」、「歇斯底里」，到處散播「許多空泛的謠言」。空泛論者是茱莉雅抨擊的另一種人，她氣憤地說：「他們覺得我們應該吃野生的、而非人工養殖的鮭魚，即使他們根本分不清楚。」空泛論者也反對烹飪時使用美膳雅（Cuisinart）之類的現代機器，茱莉雅覺得那「根本是瘋了」。說到瘋了，她覺得反小牛肉的行動份子、瑞秋．卡森（Rachel Carson）對合成農藥的反對、對膽固醇大驚小怪的人士、有機農家、女星梅莉．史翠普（Meryl Streep）都瘋了。

史翠普發起反抗亞拉生長素（Alar）的活動，亞拉生長素是一種用於蘋果的生長調節劑。史翠普受訪時表示，亞拉汙染了蘋果，可能導致孩童罹患癌症及其他疾病。「她又不是科學家！」茱莉雅抱怨，「何必把她的話當真？」令茱莉雅生氣的是，史翠普不僅找媒體幫她宣傳，也找非營利的環保團體「自然資源保護委員會」（Natural Resources Defense Council）合作。茱莉雅和他們在很多議題上已經有爭執，例如放射線照射和化肥等等。（她兩者都支持，當然，她是主張「適量」。）[2]

最近，她開始對抗的是反酒團體，反酒團體譴責進餐搭配酒飲的作法。「有些人就是欠缺理智，」茱莉雅憤慨地說，「我覺得我們應該攻擊這些人和他們的愚蠢想法。」

有這麼多議題需要反抗，再加上八十大壽的慶祝活動一直持續不斷，茱莉雅很難專注做《與大師一起烹飪》。那節目因事前準備扎實，進行得很順利。由於每集都是整批人馬開拔到大廚工作的地點錄影，這些差旅對茱莉雅也造成不小的影響。紐約、紐奧良、華盛頓、休斯頓、舊金山、夏威夷。「差旅令她疲憊。」楚朗蒙回憶道。幸好，根據腳本，大廚烹飪時，茱莉雅大多不需要入鏡，但她的角色還是很辛苦。她一定會參與節目內容的規劃，注意每位大廚烹煮什麼，測試他們的食譜，但是隨著節目的進行，她對節目內容的參與愈來愈多。楚朗蒙回憶道，沒人攔得住她。她經常擔心大家覺得這不是茱莉雅．柴爾德的節目，所以一有機會就參與烹飪。

還好，她不需要擔心準備工作。烹飪的事前準備都是由名廚托馬斯．凱勒（Thomas Keller）負責，當時他正好離開餐廳一陣子，很樂於幫忙。茱莉雅覺得一些大廚需要額外的幫助，她喜歡蘇珊．費尼格（Susan Feniger）和瑪麗．蘇．蜜莉根（Mary Sue Milliken）的背景及法式訓練，但她們做出來的料理令她不解，印度豆子（dal）和咖哩不合她的胃口。艾米．弗格森．歐塔（Amy Ferguson-Ota）也是如此，她的菜色受到玻里尼西亞料理的影響，茱莉雅也無法理解。在錄製那一整季的節目中，茱莉雅還是比較偏好法國料理。當帕拉丹以蘋果收汁煮鵝肝、在壁爐烤鴨胸時，她愛極了那些菜色，淘爾的雞肉料理更是完全投其所好。茱莉雅對芭斯緹雅妮屈的廚藝比較感興趣，特別喜歡她搭配每道菜的醬汁，但是她對義大利料理還是抱持保留的態度。「那真的比較不合我的胃口。」那一集結束後，有人無意間聽到她這麼說。

或許觀眾也感覺到她的保留態度，或是餐廳的菜色已經沒什麼新意，《與大師一起烹飪》的收視率並未造成轟動。顯然，光是讓茱莉雅主持並無法滿足觀眾，觀眾想看茱莉雅烹飪，或至少為節目挹注她獨特的個性。

儘管反應不是那麼熱絡，馬里蘭公共電視台仍續約第二季，這次時間更長，茱莉雅的參與度也增加了。不過，主要的區別在於位置。節目將有固定的場景，就在爾凡街一〇三號的廚房裡。「要茱莉雅在全美各地奔波實在太辛苦了。」楚朗蒙說，「改在她家錄影後，對她來說比較方便，節目也比較平易近人。對大廚來說，到茱莉雅的廚房錄影就像到梵蒂岡朝聖一樣。」

《與大師在茱莉雅的廚房》（*In Julia's Kitchen with Master Chefs*）是個通力合作的經驗，美國最有創意的二十六位廚師，把他們的最佳料理端上茱莉雅的餐桌，接受她的提問並分析入菜的每種食材。節目不再關注傳統的法國大廚，而是把焦點放在年輕的大廚上，那些顛覆餐廳料理的後起之秀，例如查理．特羅特（Charlie Trotter）、馮格里奇頓、布呂德、艾夫列．柏特利（Alfred Portale）、狄恩．費林（Dean Fearing）、瑞克．貝利斯（Rick Bayless）、莫妮克．芭波（Monique Barbeau）等等。他們大膽轉變食材的運用，創造出一系列充滿爆發力的絕妙風味，例如煙燻鮭魚拿破崙派、墨西哥辣椒凱薩沙拉醬、鵝肝義大利餃、白胡椒冰淇淋等等，那些菜色的食材順序往往變了，但仍保留料理的完整性。

茱莉雅經過好一段時間才接納這些改變，這些變化完全顛覆了她受過的經典法國料理訓練，但是如今的餐飲業充滿了創新，波士頓更是如此。當地受到她提拔的大廚（例如懷特、漢莫斯利、亞當絲等等，現在也加入這個電視節目）都已經掙脫了法國料理的訓練，所以她也開始瞭解與接納他們的作法。

茱莉雅再次走在美國料理的尖端。

但她私底下相當疲憊，節目製作把她家變成了臨時攝影棚：廚房是場景，還有監視系統和設備堆在飯廳裡，地下室有全套的準備廚房，廚師和助理在裡頭走動。「工作從未停歇，」賀許回憶道，「茱莉雅清晨五點起床，梳整頭髮和化妝，六點開始拍攝，中午休息二十分鐘用餐，約下午四點結束錄影，寫書一小時，和工作人員一起用餐，再寫書兩個小時，睡五個小時，接著一切又從來一遍，一直衝衝衝！」

中午休息用餐完後，茱莉雅常宣布：「我去睡個午覺。」楚朗蒙會停止拍攝，等她休息完後再開始。過去，她的體力可以撐一整天，但現在體力漸漸不行了。「親親，我很好。」每次有人關切她的狀況，她總是如此堅稱。她不願讓任何人看到她的疲態，有太多人參與這個節目，都需要靠她撐下去。對身體來說，這份工作相當累人，但興奮感為她補足了活力。

烹飪令人振奮。她看到馮格里奇頓巧妙地在阿爾薩斯料理裡增添亞洲食材時，讚嘆不已。那層層交疊的風味——香茅、椰奶、咖哩——超越了她的專業領域。聽起來不搭調及詭異的搭配，在他的巧手料理下，卻是那麼恰到好處，他做的每道菜都很容易料理。亞當絲做的釀餡小牛胸口則是正中茱莉雅的喜好，搭配以葡萄酒精燉的燉肉和香郁的蔬菜。看著布呂德做菜更是令她開心，她覺得「他的廚藝跟她見過的大廚一樣棒」。

茱莉雅堅持懷特做他拿手的香煎龍蝦，把龍蝦浸在干邑白蘭地和奶油裡。那是他的招牌菜，也是茱莉雅多年來最愛的料理，那道菜對居家廚師來說也很合適。但是還沒開始錄影以前就出問題了，幾週前，《今日秀》做現場示範時，主持人凱蒂．庫瑞（Katie Couric）看到大廚現宰龍蝦，不禁尖叫出聲，因此掀起媒體關注殺龍蝦的程序，善待動物組織（PETA）馬上抓住機會撻伐。那個組織的勢力令楚朗蒙緊張。「他希望我們不要在鏡頭前殺龍蝦。」茱莉雅坐在院子休息時，對懷特如此解釋。

「沒關係。」懷特說，「我們可以在拍攝以前先殺好。」

茱莉雅搖頭，「那樣一來，我們就沒教他們什麼了。」她起身，繞著院子走。

「茱莉雅，我們可以做其他的龍蝦料理，我可以用煮熟的蝦肉做龍蝦丸子。」

他們必須在幾分鐘內做出決定，最後她說：「去他媽的！我們要教大家正確的作法，PETA去死吧，動物維權人士去死吧！」

他們一起想出一種迴避爭議的方法。開始示範時，茱莉雅站著看懷特和龍蝦。「親親，這道菜怎麼開始呢？」她問道。

「首先我們切開龍蝦。」他說。

這一切都和茱莉雅臉上的表情有關，她的雙眼凝視不動，維持面無表情。她看懷特殺龍蝦的表情，就像看一個母親幫新生兒包尿布一樣。懷特拿著狀如半月彎刀的中國菜刀，像卡通人物般揮舞，快手切切切！龍蝦已經在砧板上切好了。

大家頂多就是驚嘆，沒有尖叫。

一九九四年五月，茱莉雅需要休息，長時間馬不停蹄的工作及接連不斷的事件（例如上述和懷特遇到的龍蝦事件）讓她覺得她需要休息一個月，恢復體力，才能完成後續的錄影。

她和來自普羅維登斯市（Providence）阿爾福諾餐廳（Al Forno）的大廚錄完最後一集後，看到劇組人員拆下布景，不禁大大鬆了一口氣。這個節目連續錄了好長一段時間，可能比她做過的其他節目還辛苦。烹飪分好幾個階段，出動多台攝影機，剪輯的內容更多，共有二十六集！書籍出版的進度，一如既往，又落後了，但是休息一個月可以讓她趕上進度。

那天，五月十二日，結束錄影之後，她先去探望保羅，回家換了衣服，接著出去用餐。她帶著楚朗蒙、巴爾、律師楚斯洛，以及姪子一起去賈斯珀餐廳用餐，吃什麼呢？當然是香煎龍蝦。這次聚會是為了慶祝兩件事：她要休假了；大衛即將在兩週後畢業。餐廳已經幫茱莉雅準備了一壺「反馬丁尼」，還有一盆金魚餅乾，大家的心情都很歡樂。

九點四十五分，領班請楚朗蒙去接電話，是賀許打來的。「茱莉雅吃過晚餐了嗎？」她問道，楚朗蒙問她為什麼那樣問，她說：「因為我講了原因，她就吃不下了，我需要確定她已經吃了東西填填肚子。」楚朗蒙說他們正在吃甜點，賀許深深吸了一口氣說：「保羅過世了。」

楚朗蒙盡可能溫和地告知茱莉雅這個消息。「我們必須走了。」她告訴姪子，「現在就走。」大衛開車載她去萊星頓市。「在車上，我們稍稍聊了一下保羅，茱莉雅很冷靜。」他回憶道，「她沒落淚，也沒情緒化，我感覺她早就知道這一刻即將來臨。」她告訴大衛，當天下午她去探望保羅時，保羅已經不認得她了，那已經不是她的保羅，他早已飄到了別處，但主要是在她的記憶裡。

她想起保羅寫給查理的一封信，信中談到死亡，說他擔心死後回收變成「微生物和原子群」。他激動地抗議：「我是保羅．柴爾德，是畫家、攝影師、魅力情人、詩人、柔道家、品酒家，老當益壯，我花了七十年的歲月才塑造出這樣一件傑作。」茱莉雅心想，塵歸塵，土歸土，萬物皆有時，生有時，死有時。

「我們去了菲瓏，迅速走進房間。」大衛回憶道，他嚇了一大跳。茱莉雅從來不讓他探望保羅，他以前也沒看過死人。「她靜靜地站在床邊，對於需要做什麼事，都很務實地處理。對她來說，保羅很久以前就過世了。」

註解

1　譯註：阿利斯特餅乾獸是《*Masterpiece Theater*》的主持人，亦即「青蛙布偶秀」裡面的餅乾怪獸化身為主持人，這裡之所以這樣說，主要是因為節目名稱《*Masterpiece Cooking*》和《*Masterpiece Theater*》很像，而茱莉雅擔任主持人的角色也和阿利斯特餅乾獸很像。

2　原註：最後，美國環境保護署（EPA）判斷「長期接觸亞拉生長素對大眾健康並無實質的風險」。

茱莉雅和貝潘一起烹飪，1999 年。圖片鳴謝：Geoffrey Drummond

26

尾聲的開始

隔天中午前，花束開始送抵爾凡街。保羅過世的消息已經傳了出去，朋友和粉絲紛紛前來致哀。客廳和大部分的藏書室裡都堆滿了菊花、雛菊、百合的大花束。茱莉雅對在波士頓餐飲業負責公關的莎利·傑克森說：「我都可以開花店了。」傑克森前來幫忙準備訃聞。

「親親，妳還好嗎？」傑克森以茱莉雅的招牌用語問道。

「我已經過了面紙階段。」她回答。

茱莉雅臉上的證據表露無遺，她的面容憔悴，兩眼發紅凹陷。茱莉雅從菲瓏回來以後，賀許就一直待在茱莉雅的身邊沒離開過。她對於茱莉雅異常冷靜、缺乏情緒的狀況感到擔憂。「她都沒哭。」賀許回憶道，「我真不敢相信，她竟然都沒哭！我很希望她能抒發壓抑的悲傷。」但顯然茱莉雅是哭過了，只是私下偷偷地流淚，她一向如此。

關於過往和保羅的回憶（他愛嘲諷但也相當支持），想必和他留下的藝術品充滿了衝突感。她放眼所及，家裡四處都是保羅在巴黎和緬因州留下的畫作：雲暮籠罩的昏暗市景和街景，藍黑色的海浪打上海岸的景色。壁爐上和書架上擺滿了他拍攝的感性照片：從嚕德嚕後方拍攝的棋盤狀屋頂，馬賽的馬蹄狀港灣，姪女在羅袍斯點的岩石上玩耍，法國鄉村裡的多元市場，茱莉雅試用古老的瓦斯爐。保羅的存在隨處可見，那些記憶在她的周邊崩解了。要不是有保羅在她的身邊，難以想像今日的茱莉雅·柴爾德身在何方。他塑造了她，把她從空瓶、社交花蝴蝶、漫無目的的漂泊者塑造成今天的樣子，賦予她目的和力量、鼓勵和關愛。他們之間充滿了無限愛戀，說到男子漢，保羅是茱莉雅的首選，獨樹一格，沒人比得上他。

這時有很多事情需要安排，很多事務需要搞定。傑克森原本安排隔週一在茱莉雅的家中主持ＡＩＷＦ的招待會。「我們就直接取消了。」傑克森說，從工作清單上刪除那個活動。茱莉雅不知從哪裡來的精力，突然站起來說：「絕對不行！他們每個人捐了ＡＩＷＦ一百五十美元，一切照常進行。」

傑克森覺得茱莉雅那樣想有點不切實際，但是活動當晚，茱莉雅在門口迎接大家進門，之後跟著巴爾從後門溜出去看電影。

保羅過世後，茱莉雅開始思考怎麼運用剩餘的時間——什麼重要，什麼不重要，什麼是人生的優先要務。一如既往，她選擇不放慢步調，不活在過往的記憶中，而是全速前進。

為《與大師在茱莉雅的廚房》拍攝剩下的節目，可以幫她暫時忘卻傷痛，再加上很多露臉的機會，可以讓她維持一定的曝光率。《早安美國》一直是帶給她歡樂與慰藉的泉源。她很期待去紐約錄影，從一九八七年開始，錄影又變得更有意義了。當年二月，吉布森從哈特曼的手中接下主持棒。從他主持的第一天起，茱莉雅就為之傾心。「她真的很會打情罵俏。」吉布森回憶道，「我剛接任，沒什麼名氣，非常緊張，但是我走到攝影棚時，她就握住我的手說：『親親，我一直很期待這一刻。我告訴你喔，我們會錄得很開心！』」她說得沒錯，茱莉雅和吉布森後來發展出惺惺相惜的關係，錄影空檔時聊個沒完，偶爾還會一起去他們最愛的紐約餐廳用餐，談話時總是免不了聊到政治。「那時是雷根當總統。」吉布森回憶道，「茱莉雅恨死他了，她講沒兩句就開始臭罵他。」

保羅過世後，吉布森只要一有機會，就會想辦法安慰茱莉雅。「保羅過世後不久，某晚我們一起用餐，她整晚都在講保羅幫她規劃的廚房。」他回憶道，「保羅賦予廚房的各種設計元素，以及多年來他對她的無限關懷。」她坦承，一開始保羅比她對電視更有興趣，他鼓勵她放手去追求。當她答應上電視時，他也指導她怎麼做，教她怎麼放鬆，說服她呈現真實自我。吉布森認為，簡而言之，那就是關鍵，茱莉雅成功的祕訣——讓個性中獨到的特質自然地流露出來。根據吉布森的經驗，電視上的人物都像一個模子印出來的——一成不變，沒有特色，分不出彼此差異。「茱莉雅一點也不平凡或普通。」他說，「她的熱情和幽默，馬上散發了魅力，令人難忘，平易近人。你覺得可能讓她在電視上表現不好的特質，反而都讓她顯得格外出眾。」

偶爾，吉布森需要幫她掩護狀況。「後來茱莉雅的年紀開始影響到她了。」他回憶道，「有時候她來錄製節目時，狀況不是很好，她可能忘了食材或忘了講到那裡。」莫頓會暗示吉布森「茱莉雅那天的狀況不佳」，他會和導播串通好，縮短她的節目時間。

但是她狀況好時，表現確實相當出色。無論如何，茱莉雅不肯放慢步調。事實上，她每次去紐約時，會安排更多露臉的機會，經常上大衛．賴特曼的節目跟他拌嘴，賴特曼也是她心目中的男子漢之一。上談話節目可以盡情地展現她古怪的幽默感，只要主持人也愛開玩笑就沒問題。

不過，有時候茱莉雅和主持人沒那麼對盤。賀許回憶，茱莉雅有一次為了祝賀《麥考爾》雜誌的週年慶，上《雷吉斯與凱西李現場秀》（*Live with Regis and Kathie Lee*）。賀許在前一晚先為那段節目做了準備，製作蛋糕用的蛋白霜餅和甘那許巧克力醬，以便她和茱莉雅抵達時，食材都準備好了。錄影的內容是由雷吉斯和凱西．李幫忙擺盤，但是就在開錄前的幾分鐘，凱西．李猶豫了。「她說她不想弄髒自己。」賀許回憶道，「所以她不參與做蛋糕。」雷吉斯也跟著附和：「那我也不做了，我們讓茱莉雅自己做就好。」

茱莉雅氣炸了，「絕對不行，我拒絕接受。」她不願讓步，「是你們自己答應做這個蛋糕，所以我們才能談《麥考爾》的週年食譜，我要跟你們兩個一起做，這樣才是做節目的方式。」

茱莉雅偷偷對賀許說：「幫我把車子準備好。」

開始錄影時，主持人介紹茱莉雅上場，贏得了熱烈的掌聲。她示意主持人過來示範桌，那裡有三個檯子，上面都擺了材料和足夠的甘那許巧克力醬，讓他們三人各自做一個蛋糕。攝影棚旁邊已經放了完成的蛋糕等候，但是凱西．李一如剛剛所言，斷然拒絕合作。她就只是站在旁邊，不打算觸碰食物。

茱莉雅開始做蛋糕時，整個臉氣得通紅，原有的親和面容完全消失了。「我從來沒看過她氣成那樣。」賀許回憶道。

做到一半時，攝影師暗示進廣告。「別轉台，我們待會兒來看怎麼完成這個蛋糕。」雷吉斯宣布。

一下鏡頭，茱莉雅就對賀許說：「咱們現在就走。」兩個女人不發一語，迅速收起她們的裝備，衝出攝影棚，鑽進在外頭等候的車子，揚長而去，她們不知道後來雷吉斯是怎麼錄完節目的。

不過，茱莉雅的電視活動大多充滿了樂趣。一九九五年五月，她受邀出外景兩週，帶著《早安美國》的主持人和工作人員走訪歐洲各地。「我們每天從不同的城市，現場連線播出。」蘭登回憶道，「旅遊是搭火車和公車，相當辛苦。」那時茱莉雅已屆八十三歲的高齡，所以節目為她安排比較短的行程，並用私人專機接送她到每個城市。但蘭登說，茱莉雅斷然拒絕了，「她全程都跟我們在一起，自己處理行李，一聽到任何特別待遇，都馬上回絕。」

他們抵達勃艮第時，茱莉雅跟小女生一樣雀躍。能夠回到她在法國最愛的省區，她興奮到無法自已，開心地跟大家分享早年和保羅在這裡旅行的回憶。她清晰地描述以前歡樂的野餐及徹底改變她一生的那些美味餐點。儘管她「顯然充滿思念」，但也特別興奮。當他們抵達座落在特級葡萄酒之路（Route des Grands Crus）邊的傳奇葡萄園「梧玖莊園」（Clos de Vougeot）時，茱莉雅也許是想起保羅對葡萄酒的喜好，或只是一時興起，直闖業主收藏頂級佳釀的地窖。《早安美國》連線回美國直播的時間，是美東時間早上七點，所以他們在法國是下午一點現場錄影。「我們是當天早上八點抵達，茱莉雅那時就開始品嚐葡萄酒了。」吉布森回憶道，「等我們要連線時，她已經喝得爛醉。」

幸好，當天的腳本是讓茱莉雅煎蛋卷，那是她最拿手、可靠的料理，已經做過數百次，要她閉著眼睛都可以做出來。開始錄影時，她因酒喝多了，「有點暈顛」，嘰哩呱啦地介紹，接著使勁地搖著熱鍋裡的蛋汁，「但是不管她怎麼搖，蛋汁都無法凝結」。當時蘭登站在一旁，心想該如何拯救那狀況，後來想想還是交給茱莉雅解決吧。茱莉雅用打蛋器猛攪那些蛋，一邊說：「當蛋無法做成蛋卷時，」一邊對著鏡頭扮鬼臉，「你直接把它做成最棒的炒蛋就好了！」就那麼簡單。

節目結束以前，茱莉雅沒別的事做。「我們覺得，節目最後，由我和蘭登騎著腳踏車，穿過葡萄園的小徑，那應該很有意思。」吉布森回憶道。有人遞給茱莉雅一支酒紅色的旗子，建議她在起點處揮旗，整個騎車過程從開始到結束應該只有十五秒，但吉布森馬上看出茱莉雅當時異常開心，他說：「她揮旗讓我們開始時，整個臉都笑開了，那笑容近乎狂熱。」她揮旗的樣子，彷彿那是阿拉莫戰役（Alamo）裡的最後一站，蘭登和吉布森騎出去時，她仍繼續揮舞，他們騎回來時，節目早就停止錄影了，她仍在揮。茱莉雅的樣子就像學生春季旅遊一樣興奮，那景象讓吉布森笑到停不下來。「要不是我們把那支旗子拿走了，她肯定揮到今天還不肯停。」

茱莉雅回到美國時，麥臻尼已經在等她了。他一直期待著她的歸來，對她極度的想念。他們之間的關係也許不是驚天動地的愛情，但都支撐他們渡過了人生的動盪和調整期。麥臻尼有充分的理由對這段關係充滿感念，沒有人比他更渴望找到迷人的伴侶，即使茱莉雅不願跟他發展更深入的關係，但茱莉雅的世界令他深深著迷：

那些創意、鎂光燈，「那些年輕女性認真做事的模樣」！麥臻尼是個深情的男人，他喜歡茱莉雅的親吻，總是在情況允許下，盡量找機會讓她親吻他，即使看起來像在親姊妹一樣。某天深夜在爾凡街一〇三號的廚房，漢米爾頓遇到麥臻尼，麥臻尼問她：「妳今晚要待在這裡嗎？」她說：「是啊。」他回應：「我也是！」接著意有所指地眨眨眼。

不過，一九九五年的秋天，他的身體開始出狀況。「他出現心臟衰竭。」他的女兒琳達說，「茱莉雅從歐洲回來時，他需要隨身拖著氧氣筒。他也動了幾個不同的癌症手術，必須裝上結腸造口。」

後來茱莉雅見到艾兒席時，感嘆地說：「他病了。」那說法似乎是表示，她在保羅生病期間，照顧他多年，那已經夠了。她和麥臻尼的關係帶給她極大的樂趣，他溫文儒雅，充滿活力，還會隨著她工作上的需求調整自己，但現在他已經無法再那樣陪她了。儘管有那些障礙，茱莉雅依舊和他維持著關係。但是麥臻尼的健康日益惡化，她的工作又很繁忙，兩人的關係看起來時間不多了。「我看得出來她準備好離開了。」琳達說，「茱莉雅是很務實的人，我父親也很欣賞她那個特質，但是就這樣抽離會讓他心碎。」

對於她和麥臻尼的關係，茱莉雅決定先把她去歐洲這段時間所堆積的工作搞定，再回頭決定。一如既往，她需要去巡迴打書。《與大師在茱莉雅的廚房》相當成功，比前身《與大師一起烹飪》的收視率要好，所以出版社安排了書籍的宣傳活動。克諾夫出版社急著安排她上路，電視節目對書籍的銷量有不錯的助力，但茱莉雅親自露臉總是讓銷售大幅飆升。不過，利益衝突也創造出不尋常的緊張關係。

茱莉雅與楚朗蒙這四年來的合作關係，讓她因此疏離了最大的支持者。茱蒂絲覺得楚朗蒙對茱莉雅的「占有慾太強了」，覺得他是「為了自身利益」而操縱茱莉雅。茱蒂絲對兩本《大師》節目書都不滿意。「我覺得那些都不是茱莉雅的頂尖之作，」她以編輯的觀點評論，「那些書裡沒有太多茱莉雅的特質，她沒有足夠的時間寫那些書，所以她的聲音也從書裡消失了。再加上書又趕著出版，那些食譜的規劃都不夠用心。」

茱蒂絲負責編輯那兩本書稿，但始終做得很不情願，因為有另一位合著者（巴爾負責寫大部分的內容），再加上她覺得楚朗蒙是在「利用茱莉雅」。茱蒂絲不再像以前面對茱莉雅和席卡那樣，負責編輯的常務。「楚朗蒙讓茱莉雅覺得，我為她做的還不夠多，那確實有幾分事實。」她坦言。此外，茱蒂絲也承認，她從一開始就有偏見，「那些節目很糟，茱莉雅沒有發揮的機會，我覺得她離開電視比較好，而不是當個無關緊要的配角，我覺得她的電視生涯已經結束了。」

《早安美國》也有類似的看法。茱莉雅到歐洲出外景時，迪士尼宣布收購《早安美國》的母公司資本城／ABC公司（Capital Cities/ABC）。不久之後，茱莉雅就接獲消息，說電視台沒和她續約。「茱莉雅認為那是因為她年紀大了。」賀許說，「她告訴我：『從現在起，他們要用比較年輕的大廚了。』」無論原因是什麼，對她來說，那都是一項打擊。賀許堅稱，茱莉雅很愛錄那個節目，錄影讓她維持俐落，持續出現在全國觀眾的面前。不過，說實話，她現在比以前更忙碌，已經準備好換換新花樣了。

事實上，已經有個節目在談了。楚朗蒙提議茱莉雅和老愛跟她鬥嘴的搭檔貝潘一起開節目。他們的表演源自於一九七八年上施奈德的節目，就是茱莉雅不小心切傷手而促成艾克洛德搞笑表演的那個節目。茱莉雅和貝潘當晚一起煮龍蝦，對於龍蝦肝（一煮就變綠的消化腺）的處理方式意見不合。他們從鏡頭下就開始吵，等到開始錄影時，吵得更凶了。它怎麼沒變色？「貝潘，別那樣做。」茱莉雅抱怨。這時貝潘突然火大了起來，反駁說：「因為，親愛的茱莉雅，本來就是這樣做的！」

貝潘很崇拜茱莉雅，比任何人都尊敬她，但是在烹飪技巧方面，他們有很大的歧見。貝潘是餐廳大廚，茱莉雅是居家廚師，他們的作法常有矛盾衝突。餐廳大廚的想法總是講求效率，茱莉雅則是講究食譜背後的方法。把這兩個帶電粒子結合在一起，就創造了核分裂。「我覺得那是很棒的電視節目及有趣的烹飪。」楚朗蒙回憶道，「在觀眾面前，就像烹飪劇場。」

一九九四年三月，他們測試那個節目概念，在波士頓大學的蔡氏表演中心（Tsai Auditorium）表演《一起烹飪》（*Cooking in Concert*），門票受罄，座無虛席。那場表演相當成功，在五百位學生的面前拍攝，由美膳雅公司贊助。美膳雅是很適合的贊助廠商，因為美膳雅的食物調理機之所以在家家戶戶普及，茱莉雅和貝潘比任何人的貢獻都大。這兩位大師為了做四道菜，擺出了決戰架勢，從一開始，他們之間你來我往的默契就比爆破實驗室還要刺激。

料理鮭魚時，他們為了怎麼切而爭執不下。「太厚了啦！」貝潘提醒她，「我們改成這樣做吧。」但茱莉雅不理他，還是照自己的想法切。「我們為了切鮭魚，就這樣荒謬地吵了起來，」貝潘回憶道，「感覺就像我跟我太太在廚房裡一樣。」

還有一次，他們一起做甜點。貝潘趁著茱莉雅轉身時，多加了一點檸檬；當他轉身時，茱莉雅又多加了一點香草。他倆就這樣來來回回地搞笑，像《蜜月佳偶》（*The Honeymooners*）某集的節目一樣。相當滑稽，觀眾反應熱烈。

唯一的意外是發生在表演中途，他們做檸檬香芹蒜蓉醬（gremolata）時，茱莉雅開始挑美膳雅調理機的毛病，她想讓贊助商知道，她不是他們的代言人。「它有個問題，那就是刀片太鈍了，沒辦法切碎香芹。」她抱怨道，「所以，如果你用美膳雅切香芹時遇到問題，可以直接跟觀眾席裡的美膳雅夫人反應。」楚朗蒙坐在遠端的工作車裡，從螢幕看到茱莉雅指著他們的客戶，那位客戶和五位同事一起坐在觀眾席裡。「如果你跟美膳雅反應，我想他們會很樂意幫你換更利的刀片。」

楚朗蒙當場汗如雨下，美膳雅投入大量的資金贊助當晚的表演。要是這場表演可以延伸成一個節目，他也期待美膳雅能繼續贊助。

「美膳雅的另一個問題是，鎖住蓋子的安全機制。」茱莉雅繼續說，「我後來學到一種方法，拿指甲銼把它磨平，那樣用起來就容易多了。」從螢幕上可以看到美膳雅公司的代表如坐針氈。「那沒什麼。」貝潘笑著說，「在廚房裡，我們是直接插一把刀子進去，破壞那個安全機制，這樣一來，就可以在不受安全機制的干擾下使用機器了。」

楚朗蒙當場急到快中風，馬上叫助理打電話給茱莉雅的律師楚斯洛，請他來工作車看現場的表演情況。那場表演後來變得更吵鬧、更好笑了，但不用說，美膳雅從此以後再也沒贊助過茱莉雅的任何節目。

茱莉雅不管做什麼，都是為了推廣料理，而不是宣傳商品或是為了一己私利。當她在聖安東尼奧市和《飛馳美食家》（*The Galloping Gourmet*）的主持人葛蘭．克爾（Graham Kerr）再次演出《一起烹飪》時，是因為她想為國際烹飪專業人士協會募款。可惜，他倆的默契沒那麼好。這些年來，克爾變得非常注重健康，他已經不做多油多鹽的料理了。可想而知，茱莉雅對那種料理也失去了興致。楚朗蒙回憶道：「那變成減肥料理和非減肥料理之間的對抗。」茱莉雅並不想積極參與。

楚朗蒙的目標是把節目推銷給無線電視台。茱莉雅和克爾仍有很大的知名度，CBS電視台聽了他的介紹。但是他們試了幾次，想打造出能讓觀眾普遍喜愛的節目，亦即像茱莉雅和貝潘那樣結合戲劇張力和搞笑的表演，卻找不到電視台有興趣。

在此同時，楚朗蒙也想用另一個可行的概念來包裝茱莉雅。儘管她年紀大了，楚朗蒙覺得「她仍有大量的活力」，而且渴望工作，亟欲探索新的烹飪模式。莫拉許以旁觀者的立場觀察，卻不是那麼肯定，他認為「後來的節目並未達到茱莉雅自己的高標準」，而且「她在電視上看起來沒什麼元氣」，「應該知道何時該退場了」。但是茱莉雅還沒打算退休。「我還不想停下來。」她反射性地回應，「等我停下來時，你就會知道我終於放手了。」

楚朗蒙對一個主題特別感興趣：烘焙。自從席薇頓上過《和大廚一起烹飪》節目後，他就對烘焙念念不忘。儘管席薇頓在鏡頭前很僵硬，觀眾對那集的反應非常熱烈，幾乎比收視率次高的拉格西那集轟動了十倍。楚朗蒙認為，製作一個只做烘焙的節目，可以用全新的方式包裝茱莉雅。那本身不是烹飪，至少不是經典的法國料理，但依舊在熟悉的領域內。在《精通法式料理藝術》裡，茱莉雅把烘焙的部分都交給席卡，但多年來她自己也開發了不錯的烘焙作品。她能做二十六集的烘焙節目嗎？楚朗蒙向她保證，只要他們採用《與大師一起烹飪》的模式，讓知名的烘焙師傅貢獻食譜並參與演出，就很有可能做到。茱莉雅是以主持人的身分從旁協助他們，並展現「茱莉雅．柴爾德」的招牌風格，為節目增添更好的效果。

茱莉雅聽完說明後，當場就贊成了。馬里蘭公共電視台也再次把握機會，馬上答應播放。唯一的障礙是怎麼做書，楚朗蒙想做的不只是普通的節目書，他覺得節目書大多操之過急，倉促出版，沒什麼長期的吸引力。他認為，既然有茱莉雅背書，他們可以製作一本烘焙聖經，就像《精通法式料理藝術》是法國料理的終極標準一樣。

楚朗蒙認為，更重要的是出版商的預付版稅。除了強森擔任律師那段期間以外，茱莉雅基本上只要克諾夫出版社給她什麼條件，她都接受。金額很公道，但不是超級巨星享有的稿酬。茱莉雅和茱蒂絲的關係始終是傳統的出版關係，鮮少談錢。楚朗蒙說：「她們都不相信出版業的鉅額預付版稅架構，或是任何花招。」但楚朗蒙也不相信克諾夫出版社為《大師》節目書投入充分的資源，他想用自己的方式做書，不是用他們的方式，也就是說，他要更多的錢。

茱蒂絲說，她收到一封用楚朗蒙公司的信箋寫來的信，告知他們正把那本書的提案分送到多家出版社。「那樣做實在很離譜。」她難過地說，覺得自己不受尊重。她和茱莉雅有三十年的合作關係，不只是關係，更是深厚、意義非凡的友誼。茱蒂絲細心地呵護茱莉雅的職業生涯，遇到人生的關鍵時刻時，總是相互支持。茱蒂絲說：「楚朗蒙甚至不懂情理，他不是寫私信給我。」而是署名給她，信裡加入他提出的簽約條件，最後寫：「瑪麗亞，有任何問題，請打電話給我。」他是用制式郵件！她理當受到更好的對待，「我覺得那封信甚至不值得我回應，我不想出版它，就讓茱莉雅走吧。」

楚朗蒙和威廉莫羅出版社（William Morrow）已有關係，芭斯緹雅妮屈和《節儉美食家》（*The Frugal Gourmet*）節目都是在他的引見下，由威廉莫羅出版。一九八八年，威廉莫羅為蘿絲．賴維．柏瑞寶（Rose Levy Beranbaum）的烘焙書付了一百萬美元的預付金。楚朗蒙覺得那數字比較符合他的想法。「他們為茱莉雅開出天價的預付金。」他說，「她馬上就答應了，不再回頭。」

茱莉雅可能切斷了她和克諾夫出版社的關係，但是要切斷麥臻尼的關係就難了，難上許多。自從她由歐洲回來以後，麥臻尼的身體迅速惡化，心臟衰竭是極大的負擔。一九九五年冬天，他從茱莉雅家附近的公寓搬出，住進了韋斯伍德（Westwood）的安養中心，車程半個小時，茱莉雅比較難去探望。阻礙太多了，時間和距離當然是因素，但麥臻尼的狀況令她揪心，不僅讓她想起以前保羅的衰老，也想起自己對老年的恐懼。她從來不怕談論死亡或如何面對死亡，尤其她覺得那還是很遙遠的事。但最近，當她年近八十五歲時，死亡感覺不再那麼遙遠。「她常談到死亡。」艾兒席說，「我覺得她是想自己好好思考它、面對它、瞭解它的意義。」

茱蒂絲說，茱莉雅根本不把死亡放在眼裡。她們經常聊到那個話題，尤其是保羅過世以後。「我不會感情用事，多愁善感。」她堅決地告訴茱蒂絲，「死就死了，那不過是另一個篇章。」

不過，麥臻尼的死亡好像突然間站在她面前，緊盯著她。有一次她去探望麥臻尼，她發現他罹患一種骨癌，已經很末期了，手臂無緣無故斷裂。「他病得很重。」麥臻尼的女兒說，「當他的病情顯然無法好轉時，茱莉雅告訴我，『我想我可能不會再過來了。』」

幾週後，麥臻尼過世。「整個過程發生得很快。」艾兒席說，「茱莉雅不知道是什麼擊中了她，她完全措手不及，感覺好像上週他還在茱莉雅的廚房裡。」哈佛大學為他舉辦了追悼會，一九三三年他曾在哈佛就讀及打棒球。茱莉雅和艾兒席一起出席了，艾兒席曾跟他們兩位共度了不少社交的夜晚。她們談到麥臻尼是個可愛又老派的傢伙，幽默、聰明又帥氣，對美食一無所知。他對茱莉雅充滿了愛慕，茱莉雅始終可以感受到他的關愛與雅量。她很幸運能在保羅重病後認識他，很幸運在人生中又遇到一個好男人。想起過去的種種回憶，茱莉雅突然無法自已。「那是唯一一次我看到茱莉雅流淚。」艾兒席說。

茱莉雅幾乎沒有時間陷入悲傷。一、兩週後，她又和貝潘到波士頓大學表演《再次一起烹飪》（*More Cooking in Concert*），那是為PBS拍攝的節目。這次表演依舊座無虛席，依舊氣走了一家忠實的贊助商。這次不是美膳雅，上次他們出糗後，躲得比什麼都快。這次是茱莉雅的長期戰友蘭歐雷克奶油（Land O'Lakes Butter）。蘭歐雷克喜歡茱莉雅對濃稠奶油的不離不棄，這年代還有誰做菜時放那麼多奶油？還有誰蔑視其他討厭的抹醬，拒絕以其他的替代品做出如此美味的料理？還有誰愛奶油的方式，像唐納·川普（Donald Trump）那樣愛錢如命？但是茱莉雅還是覺得，她需要提醒廠商，她是不可能被收買的。多年來，她可能用了數千罐、數萬磅的蘭歐雷克奶油，但那都不重要，她是不會幫任何廠商代言的。

「我記得茱莉雅把一匙奶油放入我們做的食物中。」貝潘回憶道，「接著又放了一匙。」貝潘瞇起了眼睛，「茱莉雅，奶油放太多了啦。」他提醒她。茱莉雅舉起一根手指到他的眼前說：「好吧，貝潘，你會後悔的。」輕蔑之情溢於言表。蘭歐雷克奶油的總裁和六位公司代表就坐在觀眾席裡，他們當然看得很開心。貝潘打算做雞肉派要用的薄酥皮，茱莉雅覺得那道菜聽起來不錯，但是正式上場前的三分鐘，茱莉雅突然宣布新的計畫：「我想自己做麵糰，甜的麵糰，做甜點用的。」貝潘說：「好啊，妳想做什麼就做什麼。」他已經習慣茱莉雅突發奇想的做事方式，那往往表示她會做出跟排練時不同的東西。「她真是個活寶，」貝潘說，「我從來不知道她又要搞什麼花樣。」

在舞台上，貝潘以烘焙大師的俐落手法擀麵糰，觀眾看得津津有味。他宣布：「現在茱莉雅也要做一個麵糰。」

「其實呢。」茱莉雅說，「是貝潘要幫我做。」

「我嗎？」他心想，又來了！

「我希望你用食物調理機來做。」

他鬆了一口氣，那是個好主意，因為他剛剛是示範手工做麵糰，用調理機可以教觀眾現代的作法。天曉得？也許茱莉雅是想彌補上次批評美膳雅的事。所以貝潘乖乖地把茱莉雅交給他的成分都放進調理機裡——麵粉、鹽、糖，每種材料都適量。「妳想放多少奶油？」他問道。

「我們要用人造白油。」她面無表情地說。

人造白油！他們以前從來沒用過人造白油，他可以想像蘭歐雷克奶油的代表看他們爭論時的尷尬表情。對此，他有辦法見招拆招。「我們沒有人造白油。」貝潘說。

「我有啊。」茱莉雅把手伸到流理檯下面，她在裡頭藏了一罐人造白油。

沒想到竟然還有這招！她根本事先都已經盤算好了。最後，他們用了一半奶油和一半人造白油，做出完美的麵糰，但貝潘發誓，絕對不讓「那個惡搞的女人」再那樣耍他了。

與貝潘做的特別節目，讓茱莉雅及觀眾都為之一振。觀眾又開始紛紛鎖定《與茱莉雅一起烘焙》（*Baking with Julia*），從一九九六到九七年共播了三十九集。那就像《大師》系列節目一樣，茱莉雅的參與度很低，她主要是擔任主持人，讓二十六位烘焙大師做出多種美味的糕點，從鬆餅和瑪德琳蛋糕，到派餅和披薩等等。

錄影地點是在爾文街一〇三號，錄影期間，廚房偶爾會傳出古怪的噪音，干擾節目的收音。後來他們發現罪魁禍首是茱莉雅的西屋冰箱，那台冰箱已經太老了，每次她打開冰箱的大門，客人總是對裡面看得目瞪口呆。

多年來，這台冰箱一再故障，但由於仍在維修服務的範圍內，西屋公司持續派人來修理這台老怪獸。他們現在必須想辦法壓抑遲鈍馬達的噪音。

修理工看到那台冰箱時，彷彿看到古代歷史博物館的展覽品一樣。「抱歉，這台太老了，我們已經沒製作零件了。」他解釋，「我們會免費幫妳換一台冰箱。」

他肯定不知道茱莉雅討厭拿別人免費的東西。她知道她要是接受了免費商品，公司免不了會請她幫商品代言。她的一貫回應就足以讓廠商打退堂鼓：「如果你給我東西，我不喜歡，我會公開說我不喜歡。」茱莉雅並不想換新的西屋冰箱，她一句話就讓修理工百口莫辯：「年輕人，」——那人已經七十幾歲了——「冰箱上寫著：終身保固。你可以看到我還活著，快去想辦法修理吧。」

要是她的膝蓋能那麼容易修理就好了。那對膝蓋需要不斷地照顧，對茱莉雅來說，四處行動不只是為了方便，更有絕對必要。她的行事曆裡充滿了四處露臉的行程，所以她很重視自己能不能四處走動。她對自己的整體健康狀況還滿自豪的，平日始終保持活躍，即使活躍會帶給她一點疼痛亦在所不惜。每次出書宣傳都很忙碌，她會施打一些消炎藥，以便到處奔走。總之，這是需要付出的一點代價。

但膝蓋的磨損始終令人擔憂。一九九七年八月，八十五歲生日那天，茱莉雅在華盛頓特區參加許多活動，跟十幾歲的少女一樣蹦蹦跳跳，突然間膝蓋撐不住了，腫得跟哈密瓜一樣大，也發炎感染了。儘管痛得要命，她還是繼續參加簽書會，但後來實在痛到快暈過去了。「我們得走了。」她告訴賀許，賀許馬上帶著她直奔機場。

在波士頓，醫生為她注射抗生素，勸她避免站立。「幾天後應該就好了。」他說。但後來不僅沒好，還惡化了。

幾週後，茱莉雅飛到聖塔巴巴拉，她最近搬進了朵琳達之家（Casa Dorinda），那是幾年前她和保羅一起買的恬靜退休別墅。她一直希望退休後能住在西部，不過她始終覺得退休是下個世紀的事。現在結束了《與茱莉雅一起烘焙》，她打算大半年都住在朵琳達之家，但經常造訪劍橋和紐約。朵琳達之家附設了一流的醫療診所，那裡的醫生一看到她的膝蓋，就看出膝蓋長久以來都處於發炎狀態。他們馬上把她送到醫院，注射靜脈抗生素，並打算更換膝蓋。經過兩週及重複的手術療程後，感染仍持續，因此延後了人工膝蓋的植入。他們把抗生素包直接放在傷口上，茱莉雅說那是「Bouquet Gar-Knee」1。

但這件事非同小可，可不是鬧著玩的。她就醫好幾個月後，發炎才消退。醫生終於可以幫她更換膝蓋了，但手術完後，茱莉雅醒來時，狀態遲緩，近乎失語，總之就是不對勁。茱莉雅在華盛頓出事以後，賀許就不曾離開一步，她感覺到狀況很不對勁。「是麻醉的關係，很快就會消退了。」醫生安慰她。「不，」她堅稱，「真的不對勁，我看得出來。」

但幾天後，茱莉雅又恢復了老樣子，身上仍有一些殘留的症狀，例如發炎和疼痛。她因太久沒動，肌肉萎縮，無法行走，但只要做一些物理治療，四肢的協調力就能恢復了。不過，賀許說服她做了電腦斷層掃描，放射科醫生檢閱報告時，證實了她的擔憂：「對，她有小中風。」

賀許說：「那也是尾聲的開始。」

註解

1 譯註：音似 bouquet garni，廚師用的香料包。

聖塔巴巴拉，與咪努合影。圖片鳴謝：The Schlesinger Library, Radcliffe Institute, Harvard University

27 尾聲

在創意、知性和感性上，茱莉雅靈敏依舊。她常說工作讓她維持活力。她告訴友人普拉特：「只要能繼續做我熱愛的事，什麼東西也無法讓我停下來。」普拉特很崇拜她那種無所畏懼的開拓精神。「工作讓我有使命感，我的使命就是工作。」手術後她對賀許這麼說，復原期間，她開始瘋狂地運動以展現決心。滿八十六歲時，她似乎極力想要否認自己年事已高。「她的行程表從未空過。」賀許說，「任何訪談邀約，她都會接受，書籍相關事務以及為了各種理念到各地出差，她從不放過。」

一九九八年春天，爾凡街一〇三號裡總是充滿活力，整棟房子「像動物園一樣」熱鬧非凡，整天都有人進進出出，常來走動的人包括鄰居、朋友、大廚、顧問、募款者、作家、學者等等，任何人只要穿過敞開的廚房大門，就可以進來作客。多數的早上，茱莉雅是窩在樓上的辦公室裡，為《美食與美酒》寫文章或回覆信件。很多人懇求她寫回憶錄，所以她偶爾也會為了回憶錄寫點筆記，但最後總是扔掉，不了了之。那些描述不像多年來她讀過的一些卓越作品那麼動人有力，她坦言：「我沒那天分。」不過，想留下回憶錄的想法始終都在。總之，寫寫東西是很好的練習，可以保持腦筋靈活及筆觸流暢。

當她下樓時，總是有人在等她。茱莉雅很期待波士頓地區的年輕大廚來訪，尤其是男性，她喜歡受到他們的關注，稱他們是小伙子。漢莫斯利和懷特一向是她最喜歡的大廚，他們聰明又認真，謹守烹飪紀律。或許更重要的是，他們都很陽剛，意志堅定，符合她的「男子漢」定義。他們不是帶食物來，而是帶給她小道消息。「茱莉雅很愛八卦。」懷特說，「她老是想聽最新的傳言，誰又對誰做了什麼事、怎麼做等等。她就像電線一樣，一通電就活躍了起來。」

莫頓偶爾也會來她家，告訴她《早安美國》的幕後八卦，或是來徵詢一些專業意見。莫頓是茱莉雅的門徒中，最充分應用所學和訓練的人。她不僅在《早安美國》中發展得不錯，也在剛成立的《美食頻道》開了自己的烹飪節目，吸引了廣大的觀眾。最近，她也加入《美食家》，為每月的雜誌開發食譜。

那年春天的某天，她向茱莉雅懺悔：「我做了一件很糟糕的事。」莫頓痛苦地解釋，她為下一期的《美食家》寫焗烤料理的文章時，和幾位助理測試了卡曼的食譜，結果發現怎麼測都行不通，後來才找到問題所在：卡曼把成分寫得很含糊，沒提供確切的度量單位。編輯想刪掉那篇文章，但莫頓不肯。她認為卡曼也算是「好老師」，值得刊登及接受好評。「所以我打電話給她了。」她對茱莉雅說，「我的問題都還沒說出口，她就說：『妳竟敢打電話給我！妳剽竊了我的食譜。』」

原來，烹飪老師都有過人的記性。幾年前，莫頓和茱莉雅去看卡曼的現場示範，卡曼為鮭魚去骨，接著把它做成煙燻鮭魚酸奶油醬，那技巧讓她們兩人都印象深刻。一、兩年後，莫頓為《廚師》（*Cook's*）雜誌寫文章時，用了類似的食譜和技巧，但文中沒提到卡曼，「當時她也覺得有點怪」，但還是把文章送出去了。

「沒錯，」莫頓坦言，「我錯了，相信我，我不會再犯了，我已經得到教訓了。」

卡曼不願接受，她繼續痛罵莫頓，不願合作，也不願討論那些有瑕疵的焗烤料理食譜，編輯只好把那篇食譜刪了。

茱莉雅瞇著眼聽完莫頓的描述後說：「親親，那種剔魚骨的方法不是她發明的，她是在法國學的，跟我們其他人一樣。如果妳想在這一行有所成就，妳需要聽我的建議。只要打電話給她，然後說：『卡曼，去你媽的！』就好了。」茱莉雅要求莫頓重複三次，直到她滿意莫頓的說法為止。

「茱莉雅喜歡罵髒話。」莫頓說，「而且罵起來跟水手一樣，但她的髒話大多是用來罵她討厭的卡曼。」「那個紐頓的女人」依舊高掛在茱莉雅的黑名單上，茱莉雅討厭的人很少，她喜歡提醒大家，那個名單上除了卡曼以外，就只有柏哈薩女士、麥卡錫和史達林。朋友們都想盡辦法想幫她們兩個化解恩怨，但總是徒勞無功。卡曼一有機會就到處說茱莉雅的壞話，茱莉雅只要提到卡曼的名字就罵髒話。

烹飪老師都有過人的記性。

那年春天的另一位訪客是楚朗蒙，他似乎亟欲以禁果來誘惑茱莉雅。對茱莉雅來說，工作就是她的禁果。楚朗蒙很清楚茱莉雅的喜好，她喜歡上電視，對螢光幕難以拒絕，所以楚朗蒙針對她難以抗拒這一點，設計了刺激的新概念：和貝潘一起主持從《一起烹飪》延伸出來的節目。

這也是第一次茱莉雅的健康成為決定的關鍵。她的膝蓋大致上是沒事了，但偶爾還是會痠疼。她頂多只能蹣跚而行，常靠著椅子或旁人才能撐住身體的平衡。她得知自己又可以錄製節目後，就用盡一切招數掩飾她的身體狀況，但楚朗蒙看得出來她很脆弱。然而，她很執著，毫無畏懼，下定決心一定要做那個節目。貝潘和茱莉雅討論了一下，發現「她依舊精神奕奕」。楚朗蒙說：「她是個老婦人，但她讓我忘了她年紀大了。」

楚朗蒙想讓茱莉雅更容易接受那個提案。原本的計畫是在紐約的法國廚藝學校（French Culinary Institute）拍攝，當著現場觀眾錄影，但顯然茱莉雅沒有足夠的體力，所以後來改在她家錄影，並搭配一群助理。這個節目沒有劇本，沒有排練，她不需要事先準備。她和貝潘會決定一些食譜，錄影時以他們想做的方式烹飪就好了。他們可以即興發揮，臨場應變，隨心所欲。他們想要怎麼做或做多久都無所謂，二十分鐘、六十分鐘、一百二十分鐘，甚至一整天都行，後製時會把錄下的片段剪接成一小時的節目，茱莉雅只需要現身做自己就好了。

楚朗蒙知道他們的魅力才是節目的關鍵，茱莉雅和貝潘都是完美主義者，都很任性，都覺得自己的作法才是正確的，都認為自己是廚房的主人。他們之間還有一種男女對決的氣氛，肯定會擦出火花。茱莉雅從來沒忘記、也不肯原諒法國大廚對女性的不善對待，這些年來，她主張女性要勇敢地反抗那些專橫的男性大廚，並要求尊重及廚房裡的男女平權。貝潘講起話來有明顯的法國腔，那腔調可能會觸動一些敏感神經，所以除了美食饗宴以外，這個節目還有很多好戲可瞧。

觀眾之所以喜歡《一起烹飪》，就是看上他們那種唇槍舌戰、你來我往的默契。把這些元素帶進茱莉雅的廚房裡，可以增添幾分的親切感，觀眾可能會覺得那是一種廚房療癒。

茱莉雅答應參與後，楚朗蒙又繼續遊說她出一本節目書。這時茱莉雅最不想要的就是趕截稿日期，她已經八十六歲了，不想再趕了。那些挑燈趕稿、猛敲鍵盤的夜晚，以前覺得合理，現在已經沒有意義了。不過，她說：「你為什麼不去找茱蒂絲談談呢？」這個建議還挺敏感的，尤其是在經歷了《與茱莉雅一起烘焙》事件以後。

楚朗蒙只好勉為其難把提案送給克諾夫出版社，對結果不抱希望，也不期待對方開出可觀的預付版稅。出版社也有過人的記性，關係搞僵了就很難彌補，但茱蒂絲不是愛記恨的人，她馬上就看出這本書有暢銷的潛力。「我覺得那會是一本很精彩的書。」她回憶道，「兩種聲音的概念很棒，而且又傳遞出一個重要的觀念：烹飪的方法不止一種」。她覺得，和貝潘合作「對茱莉雅來說是個突破」。這本書她要定了，決不放手給別人。

她還親自把提案送交給出版社的負責人桑尼．梅塔（Sonny Mehta），並告訴他：「這會是一本巨作，他們兩人搭檔會很爆笑。」茱蒂絲不再像三十七年前那樣受到阿弗雷德的輕視，而是馬上獲得梅塔的認同，梅塔決定開出保證一百萬美元的優先提案權。那個數字相當驚人，連楚朗蒙都難以拒絕。此外，茱莉雅也想再跟茱蒂絲合作，茱蒂絲熟悉她的風格，會保護她，尤其這份書稿大多是由他人捉刀。

一切幾乎是水到渠成，節目是由舊金山的KQED電視台播出，他們和貝潘已有長久的合作關係，他也和朋友傑西．傑克遜（Jess Jackson）討論了節目的內容，傑克遜擁有康爵酒莊（Kendall-Jackson Winery），他聽完後，決定贊助《茱莉雅和貝潘》（*Julia and Jacques*）的播出。

節目從一九九八年的夏天開始錄影，從錄影的第一天開始，一切就如大家的預期。茱莉雅一走進攝影棚，兩人就開始犀利交鋒。茱莉雅說：「我覺得我們應該用電爐。」貝潘不解地看著她，問道：「為什麼？妳自己都不用電爐了。」她廚房裡的老舊瓦斯爐從來沒讓她失望過，就像情人一樣，茱莉雅熟悉那個瓦斯爐的一切，它的觸感，它的脾氣。況且，他們還特地為了節目，安裝了新的流理檯，上面裝了瓦斯爐，一切都準備就緒了。「不，我想用電爐。」她堅持，「貝潘沒想過百分之六十九的美國人是使用電爐。」

「但我平常又不用電爐烹飪。」他告訴她，為自己的立場辯護。

「好吧。」茱莉雅說，「那你去那裡煮，我在這裡煮。」她張開手臂，界定自己在舞台中央的位置，工作人員已經幫她規劃好擺放電爐的位置了。

他們不只為道具爭吵而已。「我們對任何東西都有歧見。」貝潘回憶道，「茱莉雅可能在錄影前的一小時改變菜單，她會去找製作人決定我們沒討論過的菜色。」貝潘別無選擇，只能煮她決定的食譜，他很瞭解分寸：「沒人敢拒絕茱莉雅。」

他也很清楚自己的角色，他不只是茱莉雅的陪襯而已，更要充當完美的助手，以免節目的步調慢了下來。

茱莉雅的角色主要是發揮挑釁的功能。「她很愛跟貝潘唱反調，挑戰他的想法。」楚朗蒙說。這也是當初她答應做節目的動機。「她很愛激怒他。」茱蒂絲回憶道，她幾乎每集錄影都會到場。

「我們每道菜都有得吵。」貝潘說，「我們沒用特定的食譜，不需要依循特定的架構，那表示我們可以用自己覺得最好的方式來做。我很尊重茱莉雅的口味，她是有品味的人，但很多時候我覺得她完全錯了。」

他們就像希臘人一樣，為了火雞幾乎水火不容[1]。茱莉雅堅持烤火雞前要先切開，貝潘覺得那樣做太可笑了，他要求他們就這麼一次照他的方式來做，他也為自己的作法辯駁：「這樣做的效果比較好。」茱莉雅氣沖沖地說：「那樣是行不通的！」茱莉雅「怒不可抑」，但這次她讓步了，後來做出來的成品很完美時，她又更生氣了。有些時候，她會堅持立場並提出論點，例如他們合作烤小牛肉的時候，貝潘想把菊苣加入鍋中。「那樣做不好吃。」茱莉雅用「我事先警告過你囉」的語氣提醒他，你幾乎可以看到貝潘七竅生煙的樣子。「小牛肉的肉汁正好可以用來煨菊苣。」他咬牙切齒地對她說，但他錯了，那樣做反而讓菊苣變苦了。

茱蒂絲並未幫忙打圓場，她站在鏡頭外，看著她的百萬投資，試著鼓勵茱莉雅堅定立場。她總是在休息時偷偷提醒茱莉雅：「妳應該不會接受法國男人那種強勢的作法吧？」通常只要這樣一講，就足以刺激茱莉雅。等休息結束時，她又出來堅持立場了，就像挨轟的拳擊手在休息過後又元氣飽滿地上場一樣。

「別讓他得逞。」茱蒂絲在一旁煽動。

偶爾，茱蒂絲會在門廊遇到貝潘在那裡冷靜自己。「他會握著拳頭，飆一串法語髒話。」她回憶道，「等導播喊『開麥拉』後，他面對鏡頭，整個神態又變了。」

「喔，親愛的茱莉雅，妳想怎麼做就怎麼做吧。妳覺得那樣做不好吃嗎？好吧，我們就用妳的方法。」

「茱莉雅真的快把他搞瘋了。」茱蒂絲說，「這點無庸置疑。」

這份工作不僅令人瘋狂，也很漫長辛苦。他們煮煮拍拍，拍拍煮煮，每晚錄到十點或十一點，持續近三個月的時間。「茱莉雅站著的時候已經很不穩了。」楚朗蒙回憶道，「我看得出來她的身體有點吃不消。」有時候她幾乎無法站滿十分鐘，只能把身體靠在流理檯上，盡可能以雙手支撐著身體。「她拍得很累。」賀許說，「雙腳一直是個問題，膝蓋始終沒痊癒，需要經常坐下來恢復體力。」錄影中間也需要穿插小睡片刻的時間，「她需要休息，否則撐不到節目最後。」

每晚工作結束後，整個劇組和工作人員都聚到飯廳裡，吃當天烹飪的食物。茱莉雅每晚也跟著大家大快朵頤，她會舉起一杯酒說：「今天真開心！」那一頓飯往往吃到午夜過後，她為了跟上大家的步調，用盡了精力。

到了一九九八年十月，茱莉雅和貝潘的烹飪雙簧已變成無盡的爭執，你來我往，互不相讓。他們因為技術不同，隔閡似乎愈來愈大。貝潘是使用猶太鹽，茱莉雅不用那種鹽；貝潘使用黑胡椒，茱莉雅只用白胡椒。節目書的合著者根據錄影的內容，謄寫書稿，她寫道茱莉雅說：「有些標榜『美味』的鹽巴，實在貴得離譜，我不想浪費錢用這三種鹽。」但實際上，茱莉雅對貝潘說的是：「那些都去死吧！去他媽的！」貝潘習慣自己製作美乃滋，茱莉雅比較喜歡用好樂門美乃滋。貝潘用烤箱烤馬鈴薯，茱莉雅用微波爐。貝潘在洋蔥湯裡加白葡萄酒，茱莉雅是加紅酒，那些都去死吧！去他媽的！

如果說他們的歧見激出了茱莉雅暴躁的一面，贊助商則是激出了她狡猾的一面。邀請贊助商到錄影現場參觀，是感謝他們贊助的標準程序。康爵酒莊對《茱莉雅和貝潘》一直相當支持，不僅贊助了大部分的製作費，還從他們最頂級的葡萄園直送好幾箱葡萄酒過來，作為烹飪的材料。楚朗蒙基於禮貌，邀請他們的波士頓經銷商來參觀錄影，並帶一些烹飪界的後起之秀一起來。

茱莉雅認可這項傳統，但實際上不太高興，她的朋友桑佛夫婦對於康爵酒莊在聖塔陽茲山谷（Santa Ynez Valley）進行的活動相當不滿。桑佛表示：「他們為了開闢新的葡萄園，剷平了九百棵古橡樹。」桑佛夫婦曾向環境保護中心（Environmental Defense Center）上訴，希望能以法令保護那塊林地，現在他們直接找更高的權威申訴：茱莉雅。桑佛太太心想，茱莉雅有沒有辦法幫他們一個忙？也許她只要否決康爵酒莊的贊助，就可以製造足夠的壓力，讓他們停止砍伐森林。茱莉雅建議他們去找楚朗蒙。

「太遲了，為時已晚！」楚朗蒙告訴桑佛，「我們已經錄到倒數第二集了，況且，傑克遜夫婦是貝潘的朋友。我也很想幫你，但無能為力。」

茱莉雅的能力比較強，她想到其他的辦法。

贊助商來參觀的那天，茱莉雅和貝潘正在做地中海海鮮燉鍋。那道菜類似馬賽魚湯，但加了番紅花，還有多種貝類和鮮美的比目魚和旗魚塊。那是風味獨特的大膽料理，肯定會讓擠在飯廳旁觀錄影的人垂涎三尺。料理完成後，貝潘把熱騰騰的蒸鍋端上流理檯，茱莉雅排好了碗和湯匙。他們把湯舀到碗裡，接著貝潘開了兩瓶康爵酒莊的頂級葡萄酒，那是他特定為了這個場合準備的。

「茱莉雅，這道菜搭配來自聖瑪麗亞谷的冰涼白蘇維濃（sauvignon blanc）剛剛好。」他對著鏡頭說，小心遵照PBS的規矩，沒直接提到康爵酒莊的名字。

「不，貝潘。」她說，「我們不喝葡萄酒，今天我們喝啤酒。」

什麼？從來沒有人看過茱莉雅喝啤酒，她愛喝葡萄酒，每餐都喝得很開心，她家甚至不可能有啤酒這種東西。當茱莉雅彎下腰從流理檯下拿出偷藏的三姆啤酒（Sam Adams）時，飯廳裡的旁觀者都不敢置信。貝潘的臉色明顯慌了起來。「我們不能喝啤酒、也喝葡萄酒嗎？」他問道，濃濃的法國腔中帶著一絲絕望。茱莉雅看著他，彷彿看著十四歲的兒子一樣。「不行，貝潘，我們今天只喝啤酒。」毫無協商的餘地。只要能給當權者下馬威，茱莉雅是不會放過那機會的。即使她已經精疲力竭，她仍願意接受任何挑戰。在聖塔巴巴拉和她結識的粉絲艾瑞克．史派維（Eric Spivey）說：「規範——她最討厭規範了。」

《茱莉雅和貝潘》錄到最後時，她已經準備好更換新口味了。

二〇〇一年夏季，就在她生日的前幾週，茱莉雅突然宣布一項決定，把賀許嚇了一跳。「我要永遠搬到加州了。」她說，「我即將滿八十九歲，應該開始思考我的未來了。」

茱莉雅後來說，她其實多年前就決定搬到加州了，那時她七十幾歲，眼前還有長遠的人生。那是典型的茱莉雅作風：突然、務實、做了就不反悔，完全不感情用事。她之所以決定搬到加州，原因很簡單，因為她是在帕莎蒂納成長的。「茱莉雅的骨子裡還是加州女孩。」她的外甥女費拉說，「她喜愛聖塔巴巴拉，那裡有很多童年的美好回憶，一直以來都是她熟悉的地方，所以她選擇在那裡養老。」那裡有孩提時代結識的摯友，還有烹飪界的好友。家人也都在附近，離朵琳達之家只有幾哩。搬到加州後，她可以和身體不佳的小陶住得更近。加州也是擺脫過往、拋開羈絆的地方。「保羅走了。」賀許說，「再也沒有什麼能絆住她了。」

茱莉雅做了決定後，馬上開始付諸行動。她需要先把一些細節處理完，很早以前她就做好了準備工作。她本來就打算把一些家當送給機構收藏，現在終於可以一次出清了。爾凡街一〇三號的房子將捐給史密斯學院，她的所有私人文件和龐大的食譜收藏則是送往哈佛校園內的施萊辛格圖書館。連最有名的聖殿「她的廚房」也有了歸宿，她承諾把它捐給蔻比雅（Copia）：納帕（Napa）市中心的美國美食美酒和藝術中心（The American Center for Wine, Food & the Arts）。

蔻比雅是由蒙岱維以兩千萬美元的自有資金創立的，茱莉雅也承諾捐助類似的資金。該中心座落在現代化的設施裡，周遭圍繞著美不勝收的花園，裡頭還有一家餐廳，名叫「茱莉雅的廚房」，讓大眾用餐。「那是茱莉雅唯一讓她的名字出現在商業用途的地方。」沃夫說，「但它的缺點是，那家餐廳不煮茱莉雅的食譜。」儘管如此，茱莉雅還是很喜歡那裡的概念：一個文化基金會，推廣她珍愛的一切，正好和東岸的比爾德基金會相互輝映。曾帶她到納帕擴展視野的桑佛說：「她很欣賞那裡的建築，所以當場就決定，當她搬離劍橋時，就把廚房捐給蔻比雅。」

賀許打電話到蔻比雅通知他們，並問道：「你們打算如何處理搬運呢？」他們叫她把一切打包，直接送到西岸就好了。「不，你還不明白，這是茱莉雅．柴爾德的廚房，需要好好保存，請你提出更好的計畫。」在此同時，賀許也聯絡她在華盛頓特區史密森尼博物館工作的朋友，她說：「這個廚房是屬於你們的，你們想要嗎？」他們確實想要，但蔻比雅也想要，他們想落實茱莉雅之前的承諾。後來是透過巧妙的安排，才釐清這些混亂。

蔻比雅沒有空間及人力處理廚房的轉運，所以折衷的方案是讓他們保留茱莉雅的銅鍋收藏，其他的一切則是捐給史密森尼美國歷史博物館，成為他們的永久展覽品。

房子的出清計畫持續進行，茱莉雅指示賀許寄信給她所有的近親，詢問他們是否想要擁有她的任何家當，不然的話，她會把個人物品都捐做慈善用途。她打算舉辦拍賣會，把拍賣的所得平均分給美國餐飲協會和國際烹飪專業人士協會，並以她的名字成立獎學金，其他的都送給家庭計畫中心。「所有的親戚都回信要求詳細的清單。」賀許回憶道，「例如有多少件銀器，或是藝術品是否值錢等等。」於是，茱莉雅和賀許合力盤點了整間屋子，列出清單。茱莉雅決定什麼東西都大方送給親戚。「妳來處理吧。」她指示賀許，「我不想煩這些事了，只要確定我在加州安頓下來以前，屋裡的東西都還沒離開家門就行了。」

幾週內，幾乎一切都安排好了，房子已進入搬家前的最後混亂階段。茱莉雅明確地把焦點放在搬到西岸上，她迫不及待想搬到那裡了，她也決定帶賀許一起去。她們的機票已經訂好了：二〇〇一年九月十一日週二，美國航空公司從波士頓的洛根機場飛往洛杉磯的機票。

結果楚朗蒙出現了，搞亂了整個計畫。楚朗蒙答應幫茱莉雅在廚房裡拍一段短片，作為史密森尼展覽的介紹影片。那只需要用很少的工作人員，偏偏大家都有空的時間是週二。茱莉雅只好指示賀許，把機票更改為那個週末。

當天早上，整個屋子一團混亂。錄影還沒開始，搬家的箱子需要先拉出廚房，以模擬以前大家在螢幕上看到的樣子。茱莉雅在樓上化妝，她請工作人員的領班湯米．漢密爾頓（Tommy Hamilton）幫她把臥室的電視機接上HBO頻道，她想看《黑道家族》（*The Sopranos*）的重播，但是有線電視的電路一直有問題。「漢密爾頓把電視背後的開關打開，這時我們才看到飛機撞上世貿大樓的新聞。」

茱莉雅看到那畫面，產生一股熟悉的恐怖感，不禁驚呼：「跟珍珠港事變一樣！」她認為那只是第一波攻擊，後續的幾小時會天下大亂。楚朗蒙不知道該不該繼續拍攝的工作。「我們現在就把它拍完吧。」茱莉雅說，「也許以後再也沒有機會了。」

賀許協助茱莉雅走到攝影區。眼前有那麼多的不確定性，該做的事情很多，沒有人想到那架遭到挾持的飛機是從波士頓起飛的。賀許說：「在混亂中，我忘了告訴父母，我們改了行程，他們以為我和茱莉雅就在那班飛機上。」

聖塔巴巴拉提供了茱莉雅想要的一切：平和與寧靜，沒有緊繃感，沒有電視台的工作人員，沒有截稿期限，沒有惡劣的天氣，沒有紐頓的女人，沒有不速之客隨時闖進廚房。這個迷人又溫和的地方馬上給人一種平靜、放鬆、重新開始的感覺。對茱莉雅來說，聖塔巴巴拉「永遠充滿了魔力」，這裡遠離塵囂，鄰近大海，有美好的棕櫚樹和香甜的花朵，融合了她的童年與一點法國的變化。朵琳達之家也增添了這裡的魅力，是個小而美的世外桃源。茱莉雅在這裡的角落有個充滿陽光的一房公寓，可以遠眺山景，還有個私人花園，她打算在花叢間栽種香草。她種了一棵蘋果樹和梨樹，桑佛夫婦送她一個餵鳥器。幾天後，一隻野貓出現了，她留下那隻貓咪，幫它取名為咪努。唯一的缺點是廚房，只有小小一間，裡面幾乎無法同時站兩個人。茱莉雅心想，算了，就這樣吧。她最精彩的烹飪歲月已經都是往事了，況且，退休以後應該要有退休的飲食方式。從現在起，她只做簡單的餐點，以清淡版的法國經典料理作為八十九歲的合理飲食。茱莉雅仍抱持開放的心態，維持彈性，不反對改變。自從搬來西岸後，她已做了一個明顯的調整：她開始勉強地拄著枴杖行走。

膝蓋的老毛病又犯了，偶爾還是會發炎，但還不至於阻止她外出活動。茱莉雅有個目標，「她想放輕鬆，好好地享受人生。」賀許說，「她常去看電影，跟朋友一起吃飯。」閒暇時，她也會寫寫回憶錄。她的姪子普魯東向她提議，一起合寫東西來紀念保羅，茱莉雅聽了很感興趣。但是她只想放輕鬆慢慢寫，不想設任何截稿日期。

史派維說：「每天我都會看到她出門做點事。」她主要是跟兒時的玩伴聯絡感情。「她很擔心和錯誤的社交團體扯上關係。」理查桑佛說，「她討厭那些從外地移居帕莎蒂納的有錢人，說他們是『強盜大亨』。她覺得他們很無聊，不喜歡他們的政治立場。」

「但她很愛出門社交，」泰克拉·桑佛說，「她喜歡身邊有人，喜歡去有活力的地方。」

茱莉雅依舊倡導自由理念，此外，值得讚許的是，她也修正了一些以前的觀點。她開始瞭解一些她以前排斥的活動，史派維說：「她支持聖塔巴巴拉的有機農友。」史派維每週六上午都會帶她去當地的露天市場，讓她和有機作物的狂熱者交流。素食主義者呢？她放低身段聆聽他們的訴求了，目前還在調適中。之後，她會和演員泰柏·亨特（Tab Hunter）聊幾分鐘，亨特就住在那一帶，是個「真正的男子漢」，他總是能找到她。接著，她會去好市多買兩支夾芥末和酸菜的熱狗，解解饞。

搬來聖塔巴巴拉的第一年，生活是莫大的享受。偶爾會有朋友從東岸來訪，剛好足以讓她精神為之一振。茱莉雅很愛聽最新的八卦，烹飪圈很活躍，有很多小道消息。那個圈子從她位居核心以來，變得愈來愈競爭，爭論也愈來愈多，而且充滿了變革！美食——料理——已經變成某種奇妙、非凡、奇異、不同的東西。如今她上餐館時，盤子上的東西好像雕塑，充滿了創新，幾乎認不出來了。年輕的大廚好像把她喜愛的傳統法國料理導上電流似的，桌上的扇貝籠罩在泡沫和凝膠中，填餡辣椒（chiles rellenos）裡塞的是山羊奶酪，豬裡脊肉搭配牡蠣和泡菜，培根蛋冰淇淋——你能想像嗎！從她咬下第一口香煎比目魚以來，食物竟然出現了那麼多變化。但這是變好嗎？她的味蕾還記得那道香煎比目魚的各種味道：魚、奶油、純正的檸檬，她仍然覺得在盧昂享用的那次午餐是「畢生最新奇刺激的一餐」。

不過，其餘的部分——實驗、居家烹飪的熱潮、大眾對食物的狂熱等等——則是令人振奮。多年來她努力推動及期待的一切終於成真了，而且超越了她的夢想！現在不管去哪裡用餐，一般餐廳也好，某人的家裡也好，大家都很用心地料理食材，連她偶爾去吃個起司漢堡的麥當勞也是如此。「現在我們能自由選擇的食物令人難以想像。」她說，「真正的食物難以挑剔，實在太令人滿足了。」

聖塔巴巴拉的餐廳有足夠的樂趣讓她放縱自己。這裡的食物並不花哨，但都是扎實的美食。史派維說：「有五、六家餐廳是她經常輪流光顧的。」她最愛的幸運餐廳（Lucky's）是一家老式牛排館，位於蒙特西托原本蓋平房的地方，茱莉雅在那裡可以吃到三分熟的肋眼牛排、全熟的蘆筍、奶油玉米、特濃的乳酪蛋糕。天堂餐廳（The Paradise Café）是她的漢堡店首選。至於義大利料理，她會去 Olio e Limone。那些地方都可以滿足她的需求，但她從來不會錯過的是朵琳達之家的早餐。

對茱莉雅來說，每天在朵琳達之家享用早餐，就像走了一趟時光倒流之旅，回到以前每天清晨在凱瑟琳布蘭森學校宿舍的感覺。那時女學生都圍坐在長型的木桌邊聊八卦，為了盤上堆積的煎餅或煎蛋而爭論。朵琳達之家裡也有一群女人像女學生一樣組成早餐團體，圍坐在餐廳角落可曬到太陽的桌邊，揶揄他們的醫生或住進朵琳達之家附設醫院的衰弱院友（茱莉雅戲稱那裡是「衰老院」）。茱莉雅在這裡的朋友都是一群活躍的八旬老人——陶樂西．海特嫚（Dorothy Heightman）、貝蒂．凱爾莫（Betty Kelmer）、佩格．萊特（Peg Wright），她們都是史密斯學院的校友，還有住在茱莉雅附近的喬．達芙（Jo Duff）。達芙說：「我們都很好相處，儘管有時候意見分歧。」茱莉雅總是會把握機會，講話刺激她們之中的死忠共和黨派。「好啊，妳解釋伊拉克戰爭來聽聽嘛。」她嘲諷地說，或是痛批她最喜歡的出氣筒：小布希。有些早上，茱莉雅的自由派言論會導致她們愈吵愈凶，可能還需要護士把她們隔開。

每天早上，茱莉雅都會在自助餐收起來以前，離開那群飯友去巡一下自助餐檯，那是她的慣例。常偕同妻子去找茱莉雅的理查．桑佛說：「她會趁大家不注意時，把十幾條培根塞進包包裡。午餐時，那些培根又會神奇地出現在她為我們做的培根生菜番茄三明治裡。」這種事情幾乎每天發生。「她天天吃培根。」史派維回憶道，「直到賀許禁止她才停止。」

茱莉雅開始感覺到年歲帶來的影響時，賀許愈來愈需要密切注意她的起居。二〇〇二年她滿九十歲，年紀真的大了，身體的狀況也多了起來。十一月，她因膝蓋發炎再次住院，這次的狀況堪慮，賀許說：「比上次嚴重，以她的年紀來說，幾乎是難以承受了。」

泰克拉．桑佛回憶道：「茱莉雅痛得要命。」泰克拉在那段危機期間前來幫忙。「發炎很深，醫生沒辦法完全消炎，我們都擔心她挺不過去。」茱莉雅對藥物毫無反應，也拒絕接受極端的醫療程序。最後，醫生把她的髕骨取出來，抽出膝蓋裡的積水，再把髕骨裝回去，她才漸漸復原，回到老樣子。「當茱莉雅又對吃感興趣時，我就知道她會復原了。」泰克拉說，「問題是，她每天都吃朵琳達之家的糟糕伙食，所以我幫她帶了雞蛋沙拉三明治和香草麥芽，她狼吞虎嚥麥芽的樣子，好像遇到飢荒一樣。接著，她要我承諾，帶她去幸運餐廳好好吃一頓。」

不過，要去那裡不是那麼容易。她的腿還會痛，必須坐輪椅，她的飲食也受到嚴格的限制，不能吃油膩的食物、不能碰番茄、不能喝酒，也不能吃賀許列的六種美味食物。「監督茱莉雅的飲食習慣是件吃力不討好的工作。」賀許回憶道，「茱莉雅自己也不是那麼在意。」

一向叛逆的茱莉雅，一有機會就說服朋友帶她出去用餐。「她喜歡去不該去的地方。」常和她在一起的史派維說，「要逃離賀許的監視並不容易。」茱莉雅常不管賀許的監督，請史派維到朵琳達之家來接她，然後滑著輪椅經過賀許的身邊，對她說：「我們走囉，不用等我回來！」

賀許沒辦法插手阻止，只能氣呼呼地從門廊看著茱莉雅在共犯的協助下，辛苦地坐進車內。她只能大喊：「別讓她喝酒！」

多數夜晚，他們是直奔幸運餐廳，茱莉雅認識那裡的侍酒師。理查記得某晚在幸運餐廳和她碰面，她正在開香檳。「我知道茱莉雅不該喝酒。」他坦言，「但我更擔心，萬一被賀許發現了，她會對我們怎樣。」他已經告訴餐廳領班，不要送酒單過來，但不知怎的，服務生還是送來一瓶黑皮諾。「她不能喝！」理查反對，但他也沒辦法從茱莉雅的手中搶走酒瓶，「她已經開始倒酒了，所以我只好說：『管他的！』每次聚餐大概都是那樣。」

不過，她的放縱顯然對身體產生了影響。二〇〇二年年終的某晚，茱莉雅到史派維家參加晚餐派對，她看起來疲憊不堪，臉部浮腫，呼吸急促，吃力地喘氣。史派維隨口問她還好嗎，茱莉雅看著他好一陣子後才回答：「不太好。」她的眼神渙散，狀況不妙。「真的很辛苦，我也不知道會怎樣。」那是她不願讓人看到的脆弱時刻。「親親，那你呢，你還好嗎？」她問道，用她常用的技巧來轉移別人對她私人生活的關注。

這是茱莉雅第一次對行動不便妥協，輪椅和飲食限制是有形的負擔，此外還有一些內心的反彈。多數的日子她感到疲累、憂鬱，更糟的也許是，她覺得愈來愈無聊了。那是她五十年來第一次沒做任何專案，沒有東西讓她動腦，她愈來愈想再開始工作。為了找點事忙，她開始寫筆記──關於她的烹飪、婚姻，還有法國的生活。

她決定，該是寫回憶錄的時候了。

二〇〇三年，茱莉雅斷斷續續地和茱蒂絲討論這本書。茱蒂絲覺得那個概念很好，因為她和茱莉雅都對幾年前某位傳記作家寫出來的東西很不滿意。合約不是問題，她們可以根據過去的合作經驗來討論條款。至於截稿日期，茱蒂絲說：「我們就不訂日期了。」只要書稿進來，她都很樂於出版。

茱莉雅的姪子普魯東很渴望參與，「親親，好吧，也許我們應該一起合作。」不過，他需要接受幾個先決條件。她不可能接受漫長、沉悶的訪問，她的注意力無法持續那麼久；把主題侷限在法國可以縮小焦點；讓她回憶保羅和那些水到渠成的美好時光可能有療癒效果。

那年七月，律師通知她即將獲頒總統自由勳章（Presidential Medal of Freedom），那是頒給對美國文化或公共利益有「特殊卓越貢獻」者的榮譽獎章，過去的受獎人包括詞曲作家歐文·柏林（Irving Berlin）、作家卡爾·桑德堡（Carl Sandburg）、德蕾莎修女、畫家諾曼·洛克威爾（Norman Rockwell）、曼德拉等等，他們都是傑出的偉人。以茱莉雅的卓越天分來看，獲頒獎章的確是實至名歸。但她不太確定要不要去領獎，畢竟那是由小布希頒獎的，他是共和黨人，長久以來也是她最愛抨擊的對象。要是柯林頓在任時能頒給她就好了。「茱莉雅很喜歡柯林頓。」艾兒席說，「她覺得他很傑出，是『真正的男子漢』，但不知怎的，當年他執政時並未想到頒獎給她。」這下子換成喬治·布希，幾乎是一種諷刺。不過，他畢竟是總統，最後茱莉雅發現她根本無法拒絕。

二〇〇三年七月二十三日上午，朵琳達之家的電話響了，茱莉雅在電話響兩聲後接起。「茱莉雅，我很希望妳能過來。」總統以熟悉又和善的鼻音說。那感覺近乎超現實，布希活靈活現地在你耳邊響起。決定頒獎給她的人，竟然親自打電話來了。小布希告訴她，他有多感謝她，說他小時候和母親芭芭拉一起看她在電視上做菜，他們做了她的食譜，買了她的書，他笑呵呵地談起這些回憶。他肯定看了艾克洛德的搞笑劇，但即使他看了，他也沒說出來。那通電話的通話時間只有四、五分鐘，但是對自由派的茱莉雅來說，完全措手不及，令她相當矛盾。「我實在很不想承認，」茱莉雅事後坦言，「但他確實很有魅力。」不過，她還不至於因此投票支持他。那年夏天，艾兒席來造訪茱莉雅時，阿諾·史瓦辛格正好在競選加州州長，他的出線對東岸的人來說有點像政治外卡，左右了選情的關鍵。「我想我會投票給他。」茱莉雅正經八百地說。「但是茱莉雅，妳是民主黨啊。」艾兒席提醒她。「親親，我知道。」茱莉雅說，「但我覺得他非常有魅力。」即使九十一歲了，她還是會為了體格健壯的男人改變立場。

男人，無論體格是否健壯，在她的世界裡仍占有顯著的地位。那年五月，外甥女費拉帶她去電影院看《特洛伊》（*Troy*），她幾乎從座位上躍起驚呼：「天啊，布萊德·彼特太帥了。」想著那戰甲下的胴體，那想法依舊令她興奮。九月，懷特前往洛杉磯參加慈善烹飪比賽，途中他打電話給茱莉雅，自從茱莉雅離開波士頓後，他就沒再見過她了，他想來探望她。「喔，親親，那很好啊。」茱莉雅回他。只不過有個問題，他說：「我也帶了幾位副主廚同行。」茱莉雅頓了兩、三秒後回應。

「小伙子嗎?!」

「對，都是小伙子。」

「好啊，親親，全帶過來！」

最近幾年，老友鮮少拜訪她，主要是因為尊重她的隱私，也顧慮到她年紀大了。離開鎂光燈後，茱莉雅似乎過得很開心，但有些人擔心她可能過得不太好。懷特見到她時，大大鬆了一口氣。「她的腦筋還是非常靈光。」他說，「她坐在輪椅上，有點不好意思，她不願意綁在那個該死的東西上太久。」不過，有些人看到的茱莉雅是虛弱的，腦子有點迷糊。那年秋天的某個下午，沃夫來訪，對她的狀況大吃一驚。「她感覺像在半夢半醒之間，」他說，「對話時完全失神了。」

「她的健康顯然每況愈下，」普魯東說，「雖然腦筋還滿清楚的。」為了維持回憶錄的進度，他常找茱莉雅回憶以前最美好的時光。那年整個初冬，他們利用治療膝蓋的空檔，一再回憶那些熟悉的美好場景：她在藍帶廚藝學校的啟蒙，認識席卡和露薏瑟，撰寫《精通法式料理藝術》，還有保羅。她在描述那些故事時，深深沉浸其中，重溫一些甜美的歲月，也傾吐一些過往的煩憂。普魯東說：「她從不抱怨，但後來護士告訴我，她的身體承受很大的痛苦，經常昏睡。」

二〇〇四年五月，有兩週的時間，她的健康大幅惡化。「經常進出醫院，」她的內科醫生威廉·昆斯（William Koonce）說，「她是真的失去了生活的品質。」茱莉雅除了膝蓋再次感染以外，也出現鬱血性心臟衰竭。之後，腎臟也開始衰竭了。大量的藥物治療對她造成很大的衝擊，朵琳達之家的醫生聯絡了幾位她的家人：「我們剩下的時間真的不多了。」

普魯東和費拉幫茱莉雅寫了醫療代理書，清楚表示：「我不想接受任何特別的醫療措施。」他們也負責聯絡她珍愛的親友，請他們八月時務必來聖塔巴巴拉參加茱莉雅的九十二歲生日，他們擔心那可能是最後一次了。他們打算在當地一家餐廳舉行盛大的派對，為一切熱鬧的派對劃下句點。目前為止，有上百位親友都承諾出席。

稍後的五月，艾兒席前來探訪。「茱莉雅對於大家來探病，已經感到厭煩了，我擔心她想放棄治療。」艾兒席說，「最糟的是，她失去了味覺。」茱莉雅覺得那是藥物造成的，她的情緒時而憤怒，時而絕望。她的味覺竟然消失了——這似乎是個殘忍的笑話。對她來說，少了味覺，那跟死了有什麼兩樣呢。茱莉雅不管自己的身體狀況，要求艾兒席去生鮮市場買菜，做當天的晚餐。茱莉雅則是留在家裡，和普魯東合寫回憶錄，下午又睡了一下午覺。她醒來時想吃朝鮮薊，請艾兒席幫她做荷蘭醬。

「我以前從來沒做過。」艾兒席回憶道。於是，她打開馬克·彼特曼（Mark Bittman）的《如何烹煮任何東西》（*How to Cook Everything*），試做荷蘭醬，不管是好是壞。

「親親，我來嚐嚐看。」茱莉雅從臥室喊道。艾兒席很緊張，畢竟，這可是茱莉雅·柴爾德啊。茱莉雅舔著葉子時，表情舒緩了下來，「嗯，不錯，但需要多放點鹽。」

艾兒席心想，這就怪了，她應該嚐不出那麼細膩的差別。晚餐時，茱莉雅大啖了一半的羊排，每咬一口都忍不住發出讚嘆聲。「親親，太好吃了，真是美味，我每一口都吃得津津有味。」

這時艾兒席才發現茱莉雅擅自停藥了。

普魯東質問她時，她說：「我才不在乎，我必須品嚐食物，不然活著還有什麼意義。」

茱莉雅似乎也不急著離開這個世界，腎臟科醫師說，只要她每週乖乖地洗腎三次，至少還可以再活兩年。洗腎對她來說衝擊很大，導致她面容憔悴，感到噁心。她自己覺得好日子不多了，比以前更常陷入憂鬱，家人為此感到憤怒，因為她已經表明不接受特別的醫療措施了，洗腎似乎是在挑戰她的身體極限。

昆斯醫生提醒她要保持身體健康。後來，茱莉雅出現輕度的心臟病發作，昆斯和她的心臟科醫生到醫院探視她。「妳必須吃清淡一點，」昆斯告訴她，「尤其妳需要停止食用奶油。」

茱莉雅勉強撐起半邊的身子，正眼看著醫生說：「喔，你們這些傻小子！」

「心臟科醫生和我只能相視而笑。」昆斯回憶道，「我們履行了身為醫生的責任，告訴茱莉雅別再吃奶油了，但我們確實覺得自己像傻小子。」

她自己一個人時，可以享受美味的餐點。八月十一日，就在她過九十二歲生日的前兩天，茱莉雅決定重溫過往。這時她渴望的，是一碗美味的洋蔥湯。「妳必須讓洋蔥慢慢地熬煮，用許多的奶油讓洋蔥入色。」她在《法國大廚》最初的一集中如此告訴觀眾。她照著自己的建議，做了一鍋濃郁的洋蔥湯，心滿意足地吃了兩碗。「那是美好的味道，非常開胃。」一九六五年她在電視上這麼說，三十九年後，那依舊是無法超越的美味。她提供美國廚師超棒的食譜──畢生的食譜──不僅一定做得出來，而且保證滿意。

不過，隔天早上，她就病了，病得很嚴重。她去朵琳達之家的附設醫院找昆斯醫生，確認了最糟的消息。她的洗腎口感染了，併發了敗血症。醫生說：「要是不馬上治療，妳頂多只能活四十八小時。」

「你是說翹辮子嗎？」她問道。

昆斯點頭。

茱莉雅面無表情地接受判決。「如果我們治療這個問題，消除感染，你能保證我恢復感染前的活力嗎？」

「我沒辦法。」醫生明確地說。

「那就別治療了。」茱莉雅說。

賀許一路哭著送她回公寓。經過朵琳達之家的長廊時，茱莉雅始終直視著前頭，不發一語，陷入沉思。

「我還沒準備好讓妳走。」賀許嗚咽地說。

茱莉雅淡然地拍拍她的手說：「親親，時候到了。」聲音有些顫抖，「如果我無法以想要的方式生活，我寧可不活了。妳不介意的話，我先去睡一下。」

茱莉雅上床後，咪努蜷縮在她的身邊，賀許開始打電話給每個重要的人——普魯東、費拉、大衛、桑佛夫婦、史派維夫婦，還有數十個其他人，告訴他們這個可怕的消息。茱莉雅安詳地沉睡著，終於感受不到疼痛了，大家紛紛從各地趕來跟她道別。連在朵琳達之家的早餐團友也來到她的房間，握著她的手流淚，說一些私密的話語。再見了，茱莉雅。

隔天傍晚，在Olio e Limone餐廳的廚房裡，電話響了。餐廳裡座無虛席，多數是剛入座的常客，現場相當熱鬧，大廚的妻子伊蓮．莫雷洛（Elaine Morello）在喧鬧聲中，很難聽清楚電話裡的聲音。她轉過身，背對著滿屋的客人，掩著耳朵，仔細聆聽著話筒。

幾分鐘後，她走到餐廳的前端，以刀子敲響酒杯，請大家注意。

「我們親愛的朋友及導師茱莉雅．柴爾德今天過世了。」她說，現場一片驚呼，「我們想請各位舉杯跟她致敬。」她以充滿活力的聲音高呼：「敬茱莉雅，乾杯。」

這時有人別具巧思，喊出了茱莉雅的招牌語：「祝你胃口大開。」

註解

1 譯註：火雞和土耳其的英文都是turkey，這裡影射希臘為土耳其開戰。

緣起與致謝

本書的緣起，來自於我過人的好運。一九九二年，我有幸和茱莉雅同遊西西里島。那幾週，我們在島上穿梭，當然也享用了美食，我們一有機會就聊天。那時她已是備受愛戴的名人，很多方面都相當獨到非凡，但她或許也是我見過最踏實、最親切的名人了。由於我為幾本雜誌撰寫她的相關報導，整趟旅程的交流都留下了紀錄。她從來不會因此而放不開或隱匿什麼，從不閃躲棘手的問題，從不避諱，從不顧左右而言他。她私底下和電視上的形象一模一樣：熱情、好笑、開朗、機靈、自成一格，最重要的是，真實。如果我非得承認在寫這本書時所帶有的成見，那就是我真的非常迷戀她，抱歉，你也只能接受了。

我們一回到美國，就開始討論傳記的撰寫。但是後來的幾個月，我開始撰寫披頭四的案子。披頭四那本書從原本打算以兩年寫成，最後整整寫了快九年，茱莉雅也在那段期間過世了。合作的機會就這樣不幸流失，但我一寫完披頭四的書後，一直知道下一本傳記的對象是誰。她的強大魅力令人難以抵擋，如果我又要投入那麼多的心力和時間去寫一個主題，那個人的人生必須帶給我們無限的啟發。

茱莉雅就是那樣的一個人，而且不僅於此。在寫這本書的四年間，她對美國文化和生活的貢獻，令我由衷感到自己的渺小，更加的謙卑，她留給我們的遺澤是無價的，也是無可否認的。

不過，這個案子一啟動後，那些迷戀、啟發、謙卑的感覺迅速退散了。

無論作者在研究期間有多大的決心和毅力，傳記的撰寫完全要依賴外在的資源：圖書館、檔案室、基金會，以及大方撥冗分享回憶的人。幸好，這份工作有茱莉雅支撐著我。她搬離劍橋以前，把龐大的檔案紀錄全部捐給了哈佛校園裡的施萊辛格圖書館，那裡把八十五箱以上的文件全數編入目錄。她寫給席卡的信都在那裡，保羅的信件也在——數千封精彩動人的手寫信件，包括他從一九四二年起寫給弟弟查理的信，幾乎每天一封，直到一九七四年查理過世為止。茱莉雅一直希望她的文件能全部收藏在一個地方，施萊辛格圖書館是個很有巧思的選擇。那裡是學者的夢想，是完美的工作地點，我深深感謝該處的工作人員，尤其是艾倫．席雅（Ellen Shea）和戴安娜．凱里（Diana Carey）。我也要感謝馬克．狄弗托（Mark DeVoto），他不僅分享他母親愛薇絲寫給茱莉雅的信件（同樣保存在施萊辛格圖書館），也大方分享了他母親於一九八八年寫下但沒出版的回憶錄，書中談到了她們之間的難得友誼。

茱莉雅基金會和比爾德基金會都持續給予我支持，我也想感謝史密斯學院的圖書館，那是個奇妙的資訊寶庫，收藏的資訊竟然遠溯及卡洛．韋斯頓（Caro Weston）的年代，也感謝該處的檔案管理員南希．楊（Nancy A. Young）所提供的協助。另外，我也要感謝以下的單位：瓦薩學院校友處（Vassar College Alumnae Office）；紹倫斯坦新聞、政治和公共政策中心（Shorenstein Center on the Press, Politics and Public Policy）和艾迪．浩威（Edie Holway）；帕莎蒂納歷史博物館（Pasadena Museum of History）和羅拉．沃拉克（Laura Verlaque）、比爾．特林伯（Bill Trimble）、鮑勃．班尼特（Bob Bennett）等人；OSS協會和查爾斯．平克（Charles Pinck）、貝蒂．麥金托許；《美食家》的辛蒂．艾森曼格（Cindy Eisenmenger）。

我很感謝帕莎蒂納、劍橋、聖塔巴巴拉每位敞開大門接納我，以及與我分享茱莉雅精彩人生的人。我把答應受訪者的名字都標註在附註中，不過有些人特別值得在此一提。莫拉許夫婦分享了許多《法國大廚》的精彩幕後狀況，以及教育電視台的草創歲月。此外，他們也接受我無數次的詢問和電訪，從未推辭。只有莫拉許能夠承受茱莉雅那無盡的動力；他對公共電視網的貢獻之大，也難以估量。茱蒂絲對早期在克諾夫出版社的回憶，可能讓我的出版社很想把他們的名字從這本書的書脊上移除，不過她的見解及坦白讓我更加瞭解茱莉雅的抱負。另一位需要在此特別提起的是楚朗蒙，在茱莉雅的晚年持續推動她的製作人，他特地撥冗接受訪談並持續與我通信。有人曾批評他「拖著老太太上電視」，但他不僅對年老毫無偏見，也給了茱莉雅演藝事業的第二春，那是茱莉雅應得的、也是她熱愛的（我們也是）。

幾位研究茱莉雅的學者不僅給我鼓勵，也提供協助，讓我寫這本傳記時輕鬆許多。羅拉・夏皮洛為企鵝生活系列所做的茱莉雅側寫，不僅刻劃入微，更令人難以抗拒。關於美食與文化之間的交錯雜揉，她的寫法對任何作家來說都是寶貴的資源。普魯東和姑媽一起撰寫的美好回憶錄《我在法國的歲月》，充分說明了茱莉雅踏入料理界的始末，他和我的討論也對我幫助很大。

我最深的感謝，一如既往，是給我的摯友姍蒂・達馬托（Sandy D'Amato），她是美國最傑出的大廚之一，以她一貫的敏銳智慧，回答我有關食物與烹飪的每個問題。《紐約時報》的前食評家威廉・格蘭姆斯（William Grimes）以及我的編輯在我多次遇到烹飪上的障礙時，都及時出面幫忙。我也請教了羅珊・高德（Rozanne Gold）、邁克・懷特曼（Michael Whiteman）、富奇夏・鄧納普（Fuchsia Dunlop）、瑪麗安・耐斯托（Marion Nestle）、瓊恩・奈參（Joan Nathan）、南希・席薇頓（Nancy Silverton）、安妮・威蘭（Anne Willan）、珍・史登（Jane Stern）、邁克・史登（Michael Stern），以及已故的邁克・拜特貝瑞（Michael Batterberry），他們都貢獻了食物方面的專業。另外，我也要感謝亨利・寬卓（Henri Cointreau）和凱瑟琳・巴雪（Catherine Baschet）在巴黎藍帶廚藝學校的熱情招待。那所學校相較於柏哈薩女士的恐怖管理年代，已有長足的進步，她們把茱莉雅視為學校現代化之後的親善大使。

麥威廉斯、柴爾德、韋斯頓家族在本書的撰寫過程中都對我相當支持，我想在此感謝費拉·卡森斯、大衛·麥威廉斯、瑞秋·麥威廉斯、沙巴·麥威廉斯（Saba McWilliams）、帕蒂·麥威廉斯、凱洛·麥威廉斯·吉普森（Carol McWilliams Gibson）、約瑟芬·麥威廉斯（Josephine McWilliams）、詹姆斯·亞歷山大·麥威廉斯（James Alexander McWilliams）、艾瑞卡·柴爾德·普魯東（Erica Child Prud'homme）、瑞秋·柴爾德、喬恩·柴爾德、大衛·布朗內（David Brownell）、克里斯·克萊恩（Chris Crane）、約翰·基特里奇（John Kittredge）、喬西·葛林（Josie Green）、愛莉西亞·克萊恩·威廉姆斯（Alicia Crane Williams），以及韋斯頓家族和克萊恩家族的檔案管理員。鄧肯·甘迺迪（Duncan Kennedy）的父親羅伯·伍茲·甘迺迪（Robert Woods Kennedy）對茱莉雅和保羅來說幾乎像家人一樣，他為我提供了祖母伊迪絲的寶貴資訊，以及一九三〇年代劍橋文藝生活的相關資訊。

其他對本書有卓越貢獻，但基於某些原因，未在內文提及的包括：拉披揪的凱西·艾力克斯（Kathi Alex）、芬恩·伯曼（Fern Berman）、瑪莎·寬尼（Martha Coigny）、伍迪·弗雷澤（Woody Fraser）、亞歷克西斯·蓋爾伯（Alexis Gelber）、托斯卡·吉亞瑪提（Tosca Giamatti）、蓋兒·葛林（Gael Greene）、道莉·格林斯潘（Dorie Greenspan）、勞倫·葛洛夫曼（Lauren Groveman）、芭芭拉·哈伯（Barbara Haber）、蘇西·海勒（Susie Heller）、迪克·霍頓（Dick Holden）、莎莉·傑克森（Sally Jackson）、吉姆·強斯頓（Jim Johnston）、ICM的克利斯庭·啟恩（Kristyn Keene）、克里斯托弗·金博爾（Christopher Kimball）、威廉·昆斯（William Koonce）、珍妮佛·克勞斯（Jennifer Krauss）、琳賽·克勞斯（Lindsay Krauss）、蘇珊·勒文聶克（Susan Lewinnek）、丹尼斯·麥道格（Dennis McDougal）、WGBH的瑪麗蓮·麥蘿絲（Marilyn Mellowes）、蘇珊·派翠可拉（Susan Patricola）、克諾夫出版社的肯·史耐德（Ken Schneider）、克里斯·史泰勒（Chris Styler）、泰·利泰勒（Teri Taylor）、伯恩·泰瑞（Bern Terry），當然，還有茱莉雅的律師楚斯洛。

感謝哈佛大學的威拉·布朗（Willa B. Brown）協助我做的研究，也感謝羅伯塔·馬丁內斯（Roberta Martinez）

在帕莎蒂納收集的情報。琳賽．馬拉科塔（Lindsay Maracotta）和彼得．葛拉芙斯（Peter Graves）的家讓我在加州享有賓至如歸的感覺，他們的長久友誼更令我窩心。弗雷德．普洛金（Fred Plotkin）和吉姆．法西（Jim Falsey）經常鼓勵我並提出建議。好友尼爾．高布樂（Neal Gabler）是優秀的傳記家，他幫我在寫作過程中維持客觀的觀點。

長久以來，我依賴文學經紀人史隆．哈里斯（Sloan Harris）及克諾夫員工的睿智建議與幫忙。在此，我想特別感謝編輯彼得．蓋得斯（Peter Gethers）、他長年辛苦的助理克里斯蒂娜．馬拉赫（Christina Malach），以及他們的新徒弟潔德．諾依克（Jade Noik）為這份書稿所挹注的心血。最後，我要感謝凱洛．卡森（Carol Carson）設計了那麼棒的書封，以及莎拉．伊格（Sara Eagle）幫忙宣傳。

如果作家的作品價值是由他獲得的鼓勵、支持和保護來衡量，我算是相當富足的人了。我女兒莉莉讓我覺得每天都很珍貴，令人振奮。我的父母，尤其是我母親（我把這本書獻給她了），始終激勵我追求夢想。不過，我最需要感激的仍是內人蓓姬，她是我的觀點，我的幸福，她讓我對人生的一切充滿了感恩，必要時還能幫我想出更好的形容詞。這是她的書，也是我的（我希望她的書出版時也能如此回應），我們是最佳拍檔。

三言兩語難以充分表達我的深深感謝，所以我想在此借用茱莉雅最衷心的祝福語，祝你胃口大開！

資料來源

縮寫：

JC：茱莉雅　PC：保羅　CC：查理　SA：施萊辛格檔案室

序言

9「親親，我上杜哈莫教授的節目需要一台電板爐。」：作者訪問莫拉許，二〇〇八年十二月十一日。

11「那節目枯燥得像乾巴巴的土司」：作者訪問古哈特，二〇〇九年九月二十四日。

11「古哈特，本週來了一個特別來賓」：訪問古哈特。

11「不過，我想讓氣氛輕鬆一點」：訪問古哈特。

12「親親，那會很有趣！」：同上。

12「我從小就愛耍寶」：Curtis Hartman and Steven Raichlen, "JC: The Boston Magazine Interview," *Boston*, April 1981, p. 79.

12「幾乎玩瘋了」：Mary Janney in Fitch, *Appetite for Life*, p. 47.

13「無傷大雅的惡作劇」：茱莉雅的日記。

15「她的身體異常健壯」：保羅給查理的信，in Fitch, *Appetite for Life*, p. 140.

15「我可以感受到整個人凝聚在一起」：茱莉雅給愛薇絲的信，一九五六年，日期不明。

15 貝潘描述茱莉雅：作者訪問貝潘，二〇〇九年一月六日。

16「藝文愛好者」：茱莉雅，Smith College memoir, p. 19.

16「社交名媛」：Fitch, *Appetite for Life*, p. 74.

16「帶法式料理下凡來」：Henry, "The Wonder Child," *Vogue*, June 1969, p. 172.

17「排練了數次」：作者訪問普拉特，二〇〇八年十二月二日。

17「我猜你從來沒跟暴龍合作過」：作者訪問祕密人士。

22「主婦閱讀《女性迷思》」：Shapiro, *Something from the Oven*, pp. 230–31.

22「甘迺迪家族進駐白宮以後」：Sharon Hudgins, "What's Cooking with Julia Child," *Stars and Stripes*, September 27, 1984, p. 104.

23「小時候我對鍋碗瓢盆毫無興趣」：茱莉雅，*My Life in France* (hereafter My Life), pp. 3–4.

23「她想到什麼就說什麼」：貝潘訪問。

23「苦幹實幹的普通人」：莫拉許訪問。

24「她洋溢著熱情活力」：同上。

第一章　樂土

26「帶點奔放」：Scheid, *Pasadena*, p. 37.

26「那是一片樂土」：作者訪問茱莉雅，一九九一年九月十九日。

26「想要享受人生」：Morrow Mayo, *Los Angeles* (New York: Alfred A. Knopf, 1933), p. 211.

26「十足的加州」：同上

27「一百多個家庭加入」：Elliott, *History of the San Gabriel Orange Grove Association*, manuscript, Huntington Library.

27「要多少有多少」：同上

27「情緒相當低落」：McWilliams, *Recollections of His Youth*, p. 74.

27「臉和鼻子都曬到脫皮了」：Daniel M. Berry, letter, undated, Huntington Library.

27「乘驛車趕了一百二十哩的險路」：同上。

27「岩石間湧出的水，清涼甘甜」：同上。
28「上萬棵柳橙樹和檸檬樹」：Scheid, *Pasadena*, p. 32.
28「賣給印第安納首批移民的土地」：Rolle, *Pasadena Two Centuries of Growth*, p. 7.
28「根據該市鎮的歷史記錄」：Hiram Reid, *History of Pasadena*, 1895.
29「一九一三年，一位記者計算」：Orange Grove Avenue: A Millionaire for Every Week," in Mayo, *Los Angeles*, p. 212.
29「百萬富豪宅邸」：Scheid, *Pasadena*, p. 62.
29「一小群有結核病先驅」：特林伯接受作者訪問時表示：「從印第安納州來的原始殖民，大概家家戶戶的成員都有結核病。」二〇〇九年九月十二日。
29「美國最富裕的城市」Mayo, *Los Angeles*, p. 217.
30「要是不去加州……就只能等死」：同上。
30「在木材場工作的父親很嚴厲」：作者訪問艾力克斯・麥威廉斯，二〇〇九年，七月二十日。
30「及堂兄艾伯納」：沙巴・麥威廉斯接受作者訪問時表示：「他和三名年輕人同行，其一是他的堂兄艾伯納。」二〇〇九年九月十四日。
30「共有八千多人」：Rohrbough, *Days of Gold*, p. 2.
30「瘦竹竿」：McWilliams, *Recollections*, p. 47.
30「一路都遇上暴風雪」：同上。
30「肥培根」：同上，p.49。
30「他們說在加州找到黃金的故事」：同上，p.21。
30「我們第一天試用」：同上，p.76.
31「成群的蚊子」：Grimshaw, *Grimshaw's Narrative*, 1892, pages unnumbered.
31「經常寄送黃金」：帕蒂・麥威廉斯接受作者訪問時表示：「他挖到的黃金託別人帶回伊利諾州，全都收到了！」二〇〇九年五月四日。
31「少量出版的回憶錄」：McWilliams, *Recollections*.
31「他是個勇敢無懼的漢子」：訪問艾力克斯・麥威廉斯。
32「據說……發了大財」：約翰・麥威廉斯的訃聞，《紐約時報》一九二四年十一月十四日。
32「典型的正派君子」：訪問沙巴・麥威廉斯。
32「跟他老爸像一個模子印出來的一樣」：作者訪問費拉・卡森斯，二〇〇九年五月十一日。
33「十足的麥家人」：訪問艾力克斯・麥威廉斯。
33「他們覺得自己有無盡的義務」：訪問沙巴・麥威廉斯。
33「在普林斯頓」："Did Julia's Father Attend Princeton," Mudd Manuscript Library blog, August 25, 2009.
34「毫無親和力可言」：帕蒂・麥威廉斯訪問。
34「變成奧德爾禁酒黨的參議員」：*Princeton Alumni Weekly*, 1907.
34「買了四千六百畝」：*Anabaptist/Mennonite Safe & Economics*, p. 213.
34「就愛上這裡了」：作者訪問喬・麥威廉斯，二〇〇九年五月五日。
34「小約翰也升任奧德爾銀行的總裁」：*New York Times*, January 22, 1911.
35「活潑」：費拉受訪時表示：「我聽說我外婆很活潑。」
35「活潑」：「凱落很活潑，我叫她待在房間裡。」Diary of Julia Mitchell Weston, 1865–1867.
35「克萊恩紙業公司和拜倫韋斯頓紙業爭搶每個大客戶」：約瑟芬・麥威廉斯受訪時表示：「他們競爭很激烈。」
36「克萊恩和韋斯頓家族討厭彼此」：費拉訪問；作者訪問喬西・葛林，二〇〇九年八月十九日。
36「兩家族各自住在不同的市區」：*The Crane Family of Dalton*, MA, p. 58.
36「你要是參加克萊恩家族的活動」：作者訪問基特里奇，二〇〇九年八月二十五日。
36「要是零售商」：*The Berkshire Hills*, p. 240.
36「我們都成了孤兒」：卡洛的日記，1900–1905。
37「她是名意志堅強的女子」：費拉訪問。
37「她厭倦了道爾頓的景象」：同上。
38「儘管陶樂西的病情日益嚴重」："Miss Dorothy Weston Weds," *New York Times*, June 10, 1911.
38「金色西岸」：Princeton University, 1911, Class of 1901 Tenth Reunion handbook.
38「和國家一起成長」：同上。
38「她就和約翰結婚了」："Miss Weston Weds John McWilliams," *New York Times*, January 22, 1911.
39「好人」：茱莉雅接受作者訪問時表示：「我父親雖然有很多缺點，但他是個好人。」一九九一年九月十九日。
39「不像洛杉磯那樣熱鬧放縱」：Scheid, Pasadena, p. 156.
39「那是很棒的社交場所」：喬・麥威廉斯訪問。
40「加州菁英裡的菁英」：Mayo, *Los Angeles*, p. 211.
40「搬遷到南加州的富人」：同上，p.214。
40「大家都知道」：沙巴・麥威廉斯受訪時表示：「我不記得祖父曾經牽過我或抱過我，麥威廉斯家族的所有男性都是如此，他們都不喜歡小孩。」

第二章　走自己的路

42「律師克拉倫斯・丹諾涉嫌賄賂陪審團的案子」："Stony-Hearted Spectators Melt to Tears Before Darrow's Eloquence in Courtroom," *Pasadena Evening Post*, August 14, 1912, p. 1.
42「帕莎蒂納家庭主婦的實用餐點」：*Pasadena Evening Post*, August 12, 1912, p. 7.
43「她出生時的體重」：茱莉雅的出生證明，一九一二年八月十五日：「茱莉雅於晚間十一點三十分誕生，分娩痛苦，但沒關係，因為她是個健康的寶寶。重7-1/2磅。」卡洛的日記，一九一二年八月十五日。

43 「她跟她媽媽簡直是一個模子印出來的」：茱莉雅接受作者訪問時表示：「我父親以前跟每個人說……」，一九九一年九月十六日。
43 「高鳴」：費拉接受作者訪問時表示：「那聲音是遺傳自卡洛，他們稱之為高鳴，家裡的其他人都會模仿那個聲音。」二〇〇九年五月十一日。
43 「最近幾年美國廚房內的進步」：Farmer, *A New Book of Cookery*, p. 11.
44 「在一張茱莉雅六週大的正式照片中」："*Julia's Birthday Album*," WGBH.
45 「我把自己反鎖在浴室裡」：Fitch, *Appetite for Life*, p. 14.
45 「他嚇死我了」：茱莉雅訪問。
45 「老是喊餓」：「小時候我老是喊餓，我喜歡食物，但總是吃不夠。」同上。
46 「她只會烤餅乾和烤乳酪土司」："All she knew how to cook": Roberta Wallace Coffey, "Their Recipe for Love," *McCall's*, November 1988, p. 97.
46 「很美味」：「茱莉雅記得很美味」，Fitch, *Appetite for Life*, p. 21.
46 「溫和寡言嬌小的」：「溫和寡言嬌小的」，同上，p.23。
46 「外公對於他的偏見向來直言不諱」：費拉訪問。
47 「總是帶頭搗蛋」：卡洛的日記，一九一六年九月四日。
48 「遲緩」：大衛．麥威廉斯接受作者訪問時表示：「大家都覺得我父親反應遲緩。」二〇〇九年五月五日。
48 「不知怎的，好像某條線路不太對勁」：同上。
49 「非常愛那棟房子」：茱莉雅寫給保羅的信，一九四六年四月二十二日。
49 「甚至拿走不屬於她們」：「茱莉雅和蓓比喜歡『拿走東西』。」Fitch, *Appetite for Life*, p. 24.
50 「她總是帶頭搗蛋」：同上，p.25。
50 「她們應該沒什麼東西是不敢抽的」：同上，p.24。
51 「父親嚴格禁止」：費拉訪問。
51 「神奇」：普魯東接受作者訪問時表示：「聖塔巴巴拉對茱莉雅來說是個神奇的地方。」二〇一〇年一月二十一日。
51 「我覺得聖塔巴巴拉是」：費拉訪問。
52 「在當地外出用餐」："What Is Your Favorite Place in California?" *Westways*, p. 11.
52 「我母親穿著黑色的泳衣」：同上。
52 「女孩都穿及膝襪」：Fitch, *Appetite for Life*, p. 28.
53 「傳統名門世家」：「他們都很私密，很有名。」Terry Rodgers, "San Malo's Mystique Built on Deep Code of Silence," *San Diego Union-Tribune*, February 1, 2004.
53 「那年代大家都彼此相識」：作者訪問徐瓦曾巴赫，二〇一〇年一月四日。
53 「廚房的恐怖分子」：同上。
54 「已經比玩伴高出一個頭」：Fitch, *Appetite for Life*, p. 29.
54 「我長得很快，衣服好像一夜間就不能穿了」：茱莉雅訪問。
54 「我總是比最大號的衣服還大一號」：Molly O'Neill, "What's Cooking in America?" *New York Times*, October 12, 1989, p. 16.
54 「很尷尬」：茱莉雅訪問。
54 「比較像男孩，而不是女孩」：Fitch, *Appetite for Life*, p. 35.
54 「美麗的公主」：「我以前常演戲……但從來沒演過美麗的公主。」Curtis Hartman and Steven Raichlen, "JC: The Boston Magazine Interview," *Boston*, April 1981, p. 79.
55 「她有相當得體的一面」：徐瓦曾巴赫訪問。
55 「人高馬大」：O'Neill, "What's Cooking in America."
55 「她擋到燈光了」：Fitch, *Appetite for Life*, p. 35.
55 「一個可憐的傻瓜」：同上。
55 「限制白人女性」：Sheid, *Pasadena*, p. 98.
56 「那是二〇年代令人興奮的樂事」：Fitch, *Appetite for Life*, p. 33.
56 「帕莎蒂納應有盡有」：茱莉雅訪問。
56 「我們家連續請了幾位廚師」：JC, *My Life*, p. 4.
56 「帕莎蒂納鮮少家庭出外用餐」：喬．麥威廉斯訪問。
56 「你可以買到不錯的熱狗」：茱莉雅訪問。
56 「弗朗索瓦法國餐廳」：作者訪問班奈特，二〇〇九年九月十二日。
57 「都非常興奮」：JC, *From Julia Child's Kitchen*, p. 431.
58 「我父親對茱莉雅太嚴了」：Fitch, *Appetite for Life*, p. 33.
58 「很容易就成了她發洩的目標」：費拉訪問。
59 「揉孩子的鼻子」：同上。
59 「服毒」：茱莉雅訪問。
59 「出現很多江湖術士、算命仙」：Mayo, *Los Angeles*, p. 212.
59 「當時的醫學專家」：Scheid, *Pasadena*, p. 123.
59 「一年三百六十五天，風雨無阻」：費拉訪問：「他們的父親堅持那樣。」
60 「卡彭女校」：Julia Mitchell Weston diary, 1865–1897.
60 「應該接受大學教育」：Katherine Branson, *KBS Scrapbook, 1920–1970*.
60 「知識比性愛重要」：費拉訪問。
60 「我們希望女孩不僅學會」：Branson, *KBS Scrapbook, 1920–1970*.
61 「很棒、很神奇的地方」：茱莉雅訪問。
61 「完全缺乏自我意識」：Fitch, *Appetite for Life*, p. 44.

61「她覺得宗教是腐敗的」：費拉訪問。
61「我討厭上教堂」：Fitch, *Appetite for Life*, p. 40.
62「有一件無法禦寒的裙子」：Helen Hind Fortune, Oral History Project of the Marin County Free Library, September 20, 1976.
62「我不是任何人所想的」：茱莉雅訪問。
62「痛恨拉丁文」：「我就是討厭它，對我來說是浪費。」同上。
62「她要求完美」：Fortune, Oral History Project.
63「麻煩的第一個跡象」：「貝蒂・史蒂文斯叫卡洛過去。」Fitch, *Appetite for Life*, p. 41.
63「那天早上，法朗西斯・史蒂文斯」："Pasadena Banker Kills Two Sons and Himself," *Los Angeles Times*, December 9, 1927.
64「弱智」：「貝蒂認為他『古怪，弱智』。」Fitch, *Appetite for Life*, p. 42.
64「她無意間聽到父母說」：「他們覺得他反應遲緩，所以送他去洛斯阿拉莫斯牧場學校。」費拉訪問。
64「專門以『紀律』來對付『難搞』的男孩」：Los Alamos Historical Society website.
64「切記」：Julia McWilliams, *The Blue Print*, p. 15.
65「登山社」：「校長會帶女學生去登山健行……每年會爬一次登上泰馬派山。」Kitty Dibblee, Oral History Project of the Marin County Free Library, September 20, 1976.
65「我通常是演魚之類的東西」：Hartman and Raichlen, "JC," *Boston*, April 1981, p. 79.
65「中上」：Julia Child permanent record, Katherine Branson School, 1930.
65「調馬丁尼」：Fitch, *Appetite for Life*, p. 38.
65「走自己的路」：Graduation speech, KBS archives.

第三章　含苞待放

66「全面發展」：史密斯學院的使命宣言，www.smith.edu。
66「不知天高地厚的少女」：Smith Centennial Study: Julia McWilliams Child, October 10, 1972, p. 5.
66「像我那樣的人」：同上，p.6。
66「對茱莉雅來說，課業」：「我對課業一點也沒興趣，多數時間都在成長。」同上。
66「職業未定」：Smith College, Julia McWilliams Child file.
67「老早就注定好的事」：Smith Centennial Study, p. 1.
67「是相當大膽的事」：同上。
68「善變又愛罵人」：「茱莉雅和妹妹小陶都覺得希奧多拉喜歡操控別人又有點壞。」Fitch, *Appetite for Life*, p. 53.
68「命中注定」：Smith Centennial Study, p. 4.
68「從來不是優秀的學生」：同上，p.1。
68「沒什麼政治意識」：同上，p.11。
68「非常聰明」：同上，p.7。
68「吃太多巧克力聖代」：「我很胖……」Fitch, *Appetite for Life*, p. 47.
69「我們一拍即合」：Smith Centennial Study, p. 2.
69「我根本沒有那些東西」：同上，pp.3-4。
69「學校的課程」："Courses Taken by Julia McWilliams at Smith College," files.
69「我從來沒遇過那麼有趣的室友」：Fitch, *Appetite for Life*, p. 47.
69「笑得東倒西歪」：Smith Centennial Study, p. 2.
70「她平時還滿穩重的」：H. P. Gilchrist, Julia McWilliams file, Smith College.
70「我沒全心投入課業」：Smith Centennial Study, p. 8.
70「茱莉雅幾乎什麼事情都不擔心」：Fitch, *Appetite for Life*, p. 54.
70「韋斯頓家族的先天遺傳帶給她不少傷害」：費拉接受作者訪問時表示：「由於她來自近親聯姻的新英格蘭家族，她有高血壓。」二〇〇九年五月十一日。
70「道爾頓近親聯姻」：同上。
71「發電機」：Fitch, *Appetite for Life*, p. 18.
71「那樣做會把我媽氣死」：同上，p.55。
71「只投入足以及格的心力」：Smith Centennial Study, p. 6.
71「都很生氣」：茱莉雅寫給卡洛・麥威廉斯的信，一九三三年。
71「發生很多事情」：同上，p.12。
71「每年，史密斯和安默斯特會一起上演」：「我們喝很多啤酒和威士忌，覺得我們很叛逆。」Smith Centennial Study, p. 14.
72「茱莉雅頗愛喝酒」：作者訪問特君，二〇〇八年一月二十九日。
72「嚇得半死」：特君訪問。
72「那是位於倉庫的頂樓」：Smith Centennial Study, pp. 12–13.
72「碰巧遇到了瑪麗」：Fitch, *Appetite for Life*, p. 61.
72「主耶穌再來」：特君訪問。
72「茱莉雅堅持支持胡佛」：「我去紐約靠十八美元的週薪過活以前是共和黨。」Martha Smilgas, "A *Ms.* Visit with Julia Child," *Ms.*, Summer 2003, p. 59.
72「痛恨羅斯福」：作者訪問大衛・麥威廉斯，二〇〇九年五月五日；作者訪問帕蒂・麥威廉斯，二〇〇九年五月四日。
72「羅斯福是他們那個階層的叛徒」：費拉訪問。
72「聰明才智和共產主義是相輔相成的」：Smith Centennial Study, p. 9.
72「成為卓越的女性小說家」：同上，p.4。

73 「我刻意沒上任何寫作課」：「我是幻想派，需要先體驗，才能寫出東西。」同上，p.5。
73 「有很多人報名」：Smith College, class of 1934, tenth class reunion pamphlet, 1944.
73 「我只求上帝」：茱莉雅寫給卡洛．麥威廉斯的信，一九三四年十一月二十六日。
74 「如今回顧過往」：同上，p.9。
74 「極度缺乏成熟」：特君訪問。
74 「她在慈善活動或社會服務方面應該會做得不錯」：Smith College, JC file.
74 「回到這裡」："Pasadena Girl Achieves High Honors in East," *Pasadena Star News*, from an undated clipping in JC's scrapbook.
74 「連串的派對」：卡洛．麥威廉斯寫給小陶的信，日期不明。
74 「米威克鄉村俱樂部」："Midwick Country Club Opens Doors," *L.A. Times on-line*, April 19, 2006.
75 「上德文課」：*Smith Alumnae Quarterly*, Spring 1935.
76 「領政府的救濟金」：McKinzie, *The New Deal for Artists*, p. 76.
76 「我學到很多」：JC, letter to Marjorie P. Nield, Smith alumni office, December 6, 1935.
76 「我愛死紐約」：作者訪問茱莉雅，一九九一年九月十七日。
76 「感覺到自己的渺小」："Those buildings were so tall, I felt humbled." 同上。
76 「我的朋友大多」：Smith Centennial Study, p. 17.
77 「當你卯足全力」：JC, press release, undated, SA.
78 「我太高大了」：Fitch, *Appetite for Life*, p. 51.
78 「派對玩家」：吉姆．強斯頓接受作者訪問時表示：「我父親常去史密斯參加派對，我覺得他是派對玩家。」，二〇〇九年九月二十五日。
78 「個性外放」：「我父親的個性鮮明，很外向，很固執，也很有魅力。」同上。
78 「興致高昂的姊妹花」：作者訪問普拉特，二〇〇八年十二月二日。
78 「對梅爾維爾瞭若指掌」：茱莉雅的日記，日期不明。
79 「『深陷』情網」：「我從未深陷情網。」茱莉雅的日記，日期不明。
79 「發情了」：同上。
79 「經濟壓力」：「仲夏的時候，她感覺他們兩人的關係不再新鮮，他有經濟壓力。」Fitch, *Appetite for Life*, p. 68.
79 「手頭不是很闊綽」：吉姆．強斯頓訪問。
79 「大而無當」：茱莉雅的日記，一九三六年，日期不明。
79 「我一直努力」：同上。
80 「有樂趣，相知相惜」：同上。
80 「找不到地方發揮個人魅力」：「她一向是大家跟隨的對象，因為她有很大的魅力。」Fitch, *Appetite for Life*, p. 66.
80 「獨一無二」：茱莉雅的日記，日期不明。
80 「我不想在商業界發展」：茱莉雅的日記，一九三七年。
81 「實在沒那個精力」：茱莉雅訪問。
81 「厭倦了夜店」：茱莉雅的日記，一九三七年。

第四章 不過是蝴蝶罷了

82 「這裡的生活感覺」：作者訪問茱莉雅，一九九二年九月十七日。
83 「我真的不知道」：同上。
84 「抬頭挺胸，成為人上人」：作者訪問喬．麥威廉斯，二〇〇九年五月五日。
84 「有點感冒」：Fitch, *Appetite for Life*, p. 72.
84 「我其實可以對她更好」：茱莉雅的日記，一九三七年，日期不明。
85 「在校持續留級」：作者訪問費拉，二〇〇九年五月十一日。
85 「約翰對普林斯頓相當憤怒」：喬．麥威廉斯訪問。
85 「家裡曾經討論過把小約翰送到」：作者訪問大衛．麥威廉斯，二〇〇九年五月五日。
85 「父親比任何人」：喬．麥威廉斯訪問。
85 「正要升大三」：小陶寫給茱莉雅的信，一九三七年八月十二日。
86 「比匈奴王阿提拉還要右傾」：茱莉雅訪問。
86 「他痛恨東岸的自由派」：作者訪問瑞秋．柴爾德，二〇〇九年四月七日。
86 「同是財閥及退休富豪的同輩相處」：Mayo, *Los Angeles*, p. 215.
86 「一九三四年，他因成就卓越」：「約翰．麥威廉斯是貿易局和商會的第一任會長。」作者訪問席德．蓋里（Sid Galley），帕莎蒂納歷史博物館，二〇〇九年九月十二日。
87 「我外祖父幫」：費拉訪問。
87 「土拉爾湖築堤建壩」：Review of "The King of California: J. G. Boswell and the Making of a Secret American Empire," *The New Yorker*, November 10, 2003.
87 「他是個奇怪、但也很妙的人」：茱莉雅的日記，一九三七年，日期不明。
88 「關於滑雪的穿著」：Julia McWilliams, Coast, January 1938, p. 37.
88 「我只想打高爾夫球」：茱莉雅的日記，一九三八年一月十六日。
88 「不過是蝴蝶罷了」：同上。
88 「跟著一群有趣的上流名媛到處跑」：作者訪問達芙，二〇〇一年一月二十六日。
89 「只要是有頭有臉的大人物，都屬於米威克鄉村俱樂部」：作者訪問徐瓦曾巴赫，二〇一〇年二月四日。
89 「戴洛．薩奴克」："A Personal Recollection: The Midwick Country Club, by Fame Rybicki, www.cityofalhambra.org/community/midwick.

89「我希望身邊有很多」：茱莉雅的日記。一九三八年，日期不明。
89「介於十萬到二十萬美元之間」：費拉訪問。
90「人還不錯」：「人還不錯，但有點呆板。」Fitch, *Appetite for Life*, p. 81.
90「他從來不是熱門的人選」：作者訪問麥杜格，二〇〇九年十月二十七日。
90「他對茱莉雅相當著迷」：Gay Bradley in Fitch, *Appetite for Life*, p. 76.
90「大家很容易把他們視為一對」：徐瓦曾巴赫接受作者訪問時表示：「我認識錢德勒，常看到他們在一起。」二〇一〇年二月四日。
91「她覺得自己是怪胎」：費拉訪問。
91「感謝老天，我終於克服了」：茱莉雅的日記，一九三九年，日期不明。
91「她不僅需要」：茱莉雅的履歷表，一九六六年。
92「需要對商業、採購和市場有更深入的瞭解」：JC, application, U.S. Information Center, July 1942.
92「我被開除了」：同上。
92「瓦解浩然正氣」：「我覺得特別有趣的是，這幾年都在瓦解我的浩然正氣。」茱莉雅的日記，一九四〇年八月三日。
92「我在學以及剛畢業的那段時間」：同上。
93「飛過市立體育館的舞台」：有兩人提過同樣的說法。徐瓦曾巴赫受訪時表示：「茱莉雅以飛過市立體育館的舞台出名。」
93「讓觀眾捧腹大笑」：達芙訪問。
93「盡情暢飲」：Fitch, *Appetite for Life*, p. 76.
94「她總是很敢言」：徐瓦曾巴赫訪問。
94「他是極度的保守派」：McDougal, *Privileged Son*, pp. 152–53.
94「我跟他一樣尷尬」：Fitch, *Appetite for Life*, p. 80.
94「對他提出一些問題」：茱莉雅的日記，一九四〇年八月。
95「我覺得我可能會屈服」：同上。
95「她很好奇小陶會怎麼想」：Fitch, *Appetite for Life*, p. 80.
95「他清楚表達了意見」：喬．麥威廉斯訪問。
95「國力與使命的展現」：Kenneth O'Brien and Lynn Parsons, *The Home-Front War*, pp. 2–3.
95「入侵熱」：「沿岸社群受『入侵熱』所擾。」；"The Army Air Forces in World War II," Virtual Museum of the City of San Francisco, www.sfmuseum.org
96「我們坐在無窗的昏暗房間裡」：徐瓦曾巴赫訪問。
96「參與核心」：「投入情報活動時，我們總是在事情發生的核心，我很喜歡那樣。」茱莉雅訪問。
97「我希望能維持」：茱莉雅的日記，一九四二年四月十日。
97「那裡才是行動核心」：Fitch, *Appetite for Life*, p. 82.

第五章　保密者

98「像是縮小版的」：作者訪問茱莉雅，一九九二年九月十八日。
99「自動取消資格」：茱莉雅應徵 Waves，SA。
99「我太高了」：Fitch, *Appetite for Life*, p. 82.
99「見證行動」：茱莉雅訪問：「我更想去見證行動。」
101「介於史密斯的畢業生」：Margaret Griggs in MacDonald, *Undercover Girl*, pp. 21–22.
101「以軍事行動以外的方法，讓敵方照我們的意念行動」：FDR, Directive No. 67, June 14, 1942, military order establishing the OSS, National Archives and Records Administration.
101「臉色紅潤、面帶微笑的紳士」：Bruce Barton in McIntosh, *Sisterhood of Spies*, p. 1.
101「追捕墨西哥革命軍的領導人龐丘．維拉」：同上，p.2。
102「他吸引頂尖的律師」：作者訪問豪伊，二〇〇九年二月二十四日。
102「標準作業程序」：Smith, OSS, p. 3.
102「業餘的花花公子」：同上，p.13。
102「只要簽署保密誓言就行了」：McIntosh, *Sisterhood of Spies*, p. 1.
102「穿著醒目的新豹紋皮草」：Fitch, *Appetite for Life*, p. 83.
102「一群非常聰明的女子」：豪伊訪問。
102「緊湊狀態」：McIntosh, *Sisterhood of Spies*, p. 18.
103「踏進那裡，可以感受到」：茱莉雅訪問。
103「精明又有魅力的女孩」：Russell Baker in McIntosh, *Sisterhood of Spies*, p. 14.
103「我的打字技巧幫了很大的忙」：JC, Smith College memoir, p. 18.
103「那是我第一次接觸到」：同上，p.19。
103「我有點像是平凡的傳統中產階級」：Sharon Hudgins, "What's Cooking with Julia Child," *Stars and Stripes*, September 27, 1984.
104「我從來沒有任何才華」：JC, Smith College memoir, p. 20.
104「從自稱外行」：「我這輩子都是個外行。」同上，p.19。
104「我的成長期」：同上，p. 20。
104「好奇，又覺得有趣」：茱莉雅訪問。
105「以新奇的方式」：Smith, OSS, p. 5.
105「擠魚單位」：Fitch, *Appetite for Life*, p. 84.
105「他們開始派人到海外。」：JC in Hudgins, "What's Cooking."

105 「我就只是做一些文書工作」：JC, Smith College memoir, pp. 18–19.
106 「我知道我以後有時間會去歐洲」：Hudgins, "What' s Cooking."
106 「維持通往中國的門路」：Tuchman, *Stilwell and the American Experience in China*, p. 328.
106 「還有一項附帶的任務」：Joseph R. Coolidge in McIntosh, *Sisterhood of Spies*, p. 249.
106 「畢生難得的經驗」：茱莉雅訪問。
107 「帥哥多到看不完」：茱莉雅給父親的信，日期不明，SA。
107 「日軍潛艇已經在太平洋擊沉了九艘類似的運兵船」："List of U.S. Navy Losses in World War II, www.GeoHack.com.
107 「嚎叫或吹口哨」：Ellie Thiry in McIntosh, *Sisterhood of Spies*, p. 269.
107 「很奇妙的經驗」：茱莉雅的日記，一九四四年三月。
107 「茱莉雅開始散播謠言」：Thiry in McIntosh, *Sisterhood of Spies*, p. 269.
109 「我這輩子必須一直逼著自己」：茱莉雅訪問。
109 「他的經歷和能力，以及針對開發中社會所闡述的觀點，都令茱莉雅著迷」：說到格雷戈里．貝特森，茱莉雅說：「他很有趣，因為他會問親戚和人際關係方面的問題。」Fitch, *Appetite for Life*, p. 90。
109 「放空」：茱莉雅的日記，一九四四年四月。
109 「我的大學生涯」：JC, Smith College memoir, p. 18.
109 「可以看見與聞到霧靄」：Fitch, *Appetite for Life*, p. 91.
109 「天啊，我是到了什麼地方」：同上。
110 「那種震撼感」：豪伊訪問。
110 「我幾乎沒遇到喜歡印度的人」：茱莉雅的日記，一九四四年四月十三日。
110 「工作與玩樂仙境」：McIntosh, *Sisterhood of Spies*, p. 270.
110 「主要目的是支援 SEAC」：同上，p.274.
111 「就像香格里拉」：茱莉雅訪問：「康提就像香格里拉，是個美不勝收的地方。」
111 「僧侶穿著亮澄色的袈裟」：Attributed to Virginia Webbert in McIntosh, *Sisterhood of Spies*, p. 271.
111 「皮膚在這種狀態下摸起來最完美」：「我覺得康提的氣候很宜人，總是暖暖的。」茱莉雅給父親的信，日期不明，Schlesinger Archives。
111 「可能是世界上最美的地方」：Ziegler, *Mountbatten*, p. 279.
111 「蒙巴頓勳爵的總部變成高雅奢華的代名詞」：McIntosh, *Sisterhood of Spies*, pp. 270–71.
111 「幾乎就像夏季的西方大學」：Attributed to John Davies, political adviser to General Stilwell by Fisher Howe. 豪伊訪問。
111 「有點簡樸」：茱莉雅給父親的信，日期不明，SA.
111 「整理檔案」：「我後來做非常卑微的工作，負責整理海外的檔案，委婉的說法是文書處。」JC, Smith College memoir, p. 18。
112 「如果你不把我們需要的報告送來文書處」：茱莉雅寫給瑪格麗特．葛利格斯（Margaret Griggs）的信，一九四四年五月二十五日。
112 「我們收發的文件愈來愈多」：茱莉雅寫給葛利格斯，一九四四年十月六日，SA。
112 「茱莉雅是保密者」：McIntosh, *Sisterhood of Spies*, p. 278.
112 「才怪，那些檔案根本主宰了整個事務局」：豪伊訪問。
112 「OSS 把她歸為資深文職情報官」：Citation, Emblem of Meritorious Civilian Service awarded to JC, SA.
113 「景觀令人讚嘆」：豪伊訪問。

第六章 保羅

114 「紐澤西州的蒙克萊爾」："List of Residences from Birth of Paul Child," December 22, 1942, Schlesinger Archives (hereafter SA).
114 「保羅是先出生的」：作者訪問瑞秋．柴爾德，二〇〇九年四月七日。
114 「在史密森尼天文台擔任台長」：Supplemental Personal History Statement of Paul Child," December 22, 1942, SA.
115 「巡迴傳教牧師的女兒」：艾瑞卡．普魯東接受作者訪問時表示：「她的父親是波士頓地區循道衛理會的巡迴傳教牧師。」二〇〇九年三月三十一日。
115 「正好跟上那股潮流」：「查理在他個人的檔案抽屜裡，找到我父親的生平描述。」保羅的日誌，一九四三年四月十八日，pp. 48–49.
116 「電力解析」：作者訪問喬恩．柴爾德，二〇〇九年四月八日。
116 「他是個幹勁十足的人」：瑞秋．柴爾德訪問。
116 「同時感染瘧疾和傷寒」：保羅的日誌，一九四三年四月十八日。
116 「他突然過世，令大家相當震撼」：艾瑞卡．普魯東訪問。
117 「他們一家人經常遷徙」："List of Residences from Birth of Paul Child," 1947, SA.
117 「他們的生活變得非常狹隘」：艾瑞卡．普魯東訪問。
117 「羅伯（現在改名為查理，跟父親同名）」：艾瑞卡．普魯東接受作者訪問時表示：「查理有段時間叫羅伯，後來改名可能是為了紀念他父親。」二〇〇九年六月二十四日。
117 「就像一個人的兩半」：同上。
117 「即使是到附近」：瑞秋．柴爾德訪問。
117 「他們會把彼此打得鼻青眼腫」：喬恩．柴爾德訪問。
118 「他們的母親是把他們當成一對來培養」：瑞秋．柴爾德訪問。
118 「因為她有美貌和魅力」：艾瑞卡．普魯東訪問，二〇〇九年三月三十一日。
118 「穿過波士頓公園」：同上。
118 「因為我們有才華，那是無可否認的。」：保羅的日記，一九七一年六月二十三日。
119 「有美妙的歌喉」：喬恩．柴爾德訪問。
119 「他們在新英格蘭地區巡迴表演」：瑞秋．柴爾德訪問。
119 「知名的波士頓女低音」："Art at Home and Abroad," *New York Times*, February 28, 2003.

119 「他們成了戀人」：喬恩．柴爾德訪問：「她是費林的情婦。」其他的家人也證實了這說法。
119 「雖不慷慨」：費林的傳記作者用小氣、吝嗇、一毛不拔、考慮欠週來形容他。Berkley, *The Filenes*, pp. 65–70.
119 「因為跟小孩和跟成人應對的感覺永遠不一樣」：同上。p.68。
120 「他的成績比我好」：「我在學校的功課不如查理。」保羅的日記，一九四八年一月二十三日，SA。
120 「一種自卑感，覺得一切很不公平」：同上。
120 「我一方面愛他」：治療師鮑德梅克（Powdermaker）的診斷記錄，同上。
120 「加入加拿大的陸軍」：Fitch, *Appetite for Life*, p. 134.
120 「輾轉換了好幾個不重要的工作」：「後來查理去上大學，我去康尼克工作。」保羅的日記，一九四八年一月二十四日，SA。
120 「他的履歷表看起來都很零碎」："Supplemental Personal History Statement of Paul Child," 保羅的日記，一九四二年十二月二十二日，SA。
121 「她很酷，個性犀利」：作者訪問鄧肯．甘迺迪，二〇〇九年五月十四日。
122 「讓人更熱愛人生」：「某晚，我們和保羅及茱莉雅共進晚餐，我妻子問保羅，伊迪絲是什麼樣的人，他說：『讓人更熱愛人生』。」同上。
122 「如果泥沼可以滋養金花」：保羅的日記，一九三八年五月，SA。
123 「相當優異」「構圖巧妙」：鄧肯．甘迺迪訪問。
123 「結識了愛德華．史泰欽」：瑞秋．柴爾德訪問。
124 「個性穩重務實」：喬恩．柴爾德訪問，二〇一〇年七月二十九日。
124 「令查理感到踏實」：艾瑞卡．普魯東訪問，二〇〇九年三月三十一日。
124 「她的多金則為查理提供了自由」：寬尼接受作者訪問時表示：「沒人知道她多有錢，但查理的職業生涯就是靠她的財力支撐的。」二〇〇九年十一月十六日。
124 「學生『喜愛』他，也『崇拜』他」：艾瑞卡．普魯東訪問，二〇〇九年三月三十一日。
124 「她『寵溺』他，讓他們的關係變得更深厚與豐富」：保羅的日記，一九四五年，SA。
124 「她無法閱讀」：保羅寫給家人的信，一九四二年七月二十日，SA。
125 「劍橋那個可怕的夏天」：保羅寫給家人的信，一九四二年七月底，SA。
125 「開始畫起機器圖」：「我晚上在她的房間裡，就著搖晃的牌桌，讀二手的教科書，開始自學機器圖。」保羅給家人的信，一九四二年七月底，SA。
125 「看起來很詭異」：瑞秋．柴爾德訪問。
125 「我想我這輩子再也不會」：保羅給家人的信，一九四五年二月，SA。
126 「基於滿腔的愛國心」：艾瑞卡．普魯東受訪時表示：「戰爭開打時，他們都到華盛頓了。」二〇〇九年三月三十一日。
126 「保羅和查理都不急著」：艾瑞卡．普魯東訪問：「他們講得慷慨激昂，但我知道當他們得知自己年紀太大時，都鬆了一口氣，他們其實很害怕。」
126 「他去找哈佛的老友」：那是倪澤，後來成為馬歇爾計畫的主要規劃者，在甘迺迪及詹森執政期間擔任海軍部長。Museum of Living History, www.newseum.org.
126 「超級祕密的戰爭裝置」：保羅的華盛頓日誌，一九四三年四月十八日，SA。
126 「戰時的教學影片繪製動畫」：「又花了兩個小時……跟一些航空母艦的飛官開會，他們希望我們繪製動畫，以顯示把飛機停到航空母艦的飛行甲板時有哪八大錯誤。」同上。
127 「這突顯了我們前幾天討論的概念」：保羅的華盛頓日誌，一九四三年十一月六日，SA。
127 「這可能就是她說的機會」：同上。
128 「你會陷入瘋狂的熱戀」：保羅的華盛頓日誌，一九四三年十一月五日，SA。

第七章　深藏不露

130 「脫離了現實」：MacDonald, *Undercover Girl*, p. 132.
130 「為什麼我來這裡做文書」：茱莉雅的日記，一九四四年四月。
131 「我像個愛玩的女子」：Fitch, *Appetite for Life*, p. 95.
131 「不像閃電」：Edith Efron, "Dinner with Julia Child," *TV Guide*, p. 46.
131 「我覺得他一點也不帥」：茱莉雅的日記，一九四四年五月二十七日。
131 「但是當月稍後」：保羅寫給查理的信：「我和山姆、傑克，還有茱莉雅一起去了丹布拉，天氣很好。」一九四四年七月九日，SA。
131 「她有種隨興」：保羅寫給查理的信，一九四四年七月九日，SA。
131 「很有趣……總是團體中最好相處的人」：Byron Martin in Fitch, *Appetite for Life*, p. 95.
131 「有點自以為無所不知」：作者訪問豪伊，二〇〇九年二月二十四日。
131 「我是這裡少數真正成熟的人」：保羅給家人的信，一九四四年九月二十二日，SA.
132 「我現在最想要、渴望、需要的」：同上。
132 「保羅寄了一張茱莉雅的模糊照片給查理」：「來自帕莎蒂納身高六呎二的長腿女人。」保羅給查理的信，一九四四年七月十九日，SA。
132 「期待縱慾的樣子」：保羅給查理的信，一九四五年十月十一日，SA。
132 「她有雙美腿，非常高䠷」：保羅給查理的信，一九四五年一月二十三日，SA。
133 「我開始覺得保羅很有吸引力」：茱莉雅的日記，一九四四年九月。
133 「亟需下猛藥」：Tuchman, *Stilwell and the American Experience in China*, p. 1.
133 「每天工作十四到十六小時」：A. C. Wedermeyer, letter to William Donovan, September 20, 1944, SA.
133 「建立戰情室」：出自保羅 OSS 檔案的信件，日期不明，SA。
133 「我想她會嫁給我」：保羅給查理的信，一九四四年九月七日，SA。
133 「他欣賞她的熱情」：「她是美食家，也喜歡烹飪。」（這當然是保羅自己推測的，茱莉雅愛吃，但是這個時候烹飪還不行，連燒開水都很勉強。）「她熱愛音樂。」同上。
134 「亂得一塌糊塗」：Tuchman, *Stilwell*, p. 250.
134 「收到兩小時的臨時通知」：「我非常突然地離開錫蘭……」保羅給貝蒂和喬治．庫伯勒的信，一九四五年二月三日，SA.
135 「也有一些傳言指出」：「茱莉雅在寫給康提前同事的信中透露，OSS 打算派她去加爾各答……她確實收到了『計畫』。」Fitch, *Appetite for Life*, p. 113.
135 「亂流強到足以拆解整架飛機」：Tuchman, *Stilwell*, p. 387.

135「你可以往下看」：豪伊訪問。

135「全世界最危險的飛行航線」：Tuchman, *Stilwell*, p. 316.

135「我們一整路都遇上風暴」：Betty McIntosh, interview with author, June 28, 2009.

136「她竟然冷靜地看書」：McIntosh, *Sisterhood of Spies*, p. 296.

136「貝潘後來開玩笑說」：作者訪問貝潘，二〇〇九年一月六日。

136「中國很奇怪」：Fitch, *Appetite for Life*, p. 110.

136「不祥和陰鬱」：Eleanor Thiry to Fitch, *Appetite for Life*, p. 110.

137「祕密貨幣」：同上，p. 108。

137「沉悶，緩慢，遲鈍」：茱莉雅的日記，一九四五年三月。

137「非常喜歡她」：保羅給查理的信，一九四五年八月八日，SA。

137「有很多充滿魅力的女人」：Fitch, *Appetite for Life*, p. 117.

137「有趣又活潑」：Shapiro, *Julia Child*, p. 15.

138「我何時才會遇到」：同上。

138「茱莉雅常被拿來和伊迪絲相比，相當吃虧」：「我似乎無法拋棄伊迪絲設下的標準，我總是拿別人跟她比較。」保羅給查理的信，一九四五年五月十九日，SA。

138「可惡，像那樣的人有如鳳毛麟角」：「她擁有許多最好的人性特質。」保羅給查理的信，一九四五年，一月二十八日，SA。

138「我不明白印度人」：Shapiro, *Julia Child*, p. 17.

138「軍隊的伙食很可怕」：JC, "How I Learned to Love Cooking," p. 13.

138「中國菜美味極了」：Fitch, *Appetite for Life*, p. 114.

139「大快朵頤時，豪爽地發出啜食聲」：同上。

139「筷子界的高手」：茱莉雅訪問：「保羅教我如何使用筷子，之後我就很熟練了。」

139「我感到失落」：保羅給費瑞狄的信，一九四五年一月二十三日，SA。

139「人生不斷老調重彈的議題」：保羅給查理的信，一九四四年十月二日，SA。

140「非常刺激的地方」：「重慶……我覺得這是世界上最有魅力的城市之一。」保羅給費瑞狄的信，一九四五年一月二十三日，SA。

140「這個破敗凌亂的城市」：保羅給貝蒂和喬治．庫伯勒的信，一九四五年二月三日，SA。

141「不同的震撼彈」：「大家都很冷靜地接受戰爭突然結束的消息，毫無喧鬧，工作繼續進行。」保羅給查理的信，一九四五年八月十二日，SA.

142「秋天的溫暖」：PC, "A Birthday Sonnet for Julia," August 15, 1945, SA.

143「變得非常喜歡她」：保羅給查理的信，一九四五年八月十六日，SA。

143「八或十家不同的餐廳」：「這實在很棒……難得的機會吃到這種美食。」JC, Smith College memoir, p. 31.

143「朗讀海明威的短篇小說」：「茱莉雅在我身邊，我們對彼此朗讀海明威的短篇小說。」保羅給查理的信，一九四五年九月十九日，SA.

143「一篇跟性愛有關」：Betty McIntosh in Fitch, *Appetite for Life*, p. 120.

143「我不是他的真命天女」：茱莉雅的日記，一九四五年八月。

143「一切都在變動」：「我們仍參與多變的活動。」保羅給查理的信，一九四五年八月十八日，SA。

143「繪製地圖」：保羅給查理的信，一九四五年九月十三日，SA。

143「暫時約定，一起去賓州和保羅的弟弟及弟媳共度感恩節」：「我已經邀請茱莉雅跟我們一起享用感恩節晚餐。」保羅給查理的信，一九四五年十月十一日，SA。

144「享用了告別晚餐」：「昨晚，我和茱莉雅又去了我們最愛的餐廳，那是一個供應北京料理的地方，名叫豪泰府。」保羅給查理的信，一九四五年十月八日。

144「那是奇怪的生活，脫離了現實」：JC, Smith College memoir, p. 29.

144「我們的年紀都已經不小了」：PC, Smith College memoir.

144「一棟富麗堂皇的老宅邸」：保羅給貝蒂和喬治．庫伯勒的信，一九四五年十月十五日，SA。

144「孤獨君王的懷舊感」：同上。

144「親愛的茱莉雅」：保羅給茱莉雅的信，一九四五年十月十五日，SA。

第八章 慶幸還活著

146「茱莉雅考慮去」：「我還沒去看好萊塢的機會，但打算去看看。」茱莉雅給保羅的信，一九四六年二月一日，SA。

146「你究竟是對我做了什麼」：「我讀你的信時滿心歡喜，洋溢著熱情。」茱莉雅給保羅的信，一九四六年一月十五日，SA。

146「妳是我幻想生活中的主角」：保羅給茱莉雅的信，一九四六年二月六日，SA。

147「我想見妳，摸妳」：保羅給茱莉雅的信，一九四六年四月二十六日，SA。

148「我只是為了想見你、擁抱你、品嚐你而存在」：茱莉雅給保羅的信，一九四六年五月七日，SA。

148「我們可以品嚐彼此」：「為什麼妳不來華盛頓當我的廚子？」保羅給茱莉雅的信，一九四六年五月十六日，SA。

148「舒適宜人，但不適合我」：茱莉雅給保羅的信，一九四六年二月一日，SA。

148「他獲得在北京的燕京大學任教的機會」：「拉文霍幫我安排了到北京的燕京大學任教的工作。」保羅給查理的信，一九四五年九月十三日，SA。

148「我應該找人脈」：保羅給查理的信，一九四四年九月二十二日，SA。

149「有多項難得的天賦」：「也許提醒我自己有人喜歡我及欣賞我，我有多項難得的天賦，可能有用。」保羅的日記，一九四八年一月二十三日，SA。

149「如果你可以找到利基點」：茱莉雅給保羅的信，一九四六年三月十九日，SA。

149「破繭而出」：「我逐漸破繭而出，以該有的方式看待人生。」茱莉雅給保羅的信，一九四六年二月一日，SA。

149「我開始讀《宇宙哲學的眼光》」：茱莉雅給保羅的信，一九四六年一月二十五日。

149「她已經看了」：「我讀了早川的語義學，寫得很好。」茱莉雅給保羅的信，一九四六年二月十日，SA。

149「啊，人生」：茱莉雅給保羅的信，一九四六年三月十九日，SA。

149「除了茱莉雅的老爸以外」：「他就是不喜歡保羅。」作者訪問喬．麥威廉斯，二〇〇九年五月五日。

150「守舊陳腐」：「她從一九四一年就在這裡，變得很守舊陳腐。」茱莉雅給保羅的信，一九四六年二月一日，SA。
150「妹妹需要出去放縱一下」：茱莉雅給保羅的信，一九四六年四月二十二日，SA。
150「充滿活力和魅力」：「我覺得他看起來很不錯。」同上。
150「共和黨態度」：同上。
150「茱莉雅和父親幾乎對任何事情都有歧見」：喬．麥威廉斯訪問。
150「到最後，我們連天氣都可以意見不同」：Fitch, *Appetite for Life*, p. 133.
151「我覺得他們相處得非常融洽」：茱莉雅給保羅的信，一九四六年四月二十二日，SA。
152「好樣的女人」：保羅給查理的信，日期不明，SA。
152「性情直接單純」：保羅給查理的信，日期不明，SA。
152「我們常在信中看到茱莉雅的描述」：艾瑞卡．普魯東接受作者訪問時表示：「我們常在信中看到茱莉雅的描述。」二〇〇九年三月三十一日。
152「他們看起來很開心」：作者訪問瑞秋．柴爾德，二〇〇九年四月七日，SA。
152「我第一眼看到她，就喜歡她了」：作者訪問喬恩．柴爾德，二〇〇九年四月八日。
153「茱莉雅和費瑞狄更是一拍即合」：瑞秋．柴爾德訪問：「我母親當下就很喜歡茱莉雅。」
153「他很愛社交」：艾瑞卡．普魯東訪問。
153「很自我中心，自大」：作者訪問普拉特，二〇〇八年十二月二日。
153「查理跟保羅一模一樣」：同上。
153「非常陽春」：艾瑞卡．普魯東訪問。
154「我們有一套系統」：喬恩．柴爾德訪問。
154「她喜歡那房子」：瑞秋．柴爾德訪問。
154「那時我們家都知道」：喬恩．柴爾德訪問。
154「典型的廚藝入門課」：Brochure, Hillcliffe School of Cookery, undated, private collection.
154「我確實很愛烹飪」：茱莉雅給保羅的信，一九四〇年四月二十二日，SA。
155「朋友帶了幾隻鴨子給她」：「上週六，我去獵鴨，射中兩隻，錯過七隻，但朋友又給了我十隻做晚餐。」茱莉雅給保羅的信，一九四六年一月十五日，SA。
155「只要懂訣竅，法式伯那西醬汁非常簡單」：「最近我成功做出最滿意又美味清爽的法式伯那西醬汁。」茱莉雅給保羅的信，一九四六年三月十九日，SA。
155「我母親教茱莉雅」：艾瑞卡．普魯東訪問。
156「她不只帶有一點」：Charles Child, *Roots in the Rock*, p. 123.
156「我們都滿心期待」：瑞秋．柴爾德訪問。
156「布魯維爾村莊」：「查理年輕的時候，曾在布魯維爾村莊為某位有兩個兒子的哈佛教授工作。他望著那片土地說：『將來我也要在這裡有一棟房子。』」同上。
157「他覺得茱莉雅嫁給《洛杉磯時報》的繼承人可以過得更好」：「茱莉雅沒嫁給父親希望她嫁的對象。」喬．麥威廉斯訪問。
157「那個人的政治立場也跟他比較相似」：「錢德勒後來變成極度保守派。」作者訪問麥杜格，二〇〇九年十月二十七日。
158「茱莉雅再次拒絕了錢德勒」：「我終於告訴一個追我多年、身價兩百萬的人，他該去結婚了，別再浪費時間。」茱莉雅給保羅的信，一九四六年二月一日，SA。
158「讓茱莉雅和保羅一開始」：Dort McWilliams in Fitch, *Appetite for Life*, p. 144.
158「在歐洲閒蕩」：艾瑞卡．普魯東訪問：「查理和保羅都不喜歡她。」
159「保羅從後視鏡瞥見」：作者訪問艾瑞卡．普魯東，二〇〇一年九月九日。
159「撞上擋風玻璃」：Fitch, *Appetite for Life*, p. 142.
159「慶幸還活著」：瑞秋．柴爾德訪問。
159「洋溢著無限的活力」：「茱莉雅洋溢著活力，熱情，美極了。」Fitch, *Appetite for Life*, p. 143.
160「茱莉雅很高」：喬恩．柴爾德訪問。

第九章　吃遍巴黎

163「例如茱莉雅的老爸」：JC, *My Life in France*, p. 13。茱莉雅說他父親「從沒實際到過歐洲」，但他年輕時去過埃及，後來剛認識她母親時，也一起去過法國。
163「Pigeonneau Cocotte Forestière」：皇冠餐廳的菜單，*Julia Child Birthday Album*, August 2004, WGBH Archives, p. 28.
163「會說流利的法語」：「一九二〇年代保羅在法國住過，也工作過，他會講優美的法語，熱愛法國料理和葡萄酒。」JC, *My Life*, p. 12。
163「荒謬」：作者訪問茱莉雅：「一開始我覺得他談論美食的方式很荒謬。」一九九二年九月十六日。
164「以前在文書處時」：同上。
164「那是個小巧可愛的地方」：同上。
164「架子也擺了二十五本食譜」：保羅寫給貝蒂和喬治．庫伯勒的信，一九四七年二月九日，SA。
164「我不太會煮」：Fitch, *Appetite for Life*, p. 149.
165「我把雞放入烤箱二十分鐘」：「我需要更好的說明。」同上。
165「我覺得我沒救了」：茱莉雅訪問。
165「藝術的簡單」：Olney, *Simple French Food*, p. 10.
166「她用鱈魚做海鮮雜燴湯」：作者訪問特君，二〇〇八年十月十四日。
166「保羅喜歡精彩的對話」：茱莉雅訪問。
166「她尚未成型」：「保羅告訴我，他決心打造成年的茱莉雅。」作者訪問普拉特，二 八年十二月二日。
167「有點歇斯底里」：這是他們婚前保羅經常提到的一項茱莉雅特質，保羅給查理的信，一九四四年十月七日，SA。
167「樓下的大火燒得劈啪作響」：「我打開臥室的門，燒得劈趴作響！」保羅給貝蒂和喬治．庫伯勒的信，一九四七年二月九日，SA。
168「查理和費瑞狄是殷勤接待的主人」：「保羅和查理之間的關係緊繃，他們一輩子都是如此。」普拉特訪問。
168「保羅和查理雙雙都被國務院解聘了」：「三月十五日，我和查理都被國務院解聘了。」保羅給貝蒂和喬治．庫伯勒的信，一九四七年三月六日，SA。

168「庸俗人」：保羅給查理的信，一九四五年九月一日，SA。
168「做視覺呈現的案子」：保羅給查理的信，一九四四年十月二日，SA。
168「如果你可以找到利基點」：茱莉雅給保羅的信，一九四六年三月十九日，SA。
168「更加焦慮和恐懼」：「我讓自己對查理產生自卑感。」保羅的日記，一九四八年一月二十三日，SA。
168「娶了收入好的女人」：同上。
169「回去吸政府的奶水」：保羅寫給貝蒂和喬治．庫伯勒的信，一九四八年十月二十六日，SA。
169「保羅的職稱」：保羅給美國駐巴黎大使卡佛利的信，一九四八年九月三十日，SA。
169「讓法國人有所瞭解」：JC, *My Life*, p. 22.
170「巨型的起重機」：同上，p. 14。
171「東西太多了，看不完，也吸收不完」：茱莉雅訪問：「我不知道從哪裡開始看起，眼花繚亂。」
171「棕褐色的菜單」：皇冠餐廳的菜單，*Julia Child Birthday Album*, August 2004, WGBH Archives, p. 28。
172「非常新鮮，口感細緻分明」：「真是人間美味。」JC, *From Julia Child's Kitchen*, p. 117。
172「有大海的味道」：保羅給查理的信，一九四八年十一月十一日，SA。
173「她這輩子一直很喜歡食物」：「在皇冠餐廳，我享受到更高層次的用餐體驗，前所未有。」JC, *My Life*, p. 19.
173「我感動極了」：JC, *From Julia Child's Kitchen*, p. 117.
173「如果要說哪件事」：「整個經驗開啟了我的心靈，對我產生了鼓舞。」Fitch, *Appetite for Life*, p. 156.
173「那是我這輩子吃過最感動的一餐了」：JC, *My Life*, p. 19.
173「那個城市令我為之屏息」：茱莉雅訪問。
174「特別高䠷苗條」：保羅給查理的信，一九四八年十一月六日，SA。
174「已經覺得自己是在地人」：JC, *My Life*, p. 22.
174「歷史就在家門口」：茱莉雅訪問。
174「享用早餐（牛角麵包和咖啡）」：保羅給查理的信，一九四八年十一月七日，SA。
174「漫無目的地閒晃」：Karnow, *Paris in the Fifties*, p. 6.
175「美國的好人死後去的地方」：Wilde, *Woman of No Importance*, p. 16.
175「不安、焦慮、暴躁」：Flanner, *Paris Journal: 1944–1965*, p. 30.
175「腐食，焦木」：JC, *My Life*, p. 25.
175「令人費解的矛盾」：Karnow, Paris, p. 35.
175「因為巴黎是一席流動的饗宴」：Ernest Hemingway, *A Moveable Feast* (New York: Scribner's, 1964), title page.
175「實在令我難以忘懷」：JC, *My Life*, p. 28.
176「覺得我很難控制自己」：茱莉雅訪問。
176「卯起來吃了很多東西」：茱莉雅給費瑞狄的信，一九五〇年三月十一日。
176「茱莉雅想下半輩子都待在這裡」：保羅給查理的信，一九四八年十一月十五日，SA。
176「巴黎的心臟地帶」：Abel, *The Intellectual Follies*, p. 162.
176「被切割出來」：瑞秋．柴爾德訪問。
176「法式的老派魅力」：「那是美好的地方，非常老派。」茱莉雅給愛薇絲的信，一九五三年二月三日，SA。
176「有點可笑」：「交誼廳看起來有點可笑，裝潢是路易十六的風格。」JC, *My Life*, p. 32.
176「碎布作品——看起來邋遢又俗麗」：瑞秋．柴爾德訪問。
176「遺忘室」：JC, *My Life*, p. 33.
177「寬敞又通風」：同上。
177「很小」：瑞秋．柴爾德訪問；喬恩．柴爾德訪問。
177「超大」：「這個超大的爐子上有兩個小瓦斯爐口。」JC, *My Life*, p. 33.
177「我們的小凡爾賽」：茱莉雅給費瑞狄的信，一九四九年九月二十三日，SA。
177「健談的人」：「我很健談，無法和大家溝通很痛苦。」JC, *My Life*, p. 30.
177「以機關槍的速度劈哩啪啦地講話」：Karnow, Paris, p. 14.
178「她甚至無法自己叫計程車」：PC in Smith College Centennial Project, p. 16.
178「我都要學會這種語言」：JC, *My Life*, p. 30.
178「充滿抽象音」：Karnow, Paris, p. 12.
178「茱莉雅一開始法語講得很糟」：Fitch, *Appetite for Life*, p. 159.
178「笨拙的口音」：「我討厭我那笨拙的口音和窘迫的語法。」JC, *My Life*, p. 30.
178「我非常認真地學法文」：同上，p. 43。
179「我從來沒想過」：*Smith Alumni Quarterly*, October 10, 1972.
179「試圖把世界各地的飲食文化」：Nicholas Lehman, *Twenty Favorite Cookbooks*, Forbes.com, undated.
179「像十四歲的男孩沉浸」：保羅給查理的信，一九四九年四月六日，SA。
179「如今，開胃菜」：Ali-Bab, *Encyclopedia of Practical Gastronomy*, p. 117.
179「留在家裡」：同上，p. 81。
180「她很樂於教我」：JC, *My Life*, pp. 43–44.
180「『況且，』她寫信告訴父親」：茱莉雅寫信給 Philapop（茱莉雅對父親及繼母的暱稱），一九四九年，日期不明，SA。
181「週三和週六穿過」：「我會穿過戰神廣場到左岸的最大市場。」Fitch, *Appetite for Life*, p. 167.
181「美食」：「被美食和美好的餐廳所圍繞。」JC, *My Life*, p. 42.

181「香甜的葡萄」：「在美國，我對葡萄毫無興趣，但巴黎的葡萄好極了。」JC, *My Life*, p. 25.
181「最小的可能是」：Ali-Bab, *Encyclopedia*, p. 116.
181「甜美的自然和健康的愉悅」：Fitch, Appetite for Life, p. 170.
181「我深愛那個女人」：保羅給查理的信，一九四八年十二月二十一日，SA。
182「是個爛攤子……裡面充滿無謂的鉤心鬥角」：JC, *My Life*, p.22
182「可笑、幼稚、愚蠢、令人難以置信」：同上。
182「保羅和公務員不對盤」：豪伊訪問。
182「他愛說教」：瑞秋‧柴爾德訪問。
182「他很特別」：豪伊訪問。
182「他充滿矛盾」：費拉訪問。
182「非常講究條理」：喬恩‧柴爾德訪問。
182「她是如此的務實正面」：瑞秋‧柴爾德訪問。
182「都能讓牠展現出最棒的一面」：保羅寫給貝蒂和喬治‧庫伯勒的信，一九四九年三月六日。
183「保羅常花很長的時間描繪城市風光」：同上，p.160。
183「他們大多遠離大使館的活動」：茱莉雅說：「我們總是在第四級左右，所以不需要參與大使館的事情，可以自由過正常的生活。」Fitch, *Appetite for Life*, p. 164.
183「喜歡交流、充滿知性、非常法國的圈子」：「正是保羅和我想找的那種朋友。」JC, *My Life*, p. 42.
183「是一大志業和娛樂」：Beck, *Food and Friends*, p. 58.
183「這裡最重要的事」：茱莉雅給愛薇絲的信，一九五三年一月十九日，SA。
183「巴黎美食處處」：Olney, *Reflexions*, p. 12.
184「吞下整個巴黎」：「沒辦法吃遍巴黎的每家好餐廳令我失望，但我真的願意拚命試試看。」茱莉雅訪問。
184「巴黎的餐廳令人難以抗拒」：同上。
184「東西不是很精緻」：同上。
184「茱莉雅的行事曆裡」：JC datebooks, 1948–1951, SA.
184「愜意的地方」：JC, *My Life*, p. 48.
185「雅各賓黨員」："Why Ask for the Moon?" *Departures*, at www.departures.com.
185「保羅和茱莉雅在這裡看到頭髮斑白的科萊特」：「大維弗餐廳以她的名字幫她留了指定座。」JC, *My Life*, p. 57.
185「食物美味極了」：保羅給家人的信，一九五○年四月十日，SA。
186「茱莉雅渴望有孩子」：「我也希望有小孩，偏偏注定沒有孩子。」茱莉雅訪問。
186「但保羅對孩子興趣缺缺」：「我覺得保羅不是很想要小孩。」Fitch, *Appetite for Life*, p. 169.
186「每個人都可以明顯看出保羅對孩子的厭惡」：艾瑞卡‧普魯東、大衛‧麥威廉斯、普拉特、費拉、帕蒂‧麥威廉斯受訪時，都清楚提及這點。愛蓮‧巴胡沙提「認為保羅討厭小孩」。Fitch, *Appetite for Life*, p. 168.
186「他不會跟孩子相處」：費拉訪問。
186「冷淡、暴躁」：「當你到了可以跟他知性交流的年紀時，他人還好。不然，你會自然而然地學會跟保羅保持距離。」帕蒂‧麥威廉斯訪問。
186「非常重要的議題」：保羅的日記，一九四八年一月二十五日，SA。
186「這時還是可以明顯看出，他和茱莉雅正努力在巴黎受孕」：「我偷看了一封我不該看的信，那是保羅寫來的，他說：『我們正努力受孕。』」艾瑞卡‧普魯東訪問。
186「非常奇怪……啊，終於懷孕了！」：茱莉雅給費瑞狄的信，一九五○年三月十一日。
186「她很開心」：Fitch, *Appetite for Life*, p. 169.
186「我腸胃不適」：同上。
186「她和保羅變得更謹慎小心」：在茱莉雅的巴黎行事曆裡，有很多記錄提到避孕藥。(1949, 1950).
186「我本來可以成為完整的母親」：Coffey, "Their Recipe for Love," *McCall's*, p. 98. "I think I would have been good at it." 茱莉雅訪問。
186「她如何打發時間」：「她告訴我，每次他們討論到最後都會回到這個問題。」瑞秋‧柴爾德訪問。
186「還是堅決反對」：「我就是反對，不想回頭了。」茱莉雅訪問。
186「解決方案需要來自更深切的熱情」：「他們知道那必須是她喜歡做的事。」同上。
187「兩頂相同的帽子」：茱莉雅給費瑞狄的信，一九四九年八月十三日，SA.
187「實在沒有做衣服的天分」：「我剛來巴黎時，上了幾堂製帽課。」茱莉雅給愛薇絲的信，一九五三年十一月二十三日，SA。
187「茱莉雅，妳確實很喜歡吃」：「他們開始討論她最喜歡做什麼。」瑞秋‧柴爾德訪問。
187「我不確定這能不能發展成職業」：茱莉雅訪問。
187「我並沒有資格」：Curtis Hartman and Steven Raichlen, "JC: The Boston Magazine Interview," *Boston*, April 1981, p. 80.。
188「如果妳真的想學烹飪」：「一位朋友告訴我，只有一個地方能去。」茱莉雅訪問。
188「也給了保羅同樣的建議」：「圖書館員問道：『茱莉雅喜歡什麼？』……他後來帶著藍帶學校的地址回家。」Shapiro, *Julia Child*, p. 32.

第十章　藍帶廚藝學校

190「古老，幾乎沒見過的裝置」：作者訪問安妮‧威蘭（Anne Willan），二○○九年九月十日。
190「那些房間令人困惑不解」：Frances Levison, "First, Peel an Eel," Life, December 17, 1951, p. 67.
190「家庭主婦課程」：「這個『家庭主婦』課程好基本……」JC, *My Life*, p.61.
191「門不斷地開開關關」：威蘭訪問。
191「當時他們從來沒想過」：作者訪問巴雪，二○○九年一月二十七日。
191「銜接這兩者之間的橋樑」：Reynolds, "A Hundred Years of Le Cordon Bleu," Gourmet, January 1995, p. 58.

191「可以在最好的廚房裡獲得一席之地」：巴雪訪問。
192「茱莉雅當場就決定轉班了」：「我當下毫不猶豫就說好。」JC, *My Life*, p. 62.
192「典型的美國大兵」：茱莉雅給費瑞狄的信，一九四九年十月八日，SA。
192「布尼亞很迷人」：同上。
193「精神導師」：「藍帶學校有個大廚是我的精神導師。」茱莉雅訪問。
193「連珠砲似的」：JC, *My Life*, p. 64.
193「講解比例和材料」：茱莉雅給家人的信，一九四九年十月二十日，SA。
193「有點混亂」：「目前為止有點混亂。」茱莉雅給家人的信，一九四九年十月八日。
193「他們每個人都想開高爾夫球練習場附設餐廳」：同上。
193「每道食譜的基本原則」：Preface, *La Bonne Cuisine de Madame E. Sainte-Ange*, p. 5.
194「以正確的方法反覆地執行」：「他灌輸我們以正確的方式做一切事物的標準。」JC, *My Life*, p. 64.
194「上課教了紅酒燉牛肉後」：茱莉雅給家人的信，一九四九年十月八日。
194「茱莉雅的廚藝真的進步了」：PC, in Shapiro, *Julia Child*, p. 35.
194「她坐在椅子邊緣」：藍帶示範課的菜單，茱莉雅的日記，一九四九年十月十九日。
195「我覺得這是課程中最棒的部分」：茱莉雅給家人的信，一九四九年十月二十日。
195「自己動手嘗試」：「此外，回家試試所有的東西也很棒。」茱莉雅給費瑞狄的信，一九四九年十月八日。
195「做成當天的晚餐」：「示範完後的當天晚上，柴爾德家就會做出和之前示範一樣的東西。」保羅給家人的信，一九四八年十月八日，SA。
195「她的指尖散發出各種喜悅」：保羅給家人的信，一九四九年十月二十日，SA。
195「如果你有機會看到茱莉雅把辣椒」：保羅給家人的信，一九四八年十月八日。
195「那景象實在太有趣了」：「變成拔毛、扒皮、去骨的專家。」保羅給家人的信，一九四八年十二月十日。
195「為茱莉雅最初六週」：「為了寫好報告，以下列出我減肥時可吃的其他茱莉雅料理。」同上。
196「精緻的法國美食」：Child, *Mastering I*, p. 184.
196「最後裝在盤上」：保羅給家人的信，一九四八年十二月十日。
196「如何照著食譜摸索」：Shapiro, *Julia Child*, p. 36.
196「太多的事物需要學習」：茱莉雅給家人的信，一九五〇年一月七日，SA。
196「根本不算什麼，什麼都不是」：茱莉雅給家人的信，一九四八年十一月二十八日，SA。
196「我感覺自己才一腳踏入門而已」：同上。
196「課程開始發揮效果了」：茱莉雅給家人的信，一九五〇年一月七日。
196「做了最糟的菠菜班尼迪克蛋請她吃」：茱莉雅給家人的信，一九四九年十月二十日。
197「我小心翼翼，半個字都沒提」：同上。
197「天啊，這地方簡直」：「那裡有你或我從來沒想過的神奇工具。」保羅給查理的信，一九四九年十二月十日。
197「買到車子裝不完」：「我把戰利品填滿了藍色閃電車的後座，開回家以後，再回來市政廳百貨買更多。」JC, *My Life*, p. 36.
197「廚具專門店」：茱莉雅給家人的信，一九四九年十月二十日。
197「我們可憐的小廚房都快塞爆了」：保羅給查理的信，一九四九年十二月十日。
198「全部硬塞在」：「瘋狂的茱莉雅把買來的廚具全部硬塞在廚房裡。」同上。
198「迅速打開又關上爐門」：「看著茱莉雅站在擺滿沸騰、油煎、燉煮食物的爐子前，就像看交響樂團的定音鼓鼓手一樣迷人。」同上。
198「哇！這東西」：同上。
199「多元的菜餚、醬汁和搭配」：茱莉雅給家人的信，一九四九年十一月二十一日，SA。
199「我大部分的時間都在廚房裡」：茱莉雅給家人的信，一九四九年十月三十一日，SA。
199「美乃滋是她研究最久的東西」：「最近做美奶滋很不順。」茱莉雅給家人的信，一九四九年十一月二十八日。
200「大量詢問與研究」：同上。
200「想必是低溫造成」：同上。
200「調節速度和掌控行動」：Saint-Ange, *La Bonne Cuisine*, p. 77.
200「我做了非常多的美乃滋」：JC, *My Life*, p. 89.
200「變得有點像瘋狂的科學家」：同上。
201「我曾經用兩百種香草醃肉」：茱莉雅給家人的信，一九四九年十一月二十一日。
201「只要抓住訣竅就非常簡單」：茱莉雅給保羅的信，一九四六年三月十九日，SA。
201「茱莉雅曾做菜招待」：「最近有些人來我們家作客。」保羅給查理的信，一九四九年十一月五日。
201「我不擅長言語表達」：「幾個主因：（1）困惑不解（2）缺乏信心（3）情感表達。」茱莉雅給家人的信，一九四九年十一月二十一日。
202「一九五〇年一月四日，她開始上第二學期的課」：「藍帶上週三又開課了，我非常喜歡。」茱莉雅給家人的信，一九五〇年一月七日，SA。
202「一群遲鈍的美國大兵」：「我每天早上七點半去上烹飪學校。」茱莉雅給家人的信，一九五〇年二月二十六日，SA。
202「我逐漸學會」：「像清洗與綑綁雞隻，清洗和準備魚等等。」同上。
202「我開始體會」：茱莉雅給家人的信，一九五〇年一月七日，SA。
202「那家管理實在很糟的學校日益失望」：茱莉雅給家人的信，一九五〇年二月二十六日。
202「她什麼都管，材料也捨不得買」：「學校的設備很老，幾乎都是老古董。」威蘭訪問。
203「數量有限的電烤爐中」：Levison, *First You Peel an Eel*, p. 88.
203「你要把兩個眼罩」：同上。
203「如果那些『孩子』認真點，就不是問題了」：茱莉雅給家人的信，一九五〇年三月十一日，SA。

203「盡可能保持冷酷」：茱莉雅給家人的信，一九四九年十月三十一日。
203「每天一大早六點半起床」：茱莉雅給家人的信，一九五〇年三月十一日。
203「先生在門口見到賓客」：茱莉雅給家人的信，一九四九年八月三日，SA。
204「官員的妻子打扮得花枝招展」：茱莉雅給家人的信，一九五〇年二月二十日，SA。
204「自己在桌邊用餐」：「保羅常自己一個人吃三明治，或是回家跟我一起吃剩菜。」JC, *My Life*, p. 37.
204「有助於事業升遷的人」：同上。
204「我已經跟他發生幾次小口角」：保羅給家人的信，一九五〇年一月七日，SA。
205「保羅覺得很受傷，也很失落」：「我很失望，不認同。」同上。
205「讓他感到特別自豪」：「我在我們的大樓裡，展示一百二十二張威斯頓的攝影作品。」保羅給家人的信，一九五〇年二月十七日，SA。
205「旅法的美國藝術家」：「由國際評委會（我是評委之一）從五百多位藝術家中，挑選五十幅畫和十六件雕塑品。」保羅給家人的信，一九五〇年五月十日，SA。
205「約翰的情緒和偏見」：「他有他的情緒和偏見。」茱莉雅給家人的信，一九五〇年一月七日。
205「柴爾德夫婦在國務院的幾個朋友」：「現在換韓森和布朗納爾遭到審查，真是不負責任、嗜權、狹隘、愚蠢的笨蛋。」保羅給家人的信，一九五〇年三月三日，SA。
205「來自威斯康辛州的混蛋」：同上。
206「很可能是在信中跟老爸提起了這些事」：「我必須寫信給我老爸，但這次不能再談及政治了，因為他上兩封信都沒回我。」茱莉雅給家人的信，一九四九年十月八日。
206「共產主義類型」：費拉訪問。
206「關節僵硬」：「老爸的狀況還好。」茱莉雅給保羅的信，一九五〇年四月十二日，SA。
206「有不錯的房子」：「我在家裡多快樂。」茱莉雅給保羅的信，一九五〇年四月十八日，SA。
206「敏感又情緒化」：JC, *My Life*, p. 72.
206「坦白說」：同上，p. 52
206「她非常、非常善變」：費拉訪問。
207「那是個吃力不討好的工作」：「這些劇團感覺總是很亂，沒有條理，情緒化……但我發現她應付這些人還頗有架勢和容易的。」茱莉雅給家人的信，一九五〇年二月二十六日。
207「最壞的打算」：JC, *My Life*, p. 91.
207「我想這會是一場考驗」：茱莉雅給家人的信，一九五〇年一月七日，SA。
207「卯足全力裝出乖巧的模樣」：「我希望我能想出某種妙方，讓他覺得不是那麼折磨。」茱莉雅給保羅的信，一九五〇年四月十八日，SA。
208「他覺得他女兒是在資助」：費拉訪問。
208「如果保羅需要資金開創事業」：茱莉雅給家人的信，一九四九年十月八日，SA。
208「茱莉雅沒多想就回絕了」：同上。
208「因為他不想浪費度假」：茱莉雅給保羅的信，一九五〇年一月三十日；此外，「保羅不想把寶貴的度假時間浪費在姻親上，我也不怪他。」JC, *My Life*, p. 91.
208「很難看出他只是」：「他看起來柔和許多。」茱莉雅給家人的信，一九五〇年四月十一日，SA。
208「我突然發現他老了」：茱莉雅給保羅的信，從「梅肯以南」的某處寫的，同上。
208「難道他失去以往動不動就愛恐嚇」：茱莉雅給家人的信，一九五〇年五月十九日，SA。
208「慈愛和自然」：茱莉雅給保羅的信，一九五〇年四月十一日。
208「彷彿怕老法聽不懂似的」：「我覺得他變成很好的美國廣告。」同上。
209「老爸向來對音樂、知識分子、老外等等的偏見」：茱莉雅給保羅的信，一九五〇年四月二十六日，SA。
209「無論過去她對父親有再多的不滿」：「在這次經驗以前，我從來沒想過我脫離這個背景有多遠，而如今我對這一切深為冷感，毫無興趣。」茱莉雅給保羅的信，一九五〇年
四月二十日，SA.
209「富有上流保守的共和黨人」：茱莉雅給家人的信，一九五〇年五月十九日。
209「我們再也沒有任何共通點了」：「令我訝異及感興趣的是，我現在離他們的生活和興趣有多遠。」同上。
209「在家裡實驗」：JC, *My Life*, p. 89.
209「做出動人美食的快樂」：JC, Foreword, *Mastering*, *Vol. I*, p. vii.
209「柴爾德夫人與柴爾德夫人」：「我覺得費瑞狄．柴爾德太太如果能來藍帶學校上烹飪課，那就太好了……我們的餐廳招牌可以寫……」茱莉雅給家人的信，一九四九年八月
三日，SA。
209「我當下的計畫是」：JC, *My Life*, p. 90.
209「大幅整修」：保羅給家人的信，一九五〇年九月九日，SA。
209「她想翻新公寓」：瑞秋．柴爾德訪問。
209「換上奶油色的沙發套」：保羅給家人的信，一九五〇年九月九日。
210「正式的生活——烹飪和公職」：保羅給家人的信，一九五〇年二月十三日，SA。

第十一章 自投羅網

212「超大法式雞肉凍」：「我正在做一個超大的法式雞肉凍，需要三天才能完成。」茱莉雅給家人的信，一九五一年一月十日，SA。
212「有資格成為中高階級家庭」：茱莉雅給家人的信，一九五一年四月七日，SA。
213「對彼此的強硬作風都感到反感」：JC, *My Life*, p. 109.
213「愈來愈冷酷」：「逼問柏哈薩女士五個月後，我又寫了一封措辭嚴厲的信。」茱莉雅給家人的信，一九五一年四月七日。
213「那考試肯定很難」：「我研究了一下，死背食譜的比例，預期那考試會很難。」同上。
213「他們從我身上賺的錢，沒有他們想要的那麼多」：同上。
213「她的所有朋友，甚至連美國大使本人」：茱莉雅給柏哈薩女士的信，一九五一年三月二十八日，SA。
214「我以為會考瓦勒斯卡比目魚」：茱莉雅給家人的信，一九五一年四月七日。
215「從未烹飪過的新手」：同上。

215「茱莉雅煎了蘑菇」：Shapiro, Julia Child, p. 40.
216「那本法國烹飪的神書」：「我送《拉胡斯美食百科》給茱莉雅當生日禮物。」保羅給家人的信，一九四九年八月十二日，SA。
216「已經無法滿足我了」：JC, *My Life*, p. 119.
216「幹點什麼勾當的『好』時機」：保羅給家人的信，一九五一年四月七日，SA。
216「目前看來，爆發大戰」：保羅給家人的信，一九五一年三月十七日，SA。
216「愈來愈轉向美國」：「考慮到現在與未來的種種變數，很難想出明智的計畫。」同上。
216「心理上也會很掙扎」：保羅給家人的信，一九五一年四月十一日。
217「茱莉雅的看法倒是比較樂觀」：「她是真正體現了『希望永遠在人心中跳動』那句名言。」同上。
217「不穩定的時期」：JC, *My Life*, p. 117.
217「俄羅斯入侵」：「保羅滿腦子想著，美國在應付西歐的現況上，做得還不夠。」同上。
217「我比較喜歡她的態度」：保羅給家人的信，一九五一年四月十一日。
217「不可能還在這裡」：保羅給家人的信，一九五一年二月十二日，SA。
217「交往快一年了」：「她和他在巴黎重逢，兩人交往快一年。」茱莉雅給家人的信，一九五一年四月二十一日。
217「孩子氣」：「他人不錯，幽默又帶點孩子氣。」作者訪問蒂博，二〇〇八年十一月二十日。
217「圓嘟嘟的」：「他比小陶矮一呎，有點胖嘟嘟的。」作者訪問帕蒂．麥威廉斯，二〇〇九年五月四日。
217「高大、堅強又活潑的美國女孩」：作者訪問亞歷克斯．普魯東，二〇一〇年一月二十一日。
217「艾文曾就讀紐約的鄰居劇場學校」：Fitch, *Appetite for Life*, p. 184.
217「在模特兒界發展得不錯」：帕蒂．麥威廉斯訪問。
217「內在的那個大男孩」：「路易．文森曾和艾文同台演戲，他記得艾文的『內在有個大男孩』。」Fitch, *Appetite for Life*, p. 184.
218「艾文是個出名的酒鬼」：亞歷克斯．普魯東訪問。
218「他已經厭倦了她那群誇張的戲劇圈朋友」：「過了一陣子，我們這些上了年紀的人建議，也許小陶自己去找個地方住更好。」JC, *My Life*, p. 108。
218「氣氛有點僵」：「保羅及茱莉雅和艾文及小陶都在場時，現場的氣氛總是有點僵。」亞歷克斯．普魯東訪問。
219「有點亂」：「總之，那是個非常法式又有點混亂的女性團體，她們愛吃，喜歡聚在一起。」茱莉雅打字稿，"Le Cercle Des Gourmettes," June 24, 1963。
219「我向在座的男士敬酒」：保羅回憶錄，"Le Cercle des Gourmettes," August 21, 1961, SA.
219「我想向在座的女士敬酒」：茱莉雅打字稿，"Le Cercle Des Gourmettes," June 24, 1963.
220「每位會員都必須」：Clarissa de Villers, "A Wine Tour of France," *Cosmopolitan*, June 1964, p. 47.
220「我也承認那是一本微不足道的食譜」：「最近我在閣樓找到一本，已經蛀蟲了。」Beck, *Food and Friends*, p. 160.
220「那只是一堆枯燥的食譜」：陶樂西．肯菲爾德．費雪（Dorothy Canfield Fisher）寫給席卡的信，一九五一年，日期不明。
222「找個熱愛法國料理的美國人」：Beck, *Food and Friends*, p. 163.
221「她總是忙個不停」：蒂博訪問。
221「出生後以幾滴廊酒」：「我出生才一天左右，就以幾滴廊酒受洗了。」Beck, *Food and Friends*, p. 8.
222「無聊和不安」：同上，p. 61。
222「社交花蝴蝶」：同上，p. 69。
223「幾乎是聞所未聞的事」：「沒人想過我會以烹飪為業。」Beck quoted in Aline Mosby, "Simone Beck at 86," *New York Times*, August 21, 1991.
223「西蒙的先生有酗酒的問題」：蒂博訪問。
223「達到完全柏拉圖式的境界」：Beck, *Food and Friends*, p. 76.
223「我的人生幾乎停滯不前」：Beck, *Food and Friends*, p. 90.
223「高大美麗的女人」：蒂博訪問。
223「從此以後」：Beck, *Food and Friends*, p. 93.
224「媲美一般餐廳的全套廚房」：瑞秋．柴爾德訪問。
224「光是聊食物」：Beck, *Food and Friends*, p. 163.
224「她非常喜歡美國」：作者訪問泰瑞，二〇〇九年八月二十七日。
225「他們都沒推廣那本書」：Beck, *Food and Friends*, p. 160.
225「邊看邊做是學習的唯一方法」：「邊看邊做是最好的學習方法。」保羅給家人的信，一九五一年十二月十四日。
225「喜歡席卡和露薏瑟之間的活力」：作者訪問茱莉雅，一九九二年九月十七日。
225「從來沒吃過那樣豐盛的餐點」：作者訪問特君，二〇〇八年一月二十九日。
225「香料醃了鹿肉三天再烤熟」：「不是我自誇，那是一頓非常棒的晚餐。」茱莉雅給家人的信，一九五一年十一月二十九日，SA。
226「美談、美客、美食、美酒」：保羅給家人的信，一九五一年十二月十三日，SA。
226「寬敞公寓」：JC, *My Life*, p. 128.
226「頂多只收四名學生」：「茱莉雅、席卡和露薏瑟打算開小型的烹飪課，學生頂多收四個，在露薏瑟的廚房上課。」保羅給家人的信，一九五一年十二月十二日，SA。
226「握著錢來」：保羅給家人的信，一九五二年一月二十六日，SA。
226「我們必須毅然投入」：Beck, *Food and Friends*, p. 171.
226「茱莉雅和席卡在用量方面講究具體的數字」：「露薏瑟的烹飪方式全憑感覺，席卡和茱莉雅比較科學（例如，她們會衡量用量，露薏瑟可能是根據直覺）。」保羅給家人的信，一九五二年一月三十日，SA。
227「稍微跟學生討論一下」：「學生瑪麗．瓦德前幾天以行家的口吻說：『我從來不喝紅酒，只喜歡白酒。』我聽不下去，沒辦法不反駁。」保羅給家人的信，一九五二年二月六日，SA。
227「午餐的效果相當成功」：「烹飪學校向午餐賓客每人收五百法郎，那些學生都對自己剛學到的廚藝很自豪，紛紛呼朋引伴來見證與品嚐美味。」保羅給家人的信，一九五二年二月五日，SA。
227「蛋糕和甜點充滿了想法」：「她用杏仁粉、糖、蛋白做了一些最美味的東西。」茱莉雅給家人的信，一九五二年三月中，SA。
227「佩拉普哈主廚帶席卡參透了」：「佩拉普哈教我製作酥皮的技巧，他說：『別小題大作或重複太多次，妳不是再做橡皮。』」Beck, *Food and Friends*, p. 83.

228「解釋老半天」：「把食譜變成確切可行的說明很有趣，我發現很多食譜都不精確，我們的食譜肯定相當精確。」茱莉雅給家人的信，一九五二年四月十二日，SA。

228「從那時開始，我就從未忘記」：茱莉雅訪問。

228「在此同時，烹飪班的下一期課程」：「三饕客學校今天早上又開課了，由茱莉雅和席卡指導三位女性……外加其他五位女性（和保羅）。」保羅給家人的信，一九五二年三月十二日，SA。

228「還有幾位候補」：保羅給家人的信，一九五二年三月十五日，SA。

229「漫談式的烹飪時間，那些令人眼花繚亂的美食」：Shapiro, Julia Child, p. 45.

229「身材矮胖，翹著嘴」：保羅給家人的信，一九五二年，日期不明，SA。

229「對他『一見傾心』」：JC, *My Life*, p. 139。

229「生氣勃勃又迷人的老人」：「茱莉雅和席卡去拜訪庫農斯基。」保羅給家人的信，一九五二年十一月七日，SA。

229「流於武斷」：茱莉雅給愛薇絲的信，一九五三年二月十二日，SA。

229「非常好」：同上。

229「內容平易近人」：作者訪問金博爾，二〇一〇年一月五日。

230「樂趣女士」：「去年夏天我在露薏瑟的介紹下見到她。」茱莉雅給愛薇絲的信，一九五三年二月十二日，SA。

230「下一本食譜集」：JC, *My Life*, p. 144.

230「又騙吃騙喝」：茱莉雅給愛薇絲的信，一九五三年一月三十日。

231「我很樂意」：「她們幾乎還沒把提議說完，我就一口答應了。」JC, *My Life*, p. 144.

第十二章　難忘的盛宴

232「含糊到令人髮指」：Shapiro, Julia Child, p. 49.

232「不是很專業」：茱莉雅給愛薇絲的信，一九五二年十二月三十日，SA。

232「她拿到的每個章節」：桑納．帕特南（Sumner Putnam）給茱莉雅的信，一九五二年一月二十日。

232「其實，我一點都不喜歡」：JC, *My Life*, p. 144.

232「為新手做了充分的說明」：茱莉雅給帕特南的信，一九五二年十一月三十日。

232「讀者需要知道如何避免錯誤，如何修正問題」：同上。

232「我不知道市面上有哪本書」：JC, *My Life*, p. 144.

233「那工作量相當龐大」：保羅給家人的信，一九五二年八月二十六日，SA。

233「他的未來還不確定」：茱莉雅給家人的信，一九五二年五月十日，SA。

233「一個蘿蔔一個坑」：「公家機關的流程似乎不講人情，是根據架構需要，而不是人事需要。」保羅給家人的信，一九五二年九月六日，SA。

233「我自己呢」：茱莉雅給家人的信，一九五二年五月十日。

233「妳多常看呢」：同上。

233「天啊！我開始覺得」：茱莉雅給家人的信，一九五三年四月四日，SA。

234「我也會是共產主義者」：茱莉雅給家人的信，一九五一年四月二十一日，SA。

234「共和黨眾議員弗雷德．巴斯比來巴黎時」：保羅給家人的信，一九五一年十二月十二日，SA。

234「我愈是思考那個案子」：JC, *My Life*, p. 144.

234「卡瑞蒙、《拉胡斯美食百科》」：保羅給家人的信，一九五二年十月二十一日，SA。

235「操作試煉」：「所有的食譜都在爐子和燉鍋中一再檢測，實在很荒謬。」保羅給家人的信，一九五二年十月九日。

235「令人費解……令人振奮的發現」：同上。

235「長時間在奶油和油裡慢慢地烹煮」：JC, *Mastering, Vol. I*, p. 43.

235「對茱莉雅而言」：Shapiro, Julia Child, p. 63.

236「熬夜到半夜兩點」：保羅給家人的信，一九五二年九月十二日，SA。

236「跟茱莉雅一樣認真、專業」：「她和席卡一起做，她們有工作進度，茱莉雅覺得應該照進度來。」同上。

236「完美主義者」：「席卡有點學究。」Hélène Baltrusaitus in Fitch, *Appetite for Life*, p. 191.

237「臉皮超厚」：「他整個人散發著一種自以為是的得意感。」保羅給家人的信，一九五二年三月二十七日，SA。

237「沉迷於賽馬和賭博」：「貝賀多是法國版的大男人。」作者訪問泰瑞，二〇〇九年八月二十七日。

237「保羅覺得露薏瑟個性」：保羅給家人的信，一九五二年三月二十七日，SA。

237「耽於幻想」：保羅給家人的信，一九五二年一月三十日，SA。

237「可愛的小迷糊」：Shapiro, Julia Child, p. 44.

237「一疊又皺又髒的紙」：JC, *My Life*, p. 146.

237「美味醬汁」：保羅給家人的信，一九五二年十月二十一日，SA。

238「經過了充滿挫折的一年」：「你可能會想完全放棄瑞柏格的稿子。」帕特南給茱莉雅的信，一九五二年十一月二十日，SA。

238「十天左右」：「這會讓你清楚了解新的形式。」茱莉雅給帕特南的信，一九五二年十一月三十日，SA。

238「以布尼亞／藍帶系統的教學」：「我寫信給帕特南，解釋新版的《法式家常料理》不會只是一本食譜合集。」JC, *My Life*, p. 150.

239「他沒有處理出版社合約的經驗」：「遇到這樣的案子，受過法律訓練還是比沒受過訓練好。」席萊恩給茱莉雅的信，一九五二年十一月五日，SA。

239「概略說明了目前的情況」：「我們和華許邦出版社的關係始末。」茱莉雅給愛薇絲的信一九五二年十二月三十日，SA。

239「那篇文章舉了很多例子」：Bernard DeVoto, "Why Professors Are Suspicious of Business," *Fortune*, April 1951, pp. 114–15.

239「大肆咒罵」：保羅給家人的信，一九五二年四月十五日，SA。

239「嚴苛的監督人」：Wallace Stegner, *The Uneasy Chair*, Doubleday, 1971, p. 9.

239「它們看起來很棒，但什麼也切不斷」：Bernard DeVoto, "The Easy Chair: Crusade Resumed," *Harper's*, November 1951, p. 97.

239「那篇文章完全講到茱莉雅的心坎裡了」：「那篇文章清晰生動的敘述，完全呼應茱莉雅一直以來對我說的話。」保羅給家人的信，一九五二年十二月三十一日，SA。
240「她書寫的方式就像羅多雷瀑布」：保羅給家人的信，一九五三年一月十六日，SA。
240「婚前，我對性愛非常感興趣」：茱莉雅給愛薇絲的信，一九五三年十月二十八日，SA。
240「有特殊的觀點」：作者訪問作者訪問馬克．狄弗托，二〇〇九年九月四日。
240「主動積極的女性」：作者訪問茱蒂絲，二〇〇九年三月十八日。
240「茱莉雅懇求」：「如果能給我一些意見，我會非常感激。」茱莉雅給愛薇絲的信，一九五二年十二月二十五日，SA。
240「市面上找不到這樣的食譜書」：愛薇絲給茱莉雅的信，一九五二年十二月十五日，SA。
241「對華許邦出版社有道義上」：茱莉雅給愛薇絲的信，一九五二年十二月十五日，SA。
241「不想浪費在小公司上」：茱莉雅給席萊恩的信，日期不明。
241「令她著迷」：JC, *My Life*, p. 149.
241「不這麼想」：同上，p. 150。
241「德．珊提拉納很喜歡」：「德．珊提拉納把書稿全讀完了。」愛薇絲給茱莉雅的信，一九五三年一月十三日，SA。
241「萬歲！」：「真是好消息。」茱莉雅給愛薇絲的信，一九五三年一月二十八日，SA。
242「可能是去冰島的雷克雅未克」：保羅給家人的信，一九五三年一月十四日，SA。
242「知道他們不可能永遠待在巴黎」：茱莉雅給愛薇絲的信，一九五三年一月十九日。
243「席卡特別捨不得看她離開」：Beck, *Food and Friends*, p. 189.
243「妳根本不曉得全國的感受」：保羅給家人的信，一九五二年十一月二十二日，SA。
243「這實在讓人難以接受」：JC, *My Life*, p. 155.
243「背叛性格」：茱莉雅給愛薇絲的信，一九五二年十二月十五日，SA。
244「不要再跟他談『政治或卓別林』」：菲拉．麥威廉斯給茱莉雅的信，一九五二年十二月九日，私人收藏。
244「『此外，』他寫道」：約翰．麥威廉斯三世給茱莉雅的信，一九五二年十二月十二日，私人收藏。
244「新政支持者」：「他完全看不起保羅，覺得他是藝術家、新政支持者……」茱莉雅給愛薇絲的信，一九五三年三月四日，SA。
244「茱莉雅想留住一切」：「這幾天都忙著分類、淘汰和打包。」保羅給家人的信，一九五三年二月二十二日，SA。
244「保羅在巴黎拍了數百張」：「之前我們拍了成千上百張照片，現在書籍也累積了那麼多的數量。」茱莉雅給愛薇絲的信，一九五三年二月二十三日，SA。
244「兩大箱沉重的皮箱」：保羅給家人的信，一九五三年三月一日，SA。
244「『天啊，』保羅哀嚎」：「家裡的廚具多得驚人。」保羅給家人的信，一九五三年二月二十二日。
245「兩台蒸汽火車」：保羅給家人的信，一九五三年二月二十八日，SA。
245「『美食圈』的女王」：同上。

第十三章　法式法國風

246「生氣蓬勃，動感十足」：茱莉雅給家人的信，一九四九年九月十日，SA。
246「似乎是其他地方的十倍」：「我老是忘了這是個多采多姿的喧鬧城市。」保羅給家人的信，一九五三年二月十二日，SA。
246「馬賽人形形色色」：「我們打算多停停，多走走，多畫畫，多讀多寫。」保羅給家人的信，一九四九年九月九日，SA。
247「粗俗的南方城市」：JC, *My Life*, p. 167.
247「擠進酒吧，跟女子說笑」：Martin Garrett, *Provence: A Cultural History* (New York: Oxford University Press, 2006), p. 128.
248「房裡貼著花朵壁紙」：「我們擠進一個旅館小房間。」茱莉雅給家人的信，一九五三年三月七日，SA。
248「尤其是狼鱸」：「一種有趣的海鱒，名叫狼鱸。」茱莉雅給家人的信，一九四九年九月十四日，SA。
248「裡面還有其他的東西」：茱莉雅給家人的信，一九四九年九月十八日，SA。
248「馬賽是個女人只能露臉」：茱莉雅給愛薇絲的信，一九五三年二月十二日，SA。
248「他們剛到馬賽一週」：「我覺得無聊。」JC, *My Life*, p. 169.
248「可惡，沒有廚房，不能煮東西」：「茱莉雅說她很無聊——她婚後鮮少出現這種狀況。」保羅給家人的信，一九五三年三月八日，SA.
248「非常善良」：茱莉雅給愛薇絲的信，一九五三年四月四日，SA。
248「他們都是很好的人」：保羅給家人的信，一九五三年三月十七日，SA。
249「搬家的折騰讓我變得心煩氣躁」：茱莉雅給愛薇絲的信，一九五三年四月二十四日，SA。
249「有一艘載滿魚」：茱莉雅給愛薇絲的信，一九五三年三月十八日，SA。
249「法國人非常會料理魚類」：JC, *Mastering, Vol. I*, p. 207.
249「明尼亞波利斯、奧馬哈、鳳凰城」：茱莉雅在《烹飪之道》中提到，這些城市拜「迅速的跨國運輸」所賜，終於可以買到新鮮的魚了(p. 79)。
249「我們週五吃烤魚」：JC, *From Julia Child's Kitchen*, p. 117.
249「我從來沒想過魚類」：同上，p. 118。
250「問題是，她沒辦法」：「她試著找出法國、美國、英國魚類之間的對應關係，包括名稱及煮法。」保羅給家人的信，一九五三年二月八日，SA。
250「很多歐洲魚類」：「問題：找到美國對應的種類。」同上。
250「美國西岸有一種魚」：茱莉雅給愛薇絲的信，一九五三年三月六日，SA。
250「她的書架上有兩本書」：茱莉雅給愛薇絲的信，一九五三年五月三日，SA。
250「天啊，好多東西需要瞭解」：茱莉雅給愛薇絲的信，一九五三年四月四日。
251「漁業署」：「茱莉雅聯絡了美國漁業署及法國的對等部門。」保羅給家人的信，一九五三年二月八日，SA。
251「我熱愛這種研究」：JC, *My Life*, p. 172.
251「非常典型的一般美國人」：茱莉雅給愛薇絲的信，一九五三年二月十八日，SA。
251「那很累，真的很辛苦」：Fitch, *Appetite for Life*, p. 208.

251 「真正的創新」；「那就不新鮮了」：「這當然不能讓任何人看到。」茱莉雅給小陶的信，一九五三年，日期不明。

252 「她讓那些白老鼠都發誓了」：茱莉雅給愛薇絲的信，一九五三年二月十八日。

252 「那些都是胡扯」：「我覺得很多人講馬賽魚湯及『正宗』作法都是胡扯。」茱莉雅給愛薇絲的信，一九五三年三月六日。

252 「鬼扯！」：「法國人這種武斷的態度真是令人憤怒。」茱莉雅給愛薇絲的信，一九五三年二月十二日。

253 「有些人說，如果魚是現撈的」：「很多食譜只需要水……但我覺得那樣做不夠好。」茱莉雅給愛薇絲的信，一九五三年三月六日。

253 「我們在美國究竟要如何做馬賽魚湯」：愛薇絲給茱莉雅的信，一九五三年二月二十三日，SA。

253 「瘋狂地實驗」：茱莉雅為《精通法式料理藝術》寫的筆記，一九五三年七月十一日，SA。

253 「不要妥協」：愛薇絲給茱莉雅的信，一九五三年二月二十三日。

253 「『可靠』的食譜都寫得不好」：茱莉雅給愛薇絲的信，一九五三年三月六日，SA。

253 「我希望我們這本在精確度」：同上。

254 「更是拚命三郎」：「這位大姊非常認真。」茱莉雅給愛薇絲的信，一九五四年十一月十日，SA。

254 「每天都花整整五小時」：茱莉雅給愛薇絲的信，一九五三年十一月二十三日，SA。

254 「骨子裡知道」：愛薇絲給查爾斯．啟恩（Charles Keene）的信，一九六七年八月四日，SA。

254 「我覺得我們跟其他人一樣」：Shapiro, *Julia Child*, p. 68.

254 「我老是忘了」：「席卡經過一番練習才領悟到，她不見得要相信大師的東西，或把大師的東西當成真理。」茱莉雅給愛薇絲的信，一九五四年十一月十日。

254 「一大勁敵」：茱莉雅給愛薇絲的信，一九五三年三月六日。

254 「那是一本很好很美的書」：茱莉雅給愛薇絲的信，一九五三年一月五日，SA。

254 「尼斯雞肉」：茱莉雅給愛薇絲的信，一九五三年三月六日。

255 「我們必須像笛卡爾一樣」：茱莉雅給席卡的信，一九五三年十一月五日，SA。

256 「我深切覺得」：茱莉雅給席卡的信，日期不明。

256 「扮演的角色微乎其微」：JC, *My Life*, p. 189.

256 「天生的宣傳好手」：茱莉雅給愛薇絲的信，一九五五年十一月十日。

256 「露薏瑟雖然人很好」：同上。

256 「絕對是共同努力的成果」：茱莉雅給家人的信，一九五三年十月二十五日，SA。

256 「必須是法式風格」：茱莉雅給席卡的信，一九五三年七月六日，SA。

256 「法式法國風」：「這必須是法式法國風，但是對美國人要實用。」茱莉雅給席卡的信，一九五三年十月十二日，SA。

256 「寫作必須由茱莉雅來做」：保羅給家人的信，一九五三年九月二日，SA。

257 「每天花五個小時做那本書」：保羅給家人的信，一九五三年十一月二十五日，SA。

257 「小矮人」：「我們今天和希爾（小矮人）一起吃中餐……他臭著一張臉……如果能揍他幾拳，應該會很開心。」保羅給家人的信，一九五三年六月十二日，SA。

257 「好人」：Fitch, *Appetite for Life*, p. 211.

257 「他在那附近的人脈」：「保羅穩定下來了……工作進行得很順。」茱莉雅給愛薇絲的信，一九五四年四月十一日，SA。

257 「我佩服得五體投地」：「我對於你們投入的心血佩服得不得了。」愛薇絲給茱莉雅的信，一九五四年二月二十七日，SA。

257 「巴黎超世絕倫」：「我比以前更覺得我永遠也忘不了巴黎。」茱莉雅給愛薇絲的信，一九五四年三月二十六日，SA。

258 「可能會調到德國」：莫夫立給保羅的信，一九五四年三月十八日，SA。

258 「可惡！」：「我們喜歡這裡。」保羅給家人的信，一九五四年三月三十一，SA。

258 「一想到要在德國生活」：茱莉雅給家人的信，一九五四年四月二日，SA。

258 「這是保羅的職業生涯」：茱莉雅給愛薇絲的信，一九五四年四月十一日，SA。

259 「我必須提醒妳」：愛薇絲給茱莉雅的信，一九五四年三月十一日。

259 「我覺得我們隨時」：茱莉雅給小陶的信，一九五四年四月十四日。

259 「我親愛的老爸」：茱莉雅給家人的信，一九五四年四月二日。

260 「他非常憤世嫉俗」：愛薇絲給茱莉雅的信，一九五四年七月三十一日，SA。

260 「如果有傳染性高血壓這種病」：Stegner, *The Uneasy Chair*, p. 9.

260 「他讓人望而生畏」：「保羅很固執。」費拉訪問。

260 「有長期的憂鬱傾向」：同上。

260 「我收到茱莉雅來信詢問」：Avis DeVoto, *Memoir About Julia Child*, October 16, 1988.

261 「我覺得這張照片看不出愛薇絲確切是什麼樣子」：「我怎麼知道妳是不是長得和我想的一樣。」茱莉雅給愛薇絲的信，一九五三年二月二十三日，SA。

261 「茱莉雅，身高一八三公分」：同上。

261 「大吃一驚」：「我很喜歡妳的樣子，很有親和力和活力，清秀大方。」愛薇絲給茱莉雅的信，一九五三年二月二十七日，SA。

261 「高大的女人，影子也大」：「我看到高大的女人時，總是有無限的崇拜。」同上。

261 「快來啊，快！」：「我急著想見你們兩個。」愛薇絲給茱莉雅的信，一九五四年五月十七日，SA。

261 「就盡量找機會拜訪親朋好友」：茱莉雅給愛薇絲的信，一九五四年七月，SA。

261 「我們剛好在辦週日的雞尾酒派對」：DeVoto, *Memoir About Julia Child.*

261 「紙上交談」：茱莉雅給愛薇絲的信，一九五四年七月，SA。

262 「一拍即合」：「我從來沒遇過有人來我們家那麼輕鬆自在，我又那麼急著想跟她再見一面。」愛薇絲給茱莉雅的信，一九五四年七月三十一日，SA。

262 「我母親是那本書的催生者」：作者訪問馬克．狄弗托，二〇〇八年十二月十二日。

262 「我沒見過那麼無私大方的人」：茱莉雅給愛薇絲的信，一九五四年九月二十一日，SA。

262 「明顯感受到那股強烈的影響」：「我們本來沒想到紙上情誼會發展成現實生活的情誼，但是真的發生了。」茱莉雅給愛薇絲的信，一九五四年七月。

262 「離開法國對他們兩人來說都很痛苦」：「我們都還不想面對現實。」保羅給家人的信，一九五四年五月二十七日，SA。

263 「他們也想過乾脆離開外務部」：「我們再次討論要不要辭去海外服務的工作，直接留在美麗的法國。」JC, *My Life*, p. 205.

263 「狄弗托的文學經紀人」：「我們和卡爾．布蘭特（Carl Brandt）開心地聊了半小時。」茱莉雅給愛薇絲的信，一九五四年九月二十一日。

第十四章 我們這頭象

264 「天哪，我們怎麼會走到這步田地」：茱莉雅給愛薇絲的信，一九五四年十月二十七日，SA。

264 「我們一看到那景象，心就沉了」：JC, *My Life*, p. 209.

265 「茱莉雅對此相當不滿」：「那個地方都是住著不想待在那裡的軍人，他們對當地的語言或人民毫無興趣，我們討厭住在那種環境裡。」Fitch, *Appetite for Life*, p. 219.

265 「就是討厭德國人」：茱莉雅給愛薇絲的信，一九五四年一月十六日。

266 「感覺像在月球一樣」：茱莉雅給愛薇絲的信，一九五四年十月二十七日。

266 「想以廚師身分在此生活下來」：「語言不通的話，生活太疏離了。」茱莉雅給席卡的信，一九五四，日期不明，SA。

266 「他們似乎很正派」：「目前為止，我們遇到的人都很親切友善。」茱莉雅給愛薇絲的信，一九五五年一月十六日。

266 「我以為德國人很可怕」：「換成我們是德國人的話，我們會變成什麼樣子？」茱莉雅給愛薇絲的信，一九五四年十月一日，SA。

266 「他們瘋狂地興建」：「我開始明白為什麼大家那麼重視德國了。」茱莉雅給愛薇絲的信，一九五五年一月十六日。

266 「很像平價的商務旅社」：茱莉雅給愛薇絲的信，一九五四年十月二十七日。

266 「沒什麼空間可以好好煮個菜」：茱莉雅給愛薇絲的信，一九五四年十月一日。

267 「最出色的佳餚」：JC, *Mastering, Vol. I*, p. 234.

267 「茱莉雅很喜歡烤雞」：「沒有什麼比美味的烤雞更令人滿足的了，那是我最愛的一道菜。」作者訪問茱莉雅，一九九二年九月二十日。

267 「不像法國雞那麼美味」：JC, *My Life*, p 213.

268 「茱莉雅無疑想為」：「她的研究相當徹底，什麼都想到了。」作者訪問貝潘，二〇〇九年一月六日。

268 「如何解凍」：「雞肉——附註」茱莉雅的筆記，一九五四年十二月二十二，SA。

268 「我們必須永遠記得」：Fitch, *Appetite for Life*, p. 207.

268 「才能收入書中」：「我們有個絕對必須遵守的原則。」茱莉雅訪問。

268 「說到研究，她非常龜毛」：作者訪問巴爾，二〇〇八年十二月十六日。

268 「謝天謝地，我們都同意」：茱莉雅給席卡的信，一九五三年七月六日，SA。

269 「幾乎沒提供其他的東西」：茱莉雅給愛薇絲的信，一九五四年十二月八日，SA。

269 「她的廚藝還不夠精湛」：JC, *My Life*, p. 214.

269 「很棒的小點子」：「她先天就很會宣傳。」茱莉雅給愛薇絲的信，一九五四年十一月十日。

269 「這本書的責任大多落在」：茱莉雅給露薏瑟的信，一九五四年十一月十九日，SA。

269 「跟露薏瑟的合作成了問題」：茱莉雅給愛薇絲的信，一九五四年十二月八日。

270 「充滿奶香的蒸汽」：Recipe for Poulet Poêle à l'Estragon, *Mastering, Vol. I*, p. 249.

270 「我在烤雞裡塞入雞肝和奶油乳酪」：愛薇絲給茱莉雅的信，一九五五年一月五日，SA。

271 「有這麼多的東西可煮」：「謝天謝地，還好有這本書。」Fitch, *Appetite for Life*, p. 220。

271 「整天看那麼多美軍，實在令人心情低落」：茱莉雅的日記，一九五五年一月二日。

271 「這裡的運作規模非常大」：「這裡的規模很大，似乎有層級很高的長官。」茱莉雅給愛薇絲的信，一九五四年十月二十七日。

271 「美國處」：「靠近東區的美國處設有特殊的房間，讓東區的遊客進入西區，在遠離大眾下，吸收外在世界的新聞。」茱莉雅給愛薇絲的信，一九五五年一月十六日。

271 「我確定這次高層肯定是」：Fitch, *Appetite for Life*, p. 225.

271 「他不是那種會逼自己出頭的人」：茱莉雅給愛薇絲的信，一九五五年四月，SA。

272 「情況渾沌不明」：保羅給茱莉雅的電報，一九五五年四月九日，SA。

272 「拜託！這個部門真的」：保羅給茱莉雅的信，一九五五年四月十三日，SA。

272 「有明確的指示」：保羅的日記，一九五五年四月十二日，SA。

272 「以為我是中情局的特務」：同上。

272 「告示牌亂掛」：保羅給茱莉雅的信，一九五五年四月十二日，SA。

272 「麥卡錫！……她恨死那個混蛋了！」：「我實在想不透，任何瞭解我們國家價值的人，怎麼會跟這種人打交道。」：JC, *My Life*, p. 200.

272 「當時茱莉雅完全不知道」：DC Preservation League website, "Most Endangered Places," posted May 31, 2007.

272 「道道地地的美國牛排」：JC, *My Life*, p. 206.

273 「情況宛如卡夫卡的故事」：保羅給茱莉雅的電報，一九五五年四月十三日，SA。

273 「他是被調查了」：「這個宛如卡夫卡的情境，看來是朝安全調查發展。」保羅給茱莉雅的信，一九五五年四月十三日。

273 「不是要升遷了」：JC, *My Life*, p. 214.

273 「政府搞錯狀況」：保羅給茱莉雅的信，一九五五年四月十三日。

273 「以對抗神經緊張」：「我自從離開杜塞道夫後，沒有一晚是不需要吃安眠藥的。」保羅給茱莉雅的信，一九五五年四月十八日，SA。

274 「他們要求保羅脫褲子檢查」：「他們堅持要求：『脫下褲子！』」Fitch, *Appetite for Life*, p. 226.

274 「他們謝謝他的配合」：「我的調查圓滿結束。」保羅給茱莉雅的電報，一九五五年四月十四日，SA。

274 「我要去喝一瓶百威啤酒」：保羅給茱莉雅的信，一九五五年四月十九日，SA。

274 「充滿情慾挑逗的心心」：「用心又真實的符號。」保羅給茱莉雅的信，一九五五年四月二十三日，SA。

274 「我今天才在想」：茱莉雅給愛薇絲的信，一九五五年四月。

275 「我甚至懷疑妳父親」：愛薇絲給茱莉雅的信，一九五五年四月二十五日，SA。

275 「大調查」：茱莉雅給家人的信，一九五六年九月一日，SA。

275 「地位大幅提升」：茱莉雅給愛薇絲的信，一九五五年十月，SA。

275 「我可以感覺到」：「德國人都很喜歡及尊敬他。」茱莉雅給家人的信，一九五六年九月一日。
275 「普里特斯多夫的生活很怪」：茱莉雅給愛薇絲的信，一九五五年十月。
275 「我們兩人都一直忙得不可開交」：「我不知道這裡的時間怎麼了。」茱莉雅給家人的信，一九五六年二月二十四日，SA。
275 「大約在這個時候，她寫了一封信」：「這個語言很吸引我……似乎很有表達力。」茱莉雅給家人的信，一九五六年八月一日，SA。此外，「德國愈來愈有趣了，我真的很喜歡這個語言。」茱莉雅給家人的信，一九五六年二月二十四日。
275 「希望不久能看懂歌德的作品」：「我以前一直想深入瞭解歌德，但從來沒想過我有一天可能讀得懂。」茱莉雅給家人的信，一九五六年八月一日。
276 「美麗如昔」：保羅給家人的信，一九五六年八月一日，SA。
276 「那肯定像地震一樣震撼」：愛薇絲給茱莉雅的信，一九五六年八月二十三日，SA。
276 「第一件事是先買台洗碗機」：茱莉雅給愛薇絲的信，一九五六年八月二十七日，SA。
276 「還有劍橋的愛薇絲」：茱莉雅在多封信裡，稱愛薇絲是「我的心靈伴侶」，尤其是在這封信中。茱莉雅給愛薇絲的信，一九五六年六月二十二日，SA。
276 「興奮不安的悸動感」：JC, *My Life*, p. 214.
276 「搬家又會再度拖延到食譜書的進度」：「我們四年搬了三次家！」茱莉雅給愛薇絲的信，一九五六年八月二十七日。
276 「『事實上，』她發現」：同上。
277 「作為保羅的晚餐」：「她買了兩包速食馬鈴薯，加入奶油和鮮奶油後，端給保羅吃，保羅完全沒注意到差別。」Fitch, *Appetite for Life*, p. 232.
277 「美國的家庭主婦上超市時」：Helen McCully, "Short-Cut Foods Revolutionize American Cooking," *McCall's*, January 1955, p. 42.
277 「提供五花八門的選擇，令她深深著迷」：「我喜歡的一點是，到這些自助超市購物的體驗。」茱莉雅給席卡的信，一九五六年。
278 「對她來說，烹飪不再是」：Editors, "Outdoor Hospitality," *Esquire's Handbook for Hosts*, 1953.
278 「一、二、三，只要三步驟」："Meals in Minutes," *Better Homes & Gardens*, September 1953, p. 93.
278 「最令人沮喪的報導」：茱莉雅給愛薇絲的信，一九五六年六月二十二日，SA。
279 「大家不是家裡隨時都備有」：茱莉雅給席卡的信，一九五八年，SA。
279 「多數美國人對廚藝一竅不通」：茱莉雅給愛薇絲的信，SA。
279 「二十分鐘的烤肉食譜」："Meals in Minutes," *Better Homes & Gardens*.
280 「所以我真的很鬱悶」：茱莉雅給愛薇絲的信，一九五八年一月十二日。
280 「直是滿坑滿谷」：茱莉雅給席卡的信，一九五七年，SA。
280 「那是把法國料理送上斷頭台」：「我希望很多人都無法接受。」茱莉雅給席卡的信，一九五八年，SA。
280 「真要命，去死吧！」：茱莉雅給席卡的信，一九五八年七月十四日，SA。
281 「我想不到我們還能怎麼做了」：同上。
281 「讓想做出美味佳餚的人」：茱莉雅給愛薇絲的信，一九五六年二月二十日，SA。
281 「她的作法肯定不是典型的法國作法」：茱莉雅給愛薇絲的信，一九五五年十一月二日，SA。
281 「草率」，「很多方面都很差」：茱莉雅給席卡的信，一九五五年，SA。
281 「大衛的書寫得很迷人」：作者訪問茱蒂絲，二〇〇九年三月十八日。
281 「美國烹飪大師」：Clark, *James Beard*, p. 158.
281 「目前的食譜書作家中最好的一位」：茱莉雅給愛薇絲的信，一九五七年五月，SA.
282 「用冷凍馬鈴薯泥」：James Beard, *Love and Kisses and a Halo of Truffles*, John Ferrone, ed. (New York: Arcade, 1994), p. 51.
282 「法式漂浮雪球」：Recipe from *Mademoiselle*, April 1950, p. 54.
282 「唯一令人讚賞的優秀作家」：愛薇絲給茱莉雅的信，一九五五年二月一日，SA。
282 「極其出色」：茱莉雅給愛薇絲的信，一九五六年十月二十六日。
282 「法式燉雞」：Diat, *French Cooking for Americans*, pp. 126 and 118.
282 「那不是很冤枉嗎」：茱莉雅給愛薇絲的信，一九五五年四月。
282 「我們這頭象」：同上。
282 「光是肉類和魚類就要花好幾年」：「看來似乎要寫很久才寫得完。」茱莉雅給愛薇絲的信，一九五六年二月二十日。
283 「我實在不太想看到」：愛薇絲給茱莉雅的信，一九五六年十二月十三日，SA。
283 「夜以繼日地趕工收尾」：「席卡在校對書稿，我趕著改寫醬汁那章。」茱莉雅給愛薇絲的信，一九五八年二月二日，SA。
283 「搖搖晃晃吱吱嘎嘎地在強勁的風雪中行進」：JC, *My Life*, p. 228.
284 「已過午夜」：「兩位女士和書稿約在凌晨一點抵達。」Avis DeVoto, *Memoir About Julia Child*, October 16, 1988.
284 「深感佩服」：「書的調性也相當誘人。」愛薇絲在寫給茱莉雅的信中，透露德．冊提拉納對那本書的保密編輯意見，一九五三年一月二十二日，SA。
284 「美國人不想那樣烹飪」：愛薇絲給茱莉雅的信，一九五三年一月二十二日。
284 「我們都沒說太多話」：JC, *My Life*, p. 229.
284 「我們對妳們付出的心血深感敬佩」：德．冊提拉納給茱莉雅的信，一九五八年三月二十一日，SA。
284 「精簡」：「我們發現美國目前的趨勢是朝速度和省事發展。」茱莉雅給米夫林出版社的草稿信，一九五八年三月二十六日，SA。
284 「一系列的小書」：德．冊提拉納給茱莉雅的信，一九五八年三月二十一日。
285 「我們只好重來一次」：Fitch, *Appetite for Life*, p. 241.
285 「把『百科全書』壓縮」：JC, *My Life*, p. 230.
285 「一切都會以比較簡單的形式呈現」：茱莉雅給德．冊提拉納的信，一九五八年三月二十七日，SA。
285 「一九五九年，連比爾德這種大師」：Cook It Outdoors (1941), *Jim Beard's Barbecue Cooking* (1954), The Complete Book of Outdoor Cookery (1955), James Beard's Treasury of Outdoor Cooking (1959).
285 「焦點將擺在」：「食譜要簡短。」茱莉雅給德．冊提拉納的信，一九五八年三月二十七日。
286 「如何煎炒」：茱莉雅給德．冊提拉納的信，一九五八年四月二十三日，SA.
286 「我實在沒辦法把烤雞縮減到兩頁以內」：茱莉雅給席卡的信，一九五八年六月，SA。

286「再過四年」：「保羅說他不希望六十歲還在當公務員，他想專心創作藝術。」Fitch, *Appetite for Life*, p. 246.
287「迷人的新英格蘭調調」：JC, *My Life*, p. 231.
287「持續嘗試，用力出擊」：愛薇絲給茱莉雅的信，一九五八年三月二十五日，SA。
287「妳比任何人都更精於」：同上。
288「一九五八年八月六日」：「我們昨天剛得知。」茱莉雅給愛薇絲的信，一九五八年八月七日，SA。
288「我覺得很棒」：同上。

第十五章　換茱莉雅嶄露鋒芒

290「妳不會喜歡這兒的食物」：「我知道茱莉雅在想什麼，所以先讓她有心理準備。」作者訪問黛比．豪伊，二〇〇九年二月二十四。
290「很厚的香蕉蛋糕切片」：茱莉雅給愛薇絲的信，一九五九年五月二十二日，SA。
291「像酸菜」：「他們也有gravlochs，那是鹽漬的，埋在地底下。」茱莉雅給家人的信，一九五九年七月十四日，SA。
291「那要命的東西」：「我實在不該試吃的。」保羅給家人的信，一九六〇年三月十九日，SA。
291「蔬菜：糟」：保羅給家人的信，一九五九年五月二十四日，SA。
291「很棒的派駐地點」：豪伊訪問。
291「悠閒、親切、直接、隨興」：保羅給家人的信，一九五九年五月二十四日。
291「古老大城」：茱莉雅給愛薇絲的信，一九五九年五月二十二日，SA。
291「闔家安居的地方」：「可以看到很多小孩。」豪伊訪問。
291「春光明媚」：保羅給家人的信，一九五九年五月二十四日。
291「峽灣的超凡美景」：黛比訪問。
292「閣樓大如聚會大廳」：保羅給家人的信，一九五九年六月二十六日，SA。
292「老舊不堪的挪威電爐」：保羅給家人的信，一九五九年七月十四日，SA。
292「根本無法使用」：保羅給家人的信，一九五九年六月二十六日。
292「共有七十四個物件」：「茱莉雅的鍋碗瓢盆都掛好了。」保羅給家人的信，一九五九年七月十四日。
292「不是挪威語，而是丹麥語」：「他很快就發現他學的是丹麥語。」黛比訪問。
292「茱莉雅非常喜歡挪威人」：茱莉雅給家人的信，一九五九年七月十四日，SA。
292「一九五九年整個夏季」：「茱莉雅瘋也似地趕書。」保羅給家人的信，一九五九年七月二十六日，SA。
292「辛苦熬了近八年」：JC, *My Life*, p. 235.
293「人類記憶中少數出現」：「意外出現熱浪，目前挪威有熱浪來襲。」保羅給家人的信，一九五九年六月二十六日。
293「修改《美式廚房的法國料理》」：JC, *My Life*, p. 235.
293「市民料理入門書」：「這本書是全然不同的樣子了。」同上。
293「剔除腸子」：Saint-Ange, *La Bonne Cuisine*, p. 402.
293「我簡直不敢相信」：黛比訪問。
293「這些年來像扛石頭一樣」：茱莉雅給家人的信，一九五九年九月，SA。
293「到當地的大學上挪威語」：「我去大學上課，一週上三堂，我很喜歡那個課程。」茱莉雅給家人的信，一九五九年十一月十二日，SA。
293「晚上有很多公務活動」：茱莉雅給家人的信，一九五九年十月一日，SA。
293「我感到悵然若失」：茱莉雅給家人的信，一九五九年十一月十二日。
294「我墜入了困惑的泥沼」：茱莉雅給家人的信，一九五九年十月一日。
294「快點放下一切」：作者訪問馬克．狄弗托，二〇〇八年十二月十二日。
294「當時他們幾乎已經」：Avis DeVoto, *Memoir About Julia Child*.
294「備受鼓舞」：「我們收到德．珊提拉納的熱情回信。」茱莉雅給家人的信，一九五九年十月一日。
294「驚嘆得五體投地」：德．珊提拉納給茱莉雅的信，一九五九年九月二十九日，SA。
294「喬瑟夫．多農的《經典法國料理》」：「相較之下，多農不僅稱不上經典，也稱不上法國，儘管他獲得法國的榮譽勳位。」同上。
295「烹飪科學的傑作」：布魯克斯給茱莉雅的信，一九五九年十一月六日，SA。
295「她始料未及」：「我收到德．珊提拉納上一封熱情的回信後，希望大增。」茱莉雅給席卡和愛薇絲的信，一九五九年十一月，SA。
295「傷心欲絕」：「茱莉雅和保羅，以及席卡和費席巴雪都傷心欲絕。」Fitch, *Appetite for Life*, p. 255.
295「對美國人來說太難了」：茱莉雅給家人的信，一九五九年十一月十二日。
295「握有大權」：愛薇絲給茱莉雅的信，一九五九年十一月十一日，SA。
296「賣了近七萬本」：「我們賣了近七萬本的《柯彼特食譜》。」愛薇絲在寫給茱莉雅的信中，引用了這段德．珊提拉納寫給她的文字，一九五九年十一月十七日，SA。
296「最佳範例」：Shapiro, Julia Child, pp. 84–85.
296「其他都不在乎了嗎」：JC, *My Life*, p. 239.
296「難道是席卡找錯了合作對象」：「妳找錯合作對象了。」茱莉雅給席卡和愛薇絲的信，一九五九年十一月。
296「我拒絕再一廂情願地抱著希望」：茱莉雅給愛薇絲的信，一九六〇年二月二十二日，SA。
296「我開始重新安排生活」：茱莉雅給愛薇絲的信，一九五九年十一月十五日，SA。
297「繼續精進自己」：茱莉雅給家人的信，一九五九年十一月十二日。
297「在廚房裡大顯身手，像喜鵲般雀躍」：「我聽到茱莉雅在廚房裡開心做事的聲音。」保羅給家人的信，一九五九年九月二十日，SA。
297「翻閱食譜書就像幻想的饗宴」：作者訪問芭芭拉．卡夫卡（Barbara Kafka），二〇〇九年五月二十八日。
297「居家好主婦」：作者訪問茱蒂絲，二〇〇九年三月十八日。
298「他佩服得五體投地」：愛薇絲給茱莉雅的信，一九五九年十二月二十七日，SA。

298「阿弗雷德和布蘭奇不太對盤」：茱蒂絲訪問。
299「直言不諱的政治評論家」：「他曾是出名的共產主義支持者，但現在立場改了。」愛薇絲給茱莉雅的信，一九五九年十二月二十七日；茱蒂絲訪問。
299「太資淺了」：「我太資淺，還無法參與那些嚴肅的會議。」茱蒂絲訪問。
300「我很驚訝」：同上。
300「就像在藍帶上基礎課程」：愛薇絲給茱莉雅的信，一九六〇年四月九日，SA。
300「她中午回家吃午餐」：同上。
300「這正是我等一輩子想做的書」：Fitch, *Appetite for Life*, p. 261.
300「我知道我們非出版不可」：Jones, *The Tenth Muse*, p. 61.
300「極度憂心」：愛薇絲給茱莉雅的信，一九五八年三月二十五日。
300「我推銷了不少書給他」：Avis DeVoto, *Memoir About Julia Child.*
301「柯許藍不是那種會冒險的人」：茱蒂絲訪問。
301「了不起的書稿」：愛薇絲給茱莉雅的信，一九六〇年四月九日。
301「我們有四個人照著那份書稿烹飪了」：Avis DeVoto, *Memoir About Julia Child.*
301「我覺得我們不需要這種書」：愛薇絲給茱莉雅的信，一九六〇年二月十八日，SA。
301「相當了不起的成就」：愛薇絲給茱莉雅的信，一九六〇年四月九日。
301「『好吧，』他說」：「他的態度是，就讓她自己去出糗吧，但我們姑且給她一次機會。」茱蒂絲訪問。
301「潛入」：「布蘭奇發現有人偷偷把書塞進來，書稿落在我手上，而且我還做出那樣的反應，她氣炸了。」茱蒂絲訪問。
302「很合理的預付版稅」：「我們不為食譜書支付更高的預付版稅。」同上。
302「我讀書稿時可以看出」：同上。
303「我覺得這樣分配太誇張了」：「我覺得她根本對這本書毫無概念。」茱莉雅給愛薇絲的信，一九六〇年九月十一日，SA。
303「二點五磅的肉」：「前幾天我照著妳的食譜煮，做出來的東西很棒，好吃到五個餓鬼吃得精光還不夠。」茱蒂絲給茱莉雅的信，一九六〇年五月二十七日，SA。
303「更多豐盛的鄉村料理」：「我覺得裡面缺乏某些豐盛佳餚，是住過法國的人都會懷念的美味。」同上。
303「席卡和我都不太想」：茱莉雅給茱蒂絲的信，一九六〇年六月二十四日，SA。
304「你只要能幫當今」：茱莉雅，一九六〇年五月，SA。
304「茱莉雅傾向選《美味法式料理》」：「《美味法式料理》是我目前最喜歡的書名。」茱莉雅給愛薇絲的信，一九六〇年十一月十六日，SA。
304「望而卻步」：JC, *My Life*, p. 248.
304「也許可以取名為法國料理的藝術」：茱蒂絲訪問。
305「我想我們找到書名了」：茱蒂絲給茱莉雅的信，一九六〇年十一月十八日，SA。
305「那個書名很棒」：「我覺得妳找到最適合的了。」茱莉雅給茱蒂絲的信，一九六〇年十一月二十三日，SA。
305「他是藝術家」：「保羅太複雜世故了，那阻礙了他的發展。」豪伊訪問。
305「老是在打官僚與個人之間的戰爭」：保羅給家人的信，一九六〇年八月二十七日，SA。
305「瘋狂、緊湊、可恨的官僚生活」：保羅給家人的信，一九六〇年五月二十五日，SA。
305「在十二年的外交生涯中」：保羅給「約翰」的信，一九六〇年十二月二十三日，SA。
305「這個該死的工作」：保羅給家人的信，一九六〇年五月七日，SA。
306「那工作影響了他的健康」：黛比訪問。
306「幾乎每個月都覺得」：「死亡對我來說是很痛苦的議題。」保羅給家人的信，一九六〇年五月十四日，SA。
306「保羅已經受不了了」：「茱莉雅知道，要讓保羅的身體好轉，唯有離開挪威才有可能，所以他們決定讓他退休。」黛比訪問。
306「在待過艾凡、劍橋」：保羅給家人的信，一九六〇年六月二十六日，SA。

第十六章　泰然自若

309「都美得不得了」：茱莉雅給柯許藍的信，一九六一年九月二十九日，SA。
309「這還真重」：JC, *My Life*, p. 352.
310「可怕至極的工作」：同上，p.250。
310「非常執著」：作者訪問茱蒂絲，May 27, 2011.
311「快把我逼瘋了」：茱莉雅給愛薇絲的信，一九六一年四月二十八日，SA。
311「看到一半就妄下定論」：茱莉雅給愛薇絲的信，一九六一年四月二十四日，SA。
311「那個老番顛！」：「我記得茱莉雅把信丟在地上踩，她氣死了。」茱蒂絲訪問。
311「Ce gâteau – ce n'est pas française」：「她覺得那個蛋糕不法國，但是那當然是法國的蛋糕。」JC, *My Life*, p. 250.
311「卡斯泰爾諾達里的純正版」：「這些區域的差別已經模糊了，卡酥來砂鍋沒看起來那麼簡單。」Paula Wolfert, *The Cooking of South-West France* (New York: *Dial* Press, 1983), pp. 232–33.
311「我們法國人不是」：「席卡對我的作法大吼：『不是那樣！』」JC, *My Life*, p. 246.
312「基本上，席卡不相信」：作者訪問茱蒂絲，二〇〇九年三月十八日。
312「某次她們吵得特別凶」：「她氣死了！把那封信扔在地板上。」茱蒂絲訪問，二〇一〇年五月二十七日。
312「這個大笨蛋寫這些東西好幾年了」：茱莉雅給愛薇絲的信，一九六一年四月二十八日。
312「寫了一封信拜託她別鬧了」：茱莉雅給愛薇絲的信，一九六一年四月二十一日。
312「沒有什麼烹飪社群」：茱蒂絲訪問，二〇〇九年三月十八日。
313「他們去了西城一家法式小餐館」：「我怕花太多錢，公司的出納曾說我給的小費太多了。我要是花太多錢，會遭到懲戒。」同上。
313「刮目相看」：茱蒂絲訪問，二〇一一年五月二十七日。
313「最包羅萬象」："Cookbook Review: Glorious Recipes," *New York Times*, October 18, 1961, p. 47.

314 「這本書真是精彩」：Craig Claiborne, "How to Cook by the Book," *Saturday Evening Post*, December 22–29, 1962, p. 74.

314 「《紐約時報》刊出那篇書評後」：作者訪問茱莉雅，一九九二年九月二十二日。

314 「基本上有點語無倫次」：「茱莉雅指導席卡上電視的訣竅。」作者訪問瑞秋．柴爾德，二〇〇九年四月七日。

315 「嚇死了」：「如果她停下來想，可能就無法撐過了。」作者訪問莫拉許夫婦，二〇〇九年九月三日。

315 「那本書似乎在紐約熱門起來了」：茱莉雅給小陶的信，一九六一年十月二十二日。

316 「我們第一年能賣一萬本就很好了」：「當時長銷書很重要。」作者訪問茱蒂絲，二〇〇九年四月二日。

316 「把書出版，希望茱莉雅去幾家書店打書」：「當時還沒有行銷這種東西。」同上。

316 「茱莉雅自掏腰包」：「整個宣傳費用都是由茱莉雅買單。」Fitch, *Appetite for Life*, p. 272.

316 「他這個人胃口極大」：作者訪握沃夫，二〇〇九年三月十八日。

316 「魅力無比」：Clark, *James Beard*, p. 2.

316 「美食就像劇場」："James Beard Interview," *Gastronome*, Winter 1982, p. 17.

317 「地密爾和馮．史托洛海姆等名導演的作品」：比爾德出現在《萬王之王》（*King of Kings*）受刑的畫面，也在《女王凱莉》（*Queen Kelly*）裡演過德國軍人。Clark, *James Beard*, p. 84.

317 「比爾德是個相當調皮的傢伙」：作者訪問拜特貝瑞，二〇〇九年十一月三日。

317 「在地美食」：Beard, *James Beard's American Cookery*, p. 4.

318 「他總是給人一種脾氣不好又任性的感覺」：拜特貝瑞訪問。

318 「比爾德絲毫不敢怠慢」：沃夫訪問。

318 「我真希望那本書是我寫的」：比爾德給克諾夫出版社的信，一九六一年十月十二日，SA。

318 「我本來覺得克諾夫那本書很好」：James Beard, *Love and Kisses and a Halo of Truffles: Letters to Helen Evans Brown*, John Ferrone, ed. (New York: Arcade, 1994), p. 295.

319 「比爾德和茱莉雅注定會是朋友」：作者訪問卡夫卡，二〇〇九年五月二十八日。

319 「比爾德受過軍方的密碼訓練」：Jones, *Epicurean Delight*, p. 117.

319 「他號召同業」：同上，p.258。

319 「他馬上就帶著我們」：「我們只是默默無聞的小人物，但他馬上帶著我們，四處去認識大家，幫我們在紐約的美食圈起步。」同上，p.273n。

319 「美國烹飪界地位最崇高的女性」：Jane Friedman, "Before Julia, There Was This Great Unheralded Teacher," *Chicago Tribune*, October 8, 1979, p. 1.

319 「我見過廚藝最精湛的大師」：同上。

319 「幾乎都是她一手設計出來的」：「如果你看設計的菜單，那是法式美國料理，加上煎蛋卷。」拜特貝瑞訪問。

319 「盜用」：Clark, *James Beard*, p. 155.

319 「沒有表演天賦」：卡夫卡訪問。

320 「她學識淵博，無所不知」：Paula Wolfert, "Before Julia," *Chicago Tribune*, November 24, 1980, p. 4.

320 「做了一道扇貝」：拜特貝瑞訪問。

320 「她是十足的瘋子」：沃夫訪問。

320 「難搞」，「霸道，不可理喻」：拜特貝瑞、沃弗特、茱蒂絲、卡夫卡、愛薇絲、貝潘的形容。

320 「煎出完美無瑕的蛋卷」："With Palette Knife and Skillet," *The New Yorker*, May 28, 1949, p. 51.

320 「針對如何向觀眾示範烹飪」：JC, *My Life*, pp. 255–56.

321 「食物不再只是烹飪」：「一九六一年是法國料理的關鍵年。」Clark, *James Beard*, p. 198.

321 「聘請受過傳統訓練的法國料理大師勒內．弗登」：Craig Claiborne, "White House Hires French Chef," *New York Times*, April 7, 1961, p. 1.

321 「大家都在注意甘迺迪家族」：茱莉雅給布蘭納的信，in Brenner, *American Appetite*, p. 52.

321 「當地大書店進了一百二十五本已全部受罄」：「我一點也不懷疑這對全國業績來說有指標意義，不過看到實際發生時，還是很高興。」保羅給家人的信，一九六一年十一月十二日，SA。

321 「我們每天面對兩，三百個觀眾示範兩次」：「這本書似乎買氣不錯。」茱莉雅給家人的信，一九六一年十一月十九日，SA。

322 「好不容易才開始復原」：「可憐的老爸因細菌感染，已臥床兩週了，他以前從來不生病的。」茱莉雅給家人的信，一九六三年十一月十九日，SA。

322 「痛罵的對象」：「他的觀感所展現的愚蠢，讓我難以沈著面對。」保羅給家人的信，一九六一年十二月一日，SA。

322 「老番顛」：「這個老番顛在過去二十年間，以頑強的愚蠢和過度的右派思想疏離了三名字女。」保羅給家人的信，一九六二年，五月二十日，SA。

323 「讓他覺得渾身不對勁」：「我對這裡的主觀感覺是憂鬱，因為我們在這裡遇到的每個人，生活都很空虛。」保羅給家人的信，一九六一年十一月十二日，SA。

323 「保羅覺得帕莎蒂納是破產的」：「我感到沮喪，主要是因為我覺得他們對藝術、文化、政治理念毫無貢獻。」同上，p.2。

323 「極端保守的反共團體」：「幸好警察或極端保守的反共團體沒注意到我，不然我就被送去瘋人院了。」保羅給家人的信，一九六一年十一月二十四日，SA。

323 「整肅氣氛」：「我希望這只是老人的典型牢騷。」保羅給家人的信，一九六一年十一月十二日。

323 「像挪威那樣的地方」：同上。

323 「讓生活有意義和樂趣的重點所在」：「他們大多都不知道世界政治、藝術、音樂、文學、人類學。」同上，p.1。

323 「他對一切都充滿了批判」：茱蒂絲訪問，二〇〇九年三月十八日。

323 「但是就時點來說，那個年紀從公職退休很奇怪」：作者訪問豪伊，二〇〇九年二月二十四日。

324 「策展的豐富經驗」：保羅給家人的信，一九六一年十一月二十九日，SA。

324 「突發狀況」；「蹲在加州聖馬力諾的戲院布景後台」：保羅給家人的信，一九六一年十二月一日，SA。

324 「那場面令人震撼」：茱蒂絲訪問，二〇一一年五月二十七日。

324 「這種生活真是特別」：茱莉雅給家人的信，一九六一年十一月十九日，SA。

第十七章　忙翻天的生活

326 「把肌膚曬成古銅色」：「他們（甘迺迪和泰德．索倫森）到芝加哥飯店的屋頂……甘迺迪一邊曬太陽，一邊接受可能辯論議題的考驗。」Kayla Webley, "How the Nixon-Kennedy Debate Changed the World," www.time.com, September 23, 2010.

326「亞美尼亞的地毯小販」：愛薇絲給茱莉雅的信，一九六〇年十月二十九日，SA。
327「甘迺迪是明星」：「當晚結束時，他已經變成明星了。」Webley, "Nixon-Kennedy."
327「刺客」：Attributed to Henry Cabot Lodge. Walter Shapiro, "The First Kennedy-Nixon Debate," www.politicsdaily.com, September 25, 2010.
327「當晚勝利的」：David Greenberg, "Rewinding the Kennedy-Nixon Debates," www.slate.com, September 24, 2010.
327「曾鄭重宣誓」：茱莉雅給家人的信，一九六〇年四月二日，SA。
328「電視那玩意兒怎樣啊」：茱莉雅給家人的信，一九五三年四月四日，SA。
328「約有四分之三都有」：Collins, *Watching What We Eat*, p. 60.
329「爐灶邊的莎拉．伯恩哈特」：Jo Coppola, "The View from Here," New York Post, January 8, 1958.
329「很不討喜」：Barbara Kafka in Collins, *Watching What We Eat*, p. 58.
329「高高在上的威嚇感」：「她不囉唆廢話，帶有庫克船長的威嚇感。」Rose Dosti, "Learning to Cook First Courses Better Late Than Never," *Los Angeles Times*, October 17, 1991.
329「向讀者保證」：Shapiro, *Something from the Oven*, p. 98.
329「摻點酒」："Food for Fun and Fitness," *Mademoiselle*, February 1947, p. 38.
329「大把切碎的細香蔥」："Eat and Run," *Mademoiselle*, January 1941, p. 30.
329「一大勺酸奶油」："Food for Fun and Fitness," *Mademoiselle*, June 1947, p. 30.
330「鮭魚慕斯」：Poppy Cannon, *The Can-Opener Cookbook* (New York: Crowell, 1952), p. 107.
330「養家及打造幸福家庭生活」：「一九五〇年代的烹飪節目是塑造友善的專家，提供觀眾需要的現代資訊。」Collins, *Watching What We Eat*, p. 37.
330「我想，女性或許」：同上，p.68。
330「從頭開始煮出好菜」：Shapiro, *Something from the Oven*, p. 214.
330「我連馬賽魚湯和紅酒燉雞都分不清楚」：作者訪問莫拉許，二〇〇八年十二月十一日。
330「她用鮪魚」：「我們吃太熟的旗魚或肉餅。」同上。
331「保羅非常支持」：作者訪問吉布森，二〇一一年六月二十二日。
331「她已經對電視節目躍躍欲試了」：「我第一次見到她，是在她家，她似乎很熱切。」莫拉許訪問。
333「我們把食譜分解」：JC, *My Life*, p. 264.
333「每一段的內容都很即興」：茱莉雅給柯許藍的信，一九六三年二月十一日，SA。
333「妳需要瞭解電視的運作方式」：莫拉許訪問。
334「簡短、明確、精要」：「必須呈現完整的意思。對節目贊助商來說，那必須是響亮的名稱。」保羅給家人的信，一九六二年五月二十四日，SA。
334「保羅建議了三十個選擇」：保羅為茱莉雅做的註記，一九六二年五月二十四日，SA。
334「《法國大廚》」：「我不記得我們何時想出《法國大廚》這個名稱，但可能是拉克伍或我提議的。」莫拉許訪問。
334「我們從此以後就稱這個節目為《法國大廚》」：拉森給 WGBH 員工的備忘錄，一九六二年十二月二十四日，SA。
334「一種可以控制『五或六年』的血癌」：「醫生診斷出約翰．麥威廉斯罹患一種血癌。」保羅給家人的信，一九六二年二月四日，SA。
334「他的體重掉了二十二公斤」：「茱莉雅的父親狀況似乎很危險。」保羅給家人的信，一九六二年三月十四日，SA。
334「在財務上非常大方」：茱莉雅給費瑞狄的信，一九六二年三月十四日，SA。
335「老鷹嘴」：茱莉雅給小陶的信，一九六二年六月。
335「他從未在她人生的重要時刻支持她」：「他對他們無法展現同情心、瞭解、體貼，或甚至厚道。」保羅給家人的信，一九六二年五月二十四日，SA。
335「老實說，父親過世」：JC, *My Life*, p. 263.
335「我是有備而來」：作者訪問茱莉雅，一九九二年九月二十一日。
336「以大鋁鍋煮開水」：茱莉雅，試播筆記，SA。
338「講出保羅幫她寫的台詞」：「茱莉雅以那句話為每集《法國大廚》劃下句點，那是保羅想出來的妙點子。」作者訪問茱蒂絲，二〇一一年七月十三日。
338「但他們（男性）拒絕品嚐」：「工作人員都不吃簡單的食物，他們全去吃巨無霸三明治了。」莫拉許訪問。
339「她表現得相當出色」：作者訪問莫拉許，二〇〇八年九月三日。
339「我看到一個高大的女人在黑白電視裡」：JC, *My Life*, p 267.
339「蒸汽火車太太」：Shapiro, Julia Child, p. 100.
339「喘著粗氣」：「我太投入節目了。」茱莉雅給比爾德的信，一九六二年八月二十日，SA。
339「有呼吸困難的感覺」：「還有進步的空間。」保羅給家人的信，一九六二年八月六日，SA。
339「閃電運作」：保羅給家人的信，一九六三年一月二十六日，SA。
340「我們從很早就知道」：訪問莫拉許，二〇〇九年九月三日。
341「電視作業嚴苛的必要」：保羅給家人的信，一九六三年一月六日，SA。
341「忙翻天的生活」：「這會讓我們的小婦人忙翻天。」保羅給家人的信，一九六二年十一月九日，SA。

第十八章　自成一格

342「外頭冷得要命」：*Boston Globe*, February 11, 1963, p. 18.
342「列了不少電視節目可看」：「料理家茱莉雅．柴爾德示範紅酒燉牛肉。」同上，p.22。
344「已是形象鮮明的茱莉雅」：Shapiro, Julia Child, p. 101.
344「妳是我見過唯一」：觀眾給茱莉雅和 WGBH-TV 的信，一九六三年，日期不明，SA。
344「我們喜歡她的自然」：保羅給家人的信，一九六三年四月二十八日，SA。
344「熱潮」：「茱莉雅乘著熱潮而起，宛如老鷹乘著上升氣流而飛。」保羅給家人的信，一九六二年十一月二十九日，SA。
344「我決定抽離」：「茱莉雅在那個新世界裡已經站穩腳步，除了心理上的支持，其他不太需要我了。」保羅給家人的信，一九六二年十一月九日，SA。
345「很難停下來喘口氣」：保羅給家人的信，一九六三年一月二十六日，SA。

345 「茱莉雅巧妙掩飾的樣子」：保羅給家人的信，一九六三年二月九日，SA。

345 「她完全融入整個流程」：作者訪問莫拉許，二〇〇八年十二月十一日。

346 「當地的觀眾似乎正好想學」：「我想我們很幸運抓對了時機，因為已經好幾年沒有烹飪節目，觀眾顯然正好想學。」茱莉雅給柯許藍的信，一九六三年四月十三日，SA。

346 「電視台有點擔心」：同上。

347 「這個節目很熱門」：作者訪問莫拉許，二〇〇九年九月三日。

347 「一個傢伙穿著矮人裝」：作者訪問莫拉許，二〇一一年七月二十三日。

347 「她是第一個出自教育電視台的明星」：同上。

347 「地鐵、商店」：「茱莉雅幾乎天天都會被觀眾攔下來。」保羅給家人的信，一九六三年五月二十一日，SA。

347 「現在大家晚上出門看電影」：保羅給家人的信，一九六三年二月九日。

348 「打蛋白時」：「可惡，我想我現在可以打兩千個蛋白了！」同上。

348 「在直播的節目中」：訪問莫拉許，二〇〇九年九月三日。

348 「喔，翻得不順」：「馬鈴薯篇」，《法國大廚》第二十八集，一九六三年五月十七日。

348 「茱莉雅鉅獻：雞家姊妹」：「烤雞篇」，《法國大廚》第二六集，一九七〇年四月十六日。

348 「硬毛部位」：「龍蝦篇」，《法國大廚》第二十四集，一九六三年十月。

348 「假裝發點脾氣」：莫拉許訪問，二〇〇九年九月三日。

348 「但她也有邪惡的一面」：莫拉許訪問，二〇〇八年十二月十一日。

349 「那是我做過最辛苦的工作」：茱莉雅給布朗的信，日期不明，SA。

349 「她馬上走紅」：保羅給家人的信，一九六三年五月十五日，SA。

349 「波士頓的『神仙教母』」：Jane Harriman, "The Fairy Godmother Waves a Neat Spatula," *Boston Sunday Globe*, April 28, 1963, p. 26.

349 「《波士頓環球報》請她開每週專欄」：「茱莉雅現在幫《波士頓環球報》寫每週專欄。」保羅給家人的信，一九六三年五月十一日，SA。

349 「茱莉雅可能變成傳奇」：查理給保羅的信，一九六三年五月六日，SA。

349 「擔任合作案的代言人」：Clark, *James Beard*, p. 202；另外，「比爾德去醫院檢查時，她也會去紐約幫他代課。」保羅給家人的信，一九六四年二月二日，SA。

349 「NET的『元老』」：Craig Claiborne, "Julia Child Avoids Frustration with In-Place Utensils," *New York Times*, March 4, 1964, p. 28.

349 「工作接踵而來」：「導致她太累，影響了常識判斷。」保羅給家人的信，一九六三年七月二十七日，SA。

349 「某種胸膜炎」：「從背後開始痛起，穿過胸腔，一直痛到左胸前。」保羅給家人的信，一九六三年五月十五日，SA。

350 「志趣相投」：「我們馬上覺得，妳跟我們志趣相投，彷佛已熟識多年。」茱莉雅給伊麗莎白．大衛的信，巴黎，一九六三年週三，SA。

350 「買一萬件烹飪用品」：保羅給家人的信，一九六三年十一月四日，SA。

350 「我親愛的廚友」：茱莉雅給席卡的信，一九五八年七月十三日和九月七日；一九六〇年九月十二日；一九六一年一月十二四，SA。

351 「那份食譜可以留給下一本書」：作者訪問茱蒂絲，二〇一一年五月二十七日。

351 「茱莉雅沒跟席卡提起《法國大廚》」：「感覺那不重要，我不希望讓她有一種黯然失色的感覺。」JC, *My Life*, p. 271.

352 「巴哈瑪方非常美麗」：作者訪問蒂博，二〇〇八年十一月二十日。

352 「一排冰山」：保羅給家人的信，一九六五年二月二十五日，SA。

352 「享用豐盛的午餐」：「某天下午，我們四人一起享用悠閒的多佛鰈魚舒芙蕾，搭配一瓶沁涼的默爾索葡萄酒。」JC, *My Life*, p. 269.

352 「那些旅程令人心驚膽跳」：「席卡對我來說是一種折磨，她開起車來相當瘋狂，目無法紀。」保羅給家人的信，一九六三年九月二十六日，SA。

352 「瘋婆子」：「每次她開車，我都嚇得半死。」JC, *My Life*, p. 269.

352 「她有幾個朋友都死在路上」：蒂博訪問。

352 「穆昂薩爾圖」：「我們去附近的穆昂薩爾圖村購物，那裡有一個很好的肉販。」保羅給家人的信，一九六五年二月二十日，SA。

353 「在巴黎有個臨時的住所」：JC, *My Life*, p. 270.

353 「十畝的長坡」：「上週日我們在巴哈瑪方一帶看了幾塊出售的土地。」保羅給家人的信，一九六三年七月二十七日。

353 「我已經可以想像」：「在普羅旺斯，又住在席卡隔壁，就像美夢成真。」JC, *My Life*, p. 270.

353 「即便有慈善的考量」：「讓拉克伍直接告訴客人：『茱莉雅現場示範兼演講的標準收費是一場兩百五十美元。夫人，很抱歉，《法國大廚》的演講處規定，不能更改標準費用。』這樣比較簡單。」保羅給家人的信，一九六三年七月二十七日。

353 「繼承了十萬美元」：約翰．麥威廉斯二世的認證遺囑，一九六四年三月十六日。

353 「我們決定不再投資」：保羅給家人的信，一九六三年九月二十六日。

354 「在普羅旺斯」：JC, *My Life*, p. 270.

354 「在猶他州的奧格登」：「這是看贊助商喜互惠超市（Safeway Stores）而定，那些城市裡有喜互惠分店，也有教育電視台。」保羅給家人的信，一九六四年四月十九日，SA。

354 「更流暢、完整、放鬆」：保羅給家人的信，一九六三年五月十五日。

354 「各大廣告公司」：「智威湯遜廣告公司的代表昨天打電話給茱莉雅。」保羅給家人的信，一九六四年一月二十五日，SA。

354 「洽談一些商業代言活動」：「一個來自達西廣告公司的傢伙，很努力想要說服茱莉雅為高露潔推出的清潔劑拍廣告。」保羅給家人的信，一九六四年一月二日，SA。

354 「以各種誘餌引誘她」：「我們對於現在找上茱莉雅的這些誘餌有個認知：目前我們沒有興趣。」保羅給家人的信，一九六四年二月八日，SA。

355 「任意規劃節目內容的自由」：保羅給家人的信，一九六四年一月二十五日。

355 「我就是不想跟任何商業活動扯上關係」：「那條線有時候很難看清楚，但我知道自己的底線在哪裡。」茱莉雅給柯許藍的信，日期不明，SA.

355 「我們不會跟錢過不去」：「保羅會和茱莉雅辯論，尤其是談到錢的時候：『小姐，我們還是可以使用不約束我們的代言費。』」訪問莫拉許，二〇〇八年十二月十一日。

355 「我們做這個節目，是希望能隨心所欲」：「她堅決推辭所有的提案。」Jack Anderson, undated magazine article SA.

356 「戲劇感」：「她的戲劇感吸引了最死忠、最出乎意料的觀眾寫信給電視上的廚師。」Louis H. Lapham, "Everyone's in the Kitchen with Julia," *Saturday Evening Post*, August 8, 1964, p. 20.

356 「自成一格」：Judith Crist, "Casual Cook," *TV Guide*, August 22, 1964, p. 9.

356 「她機靈風趣」：「套句她先生的說法，她是『天生的諧星』。」Lapham, "Everyone's in the Kitchen," p. 31。

356 「確切知道涉及了什麼」：Foreword, JC, *Mastering*, p. vii.

356 「天生的諧星」：Lapham, "Everyone's in the Kitchen," p. 31.

356「四分之一磅奶油」：「在有一集中，茱莉雅伸手去拿奶油，卻看到一張紙條。」June Bibb, "Harvard Meets *The French Chef*," *Christian Science Monitor*, December 2, 1965.
357「史蒂夫．艾倫和恩尼．科沃斯」：「茱莉雅的電視界前輩不是盧卡斯和康能，而是史蒂夫．艾倫和恩尼．科沃斯。」Clark, *James Beard*, p. 211.
357「露西．鮑爾」：Shapiro, Julia Child, p. 112.
357「有時她會把火雞丟進水槽裡」：Lapham, "Everyone's in the Kitchen," p. 32.
357「我們必須持續為茱莉雅辯解」：訪問莫拉許，二〇〇八年十二月十一日。
357「你吃這個可以搭配波爾多紅葡萄酒」：茱莉雅錄製雞肉砂鍋的腳本，《法國大廚》，一九六四年二月二十五日，p.3。
358「我現在幾乎每次踏出家門」：茱莉雅給比爾．柯許藍（Bill Koshland）的信，一九六五年，日期不明。
358「超市一週賣出的」：Bibb, "Harvard Meets '*The French Chef*.'"
358「她告訴觀眾，他們需要」：訪問莫拉許，二〇〇九年八月三日。
358「她的信眾」：Lapham, "Everyone's in the Kitchen," Time, November 25, 1966, p. 74.
358「她們都用那本書」：保羅給家人的信，一九六五年一月二十三日，SA。
358「他幫忙拆閱觀眾寫來」：「攝影棚今天收到一首來自緬因州奧羅諾的頌詩，由兩個不知名的作者簽名，讚美茱莉雅。」同上。

第十九章　小東西裡的瘋婆子

360「日常轉化成非凡事物」：Todd Gitlin, *The Sixties* (New York: Bantam Books, 1987), p. 203.
360「大眾對美食的重視」：Louis H. Lapham, "Everyone's in the Kitchen with Julia," *Saturday Evening Post*, August 8, 1964, p. 74.
362「著重食物和戲劇重疊的概念」：William Grimes, "Joseph Baum, America's Dining High Stylist, Dies at 78," *New York Times*, October 6, 1998, p. B10.
362「鮑姆認為，外食必須是」：作者訪問卡夫卡，二〇〇九年五月二十八日。
362「可能是二十年來紐約開過最令人興奮的餐廳」：Craig Claiborne, "Food News: Dining in Elegant Manner," *New York Times*, October 2, 1959.
363「這裡沒有最頂級的高級料理」：Craig Claiborne, "People Actually Go to Maxwell' s Plum for the Food," *New York Times*, July 30, 1970.
363「出門探索這些聚會場所開始流行了起來」：作者訪問高德，二〇一〇年二月二十二日。
363「當時仍是烹飪的黑暗時代」：作者訪問庫默爾，二〇〇九年十一月二十三日。
364「終極廚娘」：Lapham, "Everyone's in the Kitchen," Time, November 25, 1966.
364「《時代》雜誌那篇報導讓茱莉雅」：作者訪問莫拉許，二〇〇九年十一月三日。
364「讓她成了美國烹飪界的代言人」：作者訪問貝潘，二〇〇九年一月六日。
365「我們家每次說到她」：Letters: "Compliments to the Chef," Time, February 13, 1966, p. 13.
365「最了不起的人才之一」：「知識極其淵博。」Joan Barthel, "How to Avoid TV Dinners While Watching TV," *New York Times Magazine*, September 7, 1966, p. 30.
365「另一位名廚」：同上，p.33。
365「瑪德蓮．卡曼」：Rose Dosti, "Madeleine Kamman: A Controversial Cooking Teacher," by *Los Angeles Times*, June 7, 1990.
365「她一輩子都在問」：Molly O'Neill, "For Madeleine Kamman, A Gentler Simmer," *New York Times Magazine*, January 14, 1998.
365「為什麼美國人要」：同上。
366「我相信我們一定會收到」：茱莉雅給席卡的信，一九六五年十一月二十四日，SA。
366「每週必須婉拒數百位」：Alyne E. Model, "Julia Child and Her Runaway Bender," *Boston*, May 1966, p. 32.
366「一份超大包的郵包」：「今天收到一個 WHBG 的超大郵包，裡面裝滿粉絲看了《時代》報導而寫來的信。」保羅給家人的信，一九六六年十一月三十日，SA。
366「銷量翻了三倍」：Fitch, *Appetite for Life*, p. 311.
366「克諾夫出版社一舉把下一刷」：「好消息！」茱莉雅給席卡的信，一九六六年四月八日，SA。
366「現在整個拉丁美洲都有意購買」：「拉丁美洲的節目當然會有西班牙語的配音。」保羅給家人的信，一九六七年一月三日，SA。
366「其他國家並沒有教育電視台」：「法律上，我們可以直接和他們談。」同上。
366「已累積一百三十四集」：「三年內錄了一百三十四集，經常在 NET 上重播。」Paul Henniger, "Colorful Meals for TV's French Chef?" *Los Angeles Times*, July 7, 1967, p. 12.
367「我要等我們升級為彩色錄影」：「在電視台做某些改變以前，她不願再回去錄影。」同上。
367「全美各地數百位 NET 的大人物」：「隔天，來自全美各地全國教育電視台的五百位大人物都來參觀 WGBH，觀看《法國大廚》的彩色錄影。」保羅給家人的信，一九六六年四月十七日，SA。
367「真正的草莓看起來」：Henniger, "Colorful Meals."
367「她非常先進」：莫拉許訪問。
368「受到侷限」：「由於茱莉雅是完美主義者……她知道她的電視節目有哪些缺點。」Henninger, "Colorful Meals."
368「試播不太順利」：「她和廖家艾不太對盤，廖家艾很難搞，要我和她合作一定會瘋掉。」保羅給家人的信，一九六六年十一月三十日。
368「身體吃不消」：「上週日，茱莉雅發出淒厲的尖叫。」保羅給家人的信，一九六四年十月三十一日。
368「擔心罹患膀胱炎」：「她整晚一直跑廁所。」保羅給家人的信，一九六五年一月二十三日。
368「二度傷了腳趾」：保羅給家人的信，一九六六年四月十七日。
369「費席巴雪和席卡變成了那片莊園的地主」：作者訪問蒂博，二〇〇八年十一月二十日。
369「她的部分計畫是」：保羅給家人的信，一九六四年二月十五日。
369「想遠離塵囂」：「我們把它當成親友可來的地方。」保羅給家人的信，一九六四年二月二十七日。
369「我母親決定讓茱莉雅」：蒂博訪問。
369「一、兩年後就很美了」：「外面種了很多東西。」茱莉雅給愛薇絲的信，一九六六年一月一日。
369「以握手的方式達成協議」：*JC, My Life*, p. 271.
369「才剛以水泥磚」：保羅給家人的信，一九六四年四月八日。
369「小寶石」：「我們不敢相信，我們在普羅旺斯有自己的小房子。」茱莉雅給愛薇絲的信，一九六六年一月一日。
370「隨處可見合歡樹的花朵怒放」：保羅給家人的信，一九六五年一月二十三日。

370 「都恨死那輛車了」：「柴爾德夫婦都討厭那台車，車子大多停在車庫裡。」蒂博訪問。
371 「她是個非常強勢的女人」：蒂博訪問。
371 「她幾乎對你的一切無所不知」：「她在那一帶以 Houragon 女士著稱是有原因的。」保羅給家人的信，一九六五年二月二十五日。
371 「愉快的交響樂」：保羅給家人的信，一九六六年十二月十八日。
371 「繼續為了食物和烹飪而爭論」：保羅給家人的信，一九六六年十二月三十一日。
372 「小東西裡的瘋婆子」：保羅給家人的信，一九六六年十二月十九日。
372 「暫定的章節列表」：「我們開始認真寫續集了，我列了章節大綱，收集了去年春天妳留給我的所有筆記。」茱莉雅給席卡的信，一九六六年九月二十日。
372 「茱莉雅決心收錄」：茱蒂絲訪問，二〇一一年五月二十七日。
372 「她那個可怕的前夫」：保羅給家人的信，一九六六年十二月十六日。
372 「茱莉雅把露薏瑟的版稅」：「我把尚恩的支票兌現，把露薏瑟的版權費以付現的方式匯給席卡，再由她寄給露薏瑟。」同上
373 「她的手因關節炎而扭曲」：保羅給家人的信，一九六七年一月二十四日。
373 「妳瘋了嗎？」：茱蒂絲訪問，二〇一一年五月二十七日。
374 「哥特萊柏是新世界的出版人」：茱蒂絲訪問，二〇〇九年四月二日。
374 「使《精通法式料理藝術》的銷量一舉狂飆」：「太驚人了！」保羅給家人的信，一九七六年一月二十九日。
374 「比爾德為時代生活公司推出烹飪教室」：Clark, *James Beard*, p. 235.
374 「她對《時代》雜誌有感激之情」：「我非常感謝《時代》那篇報導，所以這是我最起碼能幫忙的事。」茱莉雅給愛薇絲的信，一九六七年二月二十八日。
374 「只要讀過一切內容」：茱莉雅給席卡的信，一九六八年一月八日。
375 「確定作家寫的都正確就好了」：「從正確的法式觀點和料理本身出發就行了。」保羅給家人的信，一九六七年三月十三日。
375 「毫不妥協的傳統主義者」：Lapham, "Everyone's in the Kitchen," November 25, 1966, p. 82.
375 「他很有本事」：茱蒂絲訪問，二〇一一年五月二十七日。
375 「他非得當美食先生」：「他決定踏進美食界時，就非得劃界稱王不可。」作者訪問拜特貝瑞，二〇〇九年十一月三日。
375 「那些傳聞都很誇張」：同上。
375 「近乎法西斯」：Nora Ephron, *I Feel Bad About My Neck* (New York: Alfred A. Knopf, 2006), p. 21.
375 「不帶任何感性或浪漫想法」：Clark, *James Beard*, p. 223.
375 「他鼓勵學生不要清洗香菇」：Michael Field obituary, Time, April 5, 1971.
375 「還沒準備好」：茱莉雅給愛薇絲的信，一九六七年三月二十日，SA。
376 「有人開始組成聯盟」：作者訪問卡夫卡，二〇〇九年五月二十八日。
376 「比爾德陣營和克萊邦陣營」：拜特貝瑞訪問。
376 「把比爾德貶抑成普通的廚師」：Jones, *Epicurean Delight*, p. 239.
376 「氣勢比較搶眼的人物」：作者訪問沃夫，二〇〇九年三月十八日。
376 「法國料理不只是一種口味偏好」：Clark, *James Beard*, p. 189.
377 「永遠可親」：Curtis Hartman and Steven Raichlen, "JC: The Boston Magazine Interview," *Boston*, April 1981, p. 88.
377 「他們對純淨食物的喜愛」：Jones, *Epicurean Delight*, p. 272.
377 「他有點難找」：同上，p. 89
377 「最具影響力的聲音」：「他不會什麼東西都認可。」茱蒂絲訪問，二〇〇九年四月二日。
377 「太商業化」：茱蒂絲訪問，二〇一一年五月二十七日。
377 「我真希望當初沒答應」：茱莉雅給席卡的信，一九六六年六月十九日，SA。
377 「我覺得他是半吊子」：茱莉雅給愛薇絲的信，一九六七年三月二十日。
377 「非常緊張，有點不穩定」：茱莉雅給席卡的信，一九六六年八月四日，SA。
378 「他似乎失去了烹飪的興趣」：「我覺得他包下太多工作了，因為他總是那麼熱切地投入。」茱莉雅給席卡的信，一九六六年八月十日，SA。
378 「費雪因多管閒事」：「費雪住在席卡那裡，跑去拉披揪一探究竟。」茱蒂絲訪問，二〇一一年五月二十七日。
378 「我收到時代生活的食譜了」：茱莉雅給席卡的信，一九六六年十一月九日，SA。
378 「最不可信的法國區域料理選集」：「這本書的諮詢編輯是菲爾德，以前當過演唱會的鋼琴伴奏，也許他從未在法國鄉野地區演奏，可作為本書的開脫之辭。」Craig Claiborne, review of *The Cooking of Provincial France*, *New York Times*, February 19, 1968.
378 「也別無選擇，只好同意了」：Clark, *James Beard*, p. 234.

第二十章 家喻戶曉

380 「美食狂歡的戰果陳列」：作者訪問蒂博，二〇〇八年十一月二十日。
381 「我完全無法信任席卡的食譜」：茱莉雅給愛薇絲的信，一九六七年三月二十日，SA。
381 「不科學、全憑直覺」：「茱莉雅在寫續集時遇到創作麻煩……其中最大的障礙是：親愛的老友席卡。」保羅給家人的信，一九六七年二月六日，SA。
381 「席卡全當成耳邊風」：「她快把我逼瘋了！」保羅給家人的信，一九六七年二月十九日，SA。
381 「毫無興趣」：JC, *My Life*, p. 177.
382 「我絕對不放入任何行不通的東西」：茱莉雅給愛薇絲的信，一九六七年五月二十日，1967。
382 「茱蒂絲在問，我們是不是應該」：茱莉雅給席卡的信，一九六七年五月二十五日，SA。
382 「簡直是災難」：「我們不管再怎麼嘗試，都無法做對。」Beck, *Food and Friends*, p. 189.
382 「我覺得加入那食譜是絕對必要的」：「沒人這樣做過。」作者訪問茱蒂絲，二〇一一年五月二十七日。
383 「就像試圖畫得比達文西更好一樣」：保羅給家人的信，一九六七年三月十日，SA。
383 「馬克斯．恩斯特」：「藝術家馬克斯．恩斯特也來了，還有他那個大嗓門又愚蠢的妻子（也是畫家）。」保羅給家人的信，一九六七年三月十一日，SA。

383「麵粉、酵母、水、鹽」：Editors of Cooks Illustrated, "Baguettes," in Baking Illustrated (Boston: America's Test Kitchen, 2004), p. 86.
383「那些長棍麵包又硬又重」：「保羅以前曾經寄給我那些做壞的麵包。」茱蒂絲訪問。
383「做了十八次實驗」：保羅給家人的信，一九六七年五月二十六日，SA。
383「如何製造蒸汽、如何調節」：「大量蒸汽是必要的。」保羅給家人的信，一九六七年八月二十一日，SA。
384「毛細管傳導系統」：「這樣產生的蒸汽比只放一盤沸水多。」茱莉雅給席卡的信，一九六七年五月二十六日，SA。
384「我們甚至研究了中世紀的作法」：Mary Roblee Henry, "The Wonder Child," *Vogue*, June 1969, p. 172.
384「我們會把它搞定的」：保羅給家人的信，一九六七年八月二十一日。
384「席卡對我們的麵包研究毫無興趣」：JC, *My Life*, p. 280.
384「多虧了席卡的足智多謀」：「我們飛到巴黎一天，因為席卡安排了一個千載難逢的機會，跟著卡維爾先生上麵包課。」茱莉雅給愛薇絲的信，一九六七年十二月十一日，SA.
384「上烘焙課」：Beck, *Food and Friends*, p. 217.
385「他採用的每個步驟」：JC, *My Life*, p. 280.
385「茱莉雅做的麵糰太硬了」：「發現我們可以用沒那麼複雜的麵糰系統。」茱莉雅給愛薇絲的信，一九六七年十二月十七日，SA。
385「這似乎是讓麵包產生特殊味道及質地的訣竅」：茱莉雅給席卡的信，一九六八年九月十四日，SA。
385「祕技」：「他可能比任何人瞭解更多的祕技。」茱莉雅給愛薇絲的信，一九六七年十二月十一日。
385「透過視覺、聽覺、觸覺來學習」：同上。
385「整個流程很容易完成」：JC, Foreword, *Mastering, Vol. I*, p. viii.
385「做了大量的筆記」：JC, *My Life*, p. 280.
385「祕訣都在形狀裡」：「她寫了一張明信片給我，上面只寫這一句。」茱蒂絲訪問。
385「我們的麵糰所欠缺的」：Beck, *Food and Friends*, p. 219.
386「我注意到他們放進爐子的磚頭」：作者訪問費拉，二〇〇九年五月十一日。
386「把火熱的磚頭」：JC, *Mastering, Vol. II*, p. 70.
386「兩百八十四磅的麵粉」：Henry, "The Wonder Child," p. 172.
386「東西掉在地上」：「最初幾週，熱情高漲，充滿刺激、激動和興奮。」保羅給家人的信，一九六八年五月十四日，SA。
386「她自己烤出來的麵包」：作者訪問莫頓，二〇〇九年一月十二日。
386「我收到一份包裹」：作者訪問普拉特，二〇〇八年十二月二日。
387「也許就是因為這樣」：蒂博訪問。
387「只顧自己」：茱莉雅給菲爾德的信，一九六六年十月四日，SA。
387「我有一次在電視上看到妳」：「一股安靜但令人振奮的微風把廚房的陰霾一掃而空。」費雪給茱莉雅的信，一九六六年六月六日，SA。
388「天啊，是總統」：作者訪問莫拉許，二〇〇八年十二月十一日。
388「那菜色棒極了」：Fitch, *Appetite for Life*, p. 334.
388「我們都震驚了」：保羅給家人的信，一九六八年五月二日，SA。
388「登上《先驅論壇報》」：「上市才一個月。」保羅給家人的信，一九六八年五月十四日。
389「這種事絕對不能發生在我們的書上」：「我一直在想，當你我都離開時，這些書會變成什麼樣子。」茱莉雅給席卡的信，一九六七年七月二十八日，SA。
389「茱莉雅已經打算把她的版稅都留給史密斯學院」：「我打算把我的部分留給史密斯學院。」同上。
389「拒絕頒史密斯獎章給她」：「史密斯學院對名譽學位的頒發很古板……去年冬天我向他們提名茱莉雅，遇到一些守舊派的刁難。」海倫．米班克（Helen Milbank）給愛薇絲的信，一九六七年七月二十八日，SA。
389「茱莉雅做了一些調查」：「湯普森付了三萬美元，柯許藍付了兩萬五美元。」茱莉雅給席卡的信，一九六七年九月十四日。
389「露薏瑟的目標是四萬五千美元」：Fitch, *Appetite for Life*, p. 331.
389「現在已經到銷量巔峰或接近巔峰了」：「我父親拿著滑尺，計算那本書的銷量最後會下滑。」作者訪問特里，二〇〇九年八月二十七日。
389「如何收到這筆錢」：「席卡覺得她會接受，因為她從來沒對法國政府報稅。」茱莉雅給愛薇絲的信，一九六八年一月七日，SA。
390「錄製活力十足的配音就夠了」：「拉克伍、保羅和我都希望以後不要再拍『電影』了，錄音是錄影完很久以後才錄製，再配上影片。」茱莉雅給席卡的信，一九六八年二月十日，SA。
390「我得乳癌了」：作者訪問普拉特，二〇〇八年十二月二日。
390「煩死了」：「但我同意，這種事情擱著不處理很荒謬。」茱莉雅給席卡的信，一九六八年二月十四日，SA。
390「我們總是擔心醫生犯下可怕的錯誤」：保羅給費瑞狄的信，一九六七年三月十日，SA。
391「一路直達小指的心絞痛」：「我發現我不會很快死了。」保羅給家人的信，一九六八年一月八日，SA。
391「死神和健康惡化就像一對惡鬼」：「在逆境中，我維持理性和穩定的能力受到嚴重的考驗。」保羅給家人的信，一九六八年四月二十二日，SA。
391「愚不可及的情緒」：「我停不下來，睡不著。」同上。
391「去左胸」：Fitch, *Appetite for Life*, p. 336.
391「我會裝上義乳」：普拉特訪問。
391「不危及生命」：「那不在她的診斷結果中。」普拉特訪問。
391「有點吃驚」：「我上次看到茱莉雅是五月中在柏斯卡斯亞，顯然她才剛開始復原。」愛薇絲給柯許藍的信，一九六八年七月二十八日。
391「很疲累，元氣耗盡」：費拉訪問。
392「當時那本書已經寫了三年」：作者訪問茱蒂絲，二〇〇九年四月二日。
392「茱莉雅坦言她們還可以再寫五年」：「我至少還需要五年才能把這本書寫好。」JC, *My Life*, p. 300.
392「尤其全部十一章」：「席卡和我寫這本書寫了三年，總共十一章才寫了三章。」同上，p. 298。
392「這早就不是什麼新鮮事了」：「茱莉雅和席卡的合作出了大問題。」保羅給家人的信，一九六八年六月八日，SA。
392「席卡對我的一切意見充耳不聞」：JC, *My Life*, p. 297.
392「法國超女」：「我開始稱她為法國超女，因為她就是我推崇的那種典型的法國女人：充滿活力、自立自強又頑固。」同上，p. 189。

392「席卡打從心底一直認為」：Avis DeVoto, "Some Scattered Notes on a Visit to Bramafam-Pitchoune," in *Memoir About Julia Child*, p. 2. SA.

392「喋喋不休，劈哩啪啦地講法」：同上，p.3。

392「這個要這樣做！」：「我們注意到很多法國人討論時，也是採用類似的方式。」保羅給家人的信，一九六八年六月八日，SA.。

393「我記得不止一次」：茱蒂絲訪問，二〇一一年五月二十七日。

393「臀部也狀況連連」：茱莉雅在一封信裡寫道，她的律師「因臀部問題住院——聽起來和妳的問題很像。」茱莉雅給席卡的信，一九六九年一月二十日，SA.。

393「她覺得命運正在逼她就範」：保羅給家人的信，一九七〇年五月十五日，SA.。

394「有件事我們一直沒考慮到」：茱莉雅給席卡的信，一九六七年十月十八日。

394「細看茱莉雅那封信」：蒂博訪問。

395「譽為基督再臨」：Nika Hazelton, "Genghis Khan's Sauerkraut and Other Edibles," *New York Times Book Review*, December 6, 1970, p. 96.

395「為她們舉辦的盛會」：「他們打算邀請約兩百五十人！」茱莉雅給席卡的信，一九七〇年九月二十六日，SA.。

395「整個紐約」：「我記得有個華麗壯觀的樓梯通往會議廳，約有兩百五十人在裡面。」Beck, *Food and Friends*, p. 243.

395「實在太誘人」：「續集的抱負遠大，有點奔放，正宗道地。」Gael Greene, "Julia's Moon Walk with French Bread," Life, October 23, 1970, p. 8.

395《新聞週刊》對這本書讚不絕口：「相較之下，第一集顯得無足輕重，魚慕思和卡酥來砂鍋等經典菜色如今回顧起來像罐頭肉一樣普通。」"Queen of Chefs," *Newsweek*, November 9, 1970, p. 94.

395「大量的生活樂趣」：Doris Tobias, *Women's Wear Daily*, October 13, 1970.

395「大多已不在人世」：作者訪問弗里德曼，二〇〇九年八月五日。

397「一種公有財」：Fitch, *Appetite for Life*, p. 373.

第二十一章 誰也無法長生不老

398「已不再令人驚嘆」；「逐漸走下坡」：「這裡的客人看起來像次級的客群，沒那麼時髦、講究，服務也有點不用心。」保羅給家人的信，一九七四年，日期不明，SA.。

398「向來提供頂級服務」：JC, *My Life*, p. 57.

400「烹飪保守主義的堡壘」：André Gayot, "The True Story of Nouvelle Cuisine," www.guyot.com.

401「新法國料理萬歲」：Henri Gault and Christian Millau, *Le Nouveau Guide*, May 1972.

401「我還聽說有人以松露佐萊姆冰」：「新料理的缺點當然很多，也很明顯。」Craig Claiborne, "Nouvelle Cuisine: Here to Stay," *New York Times*, December 18, 1983.

401「像席卡那種純粹主義者」：「別談新料理了！對我來說，那根本不值得一提。」Suzy Davidson, "Simone Beck Interview," Cook's, undated, p. 25.

401「放縱的大雜燴」：作者訪問卡夫卡，二〇〇九年五月二十八日。

401「破壞了法國料理的技藝」：Fitch, *Appetite for Life*, p. 385.

401「美食文化遇到的最大衝擊」：Claiborne, "Nouvelle Cuisine."

402「說到食物，她的唯一」：作者訪問懷特，二〇一一年八月三十日。

402「這是惡作劇」：「我一直覺得很納悶。」Julia Child, "La Nouvelle Cuisine: A Skeptic's View," New York, July 4, 1977, p. 32.

402「我不喜歡太生脆的蔬菜」：同上，p.34。

402「可憐的愛斯克菲爾被這些新生代這樣糟蹋」：John Kifner, "The New Food Revolution? Julia Child says 'Humph,' " *New York Times*, September 5, 1975.

402「非常了不起的非凡廚師」：「世界上幾乎很少人能跟他媲美。」作者訪問茱莉雅，一九九二年九月二十三日。

402「精湛廚藝」：JC, *My Life*, p. 322.

402「了無新意，令人乏味生膩」：茱莉雅訪問。

402「太綁手綁腳了」：茱莉雅給茱蒂絲的信，一九七四年六月二日，SA.。

403「鎖定白天在家的家庭主婦」：同上。

403「聽說妳要退休了」：卡曼給茱莉雅的信，一九七二年一月二十二日，SA.。

403「到處散播謠言說」：保羅給家人的信，一九七二年四月二十一日，SA.。

403「到處散播唱衰茱莉雅的謠言」：「她到處講茱莉雅的壞話。」作者訪問莫頓，二〇〇九年一月十二日。

403「卡曼之前散播謠言」：茱莉雅給強森的信，一九七五年十二月十五日，SA.。

403「她喜歡惹是生非」：茱莉雅給席卡的信，一九七一年十一月七日，SA.。

403「茱莉雅還提供她波士頓地區的廚師名單」：「隨信附上波士頓地區的廚師名單。」茱莉雅給卡曼的信，一九七〇年九月十日，SA.。

403「丟掉或不要買《精通法式料理藝術》」：蘇・芭特曼（Sue Bateman）給茱莉雅的信，一九六九年九月二十四日，SA.。

404「那個紐頓的女人」：「茱莉雅討厭卡曼，她總是以『那個紐頓的女人』來稱卡曼。」作者訪問威蘭，二〇〇九年九月十日。

404「真正道地的法國料理」：Beck, Foreword, *Simca's Cuisine*, p. ix.

405「寫短篇故事」：Patricia Simon, "The Making of a Masterpiece," *McCall's*, October 1979, p. 122.

405「生動散文」：「你會在這本新書裡看到許多這種生動的散文。」Stephen Schmidt, review of *From Julia Child's Kitchen*, New Boston Review (Winter 1975–76).

405「腦子不太正常的女子」：JC, *From Julia Child's Kitchen*, p. 403.

405「我個人色彩最濃的著作」：JC, *My Life*, p. 328.

405「比爾德到訪，不僅體重超重」：「每次比爾德來作客，就像接待一頭老象。」保羅給家人的信，一九七日年八月五日，SA.。

405「很誠實，很認真」：茱莉雅給費雪的信，一九七四年十一月二十九日，SA.。

406「個性討喜」：Olney, *Reflexions*, p. 127.

406「尖酸刻薄」：同上，p.196。

406「緊張、敏感」：「他自我意識強、緊張、敏感、沒自信、痛苦，酒類對他來說顯然是必備藥品。」保羅給家人的信，一九七四年八月十二日，SA.。

406「他只在乎自己」：保羅給家人的信，一九七三年五月二十四日，SA.。

407「幾乎什麼都看不順眼」：「奧爾尼不斷批評每件事，愈來愈煩人了。」保羅給家人的信，一九七四年八月十四日，SA.。

407「這些都是藝術大師的作品」：「整間房子彷如複雜的十九世紀藝術作。」Edith Efron, "Dinner with Julia Child," *TV Guide*, December 5, 1970, p. 48.

407「你見到他時」：「保羅是個憤世的人。」作者訪問朱莉安，二〇〇九年十月二十二日。

407「保羅其實是兄弟倆中比較知性的」：「在我看來，保羅覺得難以接受。」作者訪問普拉特，二〇〇八年十二月二日。

408「不太對勁」：JC, *My Life*, p. 326.

408「他的左手臂經常疼痛」：作者訪問費拉，二〇〇九年五月十一日。

408「呼吸困難而驚醒」：「半夜驚醒，呼吸困難。」保羅給家人的信，一九八四年七月二日，SA.。

408「馬上住進」：「你顯然有某種心臟異常的現象。」保羅給家人的信，一九七四年十一月，SA.。

408「對生活和其他習慣會產生什麼改變」：「顯然，他要是沒動血管繞道手術，是不可能好轉的。」茱莉雅給席卡的信，一九七四年十月二十四日，SA.。

408「很虛弱，搖搖欲墜」：「他想活下去及康復的意念很強烈。」茱莉雅給費雪的信，一九七四年十一月二十九日，SA.。

409「他看起來好像整個人萎縮了」：作者訪問喬恩．柴爾德，二〇〇九年四月八日。

409「字句似乎卡在我的記憶裡」：保羅給家人的信，一九七七年七月十五日，SA.。

409「腦子混亂的問題」：普拉特訪問。

409「他失去短期記憶」：「他的腦筋怪怪的。」威蘭訪問。

409「手術後，有個血塊流進了腦部」：費拉訪問。

409「我們一定要做語言治療」：喬恩．柴爾德訪問。

410「我們知道讀者還在」：作者訪問茱蒂絲，二〇一一年五月二十七日。

410「腦子還是混亂的」：Fitch, *Appetite for Life*, p. 384.

410「他們從未遲疑過」：普拉特訪問。

410「醫生說他的身體沒問題」：茱莉雅給席卡的信，一九七六年十一月六日，SA.。

411「我當時下定決心」：作者訪問茱莉雅，一九九二年九月二十日。

411「讓他參與一點活動對他比較好」：茱莉雅給席卡的信，一九七六年十一月六日。

411「他還曾經跪在地上刷地板」：「他真的是非常投入的伴侶，是推動她人生的力量。」作者訪問茱蒂絲，二〇〇九年三月十八日。

411「這是我投身廚房二十五年的總和」：茱莉雅給費雪的信，一九七六年十二月九日，SA.。

412「現在開節目的成本太高了」：Clifford A. Ridley, "La Cuisine? La Julia!" *National Observer*, May 1, 1976, p. 20.

412「你只要不上電視，大家很快就忘了你是誰」：「茱莉雅一直覺得她需要在鏡頭前面。」莫拉許訪問。

412「電視台的高層也認為」：作者訪問卡特勒，二〇一一年十月五日。

413「從來沒有人說過」：同上。

413「跟茱莉雅不熟的人」：作者訪問瑪麗安，一九八七年十二月十一日。

413「突破法國料理的束縛」：茱莉雅給席卡的信，一九七七年八月二十二日，SA.。

414「編輯佩姬．艾特瑪」：「我設計食譜，她負責寫稿，根據電視節目、排練、平常談話和錄影的內容撰寫。」茱莉雅給席卡的信，一九七八年一月十日，SA.。

414「茱莉雅的新食譜書」：茱蒂絲訪問，二〇一一年五月二十七日。

416「我的理解力模糊」：「我再也無法達到以前那樣優異的語言能力。」保羅給家人的信，一九七七年七月十五日，SA.。

416「有點像天堂」：茱莉雅給席卡的信，一九七七年八月七日，SA.

416「有如熱帶地區般蓬勃發展」：保羅給家人的信，一九六八年六月二十三日，SA.。

416「淡金色的鷹爪豆花」：保羅給家人的信，一九六八年五月十八日，SA.。

416「隨處可見檸檬馬鞭草」：保羅給家人的信，一九六八年六月二十二日。

417「完全崩潰了」：茱莉雅給席卡的信，一九七七年八月七日。

417「逐漸失明」：喬恩．柴爾德訪。

417「他討厭獨處」：作者訪問瑞秋．柴爾德，二〇〇九年四月七日。

417「我只能慶幸」：「費瑞狄的過世讓保羅陷入憂鬱。」茱莉雅給席卡的信，一九七七年九月六日，SA.。

第二十二章　展望未來

418「嚴重的憂鬱症」：茱莉雅給席卡的信，一九八一年一月二十八日。

418「一種麻痺症，雙眼都有白內障」：「這可憐的傢伙得了麻痺症。」茱莉雅給席卡的信，一九八〇年二月三日，SA.。

418「除了有膝蓋問題」：「因太常久站而軟骨磨損。」茱莉雅給費雪的信，一九八〇年九月三十日，SA.。

418「十幾歲的青少年」：「她投入工作時，年齡彷彿都不是問題了。」作者訪問莫拉許，二〇〇九年九月三日。

419「我甚至希望這次」：「我真的對料理界的騷動，爭搶地位和聲譽等等感到厭煩了。」茱莉雅給席卡的信，一九七九年七月二十八日，SA.。

419「那是我真正瞭解美國廚房狀況的場合」：作者訪問茱莉雅，一九九二年九月十九日。

419「茱莉雅覺得那點傷勢沒什麼」：Fitch, *Appetite for Life*, p. 410.

420「我們看到茱莉雅」：作者訪問艾克洛德，二〇一一年十一月十七日。

420「首先，取出內臟」：*Saturday Night Live* transcript, December 9, 1978. Available at snltranscripts.org.

421「後續多年，每次家裡有賓客來訪時」：作者訪問賀許，二〇〇九年五月六日。

422「更多的研究和測試」：JC, Foreword, *Julia Child and More Company*, p. vii.

422「開心果」：「茱莉雅喜歡她狂放的那一面，她讓茱莉雅大笑，讓每個人都很歡樂。」作者訪問莫頓，二〇〇九年一月十二日。

422「沒受過正規訓練」：「茱莉雅面試我時，我直接謊稱：『我真的很好。』」同上。

422「我們都會各自做做看」：作者訪問瑪麗安，二〇〇九年十二月十一日。

423「上週我們做了卡酥來砂鍋」：茱莉雅給席卡的信，一九七九年三月一日，SA.。

423「他還過得去，還能運作」：茱莉雅給席卡的信，一九七八年五月六日，SA.。

423「他的腦子還是不靈光」：「但跟預期一樣，還過得去。」茱莉雅給席卡的信，一九七八年十二月十五日，SA.。

423 「身體日益瘦弱」：茱莉雅給席卡的信，一九七九年七月二十八日，SA.。
423 「以前都是保羅打理茱莉雅的一切」：「茱莉雅變成家裡的負責人。」作者訪問威蘭，二〇〇九年九月十日。
423 「那個人必須隨時保持愉悅」：「通常都是像瑪麗安那樣好脾氣的人。」作者訪問朱莉安，二〇〇九年十月二十二日。
424 「這個地方太黑了」：作者訪問泰克拉．桑佛，二〇〇九年九月九日。
424 「保羅激發了茱莉雅」：作者訪問瑪麗安，二〇一一年十月十二日。
424 「通常，某個市場可能」：「這些電視台就像巴爾幹半島的國家，塞爾維亞二月播出，克羅埃西亞七月播出，馬其頓十月播出。」作者訪問莫拉許，二〇一一年十月十二日。
424 「我們拚得要死」：John Wadsworth, "Julia Sums Up," *Dial* (Spring, 1981), p. 24.
425 「我甚至不確定」：作者訪問茱蒂絲，二〇一一年五月二十七日。
425 「一切到此為止」：「不再做電視節目了，不再做那種事了。」茱莉雅給席卡的信，一九七九年七月二十八日。
425 「你覺得找茱莉雅．柴爾德加入『家族』」：作者訪問喬治．莫利斯（George Merlis），二〇一一年七月五日。
426 「搖搖晃晃地來錄影」：同上。
426 「我們正在尋找巨星魅力」：作者訪問蘭登，二〇一一年七月十二日。
427 「只要你一離開螢光幕」：Wadsworth, "Julia Sums Up."
427 「我們都沒料到她那麼好笑」：作者訪問哈特曼，二〇一一年七月五日。
430 「她認為那些活動對他有療效」：普拉特訪問。
430 「做節目」：「比其他的電視節目少了很多事。」茱莉雅給席卡的信，一九八〇年十月二十九日，SA.。
431 「危險超重」：Clark, *James Beard*, p. 309.
431 「他比以前遲緩了一點」：茱莉雅給席卡的信，一九八一年一月二十八日，SA.。
431 「比爾德很愛和茱莉雅一起烹飪」：作者訪問沃夫，二〇〇九年三月十八日。
431 「那雙腫脹的老腿」：「跟他共進午餐，他最近比較難四處走動。」茱莉雅給席卡的信，一九八三年七月三十日，SA.。
431 「何必在糟糕的氣候裡渡過餘生呢」：茱莉雅給席卡的信，一九八一年三月三日，SA.。
431 「很多老同學」：茱莉雅給席卡的信，一九八一年一月二十八日。
432 「特別美麗」：同上。
432 「很宜人」：「她最喜歡的餐廳有五或七家。」作者訪問史派維，二〇〇九年九月九日。
432 「都在同一層樓」：「這不是最美的公寓，但確實很好，剛好適合我們。」茱莉雅給席卡的信，一九八一年三月三日。
433 「加州葡萄酒跟法國的一樣好」：James Conaway, *Napa*, p. 191.
433 「她和保羅都很嫌棄加州的葡萄酒」：作者訪問理查．桑佛，二〇〇九年九月九日。
433 「我從小就是喝那個長大的」：作者訪問茱莉雅，一九九二年九月十九日。
433 「帥氣，知性」：沃夫訪問，二〇〇九年四月二十四日。
433 「才華洋溢，有人說他是『天才』」：同上。
434 「豐富多元的農產」：Brenner, *American Appetite*, p. 134.
435 「那料理讓人對食物感到興奮」：Patricia Wells, "New Wave California Cuisine: A Marriage of Many and a Mime of None," *International Herald Tribune*, January 1981.
435 「茱莉雅認為加州料理不過就是」：沃夫訪問，二〇〇九年三月十八日。
435 「讓我們相信有加州料理這回事」：San Francisco Culinary Academy, "California Cuisine: What Is It and Where Is It Going?," newsletter, November 17, 1981.
436 「她很小心，沒去抨擊那股風潮」：懷特訪問。
436 「從未上過烹飪學校」：R.W. Apple, introduction to McNamee, *Alice Waters and Chez Panisse*, p. xii.
437 「親親，每個人都應該去法國」：「她直接告訴我，我已經有工作了，她把我交給那個傢伙。」莫頓訪問。
437 「沒有人比茱莉雅更高興」：威蘭訪問。
437 「自由風格的美式烹調」：From the flap copy of Child, *The Way to Cook*, which was a compilation of her Parade articles.
437 「他們目前的發行量是兩千一百萬份」：茱莉雅給席卡的信，一九八三年七月四日，SA.
438 「版稅收入減少」：茱莉雅給席卡的信，一九八六年五月二十八日，SA.。
438 「她有根深柢固的自由派傾向」：茱蒂絲訪問。
438 「最讓茱莉雅受不了的事件」：「結束這悲劇的人生法案，將會在國會通過，在法案通過以前，你我都不該休息。」雷根針對墮胎所做的演講，佛羅里達州奧蘭多，一九八三年三月八日。
438 「對我而言，重點永遠是」：茱莉雅訪問。
438 「一九八二年四月，她到孟菲斯」："Julia Child Will Speak in Memphis," *Kentucky News Era*, December 15, 1981.
438 「要是讓妳為所欲為」：Polly Frost, "Julia Child," Interview, August 1989.
439 「我確實想問她們一個問題」：Abigail Van Buren, "Dear Abby," Miami News, July 15, 1982.
439 「為茱莉雅三呼萬歲」：Abigail Van Buren, "Dear Abby," *Eugene Register-Guard*, August 23, 1982.
440 「我們何不在這裡做呢」：Fitch, *Appetite for Life*, p. 419.
440 「比爾德等人其實很反對」：「他們不需要協會，因為他們已經成名。」茱莉雅給席卡的信，一九八一年一月二十八日。

第二十三章 夠了

442 「妳知道什麼節目會很有趣嗎」：「《在茱莉雅家用餐》的模式是我的點子。」作者訪問莫拉許，二〇一一年十月十四日。
444 「廚師的夢幻場景」：Reardon, M.F.K. Fisher, Julia Child and Alice Waters, p. 191.
444 「常聽茱莉雅講一些歧視同性戀的話」：「我記得茱莉雅有恐同症，她不喜歡同性戀。」作者訪問莫拉許，二〇〇八年十二月十一日。
444 「他的私生活很亂」：同上。
445 「我很喜歡莫拉許」：作者訪問瑪麗安，二〇〇八年十二月十一日。
445 「fairies、pansies」：她寫信告訴愛薇絲：「我也很喜歡紀德（Gide）的作品，但我沒想到他是同性戀。」茱莉雅給愛薇絲的信，一九五三年三月四日，SA.；「她以 pansies、fairies 等字眼來稱同性戀者。」作者訪問威蘭，二〇〇九年九月十日；「茱莉雅和保羅都很反同志。」作者訪問瑞秋．柴爾德，二〇〇九年四月七日。

446「常眨著眼對助理說」：作者訪問賀許，二〇〇九年五月六日。
446「也是那些男孩之一」：「他在茱莉雅身邊很不自在。」威蘭訪問。
446「對她來說，同性戀就像是另一種人」：「我常聽茱莉雅使用fairy那個字眼。」作者訪問庫默爾，二〇〇九年九月二十三日。
446「藍粉知己」：Shapiro, Julia Child, p. 142.
446「他始終對此無法釋懷」：作者訪問格蘭姆斯，二〇〇九年一月十二日。
446「直接說茱莉雅有『恐同症』很容易」：作者訪問沃夫，二〇〇九年三月十八日。
446「殘廢者停車的地方」：賀許訪問。
446「她從來沒想過強森是同性戀」：「她會以『homos』來稱同性戀。」作者訪問弗里德曼，二〇〇九年八月五日。
447「對她發號施令」：瑞秋．柴爾德訪問。
447「大字報要唸對」：莫拉許訪問，二〇一一年十月十四日。
447「身體還很硬朗」：「C'est l'age.」茱莉雅給席卡的信，一九八一年三月三日，SA。
447「查理『突然』過世了」：「他正在寫信，突然心臟病發，沒人知道他是受到什麼刺激。」茱莉雅給席卡的信，一九八三年二月十七日，SA。
447「查理過世讓他大為消沉」：茱莉雅給席卡的信，一九八三年七月四日，SA。
447「在汙泥裡跋涉」：Michael Demarest, "Thoroughly American Julia," Time, April 18, 1983, p. 78.
448「玩得很痛快」：莫拉許訪問，二〇〇八年十二月十一日。
448「找客座大廚同台錄影很有趣」：茱莉雅給席卡的信，一九八三年六月十七日，SA。
448「找一些熱血的美國人來做事也不錯」：茱莉雅給費雪的信，一九八三年四月七日，SA。
448「吹捲成誇張的樣子」：訪問莫拉許，二〇一一年十月十四日。
448「穿著像瑪咪姑媽」：Demarest, "Thoroughly American Julia," p. 79.
448「可笑又沒重點」：John J. O'Connor, "Julia Child Series on Dinners," *New York Times*, November 17, 1983.
448「看到這位活潑又有才華的女士」：茱莉雅個人檔案中的粉絲來信，SA。
449「我們做那個節目時都非常開心」：Cited in Shapiro, Julia Child, p. 126.
449「只是一所不錯的烹飪學校」：「她和美國烹飪學院不對盤，她覺得他們活在一九八〇年代初期。」作者訪問艾兒席，二〇〇八年十二月八日。
450「我在那裡就讀時」：作者訪問莫頓，二〇〇九年一月十二日。
450「非常成功」：「我覺得協會有不錯的起步。」茱莉雅給席卡的信，一九八三年六月十七日。
451「我們後來發現」：作者訪問理查．桑佛，二〇〇九年九月九日。
451「波士頓人已準備好大快朵頤了」：作者訪問懷特，二〇一一年八月三十日。
452「整個市場還很亂」：作者訪問傑克森，二〇〇八年十二月十八日。
452「她其實還沒準備好」：作者訪問朱莉安，二〇〇九年十月二十二日。
453「一開始她不太喜歡」：庫默爾訪問。
453「用字遣詞總是特別的細膩小心」：傑克森訪問。
454「只要我們做得好」：作者訪問亞當絲，二〇〇九年十月十八日。
454「餐廳的美食從經典法國料理轉為新美式料理」：作者訪問沃夫，二〇〇九年四月二十四日。
455「她開始更新法國經典」：作者訪問瑪麗安，二〇一一年十一月一日。
455「我第一次去她家是吃烤雞飯」：朱莉安訪問。
456「我從來沒打算退休」：Reardon, Fisher, Child and Waters, p. 194.
457「她知道比爾德病了」：Chronicled in Clark, *James Beard*, pp. 324–25; 沃夫訪問，二〇〇九年三月十八日；作者訪問卡夫卡，二〇〇九年五月二十八日。
457「實在令人難過」：茱莉雅給席卡的信，一九八六年五月二十八日，SA。
457「每況愈下」：「以他的狀況來看，他算是過得還不錯。」茱莉雅給席卡的信，一九八四年五月二日，SA。
457「接收與處理資訊的能力」：「保羅還很活躍。」茱莉雅給席卡的信，一九八五年四月二十八日，SA。
457「持續對朋友說保羅還在畫畫」：「他畫了兩幅很棒的畫作。」同上。
457「出門買早報」：Barr, *Backstage with Julia*, p. 185.
458「客廳和走廊堆滿了」：茱莉雅給席卡的信，一九八三年五月十七日，SA。
458「像猛虎一樣衝回料理界」：「我需要待在家裡，護理新的膝蓋。」茱莉雅給席卡的信，一九八六年一月二十日，SA。
459「她之前完全不知道」：訪問瑪麗安。
459「不可能是愛滋病」：作者訪問巴爾，二〇〇八年十二月九日。
459「茱莉雅對於這疾病所造成的不可知威脅」：Barr, Backstage, p. 186.
459「費席巴雪也因C型肝炎過世了」：作者訪問費拉，二〇〇九年五月十一日。

第二十四章　一個時代的結束

460「《烹飪之道》將是最後一本」：「這肯定是我最後一本書了，寫書太侷限了。」茱莉雅給席卡的信，一九八九年五月九日，SA。
460「寫書太孤獨了」：茱莉雅給費雪的信，一九八七年三月十四日，SA。
460「注意健康和膽固醇的風潮」：「經典法國料理已經過時了……算我們倒楣！」茱莉雅給席卡的信，一九八九年五月九日。
461「以前那種適可而止的文化」：作者訪問茱莉雅，一九九二年九月二十日。
461「納森．普里特金指責」：Fitch, *Appetite for Life*, p. 450.
462「陷阱，而非樂趣」：Shapiro, Julia Child, p. 160.
462「在這本書中，我非常注意」：Child, Foreword, *The Way to Cook*, p. xi.
462「新生代廚師」：同上，p. ix。

462「比貝潘那本書更食譜導向」：作者訪問茱蒂絲，二〇〇九年四月二日。
462「我從來不覺得我知道的夠多了」：茱莉雅給費雪的信，一九八七年四月十六日，SA。
463「她很氣自己」：作者訪問巴爾，二〇〇八年十二月九日。
463「很抱歉，我不得不說」：茱莉雅給費雪的信，一九八七年三月十四日。
463「他還沒完全失智」：「我覺得他那時快失智了。」作者訪問艾兒席，二〇〇八年十二月八日。
463「顯然狀況不太好」：作者訪問吉布森，二〇一一年六月二十二日。
464「走起路來都是踉踉蹌蹌的」：茱莉雅給費雪的信，一九八七年三月十四日。
464「沒多久，腦筋常處於混亂狀態的保羅」：「比夏普告訴我，為什麼茱莉雅決定保羅需要全天候的照護。」作者訪問賀許，二〇〇九年五月六日。
464「如果我在家裡照顧他」：作者訪問茱莉雅，一九九二年九月二十日。
464「茱莉雅顯然需要專業上的協助」：作者訪問楚斯洛，二〇〇八年十月八日。
464「讓他養病的地方」：作者訪問理查．桑佛，二〇〇九年九月九日。
465「我必須把保羅送去安養之家」：「某天她打電話給我。」作者訪問提姆．強森醫生，二〇一一年七月五日。
466「茱莉雅從友人普拉特口中已經知道」：「早在保羅去菲瓏之前，我就建議過茱莉雅考慮那個地方。」作者訪問普拉特，二〇一一年十一月十日。
466「她告訴我，保羅原本」：作者訪問瑪麗安，二〇〇八年十二月十一日。
467「人山人海」：「群眾和銷量都很驚人，現場很精彩，充滿了熱情。」Janice Goldklang, Knopf publicity director, in Fitch, *Appetite for Life*, p. 457.
467「數百人到場」：作者訪問戴維森，二〇〇九年十二月三日。
467「美國的能量女王」：Jim Wood, "Julia Child's Full Menu," *San Francisco Examiner*, May 21, 1991, p. C17.
468「畢生烹飪的精彩濃縮」：Christopher Lehmann-Haupt, review of *The Way to Cook*, *New York Times*, November 27, 1989, p. 16.
468「遺傳了拓荒始祖的優良基因」：作者訪問茱莉雅，一九九二年九月十九日。
468「她已經雇用一位專職護士」：普拉特訪問。
468「她堅持每週一定要飛回波士頓一趟」：戴維森訪問。
469「茱莉雅發怒時，千萬別靠近她」：作者訪問巴爾，二〇一一年十一月七日。
469「那組織失去了重心」：作者訪問泰克拉．桑佛，二〇〇九年九月九日。
469「始終資金不足」：「我們一直處於負債中，財務狀況愈來愈差。」作者訪問漢米爾頓，二〇〇九年十月五日。
470「這下子我們都把個人資金押下去了」：同上。
470「整個烹飪界都在因應愛滋病的議題」：作者訪問沃夫，二〇〇九年三月十八日。
471「但是那些獨自面對磨難的人」：「之後，她陷入沉思，你可以看出她在想些什麼，以及她的感受。」作者訪問朱莉安，二〇〇九年十月二十二日。
471「天地之大，人念之渺小」：作者訪問茱莉雅，一九九二年九月二十日。
471「他們都是聊很親密的對話」：「晚上我可以聽到他們的通話。」作者訪問大衛．麥威廉斯，二〇〇九年五月五日。
472「那是我們都缺少的」：茱莉雅給席卡的信，一九八七年五月十二日，SA。
472「她當下就一口答應了」：作者訪問莫拉許，二〇〇九年九月三日。
474「連茱蒂絲也避之唯恐不及」：「我找茱蒂絲談過，但茱蒂絲覺得同一家出版社出我們兩人的書有點困難。」茱莉雅給納西斯．虔伯倫（Narcisse Chamberlain）的信，一九八四年十月十九日。
474「茱莉雅比多數人都明白」：「我自己跟她合作很久，我知道很難。」茱莉雅給帕特森的信，一九八八年十一月二十三日，SA。
474「席卡的預期不切實際」：「我覺得不安。」約翰．費龍（John Ferrone）給茱莉雅的信，一九八六年三月五日，SA。
474「文筆不好，對於怎麼寫書根本毫無概念」：同上。
474「席卡一直病得很重」：帕特森給茱莉雅的信，一九九一年六月六日，SA。
474「思考身體老化及死亡」：茱莉雅給席卡的信，一九八七年十一月一日，SA。
474「等我們掛了」：「我們的喪禮費用已經付了，一個人六百美元。」William F. Schulz, "Lunch Together," *The World*, November–December 1992, p. 34.
474「茱莉雅不怕死亡」：作者訪問亞歷克斯．普魯東，二〇一〇年一月二十一日。
475「有活躍的社交生活非常重要」：艾兒席訪問。
475「他們樂不可支」：作者訪問懷特，二〇一一年八月三十日。
476「她非常喜歡有男人在身」：艾兒席訪問。
476「男人令她沉迷」：巴爾訪問，二〇〇八年十二月九日。
476「我覺得讓人看到我們」：Barr, *Backstage with Julia*, p. 212.
477「壯碩的蘇格蘭裔愛爾蘭人」：作者訪問琳達．麥臻尼，二〇〇九年十一月十八日。
477「老式的陽剛霸氣」：作者訪問庫默爾，二〇〇九年九月二十三日。
477「大右腕投手」：「我母親收集的剪報中常如此稱他。」琳達．麥臻尼訪問。
477「相當有趣，帥氣出眾」：Barr, Backstage, p. 212.
478「茱莉雅從來不覺得那是約會」：賀許訪問。
478「開黃腔時特別好笑」：大衛．麥威廉斯訪問。
478「好像被人狠狠轟了一頓」：「那是我第一次看到她那麼消沉。」賀許訪問。

第二十五章 萬物皆有時

480「我不想小題大作」：Sheryl Julian, "Julia at 80," *Boston Globe*, July 15, 1992, p. 73.
480「我覺得滿八十歲那天」：作者訪問茱莉雅，一九九二年九月二十日。
480「沒人相信她那句話」：作者訪問賀許，二〇〇九年五月六日。
481「就連當初因她而坐大起來的WGBH」：「WGBH對茱莉雅漠不關心，我常覺得他們在說：『你最近為我們貢獻了什麼？』」作者訪問莫拉許，二〇〇九年九月三日。

481「你應該去跟茱莉雅談談」：作者訪問貝潘，二〇〇九年一月一日。
481「我想帶觀眾一窺」：「我向茱莉雅自我介紹，讓她知道我的想法。」作者訪問楚朗蒙，二〇〇八年十月十五日。
482「誰才算大師，誰不是」：「我想找在其他大師眼中的『頂尖大師』。」作者訪問楚朗蒙，二〇〇八年十一月十一日。
483「我們去了她最愛的每個地方」：作者訪問費拉，二〇〇九年五月十一日。
484「我們第一次見面時就一拍即合」：作者訪問拉格西，二〇〇九年六月二十三日。
484「他還很緬靦安靜」：賀許訪問。
484「他不是為茱莉雅表演」：作者訪問楚朗蒙，二〇一一年十一月十六日。
485「席薇頓整個人僵在那裡」：「她不發一語。」楚朗蒙訪問，二〇〇八年十一月十一日。
486「茱莉雅偷偷溜去」：作者訪問大衛．麥威廉斯，二〇〇九年五月五日。
486「煙鱈魚糕」："Let Her Eat Cake," *People*, August 10, 1992, p. 9.
488「我們與法國料理的愛戀結束了」：Laura Shapiro, "An American Revolution," *Newsweek*, December 16, 1991, p. 57.
488「善變的大眾已對法國料理失去興趣」：Marian Burros, "For Julia Child, an Intimate Dinner for 500," *New York Times*, February 10, 1993, p. C6.
488「如果我們照營養師的要求進食」"If we ate the way nutritionists":同上。
488「廚神」：Julian, "Julia at 80," p. 73.
489「那時每週都有生日派對」：「她可能半年都在開派對。」大衛．麥威廉斯訪問。
489「我們坐下來時」：賀許訪問。
489「沒人想看肥胖的茱莉雅」：作者訪問茱莉雅，一九九二年九月十九日。
489「她真的很喜歡有麥臻尼陪在身邊」：作者訪問瑪麗安，二〇〇八年十二月十一日。
490「他是不同年代的人」：作者訪問琳達．麥臻尼，二〇〇九年十一月十八日。
490「他讓她心花怒放」：作者訪問庫默爾，二〇〇九年九月二十三日。
490「麥臻尼很愛她」：作者訪問艾兒席，二〇〇八年十二月八日。
490「我已經照顧一個老人」：大衛．麥威廉斯訪問。
491「他已經不知道什麼是電話」：賀許訪問。
491「幸好，他什麼也不知道了」：茱莉雅訪問，一九九二年九月二十日。
491「派園丁喬治幫她跑一趟」：「茱莉雅每天都會去安養院探望保羅，如果她沒辦法去，會請園丁幫她去，園丁是個好人。」作者訪問瑞秋．柴爾德，二〇〇九年四月七日。
491「什麼都吃，吃得開心」：Julian, "Julia at 80," p. 74.
491「大驚小怪」：同上。
491「歇斯底里」：茱莉雅訪問，一九九二年九月二十日。
492「她又不是科學家」；同上。
492「有些人就是欠缺理智」：Rex Lee, "Only the Best," *Elan*, September 1990, p. 78.
492「差旅令她疲憊」：楚朗蒙訪問，二〇一一年十一月十六日。
492「她喜歡蘇珊．費尼格」：「茱莉雅對那些女性不太滿意，她不太喜歡那種食物。」楚朗蒙訪問，二〇〇八年十月十五日。
494「工作從未停歇」：賀許訪問。
494「沒關係」：作者訪問懷特，二〇一一年八月三十日。
496「茱莉雅吃過晚餐了嗎」：賀許訪問。
496「在車上，我們稍稍聊了一下」：大衛．麥威廉斯訪問。
496「微生物和原子群」：保羅給家人的信，一九七二年十一月七日，SA。
496「我們去了菲瓏」：大衛．麥威廉斯訪問。

第二十六章　尾聲的開始

498「我都可以開花店了」：作者訪問傑克森，二〇〇八年十二月十八日。
498「她都沒哭」：「她要是哭泣，都是在沒人看到的時候。」作者訪問賀許，二〇〇九年五月六日。
499「她真的很會打情罵俏」：「她令我我深深著迷。」作者訪問吉布森，二〇一一年六月二十二日。
501「我們每天從不同的城市，現場連線播出」：作者訪問蘭登，二〇一一年七月十二日。
501「顯然充滿思念」：吉布森訪問。
502「有點暈顛」：同上。
503「那些年輕女性認真做事的模樣」：「他喜歡巴爾和所有年輕的女性，喜歡看她們做事情。」作者訪問琳達．麥臻尼，二〇〇九年十一月十八日。
503「妳今晚要待在這裡嗎」：作者訪問桃樂西．凱恩．漢米爾頓，二〇〇九年十月五日。
503「他病了」：作者訪問艾兒席，二〇一一年八月三十日。
503「占有慾太強了」：「他有點像是接管了茱莉雅，直到她職業生涯的終點。」作者訪問茱蒂絲，二〇〇九年四月二日。
504「茱莉雅認為那是因為她年紀大了」：賀許訪問。
504「我覺得那是很棒的電視節目」：「他們之間有很多的差異。」作者訪問楚朗蒙，二〇〇八年十一月十一日。
505「就這樣荒謬地吵了起來」：作者訪問貝潘，二〇〇九年一月六日。
506「後來的節目並未達到」：「你看得出來她的狀況不太好。」作者訪問莫拉許，二〇〇八年十二月十一日。
506「我還不想停下來」：作者訪問茱莉雅，一九九二年九月二十日。
507「她們都不相信出版業」：作者訪問楚朗蒙，二〇〇八年十月十五日。
507「那樣做實在很離譜」：茱蒂絲訪問。
508「她常談到死亡」：艾兒席訪問。

508 「我不會感情用事」：「她那方面很堅強。」作者訪問茱蒂絲，二〇一一年五月二十七日。
508 「他病得很重」：琳達．麥臻尼訪問。
509 「我記得茱莉雅把一匙奶油」：貝潘訪問。

第二十七章 尾聲

514 「只要能繼續」：作者訪問普拉特，二〇〇八年十二月二日。
514 「工作讓我有使命感」：作者訪問賀許，二〇〇九年五月六日。
514 「像動物園一樣」：同上。
514 「我沒那天分」：「我可能會交給其他更好的作家來做。」作者訪問茱莉雅，一九九二年九月十九日。
515 「茱莉雅很愛八卦」：作者訪問懷特，二〇一一年八月三十日。
515 「我做了一件很糟糕的事」：「我需要意見時，總是會來找茱莉雅。」作者訪問莫頓，二〇〇九年一月十二日。
516 「她依舊精神奕奕」：作者訪問貝潘，二〇〇九年一月六日。
516 「她是個老婦人」：作者訪問楚朗蒙，二〇〇八年十一月十一日。
517 「我覺得那會是一本很精彩的書」：「那提案馬上激發了我的想像力。」作者訪問茱蒂絲，二〇〇九年四月二日和二〇一一年五月二十七日。
518 「她很愛跟貝潘唱反調」：作者訪問楚朗蒙，二〇一一年十一月三十日。
519 「妳應該不會接受法國男人那種強勢的作法吧」：作者訪問楚朗蒙，二〇一一年十一月十六日。
519 「他會握著拳頭」：「茱莉雅無疑讓他很沮喪。」作者訪問茱蒂絲，二〇一一年五月十二日。
519 「她拍得很累」：賀許訪問。
520 「有些標榜『美味』的鹽巴」：Child and Pépin, *Julia and Jacques: Cooking at Home*, p. 42.
520 「那些都去死吧！去他媽的！」：David Nussbaum, "In Julia Child's Kitchen, October 5, 1998," *Gastronomica* (Summer 2005), p. 38.
520 「剷平了九百棵古橡樹」：作者訪問理查．桑佛，二〇〇九年九月九日。
521 「規範——她最討厭規範了」：作者訪問史派維，二〇〇九年九月九日。
521 「我要永遠搬到加州了」：賀許訪問。
521 「茉莉雅後來說，她其實多年前」：「我一直想在加州安度晚年。」作者訪問茱莉雅，一九九二年九月二十日。
522 「茉莉雅的骨子裡還是」：作者訪問費拉，二〇〇九年五月十一日。
522 「那是茉莉雅唯一讓她的名字」：「他們是做定義模糊的創意料理，不是烤雞和火上鍋。」作者訪問沃夫，二〇〇九年四月二十四日。
522 「她很欣賞那裡的建築」：「她很愛那裡！」桑佛訪問。
523 「漢密爾頓把電視背後的開關打開」：楚朗蒙訪問，二〇一一年十一月三十日。
524 「跟珍珠港事變一樣」：同上。
524 「永遠充滿了魔力」：作者訪問亞歷克斯．普魯東，二〇一〇年一月二十一日。
525 「每天我都會看到她出門做點事」：史派維訪問。
525 「她很擔心和錯誤的社交團體扯上關係」：「她討厭自己和錯誤的社交團體扯上關係。」桑佛訪問。
525 「她會和演員泰柏．亨特聊幾分鐘」：作者訪問艾兒席，二〇一一年八月三十。
526 「現在我們能自由選擇的食物令人難以想像」：茱莉雅訪問，一九九二年九月十九日。
526 「我們都很好相處」：作者訪問達芙，二〇一〇年一月二十六日。
527 「她會趁大家不注意時」：「她非常愛吃培根。」桑佛訪問。
527 「她天天吃培根」：史派維訪問。
527 「茉莉雅痛得要命」：作者訪問泰克拉．桑佛，二〇〇九年九月九日。
527 「吃力不討好的工作」：賀許訪問。
528 「我們就不訂日期了」：茱蒂絲訪問，二〇〇九年四月二日。
528 「親親，好吧，也許我們應該一起合作」：JC, *My Life*, p. x.
529 「特殊卓越貢獻」：Executive Order 9586, United States, signed July 6, 1945.
529 「她不太確定要不要去領獎」：「朋友都擔心她會拒絕共和黨人給她的肯定。」R. W. Apple, Jr., "Recalling Julia Child," *New York Times*, August 18, 2004.
529 「茉莉雅很喜歡柯林頓」：作者訪問艾兒席，二〇〇八年十二月八日。
529 「茉莉雅，我很希望妳能過來」：史派維訪問和賀許訪問，史派維和賀許都在場。
529 「天啊，布萊德．彼特太帥了」：「我陪她看的最後一部電影是《特洛伊》。」費拉訪問。
530 「我也帶了幾位副主廚同行」：懷特訪問。
530 「她感覺像在半夢半醒之間」：作者訪問沃夫，二〇〇九年七月一日。
530 「她的健康顯然每況愈下」：亞歷克斯．普魯東訪問。
531 「我們剩下的時間真的不多了」：「那年夏天，她的家庭醫生庫柏曼打電話給我，那時我在東岸。」費拉訪問。
531 「茉莉雅對於大家來探病，已經感到厭煩了」：艾兒席訪問。
533 「我們親愛的朋友及導師茉莉雅」：作者訪問伊蓮．莫雷洛，二〇一一年十一月三十日。

參考文獻

茱莉雅・柴爾德著作

Mastering the Art of French Cooking. With Simone Beck and Louisette Bertholle. New York: Alfred A. Knopf, 1961.
The French Chef Cookbook. New York: Alfred A. Knopf, 1968.
Mastering the Art of French Cooking, Volume II. With Simone Beck. New York: Alfred A. Knopf, 1970.
From Julia Child's Kitchen. New York: Alfred A. Knopf, 1975.
Julia Child and Company. New York: Alfred A. Knopf, 1978.
Julia Child and More Company. New York: Alfred A. Knopf, 1979.
The Way to Cook. New York: Alfred A. Knopf, 1989.
Julia Child's Menu Cookbook. New York: Wings (Random House), 1991.
Cooking with Master Chefs. New York: Alfred A. Knopf, 1993.
In Julia Child's Kitchen with Master Chefs. New York: Alfred A. Knopf, 1995.
Baking with Julia. Written by Dorie Greenspan. New York: William Morrow, 1996.
Julia and Jacques Cooking at Home. With Jacques Pépin. New York: Alfred A. Knopf, 1999.
Julia's Kitchen Wisdom. New York: Alfred A. Knopf, 2000.
My Life in France. With Alex Prud'homme. New York: Alfred A. Knopf, 2006.

茱莉雅・柴爾德參與演出的電視節目

The French Chef, WGBH, Boston, 1963–1973.
Julia Child and Company, WGBH, Boston, 1978.
Julia Child and More Company, WGBH, Boston, 1979.
Dinner at Julia's, WGBH, Boston, 1983.
Cooking with Master Chefs, Maryland Public Broadcasting, 1993.
In Julia's Kitchen with Master Chefs, Maryland Public Broadcasting, 1994.
Baking with Julia, Maryland Public Broadcasting, 1996.
Julia and Jacques Cooking at Home, KQED, San Francisco, 1999.

茱莉雅・柴爾德參與演出的影片

Julia and Jacques "Cooking in Concert," DVD, A La Carte Video, August 1994.
Julia and Jacques "More Cooking in Concert," DVD, A La Carte Video, August 1996.
Julia Child! America's Favorite Chef, DVD, WGBH Boston Video, 2004.
The French Chef with Julia Child, 3 DVDs, WGBH Boston Video, 2005.
The French Chef 2 with Julia Child, 3 DVDs, WGBH Boston Video, 2005.
Julia Child and Graham Kerr. *Cooking in Concert*, DVD, A La Carte Video, 1995.

書籍

Algren, Nelson. *America Eats*. Iowa City: University of Iowa Press, 1992.
Ali-Bab (Henri Babinski). *Gastronomie Pratique*. Paris: Flammarion, 1926.
Barr, Nancy Verde. *Backstage with Julia*. Hoboken: John Wiley and Sons, 2007.
Batterberry, Michael and Ariane. *On the Town in New York*. New York: Charles Scribner's Sons, 1973.
Beard, James. *Cook It Outdoors*. New York: M. Barrows, 1941.
———. *The Fireside Cook Book*. New York: Simon and Schuster, 1949.
———. *Paris Cuisine*. With Alexander Watt. Boston: Little, Brown, 1952.

———. *Jim Beard's Barbecue Cooking*. New York: Maco, 1954.
———. *James Beard's Fish Cookery*. Boston: Little, Brown, 1954.
———. *Jim Beard's Casserole Cookbook*. New York: Maco, 1955.
———. *The Complete Book of Outdoor Cookery*. With Helen Evans Brown. New York: Doubleday, 1955.
———. *The James Beard Cookbook*. With Isabel Callvert. New York: Dell, 1959.
———. *Delights and Prejudices*. New York: Atheneum, 1964.
———. *James Beard's American Cookery*. Boston: Little, Brown, 1972.
———. *Beard on Bread*. New York: Alfred A. Knopf, 1973.
———. *James Beard's Theory & Practice of Good Cooking*. New York: Alfred A. Knopf, 1977.
———. *The New James Beard*. New York: Alfred A. Knopf, 1981.
———. *Beard on Pasta*. New York: Alfred A. Knopf, 1983.
Beck, Simone. *Simca's Cuisine*. New York: Alfred A. Knopf, 1972.
———. *Food & Friends*. With Suzy Patterson. New York: Viking Press, 1991.
Bemelmans, Ludwig. *La Bonne Table*. New York: Simon and Schuster, 1964.
Bertholle, Louisette, and Simone Beck. *What's Cooking in France*. New York: Ives Washburn, 1952.
Brenner, Leslie. *American Appetite*. New York: Bard, 1999.
Brillat-Savarin. *The Physiology of Taste (La Physiologie du gout*, 1825). Translated by Anne Drayton. New York: Penguin, 1994.
Camp, Charles. *American Foodways: What, When, Why and How We Eat in America*. Little Rock, Ark.: August House, 1989.
Cannon, Poppy. *The Can-Opener Cookbook*. New York: Crowell, 1952.
Chamberlain, Samuel. *Clémentine in the Kitchen*. New York: Hastings House, 1943.
———. *Bouquet de France: An Epicurean Tour of the French Provinces*. New York: Gourmet, 1952.
Chelminski, Rudolph. *The French at Table*. New York: William Morrow, 1985.
Child, Charles Tripler. *The How and Why of Electricity*. New York, Electrical Review Publishing Co., 1902.
Child, Charles. *Roots in the Rock*. Boston: Little, Brown, 1964.
Child, Paul. *Bubbles from the Spring*. N.p.: Antique Press, 1974.
Claiborne, Craig. *New York Times Cookbook*. New York: Harper & Row, 1961.
———. *Craig Claiborne's Favorites from the New York Times: Series III*. New York: Times Books, 1977.
———. *A Feast Made for Laughter*. New York: Doubleday, 1982.
Clark, Robert. *James Beard: A Biography*. New York: Harper Collins, 1993.
Collins, Kathleen. *Watching What We Eat: The Evolution of Television Cooking Shows*. New York, Continuum, 2009.
Conant, Jennet. *A Covert Affair: Julia Child and Paul Child in the OSS*. New York: Simon and Schuster, 2011.
Conaway, James. *Napa*. Boston: Houghton Mifflin, 1990.
Cooke, Phillip S., ed. *The Second Symposium on American Cuisine*. New York: Van Nostrand Reinhold, 1984.
Cushing, James. *Genealogy of the Cushing Family*. Worcester, Mass.: Perrault Printing, 1877.
David, Elizabeth. *French Country Cooking*. London: Lehman, 1951.
———. *Italian Food*. London: Macdonald, 1954.
———. *French Provincial Cooking*. London: Michael Joseph, 1960.
Diat, Louis. *French Cooking for Americans*. Philadelphia: Lippincott, 1946.
Ephron, Nora. *I Feel Bad About My Neck*. New York: Alfred A. Knopf, 2006.
Escoffier, Auguste. *Memories of My Life*. New York: Van Nostrand Reinhold, 1997.
Farmer, Fannie. *A New Book of Cookery*. Boston: Little, Brown, 1912.
Fisher, M. F. K. *The Gastronomical Me*. New York: Duell, Sloan and Pearce, 1943.
———. *Map of Another Town: A Memoir of Province*. Boston: Little, Brown, 1964.
———. *Among Friends*. New York: Alfred A. Knopf, 1970.
———. *Stay Me, Oh Comfort Me*. New York: Pantheon, 1993.
———. *A Life in Letters: Correspondence 1929–1991*. Edited by Norah K. Barr, Marsha Moran, and Patrrick Moran. Washington, D.C.: Counterpoint, 1997.
Ferrone, John, editor. *James Beard: Love and Kisses and a Halo of Truffles*. New York: Arcade, 1994.
Fitch, Noel Riley. *Appetite for Life*. New York: Doubleday, 1997.
Fussell, Betty. *I Hear America Cooking*. New York: Viking Press, 1986.
———. *Masters of American Cookery: MFK Fisher, James Beard, Craig Claiborne, Julia Child*. Lincoln: University of Nebraska Press, 2005.
Garrett, Martin. *Provence: A Cultural History*. New York: Oxford University Press, 2006.
Greene, Gael. *Bite: A New York Restaurant Strategy*. New York: W. W. Norton, 1971.
Grimes, William. *Appetite City: A Culinary History of New York*. New York: North Point Press, 2010.
Grimshaw, William R. *Grimshaw's Narrative*. Sacramento, 1872.
Guérard, Michel. *La Grande Cuisine Minceur*. Paris: Editions Robert Laffont, 1976.
Guillot, André. *La Grande Cuisine Bourgeoise*. Paris: Flammarion, 1976.
Hazan, Marcella. *The Classic Italian Cookbook*. New York: Harper's Magazine Press, 1973.
Hibben, Sheila. *American Regional Cookery*. Boston: Little, Brown, 1946.
James, Michael. *Slow Food*. New York: Warner Books, 1992.
Jones, Evan. *American Food: The Gastronomic Story*. New York: E. P. Dutton, 1975.
———. *Epicurean Delight: The Life and Times of James Beard*. New York: Alfred A. Knopf, 1990.
Jones, Judith. *The Tenth Muse: My Life in Food*. New York: Alfred A. Knopf, 2007.
Kafka, Barbara. *The Opinionated Palate: Passion and Peeves on Eating and Food*. New York: William Morrow, 1992.
Kennedy, Robert Woods. *A Classical Education*. New York: W. W. Norton, 1973.
Kuh, Patrick. *The Last Days of Haute Cuisine*. New York: Penguin Press, 2001.
Levenstein, Harvey. *Paradox of Plenty: A Social History of Eating in Modern America*. New York: Oxford University Press, 1993.
Lucas, Dione. *The Cordon Bleu Cook Book*. Boston: Little, Brown, 1947.
MacDonald, Elizabeth P. *Undercover Girl*. New York: Macmillan, 1947.

McDougal, Dennis. *Privileged Son: Otis Chandler and the Rise and Fall of the L.A. Times Dynasty*. New York: DaCapo, 2002.
McKinzie, Richard D. *The New Deal for American Artists*. Princeton: Princeton University Press, 1973.
McNamee, Thomas. *Alice Waters and Chez Panisse*. New York: Penguin Press, 1997.
McWilliams, John. *Recollections of His Youth*. Princeton: Princeton University Press, 1921.
McIntosh, Elizabeth P. *The Role of Women in Intelligence*. McLean, Va.: Association of Former Intelligence Officers, 1989.
———. *Sisterhood of Spies: The Women of the OSS*. New York: Random House, 1998.
Montagne, Prosper. *Larousse Gastronomique*. Edited by Charlotte Turgeon and Nina Froud. New York: Crown, 1961.
Morrow, Mayo. *Los Angeles*. New York: Alfred A. Knopf, 1933.
O'Brien, Kenneth Paul, and Lynn H. Parsons. *The Home-Front War*. Westport, Conn.: Greenwood Press, 1995.
Olney, Richard. *The French Menu Cookbook*. New York: Simon and Schuster, 1970.
———. *Simple French Food*. New York: Atheneum, 1974.
———. *Reflexions*. New York: Brick Tower Press, 1999.
Paddleford, Clementine. *How America Eats*. New York: Charles Scribner's Sons, 1960.
Pasadena Blue Book: Crown City Clubdom. Pasadena: Mission Press, 1919.
Pépin, Jacques. *A French Chef Cooks at Home*. New York: Simon and Schuster, 1975.
———. *La Technique*. New York: Times Books, 1976.
———. *La Methode*. New York: Times Books, 1979.
———. *The Apprentice: My Life in the Kitchen*. New York: Houghton Mifflin Harcourt, 2003.
Pineda, Manuel, and E. Caswell Perry. *Pasadena Area History*. Pasadena: Anderson, 1972.
Reardon, Joan. *M. F. K. Fisher, Julia Child and Alice Waters: Celebrating the Pleasures of the Table*. New York: Harmony Books, 1994.
———. *As Always, Julia: The Letters of Julia Child and Avis Devoto*. Boston: Houghton Mifflin Harcourt, 2010.
Rohrbough, Malcolm J. *Days of Gold: The California Gold Rush and the American Nation*. N.p.: University of California Press, 1997.
Rombauer, Irma S. *The Joy of Cooking*. Indianapolis: Bobbs-Merrill, 1936.
Root, Waverly. *The Food of France*. New York: Alfred A. Knopf, 1958.
———. *Eating in America*. New York: William Morrow, 1976.
Saint-Ange, Madame E., *La Bonne Cuisine*, Paris: Larousse, 1995.
Shapiro, Laura. *Perfection Salad: Women and Cooking at the Turn of the Century*. New York: Farrar, Straus and Giroux, 1986.
———. *Something from the Oven: Reinventing Dinner in 1950s America*. New York: Viking Press, 2004.
———. *Julia Child*. New York: Viking Press, 2007.
Scheid, Ann. *Pasadena: Crown of the Valley*. Northridge, Calif.: Windsor Pub., 1986.
———. *The Valley Hunt Club: 100 Years*. Privately published, Pasadena, 1988.
Stacey, Michelle. *Consumed: Why Americans Love, Hate and Fear Food*. New York: Simon and Schuster, 1995.
Stegner, Wallace. *The Uneasy Chair: A Biography of Bernard DeVoto*. New York: Doubleday, 1974.
Trager, James. *The Food Chronology*. New York: Henry Holt, 1995.
Tuchman, Barbara W. *Stilwell and the American Experience in China*. New York: Macmillan, 1970.
Verdon, René. *The White House Chef Cookbook*. New York: Doubleday, 1967.
Vilas, James. *American Taste: A Celebration of Gastronomy Coast-to-Coast*. New York: Arbor House, 1982.
Waters, Alice. *Chez Panisse Menu Cookbook*. New York: Random House, 1982.
Werner, Emmy E. *Pioneer Children on the Journey West*. New York: Basic Books, 1996.
Ziegler, Philip. *Montbatten*. New York: Harper & Row, 1985.

檔案、手稿特藏和私人文件

Beck, Simone, archives. Schlesinger Library, Radcliffe, Cambridge, Mass.
Child, Julia, archives. Schlesinger Library, Radcliffe, Cambridge, Mass.
Child, Paul, archives. Schlesinger Library, Radcliffe, Cambridge, Mass.
DeVoto, Avis, archives. Schlesinger Library, Radcliffe, Cambridge, Mass.
DeVoto, Avis. *Memoir About Julia Child*. Dictated October 16, 1988.
Fisher, M. F. K., archives. Schlesinger Library, Radcliffe, Cambridge, Mass.
Howe, Fisher. *Which Reminds Me: Julia and Paul Child Remembered*. May 23, 2008.
Midwick Country Club, registers, 1930–1937.
Moynihan, Ruth Barnes. *Children and Young People on the Overland Trail. Western Historical Quarterly* 6, no. 3 (1975).
Oral History Project of the Marin County Free Library, September 20, 1976. Interviews with Helen Hind Fortune and Kitty Dibblee.
Pasadena City Library. *A Pasadena Chronology: 1769–1977*, 1977.
Social Register, Southern California, Los Angeles, Pasadena: 1921, Social Register Assoc., New York, 1920.
Smith College yearbook, 1934.
Smith College handbook, 1934.
Smith College. *Class Reunion Directory*, 1944.
Van Voris, Jacqueline. *A Smith Mosaic*. Smith College Centennial Study, October 10, 1972.
Weston, Carolyn, diary, 1900–1905. Courtesy Patty McWilliams.
Weston, Julia Mitchell, diary, 1865–1897. Courtesy Patty McWilliams.

21

ACTION: ~~[illegible]~~ Tom sauce

~~[illegible]~~
Enamel fry pan
Chopped onions
Oil
Sugar
Garlic and press
~~Washed cheesecloth~~
~~String~~
Bay
Thyme
~~Parsley bunch~~
~~Ital. seasoning~~
Fennel
~~Basil~~
~~Saffron~~
Coriander
~~Bottle orange peel ground~~
Salt & pepper
Tomato paste

Add ~~[illegible]~~ oil to pan, chopped onions, sauté
Add tom. pulp, ~~[illegible]~~, cover pan.
Discuss seasonings while juice exuding.
Uncover pan and add seasonings, raise heat, etc.

Sauce freezes

~~23~~ /1

Ready-made tomato sauce
Chopped parsley
Sour Cream
Grated Cheese
Butter
Waxed paper

3 min Dressing

ACTION: Dressing omelettes — Pad - Rolled omelette
Talk: Split omelettes
Spoon in sauce
Spread on cream
Sprinkle cheese & butter (discuss gratiné)
AHEAD OF TIME

1 1/2 Dressing + ~~rolling~~

2 ~~24~~ 2 Gratinée ~~omelette~~

ACTION: To oven for gratiné
Talk: Broiler very hot -- just warmed through but not overcooked. This is enough

26/1

ACTION: Trip ~~to dining area~~ Dining
Talk: This makes an awfully atrractive dish, I think. When you do it, be sure not to cook your omelettes too much initially, or they will be overcooked after you have gratineed them under the broiler.

Spinach + Lettuce

Green salad (chicory on lettuce + watercress)
Cheeses
Butter in little pot
French bread (cut)
White wine in long, green bottle

ACTION: At dining area
Talk: Our omelettes are being served for luncheon, or for a light supper -- with Lent coming along, this makes a good meal. We've a green salad, the usuall French ~~[illegible]~~ bread, some butter this time, be~~d~~cause the meal is light, a cheese platter, and a chilled white wine -- Riesling. You could ~~[illegible]~~ serve a rose instead, ~~[illegible]~~ as rose goes with so many things.

Liederkranz cheese

FINALE

TALK: I hope you feel you can go right out and make an omelette -- get your butter hot, in with the eggs, stir with the flat of the fork, tilt, change hands, right thumb on top, over and out.

Season pan

Next time it's ~~fish -- filets~~ Scallops of sole in white wine, the way the French do it. Delicious.

This is Julia Child. Happy omelettes, goodbye, and bone appétit.

Ruth

SHOW #~~3~~ 4 PRODUCTION #~~3~~ 4
3/4 F 1/25 PM

MIN. #	MIN. ELAPSE	Food & Equipmant	ACTIONZ Talk
		OPENING SHOT	ACTION: ~~Eggs in pan~~ Butter bubbling, eggs poured in pan, omelette made, out on plate
		F&E Butter bubbling in heavy alum. pan Beaten eggs in bowl with fork Plate (from stack)	Talk: This is going to be a French omelette. The butter is bubbling hot, in go the eggs. n seconds it is done, out onto the plate, and ready to eat.
		CREDITS Ome. 1 INTRODUCTION + (2) 1	Rolled omelette Scrambled ACTION: puttering at cooking area Talk: Welcome to ~~the great~~ (bad french) omelette show, and The French Chef. ~~This~~ I'm Julia Child. You've just seen a real French omelette made -- it's tender, the softly cooked eggs are enclosed in a cloak of egg -- look: tender, creamy -- that's the way a French omelette should be. It takes only seconds to make, as you just say. You don't need a recipe for making an omelette, you just need to see how it's done and you can make one yourself right away, ~~but I shall give full details as I go along if you want to jot down notes.~~ Omelettes~~//~~ not just a breakfast dish -- in they're never a breadkfast dish in France as the French ~~morning~~ have only crossants and coffee. They're for lumch or supper -- an omelette, a salad, French bread, fruit and cheese.
2/1		F&E Dry Run + 2nd omelette ~~2~~ Whole eggs in bowl Med. beating bowl Dinner fork Thick alum. omelette pan Butter Stack of plates Paper towels Pie plate for scraps Salt and pepper (5 min) 11111:40 (6) 7/ (8)	ACTION: Make an omelette Talk: I'm going to make several more omelettes, because I want you to see every detail, so you'll everything about them. The ~~first~~ one you just saw was the rolled omelette or "look-Ma-no-hands" method. takes a bit of practice "tour de main". I'm going to show you a much easier method, equally professional, which is used by many chefs also. In this one you shake your pan back and forth Stirring with fork Grad. tilt pan Eggs in lip Shift hands Tilt plate REST LIP PAN ON PLATE Oversshe goes. DRY RUN Make the omelette Unmold again, returning omelette to pan-- Started here, pan handle in left hand. Shift, thumb on top Tilt plate ** over. Again -(unmold)
10/1			